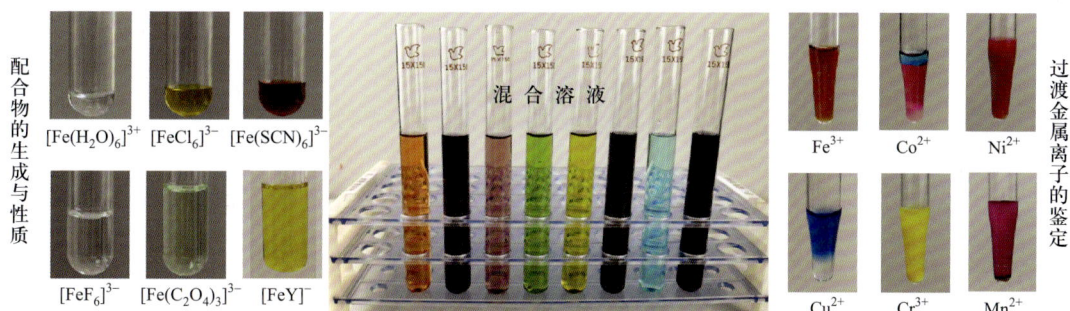

配合物的生成与性质

$[Fe(H_2O)_6]^{3+}$ $[FeCl_6]^{3-}$ $[Fe(SCN)_6]^{3-}$

$[FeF_6]^{3-}$ $[Fe(C_2O_4)_3]^{3-}$ $[FeY]^-$

混合溶液

过渡金属离子的鉴定

Fe^{3+} Co^{2+} Ni^{2+}

Cu^{2+} Cr^{3+} Mn^{2+}

彩图 2—0　第 2 章过渡元素的性质与鉴定实验内容概要图

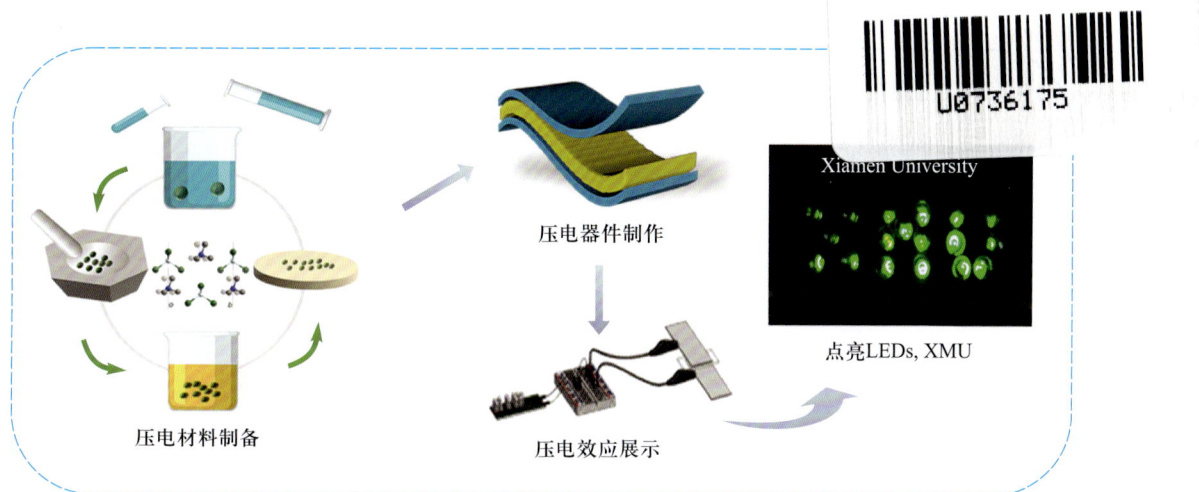

压电器件制作

Xiamen University

点亮LEDs, XMU

压电材料制备

压电效应展示

彩图 3—3　星"光"燎原——分子基压电材料 $N(CH_3)_4GaCl_4$ 的制备、压电器件制作与
压电效应展示实验内容概要图(实验 10)

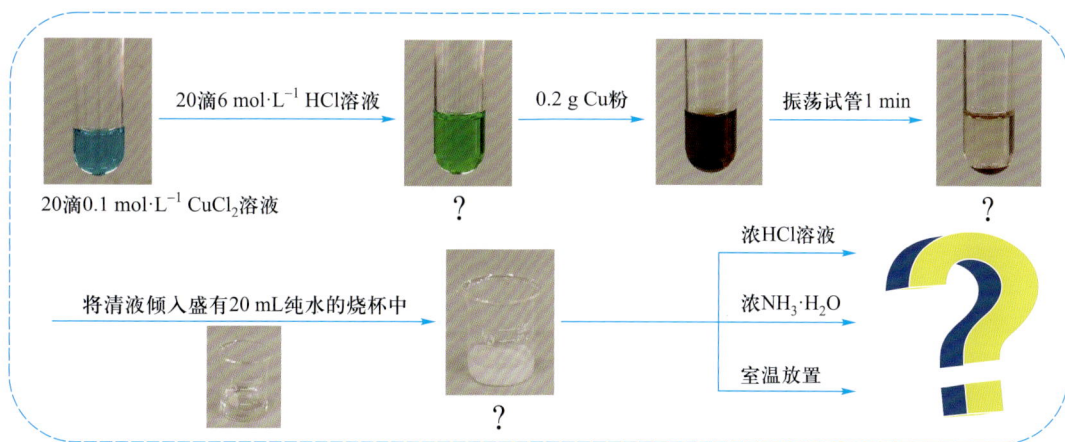

20滴0.1 mol·L⁻¹ CuCl₂溶液　→ 20滴6 mol·L⁻¹ HCl溶液 → ?　→ 0.2 g Cu粉 → ?　→ 振荡试管 1 min → ?

将清液倾入盛有20 mL纯水的烧杯中 → ? → 浓HCl溶液 / 浓NH₃·H₂O / 室温放置 → ?

彩图 3—8　CuCl 小量制备与性质实验内容概要图(实验 11)

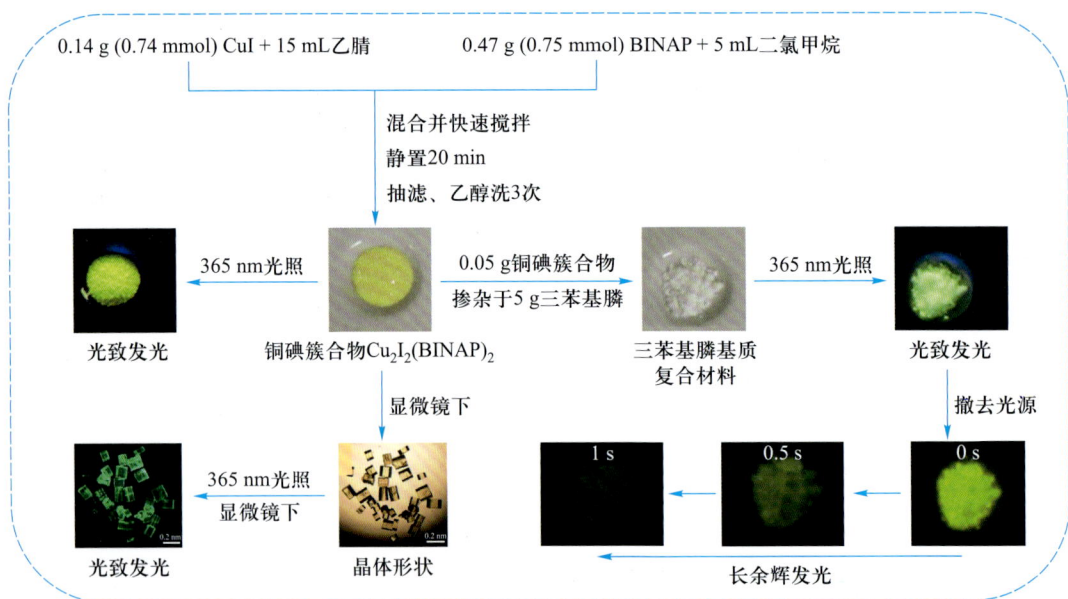

彩图 3-11　聚集诱导发光铜(I)碘簇合物 Cu₂I₂(BINAP)₂ 的合成及其在构筑长余辉发光材料中的应用实验内容概要图(实验 13)

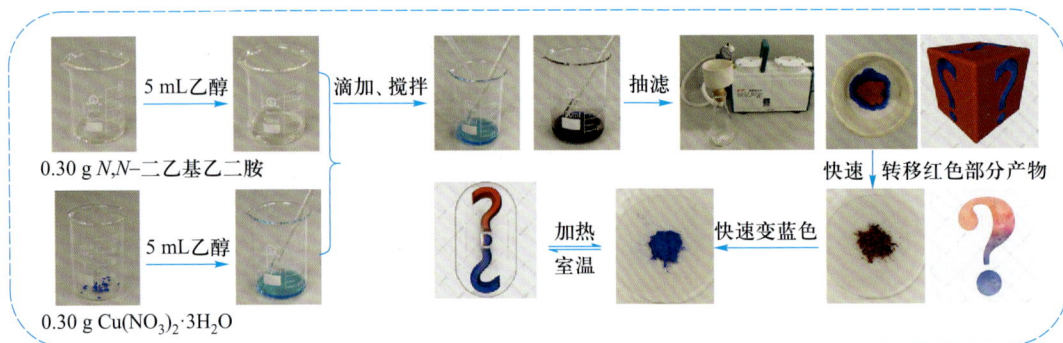

彩图 3-17　[Cu(deen)₂](NO₃)₂ 配合物的小量合成及其热致变色实验内容概要图(实验 15)

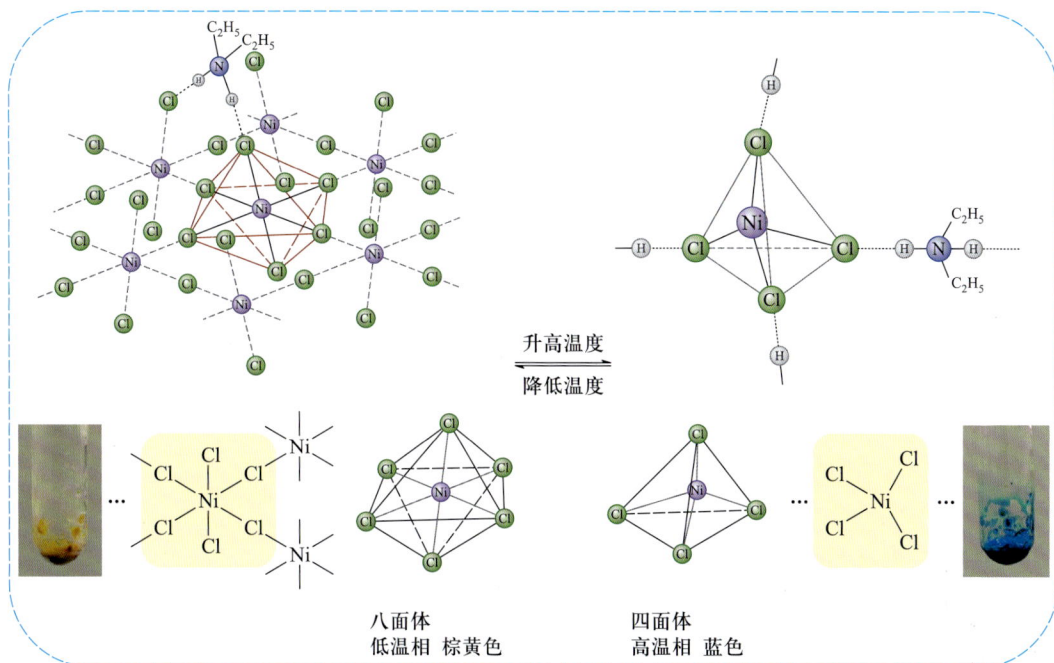

升高温度 / 降低温度

八面体
低温相 棕黄色

四面体
高温相 蓝色

彩图 3-23 $\left[(CH_3CH_2)_2NH_2\right]_2NiCl_4$ 在低温(常温)相和高温相的结构图(实验20)

合成

Chromotropism 向色性

水相合成

固相合成

$[Ni(Me_3en)(acac)]BPh_4(s) + 2Solv$ ⇌(溶剂变色 / 失去溶剂) $[Ni(Me_3en)(acac)(Solv)_2]^+ + BPh_4^-$

平面正方形

$[Ni(Me_3en)(acac)]BPh_4$ 在丙酮中的可逆热致变色现象

八面体

55℃ 40℃ 30℃ 15℃

二氯甲烷 丙酮 乙腈

彩图 3-24 配合物 $[Ni(Me_3en)(acac)]BPh_4$ 的合成、溶剂/热致变色实验内容概要图(实验21)

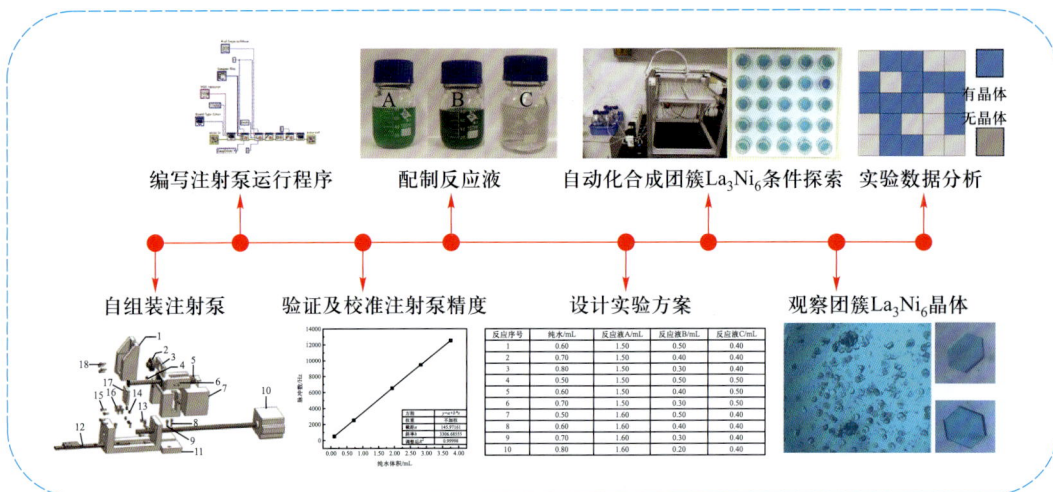

编写注射泵运行程序　　配制反应液　　自动化合成团簇La₃Ni₆条件探索　　实验数据分析

自组装注射泵　　验证及校准注射泵精度　　设计实验方案　　观察团簇La₃Ni₆晶体

彩图 3-36　自动化合成稀土-过渡金属氧团簇实验内容概要图(实验 25)

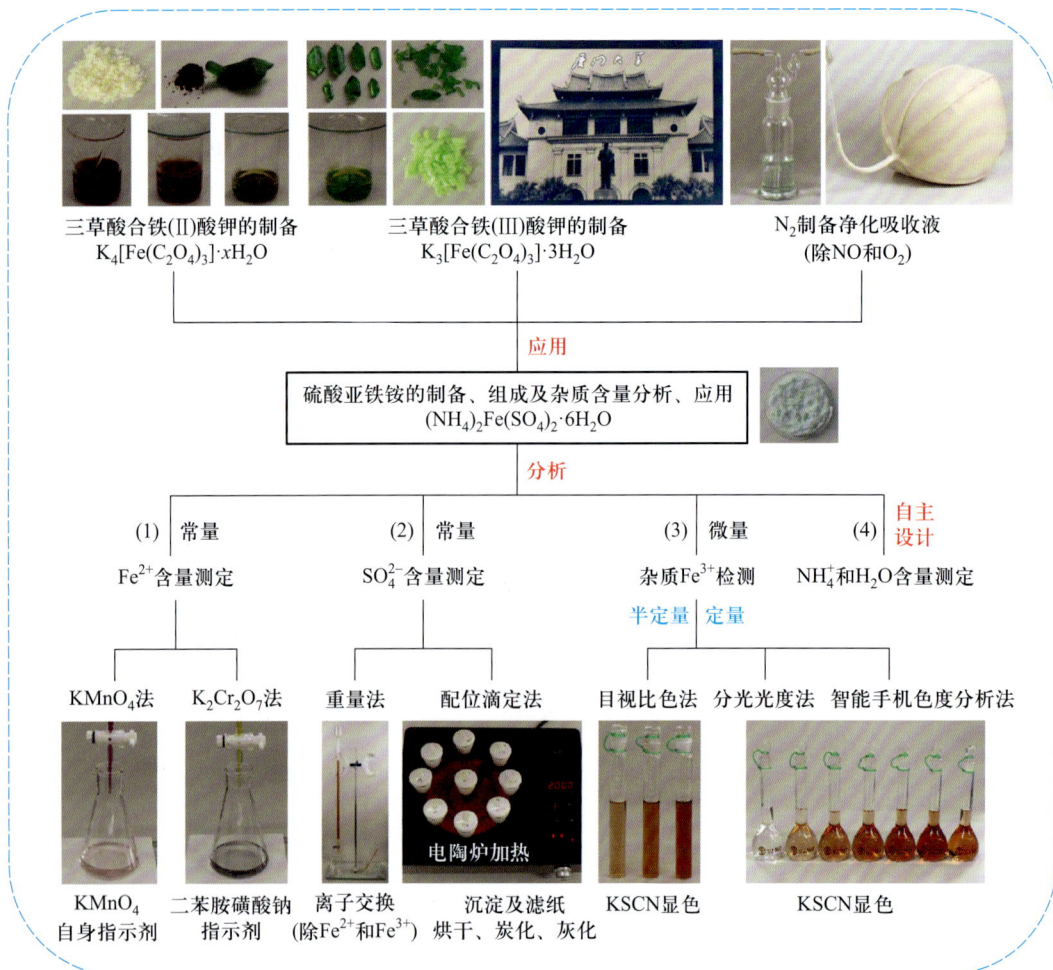

三草酸合铁(II)酸钾的制备
K₄[Fe(C₂O₄)₃]·xH₂O

三草酸合铁(III)酸钾的制备
K₃[Fe(C₂O₄)₃]·3H₂O

N₂制备净化吸收液
(除NO和O₂)

应用

硫酸亚铁铵的制备、组成及杂质含量分析、应用
(NH₄)₂Fe(SO₄)₂·6H₂O

分析

(1) 常量　　　　(2) 常量　　　　(3) 微量　　　(4) 自主设计

Fe²⁺含量测定　　　SO₄²⁻含量测定　　　杂质Fe³⁺检测　　NH₄⁺和H₂O含量测定

半定量　定量

KMnO₄法　K₂Cr₂O₇法　　重量法　　配位滴定法　　目视比色法　分光光度法　智能手机色度分析法

KMnO₄
自身指示剂

二苯胺磺酸钠
指示剂

离子交换
(除Fe²⁺和Fe³⁺)

沉淀及滤纸
烘干、炭化、灰化

KSCN显色

KSCN显色

彩图 6-2　硫酸亚铁铵的制备、组成和杂质含量测定等实验内容概要图(实验 58)

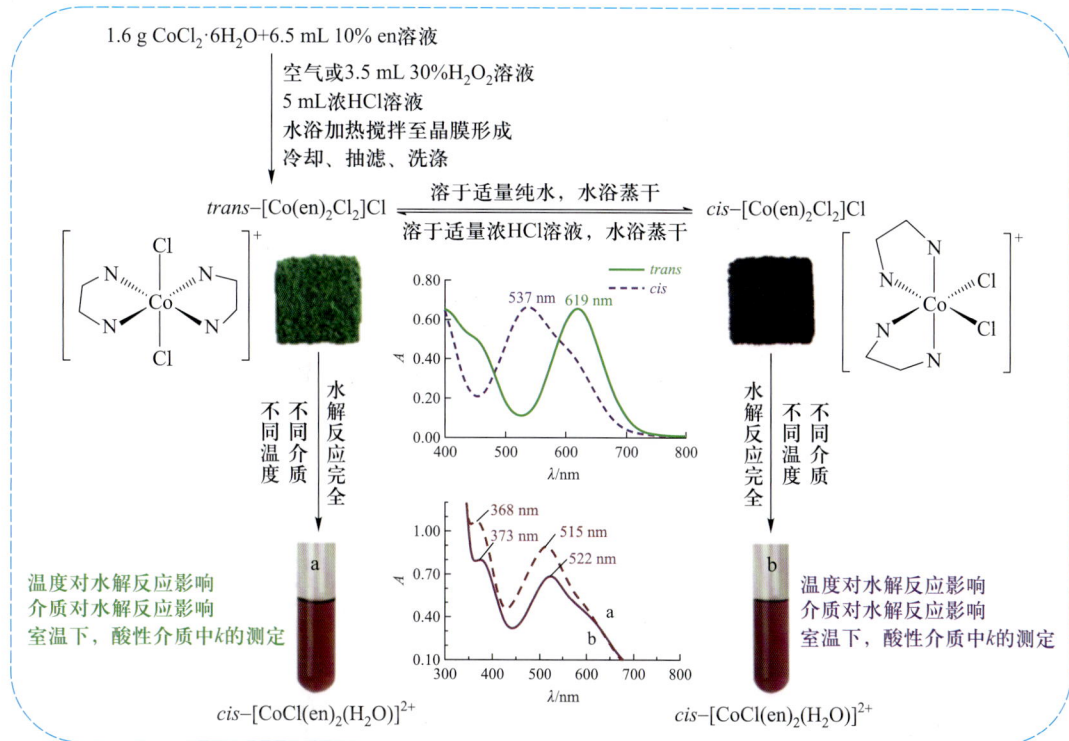

彩图 6-13 $cis/trans-[Co(en)_2Cl_2]Cl$ 配合物的制备及其在酸性介质中水解反应
速率常数测定的实验内容概要图(实验 61)

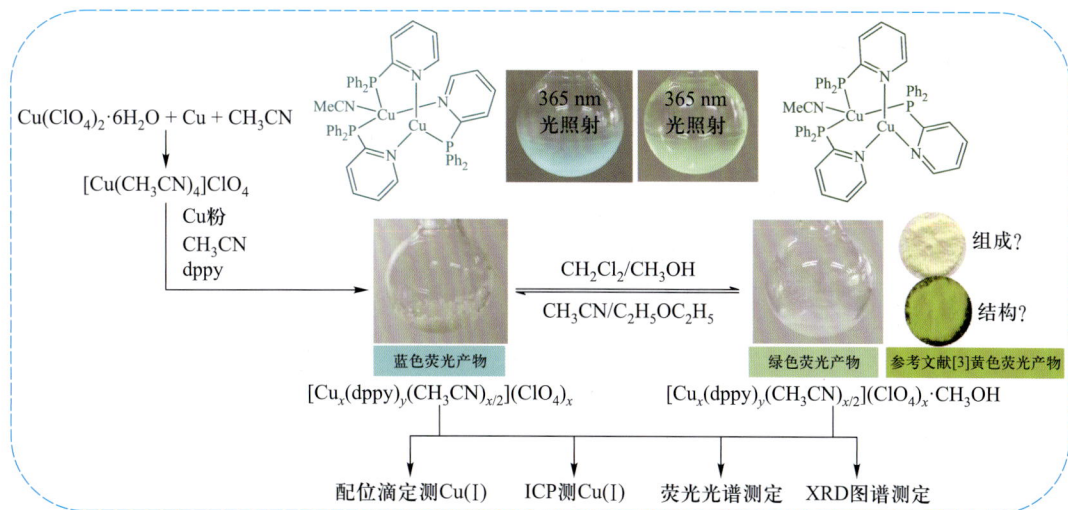

彩图 6-20 具有异构发光变色的多核铜(I)配合物的制备、组成分析及
结构表征的实验内容概要图(实验 65)

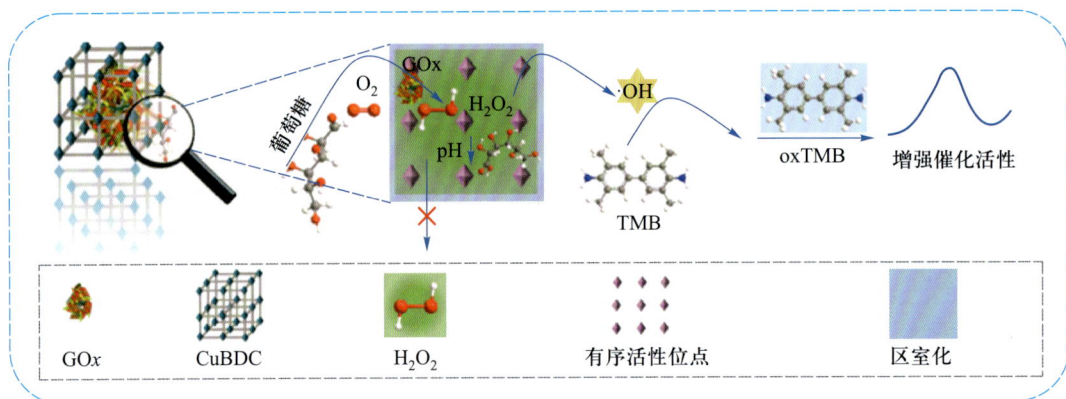

彩图 6−26　基于金属−有机框架的 GOx@CuBDC 复合纳米酶的制备及其
生物传感应用探索实验内容概要图(实验 69)

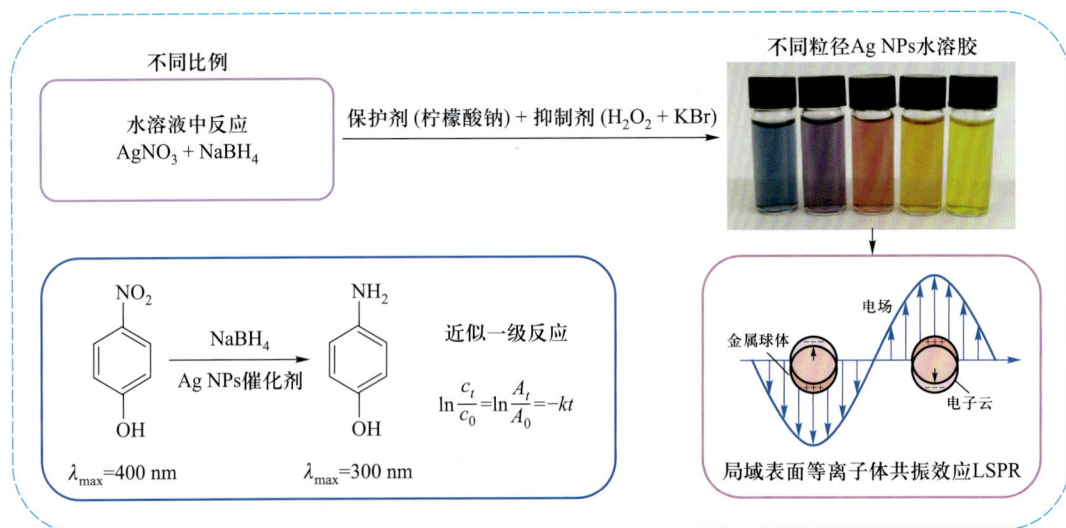

彩图 6−29　Ag NPs 的制备及其光催化还原 4−硝基苯酚的反应速率
常数测定实验内容概要图(实验 70)

高等学校教材

大学化学实验

Experiments of College Chemistry

厦门大学化学化工学院

主　编　任艳平　王翊如

副主编　邓顺柳　黎　朝　连　伟

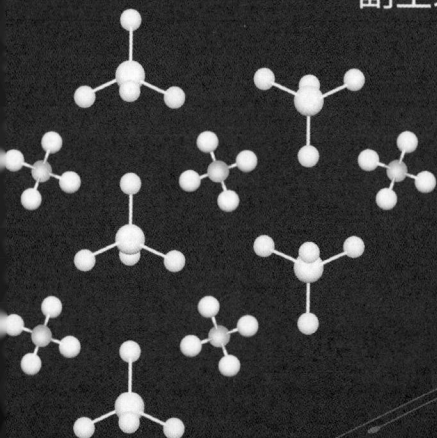

中国教育出版传媒集团

高等教育出版社·北京

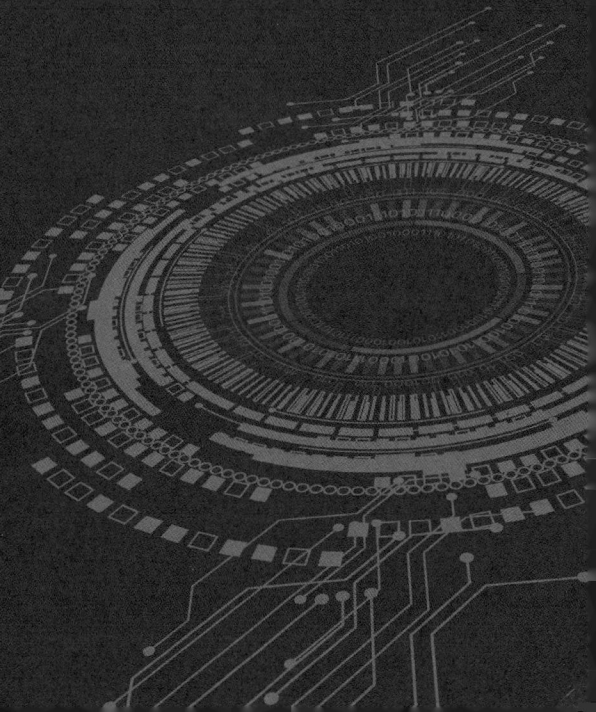

内容提要

本书是为大学一年级基础化学实验课程而编写的。全书包括 7 章（含绪论），共 71 个实验项目。每一章都设有不同梯度和层次的基础型、强化型和提高型实验项目，其内容简介重点介绍本章实验内容及其特色、实验目的及其教学意义等，便于读者选取和学习。其中，第 3 章与第 6 章的实验项目还有一定的延伸和拓展空间，可作为综合设计与研究性实验项目应用于教学实践。

本书配套建设的相关数字化资源包括基本操作及光/电仪器的使用视频、相关教学课件及一些实验项目实施过程的经验与体会等助学导学资源，全方位引导和启发读者有效地理解相关实验的原理和内容，并安全、规范、高效地实践该实验项目。

本书可作为高等学校化学化工类专业及近化类专业基础化学实验课程的教材，也可作为中学生化学竞赛实验培训教材，亦可供其他从事化学相关工作的人员学习和参考使用。

图书在版编目（ＣＩＰ）数据

大学化学实验 / 任艳平，王翊如主编；邓顺柳，黎朝，连伟副主编. -- 北京：高等教育出版社，2025.4
　　ISBN 978-7-04-061595-1

Ⅰ. ①大… Ⅱ. ①任… ②王… ③邓… ④黎… ⑤连… Ⅲ. ①化学实验-高等学校-教材 Ⅳ. ①O6-3

中国国家版本馆 CIP 数据核字（2024）第 024375 号

Daxue Huaxue Shiyan

| 策划编辑　张　政 | 责任编辑　张　政 | 封面设计　赵　阳 | 版式设计　李彩丽 |
| 责任绘图　黄云燕 | 责任校对　陈　杨 | 责任印制　刘思涵 | |

出版发行　高等教育出版社	咨询电话　400-810-0598
社　　址　北京市西城区德外大街 4 号	网　　址　http://www.hep.edu.cn
邮政编码　100120	http://www.hep.com.cn
印　　刷　北京印刷集团有限责任公司	网上订购　http://www.hepmall.com.cn
开　　本　787 mm × 1092 mm　1/16	http://www.hepmall.com
印　　张　28.5	http://www.hepmall.cn
字　　数　580 千字	版　　次　2025 年 4 月第 1 版
插　　页　4	印　　次　2025 年 4 月第 1 次印刷
购书热线　010-58581118	定　　价　58.00 元

编 写 团 队

主　　编：任艳平　王翊如

副主编：邓顺柳　黎　朝　连　伟

参编人员：

董志强　阮婵姿　李　恺　赵海霞　匡　勤　汪　骋　孔祥建　林海昕

吕银云　戚明强　苏禹铭　杨　静　杨乐夫　董　鑫　张雨豪　梁敏霞

蔡　静　黄小青　吴振奕　郑　靖　郑　洪　张宗培　武　杰　刘园园

数字化资源建设团队

照片拍摄及部分教学课件制作：

阮婵姿　董志强　吕银云　张春艳　陈永钰　陈　欣　易　波　李智睿

齐彤旭　翁玉华　许振玲　潘　蕊　欧阳小清　刘未东　洪歆怡　刁新雅

基本操作视频拍摄：

翁玉华　董志强　阮婵姿　潘　蕊　吕银云　张春艳　许振玲　欧阳小清

厉　昕

为了使基础化学实验教材更贴合化学学科的发展,更好地培养大学一年级学生的"三基"(基础理论知识的应用、基本思想方法的学习、基本实验技能的训练)、"三意识"(安全意识、环保意识、创新意识)及交叉融合能力和实验兴趣,创新大学一年级实验教材内容及开发表现形式多样的配套数字化助学导学资源势在必行。

本书在全面承载对学生"三基"和"三意识"培养的大框架下,在传承《基础化学实验(一)》(蔡维平主编)经典的重要内容并吸收同类教材优点的同时,通过"经典赋新""科教融合"和"拿来巧用(优化)"等多元方式将衔接学科发展前沿、面向生产实际、贴近日常生活、融合环境保护和资源回收的时代主题及聚焦绿色化学和节能减排的社会热点且具有丰富内涵和展示度及对学生有吸引力的实验内容巧妙融入教材,并适度提高内容的创新性、高阶性和对学生的挑战度。

本书包括 7 章(含绪论),共 71 个实验项目。第 1 章是有关大学化学实验的基础知识和基本实验技能及常见仪器的使用操作规范,第 2 章至第 5 章分别是有关化学平衡与元素化学实验、物质的制备与性质微实验、常数测定实验及基础定量分析实验,第 6 章是有关物质的制备、组成测定与性质等综合性实验。每一章都包括基础型、强化型和提高型不同梯度和不同层次的实验项目。

在具体设计实验项目时,针对学生的实验基础和认知规律,一方面客观、科学地加强基础性内容,另一方面将基础性内容进行横向拓展和纵向深入,即经典内容"赋新"以提高其新颖性,如对反应动力学常数测定等经典实验进行半微量化设计,体现绿色化理念,以及引入应用智能手机作为检测器的实验项目等,旨在让学生感受现代科技的力量,启发学生利用身边的电子设备发展新颖简便的分析方法,培养学生的创新意识和实验兴趣。

在经典内容"赋新"的基础上,通过科教融合,将体现学科发展前沿的新思想、新理念、新概念、新方法、新技术应用的实验内容,如融合人工智能(artificial intelligence,AI)应用的自动化合成和机器学习、中国科学家唐本忠发现的聚集诱导发光(aggregation-induced emission,AIE)、中国科学家阎锡蕴发现并命名的纳米酶、顺应低碳及节能环保的有关压电效应原理和应用实践的压电器件的制作、基于手机光线传感的简易光度计的组装及配位聚合物、金属有机框架(MOF)、传感等率先融入教材。向大学一年级学生初步科普人工智能、聚集诱导发光、纳米酶、压电材料等及其应用,让其领略科技前沿魅力和体会科学研究的意义和价值,增强其文化自信和民族自豪感,提升其科研报国的使命感和责任感,搭建衔接基础实验教学与科研实践的桥梁,有效促进学生个性化创新实践能力和高级思维能力的提升,树立"化学不再是纯实验科学"的理念。

"颜色"和"光"是许多功能材料应用的基础,也是本书内容中最核心的两个关键词。除了第 2 章试管实验所涉及的不同颜色化合物外,第 3 章的"微实验"和第 6 章的"综合性"实验内容主要涉及顺反异构、发光异构等不同结构导致不同颜色的 Co(Ⅲ)、Ni(Ⅱ)、Cr(Ⅲ)、Cu(Ⅰ)和Cu(Ⅱ)等配合物(团簇、簇合物)的合成,包括教科书上难以看到的 Ga(Ⅲ)化合物、红色 Cu(Ⅱ)配合物和稀土 Eu(Ⅲ)配合物等,这些配(化)合物分别呈现了与颜色有关的不同性质,如溶致变色、热致变色、光致变色、电致变色,以及"光"致不同颜色的光(荧光)、压电发电(以光的形式呈现)和聚集诱导发光、长余辉发光、光催化等。从微观——物质本质(结构)之美,到宏观——物质外在(规律、颜色、用途)之美,多方位、多层次、多视角呈现化学变化之美,深刻而形象地展示了"化学的灵魂在于创造,创造新的物质和结构;化学的魅力在于变化,出神入化,永无止境",也借此激趣启智,以引发学生对化学和材料科学的探索和思考。

本书中所涉及的化合物、配合物或纳米材料的合成,从合成方法来说,涵盖了科研中常用的、以前基础化学实验教材或教学中很少涉及的无水无氧合成、固相合成、电化学合成、非水溶剂中合成、原位合成、模板合成、水热/溶剂热合成等;也融合了加热回流、蒸馏和旋转蒸发等分离操作及简单的无水、无氧操作等。从实验原理到实验方法和操作技能等都从本质上打破了二级学科的壁垒,从一年级开始就培养学生的交叉、融合能力,促进学生个性化创新实践能力的提升。

本书第 3 章主要内容是有关物质制备与性质的微实验。一个实验项目就像一个"微电影",以制备为切入点,从一个方面,针对某一性质,如压电发电、聚集诱导发光、光致发光和溶致变色等,完整地讲述"制备→性质/现象→结构/原理→应用"的小故事,让学生较广泛地了解和学习有关物质制备的一些巧妙方法,认识一些物质及其结构、性质和潜在的用途等,做到"重原理、强逻辑、以理服人"。

本书在内容呈现方式上也有自己的特色。针对具体内容,设计和建设了与其配套的多种形式数字化资源,读者可通过扫描二维码的方式观看有关基本操作及光、电仪器的使用视频或查看相关教学课件及一些实验项目实施过程的经验与体会等助学导学内容,全方位引导和启发读者有效地理解本实验原理和内容,并安全、规范、高效地实践该实验项目。

总的来说,本教材内容源于科技及信息技术的发展和厦门大学基础化学实验教学多年来的厚实积累,得益于学生们的批判性实践,是编者们三十多年一线教学实践经验的总结,也是国家级一流课程"基础化学实验(一)"建设成果的创新应用。

本教材的建设和编写是在厦门大学化学化工学院的统一部署和化学国家级实验教学示范中心的多方支持下完成的,也得到了教育部高等学校化学类专业教学指导委员会主任委员郑兰荪院士和秘书长朱亚先教授的有力指导和支持。在此,向各位领导表示衷心的感谢!

参加本书编写的主要有任艳平、王翊如、邓顺柳、黎朝和连伟,其他参编人员和数字化资源建设成员名单见书前附页。全书内容由任艳平和王翊如共同策划和统稿。赵海霞、匡勤、汪骋、孔祥建、林海昕及郑州大学李恺等年轻教师结合其科研工作,编写了有特色的实验项目,为本书增添了不少亮点。在此,向参与本书编写的所有教师和学生表示深深的谢意!

本书承蒙北京大学李维红教授审阅,并提出了许多宝贵的修改建议;高等教育出版社李颖、张政在本书出版过程中给予了多方指导和帮助。在此,向他们致以诚挚的谢意!

最后,要特别感谢教学实践以身作则的蔡维平教授多年的鼓励与关心!

由于编者学识水平有限,书中错漏和不妥之处在所难免,恳请读者批评指正。

编 者
2023 年 6 月

目录

绪　　论

>>> 学习目的

现代化学的核心三要素可以描述为合成制备、测量分析和计算模拟。

实验是化学学科的基本特征之一。化合物或材料的制备、表征及其物理化学性质的测量等都离不开实验,而在理性思维过程中提出的相关理论模型也同样起源于实验,并最终为实验所检验。例如,化学反应速率方程及活化能计算公式的提出就是实验者在对实验现象反复观测的基础上对规律的试探性总结。

通过实验,学生能较规范地掌握基本实验技能,理解规范操作不仅是实验安全的重要保证,而且有利于重现实验现象以获得科学的数据和结果,并在实验中学习基础理论知识和基本思想方法,增强创新意识和创新能力。

合成与制备类实验项目的学习目的是掌握相关化合物或材料的制备方法,理解实验设计中影响产物品质与产量的因素,包括酸碱、配位、氧化还原和沉淀平衡及物质相关"量"的转化和转移等,在此基础上学生能进一步提出提高产物品质与产量的制备方法。测量与分析类实验项目的学习目的则是掌握相关测量与分析方法,理解实验设计中影响实验结果准确度的因素,包括方法误差、仪器误差、试剂误差、操作误差等,在此基础上学生能进一步提出提高测量准确度的快速、绿色、经济的分析方法,并通过实验培养学生正确记录实验数据、处理实验数据及表达实验结果的能力,确立严格的"量"的概念。综合性实验的学习目的是培养整体实验的意识和进行整体实验的能力,包括提出问题、查找资料、设计方案、动手实验、观察现象、获取数据、处理和表达数据、分析问题、解决问题、得出结论等各个环节,提高学生的综合素质及其独立工作的能力。通过学习各种类型实验,学生可以直接获取大量的化学事实,再经过分析、归纳、总结,将这些化学基本理论和基本知识由感性认识提升为理性认识,进一步用于指导实验。

此外,实验教学过程始终贯穿水、火、电、毒、伤等安全教育及环保理念和职业健康教育。将思政教育有机融入实验教学过程,培养学生树立严谨务实的科学态度、认真细致的工作作风、条理整洁的实验习惯、互助协作的团队精神,使学生具有自主学习能力和终身学习意识。

>>> 学习方法

1. 实验前认真预习,做好预习报告

实验课程独立设课,经常与理论课进度不同步,且实验课堂的课时更多分配给学生进行实验操作,课前仅对重要的知识点进行讲解。更重要的是,专业的化学实验涉及诸多危

险化学试剂的使用及实验设备的教学,因此,认真做好实验预习是安全、高效做好实验的关键。

实验前登录课程网站,根据实验进度表预习相关实验项目,包括阅读教材、课件、参考文献、实验设备使用说明书,观看实验操作视频、查阅相关试剂的化学品安全技术说明书(material safety data sheet,MSDS)和与该实验相关的物理化学常数,以及对实验可能发生的事故进行预判并做好预案等。

在预习报告上简述实验原理,可用方框、符号、箭头、文字等绘出实验流程图并合理安排实验顺序和时间,设计原始数据表,列出计算公式,以及写出想问的问题等。

查阅文献有利于启发学生拓展研究思路和方法。例如,"量气法测定 Mg 的摩尔质量"实验,学生可通过查阅文献进一步了解量气法的其他应用示例及其适用范围,并了解气体体积测量和液体体积测量的异同点等,然后逐步构建自己的专业知识体系和思维架构。

2. 积极参加课堂讨论,实验过程紧张有序

实验前或实验后,指导教师经常组织学生进行课堂讨论。学生应认真准备,踊跃发言,将自己在批判性学习过程中的心得、体会、观察、思考、分析、判断等进行交流,这不仅有利于加深对专业知识的学习和理解,而且有利于训练自己的口头交流、表达和演讲能力。

实验过程不是看着教材或讲义一步步实施,而须对实验有整体的认知,在熟悉实验原理和实验内容的基础上紧张有序地进行实验,具有清醒的头脑和灵巧的双手,对实验出现的异常具有敏锐的观察力。及时记录实验现象和实验数据,字迹须工整、清楚,不能用铅笔记录,且不得涂改,若有记错则在原数据上画一道杠,然后在旁边写上正确值。对于文字难以描述的实验现象,可以适当拍摄照片或视频辅助记录。

3. 实验后及时、认真、独立完成实验报告

撰写实验报告是培养学生思维能力、书写能力和总结能力的有效方法。通过撰写实验报告,可以将实验课上所获得的感性认识上升为理性认识,以达到综合运用化学基本原理和方法对实验现象进行观察、记录、分析并得到合理有效结论的能力,以及就化学现象和问题采用书面方式进行有效沟通和交流的能力。

实验报告应书写规范、布局合理、条理清晰。例如,写实验报告时须注意分子式上下标和大小写的正确表达,数字和单位之间须留空格,设置合适的页边距和行间距,采用三线表,标注表号、表题和图号、图题等。

除了实验名称、实验日期、实验人员等基本信息外,实验报告内容一般还包括实验目的、实验原理、仪器与试剂、实验步骤、实验记录、数据处理及结果与讨论等。

合成与制备类型实验报告的实验原理主要简述合成及纯化的原理和方法,除了必要的反应方程式外,还需要一定的文字描述。实验部分应包括实验所用试剂和材料、仪器设备的规格和厂家及简要的实验步骤。仪器设备无须列出锥形瓶、量筒等常规玻璃仪器,实验步骤也无须特地写明用电子天平称量试样质量、用量筒量取试液体积等。结果与讨论部分包括描述产物的品质及产量、计算理论产量和实际产率,讨论提高产物品质和产量的影响因素,并提出自己的见解,如建议或需要改进的内容。若采用照片表示晶体大小,注意要有标尺或参照物。

测量与分析类型实验报告的数据记录与处理部分重点强调规范列表(包括符号和有效数字的正确表达)和作图,结果与讨论部分重点评判测量结果的准确性、讨论产生实验误差

的原因及提出减小实验误差的方法。

推荐学习目前我国现行的国家标准GB/T 7713.3—2014"科技报告编写规则",其中GB指的是"国标",T指的是"推荐"。国家标准具有时效性,会根据社会科技发展不断地推陈出新。该标准对科技论文的写作具有指导意义,同样对实验报告的写作规范也具有指导意义。

▶▶▶ 成绩评定

实验成绩的评定是对学生实验综合素质和能力进行全面考查的结果,主要考查实验态度、整洁、实验操作、实验结果、实验报告几方面:

实验态度是考查安全着装、不迟到早退、不虚造实验数据、准时交报告、积极参加课堂讨论、认真预习、团结协作等。

整洁是考查个人用品、实验器材的规范放置;实验台面、地板、实验柜、实验仪器、实验服装、原始数据记录表的整洁程度等。

实验操作是考查基本实验技能的掌握情况,包括实验条件的控制、实验的条理性、完成实验时间、实验数据的规范记录等。

实验结果是考查产物的品质和产量、测量数据的精密度和准确度等。

实验报告是考查用自己语言简述实验原理的能力、实验数据的正确处理和规范表达、报告格式规范简洁美观、问题讨论有深度、有较好的思维能力和创新精神等。

▶▶▶ 实验要求

(1) 认真学习实验室安全与防护知识,严格遵守实验室安全守则,严防触电、中毒、燃烧、爆炸、化学品伤害等安全事故的发生。安全着装,穿着全棉实验服、佩戴护目镜,穿长裤和试剂不易穿透的鞋子,长发须扎好以不妨碍实验为宜。书包、水壶等个人用品放在公用书包柜,不能放在实验台上或过道中,以免影响实验操作。

(2) 实验前认真预习,明确实验目的,了解实验基本原理和方法,预估实验可能存在的危险。实验室内禁止饮食。没有预习或预习不合格者不允许做实验。

(3) 遵守实验纪律,不迟到,不早退,不无故缺席。无正当理由迟到超过规定时间者不允许做实验。实验课认真听讲,尤其是实验注意事项,未经指导教师允许不可自行提前开始做实验。

(4) 实验中要集中精力,保持实验室的安静,不大声喧哗或嬉笑,减少在实验室来回走动,不接待访客。实验中认真操作,仔细观察,积极动脑分析问题、解决问题。须及时将实验现象和实验数据记录在专用的实验记录本或原始数据记录表上,不得记在其他任何地方,更不得随意涂改或伪造数据。实验中不得擅自离开实验岗位,实验结束后须及时提交原始数据记录表。提前完成实验者须经指导教师同意后方可离开实验室。

(5) 遵守实验试剂、药品的取用规则,按规定的规格、浓度、用量取用,注意节约试剂并防止试剂的混错或沾污。个人自行准备废液杯和废物杯。公用试剂、物品或仪器用完后应立即放回原位,若试剂洒出来须及时处理。废液、废物、碎玻璃等须分别放入废液桶、废物桶和特定回收箱中,有毒物质应严格放入特定的容器中,需回收的物品或药品应放入指定的回收容器中。

（6）实验台上的仪器设备须摆放合理、整齐、有序。使用仪器设备须严格遵守操作规程，有问题须及时请教。违反实验操作规程且不听劝者将不允许继续实验。若发现仪器设备异常，应立即停止使用并报告指导教师。若因严重违反操作规程造成仪器损坏者，应承担一定的赔偿责任。电子分析天平、分光光度计等仪器在实验结束后须关机并做好清洁工作，登记使用记录后由指导教师检查确认。个人实验仪器及其他公用仪器使用后要认真清洗或清扫并恢复到实验前状态。

（7）实验室实行学生轮值制度。值日生在实验过程中有责任帮助指导教师维持实验室的公共秩序、卫生，搬放仪器，补充试剂和制备实验用水等。实验结束后，将仪器收回仪器柜，纯水桶装满水，整理擦拭通风橱、公用实验台面、试剂架和水槽，打扫、清洗实验室地板，清理废液桶和废物桶，检查水、电、气、门窗等安全情况，最后在值日生登记本上逐项检查登记后再由指导教师和实验室管理人员检查确认。

（8）课后须根据原始记录认真处理实验数据，按时完成并提交实验报告。

第 1 章　基础知识和基本实验技能

化学作为一门中心学科,与许多学科和领域产生交叉渗透。因此,系统且扎实地掌握化学基础知识和基本实验技能是学生在未来从事化学及相关领域的科研、教学及其他工作的基础,是提高创新意识和实践能力的基础。

为了保障人身健康和生命财产安全、国家安全、生态环境安全,以及满足经济社会管理的基本需求,国家、地方、行业和企业建立了各种标准。实验用的试剂、材料、仪器与设备的生产、销售和使用一般都有详细的规定。实验前查阅相关标准、化学品安全技术说明书和仪器操作使用规程等可以更好地保障实验安全,并更好地应用它们获得准确的实验数据。

运用数理统计方法处理实验数据,能对分析结果的可靠性和精确程度做出合理的判断和表述。运用计算机软件处理实验数据,能方便地以列表法或作图法表达实验结果。

1.1　实验室安全知识

1.1.1　实验室安全与防护

实验室是科学研究和实验教学的重要场所,实验室安全是实验顺利进行的基本前提。化学实验室不仅涉及各类危险化学品的存放、使用和处理,还需使用大量电气设备。当实验设计不合理、电器老化、水压变化、实验操作人员疲劳等因素存在时,爆炸、火灾、中毒、腐蚀、触电、烧烫伤等安全事故就有可能发生。发生事故不仅会使设备受到损坏,而且人身也可能受到伤害,进而导致伤者精神上受到重大打击,因此,竭尽全力杜绝事故发生,共同维护实验室安全显得尤为重要。

进入实验室之前,实验人员须经过相关的安全教育并通过考核。第一次进入实验室还须在第一时间了解该实验室的运行管理条例和安全防护规则。设计实验时应充分评估实验的危险性以便选择并佩戴合适的防护器具;实验过程中实验操作人员须时刻保持警觉,经常提醒自己注意安全、按照规范进行实验操作、通过科学的设计和合理的操作来避免事故发生;了解周围人的实验,预估可能存在的安全隐患并做好相应的防范,以保障实验的顺利进行。

▶▶▶ 化学实验室一般安全守则

(1) 进入实验室须做好个人防护。

(2) 了解实验室安全出口和紧急疏散通道的位置;熟悉实验室所有电闸、水阀、气阀的位置和使用方法;熟悉灭火器、灭火毯、消防沙桶等灭火器材的位置和使用方法;熟悉洗眼器、喷淋器等淋洗装置的位置和使用方法；了解创伤处理应急箱的位置和使用方法；熟悉废液桶、垃圾桶的分类和使用方法。

（3）首次进入和使用实验室的人员必须事先报备并经实验室管理人员同意后方可进入；未经允许不得擅自翻找仪器室抽屉和柜子中的物品；未经许可不得随意取用实验室其他人员的实验用品。

（4）禁止在实验室内喧哗、吸烟、饮食，不准将与实验无关的仪器、杂物堆放在实验台或实验室通道。

（5）在实验室内进行每一项新工作之前，都必须预估可能发生的事故并做好预案。例如，对放大实验剂量可能引入的危险须有足够的警惕并做好预防；身体疲劳时不可勉强做实验。

（6）实验结束后，检查自行配制、可留待后续实验使用的试剂的标签是否填写清楚，实验材料放置位置是否正确，是否需要留言以防他人误拿；手应洗净防止中毒；最后离开实验室的人员应仔细检查室内是否有火灾、爆炸、漏水、漏气的隐患，水、电开关等操作须严格遵守各实验室的具体规定，关好门窗后再离开。

▶▶▶ 个人防护

1. 身体防护

实验室中的工作人员应该一直保持穿着实验服、隔离服或合适的防化服，防止化学试剂落到衣物和身体上。在教学实验室，一般仅选择全棉实验服。注意实验服须穿着规范，袖口应盖过便服，且不得提起袖子露出手臂。做实验须穿长裤以减少皮肤暴露。

2. 眼睛防护

根据实验内容选择合适的护目镜（GB/T 14866—2023）。防尘护目镜主要用于防御金属或砂石碎屑等对眼睛的物理损伤；防化学品护目镜主要用于防御有刺激性或腐蚀性的溶液对眼睛的化学损伤。佩戴的护目镜须不起雾以免妨碍实验操作。面罩则用于保护整个面部和前颈，在极易发生危险时佩戴。

如果发生腐蚀性液体或生物危害液体喷溅到眼睛的情况，须就近开启洗眼装置用大量缓流清水冲洗眼睛表面至少 15 min。洗眼器每隔一段时间须通水清理，以保证应急使用时流出的是干净的清水。

3. 手部防护

防护手套是实验室常见的防护用具。实验人员需要识别实验中可能存在的危险类别并选用合适的手套以避免手部受到伤害。实验室常用的手套有聚氯乙烯（PVC）手套、乳胶手套、丁腈手套、聚乙烯（PE）手套、棉纱手套等。聚氯乙烯手套防化学腐蚀能力强，可以防护大多数的危险化学品。乳胶手套能针对碱类、醇类及多种化学稀释水溶液提供有效的防护，并能较好地防止醛和酮的腐蚀。丁腈手套能防止无机酸、脂肪族溶剂等的侵蚀。手套可以分开使用，也可以配合套用，如先戴一层 PE 手套，再戴一层乳胶手套。

在考虑防护手部受到化学伤害和物理伤害的同时，还应考虑用手操作器械与抓取物品的牢固程度和操作的灵活性，以防产生试剂瓶滑落等意外事故。选择与手形尺寸相符合的手套码数可以提升手操作的舒适度和敏感度。使用手套前应注意检查手套是否存在褪色、穿孔和裂痕等问题。

手套戴好后应能完全遮住手及腕部。佩戴手套时应避免触碰面部及不必要的物体表面,如电开关、门拉手、计算机键盘等;不得戴着实验手套离开实验区域。手套破损或污染后应及时更换。

正确脱下手套后,避免触摸手套外表面。须将脏手套丢弃在实验室垃圾桶中以备后续处理,不得随意乱扔。PE手套比较轻,打结后再丢弃可以防止被风吹起后散落各地。脱去手套后要用洗手液和自来水将手洗净,以防化学试剂残留。

4. 呼吸系统的防护

对于有烟尘产生的实验,须佩戴防尘口罩,如活性炭口罩。对于使用或产生危害性较大、具有挥发性的有毒物质的实验,须佩戴防毒面罩。

5. 其他

实验前,长发须扎好,长刘海须固定,以不妨碍实验操作为宜。必要时可选择戴帽子来保护头发、头皮免受污染。穿不露脚背、脚趾且试剂不易穿透的鞋子(如平跟皮鞋)以防脚部皮肤因试剂滴落或洒落在地导致的损伤。

▶▶▶ 安全事故预防措施及意外事故的处理

1. 触电

实验前了解实验室电闸的位置及使用方法。使用电器前,应确保线路连接正确,保持电器内外干燥,不能有水或其他液体。若观察到电器的电源线与电器设备分离,则须先将电源线连接到电器设备上,再将电源线的插头连接到电源插座上,最后才能打开电器设备的电源开关。不能用湿手或手握潮湿物体去插或拔电源插头。

若发生触电,要立即切断电源,拉下实验室电源闸刀开关。

2. 割伤

为了防止割伤,规范操作尤其重要。例如,将玻璃管与乳胶管相连时,手指捏住玻璃管的位置距离连接端$1\sim2$ cm,过远易折。且乳胶管须用水润湿后再旋转套入玻璃管,以减小摩擦力。

若皮肤被割伤,则先挑出伤口内的异物,然后在伤口抹上碘伏或75%酒精后用消毒纱布包扎。若创伤较浅且伤口整齐干净、出血不多,也可以在伤口上贴上"创口贴"。若割伤较重或较深,须及时就医。

3. 腐蚀及灼伤

为了避免眼睛或皮肤受到腐蚀和灼伤,除了正确佩戴护目镜、穿戴实验服和手套外,还须规范实验操作。例如,添加试剂时,不得俯视容器,以防液体溅出引发事故;加热试管时,管口不得对着自己或他人。对于一些危险性较大的实验,如N_2制备,须将气体发生装置、洗气装置和气体收集装置放在通风橱内,实验中当气路不通引发溶液溅出时,通风橱的玻璃门能起到保护作用。又如,借助坩埚钳等工具取放高温器皿。

发生酸碱腐蚀或灼伤时,须立即采用大量的自来水冲洗伤处。若伤势较轻,可用2%稀醋酸溶液冲洗受碱液腐蚀的皮肤,用甘油擦洗受酸液腐蚀的皮肤,在烫伤处涂烫伤药膏;若伤势较重,立即送医院诊治。

4. 中毒

为了防止中毒发生,实验前须查阅化学品安全技术说明书(MSDS),熟悉有毒试剂的物理化学特性。由于试剂的毒性大小与接触途径、试剂剂量和接触时长密切相关,因此防止中毒的有效途径是做好安全防护,并控制实验剂量和接触时长。例如,小心使用有毒试剂,保持工作台面干净,若试剂掉落应及时处理。实验室禁止饮食、禁止试食化学药品,实验后充分洗净双手。检验气体气味时,应离容器稍远些,用手轻轻扇动容器口上方的空气,只使一小部分气体飘入鼻腔。

若吸入有毒气体,应迅速将中毒者移至有新鲜空气的地方,并给其嗅闻解毒剂。

5. 失火

实验中失火的原因主要源于操作错误及电器老化。为了避免酒精灯掉落而引发失火,可以将玻璃酒精灯更换为不锈钢酒精灯并放稳放好;加热仪器附近易燃的有机溶剂等物品须提前移开;须及时检查、更新加热电器或做好预防措施,如配备二氧化碳灭火器或干粉灭火器。电器着火不可用泡沫灭火器,因为电器遇到泡沫析出的水会导电从而引发更大的火灾。

失火后,应根据失火的具体情况,立即采取措施扑灭。一般可以采用移去或隔绝燃料来源、隔绝空气来源、冷却燃烧物质使其温度降低到着火点以下等方法扑灭火焰。

实验室常备的消防设备有消防沙桶、灭火毯、二氧化碳灭火器、干粉灭火器等。

(1) 消防沙桶可用于扑灭油类火灾,使用时直接将沙覆盖于火上。

(2) 灭火毯适用于火灾初始阶段,能以最快速度隔氧灭火,也可以作为逃生时用的防护物品。

(3) 二氧化碳灭火器(图1-1)主要用于扑救贵重设备、档案资料、仪器仪表、600 V以下电气设备及油类引发的初期火灾,由瓶体、启闭阀、金属连接管、喇叭筒喷嘴组成,其中启闭阀包括提把、压把和保险销。由于二氧化碳喷出时温度较低,使用前必须戴上手套,不能直接用手抓住喇叭筒喷嘴外壁或金属连接管,防止手被冻伤。使用时首先将灭火器提到起火地点,放下灭火器,除掉铅封,拔出保险销(须注意打开保险销的时候不要捏紧启闭阀)。一手握住喇叭筒喷嘴根部的手柄,另一手紧握启闭阀的压把。对没有喷射软管的二氧化碳灭火器,应把喇叭筒喷嘴往上扳 $70° \sim 90°$,并拧紧该部位螺丝,防止喇叭筒喷嘴上下

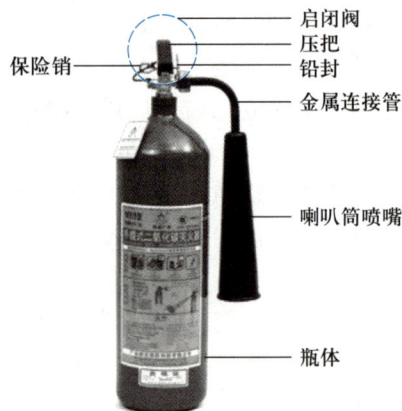

图1-1 二氧化碳灭火器

摇摆。二氧化碳灭火器打开之后,在距离火源约3 m的位置,对准火焰根部,由远及近,左右摆动喷射火焰根部,直至把火扑灭。若在室外使用,灭火人员应站在上风位置;若在室内窄小空间使用,灭火后操作者应迅速离开,以防窒息。

二氧化碳灭火剂主要依靠窒息作用和部分冷却作用灭火。二氧化碳具有较大的密度,约为空气的1.5倍。在常压下,液态的二氧化碳会立即汽化,一般1 kg的液态二氧化碳可以产生约0.5 m^3 的气体。因此,灭火时,二氧化碳气体可以排除空气而包围在燃烧物体的表面或分布于较密闭的空间中,降低可燃物周围或防护空间内的氧浓度,产生窒息作用而灭火。另外,二氧化碳从储存容器中喷出时,会由液体迅速汽化成气体,而从周围吸收热量,起到冷却的作用。

（4）干粉灭火器内充装的干粉灭火剂由具有灭火效能的无机盐和粉碎干燥的少量的添加剂组成。除扑救金属火灾的专用干粉化学灭火剂外，干粉灭火剂一般分为 BC 干粉灭火剂（以碳酸氢钠为主要组分的灭火剂，可以扑灭 B 类和 C 类火灾）和 ABC 干粉灭火剂（以磷酸二氢铵为主要组分的灭火剂，可以扑灭 A 类、B 类和 C 类火灾）。其中，A 类火灾指木材、纸张等固体物质火灾；B 类火灾指甲醇、塑料等液体或可熔化的固体物质火灾；C 类火灾指甲烷、氢气等气体火灾。干粉灭火剂主要通过在加压气体作用下喷出的粉尘与火焰接触混合时发生的物理化学作用灭火。灭火原理主要有：①干粉中的无机盐的挥发性分解物与燃烧过程中燃料所产生的自由基或活性基团发生化学抑制和负催化作用，使燃烧的链反应中断而灭火；②干粉的粉末落在可燃物表面，发生化学反应，并在高温作用下形成一层玻璃状覆盖层，从而隔绝氧，进而窒息灭火；③干粉能起到稀释氧和冷却的作用。

干粉灭火器使用前要检查压力是否处于正常的工作压力范围。压力表分为三个颜色区域：黄色表示压力充足，绿色表示压力正常，红色表示压力欠缺。干粉灭火器最常用的开启方法为压把法，将灭火器提到距火源适当距离后，先上下颠倒几次，使筒内的干粉松动，然后拔去保险销，将灭火器竖直放置，一只手握住压把，另一只手抓牢喷管，让喷嘴对准燃烧最猛烈处，用力按下压把，干粉会从喷管喷出。

1.1.2　常用危险化学品安全知识

危险化学品指的是具有毒害、腐蚀、爆炸、燃烧、助燃等性质，对人体、设施、环境具有危害的化学品。国家标准 GB 30000.1—2024 将化学品危险性分类为物理危险、健康危害和环境危害。可以引起物理危险的有爆炸物、易燃物质、氧化性物质、自燃物质、自热物质、自反应物质、遇水放出易燃气体的物质、有机过氧化物、金属腐蚀物、加压气体等；引起的健康危害包括急性毒性、皮肤腐蚀/刺激、严重眼损伤/眼刺激、呼吸道或皮肤过敏、吸入危险、生殖细胞致突变性、致癌性等；引起的环境危害包括危害水生环境和危害臭氧层。

危险化学品应当存放在专用仓库、专用场地或者专用储存室内，并由专人负责管理。危险化学品的存放方式、方法及存放数量应当符合国家标准或者国家有关规定。

实验室常见的剧毒品包括氯化汞、氧化汞、二乙基汞、三氧化二砷、硫酸铊等。剧毒化学品及存放数量构成重大危险源的其他危险化学品，应当在专用仓库内单独存放，并实行双人收发、双人记账、双人双锁、双人运输、双人使用管理规定。

实验室常见的易制爆危险化学品包括硝酸、高氯酸、硝酸盐类、氯酸盐类、高氯酸盐类、重铬酸盐类、过氧化物和超氧化物类、易燃物还原剂（包括锂、钠、钾、镁、镁铝粉、铝粉、锌粉、锆粉、硅铝、硫磺等）、硝基化合物类等。

此外，化学实验室常见的危险化学品还包括硫酸、盐酸、氢氧化钠、氨水、氮化镁、碘酸钾、二氧化硫、氟化铵、过二硫酸铵、硫化钠、硫酸镉、硫酸钴、硫酸镍、氯化镉、氯化钡、氯化钴、氯化镍、氯化锌等。

▶▶ 危险化学品使用规则

（1）绝对不允许把各种化学药品任意混合，以免发生意外事故。

（2）稀释浓硫酸时，不能把大量浓硫酸倾入水中或将水倒入浓硫酸中，只能在不断搅拌下把浓硫酸慢慢地注入水中。

（3）氢气与空气的混合气体遇火会发生爆炸，因此产生氢气的装置要远离明火。点燃氢气前，须检查氢气的纯度。实验时注意室内通风，由于氢气比较轻，一旦泄漏很容易向周围扩散，从而稀释和降低浓度。

（4）制备或使用具有刺激性、腐蚀性、恶臭、有毒的气体或能产生这些气体的实验应在通风橱内进行。这些气体包括硫化氢、氟化氢、加热或蒸发盐酸、硝酸、硫酸、氯气、溴、一氧化碳、二氧化氮、三氧化硫等。

（5）浓酸和浓碱具有强腐蚀性，不能接触皮肤或衣物。废酸应倒入酸桶中，酸桶中严禁倾倒碱液，以免因酸碱中和放出大量热而发生危险。

（6）强氧化剂（如氯酸钾）和某些混合物（如红磷、碳、硫等的混合物）混合时易发生爆炸，保存和使用这些药品时，应注意安全。

（7）银氨溶液放久后会变成氮化银而引起爆炸，因此用剩的银氨溶液必须酸化后回收。

（8）活泼金属钾、钠等不能与水接触或暴露在空气中，应将它们保存在煤油中，并用镊子取用。白磷剧毒，并能灼伤皮肤，切勿与人体接触。白磷在空气中易自燃，应保存在冷水中。白磷的切割应在水下进行，取用时，须用镊子夹取。

（9）易燃有机溶剂（如乙醇、乙醚、苯、丙酮等）使用时一定要远离明火。用后要把瓶塞塞紧，放在阴凉的地方。

（10）可溶性汞盐、铬化合物、氰化物、砷盐、锑盐、镉盐和钡盐都有毒，不得接触口鼻或伤口，其废液也不能倒入下水道，应统一回收并处理。

（11）不慎将汞洒落时，须迅速且尽可能用毛刷收集到装水的容器中，并用硫磺粉盖在洒落的地方。否则，洒落的汞将长年累月地散发有毒的汞蒸气，危害实验室人员的健康。

（12）使用高压气体钢瓶时，须严格按操作规程进行操作。

1.1.3　实验室废弃物处理

实验室废弃物包括废气、废液和废渣（固体废弃物），俗称"三废"。这些废弃物中许多是有毒有害物质，若不进行处理而随意排放，将会污染环境，危害人体健康，也会因环境中本底浓度过高影响实验测量结果的准确性。

实验室人员在实际工作中应遵循绿色化学理念，科学选择实验技术路线，避免使用有毒有害物质，减少化学试剂使用量，减少废弃物产生和排放，并对废弃物进行分类收集、存放和集中处理，尽可能回收利用实验产物或通过再生变废为宝。

不同的实验室有不同的废弃物管理规定，新进实验室时须仔细学习。这些规定一般包括：

（1）禁止将有机废液倒入下水道或将废弃液体、固体药品直接扔入垃圾桶。

（2）有机废液和无机废液须分开收集，有机废液倒入有机废液桶，无机酸废液倒入酸废液桶，无机碱废液倒入碱废液桶。倒废液前需仔细查看废液桶标签，填好日期、废液成分和出处等内容，切勿随意倾倒。注意废液量不超过桶容量的七成为宜，过满易发生胀裂等意外。不可将反应残渣随意倒入废液桶，以免其在废液桶中发生化学反应产生有毒气体外溢或在狭小桶内产生大量气体发生意外。

（3）含剧毒或带放射性的废液、废渣等药品和空瓶必须单独收集并按规定上报处理，不可随意与其他废弃物混合,否则可能导致废弃物处理成本剧增。

(4) 含金、银、铂等贵金属的废液或废渣需分类收集,并统一回收处理。

(5) 少量废气可以通过排风扇、通风橱等排风设备排出室外。废气量大时,必须处理后再排出。例如,二氧化氮、二氧化硫等酸性气体可用碱液吸收;可燃性的有机废气可于燃烧炉中通氧气完全燃烧后除去。

(6) 破碎玻璃必须单独收集在专用垃圾桶;使用后的针头需单独包装确保不伤人后放入专用垃圾桶。玻璃和针头禁止倒入生活垃圾桶或实验垃圾桶。

(7) 实验室产生的实验垃圾,包括手套、塑料针筒、沾染化学试剂的纸张等,应收集在实验垃圾桶内,严禁与生活垃圾混装。

1.1.4　实验室规范化管理

实验室规范化管理可以借鉴现代企业管理方法,对实验室的空间、人员、仪器、材料、方法等进行有效管理。例如,可采用包含整理、整顿、清扫、清洁、素养、安全内容的6s管理方法。"整理"是指对实验室物品进行分类,将有用物品留下来,无用物品清理掉以腾出空间;"整顿"是对实验室进行重新规划与安排,将实验室内所有物品(包括抽屉、实验柜中的物品)摆放整齐并加以标识,减少寻找物品的时间;"清扫"是对实验室进行彻底打扫,保持实验室干净明亮,创造良好的工作环境;"清洁"是对实验室进行规范化和制度化管理,使实验室经常处在整洁美观的状态;"素养"是要求实验室人员培养自律精神,养成良好的实验习惯,并遵守实验室的规章制度;"安全"是强调实验室安全管理和安全作业。

实验室应具有可操作性或实际管理效用的安全风险评估制度、危险源全周期管理制度、实验室安全应急制度、奖惩与问责追责制度和安全培训制度等管理细则。例如,实验室内的化学品存放要求如下:

(1) 建立动态使用台账。建立实验室危险化学品目录,并附有危险化学品安全技术说明书(MSDS)以方便查阅;定期组织清点实验室内化学品,清理过期化学品并完善电子台账。

(2) 有专用存放空间并科学有序存放。储藏室、储藏区、储存柜等应做到通风、隔热、避光、安全。易泄漏、易挥发的试剂保证充足的通风;有机溶剂储存区应远离热源和火源;试剂柜中不能有电源插座或接线板;配备必要的二次泄漏防护、吸附或防溢流功能;无挡板实验台架不得存放化学试剂。化学品有序分类存放:配伍禁忌化学品不得混存;固体和液体不混乱放置;试剂不得叠放;装有试剂的试剂瓶不得开口放置。

(3) 存放的危险化学品总量符合规定要求。危险化学品的存放方式、方法及存放数量应符合国家标准(GB 15603—2022)或相关规定。存放量由实验室面积大小决定。50 m^2 实验室内存放的危险化学品总量原则上不应超过 100 L 或 100 kg,其中,易燃易爆性化学品的存放总量不应超过 50 L 或 50 kg,且单一包装容器不应大于 20 L 或 20 kg;单个实验装置存在 10 L 以上甲类物质储罐,或 20 L 以上乙类物质储罐,或 50 L 以上丙类物质储罐,需加装泄漏报警器及通风联动装置。

(4) 化学品标签应完整清晰。化学品包装物上应有符合规定的化学品标签;当化学品由原包装物转移或分装到其他包装物内时,转移或分装后的包装物应及时重新粘贴标签。

化学品标签脱落、模糊、腐蚀后应及时补上,如不能确认,则以废弃化学品处置。另外,实验室中自行配制的化学试剂、溶液、中间体、待测试样、留样试样等品种数量繁多,化学标签须标识清楚,包括物质名称、浓度、溶剂种类、使用者姓名、日期等信息。

1.2　基础知识和基本操作

1.2.1　常用实验器皿及其洗涤和干燥

化学实验需要使用到许多不同类型的实验器皿。

化学实验室里大多数的实验器皿采用玻璃制成,这是由于玻璃材质具有许多优越的性能,包括高化学稳定性和热稳定性,良好的透明度、机械强度、绝缘性能等,并能按需要制成各种不同的形状且成本低。玻璃材质主要有钠钙玻璃和硼硅玻璃两类:①钠钙玻璃主要含 SiO_2,CaO 和 Na_2O,通常用于制造非加热用的器皿;②硼硅玻璃主要含 SiO_2,B_2O_3 等,其热膨胀系数较小,具有更强的抗断裂性能,能减小膨胀或收缩不均匀发生破裂的可能性,通常用于制造加热用的器皿。常用的玻璃器皿有烧杯、锥形瓶、试剂瓶、抽滤瓶、容量瓶、称量瓶、量筒、移液管、滴定管、试管、滴管、玻璃棒(简称玻棒)、玻璃漏斗、表面玻璃、干燥器等。

瓷质器皿的耐热性能比玻璃器皿好,热膨胀系数比较小,因此可用于高温实验。实验室常用的瓷质器皿有布氏漏斗、瓷蒸发皿、瓷坩埚、点滴板、白瓷板等。

随着技术的发展和实验的需要,塑料材质的器皿也越来越多地用于化学实验,包括塑料滴瓶、塑料离心管、塑料试剂瓶、洗瓶等。此外,实验室常用的金属材质的实验器皿有铁圈、十字夹、烧瓶夹、蝴蝶夹、坩埚钳、不锈钢酒精灯等。

▶▶ 常用实验器皿

1. 反应容器

反应容器(图1-2)一般选用线热膨胀系数为$(3.3\pm0.1)\times10^{-6}\,K^{-1}$的高硼硅玻璃制造,适用于较长时间加热,但骤冷或骤热也可能发生破裂。因此,将反应容器放到电热板或电陶炉上加热前,须将容器的外壁和底部擦干;采用酒精灯加热玻璃反应容器时,容器的底部必须垫有石棉铁丝网,以使容器受热均匀。

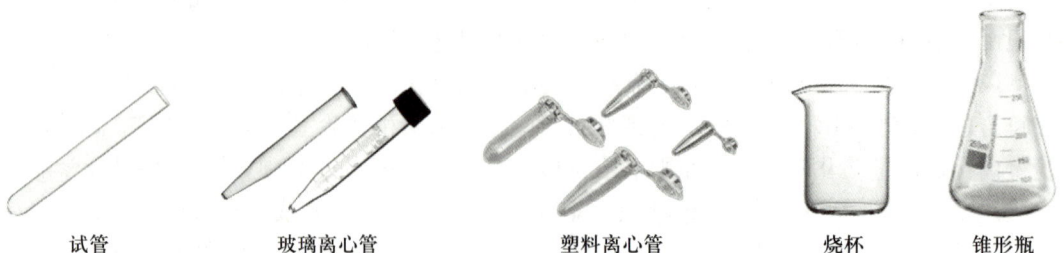

| 试管 | 玻璃离心管 | 塑料离心管 | 烧杯 | 锥形瓶 |

图1-2　反应容器

反应物用量较少时,一般选用玻璃试管作为反应容器,如阴阳离子的鉴定实验,不仅试剂用量少,而且便于振荡、加热和观察。底部呈锥形的玻璃试管是玻璃离心管,少量沉淀经离心分离后聚集沉积在锥形底部,便于观察沉淀的量和颜色。此外,现代实验室也常用塑料离心管。

反应物用量较多时,可以根据实验的需要选用形状和大小合适的烧杯(GB/T 15724—2024)或烧瓶(GB/T 22362—2023)。细口锥形烧瓶,又称锥形瓶或三角烧瓶。选用锥形瓶作为反应容器,加热时可以避免液体大量蒸发。锥形瓶旋摇方便,适用于滴定操作。使用时须注意反应液体的体积不得超过反应容器容量的 2/3。若同时用到几只烧杯或锥形瓶,为了便于区别,须用记号笔在反应容器的外壁做标记(涂白漆处)。

2. 度量仪器

度量仪器(图 1-3)一般选用钠钙玻璃或者低硼硅玻璃制造,用于量取一定体积的液体,仪器上有刻度线,表示在一定温度下的容量。度量仪器不宜用于量取混有固态物质的液体,不能作为反应容器用,更不能加热。

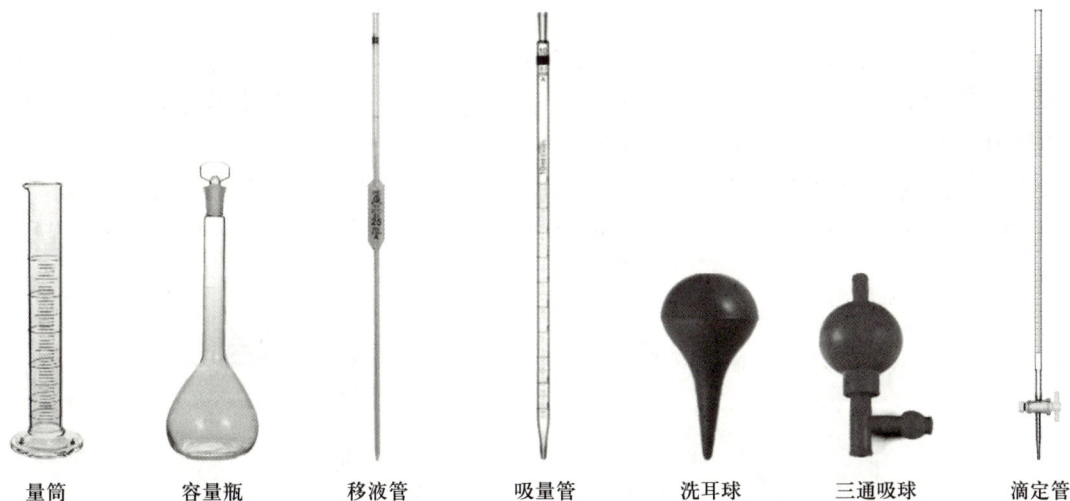

| 量筒 | 容量瓶 | 移液管 | 吸量管 | 洗耳球 | 三通吸球 | 滴定管 |

图 1-3　度量仪器及助吸器

如果对量取液体体积的准确度要求不高,可以使用量筒、量杯或瓶口分液器,但如果需要准确量取液体体积,就必须使用其他更精密的度量仪器(如移液枪、移液管或吸量管)。须注意:瓶口分液器用过一段时间以后,所量取的液体体积可能出现比较大的误差,此时须及时进行校准或用量筒作为接收容器来确定所量取液体的体积。

容量瓶用于配制准确浓度的溶液,实验室常用的类型是细颈梨形平底容量瓶(GB/T 12806—2011)。容量瓶带有磨口玻璃塞或塑料塞,瓶颈上有一环形标线。容量瓶的瓶塞和瓶口大小须匹配,以防止漏液。具有磨口的玻璃器皿长期不使用时,须在磨口连接处夹一小纸片,以方便后期打开。

吸量管分单标线吸量管(又称移液管,GB/T 12808—2015)和分度吸量管(又称吸量管,GB/T 12807—2021),均用于移取一定体积的液体,须与助吸器配套使用。常见的助吸器有洗耳球、三通吸球、手动助吸器、电动助吸器等。

滴定管是可取出不固定量液体的玻璃量器,主要用于滴定分析实验。滴定管(GB/T

12805—2011)的种类很多,教学实验室常用的是普通的具塞滴定管。其管身是用细长而内径均匀的玻璃管制成,上面刻有均匀的分度线,下端的流液口为一尖嘴,中间通过聚四氟乙烯旋塞连接以控制滴定速率。

使用度量仪器时,必须掌握测量液体体积的正确方法,如图1—4所示,测量时必须使视线同度量仪器内溶液的凹液面的最低点保持水平(若为凸液面则与溶液最高点保持水平),否则读出的数值就会偏高或偏低,从而造成较大的误差。

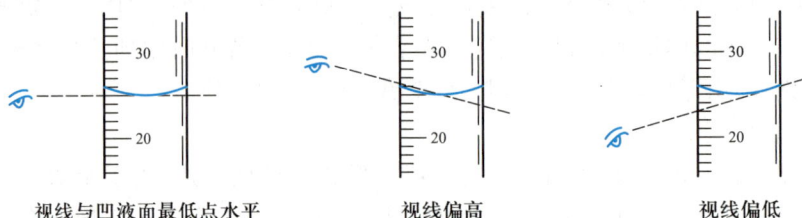

　　视线与凹液面最低点水平　　　　视线偏高　　　　　视线偏低

图1—4　读取度量仪器内液体的体积(凹液面)

3. 瓶

化学实验室的瓶主要用来存放化学试剂和化学品,其材质主要有玻璃和塑料。玻璃瓶(GB/T 11414—2011)一般用钠钙玻璃制造,瓶壁厚薄不均匀,因此不宜加热。根据瓶的使用要求,可以分为放水瓶和试剂瓶(图1—5)。根据瓶颈结构可以分为螺纹口和锥形口两种;根据色泽可以分为白色和棕色两种,棕色适用于各种需要避光物质的存放。锥形口瓶根据瓶口大小还可分为小口瓶和广口瓶,根据磨口要求还可分为标准口瓶和普通口瓶。

　　　　小口瓶　　　　　　　　　　　　　广口瓶

图1—5　试剂瓶

瓶的公称容量一般指正常壁厚的瓶子充液到肩部转弯处所能容纳的液体量,而瓶的总容量指到瓶颈部基线所容纳的液体量,一般比公称容量多大约15%。

制备气态物质时,常用广口瓶来收集气体产物,在广口瓶中气态物质与其他试剂反应的情况比较容易观察。但广口瓶不能加热,因此,如果试剂能在该气体中燃烧,则应注意不使火焰触及瓶壁。进行这一类实验时,通常在瓶底铺上一层细沙,以防灼热的物体掉落瓶底致使广口瓶因局部受热而破裂。

滴瓶(图1—6)是方便取用少量溶液的工具,常用的有玻璃滴瓶和塑料连帽滴瓶两种。不能将溶液长时间存放在玻璃滴瓶中,以防其磨口与瓶塞粘连。塑料连帽滴瓶耐酸碱,取样量少,使用过程中不易污染原溶液。

洗瓶(图1—7)是一种配有发射细液流装置的容器,一般装纯水、洗涤沉淀用的试剂或定容用的试剂等。

洗气瓶(图1-8)是一种洗去气体中杂质的仪器。将不纯气体通过适宜液体介质可以洗去杂质气体,达净化气体的目的。在有可燃性气源的实验装置中,洗气瓶也可以起到安全瓶的作用。气体须从长端进气口进入洗气瓶中的洗液,鼓泡后方可实现充分洗气。

玻璃滴瓶

塑料连帽滴瓶

图1-6 滴瓶

图1-7 洗瓶

图1-8 洗气瓶

4. 漏斗

漏斗的样式很多,当过滤或将液体倒入口径较小的容器时,常使用普通漏斗(图1-9)。分液漏斗(图1-10)常用于萃取与分液,也可作为反应装置中的加液器,容易控制滴加速率。瓷质布氏漏斗需与耐压的抽滤瓶、单孔橡皮塞一起组成抽滤装置(图1-11),借助真空泵把瓶内大部分空气抽出,使瓶中压力降低以加快过滤速度。实验室也常采用多孔玻璃板漏斗,其与标准磨口锥形瓶直接相连,使用更加方便。

图1-9 普通漏斗

图1-10 分液漏斗

5. 称量瓶和干燥器

称量瓶(图1-12)为带有磨口塞的小玻璃瓶,质量较轻,可以直接在天平上称量,是用来盛放或精确称量试样或基准物的容器。

易潮解、易吸水分解的药品及须保持干燥的器皿(称量瓶、坩埚等)都应存放在盛有干燥剂的干燥器里。干燥器分为普通干燥器(图1-13)和真空干燥器。普通干燥器配有磨砂口的盖,磨口涂有少量凡士林以确保密封。欲推开干燥器的盖子,须一只手扶住干燥器的中部位置,另一只手握住盖顶隆起部分,朝扶手位沿水平方向推移。灼烧后温度还很高的器皿不能立即放入干燥器,否则会使干燥器胀裂或者推不开盖子。干燥器内的干燥剂必须常常更换以保证干燥有效。

布氏漏斗　＋　抽滤瓶　＋　单孔橡皮塞　→

多孔玻璃板漏斗　＋　磨口锥形瓶　→

图1-11　抽滤装置

图1-12　称量瓶　　　　图1-13　干燥器

6. 表面皿和蒸发皿

表面皿(图1-14)常作为烧杯的盖,可避免加热液体至沸腾时液滴溅出,同时也可以防止空气中的尘埃掉入烧杯。表面皿盖烧杯时,凹面须朝上。表面皿有时也可以用作点滴反应或结晶的器皿。若作为液体蒸发的容器,只能置于水浴上加热,不能用酒精灯直接加热。

蒸发皿(图1-15)常用于蒸发液体、浓缩溶液或干燥固体物质,其口径大,蒸发速度快。蒸发皿可耐高温,但不宜骤冷,因此,高温时不能用冷水洗涤或冷却。蒸发皿可以直接加热,但冷却时不能直接放在实验桌面上,也不能直接放在玻璃滴定台上,而应放在耐热的白瓷板等器具上。

图1-14　表面皿　　　　图1-15　蒸发皿

7. 坩埚和坩埚钳

坩埚(图1-16)可以用于重量分析中灼烧固体,其耐高温,但不宜骤冷,且冷却时不能直接放在桌面上,以免烫坏桌面,而应放在耐热的白瓷板等器具上。取放坩埚须使用坩埚钳(图1-17),坩埚钳不用时,应尖端朝上,平放在桌上。

图1-16　坩埚　　　　　　图1-17　坩埚钳

8. 研钵和研杵

研钵可以采用瓷、玻璃(图1-18)、铁、玛瑙、氧化铝等材料制成,与研杵配套使用,用于研磨固体物质或进行粉末状固体的混合,如固相合成实验。教学实验室中使用的研钵大多是瓷或玻璃材质的,玛瑙研钵则适用于高级研磨。被研磨物的硬度要比研钵小,以免引入杂质或者损坏研钵。

9. 点滴板

瓷质点滴板(图1-19)是带有凹穴的瓷板,在化学定性分析中做显色或沉淀点滴实验时使用。点滴反应在凹穴中进行,有显色反应的用白瓷板,有白色或黄色沉淀的用黑瓷板。点滴板有6孔、9孔、12孔等规格,在同一块板上便于做对照实验,也便于洗涤,但不能用于加热反应。

图1-18　研钵和研杵　　　　　图1-19　瓷质点滴板

10. 其他

实验室常用的工具(图1-20)还包括不锈钢酒精灯、电子点火枪、十字夹、烧瓶夹、蝴蝶夹、磁力搅拌子、磁力搅拌子回收器、移液管架等。

▶▶▶ 实验器皿的洗涤和干燥

化学实验所用的器皿必须清洗干净,否则可能得到不正确的实验结果。可以根据实验要求及器皿上残留物质的性质,选择合适的洗涤方法。

自来水可洗去器皿上的尘土和可溶于水的污物。洗涤时,器皿内盛 $1/3\sim1/2$ 的清水,用大小合适的刷子刷洗器皿,洗涤 $2\sim3$ 次。器皿壁的污垢除去后,再用清水冲洗几次。滴定管、容量瓶、移液管、吸量管等度量仪器使用后应及时用清水冲洗,不能用刷子刷洗。

烧杯、锥形瓶、试管等反应容器中自来水难以洗去的污物可用刷子蘸去污粉或合成洗涤剂来刷洗。去污粉的主要成分是小苏打($NaHCO_3$)或苏打(Na_2CO_3),还可能添加少量白土起吸附作用,添加少量细沙增加摩擦力,添加少量碱增强去污力。

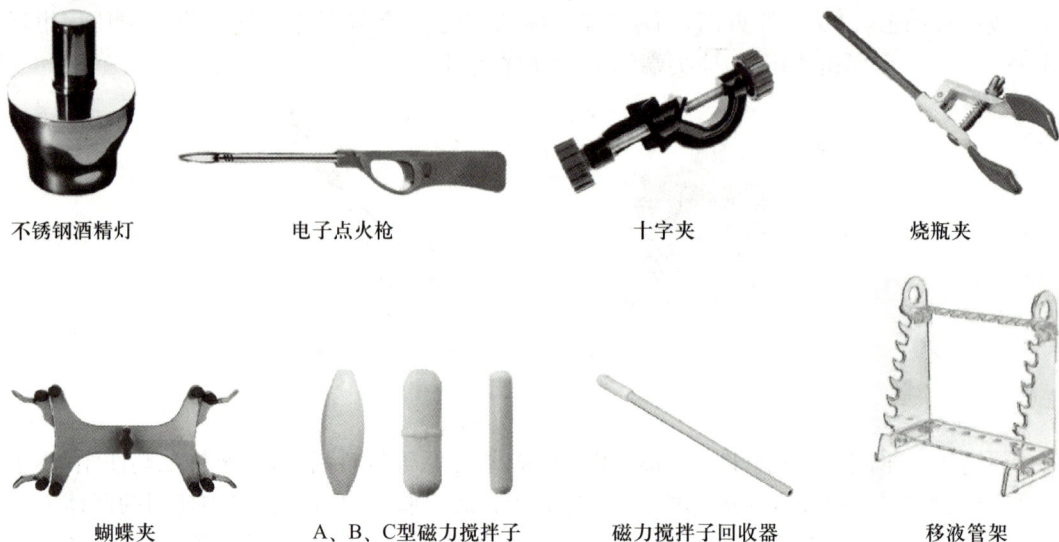

| 不锈钢酒精灯 | 电子点火枪 | 十字夹 | 烧瓶夹 |

| 蝴蝶夹 | A、B、C型磁力搅拌子 | 磁力搅拌子回收器 | 移液管架 |

图1-20　实验室其他常用工具

痕量分析对实验器皿的洁净程度要求更高,可以采用浸酸的方式在玻璃表面形成水合硅胶层,有利于洗净器皿。例如,准备一个带盖大容器,盛放5%～10%硝酸洗液,再将器皿浸没酸液中24 h以上。玻璃器皿浸泡后,其器壁不挂水珠。

现代实验室中的超声波清洗机和洗瓶机也可以用来洗涤实验器皿,须注意仪器的适用范围,如比色皿不适合采用超声方式洗涤,否则极易损坏。比色皿可以采用1:2的盐酸乙醇洗液浸没一段时间后再清洗,其中的乙醇有机溶剂有利于洗去有颜色的有机物质。

洗液洗涤后的实验器皿,应先用自来水冲净,再用纯水润洗内壁2～3次。纯水润洗的原则是少量多次,每次的使用量约为容器容量的1/5。如果器皿已洗净,则壁上会留一层均匀的水膜。

洗净后的器皿根据情况可以选择自然晾干或采用电热鼓风干燥箱干燥。容量瓶、移液管、吸量管等度量仪器受热膨胀后会引入误差,应自然晾干为宜。

1.2.2　实验室用水规格

为了消除试剂误差,不同类型实验用的试剂纯度都有不同的要求。纯水是化学实验室中最常用的纯净溶剂和洗涤剂,在需要大量使用纯水的工作单位常会单独设置制水室,并通过聚丙烯材质的水管直接引入各实验室。纯水可以由反渗透分离技术结合离子交换分离技术制备获取。

分析实验室用水规格和试验方法(GB/T 6682—2008)规定了分析实验室用水的级别、规格、取样及贮存等,适用于化学分析和无机痕量分析等试验用水,其主要技术指标如表1-1所示,其中较简便而实用的方法是利用电导率仪进行测量。在实际工作中,有些实验对水还有特殊的要求,需要检验其他项目,如Fe^{3+},Ca^{2+},Cl^-及细菌等,具体内容可以参看《分析化学手册　第一分册　基础知识与安全知识》(化学工业出版社)。

表 1－1 分析实验室用水的级别及主要技术指标

水的级别	一级	二级	三级
pH 范围(25 ℃)	—	—	5.0～7.5
电导率(25 ℃)/(mS·m⁻¹)	≤0.01	≤0.10	≤0.50
可氧化物质含量(以 O 计)/(mg·L⁻¹)	—	≤0.08	≤0.40
吸光度(254 nm,1 cm 光程)	≤0.001	≤0.01	—
蒸发残渣(105 ℃±2 ℃)含量/(mg·L⁻¹)	—	≤1.0	≤2.0
可溶性硅含量(以 SiO₂ 计)/(mg·L⁻¹)	≤0.01	≤0.02	—

超纯分析或痕量分析中用到的超纯水,一般采用超纯水机进一步净化纯水得到。水的纯度也可以用电阻率来衡量,水越纯,电阻率越大,25 ℃时绝对纯水具有最大的电阻率18.3 MΩ·cm。

1.2.3 化学试剂的规格、存放和取用

▶▶▶ 常用化学试剂及其规格

化学试剂的纯度对实验结果准确度的影响很大,不同的实验对试剂纯度的要求也不同。一般来说,化学试剂纯度越高,价格越贵。因此,须对化学试剂标准有明确的认识,做到合理使用化学试剂,既不超规格使用造成浪费,又不随意降低规格使用影响实验结果的准确度。

若以试剂纯度或杂质含量来划分,常用化学试剂规格如表1－2所示。其中优级纯试剂为一级品,纯度很高,适用于精确分析和研究工作,有的可作为基准物质使用;分析纯试剂为二级品,纯度高,可用于一般分析实验,如配制定量分析中的普通试液,是化学实验通常采用的一种试剂;化学纯试剂为三级品,适用于一般化学实验,有较少的杂质,但不妨碍实验,且成本较低。

表 1－2 常用化学试剂规格

级别	一级品	二级品	三级品
中文标志	优级纯	分析纯	化学纯
英文	guaranteed reagent	analytical reagent	chemical pure
符号	GR	AR	CP
瓶签颜色	绿	红	蓝

此外,实验室还常会用到国外生产的试剂,主要可以借鉴《化学试剂－美国化学学会规格》(Reagent Chemicals-American Chemical Society Specifications),例如,实验试剂(laboratory reagent,LR)的纯度不及化学纯,可作为实验辅助试剂;而高纯(extra pure,EP)、超纯(ultra pure,UP)试剂的纯度比优级纯更高,适用于痕量分析。

若以试剂的用途划分,基准试剂(primary reagent,PT)可以作为标定溶液浓度的基准物质,可以直接配制标准溶液;光谱纯试剂(spectrum pure,SP)的干扰谱线的杂质含量很少,用光谱分析法已测不出或者干扰很小,专门用作光谱分析中的标准物质,但不应把这类试剂当作化学分析的基准试剂来使用;色谱纯试剂是指进行色谱分析时使用的试剂,例如,适用于高效液相色谱的试剂(HPLC grade),其纯度很高,试剂中的杂质浓缩数千倍后色谱仪器仍无法检测出或干扰非常小。

▶▶ 试剂的存放

试剂出厂时,按照试剂性质装在不同口径、形状、材质和颜色的玻璃或塑料瓶中,例如,固体试剂装在玻璃或塑料材质的广口试剂瓶中,液体试剂则都装在细口试剂瓶中,腐蚀玻璃的试剂如 NaOH、HF 和 NH_4HF_2 都必须装在塑料瓶中,见光易分解的试剂如 HNO_3、$AgNO_3$ 及有机溶剂等都装在棕色或黑色试剂瓶内。由原装液体试剂稀释或固体试剂配制的一定浓度的溶液须按其性质分装在不同的试剂瓶中,并标明溶液的名称、浓度、溶剂种类、操作者及分装日期等信息。

大多数化学试剂怕光、怕热、怕潮,应选择阴凉、通风的房间用于试剂存放。存放室内除配有监控摄像头、烟雾探测器、灭火器材、空调等基本配套设施外,还须配有防盗栅栏门窗及智能电子锁,工作人员取用试剂须刷卡进入,闲杂人员不得入内,多重保障试剂存放安全。试剂须分类分柜存放,例如,按金属、钾盐、钠盐、铵盐、其他无机盐类和酸、碱、指示剂、有机试剂等分类进行存放,同时特别注意液体试剂与固体试剂、氧化性试剂与还原性试剂分开存放,且挥发性液体试剂(如某些酸碱溶液和有机溶剂)须存放于配有排气系统的专用试剂柜中。试剂柜中存放的所有无机化学试剂可以根据其化学式的英文字母顺序(A→Z)进行排序摆放,如化学式首字母相同,则按第二字母进行排序,以此类推。也可以采用国家危险化学品安全管理条例所推荐的按元素周期表顺序进行排序存放。指示剂及葡萄糖、淀粉等固体有机试剂数量较少,将常用的排在前面即可。同时贴上对应的标签,新补充的靠里摆放,快过期的靠外摆放以便优先使用。通过分类分柜及按一定顺序存放,所有试剂存放位置一目了然,任何工作人员都能快速准确地找到所需试剂,且有效地防止了试剂因过期变质而造成资源浪费或产生安全隐患。

▶▶ 试剂的取用

1. 试剂取用的基本规则

取用试剂应注意保持清洁,防止试剂被沾污或变质,须遵守下列规则:

(1)手不能与试剂直接接触,严禁试尝试剂的味道,确保试剂的纯净和人员的安全。

(2)打开试剂瓶后,瓶塞或瓶盖翻转朝上放在桌上,以防止沾污。取用试剂后,应立即盖好瓶塞或瓶盖,并放回原位,不要弄错瓶塞或瓶盖。

(3)已经取出的试剂(纯度较低的实验试剂除外),不得倒回原试剂瓶,以免污染原试剂。

2. 固体试剂的取用

从瓶中取用固体试剂时,须使用洁净的镊子夹取块状固体(如 Zn 片、Mg 条等)或者用洁净的药勺取粉末状固体[如 KIO_3、$(NH_4)_2SO_4$ 等]。为了避免试剂被污染,取用后多余的药品不得放回原瓶。

固体试剂须送入容器的底部参与化学反应,而不能沾在管口或管壁上。块状固体放入容器时,应先倾斜容器,把固体轻放在容器内壁,让其慢慢滑落到容器底部。粉末状固体可通过药勺或称量纸直接放入或转入容器。若容器的口径较小(如试管、烧瓶等),加药品时,应该先将容器倾斜或横放,用药匙或纸槽将药品送入距容器口 2/3 处,然后慢慢将容器直立,并用手指轻弹药匙或纸槽,让粉末落到容器底部,如图 1−21 所示。若瓶中的固体试剂结块,可先将药品放在研钵中研细,再放入容器。

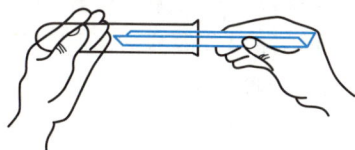
图 1−21　固体粉末用纸槽倾入试管

3. 液体试剂的取用

(1)原装液体试剂的取用。购买回来一直留在原试剂瓶中的试剂叫原装试剂。取用较大量的原装液体试剂时,视具体情况可直接从试剂瓶中倾倒于烧杯、试管、量筒等容器中。倾倒时,瓶上的标签要朝向手心,以免瓶口残留的少量液体顺瓶壁流下而腐蚀标签。倾倒时必须使液体沿着玻棒或试管、量筒内壁徐徐流入容器,以免液体溅出,如图 1−22 所示。取用较少量的原装液体试剂时,可以采用专用滴管或移液枪移取。

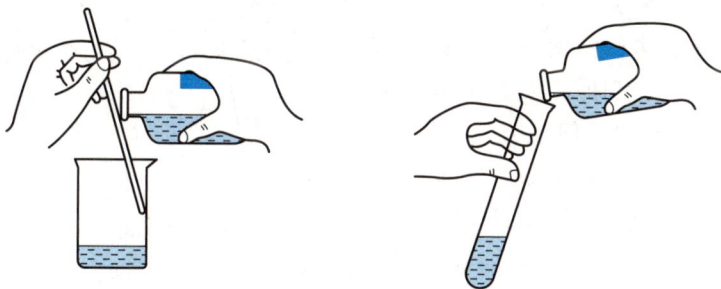
图 1−22　液体的取用

(2)溶液的取用。为了安全、环保、节约和方便实验教学,实验室常给学生提供由原装液体试剂稀释或固体试剂配制的一定浓度的溶液。根据实际需要量,学生可以通过量筒直接取用,也可以通过定量加液器(图 1−23)或瓶口分液器(图 1−24)等快速取用。如果需要取用准确体积的溶液,则须选用移液管、吸量管或移液枪等仪器。

排液口

图 1−23　定量加液器

推液杆

调节钮

管帽

图 1−24　瓶口分液器

定量加液器的定量加液管一般安装在带有橡胶塞的塑料试剂瓶上。使用时,用手挤压塑料试剂瓶,将试剂瓶中的溶液挤入定量加液管直至超过定量加液管内的排液口,再松开手,高于排液口的溶液会返流回试剂瓶,再将定量加液管中的溶液转移至接收容器即可。使用时须注意橡胶塞的密封,若密封不好,试剂无法顺利挤入定量加液管。

使用瓶口分液器前,须先取下排液管的管帽,再拧松体积调节钮,将调节钮推至所需的刻度,然后拧紧旋钮。使用瓶口分液器时,手持接收容器于排液口处,然后将推液杆缓慢提起到最高处,再缓慢向下按压到底。瓶口分液器安装好后须排出管内的气体,若直接使用则量取的液体体积误差较大。长时间使用后,瓶口分液器所指示的刻度可能会有比较大的误差,须及时校正或者采用量筒作接收容器确定所量取的液体体积。推液杆往下按压时不能太快,以防溶液四溅。

(3) 微量、半微量溶液或液体试剂的取用。以试样量划分,微量液体试剂的体积小于1 mL,半微量液体试剂的体积为 1~10 mL。进行试管实验时,往往只需要微量的溶液或液体试剂,这时使用滴管比较方便。滴管滴下一滴溶液的体积约为 0.04 mL。一般来说,取用 2 mL 以下体积的溶液都可以用滴管数滴加入。滴管与滴瓶配套使用,不能把滴管放在原滴瓶以外的任何地方,以免杂质沾污滴管。用滴管将溶液加入试管时,先将试管稍倾斜约 30°,滴管直立,其下端离试管口约 0.5 cm,如图 1−25 所示,使溶液沿着管

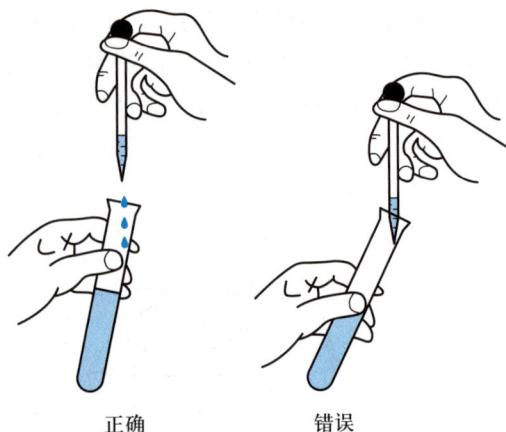

正确   错误

图 1−25 微量液体试剂的取用

壁滴下,切勿使滴管的末端碰到试管的内壁,以免滴管沾染其他物质并将其带进滴瓶中。滴管不能平握或倒置,以免液体倒灌入橡胶帽中。滴管用过后,应立即放回滴瓶,不得随便乱放。

此外,类似滴眼液瓶的塑料小滴瓶也可以替代玻璃滴管和滴瓶,可以较好地解决滴管橡胶帽老化变质、取样量过大等问题;塑料连帽滴瓶则可以解决滴管插错滴瓶而导致的试剂污染等问题。

1.2.4 标准物质和标准溶液

1. 标准物质

标准物质(JJF 1005—2016)是一种已确定其一种或几种特性或量值且具有材质均匀、性能稳定等特性的物质,可以作为分析测量行业中的“量具”,在校准测量仪器和装置、评价测量方法、确定某材料特性值、考核分析人员的操作技术水平及在生产过程中产品的质量控制等方面起着不可或缺的作用。

实验室常用的标准物质有滴定分析用的工作基准试剂和 pH 基准试剂。

滴定分析中常用的工作基准试剂属于二级标准物质,其纯度为 99.95%~100.05%,可使被标定溶液的不确定度在 0.2% 以内。常用的工作基准试剂(简称基准物质)见附录 12。

实验室用于校准 pH 计的 pH 标准缓冲溶液是用二级 pH 基准试剂按规定方法配制

的。二级 pH 基准试剂的 pH(S)总不确定度为±0.01。常用的 pH 基准试剂如表 1－3 所示。pH 缓冲溶液一般可以保存 2～3 个月,若发现有浑浊、沉淀或发霉,则不能再使用。

表 1－3　常用 pH 基准试剂

名称/化学式	干燥条件	浓度/(mol·L^{-1})	配制方法	pH 标准值(25 ℃)
邻苯二甲酸氢钾/ KHC$_8$H$_4$O$_4$	105～115 ℃ 烘 2～3 h	0.05	称取 10.21 g KHC$_8$H$_4$O$_4$,用水溶解后定量转移并定容于 1 L 容量瓶中,摇匀	4.00±0.01
磷酸氢二钠－磷酸二氢钾/ Na$_2$HPO$_4$－KH$_2$PO$_4$	110～120 ℃ 烘 2～3 h	0.025	称取 3.549 g Na$_2$HPO$_4$ 和 3.402 g KH$_2$PO$_4$,用水溶解后定量转移并定容于 1 L 容量瓶中,摇匀	6.86±0.01
硼砂/Na$_2$B$_4$O$_7$·10H$_2$O	在 NaCl 和蔗糖饱和溶液恒湿器中恒重	0.01	称取 3.81 g Na$_2$B$_4$O$_7$·10H$_2$O,用无 CO$_2$ 的水溶解后定量转移并定容于 1 L 容量瓶中,摇匀	9.18±0.01

2. 标准溶液

标准溶液是具有准确浓度的溶液。在滴定分析中,标准溶液的浓度常用物质的量浓度(单位 mol·L^{-1})表示。光度分析中的标准溶液常用质量浓度(单位 mg·L^{-1})表示。

标准溶液通常有两种配制方法:

(1) 直接法。用电子分析天平准确称取一定量的基准试剂,溶解后定量地转入容量瓶中,用纯水稀释至刻度。根据称取物质的质量与容量瓶的体积,计算出该标准溶液的准确浓度。

(2) 标定法。不符合基准试剂要求的试剂,例如,易挥发的 HCl 和易吸水的 NaOH 不能采用直接法配制,而要用间接的方法,即先配制接近所需浓度的溶液,然后用基准试剂或另一种已知准确浓度的标准溶液来标定它的浓度。

在实际工作中特别是在工厂实验室,还常采用"标准试样"来标定标准溶液的浓度。"标准试样"的含量已知,且组成与被测物相近,用其标定可抵消分析过程的系统误差,提高测量结果的准确度。

存放一定时间后的标准溶液,由于水分蒸发,水珠凝于瓶壁,使用前应将溶液摇匀。如果溶液浓度发生变化,则须重新标定。对于不稳定的溶液应定期标定其浓度。

1.2.5　试纸的种类与使用

在实验室中经常使用试纸来定性检验一些溶液的性质或某些物质是否存在,其操作简单,使用方便。

1. 试纸的种类

实验室常用的试纸有 pH 试纸、醋酸铅[Pb(Ac)$_2$]试纸和碘化钾(KI)－淀粉试纸。

(1) pH 试纸。pH 试纸用以检验溶液的酸碱度。一般有两类:一类是广泛 pH 试纸(图 1-26),pH 变色范围在 1~14,用来粗略检验溶液的 pH。另一类是精密 pH 试纸,这种试纸在 pH 变化较小时就有颜色的变化,可用来较精细地检验溶液的 pH。精密 pH 试纸有很多种,如 pH 变色范围在 2.7~4.7,3.8~5.4,5.4~7.0,6.9~8.4,8.2~10.0 及 9.5~13.0 等。

(2) $Pb(Ac)_2$ 试纸。$Pb(Ac)_2$ 试纸用以定性地检验反应中是否有 H_2S 气体产生(即溶液中是否存在 S^{2-})。试纸使用时须先用纯水润湿,并通常须将待测溶液酸化。如果待测溶液有 S^{2-},酸化后有 H_2S 气体生成并逸出,遇到 $Pb(Ac)_2$ 试纸,H_2S 气体溶于试纸上的水中,然后与试纸上

图 1-26   pH 试纸

的 $Pb(Ac)_2$ 反应,生成黑色的 PbS 沉淀,使试纸呈黑褐色并有金属光泽(有时颜色较浅,但有很特征的金属光泽)。若溶液中 S^{2-} 的浓度较小,用此试纸则不易检出。

(3) KI-淀粉试纸。KI-淀粉试纸用以定性地检验氧化性气体(如 Cl_2、Br_2 等)。试纸使用时须先用纯水润湿。当氧化性气体溶于试纸上的水后,将 I^- 氧化为 I_2,I_2 立即与试纸上的淀粉作用,使试纸变为蓝紫色。

2. 试纸的使用方法

(1) pH 试纸。将一小块试纸放在点滴板或表面皿上,用沾有待测溶液的玻棒点试纸的中部,试纸即被待测溶液润湿而变色。不要将待测溶液滴在试纸上,更不要将试纸泡在溶液中。试纸变色后,与色阶板比较,得到 pH 或 pH 范围。

(2) $Pb(Ac)_2$ 试纸与 KI-淀粉试纸。将一小块试纸润湿后粘在玻棒的一端,然后用此玻棒将试纸放在试管口。如有待测气体逸出,则变色。若逸出的气体较少,可将粘着试纸的玻棒伸进试管内靠近溶液的地方,但勿使试纸接触管壁和溶液。

3. 注意事项

(1) 使用试纸时要注意节约,应将试纸剪成小块,每次用一小块。

(2) 取出试纸后,应将装试纸的容器盖严,以免被实验室内的其他气体沾污。

(3) 使用 KI-淀粉试纸时,若氧化性气体的氧化性很强且气体浓度较大,则有可能将 I_2 继续氧化成 IO_3^- 而使试纸褪色。

(4) 用后的试纸丢在实验垃圾桶内。

1.2.6   加热与冷却方法

加热可以提高化学反应速率、加快固态物质在溶剂中的溶解、加快溶液的浓缩等,且有些化学反应也仅在加热的条件下才能进行。然而加热过程又容易发生火灾、实验器皿爆裂、操作人员烫伤等事故,因此须熟练掌握加热操作技能。加热实验后,一般须冷却加热物质及容器以便进行后续实验。为了能够节省实验时间、提高固体产物从母液中析出的产量或阻止反应继续进行等,须了解冷却的方法。

▶▶▶ 加热

实验室的加热工具及仪器有:酒精灯、电加热板(简称电热板)、加热型磁力搅拌器、水

浴锅、电热鼓风干燥箱(简称烘箱)、电陶炉、马弗炉等。实验室安全管理规定决定了酒精灯等明火加热工具使用的频率越来越低,仅在个别实验中使用。常用的直接加热仪器包括电热板、加热型磁力搅拌器等,适用于加热在较高温下不分解的试样;常用的间接加热方式包括能使被加热物质均匀受热的水浴、油浴等。此外,反应釜放在烘箱中加热,坩埚可以采用电陶炉、马弗炉直接灼烧。

加热的试剂量多时可以选择烧杯、烧瓶、蒸发皿等作为容器,加热的试剂量少时可以选择试管、坩埚等作为容器。

1. 电热板

电热板常用来直接加热烧杯或锥形瓶里的试样,可同时加热多个试样。

2. 水浴锅

水浴锅常用来间接均匀加热反应容器中的试样,受到水沸点的限制,其使用温度不超过 100 ℃。当要求被加热物质受热均匀,加热温度高于 100 ℃时,可使用沸点更高的油浴锅加热。

3. 加热型磁力搅拌器

加热型磁力搅拌器不仅具有加热功能,也具有搅拌功能。既可以实现直接加热,也可以外加浴锅,实现水浴或油浴加热。

4. 电陶炉、马弗炉

电陶炉的加热功率可达 2200 W,实验中常用来快速准备无 O_2 或无 CO_2 的纯水、煮沸试样溶液、高温灰化坩埚中的试样等。马弗炉的最高使用温度一般可达 1300 ℃,须将耐高温的器皿(如坩埚)送入炉膛进行加热。

5. 烘箱

烘箱一般用来干燥合成的固态产物,也可给反应釜提供所需的实验温度。

6. 酒精灯

酒精灯的灯焰可以分为三个锥形区:内层焰芯是没燃烧的气体;中层气体燃烧不完全,有灼热的碳粒,具有还原性;外焰空气充足,气体燃烧完全,具有过量的氧气,具有氧化性。因此,最外层的火焰温度最高,加热时应充分利用这一层火焰。

(1)采用酒精灯加热玻璃器皿时,容器底部须垫上石棉铁丝网,使容器底部受热均匀,防止破裂。

(2)加热少量液体时可装在试管中加热(图 1—27)。装在管内的液体不得超过试管总容量的 1/3。加热时,用试管夹夹住试管上端距离管口约为试管长度的 1/3 处,试管口不得对准任何人。用酒精灯直接加热试管时,须将试管斜放在火焰最外层(试管底部不得触及灯芯),试管与火焰的接触部位应比管内液面低,且加热时应不断来回横向轻移试管,使液体受热均匀。若加热部位集中在液面附近,则可能因受热不均致试管发生破裂。

(3)加热少量的固体也可在试管内进行(图 1—28)。先把盛有固体的试管用瓶夹固定在铁架台上,瓶夹距离管口约 1/3 处,管口须稍微向下倾斜,避免加热过程产生的水蒸气凝成水珠返流回灼热的管底以致试管破裂。加热时先用酒精灯预热试管底部,再集中加热放置固体的部位。

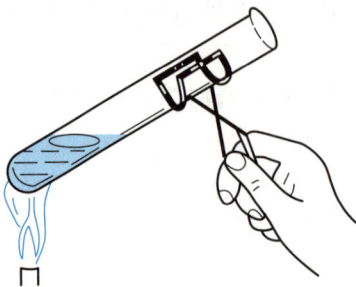

图1-27   加热少量液体   图1-28   加热试管内的固体

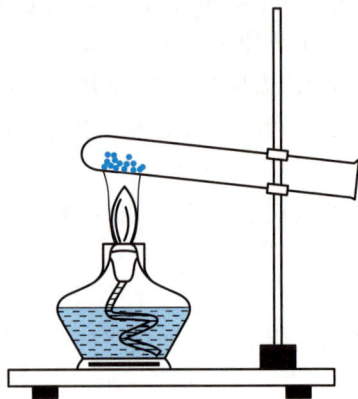

>>> **冷却**

冷却的方式一般包括自然冷却、流水冷却、冰水浴冷却和冰盐浴冷却等。

(1) 空气中自然冷却。大多数实验在加热后,将加热物质及容器置于空气中自然冷却,再进行后续实验。应注意加热后的容器不要直接放在实验桌面或玻璃滴定台上,而应放在白瓷板或搪瓷托盘中。化学实验室的实验桌面一般耐酸、耐碱但不耐热。

(2) 流水冷却。为了减少自然冷却时间,或者反应须迅速降温以阻止反应继续进行等情况时,可以采用流水冷却的方式降温。例如,手戴棉纱手套,将热的锥形瓶倾斜30°放置在水龙头下,通过流动的自来水冷却瓶身。操作时须注意自来水流量不要过大,勿使冷却用的自来水流入锥形瓶中,且应不时转动或摇动锥形瓶以加速冷却过程。

(3) 冰水浴冷却。为了防止物质挥发或者有些反应须低于室温下进行,可将盛有反应物的容器置于冰水浴中冷却。

(4) 冰盐浴冷却。需要在 0 ℃以下进行的实验,可采用冰盐浴。冰盐浴由容器及冷却剂组成,所能达到的冷却温度由冰盐的质量比和盐的种类决定。如"1 份 NaCl(细)+3 份碎冰"的制冷温度可达-21 ℃;"125 份 $CaCl_2·6H_2O$+100 份碎冰"的制冷温度可达-40 ℃;"150 份 $CaCl_2·6H_2O$+100 份碎冰"的制冷温度可达-49 ℃。为了保证冰盐浴的效率,要选择绝热较好的容器。

1.2.7 溶解、结晶、重结晶及单晶培养

>>> **溶解**

溶解,广义上指的是两种以上物质混合而成为均匀相的过程,狭义上指的是一种液体对于固体、液体或气体产生物理或化学反应使其成为均匀相的过程。

固体的颗粒较大时,在溶解前应先进行粉碎。固体的粉碎应在洁净和干燥的研钵中进行。研钵中所盛固体的量不要超过研钵容量的 1/3。

溶解固体时,常用搅拌、加热等方法加快溶解速率。加热时应根据被加热物质的稳定性选用不同的加热方法。

▶▶▶ 结晶

结晶,指的是晶体在溶液中形成的过程,一般包括晶核形成和晶核长大过程。当溶液浓度过饱和时,构晶粒子通过相互碰撞就可能聚集成微小的晶核;当溶液中的构晶粒子不断向晶核表面定向扩散并沉积在晶核上,晶核就逐渐长大并结晶析出。结晶的方法主要有两种:一种是蒸发溶剂法,即增大构晶粒子的浓度;另一种是冷却热饱和溶液法,即降低温度以减小溶解度。在实验室里为获得较大的完整晶体,常采用缓慢蒸发溶剂或缓慢降低温度的方法,减慢结晶速率。此外,也可以通过加入不良溶剂等方法减小待结晶物的溶解度。

蒸发浓缩一般在水浴上进行。蒸发的快慢不仅和水浴温度有关,而且和被蒸发的液体的表面积大小有关。常用的蒸发容器是蒸发皿,它能使被蒸发的液体有较大的表面积,有利于蒸发的进行。蒸发皿内所盛液体的量不应超过其容量的 2/3,且水浴锅套圈口不能过大,以防溶剂蒸发速率过快导致部分溶质在器壁上过早析出发生变质。

随着水分的不断蒸发,溶液逐渐被浓缩。停止蒸发浓缩的时间取决于溶质溶解度的大小及对结晶粒度大小的要求。如果溶质的溶解度较小或其溶解度随温度变化较大,则蒸发到一定程度即可停止;如果溶质的溶解度较大,则应蒸发得更久一些以得到较浓的溶液。此外,若结晶时希望得到较大的晶体,就不宜过度浓缩,因为这会使构晶粒子碰撞概率增加导致产生的晶核过多,晶体就长得比较小。

▶▶▶ 重结晶

重结晶是提纯固体物质的重要方法之一。它主要利用不同化合物在某溶剂中溶解度的不同,达到分离提纯的目的。重结晶时,溶剂的选择非常重要,可用单一溶剂或混合溶剂。一般温度升高时,被提纯物在溶剂中的溶解度增大;温度降低时,被提纯物的溶解度减小;而杂质在温度高或低时溶解度都较大,或者不溶。把含杂质的被提纯物溶解在适当的溶剂中,滤去不溶物后,进行蒸发浓缩。浓缩到一定浓度后再冷却,被提纯物就会析出,杂质全部或大部分仍留在溶液中(若杂质在溶剂中的溶解度极小,则在过滤时可除去)。析出晶体颗粒的大小与实验条件有关——溶液浓度较高、溶质的溶解度较小、冷却速度较快、不时搅拌溶液、摩擦器壁等因素都能使晶体析出较快且颗粒较小。控制适当的溶液浓度,投入一小粒晶种后静置溶液并缓慢冷却(如放在温水浴上冷却),就有可能得到较大的晶体。

大小适宜且较为均匀的结晶颗粒有利于物质的提纯。颗粒较大且均匀的晶体表面吸附及挟带母液较少,易于洗涤。晶体太小且大小不匀时,能形成稠厚的糊状物,表面吸附大量杂质且挟带母液较多,不易洗净;只得到几粒大晶体时,母液中剩余的溶质较多,影响产率。如果剩余母液太多,还可再次进行浓缩、结晶,但所得晶体的纯度不如第一次高。

当结晶一次所得物质的纯度不合要求时,可以重新加入尽可能少的溶剂加热溶解晶体,再冷却结晶。这样可以提高晶体的纯度,但产率会降低一些。

▶▶▶ 单晶培养

单晶指的是结晶体内部的微粒在三维空间呈有规律的周期性排列,具有重要的工业应用价值。

单晶培养的方法主要有挥发法、冷却法、蒸气扩散法、界面扩散法、水热法和溶剂热法等。

（1）挥发法。该方法主要依靠溶液的不断挥发，使溶液由不饱和达到饱和或过饱和状态，从而析出晶核，生长成单晶。挥发法影响的因素很多，包括溶液的浓度和 pH、溶剂的种类和比例、容器的形状和敞口状态、环境温度、环境湿度等。

（2）冷却法。当溶质在溶剂中的溶解度随温度变化明显时，可以使其在高温下达到饱和或接近饱和，然后缓慢冷却，从而析出晶核，生长成单晶。

（3）蒸气扩散法。选择两种具有一定互溶性、沸点相差较大的溶剂，且溶质易溶于高沸点溶剂，难溶或不溶于低沸点溶剂。先将溶质溶于高沸点溶剂中达到饱和或接近过饱和，再将其和低沸点溶剂共同置于密封容器中，使低沸点溶剂挥发进入高沸点溶剂中，以降低溶解度，从而析出晶核，生长成单晶。

（4）界面扩散法。当化合物极易由两种物种合成（反应选择性高）且所形成的化合物较难找到溶剂溶解时，可以先将两种原料分别溶于两种不太互溶的溶剂中，再小心地将一种溶液加到另一种溶液上，使两种原料缓慢接触，在接触处形成晶核，再长大形成单晶。

（5）水热法和溶剂热法。该方法利用水热或溶剂热，使反应物在高温高压反应釜中反应一段时间，然后缓慢降温，长出单晶。一般高温高压下，物质的溶解度较大，缓慢冷却过程中，晶核缓慢生成，构晶粒子缓慢生长在晶核上，最终长成单晶。

1.2.8 固液分离及固体的干燥

固液分离指的是分离沉淀与溶液，以得到相对纯的物质。固液分离常用的方法有倾析法、离心分离法和过滤法。

倾析法适用于分离沉淀颗粒较大或相对密度较大、静置后能沉降至容器底部的固液混合物。将反应容器底部的一端稍垫起，使沉淀尽量下沉至靠近容器出液口一端的容器底部，待沉降完全后，小心地把上层澄清的溶液沿着玻棒倾入另一容器，从而分离沉淀与溶液。洗涤沉淀时，可往盛着沉淀的容器中加入少量的洗涤液，把沉淀与溶液充分搅匀，静置至沉降完全后，再倾出上层的液体，如此重复 2~3 次，可以洗净沉淀。

离心分离法适用于分离沉淀量少或沉淀颗粒较小、密度较小的固液混合物。野外现场可以借助简易的绳子和硬纸实现手动离心，实验室则须借助离心机实现电动离心。将盛有沉淀和溶液的离心管对称地放在离心机中，高速旋转时，沉淀因离心力的作用，向离心管的底部移动，并聚集在管底，再用滴管小心吸走上层清液。先排除滴管胶帽中的空气，再将细管一端轻轻插入上层清液的液面，慢慢减小手对胶帽的挤压力量，清液即进入滴管。随着离心管中清液的减少，滴管的管口应逐渐下降，直至全部清液吸入滴管为止，如图 1-29 所示。滴管的管口接近沉淀时，操作要特别小心。洗涤沉淀时，用滴管加适量洗涤液（洗涤液应沿离心管内壁流下，滴管的管口不可碰到离心管以防沾污），再使用玻棒或漩涡振荡器搅起沉淀充分洗涤，再离心分离，如此重复 2~3 次，每次洗涤时用 2~3 倍沉淀体积的洗涤液即可。应注意离心管只能采用水浴加热，而不可以采用酒精灯等方式直接加热，易爆裂。

图 1-29 吸走上层清液

过滤法是最常用的固液分离方法，包括常压过滤和减压过滤。

▶▶ 常压过滤

常压过滤适用于分离胶体沉淀或晶形沉淀。过滤后,沉淀留在滤纸上,溶液则通过滤纸进入接收容器。若沉淀是杂质,采用过滤的方法就可以将杂质和溶液分开而弃去;若沉淀是所需要的产物,采用过滤的方法则可将产物与溶液分开而获得产物。

常压过滤通常使用长颈漏斗,热过滤时则使用短颈漏斗或无颈漏斗。国家标准 GB/T 28211—2011 规定了一般实验室用的玻璃过滤漏斗的分类、结构、规格等。与玻璃过滤漏斗配套使用的化学分析滤纸则由国家标准 GB/T 1914—2017 进行规范。

根据滤纸灰化后产生灰分的量,过滤用的滤纸可分为定性滤纸和定量滤纸两种。其中,定性滤纸的灰分不超过 0.15%,一般用于定性化学分析和相应的过滤分离;定量滤纸的灰分不超过 0.011%,一般用于定量化学分析中的重量分析。滤纸的孔隙大小决定了过滤速率,可分为快速、中速和慢速三种,应根据具体实验要求和沉淀物的性质选择合适的滤纸。例如,$BaSO_4$ 等细晶形沉淀通常选"慢速滤纸",$PbSO_4$ 等粗晶形沉淀通常选"中速滤纸",$Fe(OH)_3$ 等胶体沉淀通常选"快速滤纸"。

视频
常压过滤

下面以水溶液过滤为例介绍常压过滤的基本操作。

1. 滤纸的折叠与安放

选择一张大小合适的圆形滤纸,轻轻地对折后再对折,第二次对折时不要将折痕压死,以便滤纸放入漏斗后可以再进行角度调整。将滤纸展开成一个倒圆锥体,一边为单层滤纸,另一边为三层滤纸。将纸锥放入漏斗,滤纸上边缘应低于漏斗口边缘 $0.5 \sim 1$ cm,此时,滤纸的上边缘应与漏斗紧密贴合,否则应稍稍调整滤纸第二次的折叠角度,直到滤纸上边缘与漏斗内壁紧密贴合为止,然后再把第二次的折痕压实。为使滤纸和漏斗内壁更贴合,常将三层滤纸的最外两层斜向撕下一角,再单独将最外一层继续斜向撕下一角。此过程要注意手和漏斗是洁净干燥的。

将纸锥放入漏斗中,用手指按住三层滤纸的一边,从洗瓶中挤出少量水润湿滤纸,使纸锥紧贴在漏斗内壁。轻压滤纸,赶走气泡。向漏斗中加纯水直至接近滤纸边缘,水穿过滤纸,从漏斗颈流出。当水全部穿过滤纸后,最终在漏斗颈内形成水柱。水柱的形成可以加快过滤速率。若漏斗颈部无法形成水柱,可用手指堵住漏斗下部流液口,稍稍按住并提起三层滤纸一边,用洗瓶向滤纸和漏斗之间的空隙加水,直到漏斗颈部和锥体的大部分被水充满,然后把滤纸轻轻按紧,排除气泡,再缓缓松开堵住流液口的手指,此时漏斗颈部的水柱即可形成。如果水柱不能保留,则是由于滤纸与漏斗没有密合;如果水柱可以形成,但若纸边仍有微小空隙,则水柱不会保持长久,此时可以再将纸边按紧。

漏斗水柱无法生成的原因除了上述操作不到位外,也可能是漏斗形状不规则引起的。若漏斗没有清洗干净,形成的水柱在后续的使用中也可能变得不连续,这时应重新清洗漏斗再操作。须注意:湿滤纸多次按紧、摩擦易变薄,可能出现滤纸破裂而导致沉淀穿滤,此时应弃去重做。滤纸放妥后,用纯水洗 $1 \sim 2$ 次。

将准备好的漏斗放在漏斗架或铁圈内,盖上表面皿。漏斗下面放一洁净的烧杯盛接滤液,烧杯的体积应足够且适合后续实验用。调整漏斗的高度,以过滤过程中漏斗颈的出口处不接触烧杯中的滤液为宜。漏斗须放正,使其边缘处于同一水平,否则滤纸一边高一边低,高处的沉淀可能不被洗涤液浸没而留下一部分杂质。漏斗颈流液口的斜尖端须紧靠烧杯的内壁,使滤液顺着烧杯壁流下,以防滤液飞溅。

2. 过滤和洗涤

一般采用倾析法进行过滤,即待沉淀下沉到烧杯底部后,先转移上层清液,将沉淀留在烧杯中,加入洗涤液初步洗涤沉淀,澄清后再滤去上层清液。洗涤应遵循"少量多次"的原则,洗涤次数要看沉淀的性质及杂质的含量而定。最后,用少量洗涤液洗涤玻棒和烧杯壁,再将洗涤液与沉淀混合搅起后一并转移到漏斗中。若沉淀一次转移不完全,应再加少量洗涤液重复以上操作。若需要定量转移沉淀,可参考"1.2.11   重量分析的基本操作"。

视频
倾析法过滤

采用倾析法过滤的优点是可以避免沉淀过早堵塞滤纸而影响过滤速率,且在烧杯中洗涤沉淀也可以提高洗涤效率。

转移溶液的具体操作如下:先将玻棒末端轻触一下烧杯内壁,以防沾在玻棒上的溶液滴到烧杯外,然后将玻棒慢慢取出并垂直地立于漏斗中,玻棒下端对着三层滤纸的上方约2/3高度处,轻靠滤纸。另一只手拿起盛着待过滤溶液的烧杯,使烧杯的杯嘴紧靠玻棒,慢慢将烧杯倾斜,借助玻棒的引流作用,将溶液沿玻棒慢慢转移至漏斗中,一次倾入的溶液一般最多只充满至纸锥高度的2/3,以免少量沉淀因毛细作用越过滤纸上沿,从而影响过滤效果。停止倾出溶液时,将烧杯沿玻棒往上提1~2 cm,同时逐渐扶正烧杯,随即离开玻棒。此过程应保持玻棒位置不动,不能让烧杯嘴直接横向离开玻棒,也不要沿烧杯嘴抽回玻棒,这样才可以使最后一滴溶液也顺着玻棒流下,而不致流到烧杯外面去。烧杯离开玻棒后,将玻棒放回烧杯,但勿使它靠在烧杯嘴上,以减少沉淀沾在玻棒上。

过滤操作基本遵循"一贴""二低""三靠"的原则。"一贴":滤纸应紧贴漏斗内壁,滤纸和漏斗内壁间不留气泡。"二低":漏斗内滤纸边缘应低于漏斗口边缘;漏斗内液面应低于滤纸边缘。"三靠":倾出液体的烧杯嘴应紧靠玻棒;玻棒下端应轻靠三层滤纸处;漏斗颈流液口的斜尖端须紧靠烧杯的内壁。

▶▶▶ 减压过滤(以水溶液过滤为例)

过滤较大量的液体且其中包含的沉淀颗粒较大时,可采用减压过滤。目前实验室常用的减压过滤装置主要有①布氏漏斗＋抽滤瓶;②多孔玻璃板漏斗＋磨口锥形瓶等,并与隔膜真空泵或循环水式多用真空泵联用。

进行减压过滤操作前,先剪取一张大小合适的滤纸,将滤纸平放在布氏漏斗或多孔玻璃板漏斗的底部,滤纸的面积应比漏斗底部面积略小,但又能把所有的细孔盖住。先用少量纯水润湿滤纸,将乳胶管连接在抽滤装置的支管上,再打开真空泵,滤纸便紧吸在漏斗上(若抽滤时间长,滤纸可能干燥后便无法紧贴在漏斗上,此时应加入少量纯水重新润湿滤纸)。在减压的状态下通过玻棒

视频
减压过滤

引流,往漏斗中徐徐注入固液混合物,一次倾入的溶液量不要超过漏斗容量的2/3。

当漏斗不再有溶液流出时,先移开连接支管的乳胶管,使抽滤体系恢复常压后再关闭真空泵。若在减压状态下关闭真空泵,则由于瓶内压力低于外界压力,可能会发生倒吸现象。为了避免发生此类现象而造成设备损坏,过滤装置与真空泵之间应配有安全瓶。

过滤后的沉淀往往需要洗涤,可在常压下(移开连接支管的乳胶管)加入适量的洗涤

液,均匀润湿所有沉淀(必要时可用玻棒轻轻搅动),让洗涤液慢慢透过全部沉淀,再接上乳胶管抽滤。重复以上操作洗涤沉淀2~3次。

如果沉淀是实验的产物[如$(NH_4)_2Fe(SO_4)_2 \cdot 6H_2O$的制备],则可用手掌轻轻拍打漏斗的四周,使其中的沉淀疏松,然后把漏斗倒盖在表面皿(表面皿需提前称量质量)上,上下振动几次使沉淀连同滤纸脱离漏斗,再用玻棒小心地把滤纸上的沉淀尽可能全部刮下。

腐蚀性强的溶液(如$KMnO_4$等)会破坏滤纸,因此不能用上述方法过滤,通常采用玻璃丝或石棉纤维代替滤纸。在较精确的实验中往往使用全玻璃微孔滤膜过滤器(图1-30,强碱不适用)。

图1-30 全玻璃微孔滤膜过滤器

▶▶▶ 热过滤

当需要除去热、浓溶液中的不溶性杂质,尤其是除去含有机溶剂溶液中的杂质,为了避免溶质因溶液冷却过早而析出晶体,往往采用热过滤。常压热过滤常用短颈或无颈玻璃漏斗,可以缩短滤液流经漏斗颈部的时间,避免过滤时溶液在漏斗颈内停留过久,由于散热降温析出晶体而发生堵塞。减压热过滤通常使用多孔玻璃板漏斗,配套的全玻璃过滤装置在使用时组装和预热都比较方便。

视频
常压热过滤

热过滤操作前要准备充分,预热待过滤溶液和洗涤液,准备好保温用的加热仪器和表面皿。若溶质的溶解度受温度影响大而极易结晶析出,过滤前需用烘箱预热过滤装置并采用保温措施维持过滤时漏斗中溶液的温度。

由于水的比热容比较大,因此采用短颈漏斗过滤水溶液时,可以先用少量热纯水润湿滤纸,使滤纸和漏斗内壁贴合,再将待过滤的部分热溶液借助玻棒引流至漏斗中直至液面距离滤纸上边缘约1 cm,并加盖表面皿保温,剩余待过滤溶液放在水浴锅上继续保温。应注意当漏斗中溶液约剩1/3滤纸高度时,向漏斗内及时补加新的热过滤溶液,使溶液不断流下,直至溶液全部转移。用少量热纯水洗涤玻棒和装待过滤溶液的容器,再将洗涤液加入漏斗中,并根据实验要求确定洗涤次数。

若溶剂为有机溶剂,则热过滤一般采用无颈玻璃漏斗,并采用热有机溶剂润湿滤纸及洗涤装待过滤溶液的容器。热过滤的滤纸还可以折叠成菊花形状。菊花形的滤纸具有更大的过滤表面积,过滤速率快,过滤时间短,且待过滤的溶液被包裹在滤纸皱褶中能起一定的保温作用。菊花形滤纸的折叠方法如图1-31所示:①将圆形滤纸对折成两等分,线AB外的"●"表示折叠的方向,像箭矢从内往外射时看到的箭头。②线OA和线OB对齐折叠成四等分,得到线OC。③展开滤纸呈半圆形,将线OA和线OB分别与线OC对齐折叠,得到线OD和线OE;④再次展开滤纸呈半圆形,再将线OA分别与线OD和线OE对齐折叠,得到线OH和线OI;同样将线OB分别与线OE和线OD对齐折叠,得到线OF和线OG。⑤每两个折痕间再反方向对折成折叠后的扇状。"⊗"表示反向折叠,像箭矢从外往内射时看到的箭尾。折滤纸时,在接近圆心处不要用力压实,以免磨损O点处的滤纸,造成泄漏。⑥展开菊花形滤纸,在线OA和线OJ折痕方向相同的区间反向折一个小折面,线OB和线OK折痕方向相同的区间也反向折一个小折面,再将滤纸翻面使用,可防止手上的污物被滤到溶液中。

若采用多孔玻璃板漏斗过滤溶液,同样需要用少量热溶剂润湿滤纸后再将抽滤装置连

接上真空,滤纸将紧吸在漏斗上。借助玻棒引流将待过滤溶液加入漏斗中,最后用少量热溶剂洗涤玻棒和装待过滤溶液的容器,再将洗涤后的溶液加入漏斗中,并根据实验要求确定洗涤次数。

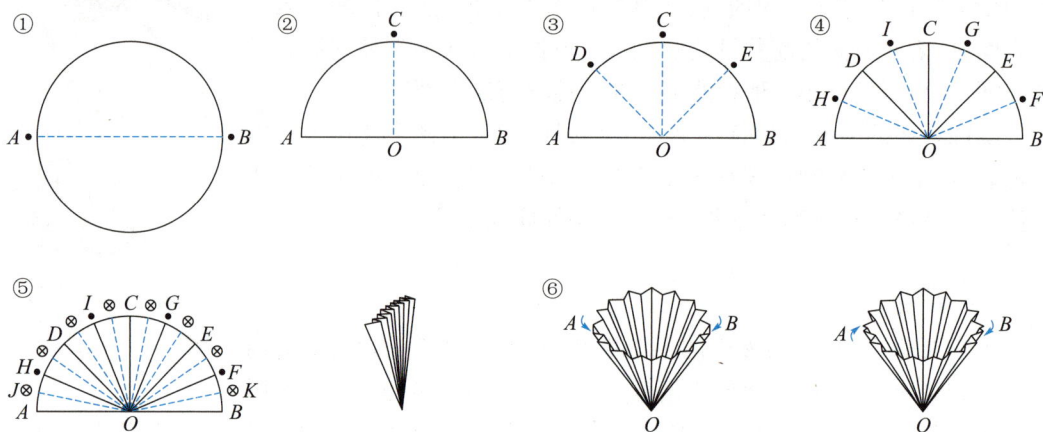

图1-31　菊花形滤纸的折叠

>>> **固体的干燥**

过滤后得到的固体产物,总含有一些母液或水分,往往需要干燥处理。

在化学实验中常常把固体产物置于烘箱中干燥。烘干试样时,应根据该物质的热稳定性调节烘箱的温度,避免温度过高而导致固体产物分解。

受热不易分解的物质,如 NaCl 等,可以置于蒸发皿或称量瓶中直接加热去除水分。颗粒较大的或受热易分解的物质,可用滤纸片轻压,吸去水分后置于白瓷板上晾干,也可置于表面皿上并存放于盛有干燥剂的干燥器里。常用的干燥剂有浓 H_2SO_4,P_2O_5,无水 $CaCl_2$ 和碱石灰等。选用何种干燥剂应视被干燥物质的性质而定。如浓 H_2SO_4,P_2O_5 等酸性干燥剂可以用来干燥 CO_2,SO_2 等气体,无水 $CaCl_2$ 等中性干燥剂可以用来干燥 O_2,N_2 等气体,碱石灰等碱性干燥剂可以用来干燥 NH_3 等气体。

干燥后的固体产物可以存放于干燥器或电子防潮干燥箱。

1.2.9　气体的发生与收集

1. 气体的发生

(1) 由块状或大颗粒的固体与液体试剂进行反应,且在不需要加热的条件下制备气体,可以采用启普发生器(图1-32),如 H_2、CO_2 和 H_2S 等气体的制备。

(2) 由小颗粒或粉末状固体与液体试剂反应,或者几种液体试剂反应制备气体,可以采用如图1-33所示的气体发生器。实验室常利用该装置制备 N_2。

由上述两种气体发生器制得的气体一般都带有酸雾和水汽,因此必须经过净化处理。例如,使气体通过装有浓碱液的洗气瓶除去酸雾,通过装有无水氯化钙的干燥塔除去水汽。须注意:当实验体系气路不通畅时可能引发事故,一般须在通风橱内进行。

(3) 直接加热固体试剂制备气体,可以采用如图1-34所示的气体发生器。导管向上收集比空气轻的气体,导管向下收集比空气重的气体。

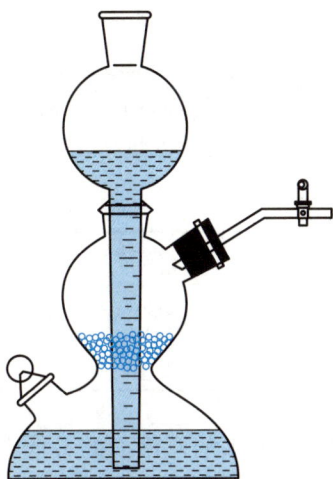

图 1-32　启普发生器

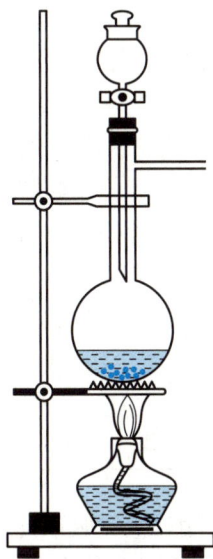

图 1-33　固-液或液-液反应的气体发生器

　　(4) 气密性的检查。装配好气体发生器以后,必须检查系统的气密性。为此,将反应器的导气管插入水中一小段,用手掌紧贴反应器的外壁(或用酒精灯微热),能看到导气管口有气泡冒出。当停止加热反应器,片刻后反应器会变冷,能看到水上升到导管里,形成一段水柱。这样就说明反应器没有漏气。

2. 气体的收集

　　净化过的气体,先排除原先管路中的气体,再采用球胆收集。

　　由图 1-33 和图 1-34 装置发生气体,操

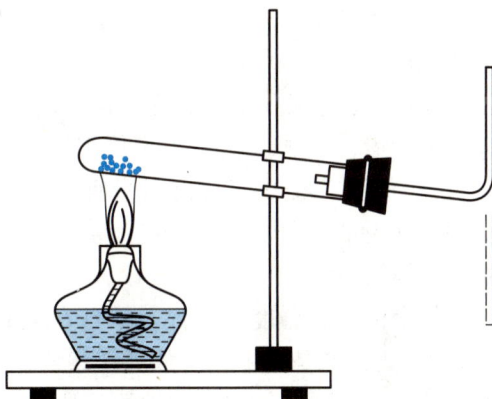

图 1-34　加热固体反应的气体发生器

作时必须谨防倒流,以防发生事故。例如,在反应器停止加热之前,可以先使反应体系与大气连通。

1.2.10　移液管、容量瓶和滴定管的使用

　　滴定分析,又称容量分析,需要准确配制溶液或测量液体的体积。正确掌握移液管、容量瓶、滴定管等仪器的使用方法,才有可能将实验的不确定度控制在 0.2% 以内。此外,配制标准溶液时须称量基准物质的质量,国家标准 GB/T 601—2016 规定称量工作基准试剂的质量小于或等于 0.5 g 时,按精确至 0.01 mg 称量;大于 0.5 g 时,按精确至 0.1 mg 称量。

▶▶▶ 移液管的使用

　　移液管是用于准确移取一定体积液体的量出式量器,其主体上一般标有制造厂或商标,计量器具许可证标记"MC",标准温度"20 ℃",标称容量数字及容量单位"mL",级别符号"A"或"B"级,量出式符号"Ex"等。其中,"MC"是 metrology certification(计量许可)的

缩写。

"移液管"通常指的是单标线吸量管,由吸管、贮液泡和流液管组成,是一根中间有一膨大部分(贮液泡)的细长玻璃管,其下端为尖嘴状的锥形流液口,上端管颈处刻有一环形标线,只能移取某一固定体积的液体。常用的规格有 1 mL,2 mL,3 mL,5 mL,10 mL,15 mL,20 mL,25 mL,50 mL 和 100 mL,国家标准 GB/T 12808—2015 对其规格尺寸、材质成分、流出时间、标称容量线、容量允差等进行了详细的规范,表 1—4 列出其容量允差。

表 1—4 移液管的容量允差

标称容量/mL		2	5	10	20	25	50	100
容量允差/mL	A 级	±0.010	±0.015	±0.020	±0.030		±0.050	±0.080
	B 级	±0.020	±0.030	±0.040	±0.060		±0.100	±0.160

在 20 ℃时,用移液管吸取纯水并调节液面使管内纯水的弯液面的最低点与标线水平面相切,然后将移液管垂直放置、接收容器稍微倾斜、使流液口尖端与容器内壁接触并保持不动的情况下,自然流出的纯水体积为该移液管的容量,如图 1—35 所示。按上述操作,若流液口尖端有液滴残留则须保留,不可采用外力使之流出。

"吸量管"通常指的是分度吸量管,类似直形玻璃管,带有分度线,下端为尖嘴状的锥形流液口,可用于移取非固定量的液体。分度吸量管可分为不完全流出式分度吸量管、完全流出式分度吸量管、有等待时间分度吸量管和吹出式分度吸量管,国家标准 GB/T 12807—2021 中有详细的规定。

完全流出式分度吸量管有零点在上和零点在下两种形式。"零点在上"式指的是从零线排放到任意该分度线或流液口所流出 20 ℃纯水的体积。"零点在下"式指的是从分度线排放到流液口时所流出 20 ℃纯水的体积,要求液体自由流下,直到确定弯液面已降到流液口静止后,再脱离容器。

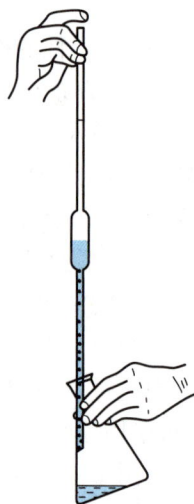

图 1—35 移液

吹出式分度吸量管的主体上有标志吹出式符号"吹"或"blow_out",该类吸量管要求使用过程中液面降至流液口并静止时,应随即将最后一滴残留的溶液用洗耳球一次性吹入接收容器。

此外,不完全流出式分度吸量管均为零点在上形式,最低分度线为标称容量。有等待时间分度吸量管的主体上有标志"15 s",须将 20 ℃纯水从零线排放至液面高出指定分度线数毫米后,截断水流,等待 15 s,再调整至该分度线。

使用移液管或吸量管时须配套使用助吸器,如洗耳球、三通吸球、手动助吸器、电动助吸器等。洗耳球的结构简单,价格便宜;三通吸球、手动助吸器和电动助吸器的使用方便,易于将弯液面调整到所需的刻度。

下面详细介绍移液管的使用方法。

移液管使用前须洗净,使其内壁及下端的外壁均不挂水珠,最后须用纯水洗三次后放在移液管架上待用。若使用前移液管未晾干,可以先用滤纸片将移液管外壁的水吸干净,然后将管直立,管尖靠在滤纸片上,向下振动移液管,尽可能使管内残留的水流出并吸干管尖。

1. 以洗耳球为助吸器

洗耳球为橡胶材质。待用时,吸嘴向上放置,可以避免与实验桌面接触而被污染。

具体的 25 mL 移液管操作步骤如下:

(1) 移取溶液之前,先用待移取的溶液润洗移液管三次。方法是:右手拇指和中指拿住移液管标线上方的玻璃管,无名指及小指依次靠拢中指,将移液管垂直插入液面下 1～2 cm 处。左手拿洗耳球,挤捏球部,排除空气后,将洗耳球的尖嘴部分插入移液管上口,慢慢松开洗耳球,借吸力使液面慢慢上升至移液管膨大部分,立即用右手食指紧按管口,不可使溶液回流,以免稀释原溶液。取出移液管,将管平放,左手托住距管尖约 15 cm 处,右手托住上端,松开食指,转动移液管并使溶液布满全管内壁,待溶液流至距上口 2～3 cm 时,将管直立,让溶液从管尖放出,流入废液杯,弃去。用滤纸片吸干管尖溶液后再重复润洗两次。

(2) 移取溶液时,右手持移液管垂直插入液面下 1～2 cm 处,左手拿洗耳球,排除空气后,将洗耳球的尖嘴部分插入移液管上口,将溶液吸入移液管。移液管应随容器内溶液液面下降而下降,以免管尖高于液面造成空吸。待管内液面升至标线上方 1～2 cm 时,迅速用右手食指紧按管口,并用滤纸擦去管尖外部的溶液。

(3) 调节移液管内液面至刻度线时,左手持原容器并倾斜 30°,保持移液管竖直,管尖与容器的内壁接触,操作者的视线与移液管的标线在同一水平线上,稍微松动食指,或用拇指及中指轻轻捻转管身,使液面缓慢下降,直至溶液弯液面的最下缘与标线相切。按紧食指,使溶液不再流出。

(4) 左手持接收容器并将容器倾斜 30°,将移液管小心移至接收容器上方,管尖紧靠接收容器内壁,保持移液管竖直,松开食指,溶液沿接收容器内壁自然流完后,等待 15 s。

(5) 保持接收容器不动,小心将移液管移出接收容器。再用少量溶剂将接收容器内壁附着的溶液洗入接收容器底部,使之参与反应以减小实验误差。

视频
移液管使用
(以洗耳球为助吸器)

2. 以三通吸球为助吸器

三通吸球(图 1−36)为橡胶材质。三通吸球的中部为一圆球,通过挤出球内空气形成负压。上下连接较细的圆管,下管中部连接一根侧管。三通吸球共有三个阀门,阀门 A 用于排出球内空气,阀门 S 用于吸液,阀门 E 用于排液。每个阀门里面有颗玻璃珠,橡胶管包裹着玻璃珠起着密封作用。当用大拇指和食指挤推玻璃珠周围的橡胶管时,玻璃珠和橡胶管之间出现气体流通通道。阀门 E 旁的小球用于排出吹出式吸量管管尖残留的溶液。

移取溶液之前,要用待移取的溶液润洗移液管三次。润洗时,将三通吸球下管管口套在移液管上口,捏住阀门 A(图 1−37),挤压球体将球内空气挤出后,松开阀门 A。将移液管垂直插入待移取溶液液面下 1～2 cm 处,捏住阀门 S,借吸力使液面慢慢上升至移液管膨大部分,松开阀门 S。取出移液管,将管平放,左手托住距管尖 15 cm 处,右手托住三通吸球,轻捏阀门 S,当溶液流至标线上方 2 cm 时,松开

视频
移液管使用
(以三通吸球为助吸器)

阀门S,转动移液管和三通吸球使溶液浸润管的内壁,然后将管直立,捏住阀门E,将溶液从管尖放出。用滤纸片吸干管尖溶液后再重复润洗两次。

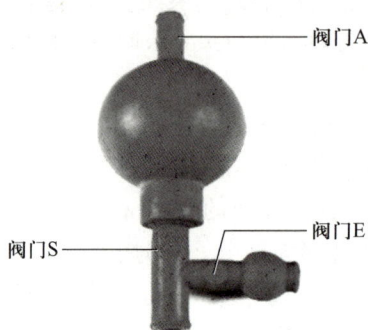

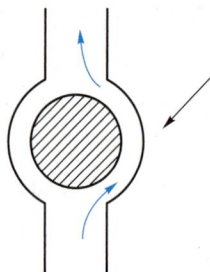

图1-36 三通吸球   图1-37 三通吸球阀门A操作示意图

移取溶液时,先捏住阀门A挤出球内空气,将移液管垂直插入液面下1~2 cm处。再捏住阀门S,将溶液吸入移液管,移液管应随容器内溶液液面下降而下降,以免管尖高于液面造成空吸。待移液管内液面升至标线上方1~2 cm处时,松开阀门S。

调节移液管溶液液面至刻度线时,左手持原容器并倾斜30°,保持移液管竖直,管尖与容器的内壁接触,操作者的视线与移液管的标线在同一水平线上,捏住阀门E,使液面缓慢下降,直至溶液弯液面的最下缘与标线相切,松开阀门E。

左手持接收容器并将容器倾斜30°,将移液管小心移至接收容器上方,管尖紧靠接收容器内壁,保持移液管竖直,捏住阀门E,溶液沿接收容器内壁自然流完后,等待15 s。

松开阀门E,保持接收容器不动,小心将移液管移出接收容器。再用少量溶剂将接受容器内壁附着的溶液洗入接收容器底部。

3. 使用手动助吸器

手动助吸器(图1-38)的顶部为一个橡胶球,通过挤出橡胶球内空气形成负压。中部的小橡胶球为吹出按钮,用于排出吹出式吸量管管尖残留的溶液。吹出按钮的下方为吸液/排液控制杆,上推为吸液,下推为排液,控制杆推动的幅度越大,吸液或排液的速度就越快。底部接头内装有硅胶适配器,可与不同量程的移液管配合使用。

橡胶球

吹出按钮

吸液/排液控制杆

接头

图1-38 手动助吸器

移取溶液之前,要用待移取的溶液润洗移液管三次。润洗时,将移液管上口插入助吸器下端接头,挤出顶部橡胶球内空气,将移液管垂直插入液面下1~2 cm处,向上推控制杆,借吸力使液面慢慢上升至移液管膨大部分,松开控制杆。取出移液管,将管平放,左手托住距管尖15 cm处,右手托住助吸器,将控制杆往橡皮球方向轻推,当溶液流至标线上方2 cm时,松开控制杆,转动移液管和助吸器使溶液浸润管的内壁,然后将管直立,向下推控制杆,将溶液从管尖放出。用滤纸片吸干管尖溶液后再重复润洗两次。

手动助吸器的使用方法及操作要求与洗耳球作助吸器时的类似,在此不作赘述。操作时应注意:先用橡胶球将助吸器中的空气排出,再利用吸液/排液控制杆控制液体的取与放。

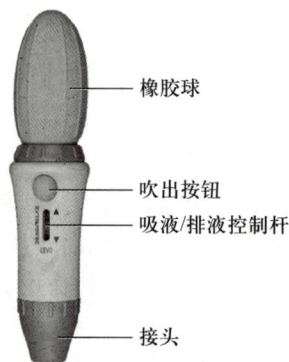

4. 使用移液管的注意事项

（1）在常量分析中，25 mL 移液管常与 100 mL 或 250 mL 容量瓶配套使用。在配套使用前，应对移液管、容量瓶、助吸器三者进行配套校准，以确定移液管和容量瓶之间准确的比例关系，并保持配套使用以减少误差。

（2）用移液管移取的都是均一溶液，使用后一般只需用大量自来水冲洗，再用纯水润洗三次即可。当管内沾有油脂或污垢时，可集中统一处理。处理时根据污物性质和污染程度，采用不同洗涤液润洗或浸洗。移液管是带有刻度的精密仪器，洗涤时不能用刷子刷洗；不能超过 40 ℃ 烘干，晾干为宜。

（3）取放移液管时，禁止用手抓捏移液管的膨大部分。

（4）在调节零点和排放溶液过程中，移液管都要保持垂直，其流液口要接触倾斜的器壁（不可接触下面的溶液）并保持不动；等待 15 s 后，无标识"吹"的移液管的流液口内残留的溶液绝对不可用外力振出或吹出。

（5）移液管待用或用完应放在移液管架上，不要随便放在实验桌上，以防沾污。

▶▶▶ 容量瓶的使用

容量瓶为细颈梨形或圆锥形量入式量器，带有磨口玻璃塞或塑料塞，瓶颈上刻有环型标线，在 20 ℃ 时，液面与标线相切时所容纳的水的体积，即为容量瓶的容量。容量瓶主要用于将精确称量的物质配制成准确浓度的溶液，或对溶液进行定量稀释。GB/T 12806—2011 在单标线容量瓶标准中规定：产品上须标有生产企业或销售商的名称或商标，标准温度"20 ℃"，标称容量数字及容量单位"mL"，级别符号"A"或"B"级，量入式符号"In"，以及在容量瓶瓶塞可互换的情况下磨口的尺寸或号别等。

容量瓶的规格一般有 1 mL，2 mL，5 mL，10 mL，20 mL，25 mL，50 mL，100 mL，200 mL，250 mL，500 mL，1000 mL，2000 mL，5000 mL，其中 1～2 mL 容量瓶为圆锥形，5～50 mL 容量瓶为圆锥形或梨形，100～5000 mL 容量瓶为梨形。100 mL 和 250 mL 容量瓶在常量分析中用得比较多。10 mL 等小体积容量瓶操作时易倒伏，可采用各种措施稍作固定（如放在小烧杯中）。玻璃瓶塞和瓶子必须配套使用，长时间不用时须在容量瓶口夹一小纸片，以防瓶塞与瓶口粘连。

1. 容量瓶的检查

容量瓶使用之前应先检查其标线位置是否离瓶口太近，是否漏水。标线离瓶口太近的容量瓶不宜使用，漏水的容量瓶不能使用。

检查瓶口是否漏水的方法是：加水至标线附近，用滤纸将瓶口和瓶塞的水吸干，盖上瓶塞颠倒 10 次，每次颠倒时应在倒置状态停留 10 s，然后用滤纸片擦拭瓶口检查是否有水渗出。若无水渗出，将旋塞旋转 180°，再检查一次。

检查合格后，用橡皮筋或塑料绳将玻璃塞拴在容量瓶瓶颈上端，以防瓶塞摔碎或塞错瓶塞。塑料塞由于密封效果较好，使用时选用与容量瓶磨口大小相符的塑料塞即可，无须一一绑定。

2. 用容量瓶配制溶液

用电子分析天平称取所需质量的固体物质，置于小烧杯中，加溶剂使固体溶解（可用玻棒搅拌）。待固体完全溶解后，将溶液定量转移到容量瓶中并充分混匀，如图 1—39 所示。

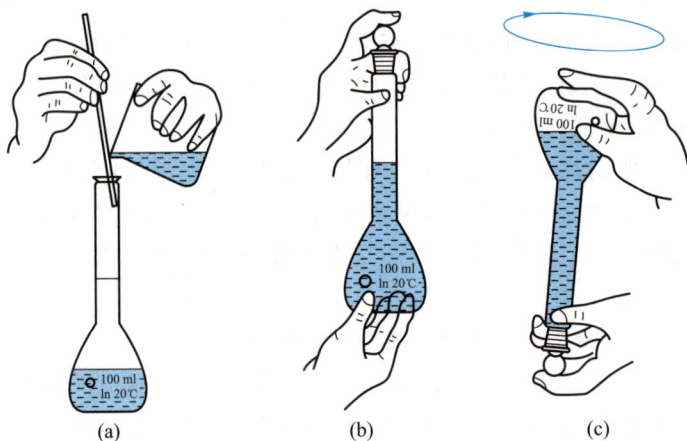

图 1-39   容量瓶的使用

具体的容量瓶操作步骤如下：

（1）转移烧杯中的溶液时要使溶液沿玻棒流入容量瓶中，玻棒的下端靠着瓶颈内壁，玻棒不要碰到容量瓶的瓶口。烧杯中的溶液倒尽后，烧杯不要直接离开玻棒，应在缓慢扶正烧杯的同时，使杯嘴沿玻棒上提 1～2 cm，随后烧杯再离开玻棒，这样可避免丢失杯嘴与玻棒之间的溶液。再用少量溶剂润洗烧杯 3～4 次，每次均需用溶剂冲洗杯壁和玻棒，再按同样的方法转入容量瓶中。

（2）加溶剂至容量瓶容量的 2/3，两手指夹住瓶塞，同时将容量瓶稍提起，沿水平方向轻轻摆动几周，以使溶液初步混匀。

（3）继续加溶剂至标线以下 1 cm，等待 1～2 min，使附在瓶颈上的水流下。

（4）最后将容量瓶稍倾斜，用滴管缓缓加入溶剂，使其沿容量瓶的颈壁流下，直到弯液面最低点与标线相切，随即盖紧瓶塞，用一只手捏住瓶颈上端，食指压住瓶塞，另一只手的手指托住瓶底，将容量瓶来回颠倒 15 次以上。每次倒置时应水平摇动几周，扶正时应等到瓶内气泡上升到顶部。如此重复操作，使瓶内溶液充分混匀。容量瓶体积较小时，如 10 mL，混匀过程中须开盖回流，混匀瓶塞和磨口之间残留的溶液。

视频
容量瓶操作

应注意容量瓶不可作为储液瓶长期存放溶液，有些溶液可能会腐蚀玻璃，导致容量瓶的容量发生变化。

▶▶ 滴定管的使用

滴定管是可以放出不固定液体体积的量出式玻璃量器，在滴定分析中用于测量滴定剂的体积。在常量分析中，通常采用 50 mL 或 25 mL 滴定管。

聚四氟乙烯滴定管的旋塞部分由聚四氟乙烯材质的旋塞芯、垫片、螺帽及橡胶垫圈组成。装配时，先将洁净的旋塞芯插入滴定管的旋塞套中，再依次将垫片、垫圈和螺帽套入旋塞芯细端，并旋紧螺帽使旋塞既能灵活转动又不渗漏溶液。这类滴定管可以盛装酸性或碱性溶液。

使用滴定管之前应先检查旋塞的密闭性。往滴定管中加水至零刻度线，将滴定管夹放在滴定台上,用滤纸片将滴定管外壁及旋塞周围的水擦净。若 2 min 后管尖及旋塞两端无溶液渗出,将旋塞转动 180°,再试一次。

不管在哪个方向,如果 2 min 内发现有水渗出,都表明旋塞的密闭性不符合要求,应旋紧旋塞芯细端的螺帽再检查密闭性,否则更换滴定管。

下面详细介绍滴定管的使用方法。

1. 滴定管的润洗

滴定剂一般为标准溶液或待标定溶液。先将试剂瓶中的滴定剂摇匀,再用滴定剂润洗滴定管三次。每次润洗用的溶液的体积约是滴定管容量的 1/5。往滴定管中装溶液时,要将试剂瓶的瓶口和滴定管的管口对好,不得洒液,不得借助漏斗、烧杯、量筒、滴管等往滴定管中装溶液。

装好滴定剂后,双手平托滴定管两端无刻度部位,转动滴定管,使滴定剂浸润管的内壁,然后将管直立,将溶液从管尖放出。

如此润洗三次。随即装入滴定剂至零刻度线以上 1 cm 处,转动旋塞使管尖充满溶液。

2. 检查滴定管下端是否有气泡

滴定管下端有气泡存在时,滴定过程中气泡体积可能发生变化或流出,都将影响滴定体积。若有气泡,可迅速转动旋塞 90°,使旋塞处于完全开启状态,让溶液连带气泡由管尖冲出到废液杯。如果一次无法排尽气泡,可反复进行,一直到气泡完全排除。

3. 调节零点

排除气泡后,补加滴定剂至滴定管零刻度线以上 1 cm 处,静置 2 min,使附着在管内壁的溶液流下。

调节零点时,操作者要站直,用右手拇指和食指捏住滴定管最上端,其他手指自然曲向掌心,滴定管自然垂下,视线与滴定管的零刻度线在同一水平线上,左手缓慢转动旋塞,使管内液面慢慢下降,直至弯液面的最低点与零刻度线相切。

4. 滴定操作

滴定之前,应将滴定过程中所用的锥形瓶、洗瓶、白瓷板等器皿摆放在适宜的位置,以便于操作和观察。将锥形瓶放在滴定台上,调节滴定管高度,使滴定管的管尖高于锥形瓶瓶口约 1 cm。

滴定过程中,操作者要站直或坐直,要既能看清管尖的液滴,又能观察到锥形瓶内溶液的颜色变化。

一般用左手控制滴定管旋塞,拇指放于旋塞柄上方中间,中指和食指分别放于旋塞柄下方两端,无名指及小指曲向掌心,利用拇指、中指和食指三个指头的合力控制旋塞以控制滴定剂流出的速率,如图 1—40 所示。

滴定分析中通常用锥形瓶盛装被滴定溶液,用右手拇指、食指及中指握住锥形瓶的颈部,无名指和小指自然曲向掌心。

滴定时,右手握锥形瓶使其底部离滴定台面 2～3 cm,此时滴定管管尖伸入锥形瓶口 1～2 cm,通过手腕轻轻转动锥形瓶,使溶液混匀,如图 1—41 所示。

滴定操作过程中应注意以下几点:

(1) 每次滴定最好从 0.00 刻度开始,可减少因滴定管内壁不均匀所造成的滴定误差,以及避免数据记录出错。

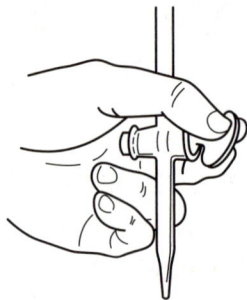

图 1-40   左手控制旋塞的姿势   图 1-41   滴定操作

（2）滴定过程中，左手控制滴定速率，且左手不得离开滴定管旋塞任由滴定剂自流。

（3）右手持锥形瓶，通过手腕摇动锥形瓶，使瓶中的溶液稳定地以同一方向作同心圆运动形成旋涡。不能前后、左右抖动或振动锥形瓶，避免锥形瓶口碰到滴定管管尖导致管尖损坏或使溶液溅出。

（4）滴定过程中应注意观察滴定剂滴落处溶液颜色的变化情况，以免错过滴定终点。

（5）掌握好滴定速率。滴定一般分为三个阶段：开始阶段、中间阶段和临近终点阶段。①开始阶段滴定速率可以较快，滴定液滴成串不成线，即每秒 3～4 滴，滴定速率约为 10 mL·min^{-1}；②中间阶段应一滴一滴地滴定，两滴之间的时间间隔应视滴定剂滴落处溶液颜色变化快慢而定；③当溶液颜色变化很慢时，表明滴定已临近终点，这时应半滴半滴地加入滴定剂，即小心缓慢地转动旋塞，使溶液极慢地渗出，形成半滴悬挂在管尖上，立即关闭旋塞，然后用锥形瓶口内壁小心地将液滴靠落，再用洗瓶以少量溶剂冲洗锥形瓶内壁。当溶液出现终点颜色并保持 30 s 不变色即为滴定终点。

5. 滴定终点时读数

滴定到达终点后需静置 1～2 min，使附着在滴定管内壁上的滴定剂流下后再读数。读数前应观察管内壁是否挂有液滴，管尖是否留有气泡，出口是否悬有液滴，这些因素都会影响实验结果的精密度和准确度。

读数时，用右手拇指和食指捏住滴定管上端无溶液部分，使滴定管自然垂下，操作者的视线、弯液面最低点的切线和刻度线三线相平，读取并记录滴定体积。

采用 50 mL 滴定管时，滴定管每一大格分度值为 1 mL，每一小格分度值为 0.1 mL，滴定体积的读数应估读至 0.01 mL。

深色溶液（如碘、高锰酸钾溶液等）在滴定管内的弯液面最低点不易观察，视线应水平观察弯液面两侧的最高点。

6. 滴定结束后滴定管的处理

滴定剂不宜长时间盛装在滴定管中。滴定结束后应将管内剩余滴定剂排出，用自来水将滴定管冲洗干净，再用纯水润洗三次，然后装满纯水夹放在滴定台上备用，或者倒尽纯水后收藏在仪器柜中。

采用溴酸钾法或碘量法进行滴定分析时，须使用碘量瓶。碘量瓶是带有磨口玻璃塞和喇叭形瓶口的锥形瓶，喇叭形瓶口与瓶塞柄之间形成一圈水槽。往碘量瓶中加入反应物之后,立即盖上瓶塞,往水槽中加水形成水封,以防止溴或碘挥发。注意须用塑料绳将瓶塞拴在碘量瓶的瓶颈上,以防瓶塞摔碎或弄错瓶塞。待反应完全后,右手心向上,用食指和中指夹住瓶塞柄并拔起,水封的水沿瓶塞和瓶内壁流下,把可能附着在瓶塞和瓶壁上的生成物洗入碘量瓶中,再用前述的滴定方法进行滴定。

视频
滴定管操作

1.2.11　重量分析的基本操作

重量分析是指用适当方法先将试样中的待测组分与其他组分分离,然后用称量的方法测定该组分的含量。这里主要介绍重量分析中的沉淀法,涉及沉淀的定量转移、沉淀的灼烧和恒重等基本操作。

1. 沉淀的生成

生成沉淀的反应条件,如加入试剂的次序、加入试剂的量和浓度、加入速度、搅拌速度、沉淀时溶液的温度和沉淀陈化的时间等,都可能影响到实验结果的准确性。

为了得到颗粒较大的沉淀,沉淀剂须逐滴加入,并同时搅拌,以免沉淀剂局部过浓。搅拌时不要用玻棒敲打或磨划烧杯壁。沉淀若须在热溶液中进行,最好采用水浴,以免溶液沸腾和飞溅造成损失。

进行沉淀时,烧杯、玻棒和表面皿三者一套,若同时进行两份试样的平行实验,应注意两套器皿不可交叉使用,直到沉淀完全转移出烧杯为止。

2. 沉淀的过滤和洗涤

根据沉淀在灼烧中是否会被纸灰还原及沉淀的性质来决定所使用的过滤方式。若采用滤纸,则其大小紧密程度要看沉淀的性质,如结晶沉淀 $BaSO_4$ 和 CaC_2O_4 采用较小且致密的滤纸(直径为 9~11 cm),蓬松的胶状沉淀 $Fe_2O_3 \cdot xH_2O$ 采用大而疏松的滤纸(直径为 11~12.5 cm)。

滤纸放入漏斗后,其边缘应比漏斗边低 0.5~1 cm,将沉淀转移至滤纸中后,沉淀的高度不得超过滤纸高度的 1/3。

(1) 滤纸的折叠与安放。该步骤与常压过滤的步骤相同,采用长颈玻璃漏斗,做出水柱可以加快过滤速率。滤纸上撕下来的小角放在干净的表面皿上。若同时进行两份试样分析时,应把装有待过滤溶液的烧杯分别放在相应的漏斗之前,避免混用。

(2) 过滤和洗涤。一般采用倾析法进行过滤,即待沉淀下沉到烧杯底部后,先转移上层清液。上层清液的转移与常压过滤的步骤相同,一次倾入漏斗的溶液不超过纸锥高度的 2/3。再用洗瓶(或滴管)沿烧杯壁旋转着挤入 10~15 mL 洗涤液,并用玻棒搅起沉淀充分洗涤,然后将烧杯靠在白瓷板边缘,烧杯稍微倾斜,使沉淀集中以利于转移溶液。待沉淀下沉后,再按上述方法倾出和过滤上层清液。洗涤应遵循少量多次的原则,洗涤次数要看沉淀的性质及杂质的含量而定,一般来说,为确保沉淀定量转移至漏斗,须洗烧杯和玻棒 5~6 次,并用少量洗涤液冲洗表面皿上的物质至烧杯。

为了把沉淀转移到滤纸上,先加入洗涤液将沉淀搅起(洗涤液的用量应该是滤纸上一次能容纳的量),将悬浮液立刻按上述的方法转移到滤纸上。这样大部分沉淀就可以从烧杯中移出。这一步骤容易引起沉淀的损失,须严格规范操作。然后从洗瓶中挤出洗涤液冲洗烧杯壁和玻棒上的沉淀,再搅起沉淀,转移到滤纸上。这样经过几次就可以基本上将沉淀全部转移到漏斗中去。最后极少量的沉淀,则可把烧杯倾斜着拿在漏斗上方,烧杯嘴向着漏斗,将玻棒架在烧杯口上,其下端向着滤纸的三层部分,用洗瓶挤出的液体,旋转地冲洗烧杯内壁,涮出的沉淀则立刻随液体转移到滤纸上(注意上下照应,防止漏斗中溶液过多)。

实验中往往有一些牢牢地粘着在烧杯壁上的沉淀洗不下来,因此需要用一小块无灰滤纸(就是折叠滤纸时撕下的纸角),以水湿润后,先擦拭玻棒上的沉淀,再用玻棒按住此纸块沿杯壁自上而下旋转地把沉淀擦"活",然后把滤纸块挑出放入该漏斗中心的滤纸上,与主要沉淀合并。再用洗瓶吹洗烧杯,把擦"活"的沉淀微粒涮洗入漏斗中。最后在明亮处仔细检查烧杯内壁、玻棒、表面皿是否干净。若仍有一点点颗粒痕迹需再进行擦拭、转移,直到沉淀完全转移为止。

最后,在滤纸上洗涤沉淀,目的是洗去杂质,并将黏附在纸锥上部的沉淀冲洗至纸锥下部。具体操作如下:先在废液杯上挤出洗瓶中的洗涤液,使洗涤液充满洗瓶的导出管,再将洗瓶拿在漏斗上方,挤出洗涤液浇在滤纸的三层部分的上沿稍下的地方。然后再自上而下盘旋地洗涤,并借此将沉淀集中到纸锥下部。若洗瓶的导管有空气,则洗瓶开始出来的液体带有空气,会猛烈冲击沉淀造成损失。实验时也可以用滴管吸取洗涤液洗涤沉淀。

多次洗涤过程中,须在前一次洗涤液完全滤出以后,再进行下一次洗涤,直至不挥发的杂质完全除去。如果所用的洗涤液总量相同,则"少量多次"的洗涤效果要比"多量少次"的洗涤效果好得多。

为了检查沉淀是否洗净,洗涤沉淀数次后,先用洗瓶将漏斗颈外壁洗净,再用小试管收集滤液约 1 mL,然后用适当方法检验。

过滤与洗涤沉淀的操作,必须连续操作完成,若搁置时间过长则会导致沉淀失水结块成团,就几乎无法将其洗涤干净。

3. 沉淀的灼烧和恒重

(1) 空坩埚的准备及恒重。沉淀的灼烧是在一个预先已经洗净、经过两次以上的灼烧至恒重的坩埚中进行的。

先将瓷坩埚用自来水尽量洗去其中污物,然后将其放入热盐酸(洗去 Al_2O_3、Fe_2O_3)或热铬酸洗液中(洗去油脂)浸泡数十分钟,用洁净的玻棒夹出,先用自来水,再用纯水涮洗干净,放在干净的表面皿上并置于烘箱中烘干。用纯水洗干净后的坩埚一定不能再用手拿取,挪动时必须用坩埚钳(坩埚钳头部的锈应先用砂纸磨光洗净)。洗净烘干后的坩埚,只能放在干净的表面皿或白瓷板上,不得放在桌上,以免弄脏。将烘干的坩埚送入马弗炉中灼烧。

灼烧新坩埚时,会使坩埚瓷釉组分中的铁发生氧化而引起坩埚质量的增大,也会因水蒸发及某些物质在高温下灼烧失去而质量减小。因此,灼烧空坩埚的条件必须和灼烧沉淀的条件相同。

空坩埚灼烧 15~30 min。撤火后,将坩埚先置于干净红砖上稍稍冷却至红热退去,再用预热过的坩埚钳把它放入干燥器中。不得将红热的坩埚立即放进干燥器中,否则其与凉的瓷板接触会破裂。

将热坩埚放入干燥器后,它会引起干燥器中空气的膨胀,压力很大,有时甚至会将干燥器的盖子冲开。但放置一段时间后,由于干燥器内空气冷却,压力降低,又会将干燥器的盖子吸住而打不开。因此,坩埚放入干燥器中 2~3 s 后,应将盖慢慢推开一细缝,放出热空气,再立即盖严。反复几次,使干燥器内外压力基本平衡。在冷却过程中也须不时开闭干燥器盖子 1～2 次。

由于坩埚的大小、厚薄不同,因而使其充分冷却的时间也就不同,一般需 40～50 min。冷却坩埚时,干燥器应先放在实验室 20 min,然后再放在天平室中冷却至室温,这样可以保证天平室的温度不变。冷却坩埚的时间,每次必须相同。不可将坩埚放在干燥器中过夜再称。

坩埚完全冷却后,才能进行称量。称量一个没有完全冷却的坩埚不仅导致称量的质量不正确,环境温度的改变也会引起称量误差。

将称得的质量准确地记录下来,再将坩埚按上述步骤再次灼烧、冷却、称量,直至连续两次称量质量之差不超过 0.2 mg,就可以认为坩埚已恒重。两次称量的平均值即为坩埚的质量。记录配套使用的坩埚和坩埚盖的特征。为了便于识别,可提前用钴盐在干燥的瓷坩埚上编号,烘干灼烧后即可留下不褪色的字迹。

(2) 沉淀的包裹。用清洁的玻棒从滤纸的三层部分将其挑起,再将滤纸和沉淀一起取出。包裹沉淀时,不应将滤纸完全打开。若包裹晶形沉淀,可按图 1-42 所示的任一种方法,将沉淀包好,最好包得紧些,但不要用手指压沉淀。将沉淀包好后,用滤纸没有接触到沉淀的那部分将漏斗内壁轻轻擦一擦,以擦下可能沾在漏斗上的沉淀。把滤纸包的三层部分向上放入已恒重的坩埚中。

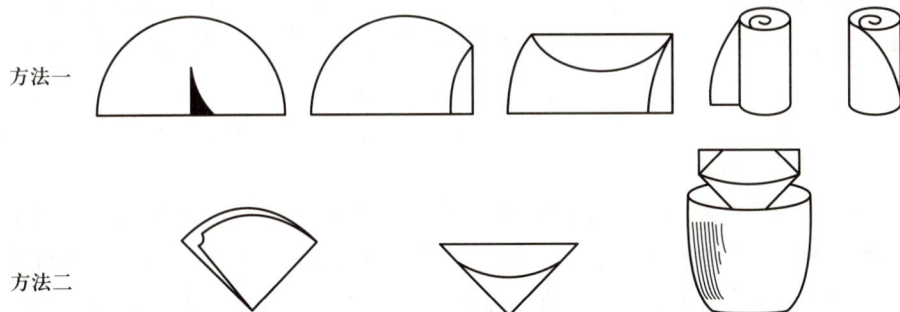

图 1-42　晶形沉淀的包裹

若包裹蓬松的胶状沉淀,则可在漏斗中用玻棒将滤纸四周边缘向内折,把纸锥敞开口封住,如图 1-43 所示,然后取出,倒转过来,尖头向上放置在坩埚中。

(3) 沉淀的灼烧及恒重。将装有沉淀包的坩埚放到通风橱里的电陶炉上,盖上坩埚盖,使用 2200 W 及以上功率灼烧。坩埚中滤纸和沉淀中的水分首先被烘干,滤纸再炭化变黑,再烧至红热逐步灰化。观察沉淀的灼烧进度时,只需用坩埚钳夹开坩埚盖观察。翻动坩埚内沉淀时,可以将坩埚盖暂时放在电陶炉未发红的炉面上,再用坩埚钳轻轻转动坩埚。

灰化完成后将装有沉淀的坩埚送入马弗炉灼烧一定时间(如 $BaSO_4$ 15～30 min,$Mg_2P_2O_7$、Al_2O_3、SiO_2 30 min,CaO 60 min)。灼烧后,将退去红热的坩埚放入干燥器中(具体步骤参看"空坩埚的准备及恒重"),冷却至天平室温度再称量。

图 1-43　胶状沉淀的包裹

当打开干燥器取出放有沉淀的坩埚时,必须缓慢推开干燥器的盖子,勿使进入干燥器的空气流倾覆坩埚,吹散沉淀。

灼烧后沉淀的称量方法基本上与称量空坩埚时相同,但应尽可能快些,特别是对灼烧后吸湿性很强的沉淀更应如此。

沉淀第二次灼烧 15 min,冷却、称量至恒重。

第二次称量时,几个坩埚的称量顺序最好与第一次称量顺序一致,且同一个坩埚连续两次的称量结果相差在 0.2 mg 以内才算恒重。

1.3   实验室常见仪器与设备的使用

1.3.1   电子分析天平的使用

天平是化学实验中常用的仪器之一,用于称量物质的质量。

根据工作原理分类,天平可以分为机械天平和电子天平。机械天平是基于杠杆原理制成的,用已知质量的砝码来称量被称物的质量。电子天平是基于电磁力补偿工作原理制成的。当电子天平的秤盘加载一定质量的被称物时,被称物的重力作用将使秤盘的位置发生变化。位移传感器会将此位置改变转换为电信号,经 PID(比例－积分－微分)调节器、放大器后,以电流形式反馈到一置于磁场的线圈中,产生大小相等且方向相反的电磁力,使秤盘重新回到原来的平衡位置。通过电流强度可以换算出被称物的质量,并以数字显示在天平显示屏上。被称物的质量越大,线圈中所需补偿的电流强度就越大。

电子天平具有数字显示、自动调零、自动校准、去除皮重(简称去皮)等功能,不仅操作简便、称量速度快,而且准确度高。

电子天平的型号很多,为了准确称量被称物的质量,须考虑称量的准确度和仪器量程等因素。制备实验常用的无防风罩的电子天平的分度值一般是 0.1 g 或 0.01 g,定量分析实验常用的带有防风罩的电子分析天平的分度值一般是 0.1 mg 或 0.01 mg。对于分度值为 0.1 mg 的电子分析天平,第一次去皮或归零读数可能产生 0.1 mg 误差,第二次读取被称物的质量可能再产生 0.1 mg 误差。根据误差的传递规律,一次称量被称物的质量产生的最大误差为 0.2 mg,若要求称量的相对误差控制在 0.1% 以内,则要求被称物的称量质量大于 0.2 g。

分度值为 0.1 mg 的电子分析天平,其最大载量(包括皮重)一般为 100～200 g。目前常见的电子分析天平为顶部承载的上皿式电子分析天平,如图 1－44 所示。

▶▶ 准备工作

为了获得准确的称量结果,电子分析天平在使用前必须预热。将天平接通电源后,天平就开始预热。分度值为 0.1 mg 的电子分析天平通常需预热 1 h 后再使用。预热时无须打开天平的面板开关,面板开关只对显示器起作用。一般来说,长时间不切断电源有利于天平的持续预热和准确称量。若天平长期不用,则须拔去电源线插头,并定时通电预热。例如,每周一次,每次预热 2 h,以确保天平始终处于良好的状态。

使用电子分析天平前须检查其以往的使用记录是否正常,然后取下防尘罩,叠平后放好。检查天平秤盘及周围是否洁净,否则用毛刷清扫。

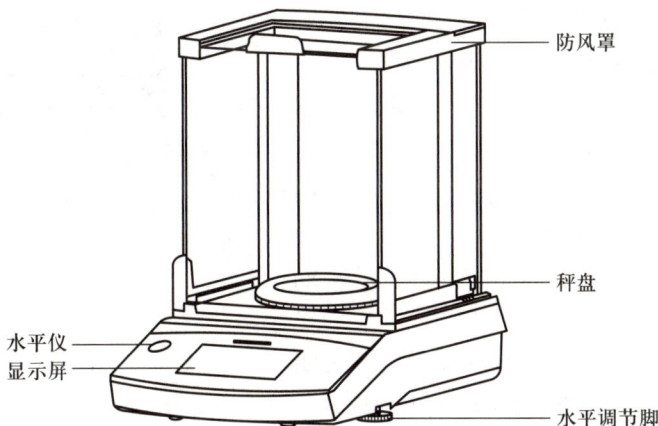

图 1-44 Practum124-1CN 电子分析天平

电子分析天平须放置在牢固平稳的实验桌上,否则身体倚靠到实验桌就有可能影响测量结果。使用前须观察天平的水平状态,确保水平仪中的气泡位于水平仪中心,如图 1-45 所示。若气泡偏离中心圆圈,则须根据水平调节脚的实际位置(可能处于天平前侧或后侧),灵活地调节一个或两个水平调节脚,直至气泡位于水平仪中心。由于气泡有往高处移动的倾向,因此,顺时针旋转水平调节脚可以升高该水平调节脚,气泡将向该水平调节脚方向移动;反之,逆时针旋转水平调节脚可以降低该水平调节脚,气泡则向该水平调节脚反方向移动。仪器调节到水平后,操作过程中不得随便挪动仪器,否则须重新查看水平仪。若气泡仅稍有偏移,则调整水平调节脚的操作幅度不宜过大。

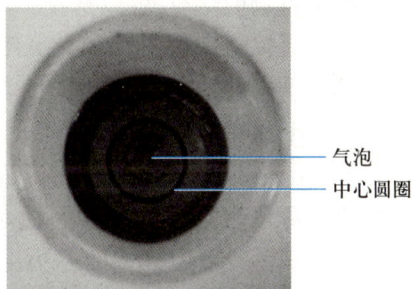

图 1-45 水平仪中的气泡

▶▶ 校准方法

要获得准确的称量数据,电子分析天平使用前需要校准。不同型号仪器的校准方法略有不同,一般可以采用 100 g 标准砝码进行外部校准(按"CAL"键),有些型号的天平还设有内置校准功能。下面列举两种常用的电子分析天平的校准方法。

1. AL-104 型电子分析天平的校准

(1) 按"ON"键开启显示器。

(2) 按"0/T"键使天平归零。

(3) 长按"CAL"键,当显示器显示 CAL 时松手。

(4) 显示器显示 100.0000 时,把准备好的 100 g 校准砝码放在秤盘中央,关闭天平门。

(5) 当显示器出现 0.0000 g,取出 100 g 校准砝码,关闭天平门。

(6) 当显示器显示 cal done 后,显示器应出现 0.0000 g,若出现的数值不为零,则再按"0/T"键归零,重复操作以上(3)—(5)步骤。

2. Practum124−1CN 电子分析天平的校准

（1）取出秤盘上的铝盘并关闭天平门。

（2）打开触摸屏上的电源开关键，显示 0.0000，否则按"归零"键。

（3）按显示屏左下角菜单键进入图1−46所示界面，并选择"CAL"功能。

（4）在校准天平窗口，选择"外部校准"中的"100 g"。

图1−46　Practum124−1CN电子分析天平菜单界面

（5）将100 g校准砝码放在秤盘中央并关闭天平门，天平开始自动校准，显示屏上出现校准结果100.0000 g。

（6）取出100 g校准砝码，显示器应出现0.0000 g，否则须重新校准天平。

视频
天平使用

▶▶ 使用方法

根据被称物的性质，可以选择不同的称量方法，例如，直接称量法、减量称量法或指定质量称量法。灵活应用天平的"TAR"键或"T"键或"去皮"键，可以直接获得被称物的净质量。

1. 固体试样的称量

（1）直接称量法（直接法）。直接称量法指的是天平清零后，直接将被称物放在天平秤盘中央进行称量的方法，或者取一洁净干燥的容器（如称量纸）放在天平秤盘中央，去皮后，再将被称物放入容器中称量的方法。天平显示的读数即为被称物的质量。这种称量方法适用于称量洁净干燥的器皿、棒状或块状的金属及其他整块的不易潮解或升华的固体试样。称量时须注意不得用手直接取放被称物，手上的油脂或汗渍可能影响称量质量，可选择戴干净手套或用镊子夹取等方法。

（2）减量称量法（减量法）。取适量待称量试样于一干燥洁净的容器（如称量瓶、小滴瓶等）中，并将该容器放在天平秤盘中央，关闭天平门后去皮，此时天平显示 0.0000 g；取出欲称取量的试样置于实验器皿（如烧杯、锥形瓶等）中，再次准确称量盛放待称量试样的容器。此时天平显示一个负值，即该容器中所减少试样的质量，也就是倾入实验器皿中试样的质量。若一次倾出试样的质量不够，可再次倾出试样，直至倾出试样的质量满足要求。若需连续称取若干份试样，则可以将盛放待称量试样的容器重新去皮后再重复以上操作。这种称量方法适用于一般的颗粒状、粉末状试样及液体试样，尤其适用于一些较易吸水、较易与空气中 O_2 和 CO_2 反应的物质的称量。

称量瓶的使用方法：为了避免手汗和体温对称量结果的影响，须采用戴干净手套或者借助两条纸条操作以免手直接接触称量瓶。减量法称量时，先将称量瓶去皮。然后取出称量瓶，在承接试样的容器上方打开称量瓶的瓶盖，用瓶盖内沿轻敲称量瓶口，使试样缓缓倾入承接容器。估计倾出的试样已足够时，再用瓶盖内沿边敲瓶口边将瓶身扶正，盖好瓶盖后方可将称量瓶移开承接容器的上方。再把称量瓶放在天平秤盘中央，此时天平显示的数值即为倾出到承接容器中试样的质量。

（3）指定质量称量法（增量法）。直接用基准物质配制标准溶液时，有时需要配制某一确定浓度的溶液，这就要求所称量的基准物质的质量必须是一确定值。如配制 100 mL

含钙 1.000 g·L^{-1} 的标准溶液,必须准确称取 0.2497 g CaCO$_3$ 基准物质。称量方法是:取一洁净干燥的小烧杯或称量纸放在天平秤盘中央,去皮后再小心缓慢地向烧杯(称量纸)中加 CaCO$_3$ 试剂,直至天平读数正好是 0.2497 g 为止。这种称量操作的速度很慢,适用于不易吸潮的粉末状或小颗粒(最大颗粒应小于 0.1 mg)试样。

2. 液体试样的称量

液体试样的称量也有多种称量方法。

(1)对于性质较稳定、不易挥发的试样可装在干燥的小滴瓶中用减量法称取,称量时预估每滴液体的质量并数液滴数以快速称量到所需的质量。

(2)对于性质较稳定、较易挥发的试样可用增量法称量,可以先在具塞小锥形瓶中加入少量不易挥发的溶剂,去皮后再加入待测的液体试样,并立即盖上瓶塞,再进行准确称量。

▶▶▶ 注意事项

(1)称量时要求天平内清洁、干燥、温度恒定、无风影响,同时应避免光线直接照射到天平上。

(2)天平须保持水平。

(3)被称物须放置在天平秤盘中央。开关天平门及取放被称物等操作时,动作应轻缓。用天平称量时应只开一个天平门并随手关闭天平门,以减少空气对流等扰动。

(4)天平去皮、归零及记录称量读数前,须确保所有天平门关闭好,天平读数才能稳定。

(5)挥发性、侵蚀性、强酸强碱类试样应放在具盖称量瓶内称量,以防止侵蚀天平。浓 HCl 溶液或 NaOH 固体等无法准确称量且腐蚀性大的试样不可采用精密天平称量。

(6)称量读数必须立即记录在原始数据记录表中,不得记录在其他地方。

(7)如果发现天平工作状态不正常,应及时报告指导教师,不要自行处理。

(8)称量完毕,撤样、关门、归零、关机,并检查天平内外的卫生状况。盖上防尘罩并做好使用记录。

1.3.2　移液枪的使用

移液枪,又称移液器,主要用于液体的移取。移液枪是一种量出式量器,分定量移液器和可调移液器两大类,具有单头型和多头型。其结构由显示窗、容量调节部件、活塞、活塞套、吸引管和吸液嘴(简称吸嘴)等组成(移液器检定规程 JJG 646—2006)。

实验室常用的移液枪为活塞式吸管,利用空气排放原理工作,以活塞在活塞套内移动的距离确定移液枪的容量。与吸量管相比,移液枪具有操作简便、高效等优点,适合移取小量或微量液体。

移液枪(图 1—47)顶部的按钮除了用于吸液和排液外,还可用于设定移液量。移液枪中部的显示窗可以观察到所设的移液量。顺时针方向旋转按钮可以减少移液量,逆时针方向旋转按钮可以增加移液量。顶

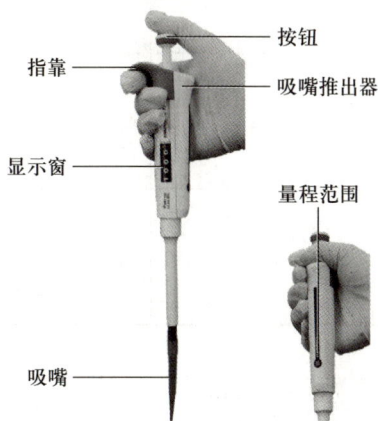

图 1—47　移液枪

部按钮下方的吸嘴推出器用于推出吸嘴。吸嘴推出器的另一侧是钩状指靠,便于移液时用手指固定枪体及作为挂钩使移液枪垂直挂在移液枪架。移液枪下端连接易装卸的一次性吸嘴。常用的移液枪有 $10~\mu L,20~\mu L,100~\mu L,200~\mu L,1000~\mu L,5000~\mu L$ 等规格。不同规格的移液枪配套使用不同大小的吸嘴。

▶▶▶ 校准方法

(1) 准备纯水、分度值为 0.1 mg 或 0.01 mg 的电子分析天平(校正 0.5~2.5 μL 量程的移液枪须采用分度值为 0.01 mg 的电子分析天平)、温度计、恒温室,还需准备一个具盖的小口塑料称量瓶,防止水分挥发。

(2) 天平室设置为恒温,并将纯水提前 24 h 放入天平室,移液枪提前 4 h 以上放入天平室。

(3) 将塑料称量瓶放入天平秤盘中央,关闭天平门,待天平显示稳定后,去皮清零。

(4) 将移液枪的容量调到被检点,一般可按移液枪总量程的 100%、50%、10% 分别进行校正。

(5) 垂直地握住移液枪,将按钮按到第一停点,再将吸嘴浸入装有纯水的容器内,并保持在液面下 2~3 mm 处,缓慢放松按钮,等待 1~2 s 后离开液面,去掉吸嘴外的液体。

(6) 从天平中取出塑料称量瓶,使其倾斜约 30°。移液枪保持竖直,并将吸嘴流液口靠在塑料称量瓶内壁。缓慢地把移液枪按钮按到第一停点,等待 1~2 s 后,再将按钮完全按下。将移液枪的吸嘴向上移开,再松开按钮。

(7) 再次将塑料称量瓶放入天平秤盘中央,关闭天平门,待天平稳定后记录称量质量,同时测量并记录此时容器内纯水的温度。

(8) 重复 6 次执行以上(3)—(7)步操作,每次测量误差不得超过表 1-5 中的规定,否则用移液枪专用的校正扳手进行调整后再检定,直至满足要求。

表 1-5　部分移液器容量允许误差和测量重复性

标称容量/μL	检定点/μL	容量允许误差±/%	测量重复性≤/%
200	20	4.0	2.0
	100	2.0	1.0
	200	1.5	1.0
1000	100	2.0	1.0
	500	1.0	0.5
	1000	1.0	0.5
5000	500	1.0	0.5
	2500	0.5	0.2
	5000	0.6	0.2

▶▶▶ 使用方法

使用移液枪移液的方法有正向移液法和反向移液法两种。

视频
移液枪使用

1. 正向移液法

正向移液法是指吸嘴吸取设定体积的液体,然后将液体全部排出。该法常用于移取黏度小且不产生泡沫的液体。具体操作步骤如下:

(1) 先设定好移液量,然后安装吸嘴,右手握住移液枪,食指顶住移液枪指靠,将移液枪垂直插入吸嘴中,稍微用力转动使其紧密结合,避免漏液。用待移取的液体润洗吸嘴3次。由于水溶液从塑料吸嘴里排空后基本不挂液,因此用移液枪移取水溶液时,若对准确度要求不高且试剂价格昂贵稀少,也可以不润洗或少润洗吸嘴。

(2) 移取液体时,先按下顶部按钮至第一停点,再将吸嘴垂直插入液体,慢慢松开按钮,将液体吸入,等待1~2 s,将吸嘴从液体中取出并去除吸嘴外壁的液体,此时吸嘴内液体的体积即为所需移液量。将吸嘴插入接收容器中,保持移液枪竖直,慢慢按下按钮至第一停点,等待1~2 s后再将按钮按到底(即第二停点),排空吸嘴内的液体。

(3) 取出移液枪,松开按钮使其还原至初始状态。

(4) 如需卸下吸嘴,将移液枪指向吸嘴回收杯,按下吸嘴推出器将吸嘴推出。

(5) 移液枪使用完毕后,移液量调回最大值,移液枪挂在移液枪架上。

2. 反向移液法

反向移液法是指吸嘴吸取大于设定体积的液体,然后排出设定体积,多余液体残留于吸嘴中。该法常用于移取黏度较大或容易产生泡沫的液体或微量液体。具体操作步骤如下:

(1) 先设定好移液量,然后安装吸嘴,右手握住移液枪,食指顶住移液枪指靠,将移液枪垂直插入吸嘴中,稍微用力转动使其紧密结合,避免漏液。用待移取的液体润洗吸嘴3次。

(2) 先将按钮按到底(即第二停点),再将吸嘴垂直插入液体,慢慢松开按钮,将液体吸入,等待1~2 s,将吸嘴从液体中取出并去除吸嘴外壁的液体,此时吸嘴内液体的体积多于所需移液量。将吸嘴插入接收容器中,保持移液枪竖直,慢慢按下按钮至第一停点,等待1~2 s,此时排出液体的体积即为所需移液量。

(3) 取出移液枪,将吸嘴内残留的液体排空。

(4) 如需卸下吸嘴,将移液枪指向吸嘴回收杯,按下吸嘴推出器将吸嘴推出。

(5) 移液枪使用完毕后,移液量调回最大值,移液枪挂在移液枪架上。

▶▶▶ 注意事项

(1) 根据移液体积选择合适的移液枪,确保移液枪在其量程的 $10\%\sim100\%$ 内工作,若超过最大量程使用可能导致移液枪损坏。设定移液量,从大体积调节到小体积时,按顺时针方向旋转按钮;从小体积调节到大体积时,先按逆时针方向旋转按钮至稍微超过设定体积的数值,再回调至设定体积,以保证移出体积的准确度。

(2) 移液枪未装吸嘴时,切莫移液,且安装吸嘴时不可用移液枪反复撞击吸嘴,长期如此操作会使内部零件松散而损坏移液枪。移取新溶液时需更换干净吸嘴,以免交叉污染。

(3) 移液枪严禁吸取强挥发性、强腐蚀性的液体。

(4) 应先按下按钮,排出空气,再将吸嘴垂直插入液体。禁止将吸嘴插入液体后再按下按钮排气。

(5) 吸取液体时一定要缓慢平稳地松开拇指,不可突然松开,以防溶液吸入过快而冲入移液枪内腐蚀柱塞后漏气而不能准确移取溶液。

（6）吸液时，吸嘴插入溶液深度须随移液量增大而增加。例如，吸取 0.1～10 μL 液体时，吸嘴插入深度为 1～2 mm；吸取 10～200 μL 液体时，吸嘴插入深度为 2～3 mm；吸取 200～2000 μL 液体时，吸嘴插入深度为 3～6 mm；吸取的液体体积超过 2000 μL 时，吸嘴插入深度为 6～10 mm。

（7）可以采用四种排液方式：①沿接收容器内壁排液；②在液面上方排液；③在液体表面排液；④在液面下方排液。

（8）吸取液体时，尽量保持移液枪处于垂直状态。若无法保持垂直，其倾斜角度不得超过 20°。

（9）移液枪使用过程中应垂直拿在手上或垂直挂在移液枪架上，不可横放在桌面上。使用完除去吸嘴后须调回最大量程。

1.3.3　恒电流仪的使用

图 1—48　恒电流仪

恒电流仪（图 1—48）可以输出稳定的电流，应用在电解-量气法、电重量分析法、电镀、电极制备等实验中。

▶▶▶ **使用方法**

（1）打开电源开关，预热 15 min。

（2）将红色鳄鱼夹（正极）和黑色鳄鱼夹（负极）直接相连，并通过旋钮调整电流大小，顺时针增大，逆时针减小，直至显示屏上显示所需的电流强度。

（3）断开相连的红色鳄鱼夹和黑色鳄鱼夹。

（4）按实验要求连接好装置，此时显示屏上应显示预设的电流强度。若显示的数字不符，可微调旋钮至所需电流强度。

▶▶▶ **注意事项**

（1）长时间使用过程中，恒电流仪的电流可能略有波动，可通过旋钮调整到所需的电流。

（2）鳄鱼夹须夹稳。

（3）可以采用串联的方式同时为几个电解池提供恒电流。

视频
通风橱使用

1.3.4　通风橱的使用

通风橱是实验室里常见的局部排风设备，不仅能排出实验中产生的气体，而且其玻璃门也能有效阻挡实验中飞溅的试液，从而保护实验操作人员，建立安全环保的实验环境。

▶▶▶ **使用方法**

（1）使用前应检查电源、给排水、气体等各种开关及管路是否正常，再打开通风橱柜体内电源开关和照明开关，检查光源及柜体内部是否正常。然后启动抽风系统，静听通风橱的风机运转是否正常。若有问题，应暂停使用并及时反馈给实验室管理员。只有检查结果一切正常后方可开始在通风橱内实验。

（2）通风橱的操作区域要保持通畅，不要放置非必要物品。实验物品和器材放置在通风橱内时，应距离通风橱的玻璃门内侧 15 cm 以上，须防止物品掉落，且方便操作。

（3）实验时，通风橱的玻璃门应下拉至离台面 10～15 cm，这样做的好处是一方面确保通风橱的抽气效果，减少实验人员和有害气体的接触；另一方面也确保实验操作人员在实验时，其胸部以上处于通风橱钢化玻璃门保护范围内。拉动玻璃门时，动作须轻缓，以免压到手。操作者在通风橱进行操作时，禁止将头伸入通风橱内，不允许将通风橱里的试剂瓶拿出通风橱外观察标签或移取溶液。

（4）实验结束后，须将通风橱内清理干净，并将玻璃门拉至最低位置，继续排风几分钟，确保通风橱内有害气体和残留废气全部排出，再关闭通风橱内照明开关和电源开关。最后关闭通风橱风机系统。

▶▶▶ 注意事项

（1）在通风橱进行实验时，操作者仍需做好个人防护，并了解所使用通风橱的基本状况，包括通风橱的玻璃门是否具有防爆功能。

（2）须了解通风橱共同使用者的操作状态，避免遭受他人操作错误导致的危险。

（3）通风橱不得作为化学药品存放地，禁止在通风橱内存放易燃、易爆物品或进行易燃、易爆实验。

（4）未开启通风橱风机时，禁止在通风橱内做实验。

（5）禁止下蹲观察实验现象，以防脸部得不到有效保护。

（6）通风橱内的实验台面长时间接触酸碱等化学品也会造成损坏，若有化学品滴落在台面上，应尽快清理。

（7）经电热板或电陶炉加热后的器皿不能直接放置在通风橱内的实验台面，须用白瓷板隔热，避免台面因局部高温损坏。

（8）禁止将杂物或废液倒入通风橱内的下水道，避免造成管道堵塞或损坏。

（9）禁止将一次性手套、纸张或较轻的塑料袋等留在通风橱内，避免堵塞排风口。

（10）通风橱每使用 2 h 须开窗补风 10 min；每使用 5 h，要敞开门窗，避免室内出现负压。

1.3.5　加热仪器的使用

▶▶▶ 电热板

电热板是实验室常用的加热仪器，一般以电热合金丝作为发热材料，云母软板作为绝缘材料，外包薄金属板以加热实验器皿。电热板常用于加热、消解、煮沸、蒸酸等，其操作简便，升温快、使用安全，但无法准确控温，板面温度的均匀性也较差。

实验室的电热板通常放在通风橱内，周围不得放置易燃易爆物品。如实验室常用的 EH20A plus 型电热板（图 1—49），仪器的上半部分是铝合金加热面板，板面是特氟龙涂层，可耐酸碱，最高可设置温度为 210 ℃，控温的精度为 ±5 ℃；仪器的下半部分是电源开关和温度控制器。

图 1—49　EH20A plus 型电热板

使用电热板时,首先捋顺电源线,再接通电源。注意勿使电源线靠近电热板,以免电源线因高温损坏,并导致事故发生。

打开电源开关,在开机显示状态下再按"◀"键移动光标至需修改数值的位置,通过"▲"或"▼"键来修改或设定需要加热的温度。设定好所需加热的温度后,稍等片刻,电热板开始加热,直至达到设定的温度为止。

视频
电热板使用

使用电热板的注意事项如下:

(1)应在仪器允许的温度范围内使用电热板。

(2)电热板周围必须预留足够空间,如果其他物品距离电热板过近,可能导致其受热损坏或发生意外。

(3)玻璃反应容器可以直接放在电热板上加热,但若容器底部有水或其他溶液,则须用抹布擦拭干净后才能放在电热板上加热,以免弄坏电热板表面,并防止容器底部因加热烧焦而弄脏瓶底,或发生玻璃容器炸裂等事故。

(4)加热时容器内溶液的体积不应超过容器容积的 2/3。若加热试样中含有沉淀,在加热过程中要不断搅拌以防试样受热不均匀而暴沸溅出。

(5)电热板板面的实际温度与设置温度有差异,且板面的温度不均匀,中间温度较高,边缘温度较低。电热板设置的加热温度与加热容器内溶液的温度也不一致。

(6)加热完成后,手戴棉纱手套,小心取下加热容器,放置在白瓷板上冷却。不能直接放置在实验台面上,避免因容器底部温度太高而损坏台面。

(7)电热板使用完毕后,须关闭电源开关,拔下电源插头并整理放好。待电热板冷却后,用抹布将电热板的表面擦拭干净。加热过程中或加热刚结束时,电热板板面温度较高,切勿触摸。

(8)加热过程中操作者不得长时间离开,避免发生意外。

(9)应定期对电热板进行功能检测。

▶▶▶ 电陶炉

电陶炉采用红外线发热技术原理,以炉盘的镍铬丝作为发热载体,通电后产生热量和光波,通过陶土硅酸盐材质的面板作为导热载体进行加热。由于其高效发热,数秒可达到 600～650 ℃高温,因此可满足实验中高温及快速加热的要求。

与电热板操作规范相同,电陶炉使用时须放置在通风橱内,周围不得放置易燃易爆物品。

以 DT-22T1 型电陶炉(图1-50)为例,该仪器的主要区域有加热区、显示区和操作区。

使用时,须避免电源线接触到高温炉面。接通电源后,仪器会发出"嘀"一声,整机进入待机状态。长按"开关"键开机,数码显示"————"。在任何状态下,都可以按下"开关"键关机。按"单/双环"键可以切换到不同加热模式,如图1-51所示,包括双环模式、内环模式、外环模式,蓝色区域显示的是实际加热区。双环模式的加热功率达 2200 W,适用于坩埚内包裹沉淀的干燥、炭化和灰化,可以替代酒精

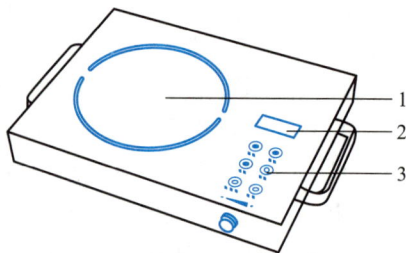

1—加热区;2—显示区;3—操作区

图1-50 DT-22T1 型电陶炉

灯加热,干净快捷且易操作;外环模式的加热功率达 1100 W,适用于锥形瓶、烧杯内溶液的快速煮沸。加热时,须将反应容器直接放在电陶炉炉丝变红的区域。

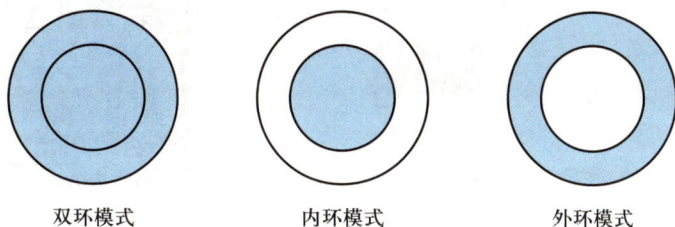

双环模式　　　　内环模式　　　　外环模式

图 1-51　电陶炉的加热模式

使用电陶炉的注意事项如下:

(1) 须单独使用 10 A 以上的标准插座,绝对不可以用易松动,不牢固且不符合国家标准的插座,更不能外接定时器或在遥控控制系统下运行。

(2) 避免纸张等堵塞吸气口或排气口,导致炉内散热不良而造成危险。

(3) 加热过程中,炉面加热区迅速升温。加热结束后,炉面余温较高,须防止烫伤。

(4) 加热盛有溶液的玻璃反应容器时,须采用低功率的外环模式,以防止加热过快、导热不均引起玻璃容器爆裂。

(5) 加热过程中操作者不得随意离开。

(6) 关机 15 min 后再拔电源线插头,以确保炉内散热充分。

(7) 待炉面温度下降后,再用抹布将电陶炉的表面擦拭干净。

▶▶▶ 水浴锅

电热恒温水浴锅,简称水浴锅,常用于加热、蒸发、浓缩、结晶或其他温度不高于 100 ℃的恒温实验,具有加热温和、均匀、加热过程温度易于控制等优点。根据水浴锅加热孔数目的不同,电热恒温水浴锅可分为单孔水浴锅、双孔水浴锅(图 1-52)、四孔水浴锅或六孔水浴锅等。

水浴锅一般由内、外双层箱式结构组成,箱体外壳为喷漆钢板,内层采用整块不锈钢板冲压而成,内层与外壳夹层间充填有玻璃棉等保温材料。水浴锅水箱内有一置物架,最底部为温度传感器及内装有加热电炉丝的浸入式加热管。除了不锈钢盖子外,每个加热孔还配有若干个口径不同的组合套圈,可根据实际使用需要调整加热孔的大小,以适应不同口径的反应容器。

以图 1-52 所示的 DK-S22 型水浴锅为例,使用前须向水箱内注入洁净的自来水,加水量一般为水箱高度的 1/2 到 2/3,或高于置物架 5 cm 以上。禁止在未加水前接通电源,以免烧坏加热元件。

接通电源,打开仪器电源开关,此时数字显示控温面板的 PV 屏显示的是水箱内的实际温度值,SV 屏显示的是水箱的设定温度值,如图 1-53 所示。如果需要修改水箱的设定温度值,则按左侧设置键"SET",SV 屏绿色数字开始闪动,表示仪表进入温度设置状态。按左移键"≪"至需要修改的位数,再按上行键"∧"或下行键"∨"改变数值来设定水箱需要加热的温度。温度设定完成后,再按一次设置键"SET"确认。

视频
水浴锅使用

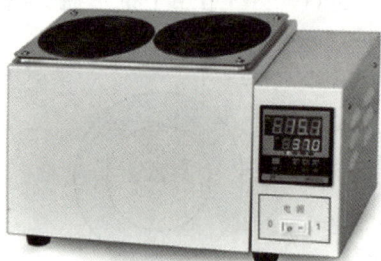

图1-52　DK-S22型双孔水浴锅

图1-53　水浴锅显示器
及控制器

水浴锅随后进入加热升温阶段,直至达到设定温度后进入恒温模式。在水浴锅达到设定温度后,根据需要从小到大取走几个套圈。若仅用于加热,如将制得的产物进行蒸发、浓缩,可将反应容器(如烧杯、蒸发皿)直接放在大小适合的套圈上加热;若进行恒温实验,须用瓶夹等固定好反应容器(如锥形瓶)后直接放置在水浴锅内加热。水浴锅内的液面须稍高于反应容器内的液面,以保证反应容器内溶液的温度与水浴锅中水的温度一致。完成加热实验后,小心取下反应容器。

实验结束后,关闭电源开关,拔下电源线插头。待水浴锅内的水冷却后再倒入水槽,再用干抹布将仪器表面及水箱擦拭干净,以保护加热管,防止结垢。待仪器晾干后放回收藏柜。

使用水浴锅的注意事项如下:

(1)水浴锅须装入自来水后再开机加热。

(2)水浴锅内水位不可过高,盛水量一般占其总容量的2/3。否则,加入反应容器后水可能溢出,水沸腾后也可能溢出。

(3)长时间加热应关注水位的变化,必要时须往水浴锅中补充少量热水,保持其中的水量,避免水箱内的水烧干而引发意外。当不慎把水浴锅中的水烧干时,应立即停止加热,待水浴锅冷却后,再加水继续使用。使用单孔水浴锅时尤其需要注意加热时间不能过长。

(4)注意不要将烧杯等容器直接放在水浴锅底上加热,应放在置物架上,或选用水浴锅上大小合适的套圈承受器皿,或用瓶夹将烧瓶固定在铁架台上。

(5)水浴温度过高时(如100 ℃),操作者须戴双层手套,内层棉纱手套防热,外层橡胶手套防水,以防烫伤。

(6)水浴温度和PV屏显示的温度可能有差异,若实验需要准确记录水浴温度,可以采用水银温度计进行校准。

▶▶▶ 加热型磁力搅拌器

加热型磁力搅拌器(图1-54),同时具有搅拌和加热功能,一般具有不锈钢工作盘,适用于搅拌(或同时加热)低黏稠度的液体或固液混合物,使其在设定的温度中得到充分的混合与反应,转速范围一般在100～2000 r·min⁻¹,加热温度可高达320 ℃。

图1-54　加热型磁力搅拌器

磁力搅拌的工作原理是利用微电动机带动耐高温强力磁铁旋转产生旋转磁场,并透过工作盘驱动反应容器内的磁力搅拌子转动,以达到对反应容器内液体或固液混合物进行搅拌的目的。加热功能是通过工作盘下的加热装置来实现的。为了控制加热温度,仪器需要附带温度传感器。

磁力搅拌加热锅(图1−55)集磁力搅拌功能和浴锅功能于一体,一般具有两个温控装置,既可以利用外部传感器对被加热介质进行温度控制,也可以利用内部传感器对加热盘进行温度控制。

使用加热型磁力搅拌器的注意事项如下:

(1)使用外置传感器时,须将外置传感器插入溶液中,避免仪器检测不到溶液温度而持续加热引发意外。

(2)连续加热时间不宜过长,且在密闭的容器中加热时,需要防止暴沸。

(3)开启搅拌后,需慢慢旋转调速器,不允许高速档直接启动,以免磁力搅拌子跳动,达不到均匀搅拌的目的。

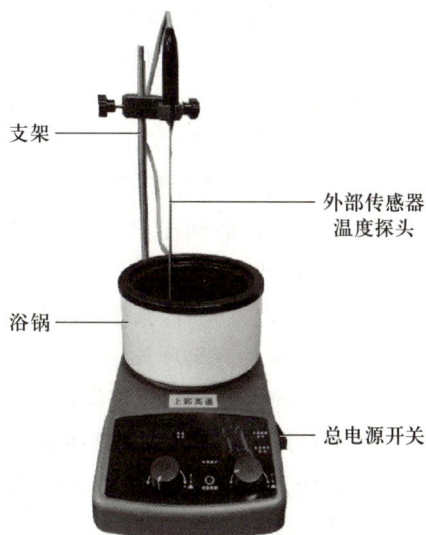

图1−55 JRCL−DG型磁力搅拌加热锅

(4)当液体黏度较高、固液混合物中固体含量高、磁力搅拌子长度较短时,可能发生搅拌不均等情况。

(5)电压的波动及反应液体介质黏度的改变均会引起转速的波动。

(6)仪器应保持干燥清洁,避免溶液进入仪器内部而造成损坏。

(7)仪器工作年份接近使用年限时,温控系统可能失灵,不允许在无人监控下加热。

(8)使用时须注意浴液(水浴或油浴)的用量,避免浴液溢出而损坏仪器。

烘箱

烘箱又名电热鼓风干燥箱,即采用电加热方式,通过循环风机吹出热风,保证箱内温度平衡。烘箱主要用来干燥试样、器皿,也可以提供实验所需的温度环境。图1−56为BPG−9100BH型高温烘箱的控制面板。

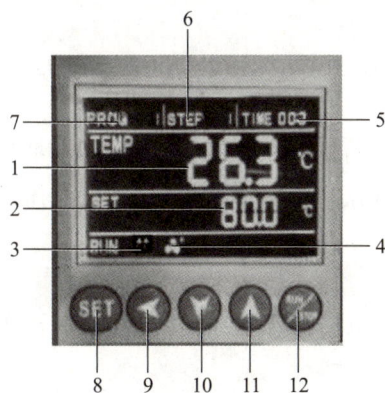

1—TEMP区:显示腔体内部实际温度;
2—SET区:显示设定温度;
3—加热指示灯:有加热输出时灯亮;
4—风机指示灯:有风机输出时灯亮;
5—TIME:时间显示窗,显示运行时间或参数数值;
6—STEP:显示程序下阶段数;
7—PROG:显示程序组;
8—SET:设定键,用于设定值的修改,在参数设定状态下长按设定键3 s以上退出;
9—◀:移位键,设定状态下移位;
10—▼:减少键;
11—▲:增加键;
12—RUN/STOP:运行/停止键,长按3 s用于烘箱程序的运行或停止

图1−56 BPG−9100BH型高温烘箱的控制面板

　　BPG—9100BH型烘箱的开、关机的步骤如下：合上总电源开关，控温仪开机显示参数。打开电机开关，设定好参数后长按"RUN/STOP"键运行程序。当程序运行结束后，关掉电机开关，切断总电源即可。

　　烘箱的控温仪可以设置定值模式或程序模式。

　　定值模式设置如下：按"SET"键，TIME区域闪烁，设定在设定温度下的工作时间，如需连续工作，将时间设定为00：00，继续按"SET"键，SET区域闪烁，设定指定温度值，按"SET"键确认，长按"RUN/STOP"键3 s开始运行。

　　程序模式设置如下：标准状态下，按"SET"键，PROG区数值闪烁，按增加键或减少键选择所需的组数，再按"SET"键调出参数进行设置。该仪器的控制器可存储8组程序，根据需要，把所需温度、时间在PROG组数中设定好，使用时直接调出该程序运行即可。若需要修改参数，每修改一个参数，均需按"SET"键确认。00：01表示时间设置1 min，02：00表示2 h。全部参数设置完后，长按"RUN/STOP"键3 s开始运行。

　　使用烘箱的注意事项如下：

　　（1）使用前需仔细阅读仪器使用说明书，了解、熟悉烘箱的功能后，才能接通电源。

　　（2）烘箱周围不能放易燃易爆的物品及杂物，且箱体四周应留足够的空间散热。

　　（3）轻轻开关箱门，避免造成箱体大幅振动。

　　（4）确保在烘箱加热关闭状态下放置试样，禁止放入易燃易爆物质。

　　（5）放置试样时，上下四周应留存一定空间，保持烘箱内气流畅通。

　　（6）启动电机前，须确保已关好箱门。

　　（7）在仪器工作过程中，电机需一直保持开启状态，确保箱内温度均匀。

　　（8）若实验温度高于300 ℃，则需开启"辅加热"开关。

　　（9）加热结束后，一般需冷却到室温再取样。若需要在较高温度取样，则须戴隔热手套。

　　（10）取样时避免头部直接正对箱门开口，待箱内热散失10 s后再取样。

　　（11）烘箱内试样须按时取走，保证烘箱内无试样残留。

1.3.6　真空泵的使用

▶▶▶ 循环水式多用真空泵

　　循环水式多用真空泵是一种以循环水为工作流体的真空泵，为实验提供真空条件，常用于减压抽滤。

　　SHB—Ⅲ型循环水式多用真空泵（图1—57）的正面有电源开关、电源指示灯、两个抽气口和对应的真空压力表，背面有电源线接口、保险丝座、水箱溢水口、水箱放水口，以及循环水开关、循环水进口和循环水出口，抽速可达10 L·min^{-1}。

1. 使用方法

　　（1）使用前，先向水箱内注入清洁的自来水，水位高度以略低于水箱溢水口为宜，再盖上水箱盖子。

　　（2）接通电源后，将减压抽滤装置通过乳胶管连接到真空泵的抽气口上。连接时，可先把抽滤装置的支管用水润湿，然后一只手扶住抽滤装置，另一只手握住乳胶管端部位置，稍

真空压力表
电源开关
抽气口1
抽气口2

循环水开关
水箱溢水口
水箱放水口

视频
循环水式多用真空泵使用

图1-57　SHB-Ⅲ型循环水式多用真空泵

稍用力即可把乳胶管连接到抽滤装置的支管上。

（3）打开电源开关，电源指示灯亮起，真空泵随即开始工作。

（4）将需要分离的固液混合物慢慢转移至抽滤漏斗中（如布氏漏斗或多孔玻璃板漏斗），在真空泵的抽吸作用下，抽滤装置内的压力降低，过滤速率将明显加快。观察与抽气口对应的真空表即可了解抽滤瓶内的真空度。真空泵的两个抽气口可以同时进行减压抽滤。

（5）减压抽滤完成后，为防止倒吸，须先将连接在支管上的乳胶管拔下，使瓶内恢复常压再关闭真空泵的开关。

（6）若循环水式多用真空泵长时间不用，须将水箱内的水放空，用洁净的抹布将真空泵里外擦拭干净并晾干后放入收藏柜中。

此外，在真空泵使用过程中，为了避免因突然关闭真空泵而导致水箱中的水倒吸入抽滤装置中，可以在真空泵和减压抽滤装置之间连接一个安全瓶。

2. 注意事项

（1）确保循环水开关关闭后，再加自来水。

（2）保持水箱中水质清洁是循环水式多用真空泵能长期稳定工作的关键，要求每星期至少更换一次自来水。若使用率较高或在水质污染严重的情况下，则须缩短更换水的时间间隔。

（3）某些腐蚀性气体可导致水箱内水质变差，产生气泡，影响真空度，应注意及时更换水箱内的自来水。

（4）对特殊强腐蚀性气体，应判断是否与仪器设备所使用的材料有反应，并谨慎使用。

▶▶ 隔膜真空泵

隔膜真空泵是实验室中常用的设备，其设计先进，无需任何工作介质，且移动方便，工作效率高，常用于减压抽滤。

GM-0.5B型隔膜真空泵（图1-58）采用铝合金压铸，主要有电源开关、抽气口、真空表，抽速可达$30\ \text{L·min}^{-1}$。为了防止液体倒吸入泵内，抽气口可加装安全瓶。

1. 使用方法

（1）将隔膜真空泵取放在实验桌时，须远离桌子边沿20 cm以上。真空泵底部的四个塑料吸盘应完好，以确保真空泵在实验桌上放稳。

（2）将安全瓶与真空泵的抽气口通过乳胶管相连，确保安全瓶与真空泵正确相连。调节安全瓶底部的塑料螺旋瓶座高度，使安全瓶水平安稳放置在实验桌上。

图 1-58　GM-0.5B 型隔膜真空泵

（3）将减压抽滤装置通过乳胶管连接在抽气口上。连接时，可先把抽滤装置的支管用水润湿，然后一只手扶住抽滤装置，另一只手握住乳胶管端部位置，稍稍用力即可把乳胶管连接到抽滤装置的支管。

（4）接通电源后，真空泵随即开始对减压抽滤装置抽真空。

（5）将需要分离的固液混合物转移至抽滤漏斗中，在真空泵的抽吸作用下，抽滤装置内的压力降低，过滤速率将明显加快。观察真空表了解抽滤装置内的真空度。

（6）减压抽滤完成后，须先将连接在支管上的乳胶管拔下，再关闭真空泵的开关。

（7）实验结束后，若安全瓶内有溶液须及时清洗干净。

2. 注意事项

（1）隔膜泵体积小巧，质量却可达 10 kg，取放时须小心。

（2）注意安全瓶的连接方向，须根据仪器使用说明书操作。

1.3.7　离心机的使用

离心机是利用转子高速旋转产生的离心力来实现固液混合物快速分离的仪器。实验室常用的离心机有低速离心机、高速离心机和超高速离心机。低速离心机的转子转速一般不超过 $10000\ \mathrm{r\cdot min^{-1}}$，高速离心机的转子转速普遍在 $10000\ \mathrm{r\cdot min^{-1}}$ 以上，有的甚至可达 $30000\ \mathrm{r\cdot min^{-1}}$。超高速离心机的转子转速大于 $30000\ \mathrm{r\cdot min^{-1}}$。

▶▶ 低速离心机

对于一般的无机晶形或非晶形沉淀，使用低速离心机即可实现沉淀和溶液分离。以 TDZ4-WS 型离心机（图 1-59）为例，前面是"显示与操作面板"，顶部是"门盖"，右侧是"门锁拉手"。离心机内部的主要部件为转子（图 1-60），转子一般由一块完整的金属制成，上面有对称分布的离心管腔，可

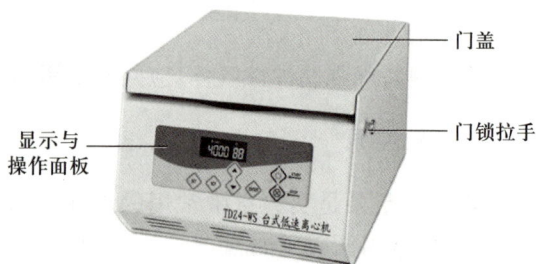

图 1-59　TDZ4-WS 型低速离心机

同时离心多个试样。离心管腔内放置的塑料套管，用来固定和保护高速旋转的离心管。

1. 使用方法

（1）将离心机放置在稳固、水平的台面上。

视频
离心机使用

图 1-60　离心机转子

（2）打开门盖时，需用右手把"门锁拉手"往外拉，同时左手轻轻向上抬起门盖，直到门盖完全被支撑住为止。

（3）将待分离的固液混合物装入离心管，须注意试样的装载量不能超过离心管容量的 2/3，以防止离心时液体被甩出，损坏离心机。

（4）打开离心机门盖，将离心管放入转子的一个塑料套管中，在其对称位置放入另一支装有等量液体的离心管，以保持离心机的平衡。也可以同时放入多支离心管，但都应保持其对称平衡。如图 1-61 所示，在可以容纳 12 支离心管的转子上，2 支离心管可以放在 1 和 7 位置，3 支离心管可以放在 1,5,9 位置，4 支离心管可以放在 1,2,7,8 位置或 1,4,7,10 位置，以此类推。若离心机的转子里可以放置内外两环离心管，对称放置的离心管须放在同一环，即内环的对称位置，或者外环的对称位置。

（5）放好离心管后，将门盖盖好。TDZ4-WS 型离心机须先将右侧"门锁拉手"稍向外拉，同时左手将门盖轻轻放下，然后再松开门锁拉手，门盖即完全盖好。

（6）接通离心机电源，并设置离心机参数。

（7）转速设置：TDZ4-WS 型离心机控制面板如图 1-62 所示，按"SET"设置键两下，当转速（rpm 即 $r \cdot min^{-1}$）显示窗口最后一位数值闪烁时，进入转速设置状态，再按"▲"或"▼"键设置所需的离心机转速，最后按"ENTER"键确认设置。

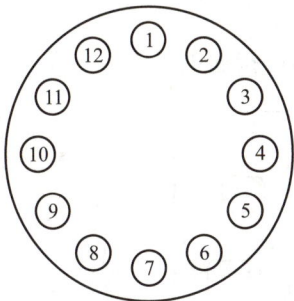

图 1-61　离心机对称平衡示意图

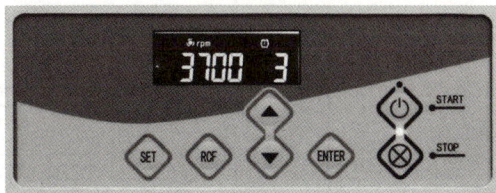

图 1-62　TDZ4-WS 型离心机控制面板

（8）时间设置：按"SET"设置键三下，当时间显示窗口最后一位数值闪烁时，进入离心时间设置状态，再按"▲"或"▼"键设置所需的离心时间，最后按"ENTER"键确认设置。

（9）按"RCF"键可以显示设置转速下的相对离心力大小。

（10）按"START"键，离心机开始运行，转子转速开始上升，直至稳定在所设定的数值为止。时间显示窗口显示的是剩余离心时间。当到达设定的离心时间时，离心机自动停止工作，转子转速逐渐下降。

（11）确保离心机转子完全停止转动后，再打开门盖，取出转子内所有离心管。

（12）实验结束后，检查离心机内洁净程度且无离心管遗留后，盖上离心机门盖，关闭电源开关，拔下电源线插头，再将离心机收回收藏柜中。

2. 注意事项

（1）离心机工作时转子处于高速旋转状态，严禁打开门盖。

（2）固液混合物的装载量不超过离心管容量的 2/3。

（3）沉淀量少时，可以采用下端为锥形的离心管，便于少量沉淀的辨认和分离。

（4）离心管须等量对称放置，否则易损坏离心机的机轴。

（5）离心时间与转速应根据沉淀的性质来决定，一般结晶形的紧密沉淀，转速约 1000 r·min^{-1}，离心时间 1～2 min；无定形疏松沉淀，转速约 2000 r·min^{-1}，离心时间 2～3 min。设置转速 3000 r·min^{-1}和离心时间 3 min 基本上能够满足大多数试样的固液分离要求。

（6）离心过程中操作者不得随意离开，应随时观察离心机是否正常工作，如有异常的声音应立即停机检查，及时排除故障。

（7）离心结束后，应取出转子内所有的离心管。

▶▶ 高速离心机

实验室的高速离心机一般用于纳米材料的固液分离，也适用于一般的无机晶形或非晶形沉淀的分离。

以 TGL－16G 型高速离心机（图 1－63）为例，其前面是"显示与操作面板"，顶部是"门盖"，离心机启动后会自动落锁。

门盖

显示与操作面板

图 1－63　TGL－16G 型高速离心机

1. 使用方法

（1）将离心机放置在稳固、水平的台面上。

（2）接上电源，开启仪器背面总电源开关，此时数码管显示闪烁的"00000"，如图 1－64 所示，表示仪器已接通电源。

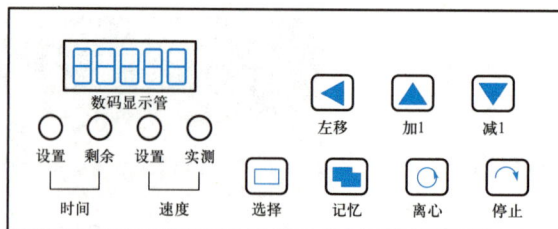

图 1－64　TGL－16G 型离心机控制面板

（3）按"选择"键一次，使相应的指示灯亮，数码管即显示该参数值，此时可以用"加1"键、"减1"键和"左移"键相结合调整该参数至需要的值，并按"记忆"键确认储存。

（4）轻轻抬起门盖，直到门盖完全被支撑住为止。将试样等量放置在离心管内，并对称地放入转子（参看低速离心机使用方法第 4 点），盖好门盖。

（5）按"离心"键后仪器开始运行。仪器运行过程中数码管显示转速，当需要查看其他参数时，可按"选择"键，此时该参数对应的指示灯点亮，数码管显示的是该参数值。

（6）当仪器运行完所设定的时间或按"停止"键后，数码管闪烁显示转速并且转速逐渐减小，当转速减小至零后方可打开门盖，取出试样并盖好门盖。

（7）实验结束后，取出转子内所有离心管，关闭仪器背面的总电源开关，拔下电源线插头并将离心机整理好后放入收藏柜。

2. 注意事项

（1）不得在易燃易爆危险场所使用离心机；不得在离心机附近存放任何危险物品；离心机周围必须保持 30 cm 以上的安全距离。

（2）离心管必须和转子相配，如果离心管过长，不可使用。

（3）不得使用任何能损害离心机转子的材料。例如，高腐蚀性物质可损害转子及其衬垫的材料，将影响其机械强度。禁止离心易燃易爆的试样。传染性物质、毒性物质、病原性物质、放射性物质必须装在特定转子和容器中使用，确保人身安全。

（4）不得超过生产企业规定的转子负荷和最大转速，在满足离心功能使用的情况下选择低速离心，例如，能用 3000 r·min^{-1} 进行离心的不使用 8000 r·min^{-1} 进行离心。

（5）固液混合物的装载量不超过离心管容量的 2/3。低速离心时，转子必须对称地放置相当质量的试样；高速离心前对称放置的离心管的质量必须配平。平稳离心有利于保护离心管不破损及延长离心机的使用寿命。

（6）离心机运行过程中，禁止开盖，禁止将手伸进转子腔体中，不得碰撞或移动离心机。

（7）离心过程中操作者不得随意离开，应随时观察离心机是否正常工作，如有异常的声音应立即停机检查，及时排除故障。

（8）离心结束后，应取出转子内所有的离心管。

1.3.8　pH 计的使用

pH 计，即酸度计，是用来测量溶液 pH 的仪器。由于 pH 的定义为 $-\lg a_{H^+}$，即 H^+ 活度的对数的负值，因此，通过 pH 计的测量可以求得待测溶液中 H^+ 的活度。

pH 计的种类和型号很多，以梅特勒-托利多 FE20K 台式 pH 计（图 1-65）为例，测量精度为 0.01，使用温度一般在 5～60 ℃，pH 的检测范围一般在 1～13。当酸碱度过大时，测量误差也大，且溶液的离子强度一般不能超过 3 mol·L^{-1}。

1. 基本原理

pH 计的工作原理是基于直接电位测定法。溶液 pH 的测定常用玻璃电极作指示电极，甘汞电极或 Ag-AgCl 电极作参比电极（外参比电极），与待测溶液组成工作电池，再

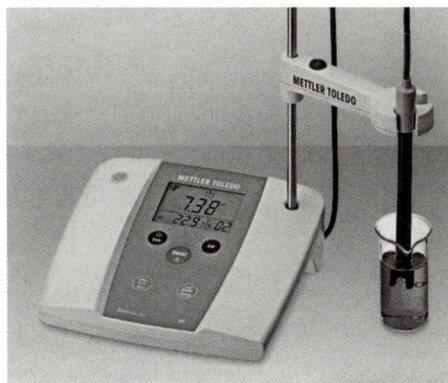

图 1-65　梅特勒-托利多 FE20K 台式 pH 计

采用精密电位计测量工作电池的电动势。其中，指示电极能快速而灵敏地对溶液中 H^+ 的活度产生能斯特响应，而参比电极的电极电位在一定温度下已知且恒定。

作为 pH 指示电极的玻璃电极，是一种离子选择性电极，其传感膜是一层薄玻璃膜，由 SiO_2（72.2%）、Na_2O（21.4%）和少量 CaO（6.4%）组成，膜厚 30～100 μm。玻璃电极内

还装有内参比溶液(如 0.1 mol·L^{-1} HCl 溶液)和一支内参比电极(如 Ag—AgCl 电极)。

当玻璃薄膜的内、外表面在水中或酸中浸泡一段时间后,由于玻璃中的 SiO$_3^{2-}$ 与 H$^+$ 的键合力远大于与 Na$^+$ 的键合力,在玻璃表面形成一层水合硅胶层。当水合硅胶层与溶液接触后,H$^+$ 会从活度大的一方向活度小的一方迁移,从而改变了两相界面的电荷分布,产生一定的相界电位。由于玻璃薄膜内、外表面的含钠量、张力、机械损伤、化学损伤程度可能存在差异,因此,即使玻璃薄膜的内、外表面接触的酸度相同,膜两侧仍然可能存在一定的电位差,即不对称电位。

设 pH 指示电极为负极,外参比电极为正极,则仪器测得的电动势与外部试液的 pH 呈线性相关,即

$$E = K' + \frac{2.303RT}{F} pH_{试液}$$

式中,R 是摩尔气体常数,T 是热力学温度,F 是法拉第常数,因此,在 25 ℃时 2.303RT/F 为 0.0592。公式中的 K' 值不仅包括内、外参比电极的电极电位等常数,还包括难以测量与计算的不对称电位和液体接界电位(自然扩散过程中由于离子迁移率不同而产生的电位差),因此,实验前须采用 pH 标准缓冲溶液对仪器进行校准。

现代的商品 pH 计一般使用复合 pH 玻璃电极来测定溶液的 pH。它是将 pH 玻璃电极和外参比电极集为一体,外参比电极通过多孔陶瓷塞与待测溶液相接触,构成一个化学电池而实现 pH 的测定,使用起来更加方便和快捷。

2. 使用方法(以梅特勒—托利多 FE20K 为例)

(1) 接通电源,打开 pH 计的电源开关,液晶屏幕上随即显示 pH(精度为 0.01)、温度(精度为 0.1 ℃)及终点指示方式。

(2) 仪器使用前须采用 pH 标准缓冲溶液进行校准,短按"设置"键和"读数"键,通过控制面板上的箭头选择所需的 pH 标准缓冲溶液系列,例如,若标准缓冲溶液 pH 为 4.00、6.86 和 9.18,则选择第三系列。

(3) 如果仪器显示手动指示终点模式($\sqrt{\ }$ 模式),则通过长按"读数"键切换到自动指示终点模式($\sqrt{A}$ 模式)。由于现代复合 pH 计的电极一般都内置了温度传感器,且具有自动补偿功能,因此,选择自动指示终点方式更方便。

(4) 使用 pH 电极前须先取下电极探头上装有电极保护液的瓶子,并用纯水冲洗电极,尤其是用于 pH 传感的玻璃膜。用滤纸片擦去电极杆外围的水并小心吸去玻璃膜周边的液体。

(5) 由于 pH 计能够检测的仅是工作电池的电动势,而想知道该仪器在某溶液中检测到的电动势相当于多少 pH 则需要通过 pH 标准缓冲溶液进行校准。复合 pH 电极一般采用两点法进行校准。首先选择 pH=6.86 的标准缓冲溶液(0.025 mol·L^{-1}磷酸二氢钾和 0.025 mol·L^{-1}磷酸氢二钠的混合溶液)进行校准。将电极小心插入标准缓冲溶液中,左右轻轻摇动溶液数次,减小玻璃膜表面静止液膜层的厚度,加快 H$^+$ 在玻璃膜表面的扩散速度以快速达到平衡。按下"校准"键,液晶屏幕右下角显示 1,表示目前仪器正在进行第一点校准,仪器在测量工作电池的电动势时,溶液须静止不动,测量才能准确。当出现"$\sqrt{A}$"时,表明第一点已校准完成。

（6）取出电极，用纯水洗净电极并吸干水后插入第二种 pH 标准缓冲溶液中，并左右轻轻摇动溶液数次。若待测试样为酸性，则采用 pH＝4.00 的标准缓冲溶液（0.05 mol·L^{-1} 邻苯二甲酸氢钾溶液）作为第二校准点溶液；若待测试样为碱性，则采用 pH＝9.18 的标准缓冲溶液（0.01 mol·L^{-1} 硼砂水溶液）作为第二校准点溶液。再按下"校准"键进行校准，当出现"$\sqrt{A}$"时，表明第二校准点已校准完成。

（7）按下"读数"键，仪器显示校准斜率。如果斜率"slope"在 95％ 和 105％ 之间，则表明仪器校准成功，可以用于待测溶液 pH 的测量，否则仪器须重新校准。

（8）取出电极，用纯水洗净电极并吸干水后放入待测溶液中，并左右轻轻摇动待测溶液数次，再按"读数"键，直至出现"$\sqrt{A}$"，记录该数据。

（9）实验结束后，清洗 pH 电极，用滤纸片吸干水后，将电极探头浸泡在电极保护液中。

（10）关机，拔去电源插头，捋顺电源线，摆整齐标准缓冲溶液瓶。

3. 注意事项

（1）电极的玻璃传感膜很薄、易碎且价格高，是实验操作过程中需要重点保护的对象，因此，pH 电极在支架上需插稳，上下调节 pH 电极时动作需轻缓。

视频
pH 计使用

（2）清洗 pH 电极后，须用滤纸吸干玻璃传感膜表面的水，不可用力擦。

（3）pH 计须校准合格后方可使用。

（4）若有多个酸性待测溶液，且大致知道其酸性大小时，可以从氢离子浓度较小的待测溶液开始测量，尽量减小试样之间的交叉污染。

（5）实验过程中暂时不用 pH 计时，应将电极探头浸入纯水中。

（6）实验结束后，将电极探头保存在电极保护液（饱和氯化钾溶液）中。若电极保护液量不足，则须补充。

（7）pH 电极不可应用到具有强脱水性质的试液中。

1.3.9 电导率仪的使用

电导率仪是用来测量溶液电导率的仪器。以 DDSJ－319L 型电导率仪（图 1－66）为例，该仪器除了测量电导率外，还可以测量电阻率、总固态溶解物（TDS）、盐度、温度。

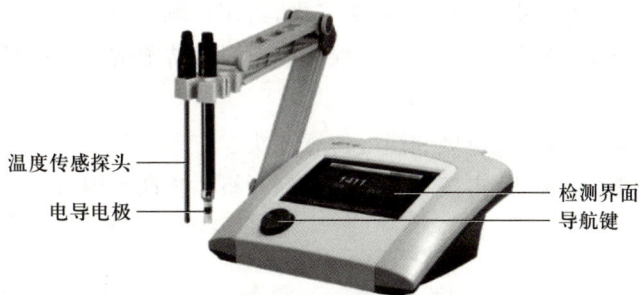

图 1－66　DDSJ－319L 型电导率仪

1. 基本原理

导体导电能力的大小，通常以电阻 R 或电导 G 表示，电阻与电导互为倒数，即 $G＝1/R$。电阻的单位为 Ω（欧姆），电导的单位为 S（西门子）。在电解质溶液里，离子在电场的作用下移动而具有导电作用。电解质溶液的电阻符合欧姆定律，当温度一定时，两极间溶液的电阻与两极间的距离 L 成正比，与电极面积 A 成反比。由于电阻与电导互为倒数，所以，当温度一定时，两极间溶液的电导 G 与两极间的距离 L 成反比，与电极面积 A 成正比，可以表达为

$$G = K \frac{A}{L}$$

整理上式可得电导率 K 为

$$K = G \frac{L}{A}$$

式中，L/A 称为电极常数或电导池常数，在某一电导池中，电极距离和面积是固定的，因此 L/A 是常数。K 为电导率，是电流通过面积 A 为 $1 \ cm^2$，距离 L 为 $1 \ cm$ 的两铂黑电极的电导，单位 $S \cdot cm^{-1}$。

由于电导的单位 S 太大，因此，电导率测量时仪器常显示的单位为 $\mu S \cdot cm^{-1}$。它们之间的关系为 $1 \ S \cdot cm^{-1} = 10^6 \ \mu S \cdot cm^{-1}$。

2. 使用方法

（1）根据电导率的测量范围选用合适的电极（表 1—6）。

表 1—6　电极的选用

电导率测量范围/($\mu S \cdot cm^{-1}$)	电极常数/cm^{-1}
0～0.2	0.01
0.2～2	0.01，0.1
2～20	0.01，0.1
20～200	0.1，1
200～2000	1，10
2000～100000	10，50

（2）将电导电极和温度传感探头分别插进各自的插座。

（3）打开电源，仪器开机完成自检后通过用户登录进入检测界面。

（4）检测前用纯水冲洗电极和温度探头三次，再用待测溶液冲洗三次。

（5）检测时，将电极（铂黑部分）和温度探头完全浸入待测溶液，待仪器读数稳定后记录数据。

（6）测量完毕，用纯水冲洗电极和温度传感探头。

（7）长按导航键可以关机，再按导航键可重新开机。长期不用时拔去电源插头，并放入收藏柜。

3. 注意事项

（1）高纯水装入容器后应迅速测量，否则空气中的 CO_2 溶于水中会使电导率增加。

（2）仪器使用一段时间后须校准。国家标准 GB/T 27502—2011 介绍了电导率测量用校准溶液制备方法及氯化钾浓度对应电导率值（表 1—7）。其中，氯化钾（优级纯）须在 220～240 ℃下烘干 2 h，然后放入干燥器中冷却至室温；配制溶液的水则须使用电导率不大于 $2 \times 10^{-7} \ S \cdot cm^{-1}$ 的纯水（25 ℃）。

表 1-7 氯化钾浓度对应电导率值

溶液代号	近似浓度/ (mol·L^{-1})	电导率/(S·cm^{-1})				
		15 ℃	18 ℃	20 ℃	25 ℃	35 ℃
A	1	0.09212	0.09780	0.10170	0.11131	0.13110
B	0.1	0.010455	0.011163	0.011644	0.012852	0.015353
C	0.01	0.0011414	0.0012200	0.0012737	0.0014083	0.0016876
D	0.001	0.0001185	0.0001267	0.0001322	0.0001465	0.0001765

1.3.10 分光光度计的使用

分光光度计是一类应用十分广泛的光谱仪器,可以很方便地进行光度分析。分光光度计的种类、型号很多,但基本都由光源、单色器、吸收池、检测器、显示器五个部分组成。这里介绍实验室常用的 V-1100D 型可见分光光度计和 UV-2700i 型紫外-可见分光光度计的使用。

视频
分光光度计使用

1. 基本原理

分光光度计的光源(如钨灯等)发射出来的复合光通过单色器后分散成单色光(即波长一定的光)并照射到试样溶液,光与试样溶液中的物质分子将发生相互作用,如图 1-67 所示,一部分的光被吸收,一部分的光发生散射或反射,还有一部分的光透射过试样溶液被检测器检测到。若试样溶液为均一稳定的非散射溶液,则可以忽略散射光的影响,再将界面反射通过参比溶液扣除后,就可以得到试样溶液对光的吸收程度。

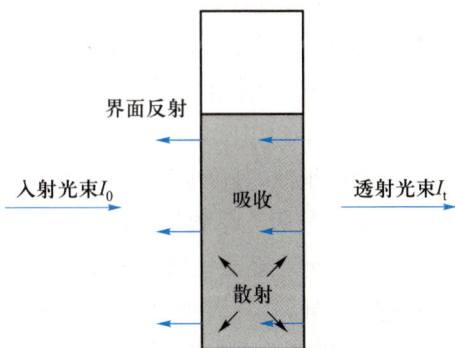

界面反射
入射光束 I_0
吸收
透射光束 I_t
散射

图 1-67 光与物质分子相互作用

物质对光的吸收程度可以用透光率或吸光度表示。透光率用符号 T 表示,定义 $T = I_t/I_0$,式中,I_0 为入射光强度,I_t 为透射光强度,透光率为透射光强度与入射光强度的比值。透光率的取值范围在 0%~100%,当光全部被试样溶液吸收时,透射光强度为 0,透光率为 0%;当光完全不被试样溶液吸收时,透射光强度与入射光强度相同,透光率为 100%。吸光度用符号 A 表示,定义 $A = -\lg T = \lg(I_0/I_t)$。分光光度计通过检测入射光和透射光的强度,就能计算出透光率或吸光度。

不同的物质粒子由于结构不同而具有不同的量子化能级,其能量差不相同,因此不同物质所吸收光的波长及吸收程度也不同,即物质对光的吸收具有选择性。为了描述试样溶液对不同波长光的选择性吸收,可以将某一浓度的试样溶液装在玻璃或石英比色皿中,测量溶液对不同波长光的吸光度,以波长(λ)为横坐标,吸光度(A)为纵坐标绘制吸收曲线,即吸收光谱。如图 1-68 所示,某物质的最大吸收波长在 480 nm,用 λ_{max} 表示。由于溶液的介质不同可能导致吸收光谱略有不同,因此绘制吸收曲线时须标明试样溶液所用的溶剂,

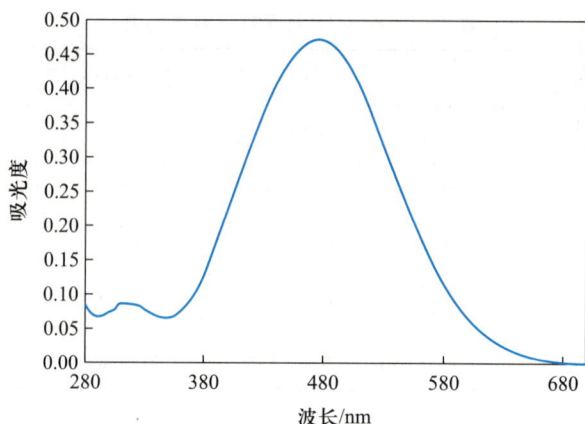

图 1−68   吸收曲线

未标明溶剂的试样溶液一般指的是水溶液。物质对光的选择性吸收是分光光度法对物质进行定性分析的理论基础,每一种物质都有其特征的吸收光谱。

分光光度计能很方便地测定试样溶液中吸光物质的浓度。实验证明,当一束平行单色光通过溶液时,溶液对光的吸收程度与液层的厚度 b 和溶液中吸光物质的浓度 c 成正比,即 $A = \varepsilon bc$,称为光的吸收定律,或朗伯−比尔定律,这是分光光度法定量分析的依据。式中,ε 是一个比例常数,称为摩尔吸光系数,它与入射光的波长、物质的性质、溶剂的种类、温度等因素有关。此时,相应的浓度为物质的量浓度。一般来说,待测组分的摩尔吸光系数 ε 须达到 $10^4 \ \mathrm{L \cdot mol^{-1} \cdot cm^{-1}}$ 以上,该方法才具有较好的检测灵敏度。例如,低浓度的 $[Fe(H_2O)_6]^{2+}$ 在水中的颜色很浅,其摩尔吸光系数较小,仪器较难检测到信号,但通过与显色剂邻二氮菲(Phen)反应生成吸光系数较大的邻二氮菲合铁(II)配合物 $[Fe(Phen)_3]^{2+}$,就可以被仪器检测到。实验设计中还可以通过调整试样浓度或液层厚度将吸光度控制在 0.15~1.0 以减小检测误差。另外,在最大吸收波长处进行定量分析,灵敏度高且检测误差小。

在测定试样前,首先要制作标准曲线(图 1−69)。先配制一系列浓度已知的标准溶液,

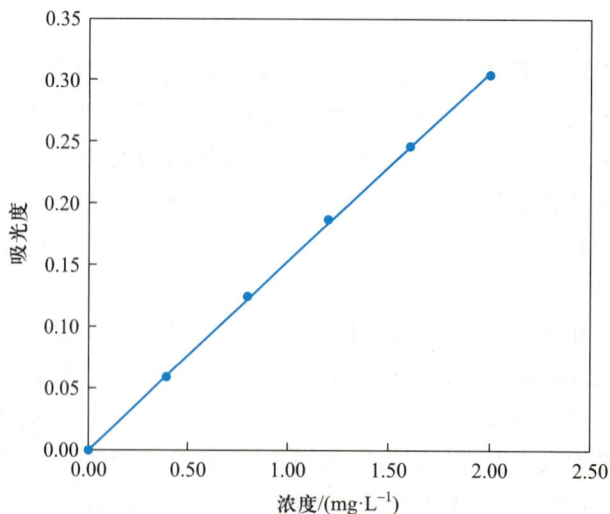

图 1−69   标准曲线

在与试样测试条件相同的条件下测试其相应的吸光度,以浓度为自变量,吸光度为因变量,通过最小二乘法可以求得线性回归方程。最后,通过测定试样溶液的吸光度,代入线性回归方程,就可以计算出试样中待测组分的浓度。

2. 使用方法(以 V-1100D 型可见分光光度计为例)

V-1100D 型可见分光光度计属于单光束分光光度计。光源发出的光经单色器分光后取得一束单色光,再手动拉样品架将参比溶液和试样溶液先后置于光路中进行检测。具体操作步骤如下:

(1)使用仪器前,先检查比色皿。比色皿不能有裂痕,透光面应光洁、无划痕和斑点。再检查仪器使用记录。取下仪器的防尘罩,折叠后放好。

(2)仪器的部件如图 1-70 所示。旋转黑色旋钮可以调节测定波长。取放比色皿时须打开试样室的盖子,仪器测量时须关闭试样室的盖子。拉动拉杆,可将放置于样品架的溶液拉入光路进行检测。仪器的控制面板如图 1-71 所示,按"MODE"键,可以选择检测吸光度的"A 模式"或检测透光率的"T 模式"等。"0%T"键用于仪器零点校准,标识有"100%T"键或"0 Abs"键用于参比溶液清零。

图 1-70　V-1100D 型可见分光光度计

(3)在确认试样室的仪器光路没有阻挡物后,关上试样室的盖子,打开仪器电源开关,仪器开始自检。仪器自检完成后自动进入预热状态。为了延长仪器的使用寿命,仪器在预热或暂时不用时,可以将拉杆稍往外拉半档,使黑色挡板挡在光路中,避免光电检测器长时间接受大量的光信号,"A 模式"下,此时仪器显示高的吸光度 3.000。

(4)仪器预热 30 min 后,推回拉杆,按"0%T"键,仪器自动校准零点。

(5)实验前须对同一光程的比色皿进行配套性检验。比色皿有两面毛面,两面透光面,采用大拇指和食指捏住比色皿的毛面。往比色皿中缓慢注入纯水到三分之二高度,不可有气泡。再用吸水纸轻轻吸干比色皿外表面的溶液,不能用力擦拭比色皿,以防损伤其表面。将比色皿的透光面朝向光源或检测器的方向轻轻垂直放入样品架中,再盖上试样室

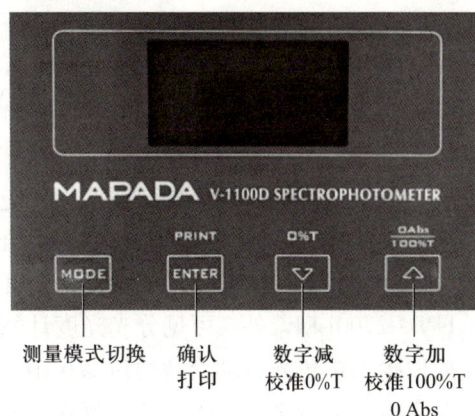

图 1-71　分光光度计的控制面板

盖。调节波长到 440 nm，按"MODE"键选择"T"检测模式。令第一个比色皿处在光路中，按"100％T"键，再依次将各个装有纯水的比色皿拉入光路中，透光率在 99.5％～100.5％之间的比色皿才与第一个比色皿配套，否则选择两个透光率最为接近的比色皿重新进行比色皿配套性检验。

（6）测定吸收曲线时，选用两个配套的比色皿进行实验，一个比色皿装参比溶液，另一个比色皿装试样溶液。两个比色皿使用前分别用参比溶液和试样溶液润洗三遍，再分别装入参比溶液和试样溶液。比色皿中的溶液须是均一稳定的非散射溶液，不可有气泡。若液滴沾在比色皿外表面，则用吸水纸轻轻吸去。若试样溶液具有挥发性，还需盖上比色皿的盖子。然后再将比色皿垂直放入样品架，并盖上试样室的盖子。连续按"MODE"键，将检测模式调整到"A"模式进行检测。调节波长旋钮到待测波长，如 400 nm，确认参比溶液放在光路中，按"0 Abs"键清零，再拉动拉杆将试样溶液拉入光路中，液晶屏显示的数值就是该试样溶液在 400 nm 波长处的吸光度。重置参比溶液于光路中，继续调节到波长 410 nm，按"0 Abs"键清零，再将试样溶液拉入光路中，液晶屏显示该试样溶液在 410 nm 波长处的吸光度。由于光源发射出的不同波长的光的强度不同，且比色皿和参比溶液在不同波长处的吸光能力也可能存在差异，因此每更换一个波长均须采用参比溶液重新清零后再测量试样溶液的吸光度。如此反复测量，并记录不同波长处试样溶液的吸光度，以吸光度对波长作图，就可以获得试样溶液的吸收曲线。在测得最大吸光度的波长附近缩小检测波长间隔，直至找到最大吸收波长 λ_{max}。

（7）采用分光光度计测定标准溶液及试样溶液时，选两个配套的比色皿进行实验，其中一个比色皿用参比溶液润洗三次后装入比色皿 2/3 高度的参比溶液，另一个比色皿从低浓度往高浓度依次装入不同浓度的标准溶液，保持光路中参比溶液的吸光度为零，分别测定并记录标准溶液的吸光度，且每更换一份标准溶液时须采用该浓度的标准溶液润洗比色皿三次并用吸水纸吸去比色皿外表面溶液。以吸光度 A 对标准溶液的浓度 c 作图，可以获得标准曲线。

（8）测定一系列标准溶液吸光度后马上测定试样溶液的吸光度，可以减少实验误差。用纯水清洗比色皿三次、试样溶液润洗比色皿三次后，再装入试样溶液。用吸水纸吸去比色皿外表面溶液，再测定并记录试样溶液的吸光度，并通过标准曲线的线性回归方程可得到试样溶液中待测组分的浓度。

（9）实验结束后，清洗比色皿，再将比色皿收入比色皿盒中。清空试样室，关闭试样室的盖子。关闭电源，盖上防尘罩，将实验桌面清扫干净，登记仪器使用情况。

3. 使用方法（以 UV–2700i 型紫外–可见分光光度计为例）

UV–2700i 型紫外–可见分光光度计属于双光束分光光度计。光源发出的光经单色器分光后取得的单色光自动交替通过参比池和样品池后再进入检测器被检测到，能较好地消除光源强度变化带来的误差。具体操作步骤如下：

（1）开机前保证试样室无样品，以免遮挡光路。

（2）打开主机右侧的电源开关，仪器开始自检，绿灯闪烁，当有鸣响声发出且绿灯不闪时，自检完成。同时打开计算机。双击桌面 LabSolutions UV–Vis 图标启动软件包，在"测定"模块点击"光谱测定"选项进入吸收光谱测定。单击工具栏右侧的"连接"选项，光谱仪与计算机联机并开始初始化。当初始化项目全部通过后，点击"确定"。

（3）编辑方法文件。选择"仪器控制"窗口的"参数"模块的"编辑"功能，随即计算机显示参数对话框。设置扫描波长范围，如在"开始波长"和"结束波长"框中分别输入 800 和 400，则光谱扫描范围在 400～800 nm。设置扫描的"数据间隔"，如 1.0，则仪器依序测量 800 nm，799 nm，…，401 nm，400 nm 波长处的吸光度。"扫描速度"一般设置"中速"，"光度值类型"设置"吸收值"，然后点击"保存参数文件后退出"选项，计算机随即显示"保存-测定参数文件"窗口，在选定的文件夹中输入方法文件名并保存。

（4）基线校正。将测试用的两个干净比色皿的透光面朝向光源或检测器的方向，并垂直放入样品架。点击"仪器控制"窗口的"Baseline"选项，当基线校正参数对话框弹出时，输入与方法文件相同的波长扫描范围，例如，"开始"波长处输入"800"，"结束"波长处输入"400"，然后点击"确定"进行基线校正。

（5）测试试样溶液时，先输入试样数据文件的"文件名""样品名称""分析者姓名"等信息，再打开试样室的盖子，将位于样品架后方的比色皿用参比溶液润洗三次后倒入比色皿 2/3 高度的参比溶液，将位于样品架前方的比色皿用试样溶液润洗三次后倒入比色皿 2/3 高度的试样溶液，再关闭试样室盖子。点击"开始"图标，仪器开始自动扫描试样溶液的吸收光谱。

（6）数据处理。点击视图内的"激活"，双击树形视图上要进行数据处理的数据集，激活数据（显示蓝色背景色），点击数据视图内的"峰"标签，输入"点数"（如 4）和阈值（如 0.001），点击"检测"，光谱图上随即显示出峰值数据。再点击工具栏"保存"选项，保存数据处理结果。也可以直接从"文件"模块另存吸收光谱数据文件，并选择"输出文本文件"以便用 Excel 软件或 Origin 软件处理数据。若采用 Excel 软件处理数据，则新建一个文件后，依序点击"数据"→"获取外部数据"→"自文本"，选择"分隔符号"为"逗号"，选择"常规"数据格式，确定导入数据的放置位置（如现有工作表的"=$A$1"）。若采用 Origin 软件处理数据，则新建一个文件后，依序点击"File"→"Import"→"Single ASCII"导入文本数据进行处理。

（7）实验结束后，点击工具栏"断开"选项，断开光谱仪和计算机的连接，关闭 LabSolutions UV-Vis 软件，再关闭仪器电源和计算机。

（8）取出试样室中所有的比色皿，清洗后放入比色皿盒中，关闭试样室盖，填写仪器使用记录本。

4. 注意事项

（1）根据需要选择合适的比色皿，玻璃比色皿在可见光区适用，在紫外光区不适用。石英比色皿在可见光区和紫外光区均适用。

（2）比色皿中装入比色皿 2/3 高度的溶液，以确保仪器光源发射出来的光能照射到溶液。

（3）测试溶液须是均一稳定的溶液，装入比色皿中不可有气泡。

（4）比色皿透光面不可采用吸水纸用力擦拭，容易产生划痕引入实验误差。

（5）比色皿应轻轻垂直插入样品架内，注意将比色皿的透光面朝向光源或检测器的方向。

（6）选择合适的参比溶液，避免显色剂、pH 缓冲溶液等试剂的干扰。

（7）仪器扫描或测试过程中，切忌打开试样室盖。

（8）使用 V-1100D 型分光光度计时，参比溶液清零后须及时测定试样溶液的吸光度，减少仪器信号的漂移。

（9）实验结束后，及时关机以延长仪器使用寿命。

1.3.11　超声波清洗机的使用

超声波清洗机在现代实验室中的应用十分普及，不仅适用于实验器具的清洗，也适用于试剂的脱气，还可用于分析对象的助溶、分散、萃取等样品的前处理，以及加速化学反应、制备纳米材料等。

超声波清洗机具有清洗效率高、效果好的特点，其工作原理是基于超声波特有的"空化效应"。超声波发生器发出高频振荡信号，通过换能器转换成高频机械振荡而传递到清洗液体介质中，并在穿过介质时不断产生膨胀与压缩。如果超声波能量足够强，膨胀过程会在液体中生成气泡或将液体撕裂成很小的空穴。这些空穴瞬间闭合，闭合时产生瞬间高压。超声波高频率的负压膨大和正压压缩可爆破出无数"空穴"，产生无数微观强烈冲击波和高速射流，作用于浸入清洗液中的被洗器具的内外表面、狭缝、深孔、拐角、死角等部位，从而使污物迅速粉碎、剥离，达到高质量、高效率清洗的目的。

如图1-72所示，超声波清洗机的仪器外壳为不锈钢材质，控制面板有电源开关、温度调节旋钮、超声定时开关，主体为不锈钢清洗槽，清洗槽内有一不锈钢清洗篮，上方可加不锈钢隔音盖。此外，仪器还附有不锈钢排水阀。

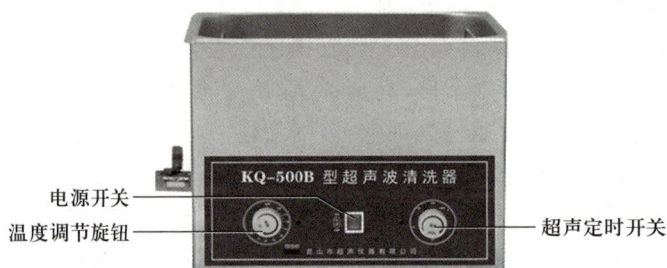

图1-72　KQ500B型超声波清洗机

视频
超声波清洗机使用

1. 使用方法

（1）向清洗槽注入水基型溶液，水位高度在6~12 cm，根据加入物件体积，选择合适的水位。

（2）将清洗物件放入清洗网篮中，再把网篮放置清洗槽内，避免将清洗物直接与清洗槽底部接触，以免影响清洗效果并损坏仪器。

（3）按比例加入合适的清洗剂，并盖上不锈钢隔音盖。

（4）接通电源，打开电源开关，设定清洗温度及超声清洗时间。当加热温度达到设定温度时，温度指示灯将熄灭，再旋转超声清洗旋钮到"ON"位置或根据清洗要求设置清洗时间（如20 min）。

（5）清洗完毕，从清洗槽中取出不锈钢网篮及物件，并根据需要对清洗物进行漂洗或干燥。

（6）关闭电源开关，拔掉电源线插头。

（7）打开排水阀，将清洗槽内的洗涤液排除干净，并用自来水清洗水槽。

（8）用干布将清洗槽和外壁擦拭干净，再将仪器收好。

2. 注意事项

(1) 禁止在没有水或低水位条件下超声工作。

(2) 由于篮子的网孔会引起超声波衰减,应尽量使用 1 cm 以上的网孔。

(3) 勿将清洗物直接与清洗槽底部接触,以免影响清洗效果并损坏清洗物。

(4) 勿在高温、高潮湿场所直接开机使用超声波清洗机。

(5) 比色皿不可用超声波清洗机进行清洗,因为超声波能量过高,易造成比色皿碎裂。

(6) 不得直接使用强酸、强碱等腐蚀性化学物质作为清洗剂。

(7) 注意保持超声波清洗机外表和清洗槽清洁。

1.4 误差理论与实验数据处理

定量分析一般先通过取样、试样预处理、测定等一系列分析步骤,再由测得的数据经过计算后得到分析结果。分析结果的可靠性是至关重要的,不准确的结果往往会导致错误的结论,产生严重的后果。然而,在测量过程中,由于受到某些主观和客观条件的限制,所得到的分析结果不可能绝对准确。即使一个分析技术非常熟练、准确的工作者,用同一种方法,对同一种试样进行多次测定,其测定结果也不可能完全一致。这种不一致表明测定结果存在误差,且误差是无法完全避免或消除的。因此,在定量分析中,应该根据准确度的要求,正确地进行实验测量、数据记录及处理,才能得到可靠的数据信息。

1.4.1 有关误差的一些基本概念

▶▶▶ 分析结果的准确度与精密度

1. 准确度与误差

分析结果的准确度是指测定值与真实值之间相互接近的程度,用误差来表示。两者越接近,则误差越小、准确度越高。个别测定值 x_i 与真值 x_t 之差称为个别测定的误差。实际上,测定结果通常是用各次测定值的平均值 $\bar{x}$ 来表示。因此,应当用 $\bar{x} - x_t$ 来表示测量结果的误差。误差通常有两种方式表示。

(1) 绝对误差 E

$$E = \bar{x} - x_t$$

绝对误差具有与测定值相同的量纲,且有正负值之分。误差为正值表示测定值偏高,负值则表示测定值偏低。

(2) 相对误差 E_r

$$E_r = \frac{\bar{x} - x_t}{x_t} \times 100\%$$

相对误差是绝对误差与真值之比,一般用百分数表示,同样有正负值之分。

2. 精密度与偏差

分析结果的精密度是指多次平行测定值之间相互接近的程度,用偏差来表示。各次测定值之间越接近,偏差就越小、精密度越好。偏差有如下几种表示方法。

(1) 偏差 d_i 和相对偏差 d_r

$$d_i = x_i - \overline{x}$$

$$d_r = \frac{x_i - \overline{x}}{\overline{x}} \times 100\%$$

与误差类似,偏差也有正负之分,也可用绝对或相对偏差表示。

(2) 平均偏差 $\overline{d}$ 和相对平均偏差 $\overline{d}_r$

$$\overline{d} = \frac{\sum\limits_{i=1}^{n} |d_i|}{n}$$

$$\overline{d}_r = \frac{\overline{d}}{\overline{x}} \times 100\%$$

由于各次测定的偏差值有正有负,因此计算平均偏差时须将各次测定偏差取绝对值再加和,然后除以测定次数。若不取绝对值,其和为零,则无法表示数据的精密度。平均偏差与平均值的比值即为相对平均偏差 $\overline{d}_r$。

(3) 标准偏差 s 和相对标准偏差 RSD

$$s = \sqrt{\frac{\sum\limits_{i=1}^{n} (x_i - \overline{x})^2}{n-1}}$$

$$\text{RSD} = \frac{s}{\overline{x}} \times 100\%$$

标准偏差也叫样本标准偏差,是一种用统计概念表示精密度的方法。相对标准偏差也称变异系数(CV)。相较于偏差,用标准偏差表示精密度更为科学,能更好地反映多次测量结果的离散程度,特别是更能体现出偏差大的数据的影响。

(4) 极差 R

$$R = x_{\max} - x_{\min}$$

偏差还可用极差(或称"全距")表示,它是一组测量数据中最大值和最小值之差。

必须明确的是,准确度和精密度是两个不同的概念。分析工作的最终要求是获得准确的测定结果。但要做到准确,首先要做到精密度好,也就是说,精密度好是准确度好的前提,没有好的精密度,也就谈不上准确。若一个人重复做了多次测定,测得值很分散,即精密度很差,即便其平均值有可能很接近真实值,其结果仍是不可靠的,毫无准确可言。但是,精密度高也不一定就准确,这是由于可能存在系统误差。控制了随机误差,同时还须校正系统误差,才能得到既精密又准确的分析结果。

▶▶ 误差的类型、性质及其减小的方法

误差按其性质可分为系统误差和随机误差。

1. 系统误差

系统误差又称可测误差,是由实验方法、实验仪器、实验条件、实验试剂及实验人员的不正确习性等一些固定因素造成的。这类误差具有重现性、单向性和恒定性,即在多次测定中会重复出现,测定结果或者都偏高,或者都偏低,且误差数值基本不变。依据系统误差产生的原因,可采用相应的方法以减小或消除其影响。例如,改善测定方法及条件,进行对照实验、空白实验、仪器校正、试剂提纯,纠正操作者的主观因素等。

2. 随机误差

随机误差又称偶然误差或不可测误差,是由诸如测定过程中环境条件的微小变化、实验人员的操作不可能完全一致、试样及试剂的不完全均匀等一些偶然因素造成的。这类误差源于偶然因素,因此,误差数值大小不定,正、负方向不定,在实验中是无法避免的。从表面上看,这类误差没有什么规律,但若用统计的方法去研究,可以从多次测量的数据中找到其规律性。在实际工作中,应尽量保持各次测定环境、条件、操作的一致性,以减小随机误差。

此外,实验人员的粗枝大叶、违反操作规程、思想不集中、加错试剂、读错数据等不应该的人为过失会造成所谓的"过失误差"。但其实质是一种错误,不能称为误差。这种错误一旦发生,只能重做实验,其结果不能纳入平均值的计算中。

>>> 置信度与平均值的置信区间

由于测量误差的存在,定量分析的测定结果往往需要用统计的方法来加以评价。在一般的分析工作中,常采用$(\overline{x}\pm s)$来表达分析结果,式中s为标准偏差。但是这样的表达方式没有显示结果的可信度及结果与真值之间有多大的差异。由统计学t分布规律可知,在有限次测定中,平均值$\overline{x}$和总体平均值μ(消除了系统误差后可以认为是真值)之间有如下关系:

$$\mu=\overline{x}\pm ts_{\overline{x}}=\overline{x}\pm\frac{ts}{\sqrt{n}} \tag{1-1}$$

式中,s为标准偏差;n为测定次数;$s_{\overline{x}}$为平均值的标准偏差,$s_{\overline{x}}=s/\sqrt{n}$;$t$为置信因子,其值随置信度及测定次数的不同而不同,如表1-8所示。

表1-8 t分布值表

自由度 f	置信度 90%	置信度 95%
2	2.920	4.303
3	2.353	3.182
4	2.132	2.776
5	2.015	2.571
6	1.943	2.447
7	1.895	2.365
8	1.860	2.306
9	1.833	2.262
10	1.812	2.228

式(1-1)表示在某一置信度下,以平均值$\overline{x}$为中心,包括总体平均值μ在内的可靠范围,称为平均值的置信区间。例如,分析某钢样中的磷含量,9次(即样本容量$n=9$)测定结果的平均值为0.076%,s为0.004%。如果要求置信度为95%,从表1-8查得自由度$f=n-1=8$时,$t=2.306$,则$ts/\sqrt{n}=0.003\%$,所以分析结果的报告为:磷含量$=(0.076\pm0.003)\%$(置信度95%)。即有95%的把握认定该钢样中磷的真实含量为$(0.076\pm0.003)\%$,其置信区间为0.073%~0.079%。

1.4.2　可疑数据的取舍与显著性检验

▶▶ 可疑数据的取舍

一组平行测定中，若有个别数据与平均值差别较大，则把此数据视为可疑数据，也称为离群值。如果在测定这个数据的过程中，有明显的过失存在，如试样在溶解或转移过程中有损失、实验条件控制不当、滴定时不慎加入过量滴定剂等，则这个数据应舍去。如果无法确认有明显过失，则对该数据应谨慎考虑，要按一定的统计学方法决定其取舍。统计学上认为可以舍弃的数据留用了，或本应留用的数据被随意舍弃都是不科学的，也是不严肃的，将会影响平均值的可靠性。

统计学中对可疑数据取舍的方法有很多，如 $4\overline{d}$ 法、Q 检验法、Grubbs 检验法等。$4\overline{d}$ 法适应性及效果不够理想；Q 检验法简单、方便，适用于小样本（$n \leqslant 10$），但有可能保留离群较远的值；Grubbs 检验法是基于样本平均值和样本标准差，较为严密，适应性及效果更好。

Q 检验法和 Grubbs 检验法的处理步骤如下。

1. Q 检验法

（1）将 n 次测定值从小到大排列，$x_1 < x_2 < \cdots < x_{n-1} < x_n$，可疑数据是 x_1 或 x_n，需要进行判断。

（2）求极差 R，即最大值与最小值之差（$x_n - x_1$）。

（3）求邻差 $|d|$，即可疑值和其相邻值之差的绝对值，可能是 $x_2 - x_1$ 或 $x_n - x_{n-1}$。若 x_1 和 x_n 均可疑，可比较 $x_2 - x_1$ 和 $x_n - x_{n-1}$，差值大的可疑数据先检验。

（4）按下式计算 $Q_{计算}$ 值（也称舍弃商）：

$$Q_{计算} = \frac{邻差}{极差} = \frac{|d|}{R}$$

再根据测定次数 n，从表 1-9 中查出指定置信度下的 Q 值（通常选用 $Q_{0.90}$）。若 $Q_{计算}$ 大于 $Q_表$ 时，则该可疑数据应舍弃，否则应予保留。

表 1-9　Q 值 表

测定次数 n	$Q_{0.90}$	$Q_{0.95}$
3	0.94	0.98
4	0.76	0.85
5	0.64	0.73
6	0.56	0.64
7	0.51	0.59
8	0.47	0.54
9	0.44	0.51
10	0.41	0.48

2. Grubbs 检验法

（1）将 n 次测定值从小到大排列，$x_1 < x_2 \cdots < x_{n-1} < x_n$，可疑数据 x_q 是 x_1 或 x_n，需要进行判断。

（2）计算 $G_{计算}$ 值：

$$G_{计算} = \frac{|x_q - \overline{x}|}{s}$$

根据测定次数，从表 1—10 中查得选定置信度（通常选用 95%）下的 $G_表$ 值。若 $G_{计算} >$ $G_表$，可疑数据应舍弃，否则应予保留。

表 1—10　**G** 值 表

测定次数 n	置信度 90%	置信度 95%
3	1.15	1.15
4	1.42	1.46
5	1.60	1.67
6	1.73	1.82
7	1.83	1.94
8	1.91	2.03
9	1.98	2.11
10	2.03	2.18
11	2.09	2.23
12	2.13	2.29
13	2.17	2.33
14	2.21	2.37
15	2.25	2.41
16	2.28	2.44
17	2.31	2.47
18	2.34	2.50
19	2.36	2.53
20	2.38	2.56

　　Grubbs 检验法一次只能对一个可疑值进行检验。对于多个可疑值的检验，须将所检验的异常值剔除后，余下的数据重新进行可疑值的检验。需要说明的是，Grubbs 检验法并不是多个异常值检验的推荐方法，推荐方法可参阅国家标准（GB/T 4883—2008）或相关文献[①]。

>>> **显著性检验**

　　在分析测试工作中常常会遇到样本测量的平均值与真值不一致或两组测量的平均值不一致的情况。由于测得的数据总是有波动的，这种不一致可能完全是由随机误差引起的，也可能还包含系统误差。这类问题属于统计学中的假设检验。如果发现存在"显著性差异"，就认为这样的不一致是由系统误差引起的；反之，则表明不存在系统误差，纯属随机

---

① 朱嘉欣，包雨恬，黎朝．数据离群值的检验及处理方法讨论．大学化学，2018，33(8)：58-65.

误差引起,是正常的。定量化学分析中常用的显著性检验方法有 t 检验法和 F 检验法。

1. 平均值与真值的比较——t 检验法

对标准试样进行了 n 次分析,根据 t 分布规律,由式(1-1)可知,若样本平均值 $\bar{x}$ 的置信区间($\bar{x} \pm ts/\sqrt{n}$)能将真值 μ(或标准值)包含在此范围内,即可认为 $\bar{x}$ 和 μ 之间不存在显著性差异,或者说二者之间的差异是由随机误差引起的。将式(1-1)改写为

$$t_{计算} = \frac{|\bar{x} - \mu|}{s}\sqrt{n} \tag{1-2}$$

进行 t 检验时,首先将测量数据 $\bar{x}$、n、s 以及真值 μ(或标准值)代入式(1-2)计算出 $t_{计算}$,再根据置信度和自由度由 t 分布值表查出相应的 $t_{表}$ 值(表1-8)。若 $t_{计算} > t_{表}$,则认为 $\bar{x}$ 和 μ 有显著性差异,说明存在系统误差;若 $t_{计算} \leqslant t_{表}$,则认为 $\bar{x}$ 和 μ 之间的差异是由随机误差引起的,属正常差异。

2. 两组测量结果的比较

两个分析人员测定相同试样或同一分析人员采用两种方法分析同一试样,获得两组分析数据,分别为 $n_1, s_1, \bar{x}_1$ 和 $n_2, s_2, \bar{x}_2$。当两个平均值不完全相同时,则需判断二者是否存在显著性差异。

(1)检验两组数据的精密度——F 检验法。判断两个平均值是否有显著性差异时,首先要求其精密度没有大的差别。为此可采用 F 检验法(又称方差比检验)进行判断。

$$F = \frac{s_{大}^2}{s_{小}^2}$$

式中,$s_{大}$ 和 $s_{小}$ 分别表示两组数据中标准偏差大的数值和小的数值。

将计算所得 F 值与表1-11所列值进行比较。在一定的置信度和自由度下,若计算值小于表值,说明两组数据的精密度不存在显著性差异;反之,则说明存在显著性差异。

表 1-11　置信度 95% 时 F 值

$f_{s小}$	$f_{s大}$									
	2	3	4	5	6	7	8	9	10	∞
2	19.00	19.16	19.25	19.30	19.33	19.36	19.37	19.38	19.39	19.50
3	9.55	9.28	9.12	9.01	8.94	8.88	8.84	8.81	8.78	8.53
4	6.94	6.59	6.39	6.26	6.16	6.09	6.04	6.00	5.96	5.63
5	5.79	5.41	5.19	5.05	4.95	4.88	4.82	4.77	4.74	4.36
6	5.14	4.76	4.53	4.39	4.28	4.21	4.15	4.10	4.06	3.67
7	4.74	4.35	4.12	3.97	3.87	3.79	3.73	3.68	3.63	3.23
8	4.46	4.07	3.84	3.69	3.58	3.50	3.44	3.39	3.34	2.93
9	4.26	3.86	3.63	3.48	3.37	3.29	3.23	3.18	3.13	2.71
10	4.10	3.71	3.48	3.33	3.22	3.14	3.07	3.02	2.97	2.54
∞	3.00	2.60	2.37	2.21	2.10	2.01	1.94	1.88	1.83	1.00

(2)检验两组数据的平均值——t 检验法。F 检验表明两组数据的精密度无显著性差异后,才能合并两组数据计算共同标准差,即合并标准差 s_p,然后再用 t 检验法检验两组数

据的平均值有无显著性差异。计算式如下：

$$s_p=\sqrt{\frac{(n_1-1)s_1^2+(n_2-1)s_2^2}{n_1+n_2-2}}$$

$$t_{计算}=\frac{|\overline{x}_1-\overline{x}_2|}{s_p}\sqrt{\frac{n_1n_2}{n_1+n_2}}$$

在一定置信度时（常选 95%），根据表 1—8 查出 $t_表$（总自由度 $f=n_1+n_2-2$）。若 $t_{计算}\leqslant t_表$，说明两组数据的平均值不存在显著性差异，可以认为属于同一总体；若 $t_{计算}>t_表$，则存在显著性差异，说明两组数据的均值不属于同一总体，二者存在系统误差。

1.4.3　有效数字及其运算规则

▶▶ 有效数字的概念

在定量化学实验中，要得到正确的结果，不但要准确地进行各种测量，还要正确地记录数据和进行计算。实验结果所表达的不仅仅是数值的大小，还反映测量的精确程度。在任何科学实验中，对某一物理量的测定，其精确度都是有一定限制的，表现在所能读取数据的位数上。对于需要估读的仪器而言，估读的数也算作有效数字。如常量滴定管的最小分度值为 0.1 mL，读取滴定体积时，在一个分度中还有一位估计值，因此，读得的数据应精确到 0.01 mL。若有一次滴定，甲、乙、丙、丁四人读得的数据分别为 23.42 mL、23.40 mL、23.42 mL、23.41 mL。可以认为，他们的读数都是正确的，因为每个人读得的前三位数字都是准确的，末位数字由于是估计值，稍有差别是可能的，也是允许的，因而称之为可疑数字。这四位数字都是有效数字，其定义为实验中实际能测到的数字，除了最后一位数字是可疑的，其余数字都是确定的。正确地读取并记录实验过程中的数据是十分重要的。例如上述滴定数据，如果乙实验者认为 23.40 mL 的末位"0"对数值的大小无关，而记录为"23.4 mL"，这时有效数字就只有三位，本来是准确值的"4"就变成了可疑数值，人为地降低了仪器本来应有的精确度，最后也将丧失分析结果应有的准确度。而如果随意增加有效数字的位数，也会人为地夸大实验结果的准确度，违背科学性和严肃性，将导致结论的错误。

下面列出一些数据及其有效数字的位数。

1.0008	40181	五位
0.1000	10.00%	四位
0.0328	1.98×10^{-10}	三位
54	0.0040	二位
0.0002	5×10^5	一位
3600	100	位数不确定

要注意的是，数字"0"在数据中的不同位置，所起的作用不同。它可能是有效数字，也可能不是有效数字。若作为普通数字使用，它就是有效数字；若作为定位用，则不是有效数字。例如，在其他两个数字之间的"0"是有效数字，如 1.0008 和 40181 中间的"0"；在有小数点并有其他数字之后的"0"，如 0.1000 和 10.00 中的"0"是有效数字；在其他数字之前的"0"，如 0.0328、0.0040 和 0.0002，数字前面的"0"都不是有效数字，这些"0"只是起定位作用，往往与所取的单位有关，而与测定的精确度无关。以"0"结尾的正整数，有效数字的位

数不确定,如 3600,一般认为是四位有效数字,但也可能是三位或两位。对于这种情况,应根据实际测量的精确度,分别写成 3.600×10^3、3.60×10^3 或 3.6×10^3 较合适。

对 pH、pM、lg$K$ 等对数数值,其有效数字的位数仅取决于小数部分的位数,因其整数部分只代表该数的数量级,如 pH$=10.68$,即 $[H^+]=2.1\times10^{-11}$ mol·L^{-1},其有效位数为两位,而不是四位。

▶▶ 有效数字的修约规则

实验结果一般是由测得的各数据通过一定的运算而得,结果的有效数字必须能正确表达实验的准确度,因此必须对计算结果的有效数字进行修约,即舍去多余的数字。国家标准采用"四舍六入五成双"的修约规则,即当测量值中被修约的那个数字小于或等于 4 时,该数字舍去;大于或等于 6 时,则进位;等于 5 且其后均为"0"或无数字时,若"5"前面数字为偶数则舍去,为奇数则进位,也就是修约后尾数均成偶数;等于 5 且其后还有不为"0"的数字时,则不管"5"前面是偶数或奇数,均进位。如将下列数据修约为四位有效数字:

65.4748 ⟶ 65.47　　　　　65.3750 ⟶ 65.38
65.4560 ⟶ 65.46　　　　　65.3852 ⟶ 65.39
65.4850 ⟶ 65.48

修约数字时,应一次修约到所需的位数,不能分次递进修约。如上述 65.4748 修约成四位时,不得先修约至 65.475,再一次修约至 65.48。

▶▶ 有效数字的运算规则

不同位数的有效数字在进行运算时,所得结果应保留几位有效数字与运算的类型有关。

1. 加减运算

以参与运算的数据中小数点后位数最少(也就是可疑数字的绝对误差最大)的数据为基准,计算结果按修约规则修约成小数点后同样位数的数字。如

$$17.67+3.62+126.4=147.69$$

以小数点后位数最少的 126.4 为基准,修约后为 147.7。

2. 乘除运算

以参与运算的数据中有效数字位数最少(也就是可疑数字的相对误差最大)的数据为准,运算结果的有效数字位数应与其相同。如

$$0.5785\times7.72\div12.453=0.35863$$

以有效数字位数最少的 7.72(三位)为基准,修约后为 0.359。

在乘除运算中,当数据的第一位数字是 9 或 8,由于其相对误差与两位数的 10 很接近,所以有效数字的位数可以多算一位。如 9.38,可以看成四位有效数字参与运算。当遇到数据乘上一个倍数因子或除以一个等分因子时,其因子应视为有足够位数的有效数字,不考虑修约。

3. 加减乘除的混合运算

按照混合运算的先后运算步骤,每步先以相应的规则运算后修约,然后进行下一步的运算及修约,直至最后得到修约后的计算结果。在运算过程中,为使计算结果更为准确,中间各步计算结果可暂时多留一位数字,而最后结果应取运算规则所允许的位数。采用计算

器进行数据运算时,一般采用先计算后修约,即不必对每一步的计算结果进行修约,但应正确保留最后计算结果的有效数字位数。

在定量分析的含量计算中,对于高含量组分($>10\%$)的测定,一般要求分析结果有四位有效数字;对于中含量组分($1\%\sim10\%$),一般要求三位有效数字;对于微量组分($<1\%$),一般只要求两位有效数字,但若使用了相应精确度的测量仪器及分析方法,可以有三位有效数字。在各种平衡的计算中(如计算平衡时离子的浓度),由于平衡常数精确度的限制,一般只保留两位或三位有效数字。在各种误差(偏差)的计算中,绝对误差按照减法运算规则保留有效数字位数,百分相对误差视具体情况保留至小数点后一位或两位。运算中涉及各种常数(如相对原子质量,化合物的摩尔质量,摩尔气体常数 R,玻尔兹曼常量,阿伏伽德罗常数 N_A,普朗克常量 h 等)时,应取足够的位数,以不干扰最终计算结果为宜。

1.4.4 列表法和作图法

实验数据须经处理后才能合理地表示所得到的结果。数据处理就是对实验数据进行记录、整理、计算、分析等,从而获得实验结果的过程。实验数据的处理和表示方法主要有列表法和作图法。

▶▶▶ 列表法

将实验数据列成表格以表示各变量之间的关系即为列表法。列表法简单、明了,是表示实验数据最常用的方法,通常也是数据处理的第一步,为绘制曲线图及进行数据拟合打下基础。一张完整的表格应包含表的序号、表题、项目、说明及数据来源等内容。表格制作一般有如下要求:

(1) 按文中出现的先后顺序对表格进行排序,并将序号、表题写在表的上方,表题应尽量简短。

(2) 根据实验内容记录测得的数据和处理后的数据。每个变量占表的一行,先列自变量,再列因变量,最后列处理过的数据(如平均值、误差、偏差等)。每行的第一列应写明变量的名称和单位,如"试样质量/g"。表内只列数值,不应再出现测量单位。

(3) 数据必须真实地反映测量的精确度,即数字写法应注意有效数字的位数。同一列数据的小数点一般要对齐。如果实验中的自变量是有规律变化的,数据应以递增或递减的顺序记录。数据为零时记为"0",数据缺漏时记为"—"。

(4) 实验测得数据(原始数据)与处理后的数据列在同一张表时,应把处理方法、计算公式及某些特别需要说明的事项在表下注明。

▶▶▶ 作图法

对于具有一定函数关系或某种规律性的实验数据,作图法比列表法更能直观、清晰地表达出变量之间的相互关系,更能显示数据的特点和变化规律,而且还可以利用图形做进一步处理,如分析极值点、转折点、内插值、外推值,作切线、求微商和积分等。作图过程中应正确掌握作图技术,遵循作图的基本原则,否则得不到预期结果,甚至可能导致错误的结论。作图法的基本要求是:简洁、美观、完整;能够反映测量的准确度(正确表示出全部有效数字);容易直接从图上读取数据。作图时应注意以下几点:

（1）化学实验中常用图表的类型主要有：散点图、柱状图、折线图和条形图。相同的数据，使用不同的图表进行体现，效果会千差万别。应根据实验目的正确选择最适合的图表类型。

（2）图的大小要合适，可通过调整坐标的取值范围使图形基本充满图纸。横、纵坐标的取值不一定从"0"开始，一般起点略小于测量数据的最小值，末点应略大于测量数据的最大值，使所得图形均匀居中，而不是偏于一侧。

（3）坐标轴表达值的准确度与实验测得值的准确度相一致，即坐标轴上的最小分度值与测量仪器的最小分度值一致，以表示出全部有效数字。坐标分度只列数值，分度值通常为1、2、5，最好不用3、7、9等数，以方便读取图中的数据。在轴旁标出变量的名称及单位，两者之间用斜线隔开，如温度坐标可表示为 T/K。

（4）实验数据点一般用符号（如●■○△□×等）在图上明确标出，同一组数据只能用一种符号。若一张图中同时标绘多组测量值或计算数据，应用不同的符号以示区别。同样，若图中有两条以上的曲线时，应用不同颜色或形状的线表示。同时，还应显示图例并将其放在图的适当位置；若无图例，则应在每条图线旁进行标注加以区分。

（5）为使所画图线能真实地反映自变量与测量值之间的关系，实验时应根据图线的大致形状合理选取测量点。若是直线，自变量可以等间距变化；若是曲线，则斜率变化大的地方测量点应取得密一些，否则所作曲线会"失真"。

（6）一般在图的下方要写清楚图序号和图名，以及注明实验条件、各种符号所代表的意义等。

1.4.5　线性拟合和非线性拟合

在寻求实验数据的变量关系间的数学模型时，广泛采用的是回归分析法（regression analysis method）。回归分析也称为数据拟合（data fitting），其基本原理是利用最小二乘法对观测到的散点实验数据进行统计处理，得出最大限度符合实验数据的拟合函数式，并判定拟合函数式的有效性。根据自变量和因变量函数关系是直线还是曲线，分为线性拟合和非线性拟合。

▶▶ 线性拟合

若用 (x_i, y_i) 表示 n 个实验数据点（$i = 1, 2, 3, \cdots, n$），假定 x 与 y 之间存在着函数 $y = mx + b$ 所描述的线性关系，式中，m 是直线的斜率，b 是直线在 y 轴上的截距。对于每一个数据点的测量值 y_i 与相对应落在回归线上的值之差称为残差。残差主要来源于随机误差，且该随机误差符合正态分布，并与 x_i 无关。按照最小二乘法原理，最佳的直线应能使实际观察值与拟合值之间的差，即残差的平方和（Q）为最小，则

$$Q = \sum_{i=1}^{n} (y_i - b - mx_i)^2$$

令

$$\frac{\partial Q}{\partial b} = -2 \sum_{i=1}^{n} (y_i - b - mx_i) = 0$$

$$\frac{\partial Q}{\partial m} = -2 \sum_{i=1}^{n} x_i (y_i - b - mx_i) = 0$$

上两式求解得

$$b=\frac{\sum\limits_{i=1}^{n}y_i-m\sum\limits_{i=1}^{n}x_i}{n}=\overline{y}-m\overline{x}$$

$$m=\frac{\sum\limits_{i=1}^{n}(x_i-\overline{x})(y_i-\overline{y})}{\sum\limits_{i=1}^{n}(x_i-\overline{x})^2}$$

式中

$$\overline{y}=\frac{1}{n}\sum_{i=1}^{n}y_i,\quad \overline{x}=\frac{1}{n}\sum_{i=1}^{n}x_i$$

在化学基本原理中,有不少函数关系是线性的,其截距或斜率都包含有特定的物理常数,因此,可以用线性拟合法求得这些常数。

如一级反应速率公式为

$$\lg c=\lg c_0-\frac{k}{2.303}t$$

作 $\lg c-t$ 直线,从斜率可以求得速率常数 k。

又如,电极电势的 Nernst 方程式为

$$\varphi=\varphi^{\ominus}+\frac{RT}{nF}\ln\frac{[氧化型]}{[还原型]}$$

从其直线关系的截距和斜率可以求得电极的标准电极电势 $\varphi^{\ominus}$ 及反应的电子转移数 n。

有的非线性函数可经线性转换后变成线性函数,如反应速率常数 k 与活化能 E_a 的关系为

$$k=A\mathrm{e}^{-\frac{E_a}{RT}}$$

取对数后为 $\lg k=\lg A-\dfrac{2.303E_a}{RT}$,由 $\lg k-\dfrac{1}{T}$ 直线斜率可以求得反应的活化能 E_a。

判断一元回归线是否有意义,可用相关系数来检验。相关系数的定义为

$$R=m\sqrt{\frac{\sum\limits_{i=1}^{n}(x_i-\overline{x})^2}{\sum\limits_{i=1}^{n}(y_i-\overline{y})^2}}=\frac{\sum\limits_{i=1}^{n}(x_i-\overline{x})(y_i-\overline{y})}{\sqrt{\sum\limits_{i=1}^{n}(x_i-\overline{x})^2\sum\limits_{i=1}^{n}(y_i-\overline{y})^2}}$$

相关系数的物理意义如下:

(1) 当 $|R|=1$ 时,两变量完全线性相关,所有的数据点 (x_i,y_i) 都在回归线上。

(2) 当 $|R|=0$,两变量毫无相关关系。

(3) 当 $|R|$ 在 0 与 1 之间时,可根据测量的次数及置信水平与相应的相关系数临界值比较,大于临界值时,则可认为这种线性关系是有意义的。

R 的临界值与置信度及自由度的关系如表 1—12 所示。

表 1－12　相关系数 *R* 的临界值表

$f=n-2$		1	2	3	4	5	6	7	8	9	10
置信度	90%	0.988	0.900	0.805	0.729	0.669	0.622	0.582	0.549	0.521	0.497
	95%	0.997	0.950	0.878	0.811	0.755	0.707	0.666	0.632	0.602	0.576
	99%	0.999	0.990	0.959	0.917	0.875	0.834	0.798	0.765	0.735	0.708

▶▶▶ 非线性函数拟合

当非线性函数不能通过线性转换成线性函数时，就必须采用非线性拟合的方法对数据进行分析。非线性拟合的基本原理亦是最小二乘法，通过迭代计算的方式使得拟合函数和数据之间的残差平方和最小，从而求得拟合函数中的参数。由于非线性拟合处理的情况要比线性拟合复杂得多，需要进行更大量的尝试。因此，除了依赖计算机进行反复运算逼近，有时用户自己对参数的取值范围和估算也很重要。

相较于线性函数关系式可用 $y=mx+b$ 这一通式来描述，非线性函数的关系式更为复杂且无法用一个通式来描述。不同的实验，其函数关系式亦不相同。因此推导出实验数据之间的函数关系是进行非线性拟合的前提。

如分光光度法测定酸碱指示剂 HIn 解离常数 K_a 的实验，若令溶液吸光度 $A=y$，溶液的 pH$=x$，可推导出如下函数[①]：

$$y=\frac{A_{HIn}\cdot 10^{-x}+A_{In^-}\cdot K_a}{10^{-x}+K_a}$$

式中，A_{HIn} 和 A_{In^-} 分别对应于实验中 pH 最低和最高的两份溶液的吸光度 A 值。通过上式建立自定义函数，对实验数据进行非线性拟合，可求出函数中的参量——解离常数 K_a。

1.4.6　Excel 软件及其应用示例

▶▶▶ 概述

Microsoft Excel 软件是一个功能极强的电子表格软件，其主要功能包括数据的存储、分析、计算和图表绘制等。

打开 Microsoft Excel 软件（本教材示例均采用 Excel 2016 版本），点击空白工作簿，便显示一本空白、备用的工作簿。工作簿可包含一张或多张工作表，其标签位于界面左下角。鼠标右键点击标签，可对工作表进行包括插入、删除、移动、复制、重命名、设置工作表标签颜色等操作。每张工作表是由行列分割的网格（即单元格）组成：垂直方向称为列，以字母标志；水平方向称为行，以数字标志。每个单元格地址用其对应的行、列位置标识，例如 A1 表示第 A 列第 1 行的单元格。单元格中可输入文字、数值和公式等信息。一组单元格叫区域，如 A1:D6。

在工作表中输入数据后，就可以自行编辑公式及利用 Excel 内置的函数对某些单元格或某个区域内的数值进行一系列运算。在英文输入法模式下，将光标置于需要添加公式的

---

① 黎朝.Origin 自定义非线性拟合在分析化学实验中的应用.大学化学，2016，31（1）：48-53.

单元格,点击鼠标,开始进行公式编辑。编辑公式时须以"="开头,公式由常量、运算符、单元格引用、Excel 内置函数、字符及标点等组成。在进行运算时应注意公式中所引用的单元格的属性。如果直接写单元格的地址,如 A1 时,若将公式向下复制,引用的地址会变成 A2;向右复制,则会变成 B1,因此称为相对地址。当公式被复制时,若地址不需要调整,则须在单元格地址的行和列前面加上 $ 符号,如$A$1,称为绝对地址。当仅有行或列不需要调整,只需在那些需要变为绝对地址的部分前加上$。例如,单元格地址$A1 表示列固定不变只修改行,A$1 则表示行固定不变只修改列。Excel 函数是预先编制好的用于数值计算和数据处理的公式。Excel 软件内置了大量函数,熟悉并利用好它们可以简化工作表中的公式,极大提高数据处理效率。调用函数可以使用"插入函数"对话框或直接在编辑栏中输入。

Excel 提供了柱形图、折线图、饼图、散点图等多种类型的图表,可以选择最适宜的类型将工作表中的数据显示出来,使数据更为直观、易于阅读进而有助于分析和比较数据。创建图表时先选中数据所在区域,选择"插入"选项卡,在"图表"工具栏中选择恰当的图表类型即可自动生成图表。点击生成的图表,在图表设计选项卡中,可以添加图表元素、更改图表类型和选择数据等。在坐标轴上点击右键,选择设置坐标轴格式,可对坐标轴进行调整。

▶▶▶ Excel 软件应用示例 1——反应级数、反应速率常数及活化能的测定

1. 反应级数、反应速率常数的求算

(1) 建立 Excel 文件。启动 Microsoft Excel,点击空白工作簿,进入工作表状态,此时若只有 Sheet1 一张工作表,则可通过以下两种方式再添加一张工作表:在工作表标签"Sheet1"上单击鼠标右键,从弹出的菜单中选择"插入",再选择"工作表"图标;或点击工作表标签"Sheet1"右侧的"⊕"图标,即添加了一张"Sheet2"工作表。分别在两张工作表标签上单击鼠标右键,从弹出的菜单中选择"重命名"选项,将其命名为"反应级数"和"活化能"。

(2) 输入实验数据并设置其有效数字位数。在"反应级数"工作表中,填入试剂浓度、试剂的用量及反应时间等实验数据,如图 1-73 所示。选中试剂用量数据 D4:H9 区间,单击右键,选择"设置单元格格式"。在对话框中点选"数字"标签,选择分类中的"数值","小数位数"填入"2"。类似地,将反应时间数据 D10:H11 区间的小数位数设置为"1"。

(3) 计算反应速率。只需要在实验序号 1(D 列)各行输入对应的公式(相关计算式见图 1-73 第 I 列),再将其复制到同一行的 E~H 列即可完成其他各次实验的计算。

在 D12 单元格输入公式"=$C$9*D9/SUM(D4:D9)",求出反应体系中 $S_2O_8^{2-}$ 的初始浓度,其中引用试剂 $Na_2S_2O_8$ 浓度的单元格地址需要用绝对地址。类似地,在 D13 单元格输入公式"=$C$4*D4/SUM(D4:D9)",在 D14 单元格输入公式"=$C$6*D6/SUM(D4:D9)",可分别求出 I^- 和 $S_2O_3^{2-}$ 的初始浓度。

由于 $\Delta[S_2O_8^{2-}]=\Delta[S_2O_3^{2-}]/2=[S_2O_3^{2-}]_初/2$,在 D15 单元格输入公式"=D14/2";反应速率 $V=\Delta[S_2O_8^{2-}]/\Delta t$,在 D16 单元格输入公式"=D15/AVERAGE(D10:D11)",其中反应时间Δt 取 2 次测量结果的平均值。

选择已输入公式的 D12:D16 区域,光标移至所选区域右下角,点击鼠标左键拖动填充柄(黑色实心十字)至 H16,即可完成公式的复制和计算。由于该区域的数值较小,可将数字分类设为"科学记数",小数位数设置为"2"。

（4）求 m、n 和反应级数。根据实验原理，$\lg V = m\lg[S_2O_8^{2-}] + n\lg[I^-] + \lg K$。当 $[I^-]$ 不变时，以 $\lg V$ 对 $\lg[S_2O_8^{2-}]$ 作图，可得一直线，斜率即为 m。同理，当 $[S_2O_8^{2-}]$ 不变时，以 $\lg V$ 对 $\lg[I^-]$ 作图，可得 n。

首先计算 $[I^-]$ 不变时（实验序号 $1\sim3$）的 $\lg[S_2O_8^{2-}]$ 和 $\lg V$：在 D17 单元格输入公式"=LOG(D12)"，求出 $\lg[S_2O_8^{2-}]$；在 D18 单元格输入公式"=LOG(D16)"，求出 $\lg V$。将这两个公式复制到 E17:F18。

然后计算 $[S_2O_8^{2-}]$ 不变时（实验序号 1、4 和 5）的 $\lg[I^-]$ 和 $\lg V$：在 D19 单元格输入公式"=LOG(D13)"，求出 $\lg[I^-]$；在 D20 单元格输入公式"=LOG(D16)"，求出 $\lg V$。将这两个公式复制到 G19:H20。

在单元格 E22 中插入函数"SLOPE"，函数的因变量 y 选择 D18:F18 区域，自变量 x 选择 D17:F17 区域，此时编辑栏显示"=SLOPE(D18:F18,D17:F17)"，按回车键即可求出 m（D22 输入标识"$m=$"）；在单元格 E23 中插入函数"SLOPE"，函数的因变量 y 选择 D20:H20 区域，自变量 x 选择 D19:H19 区域，此时编辑栏显示"=SLOPE(D20:H20,D19:H19)"，按回车键求出 n（D23 输入标识"$n=$"）；在单元格 E23 输入公式"=E22+E23"，求出反应级数（D24 输入标识"反应级数"）。

（5）求反应速率常数。由于 $K = V/([S_2O_8^{2-}]^m[I^-]^n)$，在 D21 单元格输入公式"=D16/(D12^\$E\$22)/(D13^\$E\$23)"，其中引用 m 和 n 值的单元格需要用绝对地址。再将公式复制到 E21:H21，即可得 5 个不同浓度条件下的反应速率常数 K，如图 1-73 所示。

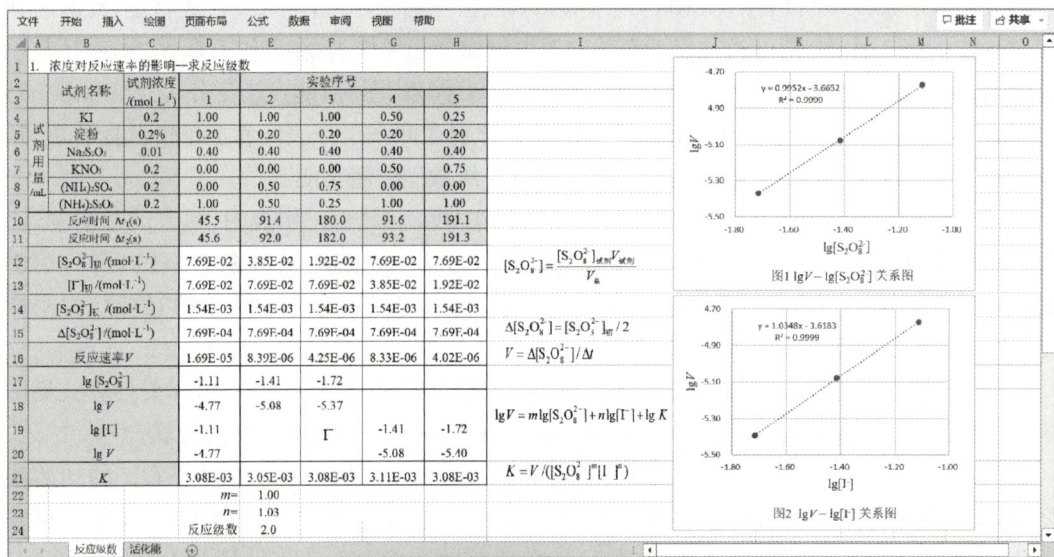

图 1-73　求反应级数和速率常数的数据表、相关计算式和线性拟合图

（6）作 $\lg V - \lg[S_2O_8^{2-}]$ 和 $\lg V - \lg[I^-]$ 关系图，并进行线性拟合。

① 作图。选择第 D17:F18 区域的数据，利用 Excel 的"插入""图表"功能，以"散点图"的方式作图，即可自动生成 $\lg V - \lg[S_2O_8^{2-}]$ 关系图；选择第 D19:H20 区域的数据，可得 $\lg V - \lg[I^-]$ 关系图。

② 图的编辑。上述自动生成的图其水平轴位于图的上方，垂直轴位于图的右侧，须加以调整。在水平轴上点右键，选择"设置坐标轴格式"，即弹出"设置坐标轴格式"任务窗格。

在"坐标轴选项"下的"纵坐标轴交叉"选项中点选"坐标轴值",输入"－1.8";同样,点击图的垂直轴,在"设置坐标轴格式"任务窗格中,将与横坐标轴的交叉值设为"－5.5";在"设置坐标轴格式"任务窗格中,还可通过调整坐标边界(最大值和最小值),使图形基本充满图纸,而不是偏于一侧。点选图表区,在图的右上边沿外出现三个图标,点击上方十字形图标(图表元素),勾选坐标轴标题,然后输入相应的标题。

③ 线性拟合。将光标移至图中任意一个实验数据点,单击鼠标右键,选择"添加趋势线"。在弹出的"设置趋势线格式"任务窗格中,选择"线性""显示公式""显示 R 平方值",得到如图 1－73 所示的线性拟合图。

2. 活化能的求算

(1) 输入实验数据。在"活化能"工作表中,填入试剂浓度、试剂的用量、反应温度和反应时间等实验数据,如图 1－74 所示。按上述 1(2)介绍的方法设置实验数据的小数位数。

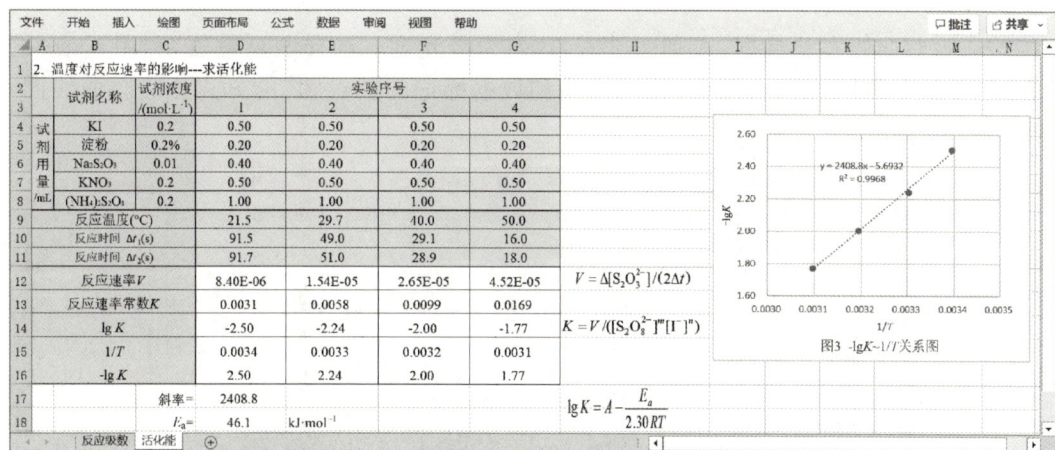

图 1－74　求活化能的数据表、相关计算式和线性拟合图

(2) 输入公式。根据图 1－74 中 H 列的公式(公式推导见实验原理),在实验序号 1(D 列)各行进行公式的输入和编辑。

由于反应速率 $V=\Delta[S_2O_3^{2-}]/(2\Delta t)$,则在 D12 单元格输入公式"=\$C\$6*D6/SUM(D4:D8)/2/AVERAGE(D10:D11)"。其中引用 $Na_2S_2O_3$ 浓度的单元格需要用绝对地址,反应时间 Δt 取 2 次测定的平均值。因速率常数 $K=V/([S_2O_8^{2-}]^m[I^-]^n)$,则在 D13 单元格输入公式"=D12/(\$C\$8*D8/SUM(D4:D8))^反应级数!\$E\$22/(\$C\$4*D4/SUM(D4:D8))^反应级数!\$E\$23";其中引用 $(NH_4)_2S_2O_8$ 和 KI 浓度的单元格均需要用绝对地址;引用的常数 m 和 n 的值不在同一工作表中,因此公式中两者的地址前需标注其所在工作表,即"反应级数!"。在 D14 单元格输入公式"=LOG(D13)",求出 $\lg K$。在 D15 单元格输入公式"=1/(273＋D9)",求出 $1/T$。在 D16 单元格输入公式"=－D14",求出 $-\lg K$。

(3) 复制公式。通过拖拉鼠标的方式将 D 列的公式复制到 E 至 G 列,完成表格中的所有计算,如图 1－74 所示。

(4) 求活化能 E_a。由阿伦尼乌斯经验式知,$\lg K=A-E_a/(2.30RT)$。以 $-\lg K$ 对 $1/T$ 作图,得一直线,由直线斜率可求得反应的活化能 E_a。

在单元格 D17 中插入函数"SLOPE",因变量 y 选择 D16:G16 区域,自变量 x 选择 D15:

G15 区域,求出斜率(C17 输入标识"斜率=");在单元格 D18 中输入公式"=D17*2.30* 8.314/1000",求出 E_a(C18 输入标识"E_a=",E18 输入标识"kJ·mol^{-1}")。

（5）作$-\lg K - 1/T$ 关系图,并进行线性拟合。

① 作图。选择第 D15:G16 区域的数据,利用 Excel 的"插入""图表"功能,以"散点图"的方式作图,即可得$-\lg K - 1/T$ 关系图。

② 图的编辑。添加坐标轴标题,调整坐标边界使图形基本充满图纸。

③ 线性拟合。将光标移至图中任意一个实验数据点,单击鼠标右键,选择"添加趋势线"。在弹出的"设置趋势线格式"任务窗格中,选择"线性""显示公式""显示 R 平方值",即在图上出现回归方程和相关系数,如图 1−74 所示的线性回归图。

▶▶▶ Excel 软件应用示例 2——吸收曲线及标准曲线的绘制

1. 绘制吸收曲线

输入吸收曲线实验数据,A 列为波长,B 列为吸光度。选择两列数据,利用 Excel 的"插入""图表"功能,以散点图中"带平滑线和数据标记的散点图"的方式作吸收曲线图,如图 1−75 所示。

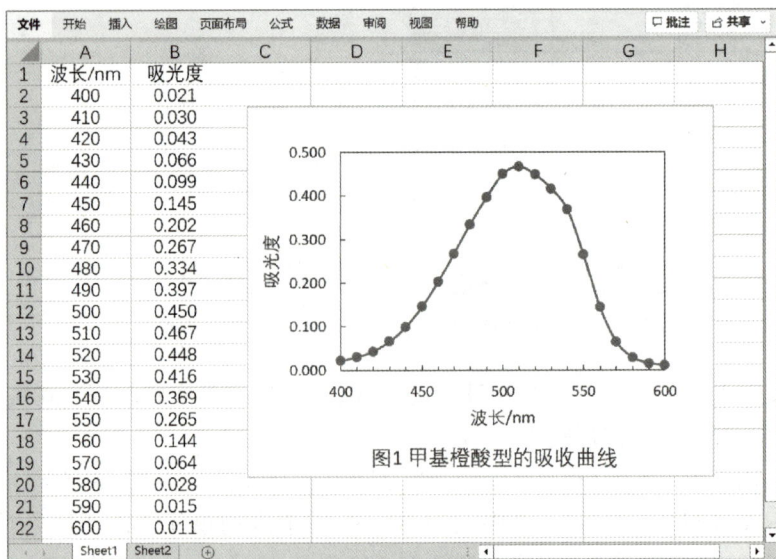

图 1−75　甲基橙酸型水溶液的吸收曲线图(Excel 软件绘制)

2. 绘制标准曲线

输入分光光度法的标准曲线实验数据,A 列为浓度,B 列为吸光度。选择两列数据(A2:B7),利用 Excel 的"插入""图表"功能,以"散点图"的方式作出标准曲线图。

3. 线性拟合

将光标移至图中任意一个实验数据点,单击鼠标右键,选择"添加趋势线"。在弹出的"设置趋势线格式"任务窗格中选择"线性""显示公式""显示 R 平方值",即在图上出现回归方程和相关系数,如图 1−76 所示。

4. 用 Excel 内置函数进行线性拟合,并与作图法所得数据进行比较

在单元格 B9 中,选择内置函数"SLOPE",因变量 y 选择 B2:B7 区域,自变量 x 选择 A2:

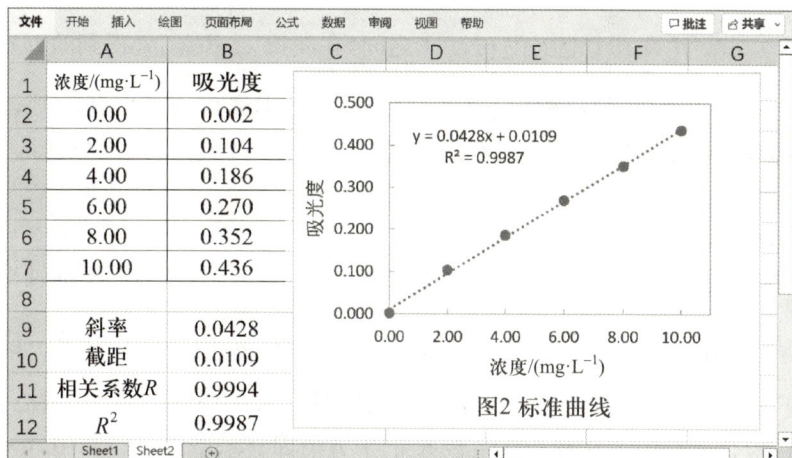

图 1—76　标准曲线数据表、线性拟合图和内置函数计算结果

A7 区域,求出斜率(A9 输入标识"斜率");类似地,可用 INTERCEPT 函数求出截距。采用这两个函数在选择数据时应分清自变量和因变量。用 CORREL 函数求出相关系数 R 再计算 R^2。

▶▶▶ **Excel 软件应用示例 3——酸碱指示剂解离常数的测定及型体分布曲线的绘制**

1. 甲基橙解离常数的求算

（1）输入实验数据。在工作表的 A 列输入一系列甲基橙溶液的 pH,B 列输入在波长 λ_a(510 nm)处测得的不同 pH 甲基橙溶液的吸光度,在 C 列输入在波长 λ_b(460 nm)处测得的不同 pH 甲基橙溶液的吸光度,如图 1—77 所示。其中 B3 和 C3 是甲基橙溶液在 pH 最小时,即主要是以酸型存在时的吸光度,即 $A_{\lambda_a}^{HIn}$ 和 $A_{\lambda_b}^{HIn}$。B20 和 C20 是甲基橙溶液在 pH 最大时,即主要是碱型存在时的吸光度,即 $A_{\lambda_a}^{In^-}$ 和 $A_{\lambda_b}^{In^-}$。

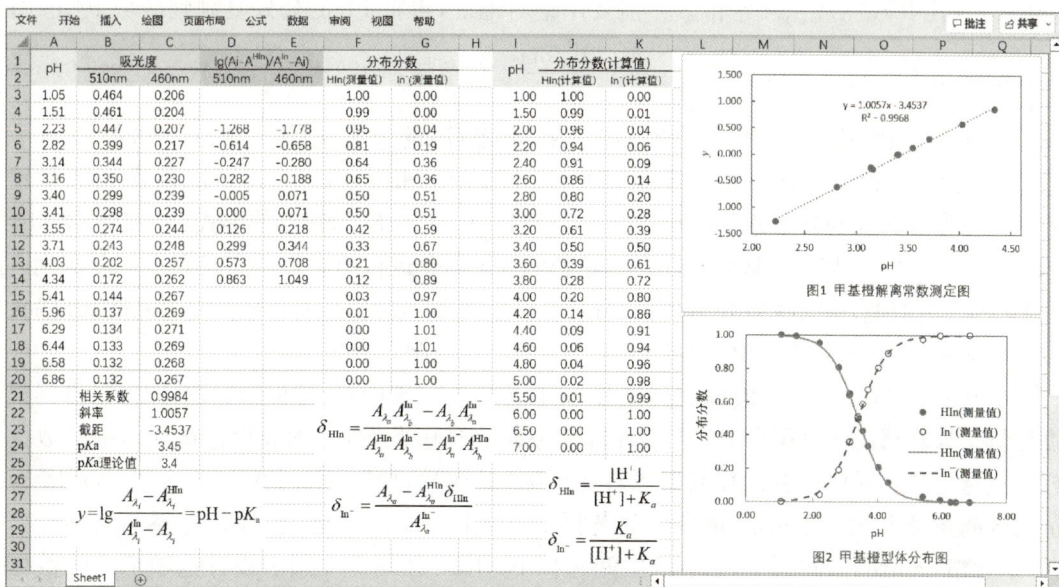

图 1—77　甲基橙解离常数的测定和型体分布图

（2）输入公式。计算 pH 范围在 $pK_a\pm1$ 之间，在波长 λ_a 和 λ_b 处得到的 $\lg\dfrac{A_{\lambda_i}-A_{\lambda_i}^{HIn}}{A_{\lambda_i}^{In^-}-A_{\lambda_i}}$ 值，式中，$i=a$ 或 b。在单元格 D5 输入公式"=LOG((B5−B\$3)/(B\$20−B5))"，其中 $A_{\lambda_i}^{HIn}$ 和 $A_{\lambda_i}^{In^-}$ 的地址需要在行前加"\$"。复制 D5 的公式到 D5:E14 区域，则可以分别得到在波长 λ_a 和 λ_b 处的 $\lg\dfrac{A_{\lambda_i}-A_{\lambda_i}^{HIn}}{A_{\lambda_i}^{In^-}-A_{\lambda_i}}$ 值。

（3）作图法求 pK_a。选择 A 列和 D 列作散点图，再填入图表标题、坐标轴标题，即可得到在波长 λ_a 处 $\lg\dfrac{A_{\lambda_a}-A_{\lambda_a}^{HIn}}{A_{\lambda_a}^{In^-}-A_{\lambda_a}}$ 相对于 pH 的关系图。鼠标右键点击图上的任一数据点，选择"添加趋势线"。在弹出的"设置趋势线格式"任务窗格中，选择"线性""显示公式""显示 R 平方值"，线性拟合所得的公式和相关系数 R 的平方值即显示于图上。其中，截距的负值即为甲基橙的 pK_a（取两位有效数字）。

（4）Excel 函数法求 pK_a。在单元格 C21 输入相关系数的计算函数"=CORREL(D5:D14,A5:A14)"，在单元格 C22 输入斜率的计算函数"=SLOPE(D5:D14,A5:A14)"；在单元格 C23 输入截距的计算函数"=INTERCEPT(D5:D14,A5:A14)"；在单元格 C24 输入"=−C23"，即可以得甲基橙 pK_a 测量值；在单元格 C25 输入甲基橙 pK_a 的理论值，该值既可以用来与测量值进行比较，也是下文中计算分布分数所必需的常数。

若采用在波长 λ_b 处以 $\lg\dfrac{A_{\lambda_b}-A_{\lambda_b}^{HIn}}{A_{\lambda_b}^{In^-}-A_{\lambda_b}}$ 相对于 pH 作图，同样可以计算得到甲基橙的解离常数。

2. 型体分布图的制作

（1）根据实验数据求分布分数（测量值）。采用分光光度法测定弱酸弱碱的分布分数计算公式如图 1−77 所示（公式推导见实验 32 的实验原理）。根据甲基橙酸型 HIn 的分布分数 $\delta_{HIn}=\dfrac{A_{\lambda_a}A_{\lambda_b}^{In^-}-A_{\lambda_b}A_{\lambda_a}^{In^-}}{A_{\lambda_a}^{HIn}A_{\lambda_b}^{In^-}-A_{\lambda_a}^{In^-}A_{\lambda_b}^{HIn}}$，在单元格 F3 输入"=(B3*\$C\$20−C3*\$B20)/(\$B\$3*\$C\$20−\$B20*\$C\$3)"，其中 $A_{\lambda_a}^{HIn}$、$A_{\lambda_a}^{In^-}$、$A_{\lambda_b}^{HIn}$ 和 $A_{\lambda_b}^{In^-}$ 需要用绝对地址，再将 F3 的公式复制到区域 F4:F20；甲基橙碱型 In$^-$ 的分布分数 $\delta_{In^-}=\dfrac{A_{\lambda_a}-A_{\lambda_a}^{HIn}\delta_{HIn}}{A_{\lambda_a}^{In^-}}$，在单元格 G3 输入"=(B3−\$B\$3*F3)/\$B\$20"，其中 $A_{\lambda_a}^{HIn}$ 和 $A_{\lambda_a}^{In^-}$ 的地址需要进行绝对化，再将 G3 的公式复制到区域 G4:G20。

（2）根据理论值求分布分数（计算值）。在 I 列从低到高输入一系列 pH。在单元格 J3 输入甲基橙酸型 HIn 的分布分数计算公式 $\delta_{HIn}=[H^+]/([H^+]+K_a)$，编辑的形式为"=10^−I3/(10^−I3+10^−\$C\$25)"，其中甲基橙 pK_a 的理论值的地址需要进行绝对化。将 J3 的公式复制到区域 J4:J24。类似地，根据碱型 In$^-$ 的分布分数计算公式 $\delta_{HIn}=K_a/([H^+]+K_a)$，在单元格 K3 输入"=10^−\$C\$25/(10^−I3+10^−\$C\$25)"，并将 K3 的公式复制到区域 K4:K24。

（3）作图。选择 A、F 和 G 三列作散点图，再填入图表标题、坐标轴标题，即可以得到根据测量结果获得的甲基橙分布分数与 pH 关系图。选中此图，在图表设计选项卡中的数据栏上点选"选择数据"。在选择数据源对话框中，点选"添加"。系列名称选择 J2 单元格，x 值的区间选择 I3:I24 区间，y 值的区间选择 J3:J24 区间。再次点选"添加"，系列名称选择 K2 单元格，x 值的区间同上，y 值的区间选择 K3:K24 区间。在图表设计选项卡中的数据栏上点击"更改图表类型"，将计算值的两个系列图表类型改为"带平滑线的散点图"，即可直观地呈现测量值与理论计算值的差异,如图 1−77 右下图所示。

▶▶ Excel 软件应用示例 4——大宗数据处理

(1) 将某届所有学生用莫尔法和法扬司法测定厦门大学海域海水中卤素总量的原始数据输入 Excel 文件。

(2) 输入计算公式,并结合 Excel 的复制功能完成数据计算,求出每个学生所测得厦门大学海域海水中卤素的总量。利用 Excel 函数"AVERAGE"与"STDEV",求出每个学生所测得厦门大学海域海水中卤素总量的样本平均值和样本标准偏差,再计算相对标准偏差。利用 Excel 的排序功能对所有学生的相对标准偏差从大到小进行排序,并对精密度差的数据进行 Q 检验,判断离群值的取舍。若有数据判为异常,则应删除该数据后重新计算样本平均值。

(3) 复制所有学生用莫尔法测得海水中卤素总量的实验结果,在 Excel 文件新建一个工作表,将光标移到要进行粘贴的位置,右击鼠标在快捷菜单中选择"选择性粘贴",在对话框中选择"数值"。

(4) 利用 Excel 的排序功能对实验结果从小到大进行排序,观察是否存在可疑数据,并进行 Grubbs 检验法检验。

(5) 剔除了异常值之后,利用 Excel 函数"AVERAGE"与"STDEVP",求出所有学生测得的厦门大学海域海水中卤素总量的总体平均值和总体标准偏差。

(6) 对数据进行分组。根据落在不同测量值区间的测量数据的个数(频数 n_i),求出相应的频率(n_i/n,其中 n 为样本数)和频率密度($n_i/n\Delta s$,其中 Δs 为组距)。

(7) 重复上述步骤(3)—(6),对法扬司法实验结果进行同样处理。

(8) 利用图表功能,以柱形图的形式将两组测量数据的频率密度分布绘于一张图中,如图 1−78 所示。

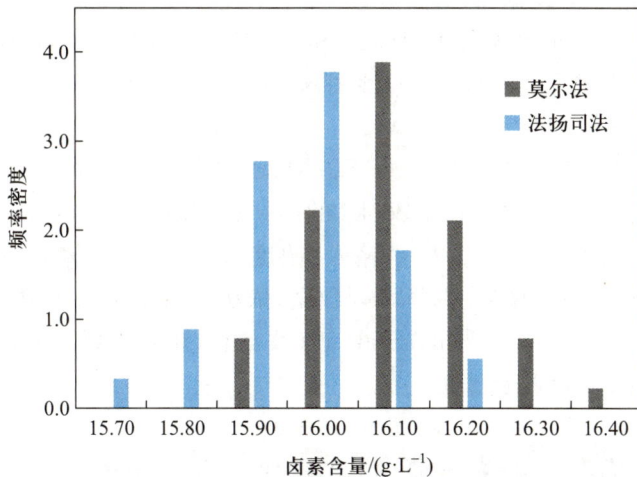

图 1−78 厦门大学海域海水中卤素总量测定值的频率密度分布图

(9) 根据莫尔法实验的样本总体平均值和总体标准偏差,利用 Excel 函数"NORM. DIST",绘制正态分布曲线,并将上述步骤(6)中莫尔法实验结果频率密度分布的数据放在同一张图中进行比较,如图 1-79 所示。

1.4.7　Origin 软件及其应用示例

▶▶▶ 概述

　　Origin 软件是由 OriginLab 公司开发的基于 Windows 操作系统下的科学绘图和数据分析软件。科学绘图功能主要包括各种二维、三维图形绘制,多图层图形绘制和图形版面设计等;数据分析功能主要包括函数拟合、数据运算、数字信号分析、各类谱线分析和统计分析应用等。Origin 软件操作灵活、方便直观且功能强大,是中外科研人员和工程师常用的高级数据分析和制图的工具。

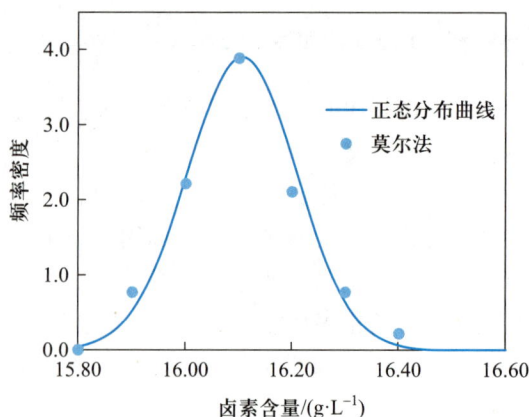

图 1-79　测量数据的频率密度分布和
正态分布曲线

　　Origin 是一个多文档界面应用程序,它将用户的所有工作都保存在".opj"为后缀的文件中。一个 Origin 文件可以包含多个子窗口,如 Workbook(工作簿)、Graph(图)、Matrix(矩阵)等。各子窗口之间可相互关联,实现数据的实时更新。子窗口还可以单独保存,以便其他程序调用。

▶▶▶ Origin 软件应用示例 1——吸收曲线及标准曲线的绘制(线性拟合)

1. 绘制吸收曲线

　　启动 Origin 程序(本教材示例均采用 Origin 2015 版本),在 Book1 工作簿中,A(X)列输入波长,B(Y)列输入对应的吸光度值。在两列的 Long Name 栏中分别输入"波长/nm"和"吸光度"。选择两列数据,依次点击菜单栏的[Plot]—[Line + Symbol]—[Line + Symbol]或点击 2D Graphs 工具栏的"Line+Symbol"(点线图)图标,在跳出的自动命名为 Graph1 的新窗口中生成了吸收曲线的点线图,如图 1-80 所示。

2. 绘制标准曲线

　　点击软件上方 Standard 工具栏"New Workbook"图标,可新建一个工作簿 Book2。将分光光度法的标准曲线实验数据填入 Book2 的第一页 Sheet1 中,A(X)列为浓度,B(Y)列为吸光度。在 A 列的 Long Name 栏中输入"浓度",Units 栏中输入"mg·L^{-1}";B 列的 Long Name 栏中输入"吸光度"。选择两列数据,依次点击菜单命令[Plot]—[Symbol]—[Scatter]或点击 2D Graphs 工具栏的"Scatter"(散点图)图标,在跳出的自动命名为 Graph2 的新窗口中生成了标准曲线散点图。

3. 线性拟合

　　选择 Graph2,依次点击菜单命令[Analysis]—[Fitting]—[Linear Fit]—[Open Dialog],在弹出的对话框中点击"OK",Graph2 中即出现拟合参数表格。随即跳出提醒信息"Do you want to switch to the report sheet?",可选择"NO",单击"OK",完成线性拟合,如图 1-81 所示;若选择"Yes",则软件将切换到 Book2 中的 FitLinear1(线性拟合结果的分析报表)页面,从中可获取更详细的线性拟合结果信息。

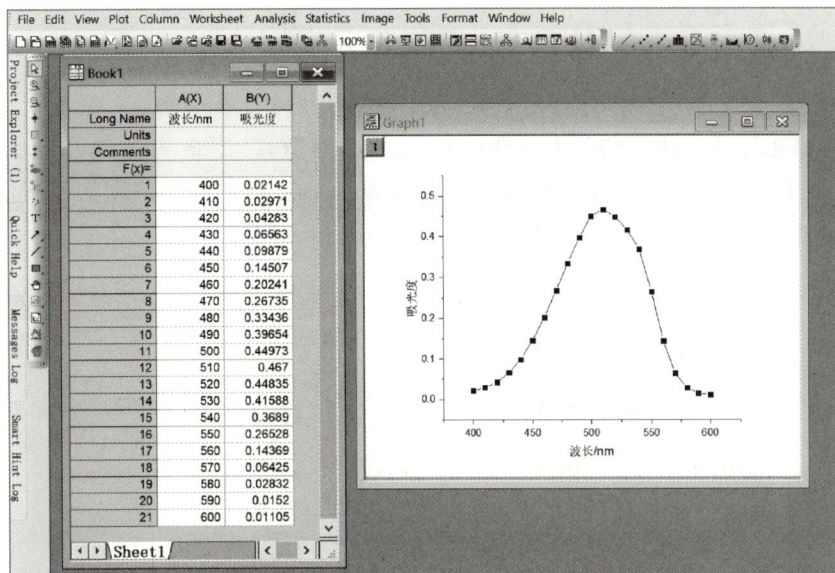

图 1-80　甲基橙酸型水溶液的吸收曲线图(Origin 软件绘制)

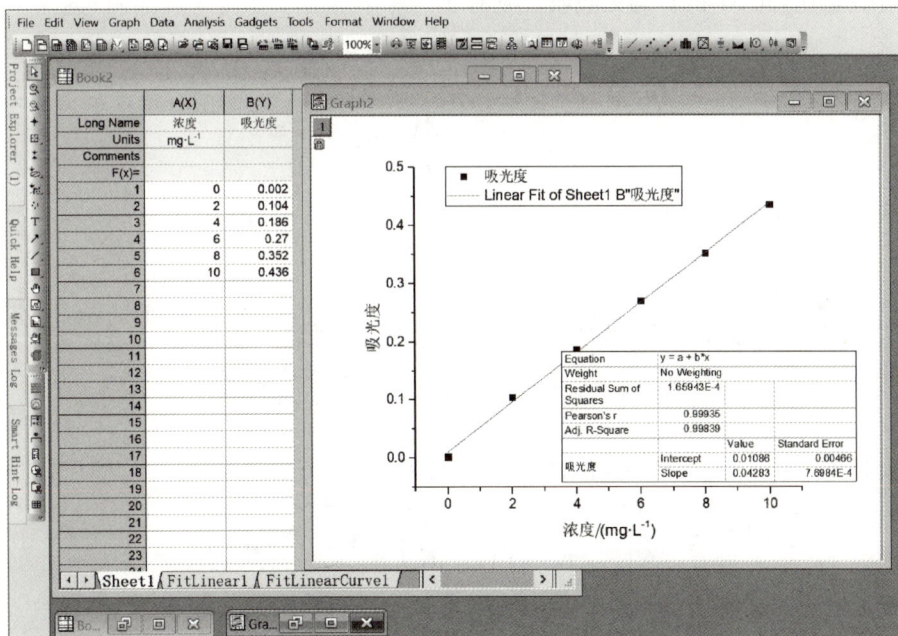

图 1-81　标准曲线数据表、线性拟合图及其拟合结果

>>> **Origin 软件应用示例 2——磺基水杨酸合铜(Ⅱ)配合物稳定常数的测定(非线性拟合)**

1. 1:1 型配合物稳定常数的求算[①]

Cu²⁺ 与磺基水杨酸在 pH=4~5 时形成 1:1 的亮绿色配合物,配离子的表观稳定常数 K 可由以下平衡关系导出:

---

① 黎朝.Origin 自定义非线性拟合在分析化学实验中的应用.大学化学,2016,31(1):48-53.

$$M+L \Longrightarrow ML \quad K=\frac{[ML]}{[M][L]}$$

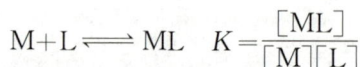

此实验中 M 为 Cu^{2+}，L 为磺基水杨酸，ML 为二者形成的 1:1 配合物。

依据等摩尔连续变化法的基本原理，$c_M + c_L = c$（常数）。令 $x = c_L / c$（x 表示配体 L 的摩尔分数，取值范围为 0～1）。设 L 的初始浓度为 xc，则 M 的初始浓度为 $(1-x)c$。那么达到平衡时：$[L] = xc - [ML]$，$[M] = (1-x)c - [ML]$。则有

$$K=\frac{[ML]}{\{(1-x)c-[ML]\}\cdot(xc-[ML])}$$

整理，得

$$[ML]^2-\left(c+\frac{1}{K}\right)[ML]+xc(1-x)=0 \qquad (1-3)$$

式(1−3)的解为

$$[ML]=\frac{1}{2}\left[c+\frac{1}{K}-\sqrt{\left(c+\frac{1}{K}\right)^2-4xc^2(1-x)}\right] \qquad (1-4)$$

选择一定的波长测定溶液的吸光度 A，要求此波长下仅配合物 ML 有吸收，且吸光度与其浓度成正比，而 M 和 L 均无吸收。则有

$$A=\varepsilon_{ML}\cdot b\cdot[ML] \qquad (1-5)$$

设 A_0 为 $[ML]=c/2$ 时的吸光度，有

$$\varepsilon_{ML}=\frac{2A_0}{bc} \qquad (1-6)$$

由式(1−5)和式(1−6)得

$$A=\frac{2A_0}{c}[ML] \qquad (1-7)$$

将式(1−4)代入式(1−7)，得吸光度 A 与 x 之间的函数关系式：

$$A=\frac{A_0}{c}\left[c+\frac{1}{K}-\sqrt{\left(c+\frac{1}{K}\right)^2-4xc^2(1-x)}\right] \qquad (1-8)$$

令吸光度 $A=y$，$A_0=P$，可将式(1−8)改写为

$$y=\frac{P}{c}\left[c+\frac{1}{K}-\sqrt{\left(c+\frac{1}{K}\right)^2-4xc^2(1-x)}\right] \qquad (1-9)$$

式(1−9)即为配体摩尔分数 x 与溶液吸光度 y 之间的函数关系式。

2. Origin 自定义非线性数据拟合

(1) 建立自定义拟合函数。

① 选择[Tools]菜单中[Fitting Function Builder]或[F8]打开拟合函数生成器。

② 选择[Create a New Function]，点击右下方的[Next]。

③ 在新出现的页面中选择已有或新建函数存放的目录并命名函数。例如，选择目录 "User Defined"，在 Function Name 后的框中输入 "jobplot" 来命名新建的函数。然后点击右下方的[Next]。

④ 在 Parameters 项输入式(1−9)中的参数符号 "P,K"（英文模式下输入，多个参数时，中间用 ","隔开），点击[Next]。

⑤ 在 Function Body 下"y="后面的空白处输入式(1—9),即"P/c*(c+1/K−sqrt ((c+1/K)^2−4*x*c^2*(1−x)))",注意应根据实验方案将总浓度的具体数值(单位:mol· L^{-1})直接替换上式中的"c"。点击 Finish 完成自定义函数的建立。

(2) 用自定义函数对实验数据进行拟合。

① 在 Origin 工作簿中输入系列溶液中配体 L 的摩尔分数 x 及其对应的吸光度 A 值。

例如,实验采用同浓度的磺基水杨酸(L)溶液和硝酸铜(M)溶液依表 1—13 所列体积比进行配制。通过计算可知每份溶液对应的 x 值。

表 1—13　等摩尔连续变化法测定溶液的配制

溶液编号	1	2	3	4	5	6	7	8	9	10	11	12	13
V_R/mL	0	2	4	6	8	10	12	14	16	18	20	22	24
V_M/mL	24	22	20	18	16	14	12	10	8	6	4	2	0
x	0.00	0.08	0.17	0.25	0.33	0.42	0.50	0.58	0.67	0.75	0.83	0.92	1.00

将表 1—13 中的 x 值逐一输入工作簿 A(X)列中。也可利用设置列值(set column values)功能,通过输入计算式生成。方法如下:点击工作簿 Book1 的 A(X)选择 A 列,单击右键选择"set column values",在跳出的 Set Values 对话框中的"Row(i):From"后输入"1","To"后输入"13"(i 表示行数,即 1—13 行);在"Col(A)="下方的空白处输入公式"(i−1)*2/24"。在 A 列的 1—13 行内即出现对应的 x 值(图 1—82 中的 Book1)。在 B(Y)列输入实验测得的吸光度 A 值,并在 A、B 两列的 Long Name 栏中分别输入"x"和"A"。

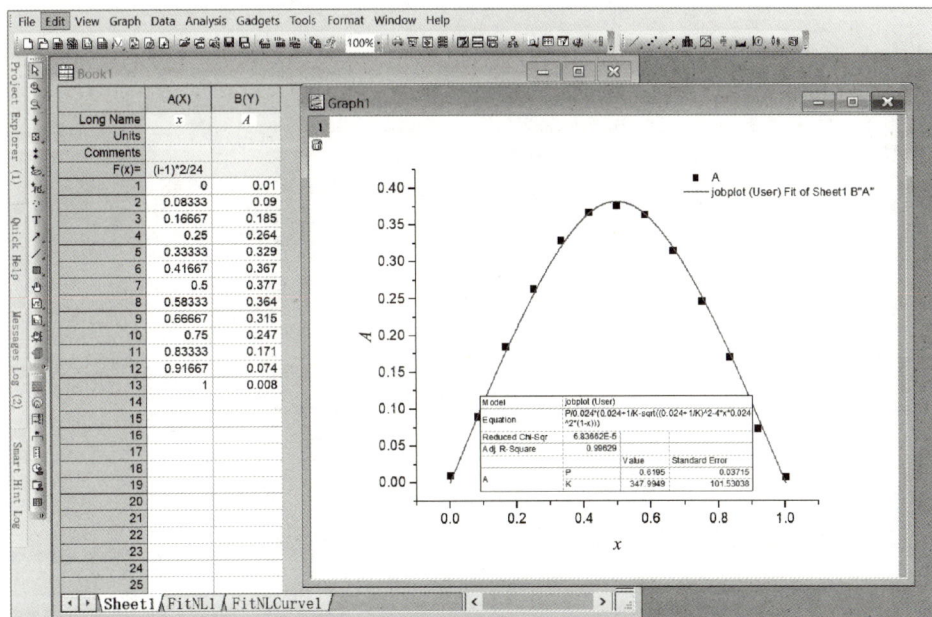

图 1—82　等摩尔连续变化法实验数据和非线性拟合图

② 选择两列数据,依次点击菜单命令[Plot]—[Symbol]—[Scatter]或点击 2D Graphs 工具栏的"Scatter"(散点图)图标,在跳出的自动命名为 Graph1 的新窗口中生成了配体 L 的摩尔分数 x 与吸光度 A 之间关系的散点图。

③ 选取 Graph1，选择菜单命令[Analysis]—[Fitting]—[Non-linear Curve Fit]或快捷键 Ctrl+Y，打开 NLFit 对话框。

④ 在"Settings"标签下，选择上述建立的自定义函数存放的目录(User Defined)和函数名称(jobplot)。

⑤ 单击[Fit]按钮进行拟合，运算完成后 Graph1 中即出现拟合参数表格。随即跳出提醒信息"Do you want to switch to the report sheet?"，可选择"NO"，单击"OK"，完成非线性拟合；若选择"Yes"，则软件将切换到 Book1 中的 FitNL1(非线性拟合结果的分析报表)页面，从中可获取更详细的非线性拟合结果信息。

第2章　化学平衡与元素化学实验

本章共包含7个实验项目(实验1—实验7),是根据大学一年级学生的实验基础及具体教学情况而编写的有关化学平衡与常见离子的性质与应用的基础实验项目,都是以体系颜色、状态变化等最直观问题为导向的试管实验,具有方便、灵活的特点。

这些看似简单的试管实验既融合了无机化学的基本理论和基础知识,如溶解度大小、酸碱性强弱、氧化还原难易、配位能力变化等规律,体现出元素及其化合物的性质和温度、浓度、介质对化学平衡的微妙影响和实际应用;也融合了常用试剂和常见离子的特征反应,水溶液中常见离子的分离与检出,半微量定性分析的操作技术等,如滴瓶中试剂的取用、试管的直接加热与水浴加热、离心分离及沉淀的洗涤等。对培养学生的基本实验素养、实验兴趣及批判性思维能力等具有重要意义。

化学平衡,即物质之间发生化学反应的进行程度,与物质的性质有关,所以化学平衡反映的是物质性质变化的规律。不同的化学平衡体现了不同元素和化合物的性质,如酸碱性、沉淀及其颜色、沉淀的转化与溶解、氧化还原性和配合物的颜色与稳定性等。基于阳离子或阴离子的性质所形成化合物的状态显著变化或特征颜色显现是鉴别阳离子或阴离子的重要依据。

化学平衡与元素化学实验,其核心是通过物质间的化学反应现象(颜色变化、状态变化)来感性认识和了解不同物质的性质和化学反应的规律,即"四大化学平衡"及其相互转化,如图2-1所示。

以问题为导向,简单、生动直观的试管实验现象可直观展示无机化合物及其反应的多样性,也可形象地展示化学反应之变和化学反应之美。旨在引领大一学生直观、快速地"浏览"和认识丰富多彩的化学物质及其呈现的颜色和状态,并启发和引导学生从"化学平衡"的角度解释和探讨物质颜色和状态变化的本质,促使学生更直观、感性地认识浓度、温度等对化学平衡的影响,加强学生对元素化学和化学平衡知识的理解和运用及提高学生对理论与实验的相互融合能力。

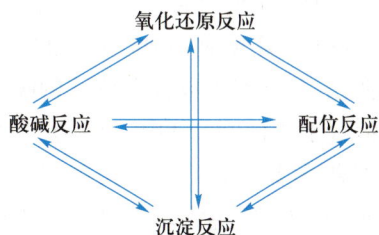

图 2-1　化学平衡与元素
化学实验的基础

我们知道,影响化学实验现象或结果的因素是多元化的。一个反应的结果往往与许多因素有关,如反应物浓度、反应温度、反应速率、反应时间、反应介质等,同时,任何化学平衡都是暂时的、相对的、有条件的,如果条件改变,化学平衡就很可能会发生移动。在具体实验时需要对这些因素进行综合分析、判断和批判性思考,才能给出科学的结果。如对于离子的鉴定反应都要求快速、特征、灵敏和高效,要满足鉴定反应的这些要求,在进行具体鉴定实验时,就需要对鉴定反应的温度、催化剂、被鉴定离子的浓度和试剂的浓度及反应介质的酸碱性等因素进行综合考虑;否则,可能会出现漏检或错检的情况。

在具体实验时,有时会碰到实际反应和问题,尤其是大一学生刚开始接触元素化学实验时,往往对实验条件的认识和把握还不到位,有时会观察到或得到一些与预想结果或理论分析不一致的"异常"实验现象,引导学生分析、探究这些"异常"现象产生的原因,不仅能培养学生实事求是、严肃认真的学习态度,更能激发学生不断探索、勇于创新的精神及敏于观察、善于思考、勤于动手的良好习惯。

除本章经典的试管实验内容创新整编外,第 3 章有关物质的小量制备与性质和第 6 章物质的制备与组成鉴定,以通过创新试管实验内容及创新试管实验载体巧妙地构成了试管实验内容的有机整体,并在教学实践中创新试管实验教学方式,以使"试管"实验教学功能发挥到极致。

总的来说,试管实验内容具有简单易做、周期短、试剂用量少等特点。通过方便、快速的试管实验获取大量的感性认识的基础上,并引导学生灵活实践"先做后教、以做定教"实验教学"翻转课堂"模式,使学生通过思考、讨论、归纳、总结,上升到理性认识,可培养学生的观察、分析、判断、归纳、推理、总结和探索规律的能力及批判性思维能力。

这 7 个实验项目都已在厦门大学经过多轮的教学实践,具有很强的可行性,并且都附有相关教学课件,可扫描二维码查看。有的实验项目的实验过程、实施流程及实验教学的经验和体会等助学导学内容也可以通过扫描二维码查看和学习。

2.1　离子鉴定分析的要求、条件及基本思路

离子鉴定分析实验是进一步加强学生对离子及其化合物的性质和"四大化学平衡"的理解与应用的基础实验,分为阳离子和阴离子鉴定分析两大部分。

2.1.1　定性分析对鉴定反应的基本要求

(1) 鉴定反应必须快速进行,且反应现象应保持一段时间,以便于观察和比较。

(2) 鉴定反应必须有明显的外观特征。这些特征主要有沉淀的产生或溶解,溶液颜色的变化,有气泡生成或有特殊的味道等,如 Ag^+ 与 Cl^- 反应产生 $AgCl$ 白色沉淀,该沉淀又能溶解于 $NH_3 \cdot H_2O$ 中,经 HNO_3 酸化后又重新析出沉淀;Fe^{3+} 与 SCN^- 反应生成血红色的配离子 $[Fe(SCN)_n]^{3-n}$;Cu^{2+} 与过量 $NH_3 \cdot H_2O$ 反应生成深蓝色的配离子 $[Cu(NH_3)_4]^{2+}$;CO_3^{2-} 与酸反应生成无味的 CO_2 气体;S^{2-} 与酸反应生成具有刺激性气味的 H_2S 气体等。

(3) 鉴定反应必须有较高的反应灵敏度。灵敏度是指在一定反应条件下,某鉴定反应能检出待测离子的最小量(称为检出限量,用 m 表示)或最小浓度(称为最低浓度)。m 值很小时就能发生显著反应,表明该鉴定反应为灵敏度高的反应。适宜的鉴定反应灵敏度为 $m < 50$ μg。

每一个鉴定反应所能检出的离子量都有一个限度,低于此限度离子就不能被检出。但这并不能说明该离子一定不存在,而只是说明用这些鉴定反应来鉴定该离子,其离子含量可能小于鉴定反应的检出限量,或可能由于试液太稀而低于此鉴定反应所需的最低浓度。此时,可以考虑先用某些方法将该离子富集,然后再进行鉴定,或者采用其他更灵敏的鉴定

反应进行交叉确认。

（4）鉴定反应最好有较高的选择性。一种试剂只与一种离子反应，则此试剂称为专属性试剂，此反应称为专属性反应；若与少数几种离子反应，则此试剂称为选择性试剂，此反应称为选择性反应；若与多种离子反应，则此试剂称为普通性试剂（或通用试剂），此反应称为普通性反应。例如，无 CN^- 存在时，用气室法检验 NH_4^+ 的反应，基本上可以认为是专属性反应；在 HAc 溶液中，Pb^{2+} 与 CrO_4^{2-} 生成 $PbCrO_4$ 黄色沉淀，仅 Ba^{2+} 等少数离子对其有干扰，此为选择性反应。S^{2-} 与 Zn^{2+} 生成 ZnS 白色沉淀，Cu^{2+}，Co^{2+}，Ni^{2+} 和 Fe^{2+} 等多种离子也与 S^{2-} 反应生成有色沉淀，故为普通性反应。

实际上，一般应用一些选择性较高的反应进行离子鉴定，因此，要求在鉴定之前先做一些必要的分离或控制一定的反应条件以提高反应的选择性，如采用控制溶液的酸度，加入掩蔽剂或者分离干扰离子等方法消除其他离子的干扰。

2.1.2　鉴定反应的条件

（1）**反应介质的酸碱性**　对某些鉴定反应，介质的酸碱性对反应有很大的影响，如"$PbCrO_4$ 沉淀法"鉴定 Pb^{2+} 要求反应在中性或弱酸性溶液中进行。因为在碱性介质中 Pb^{2+} 会生成 $Pb(OH)_2$ 沉淀，强碱性介质中还会生成 $[Pb(OH)_4]^{2-}$；若酸性太强，由于 H^+ 易与 CrO_4^{2-} 结合生成难解离的 $HCrO_4^-$（$K_{a2}=3.2\times10^{-7}$），降低了溶液中 CrO_4^{2-} 浓度，不能形成黄色的 $PbCrO_4$ 沉淀，使反应的灵敏度降低，造成 Pb^{2+} 的漏检或错检。

（2）**反应离子和试剂的浓度**　在鉴定反应中，如果要有明显的反应现象，就要求溶液中反应离子和试剂有一定的浓度。如果它们的浓度较低，则反应现象不明显。例如，对于沉淀反应，不仅要求溶液中反应物的离子积超过该温度下沉淀物的溶度积，而且要求析出足够量的沉淀，便于观察。对于生成溶解度较大的物质，这一点尤为重要。如 $PbCl_2$ 在水中溶解度较大，只有当溶液中 Pb^{2+} 浓度较大时，才能观察到白色 $PbCl_2$ 沉淀的生成。又如用 $(NH_4)_2MoO_4$ 试剂鉴定 PO_4^{3-} 的反应：

$$PO_4^{3-}+12MoO_4^{2-}+3NH_4^++24H^+ \!=\!=\! (NH_4)_3PO_4 \cdot 12MoO_3 \cdot 6H_2O\downarrow(黄色)+6H_2O$$

由于生成的磷钼酸铵黄色沉淀能溶于过量的磷酸盐溶液，因此，在用 $(NH_4)_2MoO_4$ 试剂鉴定 PO_4^{3-} 时，要加入过量的 $(NH_4)_2MoO_4$ 试剂，才能确保产生特征的黄色沉淀。

但反应离子的浓度并非总是越大越好。例如，用强氧化剂 $[NaBiO_3，PbO_2$ 或 $(NH_4)_2S_2O_8]$ 检验 Mn^{2+} 的反应，Mn^{2+} 被氧化为紫红色的 MnO_4^-，但 Mn^{2+} 浓度不能过大，否则过量的 Mn^{2+} 会还原 MnO_4^- 而使紫红色褪去：

$$3Mn^{2+}+2MnO_4^-+7H_2O\!=\!=\!5MnO(OH)_2\downarrow+4H^+$$

（3）**反应的温度、催化剂**　鉴定反应必须快速进行，但有些鉴定反应，特别是某些氧化还原反应的反应速率很慢，必须加热以加快反应速率。例如 $S_2O_8^{2-}$ 氧化 Mn^{2+} 的反应必须加热，而且还须加入 Ag^+ 作催化剂，才能加速反应的进行。

（4）**溶剂**　为提高鉴定反应的灵敏度，增加生成物的稳定性，某些鉴定反应常要求在有机溶剂中进行。如用 $K_2Cr_2O_7$ 鉴定 H_2O_2 的反应：

$$Cr_2O_7^{2-}+4H_2O_2+2H^+\!=\!=\!2H_2CrO_6(蓝色)+3H_2O$$

生成深蓝色的过铬酸 H_2CrO_6 在水溶液中不稳定，易分解为 Cr^{3+} 使蓝色褪去，但在有

机溶剂中比较稳定。因此,为增加过铬酸 H_2CrO_6 的稳定性,除控制在低温下进行反应外,还要加入戊醇(或乙醚),把反应生成的过铬酸 H_2CrO_6 立即萃取到戊醇(或乙醚)层中。

2.1.3 分别分析与系统分析

在实际学习、工作中,常常碰到的是由多种离子组成的混合溶液。鉴定时,最好能将每种离子都单独分离出来,并用其专属性试剂进行鉴定。但这比较理想化。通常对混合溶液中离子的分析采用分别分析法与系统分析法。

▶▶▶ 分别分析法

分别分析法是指共存离子对待鉴定离子的反应不干扰,或少数几种离子虽有干扰,但可用加掩蔽剂的方法消除干扰,因此,可以直接在试液中用专属性或选择性高的反应检出待鉴定离子的方法。它适用于指定范围内离子的定性分析,即对试液组成已大致了解,只要证实其中某个或某些离子是否存在。

如某试液中含有 Co^{2+},Fe^{3+} 和 Mn^{2+},要鉴定证实 Co^{2+} 的存在,则可用下述步骤进行分别分析。

$$\begin{array}{c} \boxed{\begin{array}{c} Co^{2+} \\ Fe^{3+} \\ Mn^{2+} \end{array}} \xrightarrow{F^-} \xrightarrow{SCN^-,戊醇} \begin{cases} [Co(SCN)_4]^{2-}(戊醇层,蓝色) \\ \\ [FeF_6]^{3-},[MnF_6]^{4-}(水层,无色) \end{cases} \end{array}$$

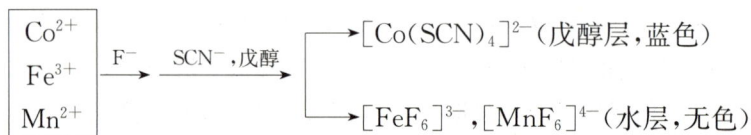

如果是几种阴离子共存时,一般情况下可直接用鉴定反应进行分别分析。如果遇到干扰现象,只需利用生成化合物的性质差异或适当采用一些简单的分离方法,就可将阴离子逐一检出。

在分别分析法中,各个离子检出的先后顺序没有什么关系。

▶▶▶ 系统分析法

当试液中含有多种离子,因互相干扰而无法进行分别分析时,则需要用系统分析法分析。系统分析法是指按一定的先后顺序将试液中的离子进行分离(分组)后再鉴定待检离子的方法,即首先用几种试剂将试液中性质相似的离子分成若干组(使一组离子产生沉淀或反应的试剂称为组试剂),然后在每一组中,用适宜的鉴定反应鉴定某种离子是否存在,有时甚至需要在各组内做进一步的分离和鉴定。

系统分析法有两种方法:一种是主要根据硫化物溶解度的不同为基础的系统分析法,称为硫化氢系统分析法;另一种是主要根据氢氧化物溶解度不同为基础的系统分析法,称为两酸两碱系统分析法[鉴定分析过程中使用两酸(HCl,H_2SO_4)和两碱($NaOH$,$NH_3 \cdot H_2O$)]。由于阳离子反应与性质的规律性,所以,阳离子鉴定分析的系统性比阴离子更为鲜明和完善,能够进行系统分析。

由于实验教学时数限制及 H_2S 污染等,在实验教学实践中很少涉及有关系统分析实验内容,但这种分析问题、解决问题的思路和方法还是值得学习借鉴的。

对于一组已知离子范围的未知混合溶液,常根据具体情况作局部的分离,而不必按部就班地进行整体系统分离分析。如本章实验7给学生提供的未知阳离子混合液中可能含有

Fe^{3+},Co^{2+},Ni^{2+},Cu^{2+},Ag^+,Mn^{2+}和Cr^{3+}七种离子中的三种或四种离子的分析。

2.2 化学平衡与常见离子的性质与应用实验的注意事项

做实验前,试管要洗涤干净,以免交叉污染。先用自来水洗涤,再依照"少量多次"原则用纯水洗涤三次。

试剂用量要适当。滴加溶液时,试管要直立,滴管尖嘴离试管口约 1 cm,不得将滴管尖嘴伸入试管内。取用完试剂后将滴瓶放回原处。

加热试管内液体或固体时要注意以下几点:

(1) 在试管中加热液体时,管内所盛的液体不得超过试管总容积的 1/3。

(2) 加热时,用试管夹夹住试管上端,距离管口约为试管长度的 1/3 处。

(3) 把试管倾斜置于火焰最外层(试管底部不得触及灯芯),试管与火焰的接触部位应比管内液面低,且加热时应不断轻轻摇动试管,使试管内液体受热均匀。

(4) 在加热过程中,管口始终不能对着任何人,以防溶液沸腾时溅出而伤人。

(5) 在试管中加热较少量固体时,必须使管口稍微向下倾斜,以免加热过程产生的水分在管口冷凝、倒流而使试管破裂;加热时,应先小火预热一下试管底部,然后集中加热放置固体的部位。

(6) 离心管的管底壁较薄,不能直接用灯焰加热。要加热离心管中的液体,只能在水浴中加热。

用离心机离心分离时,应注意以下几点:

(1) 在每支离心管中所盛固液混合物的量不能超过该离心管高度的 2/3;离心管必须对称地放入套管中,以使离心体系平衡;若只有单数管时,须将另一支盛有同样体积或质量纯水的离心管置于其平衡的位置。

(2) 含有挥发性物质的液体需离心分离时,应使用带盖的离心管。

(3) 启动离心机时,应盖上离心机顶盖后,方可慢慢启动。

(4) 离心分离结束后,应先关闭离心机电源开关。在离心机停止转动后,方可打开离心机盖,取出离心管,不可用外力强制离心机停止运动。

(5) 在离心管中洗涤沉淀时,加入洗涤剂后要设法把沉淀充分搅动,若玻棒不能触及离心管的底部时,可用滴管向离心管底部吹气以扰动沉淀,使沉淀洗涤干净。

实验 1 沉淀的生成及其转化与溶解平衡

一、预习要点

(1) 溶度积的概念与应用。

(2) 沉淀平衡和同离子效应的应用。

(3) 影响沉淀−溶解平衡的因素。

(4) 离心分离以及离心机的操作规范。

二、实验原理

溶解性是物质的重要性质之一，常以物质在 100 g 水中的溶解度来定量表示物质的溶解性能。许多无机化合物在水中溶解时，能形成水合阳离子和阴离子，称其为电解质。根据电解质的溶解度差异，习惯上常将其划分为可溶(溶解度大于 0.1 g)、微溶(溶解度在 $0.01\sim 0.1\text{ g}$ 之间)和难溶(溶解度小于 0.01 g)三个等级。

一定温度下，难溶电解质在溶液中存在如下的沉淀－溶解平衡：

$$A_mB_n(s)\rightleftharpoons mA^{n+}(aq)+nB^{m-}(aq)$$

其平衡常数 $K_{sp}=[A^{n+}]^m\cdot[B^{m-}]^n$ 称为溶度积常数，简称溶度积。而在各种溶液中，离子积 $Q_i=c_A^m\cdot c_B^n$(c_A 和 c_B 是离子 A^{n+} 与 B^{m-} 在各种溶液中的浓度)，对于某一给定的溶液，当 $Q_i=K_{sp}$ 时，难溶电解质溶液处于饱和状态，无新沉淀析出，达到动态沉淀－溶解平衡；当 $Q_i<K_{sp}$ 时，溶液是不饱和溶液，若体系中有 A_mB_n 固体，则会不断溶解至溶液饱和；当 $Q_i>K_{sp}$ 时，溶液是过饱和溶液，反应向生成沉淀方向进行，直至溶液饱和为止。

如向溶液中逐渐加入某种试剂，而溶液中有几种离子都可能与之发生几种沉淀反应时，那么 Q_i 先达到 K_{sp} 的难溶电解质先沉淀；随后，当另一种难溶电解质的 Q_i 也达到其 K_{sp} 时，第二种沉淀开始析出。这种先后沉淀的过程称为分步沉淀。

温度一定时，外界条件的变化会引起沉淀－溶解平衡的移动。例如，溶液中沉淀的离子与加入的试剂发生化学反应而降低其浓度时，沉淀－溶解平衡向沉淀溶解的方向移动，沉淀逐步溶解；提高任意一种沉淀离子的浓度，可以使沉淀反应更趋完全(即同离子效应)；加入与沉淀没有相同离子的强电解质时，可以使沉淀的溶解度有所增大(即盐效应)。沉淀的溶解往往与酸碱平衡、氧化还原平衡及配位平衡相联系，故实际的沉淀－溶解平衡往往是多种平衡相互作用的结果。

在水溶液中，某些沉淀的形成是某些离子的特征反应，常用以鉴定这些离子。

三、实验内容

1. 溶度积规则的应用

(1) 向试管中加入 3 滴 $0.1\text{ mol}\cdot\text{L}^{-1}$ NaF 溶液和 3 滴 $0.1\text{ mol}\cdot\text{L}^{-1}$ $CaCl_2$ 溶液，观察有无沉淀生成？试用溶度积规则解释$[K_{sp}(CaF_2)=5.30\times10^{-9}]$。

(2) 先根据溶度积规则计算：等体积的 $0.001\text{ mol}\cdot\text{L}^{-1}$ NaF 溶液与多大浓度的 $CaCl_2$ 溶液混合不会产生沉淀，然后，自己配制相应浓度的 $CaCl_2$ 溶液，并进行实验验证。

2. 酸度对沉淀生成的影响

向两支试管中分别加入 3 滴饱和$(NH_4)_2C_2O_4$ 溶液和 3 滴 $0.1\text{ mol}\cdot\text{L}^{-1}$ $CaCl_2$ 溶液，观察白色 CaC_2O_4 沉淀的生成。

检验 CaC_2O_4 沉淀在 HCl 溶液和 HAc 溶液中的溶解性，即在一支试管中慢慢滴加 $2\text{ mol}\cdot\text{L}^{-1}$ HCl 溶液并用玻棒搅拌，观察沉淀的溶解情况。在另一支试管中慢慢滴加 $2\text{ mol}\cdot\text{L}^{-1}$ HAc 溶液并用玻棒搅拌，观察沉淀是否溶解？解释现象。

3. 比较几种沉淀的溶解条件

(1) 向三支离心管中分别加入 10 滴 $0.1\text{ mol}\cdot\text{L}^{-1}$ Na_2CO_3 溶液、K_2CrO_4 溶液和 Na_2SO_4 溶液，再各加入 10 滴 $0.1\text{ mol}\cdot\text{L}^{-1}$ $BaCl_2$ 溶液，即分别生成 $BaCO_3$，$BaCrO_4$ 和 $BaSO_4$ 沉淀。离心

分离,弃去清液,并用少量纯水洗涤沉淀(加入少量纯水,用玻棒将沉淀搅起,再离心分离)两次,然后按照上面的方法分别试验这三种沉淀在 $2\ mol\cdot L^{-1}$ HAc 溶液、$2\ mol\cdot L^{-1}$ HCl 溶液和 $6\ mol\cdot L^{-1}$ HCl 溶液中的溶解情况。

这三种难溶盐的溶度积相差不大,为什么在酸中的溶解性差别很大? 试用平衡移动的原理进行解释。

(2) 向两支离心管中分别加入 10 滴 $0.1\ mol\cdot L^{-1}$ $MgCl_2$ 溶液,再逐滴加入 $0.1\ mol\cdot L^{-1}$ NaOH 溶液,直至沉淀完全(可在后续离心分离后,在上层清液中滴加 1 滴 NaOH 溶液来判断)。离心分离,弃去清液,并用少量纯水洗涤沉淀两次。然后在一支离心管中加入 $2\ mol\cdot L^{-1}$ HCl 溶液,观察沉淀是否溶解;在另一支离心管中加入饱和 NH_4Cl 溶液,观察沉淀是否溶解。

讨论加入 HCl 溶液和 NH_4Cl 溶液对 $Mg(OH)_2$ 的沉淀–溶解平衡各有何影响。

4. 分步沉淀

向试管中加入 5 滴 $0.1 mol\cdot L^{-1}$ KCl 溶液和 1 滴 $0.1 mol\cdot L^{-1}$ K_2CrO_4 溶液,摇匀,边振荡试管边逐滴加入 $0.1\ mol\cdot L^{-1}$ $AgNO_3$ 溶液,观察聚集于试管底部沉淀的颜色变化,并加以解释。

实验中出现砖红色 Ag_2CrO_4 沉淀时,溶液中 CrO_4^{2-} 浓度约为 $6.0\times10^{-3}mol\cdot L^{-1}$,求这时溶液中 Cl^- 的浓度。

5. 沉淀的转化

向离心管中加入 5 滴 $0.1\ mol\cdot L^{-1}$ KCl 溶液和 3 滴 $0.1\ mol\cdot L^{-1}$ $AgNO_3$ 溶液,摇匀,观察产物的颜色和状态。离心分离,弃去清液,用适量纯水洗涤沉淀两次。然后再边振荡试管边逐滴加入 $0.5\ mol\cdot L^{-1}$ Na_2S 溶液,观察体系颜色的变化,并加以解释。

四、思考题

(1) 沉淀氢氧化物是否一定要在碱性条件下进行? 是不是溶液的碱性越强(即加的碱越多),氢氧化物就沉淀得越完全?

(2) 把饱和 $CaSO_4$ 溶液与饱和 $BaSO_4$ 溶液混合,是否有沉淀生成? 若有,是什么沉淀?

(3) 有两种 Fe^{3+} 的盐溶液,它们的初始浓度分别为 $1\ mol\cdot L^{-1}$ 和 $0.01\ mol\cdot L^{-1}$,滴加 NaOH 溶液,使两种溶液生成 $Fe(OH)_3$ 沉淀。问:

① 开始生成 $Fe(OH)_3$ 沉淀时,两种溶液的 pH 是否相同?

② $Fe(OH)_3$ 完全沉淀时,两种溶液的 pH 是否相同?

(4) 要洗涤 AgCl 沉淀,用下列哪种溶液最好? 并简述理由。

① $0.1\ mol\cdot L^{-1}$ HCl 溶液;② $0.001\ mol\cdot L^{-1}$ HCl 溶液;③ 浓 HCl 溶液;④ 纯水

实验 2　氧化还原反应及原电池、电解池

一、预习要点

(1) 电极电势的概念及用电极电势判断氧化还原反应进行的方向。

（2）影响电极电势和氧化还原反应的各种因素。

（3）原电池的组成及其电动势的测定。

（4）电解及影响电解产物的因素。

二、实验原理

1. 电极电势与氧化还原反应

氧化还原反应是一类以电子转移或电子对的偏移为特征的化学反应。这类反应的通式可表示为

$$Ox_1 + Red_2 \rightleftharpoons Red_1 + Ox_2$$

式中，Ox_1、Red_1 分别表示作为氧化剂的物质 1 的氧化态和还原态，Ox_2、Red_2 分别表示作为还原剂的物质 2 的氧化态和还原态。

如果将反应设计成一个原电池，原电池的两个电极分别为电对 Ox_1/Red_1 和电对 Ox_2/Red_2，它们的电极电势（一般以还原电势表示）的相对高低决定了氧化还原反应的方向。电对 Ox_1/Red_1 或 Ox_2/Red_2 的电极电势代数值越大，则表明电对中氧化态物质的氧化能力越强，其还原态物质的还原能力越弱，反之亦然。只有电极电势高的氧化态物质和电极电势低的还原态物质之间才能自发地进行氧化还原反应。

如 $\varphi^\ominus(I_2/I^-)=0.536$ V，$\varphi^\ominus(Fe^{3+}/Fe^{2+})=0.771$ V，$\varphi^\ominus(Br_2/Br^-)=1.066$ V，即 Fe^{3+} 可以氧化 I^- 而不能氧化 Br^-，但 Br_2 可以氧化 Fe^{2+}，而 I_2 则不能；氧化态的氧化能力 $Br_2 > Fe^{3+} > I_2$，相应还原态的还原能力 $I^- > Fe^{2+} > Br^-$。因此，下列两个反应都能向右进行。

$$2Fe^{3+} + 2I^- \rightleftharpoons I_2 + 2Fe^{2+}$$

$$Br_2 + 2Fe^{2+} \rightleftharpoons 2Fe^{3+} + 2Br^-$$

25 ℃时，浓度（准确地说应是活度）与电极电势的关系可用能斯特方程式表示：

$$\varphi = \varphi^\ominus + \frac{0.0591 \text{ V}}{n} \lg \frac{[\text{氧化态}]}{[\text{还原态}]}$$

以 Fe^{3+}/Fe^{2+} 电对为例，其电极反应为 $Fe^{3+} + e^- \rightleftharpoons Fe^{2+}$，则

$$\varphi = \varphi^\ominus(Fe^{3+}/Fe^{2+}) + \frac{0.0591 \text{ V}}{1} \lg \frac{[Fe^{3+}]}{[Fe^{2+}]}$$

Fe^{3+} 或 Fe^{2+} 浓度的变化都会引起其电对电极电势 φ 的变化。特别是有沉淀剂或配合剂存在时，能够大大降低溶液中氧化态或还原态离子浓度而引起电极电势 φ 的较大变化，有时甚至可以改变氧化还原反应进行的方向。

有些反应，特别是有 H^+ 参加的含氧酸根离子的氧化还原反应，介质的酸度对 φ 值也会产生影响。如对于下面电极反应：

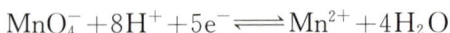

$$MnO_4^- + 8H^+ + 5e^- \rightleftharpoons Mn^{2+} + 4H_2O$$

$$\varphi = \varphi^\ominus(MnO_4^-/Mn^{2+}) + \frac{0.0591 \text{ V}}{5} \lg \frac{[MnO_4^-][H^+]^8}{[Mn^{2+}]}$$

可见，增大$[H^+]$可使 $\varphi(MnO_4^-/Mn^{2+})$ 值增大，即 MnO_4^- 氧化性增强。

2. 原电池的构成及其电动势的测定

一个电对的电极电势是无法单独测定的。它可以与标准电极（如标准氢电极或甘汞电极等）或已知电极电势的电极组成原电池，用电位差计或万用电表测量原电池的电动势 E，

然后根据 $E = \varphi_+ - \varphi_-$，则可以得到待测电对的电极电势。

三、实验内容

1. 比较 Zn，Pb 和 Cu 在电位序中的位置

(1) 向两支试管中分别加入 10 滴 0.5 mol·L^{-1} Pb(NO$_3$)$_2$ 溶液和 10 滴 0.5 mol·L^{-1} CuSO$_4$ 溶液，各加入一块表面擦净的 Zn 片。观察 Zn 片表面及溶液的颜色变化（颗粒很细的金属单质常呈现黑色），记录实验现象。

(2) 向两支试管中分别加入 10 滴 0.5 mol·L^{-1} ZnSO$_4$ 溶液和 10 滴 0.5 mol·L^{-1} CuSO$_4$ 溶液，各加入一块表面擦净的 Pb 片。观察 Pb 片表面及溶液的颜色变化，记录实验现象。

上述实验内容中用到金属 Zn 片、Pb 片及 Pb(NO$_3$)$_2$ 溶液。鉴于反应体系中涉及没有反应完全或反应生成的金属 Pb，Zn 和 Cu，造成浪费和污染，因此，不建议学生具体实施有关内容。学生通过扫描二维码了解实验现象及其解释即可。

2. 电极电势与氧化还原反应的方向

(1) 向试管中加入 5 滴 0.1 mol·L^{-1} KI 溶液和 2 滴 0.1 mol·L^{-1} FeCl$_3$ 溶液，摇匀后，再加入 5 滴 CCl$_4$。充分振荡试管，观察 CCl$_4$ 层的颜色变化。再往试管中加入 2 滴 0.1 mol·L^{-1} K$_3$[Fe(CN)$_6$] 溶液，观察水溶液层颜色的变化。写出有关反应式。

(2) 用 0.1 mol·L^{-1} KBr 溶液代替上述(1)中 0.1 mol·L^{-1} KI 溶液进行相同的实验，观察实验现象并解释。

(3) 按上述实验的操作方法分别用 5 滴 I$_2$ 水和 5 滴 Br$_2$ 水与 0.1 mol·L^{-1} (NH$_4$)$_2$Fe(SO$_4$)$_2$ 溶液作用，观察有何现象。

根据以上实验结果，定性比较 Br$_2$/Br$^-$，I$_2$/I$^-$ 和 Fe^{3+}/Fe^{2+} 三个电对电极电势的相对大小，并指出哪个是最强的氧化剂，哪个是最强的还原剂。并说明电极电势与氧化还原反应方向的关系。

3. 影响氧化还原反应的一些因素

(1) 浓度对氧化还原反应的影响。

向试管中加入少量 MnO$_2$ 固体和 20 滴 1 mol·L^{-1} HCl 溶液，用湿润的淀粉—KI 试纸在管口试验有无 Cl$_2$ 气体产生。

用浓 HCl 溶液代替 1 mol·L^{-1} HCl 溶液进行实验。

比较、解释两次实验的结果，并写出有关反应式（此实验应在通风橱中进行，可微热促进反应）。

(2) 介质的酸碱性对氧化还原反应的影响。

① 对氧化还原反应方向的影响。向试管中加入 10 滴 0.1 mol·L^{-1} KI 溶液和 2～3 滴 0.1 mol·L^{-1} KIO$_3$ 溶液，混匀后有无变化？滴加 1 mol·L^{-1} H$_2$SO$_4$ 溶液酸化，有何变化？再滴加 2 mol·L^{-1} NaOH 溶液使溶液显碱性，又有什么变化？解释实验现象，并写出有关反应式。

向试管中依次加入 2 滴 3% H$_2$O$_2$ 溶液、2 滴 2 mol·L^{-1} NaOH 溶液和 2 滴 0.1 mol·L^{-1} MnSO$_4$ 溶液，观察实验现象。静置，吸去上层清液，往沉淀中加入 3 滴 3 mol·L^{-1}

H_2SO_4 溶液和 3 滴 3% H_2O_2 溶液,又有什么变化? 解释实验现象,并写出有关反应式。

② 对氧化还原反应速率的影响。向两支试管中各加入 5 滴 0.1 mol·L^{-1} KBr 溶液,再分别加入 5 滴 3 mol·L^{-1} H_2SO_4 溶液和 5 滴 6 mol·L^{-1} HAc 溶液,然后再向两支试管中各加入 1 滴 0.01 mol·L^{-1} $KMnO_4$ 溶液。观察并比较两支试管中的紫红色褪去的快慢。解释实验现象,并写出有关反应式。

向两支试管中各加入 2 滴饱和 $(NH_4)_2C_2O_4$ 溶液,再分别加入 2 滴 6 mol·L^{-1} HAc 溶液和 2 滴 3 mol·L^{-1} H_2SO_4 溶液,摇匀,再各加入 1 滴 0.01 mol·L^{-1} $KMnO_4$ 溶液,比较两试管中紫红色褪去的快慢。解释实验现象,并写出有关反应式。

③ 对氧化还原反应产物的影响。向三支试管中分别加入 5 滴 3 mol·L^{-1} H_2SO_4 溶液,5 滴纯水和 5 滴 40% NaOH 溶液,再各加入 1 滴 0.01 mol·L^{-1} $KMnO_4$ 溶液,然后再向三支试管中慢慢滴加 0.1 mol·L^{-1} Na_2SO_3 溶液,观察各试管中反应产物的颜色与状态。解释实验现象,并写出有关反应式。

(3) 沉淀的形成对氧化还原反应的影响。

① 向一支试管中加入 5 滴 0.1 mol·L^{-1} KI 溶液和 2 滴 0.1 mol·L^{-1} $K_3[Fe(CN)_6]$ 溶液,摇匀,再加入 5 滴 CCl_4,充分摇匀,观察 CCl_4 层的颜色有无变化。然后再加入 2 滴 0.2 mol·L^{-1} $ZnSO_4$ 溶液,充分摇匀,观察 CCl_4 层呈现的颜色。吸取 5 滴水相溶液于另一支试管中,加入适量 $Na_2S_2O_3$ 溶液,充分摇荡,观察水相沉淀物的颜色。为了环保起见,可用淀粉溶液代替 CCl_4 进行实验。

根据标准电极电势判断 I^- 是否能还原 $[Fe(CN)_6]^{3-}$? 加入 Zn^{2+} 后对反应有何影响? 解释实验现象,并写出有关反应式。

② 向离心管中加入 5 滴 0.1 mol·L^{-1} $(NH_4)_2Fe(SO_4)_2$ 溶液和 1 滴 I_2 水,摇匀,观察 I_2 水的颜色是否褪去? 然后往离心管中加入 0.1 mol·L^{-1} $AgNO_3$ 溶液,边加边振荡,注意 I_2 的棕黄色是否褪去。离心分离,吸取几滴上层清液于另一支试管中,加入几滴 10% NH_4SCN 溶液,观察颜色变化。解释实验现象,并写出有关反应式。

③ 向试管中加入 2 滴 0.1 mol·L^{-1} $CuSO_4$ 溶液和 2 滴 0.1 mol·L^{-1} KI 溶液,观察产物的颜色和状态;再向试管中滴加 0.1 mol·L^{-1} $Na_2S_2O_3$ 溶液,观察溶液颜色的变化。解释实验现象,并写出有关反应式。

(4) 配合物的形成对氧化还原反应的影响。

① 向一支试管中加入 2 滴 0.1 mol·L^{-1} $Fe(NO_3)_3$ 溶液或 $Fe_2(SO_4)_3$ 和 5 滴饱和 $(NH_4)_2C_2O_4$ 溶液,向另一支试管中加入 2 滴 0.1 mol·L^{-1} $Fe(NO_3)_3$ 溶液或 $Fe_2(SO_4)_3$ 和 5 滴纯水,再分别加入 2 滴 0.1 mol·L^{-1} KI 溶液和 2 滴 CCl_4,摇匀,观察两试管中 CCl_4 层的颜色。解释实验现象,并写出有关反应式。为了环保起见,可用淀粉溶液代替 CCl_4 进行实验。

② 向试管中依次加入 2 滴 0.1 mol·L^{-1} $Fe_2(SO_4)_3$ 溶液和 2 滴 0.1 mol·L^{-1} KI 溶液,摇匀,再向其中滴加适量饱和 NH_4F 溶液。比较加入 NH_4F 溶液前后试管中溶液颜色的变化。解释实验现象,并写出有关反应式。并由此实验结果,说明反应体系中氧化型或还原型的浓度变化对反应方向的影响。

(5) 催化剂对氧化还原反应速率的影响。

向三支试管中各加入 10 滴 1 mol·L^{-1} $H_2C_2O_4$ 溶液和数滴 1 mol·L^{-1} H_2SO_4 溶液,再

向 1 号试管中加入 1 滴 $0.2\ mol \cdot L^{-1}$ $MnSO_4$ 溶液,向 3 号试管中加入数滴 10％ NH_4F 溶液,最后向三支试管中分别加入 2 滴 $0.01\ mol \cdot L^{-1}$ $KMnO_4$ 溶液,摇匀,观察三支试管中红色褪去的快慢情况。必要时可用小火加热,进行比较。

4. 原电池与电解

(1) $Cu-Zn$ 原电池的组成及其电动势的测定。

在两个 50 mL 烧杯中分别加入 15 mL $1\ mol \cdot L^{-1}$ $ZnSO_4$ 溶液和 15 mL $1\ mol \cdot L^{-1}$ $CuSO_4$ 溶液。在 $ZnSO_4$ 溶液中插入 Zn 片,在 $CuSO_4$ 溶液中插入 Cu 片,组成两个半电池。两个半电池用 U 形盐桥相连,组成 $Cu-Zn$ 原电池(即丹聂尔电池),如图 2-2 所示。可用万用电表粗略测量该原电池的电动势。写出该原电池的电极反应和电池反应。

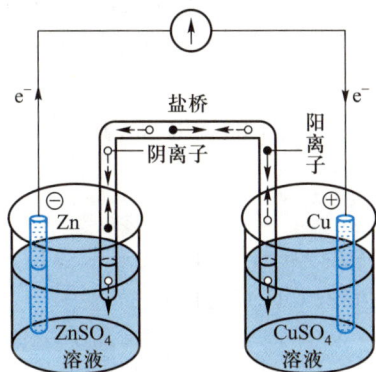
(a) 示意图

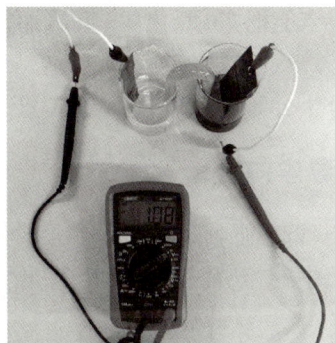
(b) 实物图

图 2-2　$Cu-Zn$ 原电池

(2) 配合物的形成对 $Cu-Zn$ 原电池电动势的影响。

在 $Cu-Zn$ 原电池的 $ZnSO_4$ 溶液中加入适量浓 $NH_3 \cdot H_2O$,搅拌,得到 $[Zn(NH_3)_4]SO_4$ 溶液(或直接用 $1\ mol \cdot L^{-1}$ $[Zn(NH_3)_4]SO_4$ 溶液代替 $1\ mol \cdot L^{-1}$ $ZnSO_4$ 溶液),可用万用电表粗略测量此时原电池的电动势。写出上述原电池的电池反应,并解释配合物的生成对电极电势及原电池电动势的影响。

(3) 以 $Cu-Zn$ 原电池作电源电解 Na_2SO_4 溶液。

在 50 mL 烧杯中加入 15 mL $0.1\ mol \cdot L^{-1}$ Na_2SO_4 溶液,加入 2 滴酚酞指示剂,插入两个碳棒分别作为阴、阳极以构成电解池。用双向鳄鱼夹将电解池的两个碳棒分别与上述Cu-Zn原电池的两极相连。观察与原电池负极相连的碳棒周围溶液颜色的变化,并解释原因。

在此 $Cu-Zn$ 原电池的 $ZnSO_4$ 溶液中加入适量浓 $NH_3 \cdot H_2O$,搅拌,再观察与原电池负极相连的碳棒周围溶液颜色的变化,并解释原因。

四、注意事项

(1) 反应试管中没有作用完的 Zn 片和 Pb 片要分别回收。

(2) 使用盐桥时,应检查 U 形管内是否充满琼胶胶状物。若有断层或明显大气泡,要更换盐桥。盐桥使用后,要用纯水冲洗干净,并把 U 形管口朝下浸入饱和 KCl 溶液中以备再用。

(3) 组装原电池用的 $1\ mol \cdot L^{-1}$ $ZnSO_4$ 溶液和 $1\ mol \cdot L^{-1}$ $CuSO_4$ 溶液及 $[Zn(NH_3)_4]SO_4$

溶液都要分别回收至指定容器中,这三种溶液可重复使用。其他废液要回收至指定废液桶中。

(4) 严格地说,不能用万用电表测量原电池的电动势,应用电位差计或高阻抗电压表测量。

五、思考题

(1) 本实验内容"(3)沉淀的形成对氧化还原反应的影响"的②中,在含有 Fe^{2+} 和 I_2 水的体系中加入 $AgNO_3$ 溶液,反应:$Ag^+ + Fe^{2+} \rightleftharpoons Ag + Fe^{3+}$ 是否会先发生? 如何证实这个反应没有发生或体系中没有 I_2 存在?

(2) Zn 和 HCl 溶液反应比较激烈,加入 NaAc 溶液后,反应速率变慢了,为什么?

(3) Fe^{3+} 能把 Cu 氧化成 Cu^{2+},而 Cu^{2+} 又能把 Fe 氧化为 Fe^{2+},这两个反应有无矛盾? 为什么?

(4) 为什么 $K_2Cr_2O_7$ 能氧化浓 HCl 溶液中的 Cl^-,而不能氧化 NaCl 浓溶液中的 Cl^-?

六、助学导学内容

阮婵姿,董志强,张春艳,等."元素化学实验"中的"异常"现象(一)——Mn 元素化学实验中的"异常"现象及其探析.大学化学,2022,37(2):2110029.

实验3　配合物的生成、性质及配位平衡移动

一、预习要点

(1) 配合物的生成、组成和稳定性。
(2) 配位平衡的移动及影响因素。
(3) 配合物的应用。

教学课件

二、实验原理

由中心金属离子(原子)和配位体组成的化合物叫配位化合物,简称配合物。配合物的组成一般可分为内界和外界两个部分。中心离子(原子)和配位体(简称配体)组成配合物的内界,其余离子处于配合物的外界。例如在 $[Co(NH_3)_6]Cl_3$ 中,Co(Ⅲ)与六个 NH_3 组成内界,三个 Cl^- 处于外界。在水溶液中主要以 $[Co(NH_3)_6]^{3+}$ 和 Cl^- 两种离子存在。又例如在 $[Co(NH_3)_5Cl]Cl_2$ 水溶液中,主要以 $[Co(NH_3)_5Cl]^{2+}$ 和 Cl^- 两种离子存在。在这两种配合物的水溶液中,用一般方法都检验不出 Co(Ⅲ)和 NH_3,而且加入 $AgNO_3$ 时,前者的三个 Cl^- 可以全部以 AgCl 沉淀的形式析出,后者却只有两个 Cl^- 以 AgCl 沉淀的形式析出。

形成配合物的配体按其中所含配位原子的个数分为单齿配体、两可配体和多齿配体三类,如 H_2O 和 NH_3 为单齿配体,SCN^- 和 NO_2^- 为典型的两可配体,EDTA 为多齿配体。多齿配体参与配位时,可形成具有环状结构的配合物,又称螯合物。

金属离子形成配合物后,其氧化性、还原性、颜色、溶解度等一系列性质都会发生改变。

利用配合物的生成及其性质的改变,不仅可以鉴定某些金属离子,还能选择性地掩蔽体系中的干扰离子(配位掩蔽法),在化合物制备、提纯与分析等方面都有重要用途。

每种配离子,如$[Co(NH_3)_6]^{3+}$,$[Fe(CN)_6]^{3+}$,$[Ag(NH_3)_2]^+$等在溶液中同时存在着配位和解离两个相反的过程,即存在着配位-解离平衡。例如,

$$Ag^+ + 2NH_3 \rightleftharpoons [Ag(NH_3)_2]^+$$

$$K_稳^\ominus = \frac{[Ag(NH_3)_2^+]}{[Ag^+][NH_3]^2}$$

$K_稳^\ominus$称为稳定常数。不同配离子具有不同的$K_稳^\ominus$值。对于同种配位构型的配离子,$K_稳^\ominus$值越大,表示配离子越稳定(有时配位平衡常数也用$K_{不稳}^\ominus$表示,$K_{不稳}^\ominus$与$K_稳^\ominus$互为倒数)。

根据平衡移动原理,改变中心离子或配位体的浓度会使配位-解离平衡发生移动。如加入沉淀剂、其他配合剂、酸、碱等,配位-解离平衡都将发生移动。

三、实验内容

1. 配合物的生成和组成

向试管中加入10滴0.1 mol·L⁻¹ CuSO₄溶液,逐滴加入6 mol·L⁻¹ NH₃·H₂O,边加边振荡试管,观察产生沉淀的颜色。继续加入NH₃·H₂O至沉淀完全溶解,观察溶液的颜色。

将此溶液分成两份,一份加入几滴0.1 mol·L⁻¹ BaCl₂溶液,另一份加入几滴0.1 mol·L⁻¹ NaOH溶液,观察实验现象。根据实验结果,分析说明此配合物的内界和外界的组成。

2. 配离子和简单离子性质的比较

(1) Fe^{3+}与$[Fe(CN)_6]^{3-}$性质的比较。向一支试管中加入2滴0.1 mol·L⁻¹ FeCl₃溶液,向另一支试管中加入2滴0.1 mol·L⁻¹ K₃[Fe(CN)₆]溶液,再分别加入2滴0.5 mol·L⁻¹ KSCN溶液,观察实验现象。两种化合物中都有Fe(Ⅲ),为什么实验结果不同?

(2) Fe^{2+}与$[Fe(CN)_6]^{4-}$性质的比较。向一支试管中加入2滴0.1 mol·L⁻¹(NH₄)₂Fe(SO₄)₂溶液,另一支试管中加入2滴0.1 mol·L⁻¹ K₄[Fe(CN)₆]溶液,再分别加入2滴0.5 mol·L⁻¹ Na₂S溶液,观察两支试管中是否都有FeS沉淀生成?为什么?

比较以上实验结果,说明配离子与简单离子的区别、复盐和配合物的区别。

3. 配离子稳定性的比较

(1) 向试管中加入3滴0.5 mol·L⁻¹ Fe₂(SO₄)₃溶液,再逐滴加入6 mol·L⁻¹ HCl溶液,观察溶液颜色的变化。再往溶液中加入1滴0.01 mol·L⁻¹ NH₄SCN溶液,溶液颜色有何变化?再向溶液中滴加10% NH₄F溶液至溶液颜色完全褪为无色,再向溶液中加入几滴饱和(NH₄)₂C₂O₄溶液,溶液颜色又有何变化?又再向溶液中滴加0.1 mol·L⁻¹ EDTA溶液,再观察溶液颜色的变化。比较这五种Fe(Ⅲ)配离子的稳定性,并说明它们之间的转化条件。

(2) 向试管中加入5滴I₂水,逐滴加入0.1 mol·L⁻¹ K₄[Fe(CN)₆]溶液,摇匀,有何现象?写出反应式。比较$\varphi^\ominus(Fe^{3+}/Fe^{2+})$与$\varphi^\ominus([Fe(CN)_6]^{3-}/[Fe(CN)_6]^{4-})$的大小,并比较$[Fe(CN)_6]^{3-}$和$[Fe(CN)_6]^{4-}$配离子稳定性的大小。

4. 配位平衡与酸碱平衡

(1) 向试管中依次加入2滴0.1 mol·L⁻¹ Fe₂(SO₄)₃溶液和10滴饱和(NH₄)₂C₂O₄溶

液,溶液颜色有何变化? 生成了什么? 再加入 1 滴 0.5 mol·L^{-1} NH$_4$SCN 溶液,溶液颜色有无变化? 再向溶液中逐滴加入 6 mol·L^{-1} HCl 溶液,溶液颜色又有何变化? 写出有关反应式。

(2) 向试管中依次加入 2 滴 0.1 mol·L^{-1} Fe$_2$(SO$_4$)$_3$ 溶液和 4 滴 10％ NH$_4$F 溶液,观察溶液颜色有何变化? 再向试管中逐滴加入 2 mol·L^{-1} NaOH 溶液,观察沉淀的生成。写出有关反应式。

5. 配位平衡与沉淀平衡

向离心管中加入 10 滴 0.1 mol·L^{-1} AgNO$_3$ 溶液和 10 滴 0.1 mol·L^{-1} NaCl 溶液,离心分离,弃去清液。用纯水洗涤沉淀两次,然后滴加 2 mol·L^{-1} NH$_3$·H$_2$O 至沉淀刚好溶解为止。向溶液中加入 1 滴 0.1 mol·L^{-1} NaCl 溶液,是否有 AgCl 沉淀生成? 再加入 1 滴 0.1 mol·L^{-1} KBr 溶液,有无 AgBr 沉淀生成? 沉淀是什么颜色? 继续加入 KBr 溶液,至不再产生 AgBr 沉淀为止。离心分离,弃去清液,并用少量纯水洗涤沉淀两次,然后慢慢滴加 0.5 mol·L^{-1} Na$_2$S$_2$O$_3$ 溶液直至沉淀刚好溶解为止。再向溶液中加入 1 滴 0.1 mol·L^{-1} KBr 溶液,是否有 AgBr 沉淀生成? 再向溶液中加入 1 滴 0.1 mol·L^{-1} KI 溶液,是否有 AgI 沉淀生成? 写出有关反应式。

由以上实验结果,讨论沉淀平衡与配位平衡的相互影响,并比较 AgCl,AgBr 和 AgI 的 K_{SP} 的大小,以及 [Ag(NH$_3$)$_2$]$^+$ 与 [Ag(S$_2$O$_3$)$_2$]$^{3-}$ 的 $K_稳^\ominus$ 的大小。

6. 配位平衡与氧化还原平衡

向试管中加入 5 滴 0.1 mol·L^{-1} KI 溶液和 5 滴 0.1 mol·L^{-1} FeCl$_3$ 溶液,摇匀,观察溶液颜色的变化,发生了什么反应? 再向溶液中逐滴加入饱和 (NH$_4$)$_2$C$_2$O$_4$ 溶液,溶液颜色又有什么变化? 又发生了什么反应? 写出有关反应式,并讨论配位平衡对氧化还原平衡的影响。

7. 配合物的一些应用

(1) 利用生成特征颜色的配合物鉴定某些金属离子,如 Fe^{2+} 和 Ni^{2+} 的鉴定。

① 在点滴板的孔穴内滴加 0.1 mol·L^{-1} FeSO$_4$ 溶液或 (NH$_4$)$_2$Fe(SO$_4$)$_2$ 溶液和 0.25％ 邻二氮菲溶液各 1 滴,观察实验现象,并写出有关反应式。

② 在点滴板的孔穴内加入 0.1 mol·L^{-1} NiSO$_4$ 溶液、6 mol·L^{-1} NH$_3$·H$_2$O 和 1％二乙酰二肟溶液各 1 滴,观察实验现象,并写出有关反应式。

(2) 利用生成无色配合物掩蔽某些干扰离子。向试管中依次加入 1 滴 0.1 mol·L^{-1} CoCl$_2$ 和 1 滴 0.1 mol·L^{-1} FeCl$_3$ 溶液,摇匀,加入 8 滴饱和 NH$_4$SCN 溶液,观察溶液颜色;再向试管中逐滴加入 2 mol·L^{-1} NH$_4$F 溶液,观察溶液颜色的变化;继续滴加 2 mol·L^{-1} NH$_4$F 溶液至溶液颜色变为蓝色,分析该蓝色物质的组成;再继续滴加 2 mol·L^{-1} NH$_4$F 溶液至溶液颜色变为淡紫色后,再向试管中加入 5 滴戊醇,观察溶液颜色的变化。解释实验现象,并写出有关反应式。

8. 配合物的水合异构与热致变色现象。

(1) 向试管中加入 10 滴 0.1 mol·L^{-1} 蓝色的 CrCl$_3$ 溶液(由 CrCl$_3$·6H$_2$O 固体配制的溶液,并须放置 7 天以上时间),加热试管,观察溶液颜色的变化情况。再将溶液冷却,再观察溶液颜色的变化情况。解释实验现象,并写出有关反应式。

(2) 向试管中加入 10 滴 0.1 mol·L^{-1} CoCl$_2$ 溶液,加热试管,观察溶液颜色的变化。再向试管中加入 20 滴 6 mol·L^{-1} HCl 溶液,加热试管,观察溶液颜色的变化。再将溶液冷却,再观察溶液颜色的变化。解释实验现象,并写出有关反应式。

四、注意事项

解释配位平衡受其他化学平衡影响的实验现象时,应写清楚配合物或配离子的中心离子或配体的浓度受其他化学平衡的影响而改变,破坏了原有的配位平衡,促使配位平衡发生移动,从而产生新的实验现象。

五、思考题

(1) KSCN 溶液检查不出 K$_3$[Fe(CN)$_6$] 溶液中的 Fe^{3+},Na$_2$S 溶液不能与 K$_4$[Fe(CN)$_6$] 溶液中的 Fe^{2+} 反应生成 FeS 沉淀。这是否表明这两种配合物的溶液中不存在 Fe^{3+} 和 Fe^{2+}? 为什么?

(2) 举例说明影响配位平衡的因素有哪些?

(3) 已知 [Ag(S$_2$O$_3$)$_2$]$^{3-}$ 和 [Ag(NH$_3$)$_2$]$^+$ 的 $K_{稳}^{\ominus}$ 值分别为 2.9×10^{13},1.1×10^7,如果把 Na$_2$S$_2$O$_3$ 溶液加到 [Ag(NH$_3$)$_2$]$^+$ 溶液中会发生什么变化?

(4) 根据实验结果,比较配体 H$_2$O,Cl$^-$,SCN$^-$,F$^-$,C$_2$O$_4^{2-}$ 和 EDTA 与 Fe^{3+} 的配位能力。这些配体都是无色的,但它们与 Fe^{3+} 形成的系列配合物中,有的有颜色,有的又无颜色,如何解释?

(5) 由 CrCl$_3$·6H$_2$O 固体现配制的溶液颜色是绿色的,而由 Cr(NO$_3$)$_3$·6H$_2$O 固体现配制的溶液颜色是蓝色的,如何解释? 如果要使 CrCl$_3$ 溶液绿色保持较长时间,应采取什么措施?

六、助学导学内容

(1) 阮婵姿,潘蕊,许振玲,等."元素化学实验"中的热致变色现象(一)——部分 Co(II) 化合物的热致变色现象及其变色机理探讨. 大学化学,2022,37(1):2104004.

(2) 阮婵姿,许振玲,潘蕊,等."元素化学实验"中的热致变色现象(二)——部分 Cr(III) 化合物的热致变色现象及其变色机理探讨. 大学化学,2022,37(2):2106011.

实验 4　常见阴离子的定性鉴定及其混合溶液的分析

一、预习要点

(1) 硫的含氧酸盐的性质。
(2) 常见阴离子的性质及鉴定方法和条件。
(3) 常见阴离子混合溶液的特点及一般分析方法。

教学课件

二、实验原理

几种阴离子共存时，一般情况下可直接用其鉴定反应分别检出各个阴离子。如果遇到干扰现象，只须利用生成化合物的性质差异或适当地采用一些简单的分离方法，就可将阴离子逐一检出。

本实验内容涉及阴离子鉴定的基本思路、阴离子混合溶液分析的特点和常见阴离子的特征鉴定方法及其应用。

1. 常见阴离子鉴定的一般思路

（1）外观估测。如果是固体试样，可以通过观察试样的物态、晶状、颜色，以及试验其热稳定性和溶解性与溶解后溶液的酸碱性、溶液的颜色等，初步估测某些离子是否存在。

（2）试液的酸碱性试验。用 pH 试纸试验分析液的酸碱性。如果 pH<2，则 CO_3^{2-} 及不稳定的 $S_2O_3^{2-}$ 不可能存在。

（3）稀 H_2SO_4 试验。试液呈中性或碱性时，取几滴试液，用稀 H_2SO_4 溶液酸化，轻敲试管底部，观察是否有气泡产生。如现象不明显，可稍微加热，如仍没有气泡生成，则不存在 S^{2-}，SO_3^{2-}，$S_2O_3^{2-}$，NO_2^- 和 CO_3^{2-} 等。

（4）还原性阴离子试验。在酸性条件下加入 $KMnO_4$ 溶液，如果 MnO_4^- 紫红色褪去，则表示可能存在 Br^-，I^-，S^{2-}，SO_3^{2-}，$S_2O_3^{2-}$ 和 NO_2^- 等还原性阴离子。

检出还原性阴离子后，若试样中加入淀粉 $-I_2$ 溶液，如果蓝色褪去，则表示有 S^{2-}，SO_3^{2-}，$S_2O_3^{2-}$ 等强还原性阴离子。

（5）氧化性阴离子试验。在酸性条件下加入 CCl_4 和 KI 溶液，如果 CCl_4 层显紫色，则存在氧化性离子 NO_2^-。

（6）$BaCl_2$ 试验。在试液中加入 $BaCl_2$ 溶液，若有白色沉淀产生，表示可能有 SO_3^{2-}，$S_2O_3^{2-}$ 和 SO_4^{2-} 等。

（7）$AgNO_3$ 试验。在试液中加入 $AgNO_3$ 溶液，如果立即生成黑色沉淀，则表示有 S^{2-}；如果生成白色沉淀并迅速变黄→棕→黑，则表示有 $S_2O_3^{2-}$；如果在沉淀中加入 HNO_3 溶液并搅拌下仍不溶解或只部分溶解，则表示有 Cl^-，Br^- 和 I^-。

2. 阴离子混合溶液分析的特点

阴离子混合溶液的分析有以下特点：

（1）除某几种离子外，一般情况下阴离子的鉴定反应相互干扰较少，有可能使用分别分析法进行分析。

（2）在同一种试样溶液中，由于有些阴离子之间会相互作用，还有一些阴离子会与金属离子形成沉淀，所以，可能共存的阴离子数量往往不会很多。

（3）正由于上述两个特点，阴离子混合溶液的分析一般比阳离子简单得多。通常采用"删除法"进行初步检验，即有的阴离子具有一定的酸碱性，有的阴离子与酸作用生成挥发性物质，有的阴离子与试剂作用生成沉淀，有的阴离子具有氧化还原性，利用这些特点进行初步试验，可以判别可能存在的阴离子，排除某些不存在的阴离子，然后再对可能存在的阴离子进行鉴定并加以确定。

根据上述阴离子鉴定的一般思路及阴离子混合溶液的分析特点，通过初步试验并进行综合分析，可以排除试液中某些不存在的阴离子，确定可能存在阴离子的范围，然后设计出分析方案,并进行鉴定和证实。

三、实验内容

1. 常见阴离子的分别鉴定

常见的阴离子有 Cl^-,Br^-,I^-,S^{2-},SO_3^{2-},$S_2O_3^{2-}$,SO_4^{2-},NO_2^-,NO_3^-,CO_3^{2-},PO_4^{3-},其中有关 Cl^-,Br^-,I^-,SO_4^{2-} 和 CO_3^{2-} 等离子的鉴定方法及鉴定反应在中学教材及考题中涉及较多,大学一年级学生比较熟悉有关内容。下面主要介绍有关 S^{2-},SO_3^{2-},$S_2O_3^{2-}$,NO_2^-,NO_3^- 和 PO_4^{3-} 的经典鉴定方法及有关反应。

(1) S^{2-} 的鉴定。

向试管中加入 4 滴 0.1 mol·L^{-1} Na_2S 溶液和 2 滴 6 mol·L^{-1} HCl 溶液,在试管口盖以湿润的 $Pb(Ac)_2$ 试纸,然后将试管置于水浴中加热。若湿润的 $Pb(Ac)_2$ 试纸变黑,表示有 S^{2-} 存在(在实验过程中,有时会发现试液酸化后变混浊,这是因为试液中含有 S_x^{2-},S_x^{2-} 遇酸分解而生成 S)。

(2) SO_3^{2-} 的鉴定。

① 向离心管中加入 10 滴 0.1 mol·L^{-1} $NaHSO_3$ 溶液和 2 滴饱和 $Ba(OH)_2$ 溶液,有白色沉淀生成。离心分离,弃去清液,向沉淀中加入 10 滴 6 mol·L^{-1} HCl 溶液,若白色沉淀溶解,表示有 SO_3^{2-} 存在。写出有关反应式。

② 在点滴板的孔穴内依次加入 1 滴 0.1% 品红溶液和 2 滴 0.1 mol·L^{-1} $NaHSO_3$ 溶液,若品红褪色,表示有 SO_3^{2-} 存在。

(3) $S_2O_3^{2-}$ 的鉴定。

① 向试管中滴加 2 滴 0.1 mol·L^{-1} $Na_2S_2O_3$ 溶液和 2 滴 2 mol·L^{-1} HCl 溶液,稍等片刻,若看到由于 S 的析出而使溶液变浑浊,表示有 $S_2O_3^{2-}$ 存在。写出有关反应式。

② 向试管中加入 10 滴 0.1 mol·L^{-1} $AgNO_3$ 溶液,再逐滴加入 0.1 mol·L^{-1} $Na_2S_2O_3$ 溶液,溶液中有白色沉淀生成,若沉淀颜色(白→黄→棕→黑)发生系列变化,表示有 $S_2O_3^{2-}$ 存在。写出有关反应式。

进行鉴定时,若所加 $AgNO_3$ 溶液量太少,或加入 $Na_2S_2O_3$ 溶液量过多,则只生成较稳定的 $Ag(S_2O_3)_2^{3-}$,观察不到白色沉淀及其颜色变化,造成 $S_2O_3^{2-}$ 的漏检。因此,所加 $AgNO_3$ 溶液必须要适量。

(4) NO_2^- 的鉴定。

① 对氨基苯磺酸和 α-萘胺联合显色法。向试管中加入 1 滴 0.1 mol·L^{-1} $NaNO_2$ 溶液和 2 mL(约45滴)纯水,再加 2 滴 6 mol·L^{-1} HAc 溶液酸化,再加 1 滴对氨基苯磺酸和 1 滴 α-萘胺,若溶液显粉红色,表示有 NO_2^- 存在。这个试验可以用来检验少量的 NO_2^-,当 NO_2^- 浓度大时,粉红色很快褪去,并生成黄色溶液或褐色沉淀。

② 棕色试验。向试管中依次加入 3 滴 0.1 mol·L^{-1} $NaNO_2$ 溶液、1 滴 2 mol·L^{-1} HAc 溶液和 2 滴新配制的 0.1 mol·L^{-1} $(NH_4)_2Fe(SO_4)_2$ 溶液,摇匀后溶液呈棕色,表示有 NO_2^- 存在。

(5) NO_3^- 的鉴定。

① 蓝色环法(体系中不含 NO_2^-)。向试管中加入 10 滴 1% 二苯胺 H_2SO_4 溶液(用浓

H_2SO_4 配制的二苯胺溶液），然后慢慢沿试管壁加入 10 滴 0.5 mol·L^{-1} $NaNO_3$ 溶液（用 1 mol·L^{-1} H_2SO_4 溶液配制），若在两溶液界面处出现蓝色环（二苯胺在酸性条件下，经 HNO_3 氧化后呈深蓝色），表示有 NO_3^- 存在。

② 蓝色环法（体系中含有少量 NO_2^-）。在鉴定 NO_3^- 时，如待鉴定体系中含有 NO_2^-，会对 NO_3^- 的鉴定产生干扰。所以，需要先除尽待鉴定体系中的 NO_2^-，再鉴定 NO_3^-。即向试管中依次加入 5 滴 0.5 mol·L^{-1} $NaNO_3$ 溶液、1 滴 0.5 mol·L^{-1} $NaNO_2$ 溶液、10 滴纯水和 3 滴饱和尿素溶液，边搅拌边逐滴加入 3～5 滴 1 mol·L^{-1} H_2SO_4 溶液，继续搅拌 2 min。待反应变慢后，加热 5 min，使 NO_2^- 消除反应完全（检查 NO_2^- 是否已经除净：取一滴溶液于点滴板的孔穴内，依次滴加 1 滴 3 mol·L^{-1} NaAc 溶液、1 滴对氨基苯磺酸和 1 滴 α-萘胺，如仍有红色，说明 NO_2^- 没有除尽，需再加尿素除去 NO_2^-）。

确证 NO_2^- 已除尽后，就可用①中的蓝色环法鉴定 NO_3^-。

③ 棕色环法。向试管中加入 4 滴 0.5 mol·L^{-1} $NaNO_3$ 溶液和 10 滴饱和 $FeSO_4$ 溶液，再沿管壁慢慢加入 20 滴浓 H_2SO_4 溶液。若观察到两液面接界处有棕色环产生，表示有 NO_3^- 存在。写出有关反应式。

④ 还原法。向试管中加入 2 滴 0.5 mol·L^{-1} $NaNO_3$ 溶液、2 滴 0.5 mol·L^{-1} NaOH 溶液和一小块金属 Al，水浴加热，用湿润的红色石蕊试纸检验逸出的气体。如试纸变蓝，表示有 NO_3^- 存在。写出有关反应式。

（6）PO_4^{3-} 的鉴定。

① $AgNO_3$ 沉淀法。向试管中加入 2 滴 0.5 mol·L^{-1} Na_2HPO_4 溶液和 2 滴 0.1 mol·L^{-1} $AgNO_3$ 溶液，若有黄色沉淀产生，表示有 PO_4^{3-} 存在。写出有关反应式。

② $(NH_4)_2MoO_4$ 沉淀法

向试管中加入 3 滴 0.5 mol·L^{-1} Na_2HPO_4 溶液和 2 滴 6 mol·L^{-1} HNO_3 溶液，再加入少量 $(NH_4)_2MoO_4$ 固体或饱和 $(NH_4)_2MoO_4$ 溶液，加热，若有黄色沉淀产生，表示有 PO_4^{3-} 存在（偏磷酸根 PO_3^- 和焦磷酸根 $P_2O_7^{4-}$ 也有这一反应）。写出有关反应式。

由于生成的黄色 $(NH_4)_3PO_4 \cdot 12MoO_3 \cdot 6H_2O$ 沉淀能溶于过量 Na_2HPO_4 溶液。因此，鉴定时需要加入过量 $(NH_4)_2MoO_4$ 试剂；也可加入少量 NH_4NO_3 固体，产生同离子效应，以促使生成特征的黄色沉淀。

③ $MgNH_4PO_4$（磷酸铵镁）沉淀法

$MgNH_4PO_4$ 沉淀法是鉴定 Mg^{2+} 的方法，也常用来鉴定 PO_4^{3-}。Na_2HPO_4 在 $NH_3 \cdot H_2O$ 及 NH_4Cl 存在时，与 Mg^{2+} 生成白色晶状 $MgNH_4PO_4$ 沉淀。

向试管中依次加入 3 滴 0.1 mol·L^{-1} Na_2HPO_4 溶液、20 滴 1 mol·L^{-1} NH_4Cl 溶液和 3 滴 0.1 mol·L^{-1} $MgCl_2$ 溶液，并加入 2 滴 6 mol·L^{-1} $NH_3 \cdot H_2O$，充分摇荡试管，有白色沉淀产生，表示有 PO_4^{3-} 存在。加入 NH_4Cl 的作用是降低 OH^- 浓度，防止生成 $Mg(OH)_2$ 沉淀，以及提高 NH_4^+ 浓度，有利于 $MgNH_4PO_4$ 沉淀生成。

2. 阴离子混合溶液的分析

有一未知混合钠盐溶液，可能含有 Na_2SO_4，$Na_2S_2O_3$，Na_2CO_3，NaBr，NaCl 和 Na_3PO_4 中的任意四种。混合溶液中每种钠盐的浓度均为 0.1 mol·L^{-1}。

（1）按指定的阴离子范围，独立进行设计、拟定分离与鉴定实验方案及实验步骤，写出有关反应式。

(2) 按照所拟定的步骤进行分析鉴定,检出未知混合溶液中的阴离子,交指导教师审核。若不正确,须重新分析,直到正确为止。

四、注意事项

(1) 凡产生 H_2S,SO_2 等气体的实验均应在通风橱中进行。实验结束后,应及时将反应液回收至指定容器中,以免污染实验环境。

(2) 完成实验报告时,要写出有关反应式。

五、思考题

(1) 将新配制的 Na_2S 溶液装在滴瓶中,放置几天后,瓶口变黑,瓶内溶液中有很多黑色漂浮物或黑色沉淀,请解释原因。

(2) 在某溶液中滴加酸,产生黄色的硫沉淀,问此溶液可能是下列几种情况中的哪几种?

① 溶液中含有 S^{2-} 和 SO_3^{2-};

② 溶液中含有 $S_2O_3^{2-}$;

③ 溶液中含有 $S_2O_3^{2-}$ 和 SO_3^{2-}。

(3)在水溶液中,$Na_2S_2O_3$ 和 $AgNO_3$ 反应,为什么有时生成 Ag_2S 沉淀,而有时却生成 $[Ag(S_2O_3)_2]^{3-}$?

(4) 有四种固体钠盐,可能为 Na_2SO_4,$Na_2S_2O_3$,Na_2CO_3,$NaBr$,$NaCl$ 和 Na_3PO_4 中的任意四种。设计实验方案并实施。写出具体鉴定结果、具体鉴定实施步骤、实验现象及有关反应式。

实验 5　常见主族金属离子的定性鉴定

一、预习要点

(1) 碱金属、碱土金属盐类及铵盐的溶解度。

(2) 碱金属、碱土金属离子及铵离子的鉴定方法。

教学课件

二、实验原理

大学一年级学生在中学时已经熟悉用焰色反应来鉴定碱金属、碱土金属离子的方法。本实验主要利用碱金属、碱土金属盐类及铵盐的溶解性差别对其进行鉴定。

三、实验内容

1. Na^+ 和 K^+ 的鉴定

(1) Na^+ 的鉴定。

① 六羟基锑酸钾 $K[Sb(OH)_6]$ 作鉴定试剂。在中性或弱碱性介质中,Na^+ 能与六羟基锑酸钾 $K[Sb(OH)_6]$ 反应生成白色晶状沉淀 $Na[Sb(OH)_6]$,用以鉴定 Na^+。

向试管中加入 10 滴饱和 $NaCl$ 溶液及 10 滴饱和 $K[Sb(OH)_6]$ 溶液,有白色晶体析出

（可用玻棒摩擦试管内壁促使晶体析出），表示有 Na^+ 存在。写出有关反应式。

在酸性条件下会生成白色锑酸沉淀，为颗粒状结晶，较重，能较快沉到试管底部。

② 醋酸铀酰锌 $[ZnUO_2(CH_3COO)_4]$ 作鉴定试剂。在中性或 HAc 溶液中，Na^+ 能与 $[ZnUO_2(CH_3COO)_4]$ 反应形成淡黄色晶状的醋酸铀酰锌钠沉淀，用以鉴定 Na^+。

向试管中加入 2 滴 $0.5\ mol\cdot L^{-1}$ NaCl 溶液及 8 滴 $[ZnUO_2(CH_3COO)_4]$ 溶液，摇荡试管，有黄色晶体析出（可用玻棒摩擦试管内壁促使晶体析出），表示有 Na^+ 存在。写出有关反应式。

（2）K^+ 的鉴定。

① 六硝基合钴(Ⅲ)酸钠 $Na_3[Co(NO_2)_6]$ 作鉴定试剂。在中性或弱酸性溶液中，K^+ 能与 $Na_3[Co(NO_2)_6]$ 反应生成 $K_2Na[Co(NO_2)_6]$ 黄色沉淀，用以鉴定 K^+。

向试管中加入 3 滴 $0.1\ mol\cdot L^{-1}$ KCl 溶液（实际试样可能要加 1~2 滴 $1\ mol\cdot L^{-1}$ HAc 溶液或 $3\ mol\cdot L^{-1}$ NaAc 溶液调节 pH=5~7）和 1 滴新配制的 10% $Na_3[Co(NO_2)_6]$ 溶液，静置数分钟有黄色沉淀产生（可用玻棒摩擦试管内壁促使晶体析出），表示有 K^+ 存在。写出有关反应式。

② 四苯硼钠 $NaBPh_4$ 作鉴定试剂。在中性或弱酸性溶液中，K^+ 能与 $NaBPh_4$ 生成白色沉淀，用以鉴定 K^+。

向试管中加入 2 滴 $0.1\ mol\cdot L^{-1}$ KCl 溶液及 2 滴 $0.1\ mol\cdot L^{-1}$ $NaBPh_4$ 溶液，有白色沉淀产生，表示有 K^+ 存在。写出有关反应式。

2. Ca^{2+}，Mg^{2+} 和 Ba^{2+} 的鉴定

（1）Ca^{2+} 的鉴定——$(NH_4)_2C_2O_4$ 或 $Na_2C_2O_4$ 作鉴定试剂。在 Ca^{2+} 溶液中滴加饱和 $(NH_4)_2C_2O_4$ 或 $Na_2C_2O_4$ 溶液，出现白色沉淀或体系变浑浊，再加入 $6\ mol\cdot L^{-1}$ HAc 溶液，白色沉淀不溶解或体系仍浑浊，用以鉴定 Ca^{2+}。

向试管中加入 3 滴 $0.2\ mol\cdot L^{-1}$ $CaCl_2$ 试液及 1 滴饱和 $(NH_4)_2C_2O_4$ 或 $Na_2C_2O_4$ 溶液，出现白色沉淀或体系变浑浊后，再加入 $6\ mol\cdot L^{-1}$ HAc 溶液，若白色沉淀不溶解或体系仍浑浊，表示有 Ca^{2+} 存在。写出有关反应式。

（2）Mg^{2+} 的鉴定。

① (对硝基偶氮)间苯二酚作鉴定试剂。(对硝基偶氮)间苯二酚，即镁试剂，是一种有机染料，它在碱性溶液中呈紫红色。如有 Mg^{2+} 存在，则 Mg^{2+} 在碱性溶液中形成 $Mg(OH)_2$ 白色胶状沉淀，可以吸附镁试剂生成蓝色沉淀或溶液。

向试管中加入 1 滴 $0.1\ mol\cdot L^{-1}$ $MgCl_2$ 溶液及 1 滴镁试剂（用 $2\ mol\cdot L^{-1}$ NaOH 溶液配制），有蓝色沉淀（根据 Mg^{2+} 量的多少显示蓝色沉淀或溶液颜色变蓝）产生，用以鉴定 Mg^{2+}。

或取 1 滴 $0.1\ mol\cdot L^{-1}$ $MgCl_2$ 溶液于点滴板的孔穴内，加入 1 滴镁试剂（用 $2\ mol\cdot L^{-1}$ NaOH 溶液配制）。有蓝色沉淀产生，表示有 Mg^{2+} 存在。写出有关反应式。

② Na_2HPO_4 与 NH_4Cl 联合作鉴定试剂。Na_2HPO_4 在 $NH_3\cdot H_2O$ 及 NH_4Cl 存在时，与 Mg^{2+} 生成白色晶状 $MgNH_4PO_4$ 沉淀，用以鉴定 Mg^{2+}。加入 NH_4Cl 的作用是降低 OH^- 浓度，防止生成 $Mg(OH)_2$ 沉淀，以及提高 NH_4^+ 浓度，有利于 $MgNH_4PO_4$ 沉淀生成。

向试管中依次加入 3 滴 $0.1\ mol\cdot L^{-1}$ $MgCl_2$ 溶液、20 滴 $1\ mol\cdot L^{-1}$ NH_4Cl 溶液和 3 滴

0.1 mol·L^{-1} Na$_2$HPO$_4$ 溶液,再滴加 2 滴 6 mol·L^{-1} NH$_3$·H$_2$O,充分摇匀,有白色沉淀产生,表示有 Mg^{2+} 存在。写出有关反应式。

（3）Ba^{2+} 的鉴定。

① Na$_2$SO$_4$ 作鉴定试剂。在含 Ba^{2+} 溶液中加入 Na$_2$SO$_4$ 溶液,能生成白色 BaSO$_4$ 沉淀,用以鉴定 Ba^{2+}。

向试管中加入 2 滴 0.1 mol·L^{-1} BaCl$_2$ 溶液及 1 滴 0.1 mol·L^{-1}Na$_2$SO$_4$ 溶液,有白色沉淀产生,再加入 HCl 或 HNO$_3$ 溶液,沉淀不溶解,表示有 Ba^{2+} 存在。写出有关反应式。

② K$_2$CrO$_4$ 作鉴定试剂。在中性或弱酸性介质中,Ba^{2+} 能与 CrO$_4^{2-}$ 生成黄色沉淀 BaCrO$_4$,且沉淀不溶于 NaOH 溶液或 HAc 溶液,用以鉴定 Ba^{2+}。

向试管中加入 2 滴 0.1 mol·L^{-1} BaCl$_2$ 溶液及 2 滴 0.1 mol·L^{-1} K$_2$CrO$_4$ 溶液,有黄色沉淀产生,再加入 NaOH 溶液,沉淀不溶解,表示有 Ba^{2+} 存在。写出有关反应式。

3. Al^{3+} 的鉴定——铝试剂作鉴定试剂

铝试剂是一种红色染料,在弱酸性溶液中与 Al^{3+} 生成鲜红色沉淀,用以鉴定 Al^{3+}。Cr^{3+} 和 Ca^{2+} 等金属离子也能与铝试剂产生同样沉淀而干扰 Al^{3+} 的鉴定,但与 Cr^{3+} 生成的沉淀可被 NH$_3$·H$_2$O 分解,与 Ca^{2+} 生成的沉淀能被(NH$_4$)$_2$CO$_3$ 所分解。所以,在鉴定 Al^{3+} 时,需要加入 NH$_3$·H$_2$O 和(NH$_4$)$_2$CO$_3$ 溶液以排除 Cr^{3+} 和 Ca^{2+} 的干扰。

向试管中依次加入 2 滴 0.1 mol·L^{-1} KAl(SO$_4$)$_2$ 溶液、1 滴 2 mol·L^{-1} HAc 溶液和 2 滴 0.1%铝试剂溶液,并水浴加热,然后加入 2 滴浓 NH$_3$·H$_2$O 及 2 滴 0.1 mol·L^{-1} (NH$_4$)$_2$CO$_3$ 溶液,有红色絮状沉淀产生,表示有 Al^{3+} 存在。写出有关反应式。

4. Pb^{2+} 的鉴定——K$_2$CrO$_4$ 作鉴定试剂

在中性或弱酸性介质中,Pb^{2+} 能与 CrO$_4^{2-}$ 生成黄色沉淀 PbCrO$_4$,且沉淀能溶于 NaOH 溶液,用以鉴定 Pb^{2+}。对于实际未知试液,先要试验溶液的 pH,若试液的 pH>7,则需滴加 1 mol·L^{-1} HAc 溶液调节其 pH=5~7;若试液的 pH<5,则需滴加 1 mol·L^{-1} NaAc 溶液调节其 pH=5~7。如试液中含有 Ba^{2+},也能与 CrO$_4^{2-}$ 生成 BaCrO$_4$ 黄色沉淀,但 BaCrO$_4$ 不溶于稀碱溶液,可用于鉴别 Ba^{2+} 和 Pb^{2+}。

向试管中加入 2 滴 0.1 mol·L^{-1} Pb(NO$_3$)$_2$ 溶液及 1 滴 0.1 mol·L^{-1} K$_2$CrO$_4$ 溶液,生成黄色沉淀(此沉淀易溶于 NaOH 溶液,难溶于稀 HNO$_3$ 溶液,不溶于 NH$_3$·H$_2$O 或 HAc 溶液),表示有 Pb^{2+} 存在。写出有关反应式。

5. NH$_4^+$ 的鉴定

（1）气室法——NaOH 作鉴定试剂。NH$_4^+$ 与 NaOH 溶液作用,加热时生成 NH$_3$(g),NH$_3$(g)能使润湿的红色石蕊试纸变为蓝色,用以鉴定 NH$_4^+$。

取一小表面皿,在其凹面中部粘一块润湿的红色石蕊试纸。另取一较大的表面皿,加入 2 滴 0.5 mol·L^{-1} NH$_4$Cl 溶液及 2 滴 6 mol·L^{-1} NaOH 溶液,用小表面皿迅速扣住大表面皿形成气室,将气室放在水浴上加热。如观察到试纸变蓝,表示有 NH$_4^+$ 存在。写出有关反应式。

（2）奈斯勒试剂作鉴定试剂。NH$_4^+$ 能与奈斯勒试剂(四碘合汞酸钾 K$_2$[HgI$_4$]的 NaOH 溶液)作用生成红棕色碘化氧桥二汞铵沉淀,用以鉴定 NH$_4^+$。

取 2 滴 0.5 mol·L^{-1} NH$_4$Cl 试液于点滴板的孔穴内,再加入 1 滴奈斯勒试剂。如有红棕色沉淀(NH_4^+ 含量少时,生成黄色溶液)生成,表示有 NH_4^+ 存在。写出有关反应式。

四、注意事项

（1）有关 Na^+ 的鉴定实验中用到不常用试剂 $K[Sb(OH)_6]$ 或放射性物质 $ZnUO_2(CH_3COO)_4$,因此,不便或不宜在实验室完成实验,学生只需了解鉴定 Na^+ 的经典方法及反应即可。

（2）有关 NH_4^+ 的鉴定实验中用到含汞化合物 $K_2[HgI_4]$,也不便在实验室完成实验,学生也只需了解鉴定 NH_4^+ 的经典方法及反应即可。

五、思考题

（1）现有一含有 K^+ 和 NH_4^+ 的混合溶液,如何鉴定其中的 K^+ 和 NH_4^+?

（2）用铝试剂鉴定 Al^{3+} 时,为什么要加入浓 $NH_3·H_2O$ 和 $(NH_4)_2CO_3$ 溶液?

（3）Pb^{2+} 和 Ba^{2+} 都能与 CrO_4^{2-} 生成 $PbCrO_4$ 和 $BaCrO_4$ 黄色沉淀,如何区分这两种沉淀? 写出有关反应式。

实验6　常见过渡金属离子的定性鉴定

一、预习要点

（1）常见过渡金属离子的基本性质及其特征反应。

（2）常见过渡金属离子的鉴定方法及鉴定条件。

教学课件

二、实验原理

鉴定反应必须有明显的外观特征。这些特征主要有沉淀的生成与溶解,溶液颜色的变化,以及气体的生成等。

对于碱金属、碱土金属和铵离子,主要是利用其不同盐类的溶解性差别和气体的产生进行鉴定。对于过渡金属离子,主要是基于其氧化还原性质或形成不同的沉淀和配合物而产生特征颜色的现象对其进行鉴定。

三、实验内容

1. Cu^{2+} 和 Ag^+ 的鉴定

（1）Cu^{2+} 的鉴定。

① $NH_3·H_2O$ 作鉴定试剂。Cu^{2+} 能与少量 $NH_3·H_2O$ 作用生成淡蓝色的碱式盐沉淀,它易溶于过量的 $NH_3·H_2O$,生成深蓝色的铜氨配合物,用以鉴定 Cu^{2+}。

向试管中依次加入 3 滴 $0.1\ mol·L^{-1}$ $CuSO_4$ 溶液及 2 滴 $2\ mol·L^{-1}$ $NH_3·H_2O$,有淡蓝色沉淀生成。继续滴加 3 滴 $6\ mol·L^{-1}$ $NH_3·H_2O$,沉淀溶解,形成深蓝色溶液,表示有 Cu^{2+} 存在。写出有关反应式。

② 黄血盐 $K_4[Fe(CN)_6]$ 作鉴定试剂。在中性或弱酸性溶液中,Cu^{2+} 能与 $K_4[Fe(CN)_6]$ 作用形成红棕色沉淀,用以鉴定 Cu^{2+}。这种鉴定 Cu^{2+} 的方法很灵敏,但待检溶液中含有

Fe^{3+} 和 Co^{2+} 时会有干扰。

向试管中依次加入 3 滴 0.1 $mol \cdot L^{-1}$ $CuSO_4$ 溶液及 2 滴 2 $mol \cdot L^{-1}$ HCl 溶液,再加入 2 滴 0.1 $mol \cdot L^{-1}$ $K_4[Fe(CN)_6]$ 溶液,有红棕色沉淀生成,表示有 Cu^{2+} 存在。写出有关反应式。

③ $(NH_4)_2[Hg(SCN)_4]$ — $ZnCl_2$ 联合作鉴定试剂。在中性或弱酸性溶液中,Cu^{2+} 能与 $(NH_4)_2Hg(SCN)_4$ 作用生成黄绿色晶体,但只有 Cu^{2+} 浓度大时才迅速反应。当 Cu^{2+} 浓度小于 0.02% 时,需长时间放置才形成黄绿色晶体。若同时有 Zn^{2+} 存在时,因 Zn^{2+} 能与 $[Hg(SCN)_4]^{2-}$ 生成白色晶体 $Zn[Hg(SCN)_4]$,加速了 $Cu[Hg(SCN)_4]$ 的生成,并使它们一起形成紫色混晶 $Zn[Hg(SCN)_4] \cdot Cu[Hg(SCN)_4]$,以此来鉴定 Cu^{2+} 和 Zn^{2+}。

向试管中依次加入 1 滴 0.01 $mol \cdot L^{-1}$ $CuSO_4$ 溶液及 1 滴 $(NH_4)_2[Hg(SCN)_4]$ 溶液,摇匀,没有黄绿色晶体析出,再加入 1 滴 0.1 $mol \cdot L^{-1}$ $ZnSO_4$ 溶液,有紫色晶体生成,表示有 Cu^{2+} 存在。写出有关反应式。

(2) Ag^+ 的鉴定——AgCl 沉淀法。在酸性溶液中,Ag^+ 能与 Cl^- 形成白色 AgCl 沉淀,且沉淀能溶于 6 $mol \cdot L^{-1}$ $NH_3 \cdot H_2O$,用以鉴定 Ag^+。

向试管中依次加入 2 滴 0.1 $mol \cdot L^{-1}$ $AgNO_3$ 溶液及 2 滴 2 $mol \cdot L^{-1}$ HCl 溶液,有白色沉淀生成。将此沉淀离心分离,弃去清液,向沉淀中滴加 6 $mol \cdot L^{-1}$ $NH_3 \cdot H_2O$,沉淀溶解,表示有 Ag^+ 存在。写出有关反应式。

为确证 Ag^+ 的存在,将上述经 6 $mol \cdot L^{-1}$ $NH_3 \cdot H_2O$ 处理的溶液分为两份:在一份中逐滴加入 6 $mol \cdot L^{-1}$ HNO_3 溶液,直至生成白色沉淀(或体系浑浊);在另一份中加入 1 滴 0.1 $mol \cdot L^{-1}$ KI 溶液,生成黄色沉淀。写出有关反应式。

2. Zn^{2+} 的鉴定——$(NH_4)_2Hg(SCN)_4$ 作鉴定试剂

中性或弱酸性溶液中,Zn^{2+} 能与 $(NH_4)_2Hg(SCN)_4$ [四硫氰合汞(Ⅱ)酸铵]作用形成白色 $Zn[Hg(SCN)_4]$ 沉淀,用以鉴定 Zn^{2+}。

向试管中依次加入 2 滴 0.1 $mol \cdot L^{-1}$ $ZnSO_4$ 溶液及 1 滴 $(NH_4)_2[Hg(SCN)_4]$ 溶液,有白色沉淀产生,表示有 Zn^{2+} 存在。写出有关反应式。

3. Cr^{3+} 的鉴定

(1) $K_2S_2O_8$ — $BaCl_2$ 联合作鉴定试剂。在酸性溶液中,以 Ag^+ 作催化剂,$S_2O_8^{2-}$ 能将 Cr^{3+} 氧化为橙红色的 $Cr_2O_7^{2-}$,而 $Cr_2O_7^{2-}$ 又能与 Ba^{2+} 反应形成 $BaCrO_4$ 黄色沉淀,用以鉴定 Cr^{3+}。

向试管中加入 10 滴 0.1 $mol \cdot L^{-1}$ $Cr_2(SO_4)_3$ 溶液、1 滴 0.1 $mol \cdot L^{-1}$ $AgNO_3$ 溶液及少量 $K_2S_2O_8$ 固体,加热,得到橙红色溶液;再加入 1 滴 0.1 $mol \cdot L^{-1}$ $BaCl_2$ 溶液,有黄色沉淀产生,表示有 Cr^{3+} 存在。写出有关反应式。

(2) $KMnO_4$ — $BaCl_2$ 联合作鉴定试剂。在酸性介质中,MnO_4^- 能将 Cr^{3+} 氧化为橙红色的 $Cr_2O_7^{2-}$,而 $Cr_2O_7^{2-}$ 又能与 Ba^{2+} 反应形成 $BaCrO_4$ 黄色沉淀,用以鉴定 Cr^{3+}。

向试管中依次加入 3 滴 0.1 $mol \cdot L^{-1}$ $Cr_2(SO_4)_3$ 溶液、3 滴 3 $mol \cdot L^{-1}$ H_2SO_4 溶液及 3 滴 0.1 $mol \cdot L^{-1}$ $KMnO_4$ 溶液,加热,得到橙红色溶液;再加入 2 滴 0.1 $mol \cdot L^{-1}$ $BaCl_2$ 溶液,有黄色沉淀产生,表示有 Cr^{3+} 存在。离心分离,进一步观察产物的颜色和状态,写出有关反应式。

(3) H_2O_2 — $BaCl_2$ 联合作鉴定试剂。在强碱性溶液中,H_2O_2 能将 Cr^{3+} 氧化为橙红色的

CrO_4^{2-},而 CrO_4^{2-} 又能与 Ba^{2+} 反应形成 $BaCrO_4$ 黄色沉淀,用以鉴定 Cr^{3+}。

向试管中加入 10 滴 0.1 $mol \cdot L^{-1}$ $Cr_2(SO_4)_3$ 溶液,慢慢滴加 6 $mol \cdot L^{-1}$ NaOH 溶液直至生成的沉淀刚好溶解,摇匀后加入 2 滴 3% H_2O_2 溶液,水浴加热,溶液颜色由绿色变为黄色,再加入 1 滴 0.1 $mol \cdot L^{-1}$ $BaCl_2$ 溶液,有黄色沉淀生成,表示有 Cr^{3+} 存在。写出有关反应式。

4. Mn^{2+} 的鉴定

(1) $K_2S_2O_8$ 作鉴定试剂。在酸性溶液中,以 Ag^+ 作催化剂和微热条件下,$S_2O_8^{2-}$ 能将 Mn^{2+} 氧化为 MnO_4^-,溶液由无色变为特征的紫红色,用以鉴定 Mn^{2+}。

向试管中依次加入 3 滴 0.002 $mol \cdot L^{-1}$ $MnSO_4$ 溶液、2 滴 1 $mol \cdot L^{-1}$ H_2SO_4 溶液及 1 滴 0.1 $mol \cdot L^{-1}$ $AgNO_3$ 溶液,再加入少许的 $K_2S_2O_8$ 固体,微热,溶液颜色变成 MnO_4^- 特征紫红色,表示有 Mn^{2+} 存在。写出有关反应式。

(2) $NaBiO_3$ 氧化法。在酸性溶液中,$NaBiO_3$ 能将 Mn^{2+} 氧化为 MnO_4^-,溶液由无色变为特征的紫红色,用以鉴定 Mn^{2+}。

向试管中依次加入 10 滴 0.002 $mol \cdot L^{-1}$ $MnSO_4$ 溶液、2 滴 6 $mol \cdot L^{-1}$ HNO_3 溶液及少许 $NaBiO_3$ 固体,搅拌均匀,溶液颜色变成 MnO_4^- 特征紫红色,表示有 Mn^{2+} 存在。写出有关反应式。

5. Fe^{2+},Fe^{3+},Co^{2+} 和 Ni^{2+} 的鉴定

(1) Fe^{2+} 的鉴定。

① $K_3[Fe(CN)_6]$ 作鉴定试剂。在酸性溶液中,Fe^{2+} 能与 $K_3[Fe(CN)_6]$ 形成特征蓝色的 $KFe[Fe(CN)_6]$ 沉淀(滕氏蓝),用以鉴定 Fe^{2+}。

取 1 滴新配制的 0.1 $mol \cdot L^{-1}$ $(NH_4)_2Fe(SO_4)_2$ 溶液于点滴板的孔穴内,加入 1 滴 2 $mol \cdot L^{-1}$ HCl 溶液,再加入 1 滴 0.5 $mol \cdot L^{-1}$ $K_3[Fe(CN)_6]$ 溶液。有深蓝色沉淀生成,表示有 Fe^{2+} 存在。写出有关反应式。

② 邻二氮菲作鉴定试剂。在 pH 为 2~9 的水溶液中,Fe^{2+} 能与邻二氮菲(又称邻菲罗啉,1,10-phenanthroline,简写为 Phen)形成橘红色配离子,用以鉴定 Fe^{2+}。

取 1 滴新配制的 0.1 $mol \cdot L^{-1}$ $(NH_4)_2Fe(SO_4)_2$ 溶液于点滴板的孔穴内,再加 5 滴 0.15% Phen 溶液,有橘红色配合物生成,表示有 Fe^{2+} 存在。写出有关反应式。

(2) Fe^{3+} 的鉴定。

① NH_4SCN 作鉴定试剂。在酸性介质中,Fe^{3+} 能与 SCN^- 反应形成血红色配离子 $[Fe(SCN)_n]^{3-n}$,用以鉴定 Fe^{3+}。

向试管中加入 1 滴 0.5 $mol \cdot L^{-1}$ $FeCl_3$ 溶液、2 滴 2 $mol \cdot L^{-1}$ HCl 溶液和 20 滴纯水,再加 1 滴 0.5 $mol \cdot L^{-1}$ NH_4SCN 溶液,有血红色溶液出现,初步表明有 Fe^{3+} 存在。然后再加入少许 NaF 或 NH_4F 固体,摇匀。如果溶液的血红色消失,表示有 Fe^{3+} 存在。写出有关反应式。

② $K_4[Fe(CN)_6]$ 作鉴定试剂。在酸性介质中,Fe^{3+} 能与 $K_4[Fe(CN)_6]$ 形成特征蓝色的 $KFe[Fe(CN)_6]$ 沉淀(普鲁士蓝),用以鉴定 Fe^{3+}。

取 1 滴 0.5 $mol \cdot L^{-1}$ $FeCl_3$ 试液于点滴板的孔穴内,加 1 滴 0.1 $mol \cdot L^{-1}$ $K_4[Fe(CN)_6]$ 溶液,有深蓝色沉淀生成,表示有 Fe^{3+} 存在。写出有关反应式。

(3) Co^{2+}的鉴定。

① NH_4SCN作鉴定试剂。在中性或弱酸性溶液中,Co^{2+}能与过量SCN^-形成特征蓝色的$[Co(SCN)_4]^{2-}$,用以鉴定Co^{2+}。当待鉴定溶液中Co^{2+}浓度较小时,加入NH_4SCN溶液后再加入几滴戊醇,戊醇层显现特征的蓝色,使鉴定反应更灵敏。当待鉴定溶液中含有Fe^{3+}时,则加入NH_4SCN溶液时将有红色的$[Fe(SCN)_n]^{3-n}$生成,干扰Co^{2+}的检出。此时,可加入少量饱和NaF或NH_4F溶液,使$[Fe(SCN)_n]^{3-n}$转变成无色的$[FeF_6]^{3-}$,然后按上述方法检验Co^{2+}。

在试管中加入10滴0.1 $mol \cdot L^{-1}$ $CoCl_2$溶液及1滴饱和NH_4SCN溶液。有蓝色$[Co(SCN)_4]^{2-}$生成(适当加热,蓝色更明显),表示有Co^{2+}存在。写出有关反应式。

② KNO_2作鉴定试剂。在通常情况下,二价钴盐很稳定,而相同配体的$Co(III)$配合物反而比$Co(II)$配合物稳定。因此,Co^{2+}与KNO_2形成的配合物$K_4[Co(NO_2)_6]$能被NO_2^-氧化成$K_3[Co(NO_2)_6]$黄色沉淀,用以鉴定Co^{2+}。当待鉴定液中含有Ni^{2+}时,也能与KNO_2形成可溶性绿色配合物$K_4[Ni(NO_2)_6]$,但不影响Co^{2+}的检出。

向试管中依次加入5滴0.1 $mol \cdot L^{-1}$ $CoCl_2$溶液、2滴6 $mol \cdot L^{-1}$ HAc溶液及少量KNO_2固体,有黄色沉淀$K_3[Co(NO_2)_6]$生成,表示有Co^{2+}存在。写出有关反应式。

③ $(NH_4)_2[Hg(SCN)_4]$—$ZnCl_2$联合作鉴定试剂。在中性或弱酸性溶液中,Co^{2+}能与$(NH_4)_2[Hg(SCN)_4]$作用生成天蓝色$Co[Hg(SCN)_4]$晶体,但只有Co^{2+}浓度大时才迅速反应。当Co^{2+}浓度小于0.02%时,须长时间放置才形成天蓝色晶体。若有Zn^{2+}同时存在时,因Zn^{2+}能与$[Hg(SCN)_4]^{2-}$生成白色晶体$Zn[Hg(SCN)_4]$,加速了$Co[Hg(SCN)_4]$的生成,并使它们一起形成天蓝色混晶$Zn[Hg(SCN)_4] \cdot Co[Hg(SCN)_4]$,用以鉴定$Co^{2+}$和$Zn^{2+}$。

向试管中依次加入1滴0.02% $CoCl_2$及1滴$(NH_4)_2[Hg(SCN)_4]$溶液,摇匀,没有晶体析出,再加入1滴0.1 $mol \cdot L^{-1}$ $ZnSO_4$溶液。有天蓝色沉淀生成,表示有Co^{2+}存在。写出有关反应式。

(4) Ni^{2+}的鉴定——丁二酮肟配合沉淀法。在pH为5~10的水溶液中,Ni^{2+}能与丁二酮肟配位形成桃红色二丁二酮肟合镍(II)沉淀,用以鉴定Ni^{2+}。二丁二酮肟镍可溶于戊醇,呈粉红色,此反应灵敏度很高,为检验Ni^{2+}的专属性反应。Fe^{3+},Cu^{2+}和Co^{2+}也能与丁二酮肟分别生成红色、褐色和黄棕色配合物,对Ni^{2+}的检出有干扰,但在氨性介质中,由于Fe^{3+}生成$Fe(OH)_3$沉淀,Cu^{2+}和Co^{2+}生成相应的$[Cu(NH_3)_4]^{2+}$和$[Co(NH_3)_5(H_2O)]^{2+}$(在空气中易被氧化为$[Co(NH_3)_5(H_2O)]^{3+}$),故可消除这些离子的干扰。

向试管中加入5滴0.1 $mol \cdot L^{-1}$ $NiSO_4$溶液及1滴2 $mol \cdot L^{-1}$ $NH_3 \cdot H_2O$,再加1%丁二酮肟溶液。立即有桃红色沉淀生成,表示有Ni^{2+}存在。写出有关反应式。

四、注意事项

(1) 注意鉴定实验的条件,如溶液的酸碱性、温度、催化剂等,否则可能造成错检或漏检现象。

(2) 对于给定的鉴定溶液,如$FeCl_3$溶液,根据化学常识可以判断其酸碱性。而对于待鉴定的未知液,须先检验溶液的pH,以便选择具体的鉴定方法和条件。

（3）含有戊醇的废液及其他实验废液须分类回收至指定容器中。

五、思考题

（1）就本实验中涉及的几种金属离子，哪些离子与适量 NaOH 反应产生沉淀，沉淀颜色及产物是什么？其中哪些沉淀又能溶解在过量的 NaOH 溶液中？

（2）用 $K_4[Fe(CN)_6]$ 鉴定 Cu^{2+} 时，为什么要加 2 mol·L^{-1} HCl 溶液使试液显酸性？

（3）在鉴定 Mn^{2+} 的实验中，为什么要用 HNO_3 溶液或 H_2SO_4 溶液调节酸度，而不用 HCl 溶液？

（4）在鉴定 Ni^{2+} 时，为什么要控制溶液的 pH 为 5～10？用 $NH_3·H_2O$ 调节试液的 pH 的优点是什么？

六、助学导学内容

吕银云，阮婵姿，张春艳，等. 对"Co^{2+} 鉴定"实验的再认识——批判性思维教育的最好案例之一. 大学化学，2020，35（9）：89－95.

实验7　几种常见过渡金属离子混合溶液的分析

一、预习要点

（1）定性分析中对鉴定反应的基本要求及鉴定反应的条件。
（2）阳离子混合溶液的分别分析与系统分析。
（3）常见过渡金属离子的基本性质及鉴定反应。
（4）常见过渡金属离子混合溶液的分离和鉴定方法。
（5）对于一个给定离子范围的未知试液，拟定分离及鉴定方案。

二、实验原理

在对常见过渡金属离子性质的认识及其鉴定实践的基础上，对阳离子混合溶液的分析可采用分别分析与系统分析两种思路设计分析方案。但对于一组已知离子范围的未知混合溶液，常只须根据具体情况作局部的分离，而不必按部就班地作整体系统分离分析。如本实验给学生提供的未知阳离子混合溶液中可能含有 Fe^{3+}，Co^{2+}，Ni^{2+}，Cu^{2+}，Ag^+，Mn^{2+} 和 Cr^{3+} 七种离子中的三种或四种离子的分析。

对于给定的某常见过渡金属离子混合溶液的分析，首先是"望"，即观察溶液的颜色，大概判断某些离子存在或不存在；其次是"问"，即反问自己，在观察的基础上思考、判断可能或不可能存在的离子；再是"切"，即初步的试验，如测定溶液的 pH，以便设计、选择鉴定方法和条件。在"望""问""切"探索的基础上，设计具体的实验方案并实施，根据它们与离子或试剂反应产生的不同现象，如生成沉淀或配合物而引起颜色、状态的显著变化等进行鉴定。最后，为了防止漏检，对认为不存在的离子也应用其特征鉴定方法进行验证。

三、实验内容

（1）每个同学会有一份由 $Fe(NO_3)_3$，$Co(NO_3)_2$，$Ni(NO_3)_2$，$Cu(NO_3)_2$，$AgNO_3$，$Cr(NO_3)_3$ 和 $MnCl_2$ 中的三种或四种盐溶液混合得到的未知阳离子透明混合溶液 20 mL（盛放在大试管中，注意编号）。

（2）按指定的离子范围，独立进行设计，拟定分离、鉴定实验方案及实验步骤，写出有关反应方程式。

（3）按照所拟定的步骤进行分析鉴定，检出未知混合溶液中的阳离子，交指导教师审核。若不正确，须重新分析，直到正确为止。

四、注意事项

（1）注意鉴定实验条件，如溶液的酸碱性、温度、催化剂等。否则，可能造成错检或漏检现象。

（2）含有戊醇的废液及其他实验废液须分类回收至指定容器中。

五、思考题

（1）若某一学生的待鉴定溶液是绿色的，其中可能含有哪些离子？

（2）若待鉴定溶液中含有 Fe^{3+} 和 Co^{2+}，用饱和 NH_4SCN 溶液鉴定 Co^{2+} 时，Fe^{3+} 有干扰，如何消除？

第 3 章　制备与性质微实验

　　本章一共包含 20 个实验项目(实验 8—实验 27),主要是有关物质的小量制备与性质的微实验(几个制备实验都是在试管中进行)。一个实验项目就像一个微电影,以物质的制备为切入点,围绕一个小主题或针对某一性质,如压电发电、聚集诱导发光、热致变色、溶致变色、光致发光、电致变色等,完整地讲述"制备→性质或现象→原理→应用或潜在用途"的小故事,让学生较广泛了解和学习有关物质制备的一些巧妙方法,在实验中进一步理解物质的结构、性质和潜在的用途等,做到以"理"服人。

　　通过这些微实验项目所蕴含的特别主题及较完整的"小故事",把基础实验教材或教学内容中较少涉及的一些概念,如压电材料、压电效应、团簇、簇合物、光致发光、掺杂、长余辉发光、磷光和溶致变色等,甚至科研前沿的热点内容,如中国科学家唐本忠发现的聚集诱导发光(aggregation-induced emission, AIE)、体现人工智能(artificial intelligence, AI)应用的自动化合成等内容下沉至基础化学实验教材中,并融合了自动化、智能化,以及小量、小巧、方便、快捷等现代理念,也提高了本教材的"两性一度"(高阶性、创新性和挑战度)。旨在培养大学一年级学生的化学兴趣、实验兴趣和创新意识,增强其文化自信和民族自豪感,提升其科研报国的使命感和责任感,以达到启迪、培养、引发、强化学生的实验兴趣并产生兴趣叠加效应的目的,进而达到培养学生创新意识和提高创新能力的目的。

　　本章的这 20 个实验项目包括了 N_2 及 Mg(II),Al(III),Ga(III),Cu(I),Cu(II),Fe(II),Fe(III),Co(III),Ni(II),Cr(III),Mn(III) 和稀土 Eu(III) 的化合物或配合物及聚苯胺的制备与合成,也巧妙地将有关 Ga(III) 的化合物与 Cu(I),Fe(II),Mn(III) 和稀土 Eu(III) 配合物的制备内容引入基础化学实验教材中。从合成方法上来说,涵盖了简单的无水无氧合成、固相合成、电化学合成、非水溶剂合成、原位合成和晶体培养等,也全面涵盖了这些合成方法和晶体培养所涉及的无机化合物和配合物合成与分离的基本实验操作技能。从合成的化合物或配合物的性质来说,包括了压电发电、光致发光、长余辉发光、热致变色、光致变色、溶致变色和电致变色等,并简单阐述了这些性质或现象所融合的物理或化学原理,让学生逐步了解结构决定性质并认识结构与性质的内在关联,初步树立性质决定用途的理念。这 20 个实验项目对开阔学生的思维和拓展学生的知识面具有重要作用。

　　"颜色"和"光"是许多功能材料应用的基础,也是这章内容中最核心的两个关键词。除了涉及不同颜色 Cu(I),Cu(II),Fe(II),Fe(III),Co(III),Ni(II),Cr(III) 和 Mn(III) 配合物的合成,还包括教科书上难以看到的 Ga(III) 化合物、红色 Cu(II) 配合物及稀土 Eu(III) 配合物等,这些配合物也呈现了与颜色有关的性质,如热致变色、光致变色、溶致变色、电致变色、"光"致不同颜色的光(荧光)、压电发电(以光的形式呈现)、聚集诱导发光等长余辉发光等。从微观——物质本质(结构)之美,到宏观——物质外在(规律、颜色、用途)之美,多方位、多层次、多视角呈现化学变化之美,深刻而形象地展示了"化学的灵魂在于创造,创造新的物质和结构;化学的魅力在于变化,出神入化,永无止境。"借此激趣启智,以引发学生对化学和材料科学的探索和思考。

例如,顺应低碳、节能环保的时代发展理念,基于厦门大学最新科研成果所设计的"分子基压电材料四氯化镓四甲基铵盐 $N(CH_3)_4GaCl_4$ 的制备与压电器件制作及压电效应展示"是本章内容中最典型的实验项目,充分展现"制备→性质或现象→原理→应用实践(制备、性质到应用小器件的制作)"完整小故事,让学生直观感受从基础研究到实际应用的微过程,体会基础科学研究的意义和价值。

又如基于厦门大学最新科研成果所设计的"自动化合成稀土-过渡金属氧团簇",即以具体的实验项目为载体,向大学一年级学生科普自动化合成与机器学习的概念与应用,启发学生的创新意识,尽力做到实验教学内容与现代科技发展与时俱进。

另外,本章中的不少实验项目还具有不同程度的拓展空间,如用化学分析方法、现代分析手段对化合物的组成和结构进行分析和表征等。所以,这些实验项目可以作为研究性实验项目的引导性内容。

本章大部分实验项目的教学课件、实验过程具体实施流程及实验项目实施过程的经验与体会等助学导学内容都可以通过扫描二维码查看。在内容编排上,有的实验项目还给出了其内容概要图,重在引导读者有效地理解本实验的原理和内容。

实验 8　N₂ 与 Mg₃N₂ 的制备与性质

一、预习要点

(1) 固相合成及无水无氧操作。
(2) 实验室制备 N_2 及其净化方法。
(3) N_2 和 Mg_3N_2 的性质及其制备条件。

教学课件

二、实验原理

工业化制备 N_2 一般是由分馏液态空气制得,并贮存于高压(1.5×10^7 Pa)钢瓶中。实验室中少量 N_2 可以利用 $NaNO_2$ 固体和 NH_4Cl 饱和溶液相互作用来制备,制备的 N_2 经过纯化、干燥后用球胆收集。有关反应式为

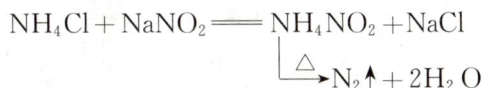

$$NH_4Cl + NaNO_2 = NH_4NO_2 + NaCl$$
$$\overset{\triangle}{\longrightarrow} N_2\uparrow + 2H_2O$$

我们知道,在常温下 N_2 是不活泼的气体,但在加热至 300 ℃条件下,N_2 可与 Mg 反应生成 Mg_3N_2,属于中温固相反应,有关固相合成的介绍详见实验 21。Mg_3N_2 遇水会发生强烈的水解反应生成 NH_3。同时,Mg 也能与 O_2 和 H_2O 反应。因此,制备 Mg_3N_2 的实验过程要求无氧、无水。应用纯净、干燥的 N_2 是制备 Mg_3N_2 实验成功的关键,同时,也要先通 N_2 将体系中空气赶尽后再充分加热,这时的 N_2 既是反应物,又起到保护气氛的作用。有关反应式为

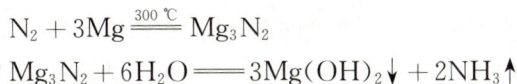

$$N_2 + 3Mg \xrightarrow{300\,℃} Mg_3N_2$$
$$Mg_3N_2 + 6H_2O = 3Mg(OH)_2\downarrow + 2NH_3\uparrow$$

利用活泼金属与 N_2 反应也可以认为是人工固氮的一种方式。显然这种固氮方法条件苛刻、成本很高。

在实验中经常会遇到一些对空气中的水和 O_2 很敏感的物质,如遇水、遇 O_2 可能发生剧烈反应,甚至燃烧或爆炸,或水和 O_2 对反应结果造成影响等。在涉及这些物质的应用、合成、分离、纯化和分析鉴定的实验过程中,必须使用特殊的仪器和无水无氧操作技术,巧妙营造无水、无氧的实验氛围。实现无水无氧操作方法的有三种:(1)惰性气体直接保护操作;(2)Schlenk操作;(3)手套箱操作(Glove-box)。无水无氧操作技术已在涉及中间或不稳定价态的化合物或配合物、金属有机化合物、有机化合物的合成等无机、有机化学实验中有较广泛的运用。

对于要求不是很高的体系,可以采用直接将惰性气体通入反应体系置换出空气的方法,这种方法简便易行,广泛用于各种常规反应,是最常见的保护方式,如本实验中制备 Mg_3N_2 的过程及实验 68 中氧化铁磁性纳米材料的制备过程等;有些合成实验在非水溶剂中,可以通过加入抗氧剂的方法巧妙营造"无氧"环境,如实验 65 中多核铜(I)配合物的制备过程加入过量的 Cu 粉作为还原剂和抗氧剂。不同的实验体系,对于"无水无氧"的要求程度不同,采取的措施也不一样,需要根据具体实验情况来具体分析。

三、实验内容

1. N_2 的制备

向蒸馏瓶中加入 20 g $NaNO_2$ 固体,按照图 3-1 所示将仪器连接好(连接前,须在安全瓶口、洗气瓶口、干燥塔口、滴液漏斗和直通玻璃旋塞等磨口部位涂好凡士林)。从滴液漏斗向蒸馏瓶内加入 35 mL 饱和 NH_4Cl 溶液,微微加热。由于反应时放出大量的热,所以反应一旦开始,就应停止加热。如果反应太剧烈,可用湿抹布冷包裹烧瓶部分球体。待反应进行 3 min 后,用球胆收集生成的 N_2。

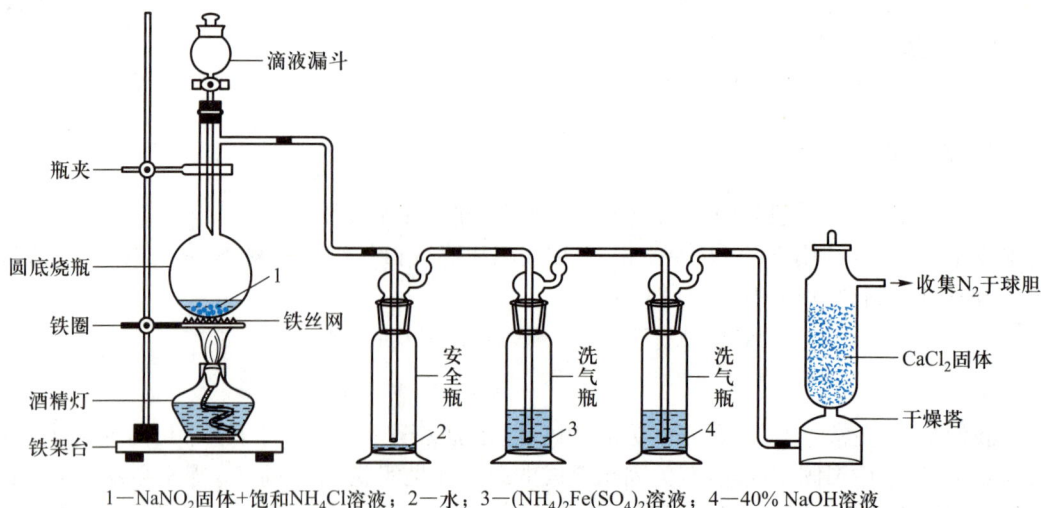

1—$NaNO_2$固体+饱和NH_4Cl溶液;2—水;3—$(NH_4)Fe(SO_4)_2$溶液;4—40% NaOH溶液

图 3-1　N_2 制备的装置示意图

2. Mg_3N_2 的制备

如图 3-2 所示,向硬质玻璃管中放少许 Mg 粉,并稍稍摊开。先通 N_2 于系统内排除空气,待空气排尽后(持续通 N_2 约 5 min),停止通入 N_2。移动酒精灯使试管各部分受热均匀,再持续加热反应管内盛有 Mg 粉的部位,充分加热后,再通入 N₂,如果反应剧烈进行,会产生红热现象,可以通过反应管内 Mg 粉部位颜色变化来判断是否有 Mg₃N₂ 生成。

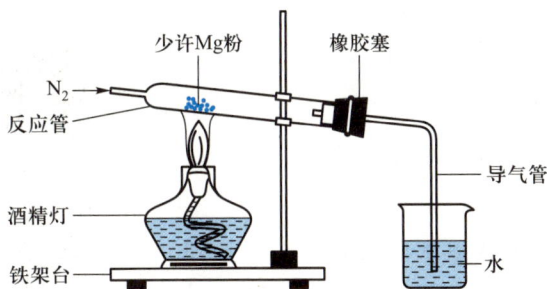

1—盛有N₂的球胆;2—Mg粉;3—水

(a) Mg₃N₂制备装置示意图　　　　　　　　(b) Mg₃N₂制备装置实物图

图 3-2　Mg₃N₂ 制备的装置示意图与实物图

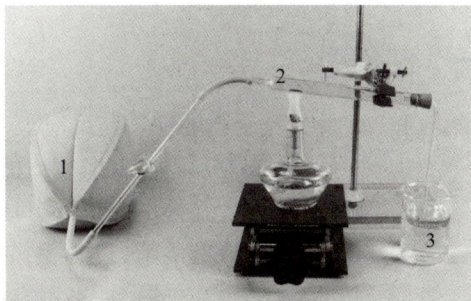

3. Mg₃N₂ 的性质

待反应管冷却至室温后,将反应管内的固体快速转移至表面皿中,观察产物 Mg₃N₂ 的颜色。快速挑取适量黄绿色固体于试管中,加适量纯水溶解,分别用红色石蕊试纸和酚酞指示剂检验 NH₃ 的生成和溶液的酸碱性。

四、注意事项

(1) 要注意洗气瓶的正确连接。

(2) 安全瓶口、干燥塔口、滴液漏斗和直通玻璃旋塞等磨口部位都需要正确涂好凡士林。

(3) 必须严格注意 N₂ 制备系统的气密性,确保装置不漏气。

(4) 加热前要检查 $CaCl_2$ 干燥塔帽的出气孔与干燥塔口出气孔是否重合。

(5) 制备 N₂ 的反应一旦开始,会十分剧烈,所以在反应开始后,应立即停止加热,并事先准备好湿抹布,用于冷却烧瓶部分球体。

(6) N₂ 收集结束后,应打开滴液漏斗的旋塞和盖子,防止反应瓶冷却后溶液的倒吸。

(7) 制备 Mg₃N₂ 的反应管需要干燥。图 3-2 中的反应管口要略微向下倾斜。

五、思考题

(1) 有哪些金属元素可以生成离子型氮化物?

(2) 如何检验 N₂ 制备系统的气密性?

(3) 制备的 N₂ 中含有 H₂O,O₂,NO 及 NO₂,这些杂质如何除去? 写出有关反应式。

(4) Mg₃N₂ 有哪些性质?

(5) 制备 Mg₃N₂ 时,在加热 Mg 粉之前,为什么要通入 N₂ 赶除空气?

六、助学导学内容

王翊如,张春艳,潘蕊,等.实验教学过程思政育人元素的有机融入探索与实践——以"N₂ 及 Mg₃N₂ 制备"实验为例,大学化学,2023,38(5):241—248.

实验 9   用废旧易拉罐制备明矾及其成分鉴定和大晶体培养

一、预习要点

（1）Al 及其化合物的性质与反应。

（2）利用废弃铝制品材料制备明矾的工艺流程及方法。

（3）从溶液中培养晶体的原理和方法。

（4）有关无机合成的溶解、过滤、结晶及抽滤等基本操作。

（5）K^+，Al^{3+} 及 SO_4^{2-} 的定性鉴定方法。

教学课件

单晶培养
原理方法

二、实验原理

明矾[$KAl(SO_4)_2 \cdot 12H_2O$]的用途非常广泛，如应用于医学、日常生活及一些工业产品中。中医认为明矾具有解毒杀虫、燥湿止痒、止血止泻、清热消痰的功效，可用作中药。在生活中，明矾曾是传统的净水剂，即利用明矾在水中水解生成的 $Al(OH)_3$，吸附水中的悬浮物并沉降，使水澄清。但现在不再主张用明矾作为净水剂，因为用明矾净水后，水中有 Al^{3+} 残留。如今一般改用无机高分子絮凝剂如聚合氯化铝和聚合硫酸铁等代替明矾。

明矾也曾作为食品膨松剂应用于麻花、油条的制作等。但现代研究表明，过多地摄入 Al^{3+}，会影响人体对铁、钙的吸收，导致骨质疏松、贫血，以及神经系统的发育障碍等。因此，食品中添加明矾应符合国家相关规定，同时，要科学地食用含有明矾的食品。在工业生产中，明矾还可用于制备铝盐、油漆、鞣料、媒染剂、造纸、防水剂等。

废弃的铝制易拉罐是不易分解但可回收利用的废弃物之一。铝虽是地壳中含量第三的元素，但并不表示是用之不尽的，必须找出一行之有效的方法来回收。铝制易拉罐的回收多是加热熔融后再制成其他铝制品重复利用。在本实验中，则是将废弃易拉罐经一系列的化学反应制成具有广泛用途的明矾，让学生了解 Al 与 Al^{3+} 的性质和实践无机化合物制备的基本操作及明矾大晶体的培养操作。

1. $KAl(SO_4)_2 \cdot 12H_2O$ 的制备

Al 是活泼的两性金属，既能与稀酸反应，也能与强碱反应。由于铝制易拉罐中含有其他能与酸反应的金属，可能会影响到产物的质量。所以，本实验是采用 KOH 溶液溶解 Al 而形成 $KAlO_2$，有关反应式为

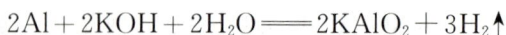

$$2Al + 2KOH + 2H_2O \longrightarrow 2KAlO_2 + 3H_2 \uparrow$$

向 $KAlO_2$ 溶液中加入一定量 H_2SO_4 溶液后结晶析出 $KAl(SO_4)_2 \cdot 12H_2O$，有关反应式为

$$KAlO_2 + 2H_2SO_4 + 10H_2O \longrightarrow KAl(SO_4)_2 \cdot 12H_2O$$

从表 3−1 可以看出，在室温下，明矾的溶解度比 $Al_2(SO_4)_3$ 和 K_2SO_4 的溶解度都要小，即在室温下，从溶液中首先析出的是溶解度较小的明矾[$KAl(SO_4)_2 \cdot 12H_2O$]。

2. 产物中 K^+，Al^{3+} 及 SO_4^{2-} 的定性鉴定

有关溶液中 K^+，Al^{3+} 及 SO_4^{2-} 的定性鉴定原理和方法详见第 2 章有关实验内容。

表 3-1　有关化合物在水中的溶解度(g/100 g H_2O)

温度/℃	0	10	20	30	40	60	80	90
$KAl(SO_4)_2 \cdot 12H_2O$	3.00	3.99	5.90	8.39	11.7	24.8	71.0	109
$Al_2(SO_4)_3$	31.2	33.5	36.4	40.4	45.8	59.2	73.0	80.8
K_2SO_4	7.4	9.3	11.1	13.0	14.8	18.2	21.4	22.9

3. $KAl(SO_4)_2 \cdot 12H_2O$ 大晶体的培养

有关单晶培养的原理和方法可自行查阅文献或扫描有关二维码查看。本实验通过将饱和溶液在室温下静置,靠溶剂的自然挥发来形成溶液的准稳定状态,并人工投放晶种使其逐渐长成大晶体。

由废弃铝制易拉罐(废铝制品)制备明矾并培养单晶的工艺路线为

$$\text{KOH} \qquad\qquad\quad H_2SO_4$$
$$\downarrow \qquad\qquad\qquad \downarrow$$
废铝——→溶解——→过滤——→酸化——→浓缩——→结晶——→分离——→明矾溶液——→单晶培养——→明矾大晶体

三、实验内容

1. $KAl(SO_4)_2 \cdot 12H_2O$ 的制备

先撕掉铝制易拉罐表面的塑料贴膜,用砂纸擦除其表面的颜料,洗干净后再剪成碎片(注意碎片边缘比较锋利,小心割伤手)。

称取 1 g 上述废铝碎片于 250 mL 锥形瓶中,慢慢加入 60 mL 1 $mol \cdot L^{-1}$ KOH 溶液(反应激烈,防止溅出!),在电热板上加热(通风橱中)至反应完全(不冒气泡)。稍冷,减压过滤除去不溶物。将滤液转入 250 mL 烧杯中,在搅拌下,向滤液中缓慢加入 25 mL 6 $mol \cdot L^{-1}$ H_2SO_4 溶液,加热,得到澄清溶液(若仍有白色沉淀物,可再适当加入少量 H_2SO_4 溶液)。

将上述溶液置于冰水浴(也可适当浓缩溶液,室温下自然冷却结晶)中冷却结晶,减压过滤,并用少量体积比为 1:1 的水-乙醇混合溶液洗涤晶体两次,抽干。将产物转至已称量的表面皿上,称量,计算产率。

2. 产物中 K^+,Al^{3+} 及 SO_4^{2-} 的定性鉴定

称取 0.25 g 产物于试管中,加入 5 mL 纯水溶解,得到 5 mL 0.1 $mol \cdot L^{-1}$ 明矾溶液,再加入 5 滴 6 $mol \cdot L^{-1}$ HAc 溶液使其呈微酸性(pH=6~7)。将此溶液分成三份。

在第一份溶液中加入几滴 0.01 $mol \cdot L^{-1}$ $NaBPh_4$ 溶液。若生成白色沉淀,表示有 K^+ 存在(或加入几滴新配制的 $Na_3[Co(NO_2)_6]$ 溶液,若生成黄色沉淀,表示有 K^+ 存在)。

在第二份溶液中加入 2 滴 0.1% 铝试剂溶液,并水浴加热,然后加入 2 滴浓氨水及 2 滴 0.1 $mol \cdot L^{-1}$ $(NH_4)_2CO_3$ 溶液,若有红色絮状沉淀产生,表示有 Al^{3+} 存在。

在最后一份溶液中加入几滴 0.1 $mol \cdot L^{-1}$ $BaCl_2$ 溶液。若试管中有白色沉淀生成,离心分离,弃去溶液,再往沉淀中加入浓 HCl 溶液。若沉淀不溶解,表示有 SO_4^{2-} 存在。

3. $KAl(SO_4)_2 \cdot 12H_2O$ 大晶体的培养

将自制的明矾晶体溶于适量纯水,然后让其再次慢慢结晶析出的过程也叫重结晶,是一种纯化物质的常用方法。

$KAl(SO_4)_2 \cdot 12H_2O$ 具有正八面体晶形。为获得棱角完整、透明纯净的单晶,一般应让

溶液处于适当的过饱和状态,使得籽晶(晶种)有足够长的时间慢慢长大。

（1）籽晶的生长和选择。根据 $KAl(SO_4)_2 \cdot 12H_2O$ 的溶解度,称取 5 g 自制的明矾晶体于 250 mL 烧杯中,加入 100 mL 纯水,加热使其溶解,然后放在不易震动的地方,烧杯口上架一玻棒,并在烧杯口上盖一块滤纸,以免灰尘落下。放置一天,杯底会有小晶体析出,从中挑选出晶形完整的籽晶待用,同时过滤溶液,留待后用。

（2）晶体的生长。以缝纫用的细线把籽晶系好,剪去余头,将线缠在玻棒上,然后把籽晶悬吊在已过滤的饱和溶液中,观察晶体的缓慢生长。数天后,可得到棱角完整齐全、晶莹透明的大块晶体。

在晶体生长的过程中,应经常观察。若发现籽晶上又长出小晶体,应及时去掉。若杯底有晶体析出也应及时滤去,以免影响大晶体的生长。

本实验经教师同意,可课后操作。

4. 延伸实验——产物中 Al^{3+} 含量的测定

参考实验 45,用配位滴定的返滴定法或置换滴定法测定产物中 Al^{3+} 含量。

四、注意事项

（1）废铝碎片溶于 1 mol·L^{-1} KOH 溶液的过程要在通风橱中进行。

（2）若制得的明矾溶液浓度较大时,一定要自然冷却得到结晶而不能骤冷。否则,其他杂质可能也会同时析出。

五、思考题

（1）本实验中,先用 KOH 溶液溶解废铝片,然后再加 H_2SO_4 溶液,为什么不直接用 H_2SO_4 溶液溶解?

（2）向滤液中缓慢加入 6 mol·L^{-1} H_2SO_4 溶液的过程中会有白色沉淀产生,写出有关反应式。

（3）产物为何要用体积比为 1∶1 的水和乙醇混合溶液洗涤?产物是否可以烘干?

（4）现在不再主张用明矾作为净水剂的原因是什么?

（5）如何把籽晶放入饱和溶液?

（6）若在饱和溶液中,籽晶上长出一些小晶体或烧杯底部出现少量晶体时,对大晶体的培养有何影响?应如何处理?

实验 10   星"光"燎原——分子基压电材料 $N(CH_3)_4GaCl_4$ 的制备、压电器件制作与压电效应展示

一、预习要点

（1）分子极性、偶极矩、极化。

（2）压电效应产生的原理。

（3）压电器件制作的原理。

（4）压电材料的种类及用途。

教学课件

（5）溶解、搅拌、水浴加热、蒸发浓缩、减压过滤、产物洗涤、干燥、研磨等无机合成基本操作。

（6）电子恒温水浴锅、隔膜泵、烘箱、电热板的使用规范。

二、实验原理

打火机作为日常生活中常用的打火工具，只要轻轻一按就可以冒出火苗。但你知道吗，压电式打火机内的元件在产生火花前，能瞬间释放上千伏电压，足以击穿空气。这些都依靠它的"秘密武器"——压电点火器，而压电点火器的核心组成部分就是压电材料。

压电材料是一类因具有压电效应而实现机械能与电能相互转化的材料，因其独特的压电性能已被应用到国防军事、航空航天、医疗设备及日常生活中，被誉为21世纪最具应用潜能的材料之一，因而一直受到研究者的广泛关注，尤其是拥有更高压电性能、具有一定柔性、环境友好和合成条件较温和的压电材料更是关注的焦点。

压电材料的种类很多，按其组成可分为陶瓷压电材料、高分子聚合物压电材料和分子基压电材料三大类。传统的压电材料以陶瓷压电材料占主导，如钛酸钡（$BaTiO_3$）和锆钛酸铅［$PbZr_{(1-x)}Ti_xO_3$，PZT］等，其制备需要苛刻的高温固相合成条件，并且含有毒性元素及产物柔韧性差，难以引入实验教学中。

分子基压电材料是一类由分子或分子-离子通过范德华力、静电力等作用而形成的具有一定柔性的压电材料。这类材料一般含有无机和有机组分，可以结合无机陶瓷和高分子聚合物的优点于一体，发挥二者的协同效应。相比于其他类型的压电材料，分子基压电材料的制备条件更温和。本实验就是有关分子基压电材料四氯化镓四甲基铵盐［$N(CH_3)_4GaCl_4$］的制备及其压电器件的制作和压电效应的展示，其内容概要如图3-3所示。

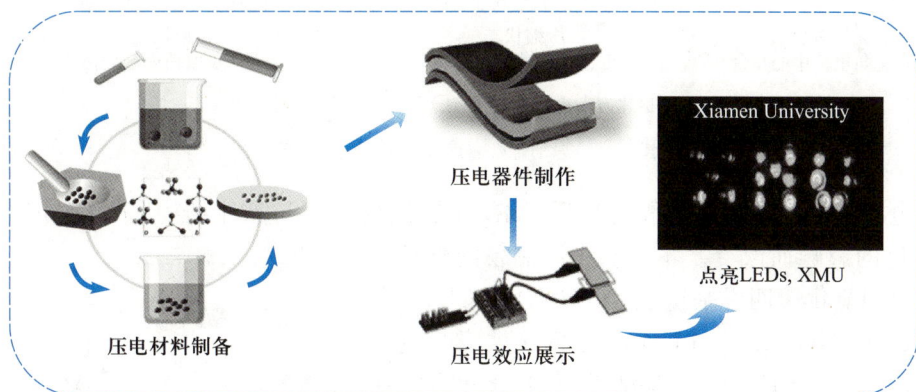

图3-3 星"光"燎原——分子基压电材料 $N(CH_3)_4GaCl_4$ 的制备、压电器件制作与
压电效应展示实验内容概要图

1. 分子基压电材料 $N(CH_3)_4GaCl_4$ 的制备

在水溶液中，由三氯化镓盐酸盐（$HGaCl_4$）与四甲基氯化铵［$N(CH_3)_4Cl$］反应，经蒸发浓缩、冷却、抽滤及洗涤等，得到产物，即分子基压电材料 $N(CH_3)_4GaCl_4$。$HGaCl_4$ 溶液由商品试剂氧化镓（Ga_2O_3）与浓 HCl 溶液反应而制得。有关反应式为

$$Ga_2O_3 + 8HCl(浓) \Longrightarrow 2HGaCl_4 + 3H_2O$$

$$HGaCl_4 + N(CH_3)_4Cl \Longrightarrow N(CH_3)_4GaCl_4 + HCl$$

分子基压电材料 $N(CH_3)_4GaCl_4$ 溶于乙醇,易溶于水,其热分解温度为 370 ℃。

2. 压电效应

学生在无机化学或普通化学课程中都要学习分子的极性及偶极矩等相对抽象的知识点,其实,压电效应的本质就是有关分子的极性与偶极矩在晶体物质中的宏观体现。但晶体物质是否具有压电效应,还取决于该物质的晶体结构。一般来说,如果构成晶体物质的分子或正、负离子以中心对称方式堆积,该物质就没有压电效应;如果构成晶体物质的分子或正、负离子以非中心对称方式堆积,这种物质就具有压电效应。具有压电效应的晶体物质称为压电材料。如图 3−4 所示,压电材料在无外力(拉伸或压缩)作用时,其正、负电荷中心完全重合,其偶极矩为零,即晶体两端面不会积累电荷;而当压电材料受到外力作用时,产生形变,其中的正、负电荷中心发生分离,此时偶极矩不再为零,即晶体两端面就会积累等量正、负电荷,其正电层和负电层之间就会产生电势差(电压)。实验结果表明,这种电荷的电量与作用力成正比,而电量越多,相对应的晶体两端面电势差也越大。如果将压电材料做成压电发电器件,在施加外力的条件下,器件可以作为电源使用。如果将此电源接入连有小灯泡的电路[图 3−7(b)],在敲击等外力作用下,就会使小灯泡发光;当外力去除后,物质恢复到原来的状态,晶体两端面不再有电荷积累,小灯泡就不再发光。

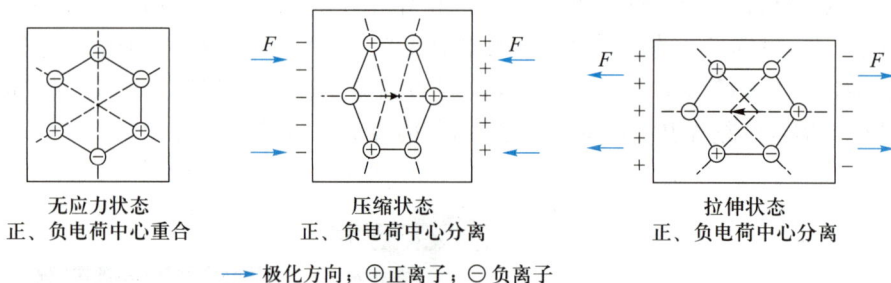

图 3−4   压电效应产生的原理示意图

压电效应是晶体物质的固有性质,取决于物质的组成与晶体结构,不受温度等外界条件变化的影响而改变。本实验中所制备的分子基压电材料四氯化镓四甲基铵盐[$N(CH_3)_4GaCl_4$]为白色晶体,其中 $N(CH_3)_4^+$ 与 $GaCl_4^-$ 之间主要靠静电作用结合,如图 3−5 所示。实验结果证明,该化合物在不同的温度区间存在不同的晶体结构。只有在 −11~109 ℃温度区间,其结晶于正交晶系的 $Amm2$ 空间群,属于 $mm2$ 非心点群,即其晶体结构是非中心对称的,具有压电效应。这充分体现了物质结构决定性质这一重要理念,该化合物的晶胞参数如表 3−2 所示。

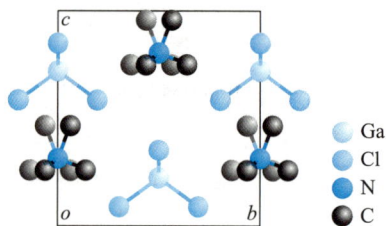

图 3−5   化合物 $N(CH_3)_4GaCl_4$ 的晶体结构

有关压电材料 $N(CH_3)_4GaCl_4$ 及其压电效应产生的原理,可进一步从晶体结构的对称性及具有压电效应的非心点群等晶体学角度去认识,可扫有关二维码学习有关内容。

表 3-2　化合物 $N(CH_3)_4GaCl_4$ 的晶胞参数

化学式	$N(CH_3)_4GaCl_4$
分子量	285.67
空间群	$Amm2$
$a/\text{Å}$	7.15
$b/\text{Å}$	8.99
$c/\text{Å}$	9.32
$\alpha=\beta=\gamma/°$	90
晶胞体积/Å^3	598.89
晶胞密度/$(g\cdot cm^{-3})$	1.584

3. 压电器件的制作

压电材料以压电器件的形式实现机械能与电能之间的相互转化。一般先将压电材料研磨成细粉,并分散在聚二甲基硅氧烷(polydimethylsiloxane,PDMS)溶液中,固化形成复合膜,再将复合膜与电极封装在一起组成压电器件,如图 3-6 所示。

压电器件可以收集外界压力将机械能转化为电能而实现发电,如图 3-7(a)所示。当压电器件中的压电材料受到外力作用发生形变(压缩或拉伸)的过程中,产生的是交流电。因此,用压电器件作为电源给 LED

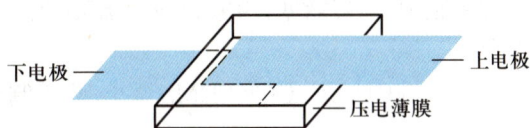

图 3-6　压电器件示意图

灯供电时,在电路中须接入整流器,将交流电转换成直流电;同时,为了保证电路中电流的稳定性,在电路中接入电容来储能,如图 3-7(b)所示。如前所述,此时敲击等外力作用就会使小灯泡发光,当外力去除后,物质恢复原来的状态,晶体两端面不再有电荷积累,小灯泡不再发光。

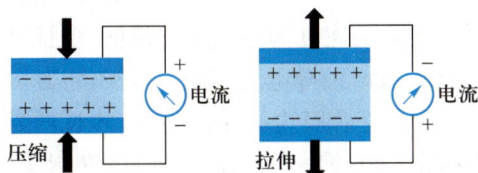

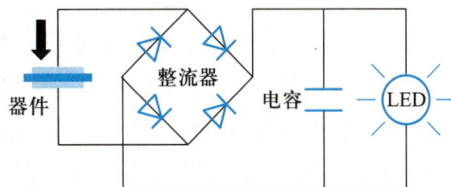

(a) 压电发电原理示意图　　　　　(b) 供电给LED灯的压电发电电路示意图

图 3-7　压电发电的原理与供电电路示意图

三、实验内容

1. 分子基压电材料 $N(CH_3)_4GaCl_4$ 的制备

(1) 1 $mol\cdot L^{-1}$ HGaCl₄(三氯化镓盐酸盐)溶液的配制。称取 9.4 g(50 mmol)Ga₂O₃ 固体于 100 mL 圆底烧瓶中,加入 50 mL 浓 HCl 溶液,搭建回流装置,加热、搅拌至溶液透明;冷却至室温,将溶液转至试剂瓶中,加纯水稀释至 100 mL,得到 1 $mol\cdot L^{-1}$ HGaCl₄ 溶液,摇匀,备用。为了节约试剂,1 mol·L^{-1} HGaCl$_4$ 溶液由实验室统一配制,学生实验时按需取用。

(2) 分子基压电材料 N(CH$_3$)$_4$GaCl$_4$ 的制备。称取 0.28 g(2.5 mmol)四甲基氯化铵[N(CH$_3$)$_4$Cl]固体于 10 mL 蒸发皿中,加入 1.5 mL 纯水,用玻棒搅拌至溶液透明;加入 2.5 mL 1 mol·L^{-1} HGaCl$_4$ 溶液,立即有白色沉淀产生。在不断搅拌下,用水浴加热将蒸发皿中溶液蒸发至近干;冷却,抽滤得到白色固体,用少量无水乙醇快速洗涤固体 2 次,抽干,将产物转至已称量的表面皿中,于 80 ℃烘箱中干燥 10 min。冷却,称量,计算产率。

X 射线粉末衍射(XRD)分析结果表明,本实验中快速结晶得到的产物的组成和结构与其 X 射线单晶衍射分析结果一致。

2. 压电器件制作

(1) PDMS 溶液的配制。PDMS(polydimethylsiloxane,聚二甲基硅氧烷)是作为压电材料成膜的载体。

本实验中,每个同学完成实验所需 PDMS 溶液的用量很少,为了节约试剂,PDMS 溶液由实验室统一配制,学生实验时按需取用。配制方法是:按 10∶1∶11 的质量比,分别称取 PDMS 的 A 组分预聚物[聚二甲基甲基乙烯基硅氧烷,poly(dimethyl-methylvinylsiloxane)]和 B 组分交联剂[聚二甲基甲基氢硅氧烷,poly(dimethyl-methylhydrogenosiloxane)]及稀释剂甲苯于锥形瓶中,盖好瓶塞,用电磁搅拌器充分搅拌,得到 PDMS 均一溶液。现用现配,并密闭保存。

(2) N(CH$_3$)$_4$GaCl$_4$@PDMS 复合膜的制备及压电器件的制作。将上述烘干的试样 N(CH$_3$)$_4$GaCl$_4$ 转入研钵中,充分研磨。称取研磨好的试样 0.14 g 于 10 mL 烧杯中,加入 2 g PDMS 溶液,充分搅拌使试样在 PDMS 溶液中分散均匀(约 5 min)。将混合溶液缓慢均匀地倒入直径为 6 cm 的聚四氟乙烯培养皿中(倒完溶液后,请立即用碎滤纸将烧杯及玻棒擦拭干净,以便后续的清洗),轻轻摇动培养皿使混合溶液在其中分布更加均匀。将培养皿置于 80 ℃电热板上加热 1.5 h,使其中混合溶液固化,形成试样质量分数为 12% 的 N(CH$_3$)$_4$GaCl$_4$@PDMS 复合膜。

用刮刀将复合膜与培养皿剥离并用手将其轻轻脱出,裁剪掉边缘不规则部分,则得到一张约 3.5 cm×3.5 cm 的薄膜(裁剪薄膜时,以导电胶带的宽度为参比进行裁剪,保证薄膜的四边均比导电胶带宽出约 3 mm)。取两条 3 cm×10 cm 的导电胶带作为电极,将其分别粘贴于复合膜的正反表面(注意此时导电胶带有一端与复合膜边缘保持距离,并且两导电胶带要错开,避免上下电极短接)得到覆盖电极的薄膜。取一块 6.5 cm×9.5 cm 塑封膜,将上述制作好的膜电极放在塑封膜中间,将导电胶带有黏性的一面各自贴合,用塑封机完成封装(为什么?)。

3. 压电效应的展示——点亮 LED 灯

按照图 3−7(b)所示的电路图,将整流器的四个引脚分别插在面包板上,在面包板的另一端串联 5 个 LED 灯(串联 LED 灯时,务必注意 LED 灯的正负极,切勿接反),再将电容器与 LED 灯的引脚分别与整流器对应的正、负极输出端相连,将压电器件上下电极分别连接整流器输入端的两个连接点。快速均匀地拍击(学生可用拳头或手掌,并尽可能多地覆盖压电薄膜,为什么?)器件过程中可观察到 LED 灯发光。改变 LED 灯的个数,观察灯的亮度变化。

4. 拓展实验

（1）影响压电器件性能因素的探究。

① $N(CH_3)_4GaCl_4$@PDMS 复合膜中 $N(CH_3)_4GaCl_4$ 的含量是影响压电器件性能的关键因素之一。压电器件的性能随构成器件的复合膜中压电材料的含量增加而提升。当其含量为 12% 时，器件的性能最好；当其含量大于 12% 时，器件的性能反而下降。这可能是压电材料分散在 PDMS 聚合物中，两种物质间会存在相界面，当压电材料含量增加到一定量时，会因为两者处于非均相而导致介电常数发生改变，影响压电器件的性能。同时，当压电材料含量增加到一定程度时，压电材料在 PDMS 中的分散程度和成膜质量均会受到影响，也会影响压电器件的性能。所以，制备的复合膜要致密、薄厚均匀。

② 在成膜质量一致的前提下，保持膜的厚度不变，膜的面积越大，器件输出的能量越高；保持膜的面积不变，膜的厚度越大，器件输出的能量也越高。但由于在制备面积或厚度大的薄膜过程中，往往会伴随着压电材料分散不均一等问题，导致在实际实验过程中，增大膜的面积或增加膜的厚度并不能明显提升器件性能，大多数情况下甚至表现出性能下降的现象。

对于温度、构成器件的复合膜中压电材料的含量及复合膜的大小、薄厚、均匀程度对压电器件性能的影响，可在老师的指导下进行自主探究。探究思路可扫描有关二维码查看相关内容。

（2）分子基压电材料 $N(CH_3)_4GaCl_4$ 的结构表征。

① 参考文献方法培养产物 $N(CH_3)_4GaCl_4$ 的单晶，并进行 X 射线单晶结构分析，以及学习 X 射线单晶衍射仪的使用和晶体结构解析软件的使用。

② 测定产物 $N(CH_3)_4GaCl_4$ 的 X 射线粉末衍射（XRD）图谱，并与其 X 射线单晶结构分析数据模拟的 XRD 图谱进行比较，进一步分析产物的组成和纯度。

四、注意事项

（1）实验过程涉及浓 HCl 溶液和甲苯，有关操作须在通风橱中操作。

（2）$N(CH_3)_4GaCl_4$@PDMS 复合膜的制备要注意以下几点：

① 用于配制 PDMS 溶液的 A 和 B 两组分都很黏稠，不易量取，因此，可用滴管将两组分加入烧杯中，在天平上称取。

② PDMS 溶液要在实验当天配制，取用后盖好瓶盖，以防甲苯挥发。PMDS 溶液容易固化，不宜放置太久。

③ 试样要充分研磨成细粉，不能有颗粒物存在。

④ 研磨的试样要在 PDMS 溶液中分散均匀。

⑤ 相比于聚四氟乙烯培养皿，玻璃培养皿表面更光滑，与膜贴合紧密，使膜不易剥离。所以，制备 $N(CH_3)_4GaCl_4$@PDMS 复合膜时，最好选用聚四氟乙烯培养皿。

⑥ 配制 PDMS 溶液及 $N(CH_3)_4GaCl_4$@PDMS 复合膜固化过程都要在通风橱中进行。

（3）组装电路时，应注意以下几点：

① 对于面包板的结构和电路要有清晰的认识，以免在使用过程中出现短路。

② 确保电子元件在接入电路时，要插紧，确保接触。

③ 压电器件的输出为交流电，为了能让灯泡正常工作，需要在电路中接入能够将交流

电转换为直流电的整流器,将器件两电极分别与整流器两输入端相连,输出端则会输出直流电。

④ 整流器的正负极要与灯泡的正负极相连,即整流器输出端正极通过电容器与灯泡正极相连,整流器输出端负极通过电容器与灯泡负极相连。

五、思考题

(1) 器件做好电极后,为什么要进行封装?

(2) 拍打力度对器件性能有什么影响?

(3) 在压电效应展示的电路中,如果不接入整流器,拍击器件过程 LED 灯是否会亮?

(4) 摩擦电无处不在,因此摩擦发电和压电发电往往会共存。摩擦发电和压电发电是当前绿色能源和科学研究前沿的两大主流方向。摩擦发电与压电发电的原理有什么不同?在该实验中,如何减少摩擦电贡献,准确评价压电的贡献?

(5) 结合"双碳"目标,展望分子基压电材料的应用前景。

六、参考文献

[1] Safaei M,Sodano H A,Anton S R.A review of energy harvesting using piezoelectric materials:state-of-the-art a decade later(2008—2018).Smart Mater Struct,2019,28(11):113001.

[2] Horiuchi S,Tokura Y.Organic ferroelectrics.Nat Mater,2008,7(5):357−366.

[3] Li Dong,Zhao Xuemei,Zhao Haixia,et al.Construction of magnetoelectric composites with a large room-temperature magnetoelectric response through molecular-ionic ferroelectrics.Adv Mater,2018,30:1803716.

[4] Castet F,Rodriguez V,Pozzo J L,et al.Design and characterization of molecular nonlinear optical switches.Acc Chem Res,2013,46(11):2656−2665.

七、助学导学内容

(1) 第四届全国大学生化学实验创新大赛,选手作品之一——实验视频。

(2) 第四届全国大学生化学实验创新大赛,选手作品之一——讲解视频。

(3) Li Zhirui,Qi Tongxu,Liu Jiayao,et al. From spark to fire—preparation of molecular−based piezoelectric material,fabrication of devices,and demonstration of piezoelectric effect:An innovative experiment for first−year undergraduates. J. Chem. Educ,2024,101,7:2832−2840.

(4) 影响压电器件性能因素的探究思路。

(5) 从晶体结构的对称性及具有压电效应的非心点群等晶体学角度去认识压电效应产生的原理。

(1)　　(2)　　(3)　　(4)　　(5)

实验 11　CuCl 的小量制备和性质

一、预习要点

(1) Cu(Ⅰ)与 Cu(Ⅱ)化合物的性质及其相互转化的条件。

(2) CuCl 的制备原理和方法及其性质。

教学课件

二、实验原理

在强酸性介质及过量 Cl^- 存在下，用 Cu 粉还原 Cu^{2+} 得到 $[CuCl_2]^-$，然后加大量纯水降低溶液酸度，使 $[CuCl_2]^-$ 分解，便得到白色 CuCl 沉淀。有关反应式为

$$CuCl_2 + Cu + 2HCl \xrightarrow{\quad} 2H[CuCl_2]（无色）$$

$$H[CuCl_2] \xrightarrow{H_2O} CuCl\downarrow（白色）+ HCl$$

CuCl 能溶于浓 $NH_3 \cdot H_2O$ 和浓 HCl 溶液中，有关实验内容概要如图 3-8 所示。

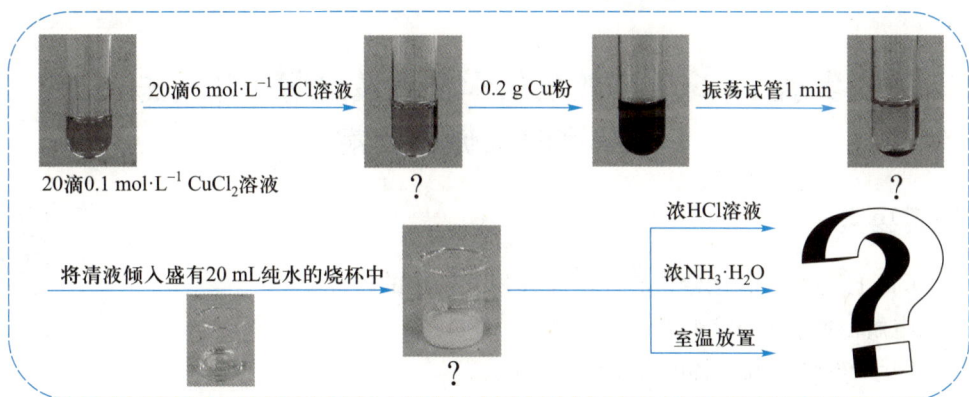

图 3-8　CuCl 小量制备与性质实验内容概要图

三、实验内容

1. CuCl 的制备

向试管中加入 20 滴 1 $mol \cdot L^{-1}$ $CuCl_2$ 溶液和 20 滴 6 $mol \cdot L^{-1}$ HCl 溶液，再加入 0.4 g NaCl 固体（实验结果证明，HCl 溶液浓度足够时，不加 NaCl 固体，实验也能成功，见教学课件中内容），用玻棒搅拌使其溶解，观察溶液颜色；再加入 0.2 g Cu 粉，用玻棒充分搅拌至溶液颜色消失（约 1 min），静置试管使反应剩余的 Cu 粉沉降，然后用滴管吸取清液于盛有 15 mL 纯水的烧杯中，得到大量白色沉淀。等大部分沉淀下沉后，立即用倾析法除去溶液，并用 10 mL 纯水洗涤沉淀 2 次，倾去清液。再加适量纯水没过沉淀，即将沉淀保留在纯水中备用。

2. CuCl 的性质

(1) 用一次性滴管吸取少量沉淀于表面皿中，观察沉淀颜色的变化。写出有关反应式。

(2) 向一支试管中加入 10 滴浓 $NH_3 \cdot H_2O$，再用滴管加入 2~3 滴沉淀悬浮液于管底，观察沉淀是否溶解及溶液颜色的变化。写出有关反应式。

（3）向一支试管中加入 10 滴浓 HCl 溶液，再用滴管加入 2～3 滴沉淀悬浮液于管底，观察沉淀是否溶解及溶液颜色的变化。写出有关反应式。

四、注意事项

（1）Cu（Ⅰ）化合物在空气中不稳定，制备得到 CuCl 白色沉淀后，应尽快进行其性质实验。

（2）反应剩余的 Cu 粉要回收至指定容器中。

五、思考题

（1）写出制备 CuCl 的反应式。

（2）为什么要将 CuCl 沉淀保留在纯水中？

（3）在进行 CuCl 的性质实验时，为什么要用滴管将沉淀悬浮液加入试管底部？

六、参考文献

郑万里.氯化亚铜制备方法的改进.大学化学，1991，6（2）：46－47.

实验 12　Cu_2O 的电化学合成及电解－量气法测定阿伏伽德罗常数

一、预习要点

（1）Cu（Ⅰ）与 Cu（Ⅱ）化合物的性质及其相互转化的条件。

（2）电解法制备 Cu_2O 的原理与方法。

（3）Cu_2O 的性质及与稀酸和稀碱的反应。

（4）电解－量气法测定阿伏伽德罗常数的原理和方法。

（5）电解的基本原理及法拉第电解定律的应用。

（6）理想气体状态方程和分压定律。

教学课件

二、实验原理

电化学合成又称电解合成，是利用电解原理在电极表面进行电极反应，从而生成新物质的一种绿色合成技术，可以分为电氧化合成和电还原合成。其中，无机物的电化学合成在现代社会的发展中起着重要的作用，如氯碱工业就是利用电解饱和食盐水来制备 NaOH 和 Cl_2 的。与化学合成相比，电化学合成具有以下优点：

（1）电化学合成反应体系中除原料和生成物外，通常不含有其他反应试剂，"电"本身就是清洁的反应试剂，因此，反应后的合成产物易分离，易精制，且纯度高，副产物少，可简化制备步骤，降低分离成本并大幅度减少环境污染。

（2）电化学合成通常在常温、常压下进行，反应条件温和，能耗低。

（3）在反应体系中，电子转移和化学反应这两个过程可同时进行。因此，与化学合成法相比，能缩短合成工艺，减少设备投资，缓解环境污染。

（4）在电化学合成过程中，可通过改变电极电势的大小合成不同的产物。同时，也可通过控制电极电势，使反应按预定的目标进行，从而获得高纯度的产物，并有较高的收率及选择性。

更重要的是，在水溶液、熔融盐和非水溶剂（如有机溶剂、液氨等）中，通过电氧化或电还原过程可以合成出难以用其他方法合成的物质，如含有中间价态或特殊低价元素化合物、混合价态化合物及金属钠与非金属氟等极活泼物质等。

Cu_2O 常用于制造船舶底漆以杀死低级海生动物，也用作陶瓷和搪瓷的着色剂、红色玻璃染色剂和农作物的杀菌剂，以及电子器件、太阳能电池和有机合成的催化剂等。

Cu_2O 的制备方法有三类：①干法，即用 Cu 粉和 CuO 混合密闭煅烧而成；②湿法，即在水溶液中，以 $CuSO_4$ 为原料，用 NaOH 溶液调节 pH，被葡萄糖或 $Na_2S_2O_3$ 还原而制得；③电解法，即电解碱性 NaCl 溶液而制得。

在本实验中，以 Cu 片作阳极，卷曲的 Cu 线作阴极，电解碱性 NaCl 溶液制备 Cu_2O。在电解法制备 Cu_2O 的过程中，阴极有 H_2 产生，可同时定量收集产生的 H_2，用量气法测定阿伏伽德罗常数。

本实验将电解法制备 Cu_2O 和电解-量气法测定阿伏伽德罗常数两个实验项目有机融合为一个集制备、性质与常数测定的定性、定量分析于一体的多环节实验，一次电解完成两个实验，达到经济、环保的目的。

1. 电化学合成 Cu_2O

以 Cu 片作阳极，以卷曲成螺圈状（以增大电极面积）的 Cu 线作阴极，用 100 mA 电流电解碱性 NaCl 溶液制备 Cu_2O，其电解装置示意图如图 3-9 所示。有关电极反应为

$$阴极反应：2H_2O + 2e^- \longrightarrow H_2\uparrow + 2OH^-$$

$$阳极反应：2Cu - 2e^- + 2Cl^- \longrightarrow Cu_2Cl_2（或 2CuCl）$$

$$Cu_2Cl_2 + 2OH^- \longrightarrow Cu_2O\downarrow + H_2O + 2Cl^-$$

$$电解反应：H_2O + 2Cu \xrightarrow{电解} H_2\uparrow + Cu_2O\downarrow$$

(a) 电解前　　　　　　　　　　(b) 电解后

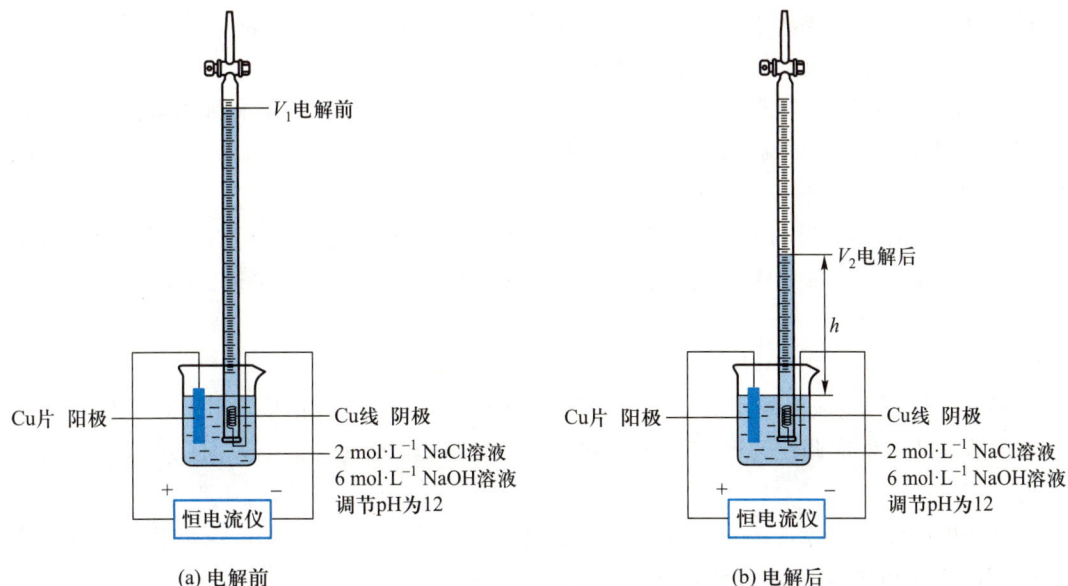

图 3-9　电解法制备 Cu_2O 和电解-量气法测定阿伏伽德罗常数的电解装置示意图

2. 电解－量气法测定阿伏伽德罗常数

如上所述,电解过程中阴极反应产生 H_2,用量气法测定阴极所析出的 H_2 体积。根据法拉第电解定律、道尔顿分压定律及理想气体状态方程可求得阿伏伽德罗常数。

若电解时通过电解池的电流为 $I(A)$,则在时间 $t(s)$ 内,通过电解池的总电荷量为

$$Q = It (A \cdot s, 即 C)$$

从上述的阴极反应可知,产生一个 H_2 需要两个电子,一个电子的电荷量是 1.602×10^{-19} C,如果通过电解池的电荷量为 Q,则在阴极上将得到 n mol H_2,1 mol H_2 所具有的分子数,即阿伏伽德罗常数 N_A 为

$$N_A = \frac{It}{2 \times 1.602 \times 10^{-19} n_{H_2}}$$

实验中,可同时测定室温 T 时 H_2 的压力 p_{H_2} 和体积 V_{H_2},则 H_2 的物质的量可由理想气体状态方程得到,即

$$p_{H_2}V_{H_2} = n_{H_2}RT$$

$$n_{H_2} = \frac{p_{H_2}V_{H_2}}{RT}$$

$$p_{H_2} = p_{大气压} - p_{H_2O} - p_{液注}$$

式中,p_{H_2} 为 H_2 分压;$p_{大气压}$ 为大气压力(从气压计读出);p_{H_2O} 为实验温度 T 时水的饱和蒸气压(从本书附录中读出);$p_{水柱}$ 为量气管内液柱所产生的压力,由直尺测得量气管内液面与烧杯内电解液液面的高度差 h 计算得到;R 为摩尔气体常数(8.314 J·mol^{-1}·K^{-1})。

三、实验内容

1. 组装电解－量气装置

(1) 准备电解液。在 250 mL 烧杯中加入 100 mL 2 mol·L^{-1} NaCl 溶液,滴加 6 mol·L^{-1} NaOH 溶液调节溶液的 pH 为 12;再将 pH 为 12 的 NaCl 溶液倒入 50 mL 滴定管(作为量气管用)中,然后把装满溶液的滴定管倒置在盛有 50 mL pH=12 的 NaCl 溶液的烧杯中,如图 3-9 所示,并用蝴蝶夹将其固定在铁架台上。

(2) 处理电极。用砂纸轻轻擦去 Cu 片表面的氧化物,并用自来水和纯水冲洗干净。将其晾干或用碎滤纸片擦干后插入烧杯中,将 Cu 线的裸露部分卷成螺圈状后插入滴定管的倒口中(注意,裸露部分应全部在滴定管内)。

(3) 调节恒电流仪电流值。打开恒电流仪电源开关,连接其正极和负极使其短路,调节其电流控制旋钮使其显示窗的电流值为 100.0 mA,再断开正极和负极的连接,并关闭恒电流仪电源开关,待用。

2. 电解－量气法测定 H_2 体积

将 Cu 片与恒电流仪的正极相接,将 Cu 线与恒电流仪的负极相接,如图 3-9 所示。量气管中溶液的液面应调在 50~45 mL 刻度范围内,准确读取量气管中液面位置 V_1,并记录于表 3-3 中。

打开恒电流仪电源开关并开始计时,此时电解电流应该为 100.0 mA,如果电流有少许波动,需及时调节电流控制旋钮,使电流显示值始终为 100.0 mA。

电解 15 min,关闭恒电流仪电源开关。准确读取量气管中液面位置 V_2;用直尺量出量

气管内液面与烧杯内电解液液面的高度差 h。把所测得的数据填入表3−3中。

实验过程中,随时观察并记录室温 T 和大气压力 $p_{大气压}$,如果变化较大时,计算时取其平均值。

必要时,按照上述操作步骤再做一次实验。把所测得的数据填入表3−3中。

表3−3 电解量气法测定 N_A 的实验数据记录及处理

实验序号	1	2
电流 I/A		
电解时间 t/s		
电解前量气管内液面位置 V_1/mL		
电解后量气管内液面位置 V_2/mL		
H_2 体积 V_{H_2}/mL		
液柱高度 h/cm		
室温 T/℃		
大气压 $p_{大气压}$/Pa		
T℃时水的饱和蒸气压 p_{H_2O}/Pa		
液柱产生的压力 $p_{液柱}$/Pa		
H_2 分压 p_{H_2}/Pa		
H_2 的物质的量 n_{H_2}/mol		
阿伏伽德罗常数 N_A		
相对误差/%		

3. 电解产物 Cu₂O 的收集

电解结束后,小心取出量气管和电极,将烧杯中的悬浮液转至几支离心管中,离心分离,用适量纯水洗涤固体至无 Cl^-(用 $AgNO_3$ 溶液检验),备用。

4. 电解产物 Cu₂O 的性质

(1)试验 Cu₂O 与 KMnO₄ 溶液的作用,观察 Cu₂O 能否使 KMnO₄ 溶液褪色。写出有关反应式。

(2)试验 Cu₂O 分别与浓 $NH_3·H_2O$ 和浓 HCl 溶液的作用,观察 Cu₂O 是否溶解。写出有关反应式。把所得溶液放置片刻,观察溶液颜色的变化,并解释变化的原因。

(3)试验 Cu₂O 分别与稀 HCl 溶液和稀 H_2SO_4 溶液的作用,观察现象,写出有关反应式。

四、注意事项

(1)若没有恒电流仪,可用直流电源与变阻器的组合或电化学工作站代替。有关恒电流仪的规范使用及其注意事项详见第1章1.3.3有关内容。

(2)在读取 H_2 体积时,要从上向下读数,因为滴定管是倒置的。

(3)读取量气管内液面位置时,视线应与溶液的凹液面的切线及量气管的刻度线"三线"在同一水平线上。

(4)计算液柱产生的压力时,严格来说,应用 2 mol·L⁻¹NaCl 溶液的密度,但由于不同浓度 NaCl 溶液的密度不同,并所用 NaCl 溶液的浓度也不一定准确,在实际处理数据时,就用水的密度代替 NaCl 溶液的密度。

（5）相对误差计算公式为

$$相对误差 = \frac{测定值(x_i) - 真实值(x_t)}{真实值(x_t)} \times 100\%$$

（6）阿伏伽德罗常数的每次实验测定值,其误差在 $\pm 5\%$ 以内为合格,否则为不合格。

（7）作为电极的 Cu 片和螺圈状 Cu 线可重复使用。

五、思考题

（1）整个电解过程中,为什么要维持电流恒定?

（2）为什么电解液的 pH 要为 12? 如果电解液的 pH 低于 3,会对 Cu_2O 的制备产生什么影响?

（3）制备 Cu_2O 的方法有哪些? Cu_2O 具有哪些性质?

（4）如何测量 H_2 压力? 在计算 H_2 压力时,为什么要用大气压力减去同温度下水的饱和蒸气压力与量气管中水柱高度产生的压力?

（5）为什么要将 Cu 线的裸露部分卷成螺圈状,并应全部插入量气管的倒口中?

（6）在计算 H_2 压力时,要减去量气管中液柱产生的压力。在实验时要量取量气管中液柱高度以及将液柱高度(cm)换算成 Pa(严格来说,要用 2 mol·L^{-1} NaCl 溶液的密度计算)都比较麻烦,那么,如何改进实验装置,像测定 Mg 的摩尔质量实验一样,使量气管内外气体压力一样?

六、参考文献

陆根土,王中庸.无机化学实验教学指导.2 版.北京:高等教育出版社,1992.

七、助学导学内容

霍宣竹,刘乙熹,吴其宇,等.“电解法制备 Cu_2O 及量气法测定阿伏伽德罗常数”一体化实验及其实施结果与讨论——向全国不同层次高校的大一学生推荐一个微实验,大学化学,2024,39(3):302−307.

实验 13　聚集诱导发光铜(I)碘簇合物 $Cu_2I_2(BINAP)_2$ 的合成及其在构筑长余辉发光材料中的应用

一、预习要点

（1）聚集诱导发光(aggregation-induced emission,AIE)。

（2）簇合物及其制备方法以及铜碘簇合物的合成原理和方法。

（3）光致发光与长余辉发光现象及其原理。

二、实验原理

聚集诱导发光(aggregation-induced emission,AIE)是指某一类含有特殊结构的分子,其在溶液分散状态下无光致发光性能而在聚集状态或固体状态下具有强烈光致发光性能的一种化学现象。如本实验中合成得到的铜(Ⅰ)碘簇合物 $Cu_2I_2(BINAP)_2$,其固体具有强烈的发光性能,而其二氯甲烷溶液没有发光性能。AIE 现象由我国科学家唐本忠院士于2001 年首先发现并报道,历经20多年的发展,具有 AIE 性能的分子已被广泛应用于有机光电材料、荧光探针、生物成像、过程监测等诸多领域,成为国际公认的化学科学研究的前沿热点之一。

金属原子簇合物简称金属簇合物,是由几个乃至上千个原子、分子或离子通过物理或化学结合力组成的相对稳定的微观聚集体,其物理和化学性质随所含原子数目变化而变化,是介于原子、分子与宏观固体物质之间的物质结构的新层次。金属簇合物包括含有配体的金属簇合物和不含配体的金属"裸簇"(称为金属团簇,如金属超微粒)。对于金属簇合物的设计、制备和性能研究,也是当今无机化学研究的前沿热点之一。

含有配体的金属簇合物,如由其他配体稳定的 Cu(Ⅰ)和 I⁻ 相连组成的铜碘簇合物,其中 Cu(Ⅰ)具有 d^{10} 满壳层电子结构,常常表现出优异的发光性能。I⁻ 作为桥联配体与 Cu(Ⅰ)配合形成结构各异的铜碘簇分子,如图 3—10 所示。

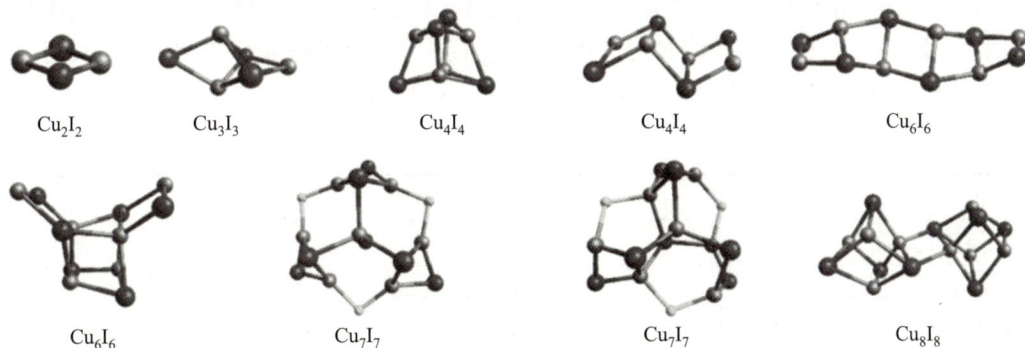

Cu₂I₂　　Cu₃I₃　　Cu₄I₄　　Cu₄I₄　　Cu₆I₆

Cu₆I₆　　Cu₇I₇　　Cu₇I₇　　Cu₈I₈

图 3—10　几种铜碘簇的核心结构图(略去其他配体)

本实验内容主要包括:①合成一种具有聚集诱导发光特性的双膦配体保护的铜碘簇合物,了解其配位结构和晶体结构;②将该簇合物掺杂于三苯基膦基质中,得到一种具有长余辉发光特性的复合材料;③试验铜碘簇合物及其在二氯甲烷溶液的光致发光性质及掺杂复合材料的光致发光及长余辉发光性质,认识和学习光致发光及长余辉发光的现象及机理。其内容概要如图 3—11 所示。

1. 铜碘簇合物 $Cu_2I_2(BINAP)_2$ 的合成与结构

本实验中,以乙腈和二氯甲烷作为反应介质,通过 2,2′-双(二苯基膦基)-1,1′-联萘[2,2′-bis(diphenylphosphino)-1,1′-binaphthalene,BINAP]配体与 CuI 作用,得到具有 Cu_2I_2 核心的铜碘簇合物 $Cu_2I_2(BINAP)_2$。有关反应式为

$$2CuI + 2BINAP \xrightarrow{\text{乙腈+二氯甲烷}} \underset{\text{(析出晶体)}}{Cu_2I_2(BINAP)_2}$$

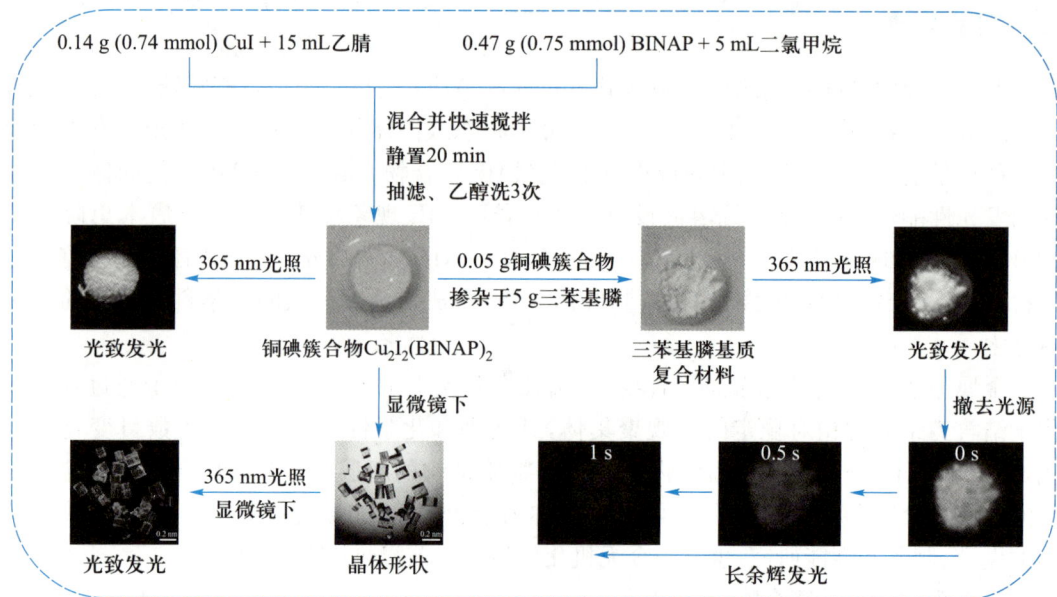

图 3-11　聚集诱导发光铜(Ⅰ)碘簇合物 $Cu_2I_2(BINAP)_2$ 的合成及其在构筑长余辉发光材料中的应用实验内容概要图

在所给定的制备条件下得到的产物为黄色晶体,可通过 X 射线单晶衍射测定该簇合物的结构。文献报道,所合成的铜碘簇合物为六方晶系,其晶胞参数如表 3-4 所示,其配位结构如图 3-12 所示,其分子核心(Cu_2I_2)结构如图 3-10 所示。

表 3-4　铜碘簇合物 Cu_2I_2 (BINAP)$_2$ 的晶胞参数

化学式	$C_{88}H_{64}Cu_2I_2P_4$
分子量	1626.28
晶系	六方晶系
空间群	$P6_3$
$a=b/\text{Å}^{①}$	25.9178
$c/\text{Å}$	18.7907
$\alpha=\beta/°$	90
$\gamma/°$	120
晶胞体积/Å^3	10931.3
晶体密度/(g·cm^{-3})	1.48217

① 1 Å = 10^{-10} m。

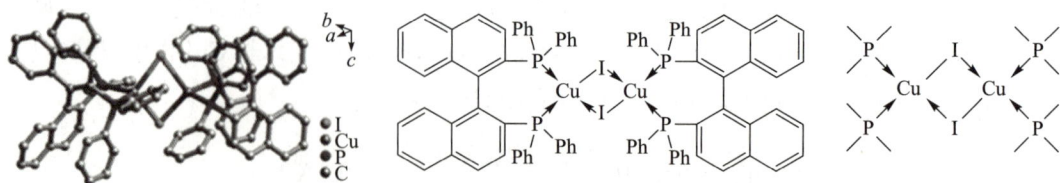

图 3-12　铜碘簇合物 Cu_2I_2 (BINAP)$_2$ 的配位结构图

从图 3-12 可以看出,Cu(I)采用 sp^3 杂化方式,两个 I⁻ 作为桥联配体将两个 Cu(I)连接起来,形成一个 Cu_2I_2 的核心,每个 BINAP 配体中两个 P 原子的孤对电子填入 Cu(I)的 sp^3 杂化轨道中,与两个 I⁻ 形成四面体结构。

2. 铜碘簇合物掺杂于三苯基膦基质中的复合材料制备

在一定量三苯基膦(作为基质)中加入很少量铜碘簇合物的过程称为掺杂,所得到的混合物称为复合材料。其目的是在三苯基膦基质中引入"三苯基膦-铜碘配合物"离子对发光中心,促进长余辉发光的产生。

按照质量比 100:1 称取三苯基膦与铜碘簇合物,以乙醇为介质,并于 65 ℃水浴中加热搅拌,使两种物质充分混合后,自然冷却至室温,得到铜碘簇合物掺杂于三苯基膦基质中的复合材料。

3. 铜碘簇合物 $Cu_2I_2(BINAP)_2$ 的光致发光

分子的光致发光过程可以用雅布朗斯基发光能级图(图 3-13)进行说明。

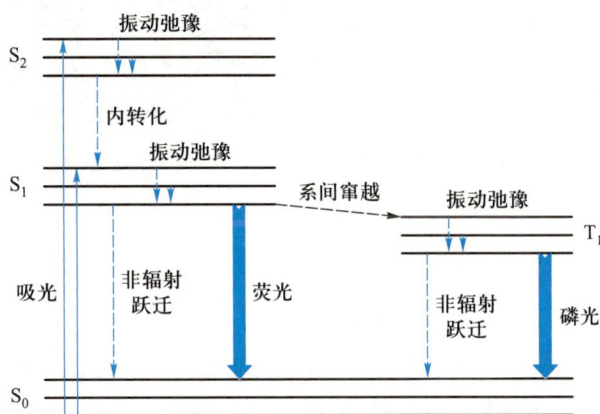

图 3-13 雅布朗斯基发光能级示意图

在分子吸收光的过程中,光子将能量转移给分子,使得分子中的电子从较低的能级跃迁至较高能级,形成激发态分子。电子从分子的第一激发单重态(S_1)回到基态(S_0)的过程中,会产生辐射跃迁(即荧光)和非辐射跃迁。非辐射跃迁则伴随着振动松弛、内转化等过程,导致激发态能量以热能的形式传递给周围介质。具有 AIE 特性的分子由于其特殊的分子结构,在聚集状态下可以有效限制非辐射跃迁的发生,得到较高的发光效率。除了以上过程,少数分子在激发态还可以通过系间窜越过程,将激发态电子转移至第一激发三重态(T_1),从该状态回到基态时产生的发光,即为磷光。磷光相对于荧光来说具有较长的发光寿命。

4. 铜碘簇掺杂的三苯基膦的长余辉发光

长余辉发光是一种特殊的光致发光,指的是在光源激发下,材料发出可见光的同时,将获得的部分光能储存起来,在激发停止后,继续以光的形式将储存的能量缓慢释放出来的现象。具有长余辉发光性能的材料多为磷光材料。由于激发态自旋禁阻及三线态对水、氧、温度等因素敏感的原因,多数物质难以表现出磷光特性,而在室温下、空气中能表现出长余辉发光的材料则更是难得。如何使物质具有长余辉发光性能,开发其在印刷防伪、应急显示、时间分辨成像等领域的应用,成为当今化学研究的前沿热点之一。

在本实验中,将铜碘簇合物掺杂于三苯基膦固体基质中,通过形成"三苯基膦-铜碘配合物"离子对发光中心,如图 3-14 所示,促进三苯基膦发生系间窜越,产生具有超长寿命的长余辉发光,其肉眼可见的延迟发光可达数秒甚至数十秒。实际上,其相关机理较为复杂。

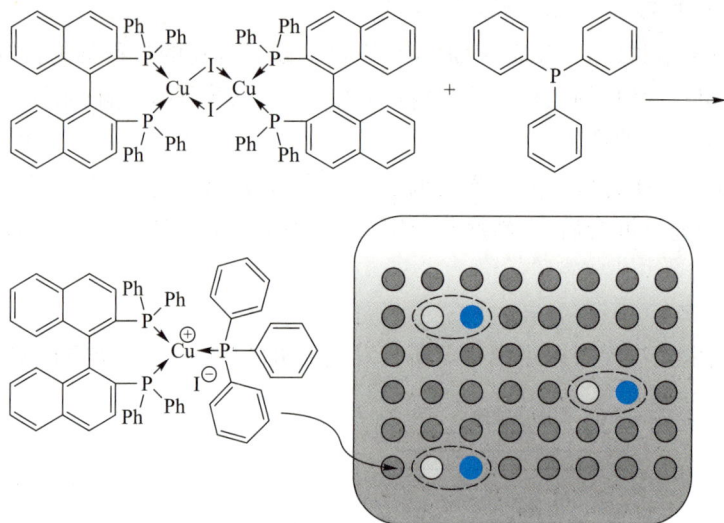

图 3-14　铜碘簇合物 $Cu_2I_2(BINAP)_2$ 掺杂的三苯基膦长余辉发光产生的机理示意图

三、实验内容

1. 铜碘簇合物 $Cu_2I_2(BINAP)_2$ 的合成

称取 0.14 g(0.74 mmol)CuI 固体于 50 mL 锥形瓶中,加入 15 mL 乙腈,搅拌至溶解完全;另称取 0.47 g(0.75 mmol)BINAP 固体于 50 mL 锥形瓶中,加入 5 mL 二氯甲烷,搅拌至溶解完全(规范操作:搭建回流装置,电磁搅拌至溶解完全)。将两种溶液迅速混合并快速搅拌均匀后,室温下静置 20 min 使反应完全,显微镜下可以观察到溶液中逐渐出现黄色块状晶体(显微结晶反应)。抽滤,用 30 mL 乙醇洗涤晶体三次,将晶体转至已称量的表面皿中,再利用显微镜观察所得试样的均一度及晶体的形貌。将所得晶体放入 60 ℃烘箱中干燥 10 min,称量,计算产率。

2. 铜碘簇合物掺杂于三苯基膦基质中的复合材料制备

称取 5 g(19 mmol)三苯基膦于 50 mL 锥形瓶中,加入 15 mL 乙醇和 0.05 g(0.03 mmol)铜碘簇晶体,于 65 ℃水浴中加热搅拌 15 min 至固体完全溶解。自然冷却至室温,有晶体析出,显微镜下可以观察晶体的生长过程及晶体的形貌。抽滤,得到铜碘簇合物掺杂的三苯基膦复合材料。

3. 铜碘簇合物 $Cu_2I_2(BINAP)_2$ 及铜碘簇合物掺杂的三苯基膦复合材料的发光现象

(1)分别将铜碘簇合物及其二氯甲烷溶液、铜碘簇合物掺杂的三苯基膦置于点滴板上,用 365 nm 紫外手电筒照射试样,观察试样的发光情况;关掉紫外手电筒,观察对比试样的发光情况,解释光致发光和长余辉发光的区别与联系。

(2)同样用 365 nm 的紫外手电筒分别照射 BINAP,CuI 和三苯基膦固体,观察现象。关掉紫外手电筒,继续观察情况。

4. 延伸实验——合成不同形貌的铜碘簇合物

可两人一组,分别采取扰动(搅拌使反应完全)和不扰动(静置 20 min 使反应完全)的方法制备铜碘簇合物。通过对比,可以更加直观地考察不同合成条件对产物形貌的影响。

5. 拓展实验

(1) 测定铜碘簇合物 $Cu_2I_2(BINAP)_2$ 的 XRD 图谱,并与用其 X 射线单晶结构分析数据模拟的 XRD 图谱进行比较,进一步分析铜碘簇合物的组成和纯度。

(2) 用原子吸收光谱法测定铜碘簇合物中 Cu(I) 含量,分析铜碘簇合物的组成和纯度。

(3) BINAP 有 R 和 S 两种不同构型。因此,理论上来说,利用不同 BINAP 配体合成的铜碘簇合物将有三种不同的旋光异构体。根据文献报道,用消旋的 BINAP 配体合成的铜碘簇为立方晶体,与本实验采用单一手性 BINAP 所得的六方晶体不同。可引导学生讨论和实践有关内容。

四、注意事项

(1) 使用紫外手电筒时,应避免紫外光照射眼睛和皮肤。

(2) 要得到形貌优良的铜碘簇合物 $Cu_2I_2(BINAP)_2$ 晶体,需注意以下六点:

① 盛放反应物固体的容器要干燥,否则残留的水会影响反应物在有机溶剂乙腈和二氯甲烷中的溶解性。

② 二氯甲烷的沸点为 40 ℃,挥发性强。所以,用二氯甲烷作溶剂溶解配体 BINAP 时,应加回流装置。

③ CuI 和 BINAP 应完全溶解后再进行混合,如果溶解不完全,会导致在晶体生长过程中产生包覆现象,降低产物纯度,或者产生晶体颗粒大小不一的簇合物产物。

④ 铜碘簇合物的溶解性较差,容易在溶液中快速析出,因此须迅速将两种反应物溶液进行混合并快速搅拌均匀,避免反应物局部过浓,析出大颗粒的粉末产物。

⑤ 在静置过程中,不要扰动反应体系,以得到形貌良好的晶体。

⑥ 本实验采用的 BINAP 配体为单一手性的 BINAP 配体(R 或 S 皆可)。若采用外消旋 BINAP 配体,则无法得到六方晶体,这主要是手性和外消旋配体的溶解性不同导致的。

(3) 实验中用到乙腈、二氯甲烷和乙醇等挥发性溶剂及 BINAP 和三苯基膦有机化合物,注意其使用规范和有机废液的分类回收。

五、思考题

(1) 举例说明什么是金属簇合物。金属簇合物有哪些分类。

(2) 什么是光致发光和长余辉发光? 什么是磷光?

(3) 根据表 3—4 所给出的晶胞参数,如分子量和晶体密度等数据,计算每个晶胞中所含有的铜碘簇合物分子的个数。

六、参考文献

[1] Troyano J,Zamora F,Delgado S.Copper(I)-iodide cluster structures as functional and processable platform materials.Chem Soc Rev,2021,50:4606.

[2] Liang Xiao,Luo Xufeng,Yan Zhiping,et al.Organic long persistent luminescence

through in situ generation of cuprous（Ⅰ）ion pairs in ionic solids. Angew Chem Int Ed，2021，60：24437.

七、助学导学内容

（1）第三届全国大学生化学实验创新大赛，选手作品之一——实验视频。

（2）第三届全国大学生化学实验创新大赛，选手作品之一——演示文稿。

（3）曾芃誉，白冰，兰佳琦，等.一种聚集诱导发光（AIE）铜碘簇合物的合成及其在构筑长余辉发光材料中的应用.大学化学，2023，38（4）：207－215.

（4）李恺，何占航，李中军，等.以"聚集诱导发光（AIE）"理论为载体开展化学类课程思政建设的研究与实践.大学化学，2021，36（3）：253－257.

| (1) | (2) | (3) | (4) |

实验 14　黄色 Cu(Ⅱ)配合物的小量固相合成及其热致变色现象

一、预习要点

教学课件

（1）热致变色现象及热致变色材料。

（2）可逆热致变色材料及其应用。

（3）配位化学的晶体场理论。

（4）热致变色配合物的变色原理。

二、实验原理

有些材料在温度高于或低于某个特定温度区间会发生颜色变化，这种材料被称为热致变色材料（thermochromic materials），简称热色材料，也叫温致变色材料。热致变色材料的热变色性主要分为两类，即化合物的颜色能够随温度升降，能反复发生颜色变化的称为可逆热致变色，而温度变化时只能发生一次颜色变化的称为不可逆热致变色。

目前，科学家们已在无机物、有机物、聚合物及液晶等各类化合物中发现大量具有热致变色特性的物质，人们通过肉眼即可观察到这些物质的颜色变化。热色材料按组成材料的物质种类可分为热致变色无机材料（如碘化物、配合物等）和热致变色有机材料（如螺吡喃、荧光类衍生物、聚噻吩、液晶类材料等）。

热致变色材料最初被用作示温材料。将其涂布在一些无法用普通温度计或热电偶测温的特殊场合的物体表面（如机器部件过热温度检测），根据其颜色变化指示温度及温度分布。20 世纪 80 年代以来，可逆热致变色材料作为一类具有颜色记忆功能的智能型材料已广泛用于日常生活的各个领域，如热敏染料、变色釉瓷（如变色水杯、工艺品等）、防伪材料（如防伪商标、保密文件使用的变色墨水）等。随着新型热致变色材料的开发，其应用也逐步扩展到分析、传感器等高新科技领域。

热致变色的原理很复杂,一般可概括为:①结构变化,包括晶体结构或晶格常数的改变、有机化合物分子结构的变化、配合物的几何构型改变等;②热分解,由于分解产生的新的有色物质而使颜色改变;③反应平衡移动,由两种或两种以上自身没有热致变色性的物质组成的混合体系,受热后由于发生化学反应而显示颜色变化。本实验是有关黄色 Cu(Ⅱ) 配合物的小量固相合成及其热致变色性质和原理。

1. $[(CH_3CH_2)_2NH_2]_2CuCl_4$ 配合物的固相合成

有关固相合成的介绍详见实验21。

本实验以 $CuCl_2$ 与二乙基胺盐酸盐 $[(CH_3CH_2)_2NH_2Cl]$ 直接在固相发生反应合成目标产物四氯合铜(Ⅱ)双二乙基胺 $[(CH_3CH_2)_2NH_2]_2CuCl_4$,有关反应式为

$$CuCl_2 + 2(CH_3CH_2)_2NH_2Cl \Longrightarrow [(CH_3CH_2)_2NH_2]_2CuCl_4$$

无水的 $[(CH_3CH_2)_2NH_2]_2CuCl_4$ 是黄色的(略显棕色),易吸潮(呈棕黄色),易溶于乙醇,难溶于乙醚。

2. $[(CH_3CH_2)_2NH_2]_2CuCl_4$ 配合物的热致变色

配合物的热致变色通常与其配位结构有关。文献报道,具有热致变色性能的配合物四氯合铜双二乙基铵 $[(CH_3CH_2)_2NH_2]_2CuCl_4$ 在 52 ℃ 左右发生从绿色变为棕黄色的相转变,其中无机发色团 $[CuCl_4]^{2-}$ 的几何构型由平面正方形变为四面体,如图 3-15 所示。

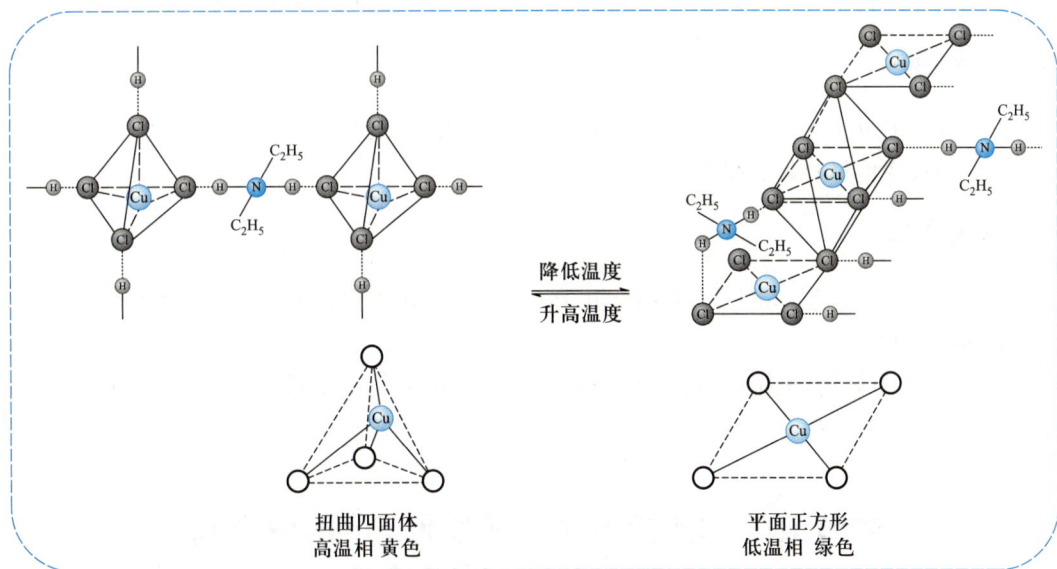

扭曲四面体
高温相 黄色

平面正方形
低温相 绿色

降低温度 / 升高温度

图 3-15 $[(CH_3CH_2)_2NH_2]_2CuCl_4$ 在高温(常温)相和低温相的结构图

在低温条件下,由于 Cl^- 与二乙基胺中氢之间的氢键(N—H---Cl 氢键)较强及晶体场稳定化作用,使其中 $[CuCl_4]^{2-}$ 处于扭曲的平面正方形结构。随着温度升高,分子内振动加剧和乙基热运动加强使 N—H---Cl 氢键削弱,其结构就从平面正方形结构变为扭曲的四面体结构,相应地其颜色由绿色转变为黄色。可见,该化合物分子结构中,对温度最敏感的部分是 N—H---Cl 氢键,其氢键变化是该热致变色现象的主要驱动力。

三、实验内容

1. $[(CH_3CH_2)_2NH_2]_2CuCl_4$ 配合物的小量固相合成

向干净、干燥的试管中加入 0.14 g(1.2 mmol)二乙基胺盐酸盐和 0.11 g(0.6 mmol)$CuCl_2 \cdot 2H_2O$ 固体,将试管放入 50 ℃水浴中稍稍加热,用玻棒搅拌使反应完全,得到棕黄色黏稠物。若实验室湿度大时,可以用橡胶塞或铝箔封住试管口。

2. $[(CH_3CH_2)_2NH_2]_2CuCl_4$ 配合物的热致变色现象

将盛有黄色黏稠物的试管放入冰水中,观察颜色变化。再用手捂热试管下端,观察颜色变化;再将试管放入冰水中,观察颜色变化是否具有可逆性。

四、注意事项

(1) 四氯合铜双二乙基铵易吸潮,制备过程中所用容器均应干燥洁净。

(2) 实验室温度高时,不需要水浴加热,可直接搅拌使反应物混合均匀和促使反应进行。

(3) 为了显现更好的热致变色效果,在试管中反应得到棕黄色产物后,可向试管中加几滴乙醚(沿着管壁加入,同时冲洗管壁)洗涤产物,搅拌,静置,用滴管将洗涤液吸出,再重复洗涤一次。

(4) 黄色产物不宜长时间暴露在空气中。否则,产物吸潮影响可逆热致变色效果。

五、思考题

(1) 试以配位化学相关理论解释该配合物颜色随温度变化的原因。

(2) 热致变色材料具有哪些应用?

六、参考文献

[1] Van Oort,Michiel J M. Preparationof a Simple Thermochromic Solid. J Chem Educ,1988,65(1):84.

[2] 李良,赵修贤,王彬彬,等.热致变色过渡金属配合物的变色机理及应用.材料导报,2023,37(4):21010049.

实验 15 非水溶剂中合成红色 Cu(Ⅱ)配合物及其热致变色现象

一、预习要点

(1) 无机化合物制备的方法和基本操作。

(2) 非水溶剂中的溶解、结晶及过滤等基本操作。

(3) Cu(Ⅱ)化合物颜色与性质。

(4) 热致变色现象及热致变色原理。

(5) 可逆热致变色材料及其应用。

教学课件

二、实验原理

水是最绿色、环保、安全、便宜的溶剂,因而是常用的最重要的一种溶剂,许多化学反应尤其是无机化学反应大多数在水溶液中进行。水以外的溶剂称为非水溶剂,如液态氨、液态氟化氢及乙醇、丙酮等都是典型的无机、有机非水溶剂。随着科研、生产的不断发展,非水溶剂的使用越显其重要性。对于一些水溶液中进行的反应,当以其他溶剂代替水时,却可得到与水中不同的反应结果。水溶液中不能或很难发生的化学反应,在非水溶剂中却可以发生或者向相反的方向进行。非水溶剂常用于制取那些在水溶液中不能制备或不稳定的物质。非水溶剂在制备无水盐、某些异常氧化态的特殊配合物等方面具有重要的意义。

Cu(Ⅱ)配合物种类繁多,颜色丰富,如水溶液中蓝色的$[Cu(H_2O)_4]^{2+}$,深蓝色的$[Cu(NH_3)_4]^{2+}$和蓝紫色的$[Cu(en)_2]^{2+}$等及在水溶液中制备的天蓝色配合物$K_2[Cu(C_2O_4)_2]\cdot 2H_2O$等。而不少Cu(Ⅱ)配合物在水溶液中不稳定,需要用固相法或在有机溶剂中合成,如实验14中具有热致变色的黄色配合物$[(CH_3CH_2)_2NH_2]_2CuCl_4$的合成。本实验是有关在非水溶剂中小量合成$N,N$-二乙基乙二胺($N,N$-diethylethylenediamine,deen)与Cu^{2+}的红色配合物$[Cu(deen)_2](ClO_4)_2$和$[Cu(deen)_2](NO_3)_2$及其热致变色性质和原理的探讨,内容概要如图3−16和图3−17所示。

有关热致变色材料及其种类和变色机理等参见实验14。

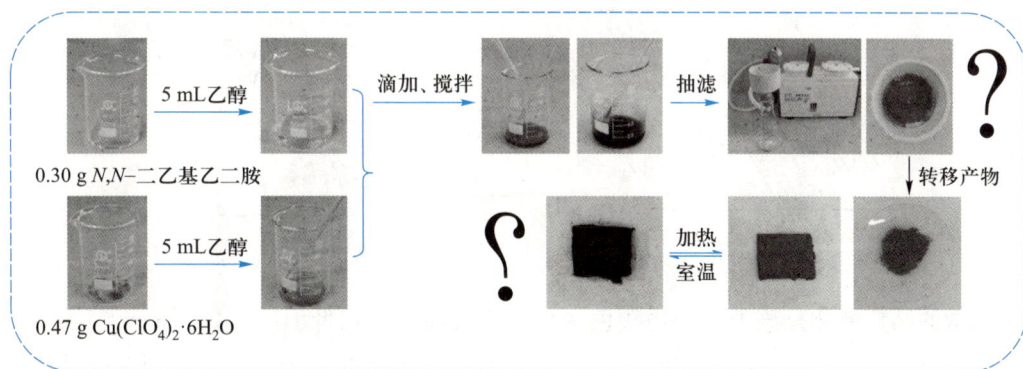

图3−16　$[Cu(deen)_2](ClO_4)_2$配合物的小量合成及其热致变色实验内容概要图

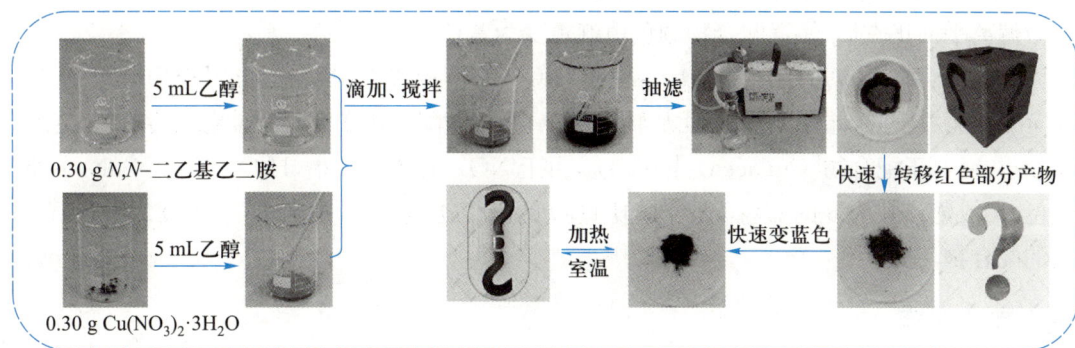

图3−17　$[Cu(deen)_2](NO_3)_2$配合物的小量合成及其热致变色实验内容概要图

1. ［Cu(deen)₂］(X)₂ 配合物的合成

在室温下、乙醇介质中，由 deen 与 $Cu(ClO_4)_2 \cdot 6H_2O$ 反应得到蓝紫色溶液，静置，得到红色晶体，有关反应式见图 3-18。该红色晶体在空气中稳定，易溶于水、甲醇、丙酮、乙腈而得到深蓝色溶液。

在同样条件下，由 deen 与 $Cu(NO_3)_2 \cdot 3H_2O$ 反应也能得到红色晶体，但该晶体在空气中易吸水变成蓝紫色，在 90 ℃烘箱中烘干后又恢复到红色。

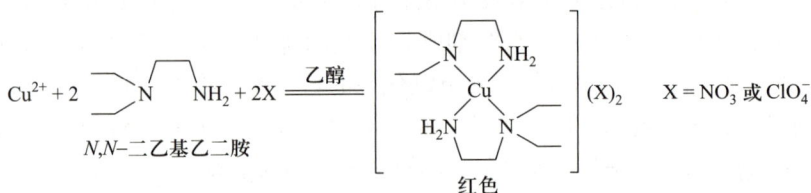

图 3-18　［Cu(deen)₂］(X)₂ 配合物的合成反应式

2. ［Cu(deen)₂］(X)₂ 配合物的热致变色

文献报道，室温下，该类红色配合物［Cu(deen)₂］(X)₂ 是配位数为 4 的平面正方形结构的配合物；加热后，该类配合物由于配位的微观结构发生变化而产生颜色变化，如图 3-19 所示。

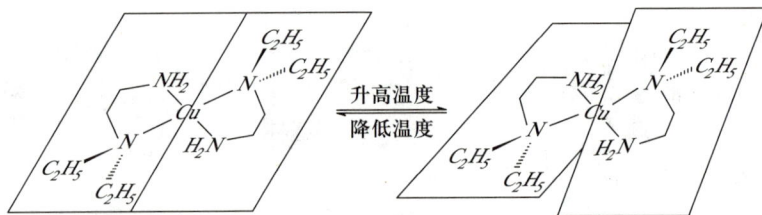

图 3-19　配合物［Cu(deen)₂］(X)₂ 热致变色原理示意图

细微的结构变化是该类配合物颜色变化的主要原因。在低温时，［Cu(deen)₂］(ClO₄)₂ 或［Cu(deen)₂］(NO₃)₂ 中的两个配体 deen 中的四个 N 原子与一个 Cu^{2+} 配位形成理想的平面正方形结构（用 CuN_4 表示），即两个配体 deen 中的四个 N 原子呈正方形排列。而在高温下，由于热振动导致配体 deen 中的主链乙基构象发生略微畸变，进而导致 CuN_4 配位结构略微偏离平面正方形，使得配合物颜色由红色变为紫色。

对于配合物［Cu(deen)₂］(ClO₄)₂，由于 ClO_4^- 的体积较大，其空间位阻作用导致 CuN_4 轴向配位能力较弱，此时 H_2O 不能从轴向配位，所以该配合物在空气中能稳定存在，颜色变化较小；而对于配合物［Cu(deen)₂］(NO₃)₂，由于 NO_3^- 的体积较小，H_2O 容易从 CuN_4 轴向配位，形成配位数为 6 的蓝色配合物，但 H_2O 的配位能力较弱，加热失去 H_2O 后又得到红色的配合物。

三、实验内容

1. ［Cu(deen)₂］(ClO₄)₂ 配合物的小量合成

向干燥的 100 mL 烧杯中加入 0.47 g(1.25 mmol)$Cu(ClO_4)_2 \cdot 6H_2O$（称量前需先用滤

纸尽可能将其表面的水分吸干)和 5 mL 无水乙醇,搅拌溶解后,溶液呈蓝色。在搅拌下滴加 5 mL 含有 0.30 g(2.5 mmol)deen 的乙醇溶液,反应混合物的颜色立即变成蓝紫色,继续搅拌 3 min。静置,有红色晶体从溶液中析出,抽滤,用少量乙醇洗涤固体 1 次,抽干。将红色产物转至已称量的表面皿中,摊开,让残留的乙醇挥发,称量,计算产率。

需要说明的是,对于[Cu(deen)$_2$](ClO$_4$)$_2$配合物的合成,也可取上述十分之一的量,在试管中合成,即向一支离心管中加入 10 滴 0.25 mol·L^{-1} Cu(ClO$_4$)$_2$ 的乙醇溶液,再加入 20 滴 0.25 mol·L^{-1} N,N−二乙基乙二胺的乙醇溶液,用玻棒搅拌,有红色晶体从溶液中析出。离心分离,倾去上层清液,用电吹风吹干产物,并仔细观察其颜色变化。

2. [Cu(deen)$_2$](ClO$_4$)$_2$配合物的热致变色现象

取少量红色产物[Cu(deen)$_2$](ClO$_4$)$_2$于干燥试管中,用电吹风吹热或放入 50 ℃ 水浴中稍热一会,就可以看到产物颜色由红色变成紫色。再将试管在室温下放置一会,观察试管中产物的颜色。由实验现象判断产物是否具有可逆热致变色性能。

3. [Cu(deen)$_2$](NO$_3$)$_2$配合物的合成

向干燥的 100 mL 烧杯中加入 0.30 g(1.25 mmol)Cu(NO$_3$)$_2$·3H$_2$O(称量前需先用滤纸尽可能将其表面的水分吸干)和 5 mL 无水乙醇,搅拌溶解后,溶液呈蓝色。在搅拌下滴加 5 mL 含有 0.30 g(2.5 mmol)deen 的乙醇溶液,反应混合物的颜色立即变成蓝紫色,继续搅拌 3 min 使反应完全。静置,有红色晶体从溶液中析出,抽滤,用 5 mL 乙醚洗涤固体 2 次,抽干。快速将红色产物转至小塑料自封袋中并封好。实验环境湿度较大时,在抽滤过程中,产物颜色就很快由红色变成蓝色,将蓝色产物放在 90 ℃ 烘箱中干燥 20 min,又得到红色产物。

4. [Cu(deen)$_2$](NO$_3$)$_2$配合物的热致变色现象

取少量红色产物[Cu(deen)$_2$](NO$_3$)$_2$于干燥的试管中,将试管放入 146 ℃ 的烘箱中加热 3~5 min,取出试管,观察到试管中产物颜色变成紫红色。在室温下,紫红色固体需要近 2 个月的时间才能变为红色,说明该产物的热致变色的可逆性较差。

四、注意事项

(1) N,N−二乙基乙二胺具有腐蚀性,对皮肤和眼睛有刺激作用,使用时要做好防护。

(2) 所合成的配合物在水中的溶解度很大,因此,合成过程中要尽量避免水与产物接触。

(3) 试验配合物的热致变色性质时,不能用酒精灯焰或煤气灯焰直接加热试管。

(4) 含有无机盐的有机废液要分类回收。

五、思考题

(1) 在本实验中,为什么制备配合物[Cu(deen)$_2$](ClO$_4$)$_2$和[Cu(deen)$_2$](NO$_3$)$_2$都需要在无水乙醇介质中进行?

(2) 试以配合物相关理论解释产物颜色随温度变化的原因。

(3) 红色配合物[Cu(deen)$_2$](ClO$_4$)$_2$在空气中很稳定,而红色配合物[Cu(deen)$_2$](NO$_3$)$_2$在空气中很容易吸水后变成蓝色。试解释其颜色变化的原因。

(4) 试分析热致变色材料可能的用途。

六、参考文献

［1］Cui Aili,Chen Xi,Sun Long,et al.Preparation and Thermochromic Properties of Copper(Ⅱ)−N,N−Diethylethylenediamine Complexes.J Chem Educ,2011,88:311.

［2］Grenthe I,Paoletti P,Sandstrom M,et al.Thermochromism in copper(Ⅱ) complexes. Structures of the red and blue-violet forms of bis(N,N−diethylethylenediamine)copper(Ⅱ) perchlorate and the nonthermochromic violet bis(N−ethylethylenediamine)copper(Ⅱ) perchlorate. Inorg.Chem.,1979,18:2687.

［3］Naumov P,Sakurai K,Asaka T,et al.Structural basis for the phase switching of bisaminecopper(Ⅱ) cations at the thermal limits of lattice stability. Inorg. Chem., 2006, 45:5027.

实验 16　三草酸合铁(Ⅲ)酸钾的制备及其成分鉴定

一、预习要点

(1) Fe(Ⅱ)和 Fe(Ⅲ)化合物的性质。

(2) 三草酸合铁(Ⅲ)酸钾的性质及制备方法。

(3) 配位平衡的移动及影响因素。

(4) 配离子与简单离子的区别及 K^+,Fe^{2+} 和 $C_2O_4^{2-}$ 的鉴定方法。

(5) 隔膜泵的操作规范。

教学课件　　单晶培养
　　　　　　原理方法

二、实验原理

简单二价铁化合物不论在固态还是在溶液中都容易被空气中 O_2 氧化为三价铁化合物,不少相同配体的 Fe(Ⅲ)配合物比 Fe(Ⅱ)配合物稳定,如 FeY^- 和 FeY^{2-} 的 $\lg K_{稳}^{\ominus}$ 分别为 24.23 和 14.33;$[Fe(C_2O_4)_3]^{3-}$ 和 $[Fe(C_2O_4)_3]^{4-}$ 的 $\lg K_{稳}^{\ominus}$ 分别为 20.2 和 5.22。而有些 Fe(Ⅱ)配合物比其相同配体的 Fe(Ⅲ)配合物稳定,如 $[Fe(phen)_3]^{2+}$ 和 $[Fe(phen)_3]^{3+}$ 的 $\lg K_{稳}^{\ominus}$ 分别为 21.3 和 14.1,这与配体的性质及空间位阻等有关。Fe(Ⅱ)和 Fe(Ⅲ)配合物在化学分析、催化等方面有重要用途,为了让大学一年级学生比较 Fe(Ⅱ)和 Fe(Ⅲ)配合物的性质,应用自己合成的硫酸亚铁铵产物作为原料,在合成三草酸合铁(Ⅲ)酸钾的过程中,顺便合成三草酸合铁(Ⅱ)酸钾,鉴定其组成,并观察其稳定性。其内容概要如图 3−20 所示。

1. 三草酸合铁(Ⅱ)酸钾的制备

在水溶液中,以 $(NH_4)_2Fe(SO_4)_2$ 与 $K_2C_2O_4$ 直接反应,即可得到深红色的三草酸合铁(Ⅱ)酸钾溶液,在溶液中加入适量乙醇使三草酸合铁(Ⅱ)酸钾晶体($K_4[Fe(C_2O_4)_3]\cdot xH_2O$ 是橙黄色晶体,目前还不清楚其晶态时所带结晶水的数目,思考如何测定?)析出。有关反应式为

$$(NH_4)_2Fe(SO_4)_2 + 3K_2C_2O_4 \Longrightarrow K_4[Fe(C_2O_4)_3] + (NH_4)_2SO_4 + K_2SO_4$$

该晶体易溶于水、难溶于乙醇。三草酸合铁(Ⅱ)酸钾固体和其溶液都不稳定,易被空气

图 3-20 三草酸合铁(Ⅱ)酸钾的制备及其成分鉴定实验内容概要图

中 O_2 氧化为绿色的三草酸合铁(Ⅲ)酸钾。

2. 三草酸合铁(Ⅱ)酸钾的成分鉴定

定性鉴定产物三草酸合铁(Ⅱ)酸钾中 K^+, Fe^{2+} 和 $C_2O_4^{2-}$ 处在配合物外界还是内界。三草酸合铁(Ⅱ)酸钾溶液的中 K^+ 能与四苯硼酸钠($NaBPh_4$)或 $Na_3[Co(NO_2)_6]$ 生成白色沉淀 $KBPh_4$ 或黄色沉淀 $K_2Na[Co(NO_2)_6]$,以鉴定 K^+;酸化后的三草酸合铁(Ⅱ)酸钾溶液中的 Fe^{2+} 能与 $K_3[Fe(CN)_6]$ 生成滕氏蓝,以鉴定 Fe^{2+};以及其溶液中的 $C_2O_4^{2-}$ 能与 Ca^{2+} 形成白色沉淀 CaC_2O_4,以鉴定 $C_2O_4^{2-}$ 等。

三、实验内容

1. 三草酸合铁(Ⅱ)酸钾 $K_4[Fe(C_2O_4)_3] \cdot x H_2O$ 的制备

称取 5.0 g $(NH_4)_2Fe(SO_4)_2 \cdot 6H_2O$ 固体于 100 mL 烧杯中,加入 15 mL 纯水和 5 滴 3 mol·L^{-1} H_2SO_4 溶液,加热使其溶解。然后加入 25 mL 饱和 $K_2C_2O_4$ 溶液,得到深红色溶液。

将一半深红色溶液倒入另一干净的小烧杯中,加入适量乙醇至晶体析出完全,抽滤,将产物转至表面皿中,观察和记录产物的颜色和晶态,并拍照留存;一部分产物用于定性鉴定实验;剩余产物避光放置,注意观察产物颜色的变化并解释。

将烧杯中剩余的另一半深红色溶液过滤至另一干净的小烧杯中,然后用表面皿盖好烧杯,避光放置,注意观察溶液颜色变化及其晶体的生长情况。记录烧杯中所有产物的颜色和晶态并解释,并拍照留存。

2. 产物成分鉴定及配离子与简单离子性质的比较

称取 0.53 g 产物于试管中,加入 10 mL 纯水溶解,得到 0.1 mol·L^{-1} $K_4[Fe(C_2O_4)_3]$ 溶液。

(1) K^+ 的鉴定。向试管中加入 20 滴上述溶液,滴加 0.01 mol·L^{-1} $NaBPh_4$ 溶液,观察现象,或放置片刻,再观察现象。

(2) Fe^{2+} 的鉴定。向一支试管中加入 20 滴上述溶液,向另一支试管中加入 20 滴 0.1 mol·L^{-1} $FeCl_2$ 溶液;再向两支试管中都加入 2 滴 0.5 mol·L^{-1} $K_3[Fe(CN)_6]$ 溶液。观

察实验现象有何不同。

向盛有产物溶液的试管中加入 $3\sim4$ 滴 $1\ mol\cdot L^{-1}\ H_2SO_4$ 溶液,再观察溶液颜色有何变化,并解释。

（3）$C_2O_4^{2-}$ 的鉴定。向一支试管中加入 20 滴上述溶液,向另一支试管中加入 20 滴 $0.1\ mol\cdot L^{-1}\ K_2C_2O_4$ 溶液。再向两支试管中各加入 3 滴 $0.2\ mol\cdot L^{-1}\ CaCl_2$ 溶液,观察实验现象有何不同;向盛有产物溶液的试管中慢慢滴加 $1\ mol\cdot L^{-1}\ HCl$ 溶液（注意:CaC_2O_4 能溶于 HCl 溶液）,再观察实验现象有何变化,并解释。

四、注意事项

（1）取用饱和 $K_2C_2O_4$ 溶液时,要充分摇动盛有该溶液的试剂瓶,以提高其浓度。

（2）在观察溶液颜色及晶体生长情况时,不要摇动烧杯。

五、思考题

（1）在溶解 $(NH_4)_2Fe(SO_4)_2\cdot6H_2O$ 时,为什么要加几滴 $3\ mol\cdot L^{-1}\ H_2SO_4$ 溶液?

（2）写出所有有关成分鉴定的反应式。

（3）针对 $K_4[Fe(C_2O_4)_3]\cdot xH_2O$ 的性质,能用什么方法测定其结晶水的数目?

（4）已知 $[Fe(C_2O_4)_3]^{3-}$ 和 $[Fe(C_2O_4)_3]^{4-}$ 的 $\lg K_稳^\ominus$ 分别为 20.2 和 5.22,计算 $\varphi^\ominus([Fe(C_2O_4)_3]^{3-}/[Fe(C_2O_4)_3]^{4-})$,并用计算的 $\varphi^\ominus$ 值说明 $[Fe(C_2O_4)_3]^{4-}$ 在空气中不稳定的原因。

六、助学导学内容

（1）阮婵姿,吕银云,董志强,等."我"——"三草酸合铁(Ⅲ)酸钾晶体"的生长及影响因素.大学化学,2019,34(8):137-141.

（2）任艳平,吕银云,董志强.在基础化学实验教学过程中如何培养学生"想"的意识——以"经典合成实验"教学为例.大学化学,2018,33(9):55-61.

实验 17　三草酸合铁(Ⅲ)酸钾的制备及其成分鉴定和蓝晒印相的应用

一、预习要点

（1）Fe(Ⅱ)和 Fe(Ⅲ)化合物的性质。

（2）三草酸合铁(Ⅲ)酸钾的性质、制备方法及其单晶的培养方法。

（3）配位平衡的移动及影响因素。

（4）配离子与简单离子的区别及 K^+,Fe^{3+} 和 $C_2O_4^{2-}$ 的鉴定方法。

（5）电热板、磁力搅拌加热装置及隔膜泵等操作规范。

（6）光致变色及蓝晒印相原理。

教学课件

单晶培养
原理方法

二、实验原理

三草酸合铁(Ⅲ)酸钾($K_3[Fe(C_2O_4)_3]\cdot 3H_2O$)是一种绿色的单斜晶体,易溶于水(如 0 ℃ 和 100 ℃时,其在水中的溶解度分别为 4.7 g 和 117.7 g),难溶于乙醇等有机溶剂(如往其水溶液中加入乙醇,可析出该晶体)。将其加热至 110 ℃,可失去部分或全部结晶水,加热至 230 ℃ 以上则发生分解。$K_3[Fe(C_2O_4)_3]\cdot 3H_2O$ 是光敏物质,见光易分解为黄色的 FeC_2O_4 固体, 即 $K_3[Fe(C_2O_4)_3]\cdot 3H_2O$ 具有光致变色性质。在实验室中,可利用三草酸合铁(Ⅲ)酸钾的 光敏性质进行蓝晒印相。

在 $K_3[Fe(C_2O_4)_3]$ 水溶液中加入酸、碱、沉淀剂或比 $C_2O_4^{2-}$ 配位能力强的配合剂,都将 会改变溶液中 Fe^{3+} 或 $C_2O_4^{2-}$ 的浓度,使其配位平衡发生移动,甚至使平衡遭到破坏或转化 成另一种配合物。

本实验内容包括三草酸合铁(Ⅲ)酸钾的制备、成分鉴定及利用其光敏性质进行的蓝晒 印相,其内容概要如图 3−21 所示。

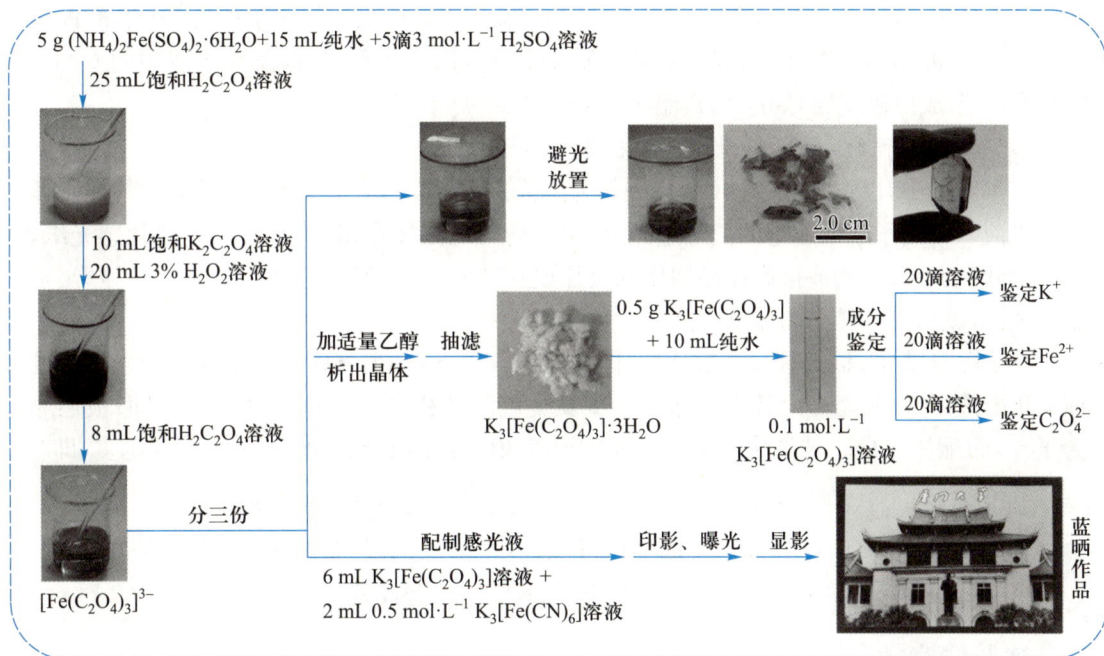

图 3−21 三草酸合铁(Ⅲ)酸钾的制备、成分鉴定及光敏性质实验内容概要图

1. 三草酸合铁(Ⅲ)酸钾的制备

目前,有关三草酸合铁(Ⅲ)酸钾的制备方法主要有三种,即在水溶液中,①以 $Fe_2(SO_4)_3$ 或 $FeCl_3$ 或 $Fe(NO_3)_3$ 与 $K_2C_2O_4$ 直接反应而制得;②以 $FeSO_4$ 或 $(NH_4)_2Fe(SO_4)_2$ 与 $K_2C_2O_4$ 反应制得三草酸合铁(Ⅱ)酸钾后,再经 H_2O_2 氧化后而制得;③以 $FeSO_4$ 或 $(NH_4)_2Fe(SO_4)_2$ 与 $H_2C_2O_4$ 反应,制得 FeC_2O_4 后,在 $K_2C_2O_4$ 存在下经 H_2O_2 氧化而 制得。

本实验为了制备纯净的三草酸合铁(Ⅲ)酸钾晶体,采用上述方法③,即在水溶液中,首 先用 $(NH_4)_2Fe(SO_4)_2$ 与 $H_2C_2O_4$ 反应制得 $FeC_2O_4\cdot 2H_2O$,反应式为

然后在过量 $K_2C_2O_4$ 存在下,用 H_2O_2 溶液将 FeC_2O_4 氧化即可得到产物。氧化过程中同时产生的 $Fe(OH)_3$,通过加入适量的 $H_2C_2O_4$ 溶液也使其转化为产物。在含有产物的水溶液中加入适量乙醇后,便从溶液中析出 $K_3[Fe(C_2O_4)_3]\cdot 3H_2O$ 晶体。有关反应式为

加入乙醇可以提高结晶速度,但不利于良好晶体的生成。为了得到更规则、更大的 $K_3[Fe(C_2O_4)_3]\cdot 3H_2O$ 晶体,可直接将含有产物的水溶液避光放置 1～2 周。

本实验是将制备得到的绿色溶液于室温下静置,让溶剂慢慢挥发逐渐形成饱和溶液——先形成晶种后再逐渐长成单晶。有关单晶培养的原理和方法可自行查阅文献或扫描有关二维码查看。

2. 三草酸合铁(Ⅲ)酸钾的成分鉴定

定性鉴定产物三草酸合铁(Ⅲ)酸钾中 K^+,Fe^{3+} 和 $C_2O_4^{2-}$ 是处在配合物外界还是内界。

三草酸合铁(Ⅲ)酸钾溶液中的 K^+ 能与四苯硼酸钠($NaBPh_4$)或 $Na_3[Co(NO_2)_6]$ 生成白色沉淀 $KBPh_4$ 或黄色沉淀 $K_2Na[Co(NO_2)_6]$,以鉴定 K^+;酸化后的三草酸合铁(Ⅲ)酸钾溶液中的 Fe^{3+} 能与 KSCN 生成血红色 $[Fe(SCN)_n]^{3-n}$,以鉴定 Fe^{3+};以及其溶液中的 $C_2O_4^{2-}$ 能与 Ca^{2+} 形成白色沉淀 CaC_2O_4,以鉴定 $C_2O_4^{2-}$。

3. 三草酸合铁(Ⅲ)酸钾的光敏性质及蓝晒印相

在本实验中,以三草酸合铁(Ⅲ)酸钾作为感光剂,以 $K_3[Fe(CN)_6]$ 作为显色剂,配制蓝晒感光液。用刷子蘸取适量的蓝晒感光液,快速均匀地涂抹在相纸上,干燥后得到感光纸,再将树叶、羽毛等实物或摄影作品制作的负片放在感光纸上,通过紫外灯曝光以及显影、定影处理后,就得到了漂亮的蓝晒作品。

三草酸合铁(Ⅲ)酸钾具有光敏活性,即在光照作用下,一个配体离子得到一个光子后变成活化配离子(激发态),而其激发态进一步发生电子转移,使中心金属离子 Fe(Ⅲ)被还原为 Fe^{2+},而配体 $C_2O_4^{2-}$ 被氧化为 CO_2。配离子吸收的光子数越多,产生的 Fe^{2+} 就越多,即

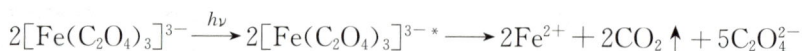

Fe^{2+} 与 $K_3[Fe(CN)_6]$ 反应生成 $KFe[Fe(CN)_6]_2$(滕氏蓝)而显蓝色,即

三、实验内容

1. 三草酸合铁(Ⅲ)酸钾 $K_3[Fe(C_2O_4)_3]\cdot 3H_2O$ 的制备

称取 5.0 g $(NH_4)_2Fe(SO_4)_2\cdot 6H_2O$ 固体于 250 mL 烧杯中,加入 15 mL 纯水和 5 滴 3 mol·L^{-1} H_2SO_4 溶液,加热使其溶解。然后加入 25 mL 饱和 $H_2C_2O_4$ 溶液,得到黄色沉淀,在不断搅拌下将溶液加热至沸(使小颗粒沉淀聚集成大颗粒而快速沉降)。室温下静置,令黄色 $FeC_2O_4\cdot 2H_2O$ 晶体沉降完全,用倾析法弃去上层清液(尽可能倾倒干净)。

在上述沉淀中加入 10 mL 饱和 $K_2C_2O_4$ 溶液,于 40 ℃ 水浴加热,在快速搅拌下,用滴管慢慢加入 20 mL 3% H_2O_2 溶液。滴加完后,继续将溶液置于 40 ℃ 水浴中恒温,并不断搅拌 5 min,使 Fe(Ⅱ)被充分氧化为 Fe(Ⅲ),此时溶液中有 $Fe(OH)_3$ 沉淀生成。在搅拌下将溶液加热至沸并保持 2 min 以除尽溶液中剩余的 H_2O_2,在不断搅拌下加入 8 mL 饱和 $H_2C_2O_4$

溶液(先一次性加入 5 mL,再慢慢加入 3 mL),继续加热至溶液近沸,得到透明的绿色溶液后,趁热将此溶液过滤至 100 mL 烧杯中。

将 1/3 绿色溶液倒入一干净的小烧杯中,加入适量乙醇至晶体析出完全,抽滤,用少量乙醇淋洗晶体,抽干,将产物转至表面皿中,摊开、避光晾干,观察和记录产物的颜色和晶态,并拍照留存;然后将表面皿中产物转至塑料自封袋中,避光保存,以备定性鉴定实验之用。

将 1/3 绿色溶液倒入另一干净的小烧杯中,用表面皿盖好烧杯,避光放置在无尘、防震的地方。一周后观察其中晶体的生长情况,并拍照留存。

将盛有剩余的 1/3 绿色溶液的烧杯用表面皿盖好,避光放置,以备蓝晒印相实验之用。

2. 产物成分鉴定及配离子与简单离子性质的比较

称取 0.5 g 产物于试管中,加入 10 mL 纯水溶解,得到 0.1 mol·L^{-1} K$_3$[Fe(C$_2$O$_4$)$_3$] 溶液。

(1) K$^+$ 的鉴定。向试管中加入 20 滴 0.1 mol·L^{-1} K$_3$[Fe(C$_2$O$_4$)$_3$] 溶液,再加入几滴 0.01 mol·L^{-1} NaBPh$_4$ 溶液,观察现象,或放置片刻,再观察现象。

(2) Fe^{3+} 的鉴定。向一支试管中加入 20 滴 0.1 mol·L^{-1} K$_3$[Fe(C$_2$O$_4$)$_3$] 溶液,向另一支试管中加入 20 滴 0.1 mol·L^{-1} FeCl$_3$ 溶液。再向两支试管中分别加入 2 滴 0.1 mol·L^{-1} KSCN 溶液,观察现象。向盛有产物溶液的试管中加入 3 滴 1 mol·L^{-1} H$_2$SO$_4$ 溶液,再观察溶液颜色有何变化,解释实验现象。

(3) C$_2$O$_4^{2-}$ 的鉴定。向一支试管中加入 20 滴 0.1 mol·L^{-1} K$_3$[Fe(C$_2$O$_4$)$_3$] 溶液,向另一支试管中加入 20 滴 0.1 mol·L^{-1} K$_2$C$_2$O$_4$ 溶液。再向两支试管中各加入 3 滴 0.2 mol·L^{-1} CaCl$_2$ 溶液,观察实验现象有何不同;再向盛有产物溶液的试管中慢慢滴加 1 mol·L^{-1} HCl 溶液,再观察实验现象,并解释之。

3. 三草酸合铁(Ⅲ)酸钾的蓝晒印相应用

(1) 感光液的配制。取 2 mL 0.5 mol·L^{-1} K$_3$[Fe(CN)$_6$] 溶液和 6 mL K$_3$[Fe(C$_2$O$_4$)$_3$] 溶液(上述留存的)于 50 mL 烧杯中,搅拌使溶液混合均匀,备用。

(2) 印影与曝光(晾干后要立即进行曝光)。用刷子蘸取适量感光液,先纵后横地将感光剂均匀涂抹在相纸上。将相纸放在避光或弱光下晾干,或用风扇吹干后(后续操作要迅速),立即将选取的素材,如树叶、剪纸、负片等放置于相纸涂抹区域内,快速用两块透明的亚克力板将其压紧,并用夹子在四周固定(几位同学共用一套亚克力板);迅速将压好的亚克力板放在紫外灯下照射 30~45 s(或阳光下曝晒约 30 min,根据太阳光的强度,曝光时间有所不同)。

(3) 显影。用水洗去多余的感光液直至高亮区变为白色。

(4) 将成品用风扇吹干或悬挂晾干。

4. 拓展实验

(1) 从析出的晶体中挑选合适的单晶进行 X 射线单晶结构分析,学习 X 射线单晶衍射仪的使用和晶体结构解析软件的使用。

(2) 取适量粉状晶体(上述加乙醇快速析出的晶体)研磨均匀,用 X 射线粉末衍射仪测定其 XRD 图谱,学习解释 XRD 图谱,并与用其 X 射线单晶结构分析数据模拟的 XRD 图谱进行比较。

（3）三草酸合铁（Ⅲ）酸钾钠 $NaK_5[Fe(C_2O_4)_3]_2$ 大晶体的制备及其晶面控制条件的探究。

三草酸合铁（Ⅲ）酸钾 $K_3[Fe(C_2O_4)_3]\cdot 3H_2O$ 晶体生长时其晶面不易控制，且易风化，不稳定。根据厦门大学林海昕教授在晶体生长和晶面控制领域的相关研究成果，设计"三草酸合铁（Ⅲ）酸钾钠的制备与晶面控制"实验，探讨温度、溶剂及过饱和度等对晶体生长的影响，以深刻理解晶体生长和晶面控制的科学原理。探究思路可扫描有关二维码查看。

四、注意事项

（1）取用饱和 $H_2C_2O_4$ 溶液或饱和 $K_2C_2O_4$ 溶液时，都要充分摇动盛有该溶液的试剂瓶，以保证其浓度。

（2）制备所用 3% H_2O_2 溶液必须是新配制的。滴加 3% H_2O_2 溶液时，要慢加快搅，且反应体系温度不能超过 40 ℃。

（3）在 $FeC_2O_4\cdot 2H_2O$ 沉淀生成时，要将溶液加热至微沸，并保持 1～2 min，同时要不断搅拌以防固体飞溅。

（4）规范使用电热板和水浴锅，以防烫伤。

五、思考题

（1）在溶解 $(NH_4)_2Fe(SO_4)_2\cdot 6H_2O$ 时，为什么要加几滴 3 mol·L^{-1} H_2SO_4 溶液？

（2）三草酸合铁（Ⅲ）酸钾的制备过程涉及沉淀平衡、氧化还原平衡、酸碱平衡和配位平衡四大化学反应平衡，请写出相应的反应式。

（3）在有 $FeC_2O_4\cdot 2H_2O$ 生成时，为什么要将溶液加热至微沸并保持微沸 1～2 min？

（4）在滴加 3% H_2O_2 溶液时，为什么要保持溶液的温度为 40 ℃？

（5）根据三草酸合铁（Ⅲ）酸钾的性质，该化合物应如何保存？

（6）写出所有有关配合物成分鉴定的反应式。

六、参考文献

何绮婷，张皓帆.蓝色颜料之蓝晒奇旅.大学化学，2021，36(10)：2107107.

七、助学导学内容

（1）阮婵姿，吕银云，董志强，等."我"——"三草酸合铁（Ⅲ）酸钾晶体"的生长及影响因素.大学化学，2019，34(8)：137−141.

（2）任艳平，吕银云，董志强.在基础化学实验教学过程中如何培养学生"想"的意识——以"经典合成实验"教学为例.大学化学，2018，33(9)：55−61.

（3）三草酸合铁（Ⅲ）酸钾钠 $NaK_5[Fe(C_2O_4)_3]_2$ 大晶体的制备及其晶面控制条件的探究。

实验18　高效絮凝剂聚合硫酸铁的小量制备及其在泥水处理中的应用

一、预习要点

（1）Fe(Ⅲ)化合物的性质。

（2）聚合硫酸铁的制备及其处理污水的原理。

（3）去浊率及其测定。

教学课件

二、实验原理

絮凝沉降是污水处理过程中十分有效和经济的工艺之一，是城市生活用水处理的主要工艺。絮凝剂包括无机高分子絮凝剂和有机高分子絮凝剂，主要的无机高分子絮凝剂有聚合氯化铝(PAC)、聚合硫酸铝(PAS)、聚合磷酸铝(PAP)、聚合氯化铁(PFC)、聚合硫酸铁(PFS)和聚合磷酸铁(PEP)。与其他絮凝剂相比，聚合硫酸铁的生产成本比较低，水解速度快，pH适用范围广(4～11，最适宜pH为8.2)，去浊率高，对COD的降低和重金属离子的去除效果好，是一种重要的新型高效的无机高分子絮凝剂，被广泛应用于多种水质的净化处理。

1. 聚合硫酸铁的制备

聚合硫酸铁(polyferric sulfate, PFS)也称碱式硫酸铁或羟基硫酸铁，其化学式一般可表示为$[Fe_2(OH)_n(SO_4)_{3-0.5n}]_m$，是硫酸铁在水解絮凝过程中的中间产物之一。

聚合硫酸铁的生产方法可分为直接氧化法和催化氧化法两大类。直接氧化法是直接通过氧化剂(如$NaClO$, $KClO_3$, H_2O_2等)将Fe^{2+}氧化为Fe^{3+}，经水解和聚合制得聚合硫酸铁；催化氧化法是在催化剂(如$NaNO_2$, HNO_2等)的作用下，利用空气或H_2O_2将$FeSO_4$中的Fe^{2+}氧化为Fe^{3+}，经水解和聚合制得聚合硫酸铁。

在酸性条件下，$FeSO_4$可被H_2O_2氧化成$Fe_2(SO_4)_3$；在一定pH下，Fe^{3+}可水解、聚合生成红棕色的聚合硫酸铁溶液——其氧化、水解和聚合三个反应同时存在于一个反应体系当中，且相互影响。有关主要反应式为

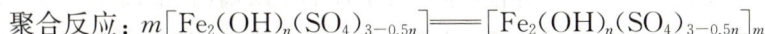

氧化反应：$2FeSO_4 + H_2O_2 + H_2SO_4 \Longrightarrow Fe_2(SO_4)_3 + 2H_2O$

水解反应：$Fe_2(SO_4)_3 + nH_2O \Longrightarrow Fe_2(OH)_n(SO_4)_{3-0.5n} + 0.5nH_2SO_4$

聚合反应：$m[Fe_2(OH)_n(SO_4)_{3-0.5n}] \Longrightarrow [Fe_2(OH)_n(SO_4)_{3-0.5n}]_m$

H_2SO_4在合成体系中有两个作用：一是作为反应的原料参与反应；二是调节体系的酸度，其用量直接影响产物性能。若H_2SO_4用量太大，Fe^{2+}氧化不完全，试样颜色由红褐色变成黄绿色，且大部分Fe^{3+}没有参与聚合；若H_2SO_4用量不足，则生成$Fe(OH)_3$的趋势更大。有文献认为，当H_2SO_4与Fe^{2+}的物质的量之比为0.30～0.45时，得到的聚合硫酸铁性能良好。

H_2O_2加入量对产物的质量也有很大影响。当H_2O_2加入量不足时，Fe^{2+}氧化不完全；当H_2O_2加入量过多时，虽然可以保证Fe^{2+}氧化完全，但导致氧化剂不必要的浪费，增加了生产成本。为了保证氧化反应的进行，还必须控制氧化剂H_2O_2的加入速度，在搅拌作用下

使反应物充分接触。若加入速度过快,则 H_2O_2 有可能来不及与反应物充分接触就被分解;若加入速度过慢,则反应所需时间过长。由于该反应剧烈放热,因此,实验过程中 H_2O_2 溶液须用滴管逐滴加入,并控制滴加速度。

实验教学过程中,可引导学生由废铁屑制备 $FeSO_4 \cdot 7H_2O$,再用 $FeSO_4 \cdot 7H_2O$ 制备聚合硫酸铁,培养学生转化与利用废物的意识。

2. 聚合硫酸铁的应用——去浊率的测定

水中悬浮颗粒的粒度在纳米到微米级,大多带负电荷。聚合硫酸铁 $[Fe_2(OH)_n(SO_4)_{3-0.5n}]_m$ 本身含有大量的聚合阳离子,且水解后产生大量的 $[Fe_4(H_2O)_6]^{12+}$,$[Fe_2(H_2O)_6]^{6+}$,$[Fe(OH)_2]^+$ 等带高正电荷的多核配离子,通过吸附、架桥、交联等作用,能使水中的胶体微粒凝结在一起,与此同时还发生了一系列的物理化学变化,并使得它们具有很强的电中和能力,从而降低了胶团的电势,破坏了胶团的稳定性,促使胶粒快速凝结沉淀。

为了检验所制备的聚合硫酸铁絮凝剂在污水处理方面的效果,本实验测定其去浊率,即在相同条件下,分别测定原水样和用聚合硫酸铁处理后的水样的吸光度值,比较处理前后吸光度差值,就得到去浊率。

三、实验内容

1. 聚合硫酸铁的制备

称取 0.5 g $FeSO_4 \cdot 7H_2O$ 于试管中,依次加入 10 滴纯水、1 滴浓 H_2SO_4,振荡试管,无须等到固体完全溶解,用试管夹夹住试管,在通风橱中,用滴管慢慢滴加 10 滴 30% H_2O_2 溶液(反应剧烈放热,且反应过程有大量气体生成)。待反应完全后,得到深红色溶液,即聚合硫酸铁溶液。

2. 浑浊水样的制备

称取 3 g 泥土,加 300 mL 自来水,搅拌混合均匀,得到 300 mL 浑浊水样(或者自取湖水水样或其他泥水样,取样时请注意安全)并分为三份,备用。

3. 聚合硫酸铁的应用——去浊率的测定

取 100 mL 水样,加入 2.5 mL 1∶100 稀释后的聚合硫酸铁溶液,剧烈搅拌 5 min 后,静置一段时间,记录水样澄清时间。

另取 100 mL 水样,加入 10 mL 1∶100 稀释后的聚合硫酸铁溶液,剧烈搅拌 5 min 后,静置一段时间,记录水样澄清时间。

分别吸取上述加入不同量聚合硫酸铁溶液净化后水样的上层清液(液面以下 2~3 cm 处)于比色皿中,以纯水作参比溶液,在 380 nm 波长下测定其吸光度,并在相同条件下测定未加聚合硫酸铁溶液水样的吸光度。测定数据记录于表 3-5 中。比较加聚合硫酸铁溶液前后水样吸光度值,计算去浊率。

表 3-5　聚合硫酸铁去浊率测定的实验数据记录($\lambda_{max}=380$ nm)

水样	澄清时间	吸光度
泥水样		
2.5 mL 聚合硫酸铁溶液处理过的 100 mL 泥水样		
10 mL 聚合硫酸铁溶液处理过的 100 mL 泥水样		

根据实验结果,简单讨论絮凝剂的用量对水样澄清时间及去浊率的影响。

4. 延伸实验(聚合硫酸铁的应用——去 COD 率的测定)

分别测定湖水样和用聚合硫酸铁处理过的湖水样的 COD 值(具体测定方法参考实验 46),计算去 COD 率。

四、注意事项

(1) 浓 H_2SO_4 及 30% H_2O_2 溶液腐蚀性强,取用时要小心。

(2) 制备得到的液态聚合硫酸铁均一透明,在空气中稳定,但稀释后的溶液不稳定,容易解聚水解形成沉淀,所以在处理水样时,须现用现稀释。

五、思考题

(1) 制备聚合硫酸铁时,加入 H_2SO_4 的作用是什么?

(2) 制备聚合硫酸铁时,H_2O_2 的用量及加入的速度对产物质量有何影响?

(3) 为什么聚合硫酸铁能使悬浮物沉降?

六、参考文献

张玮玮,邱丽娜,郭丽芳,等.利用正交实验法优化聚合硫酸铁的合成条件.化学教育, 2019,40(4):43−45.

实验 19　六硝基合钴(Ⅲ)酸钠的小量制备及其性质与应用

一、预习要点

(1) Co(Ⅱ)和 Co(Ⅲ)化合物的性质。

(2) Co(Ⅲ)配合物制备的原理和方法。

(3) K^+ 和 NH_4^+ 的鉴定方法。

教学课件

二、实验原理

钴的配合物为数众多,如 Co^{2+} 与 SCN^-,NO_3^- 分别形成配位数为 4 的配离子 $[Co(SCN)_4]^{2-}$ 和配位数为 8 的配离子 $[Co(NO_3)_4]^{2-}$(NO_3^- 作为双齿螯合配体)等,以及配位数为 6 的 Co(Ⅲ)配离子,如 $[Co(CN)_6]^{3-}$ 和 $[Co(en)_3]^{3+}$ 等。

在通常情况下,二价钴盐较三价钴盐稳定得多,而在它们的配合状态下却正好相反,相同配体的 Co(Ⅲ)配合物反而比 Co(Ⅱ)配合物稳定。因此,通常采用空气或 H_2O_2 氧化 Co(Ⅱ)配合物的方法来制备 Co(Ⅲ)配合物,同时不给体系引入新的杂质。

在本实验中,首先利用 $NaNO_2$ 与 $Co(NO_3)_2$ 在弱酸性介质中直接反应制备六硝基合钴(Ⅲ)酸钠($Na_3[Co(NO_2)_6]$),然后加入乙醇使产物析出。该反应体系中的反应物 NO_2^- 既是配合剂又是氧化剂。有关反应式为

$$7NaNO_2 + Co(NO_3)_2 + 2HAc \longrightarrow Na_3[Co(NO_2)_6] + NO\uparrow + 2NaAc + 2NaNO_3 + H_2O$$

NO_2^- 为两可配体,即以 N 配位(—NO_2^-)时称为硝基,如黄棕色的配合物 $[Co(NO_2)(NH_3)_5]Cl_2$;

以 O 配位(—O—N=O⁻)时称为亚硝酸根,如红色的配合物[Co(ONO)(NH₃)₅]Cl₂。在光照下,橙色配合物[Co(NO₂)(NH₃)₅]Cl₂ 可以转变为红色配合物[Co(ONO)(NH₃)₅]Cl₂,在加热时,可使该转变过程逆转。有关转变平衡式为

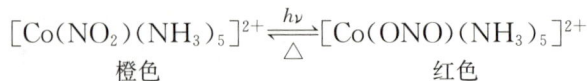

$$\underset{橙色}{[Co(NO_2)(NH_3)_5]^{2+}} \underset{\triangle}{\overset{h\nu}{\rightleftharpoons}} \underset{红色}{[Co(ONO)(NH_3)_5]^{2+}}$$

红外光谱测定结果表明 $Na_3[Co(NO_2)_6]$ 中的配体 NO_2^- 是以 N 直接与 Co(Ⅲ)配位的,其配位结构如图 3−22 所示。

$Na_3[Co(NO_2)_6]$ 是橙色固体,在空气中稳定,加热分解;易溶于水,不溶于乙醇,其水溶液不稳定。$Na_3[Co(NO_2)_6]$ 在强酸和强碱中都能发生分解。

$Na_3[Co(NO_2)_6]$ 是分析化学中用以鉴定 K^+ 和 NH_4^+ 等的重要试剂,在水溶液中,$Na_3[Co(NO_2)_6]$ 能与 K^+ 和 NH_4^+ 形成沉淀,以鉴定 K^+ 和 NH_4^+。

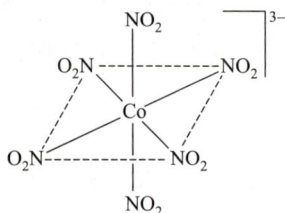

图 3−22 $[Co(NO_2)_6]^{3-}$ 的配位结构图

三、实验内容

1. $Na_3[Co(NO_2)_6]$ 的制备

称取 0.23 g $NaNO_2$ 固体于离心管中,滴加 9 滴 1 mol·L⁻¹ $Co(NO_3)_2$ 溶液,振荡离心管使 $NaNO_2$ 固体溶解;加入 3 滴 6 mol·L⁻¹ HAc 溶液,摇匀,离心管中有红色气体产生(在通风橱中操作);静置 5 min,让 NO_2 充分扩散,再向离心管中加入 15 滴乙醇,摇匀,离心分离,弃去上层清液;再向离心管中滴加 15 滴乙醇洗涤沉淀,离心,弃去上层清液,得到 $Na_3[Co(NO_2)_6]$ 固体。

称取 0.21 g $Na_3[Co(NO_2)_6]$ 固体于试管中,加 5 mL 纯水溶解,得到 0.1 mol·L⁻¹ $Na_3[Co(NO_2)_6]$ 溶液,以备其性质与应用实验使用。

2. $Na_3[Co(NO_2)_6]$ 的性质

(1) $Na_3[Co(NO_2)_6]$ 与酸反应。向试管中加入 4 滴 0.1 mol·L⁻¹ $Na_3[Co(NO_2)_6]$ 溶液和 4 滴 2 mol·L⁻¹ HCl 溶液,溶液变成红色;再加入 4 滴饱和 NH_4SCN 溶液,观察溶液颜色的变化;再加入 3 滴戊醇,观察实验现象。写出有关反应式。

(2) $Na_3[Co(NO_2)_6]$ 与碱反应。向离心管中加入 3 滴 0.1 mol·L⁻¹ $Na_3[Co(NO_2)_6]$ 溶液和 3 滴 2 mol·L⁻¹ NaOH 溶液,有黑色沉淀生成,离心分离,弃去上层清液;再加入 10 滴 6 mol·L⁻¹ HCl 溶液使沉淀溶解,并用润湿的淀粉−KI 试纸检验所生成的气体,观察离心管中溶液颜色的变化,解释现象。写出有关反应式。

3. $Na_3[Co(NO_2)_6]$ 的应用

(1) 用于 K^+ 的鉴定。向试管中加入 10 滴 0.5 mol·L⁻¹ 的 KCl 溶液,滴加 1 滴 0.1 mol·L⁻¹ $Na_3[Co(NO_2)_6]$ 溶液,试管中出现黄色沉淀,表示有 K^+ 存在。

(2) 用于 NH_4^+ 的鉴定。向试管中加入 10 滴 0.5 mol·L⁻¹ NH_4Cl 溶液,滴加 1 滴 0.1 mol·L⁻¹ $Na_3[Co(NO_2)_6]$ 溶液,试管中出现黄色沉淀,表示有 NH_4^+ 存在。

四、注意事项

(1) 制备过程中有红棕色 NO_2 产生,须在通风橱中操作。

（2）含有戊醇的废液要单独回收至指定容器中。

五、思考题

（1）根据相关电极电势的原理分析制备 $Na_3[Co(NO_2)_6]$ 的可行性。

（2）制备 $Na_3[Co(NO_2)_6]$ 的过程中，为什么有红棕色 NO_2 产生？写出有关反应式。

（3）写出 $Na_3[Co(NO_2)_6]$ 分别在强酸和强碱中分解的反应式。

实验 20 热致变色 Ni(Ⅱ)配合物的小量固相合成及其热致变色现象

一、预习要点

（1）热致变色现象及热致变色材料。

（2）可逆热致变色材料及其应用。

（3）配位化学的晶体场理论。

（4）热致变色配合物的变色原理。

教学课件

二、实验原理

具有 d^8 电子结构的 Ni^{2+} 能与不同配体形成配位数为 4 的正四面体或平面正方形结构的配合物，也能形成配位数为 6 的八面体结构的配合物，且配合物的颜色不同，如水溶液中正四面体结构配离子 $[NiCl_4]^{2-}$ 是黄绿色，正八面体结构配离子 $[Ni(NH_3)_6]^{2+}$ 和 $[Ni(H_2O)_6]^{2+}$ 分别是蓝色的和蓝绿色的，而固态配合物 $Na_2[Ni(CN)_4]\cdot 3H_2O$ 和 $K_2[Ni(CN)_4]\cdot H_2O$ 分别为黄色的和橙色的。这些 Ni(Ⅱ)配合物的颜色都可以用经典的配合物晶体场理论解释，但这些简单配体与 Ni^{2+} 形成的配合物都不具有热致变色的性质。

实验 14 介绍了室温下以二乙基胺盐酸盐 $[(CH_3CH_2)_2NH_2Cl]$ 与 $CuCl_2\cdot 2H_2O$ 固体直接作用生成棕黄色的四氯合铜(Ⅱ)双二乙基胺（$[(CH_3CH_2)_2NH_2]_2CuCl_4$）配合物，降低温度时该配合物的颜色由棕黄色变成绿色，而当温度恢复到室温后，其颜色也会随之复原，具有可逆的热致变色性质。文献报道，二乙基胺盐酸盐与无水 $NiCl_2$ 固体直接作用形成棕黄色的四氯合镍(Ⅱ)双二乙基胺（$[(CH_3CH_2)_2NH_2]_2NiCl_4$）配合物也具有可逆热致变色现象，其热致变色温度约为 73 ℃。本实验就是该文献内容的具体实践。

有关固相合成的介绍详见实验 21。有关热致变色及其热致变色材料的分类和热致变色的原理参见实验 14。

1. $[(CH_3CH_2)_2NH_2]_2NiCl_4$ 配合物的固相合成

在室温下，用二乙基胺盐酸盐与无水 $NiCl_2$ 固体直接作用可以得到棕黄色的四氯合镍双二乙基铵（$[(CH_3CH_2)_2NH_2]_2NiCl_4$）配合物（该配合物在空气中易吸潮），有关反应式为

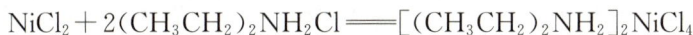
$$NiCl_2 + 2(CH_3CH_2)_2NH_2Cl = [(CH_3CH_2)_2NH_2]_2NiCl_4$$

2. $[(CH_3CH_2)_2NH_2]_2NiCl_4$ 配合物的热致变色

该配合物 $[(CH_3CH_2)_2NH_2]_2NiCl_4$ 具有由 $NiCl_6$ 构成的八面体共用氯桥连接形成的二维

聚合层状结构,其中,二乙基取代铵阳离子中的 H^+ 与$[NiCl_4]^{2-}$中的 Cl^- 形成的 N—H---Cl 氢键在保持八面体几何构型方面起着重要作用。通过对该配合物热致变色原理的讨论,帮助学生理解配合物颜色变化与其内部结构变化的关系和晶体场理论中的晶体场分裂能及稳定化能概念。

在低温相中,由于强的 N—H---Cl 氢键作用,使得 Ni^{2+} 周围的 6 个 Cl^- 呈八面体排列,中心 Ni^{2+} 的 d 电子构型为 $t_{2g}^6 e_g^2$,其电子 d−d 跃迁吸收波长较短的可见光,所以此时配合物的颜色呈现棕黄色。在高温相中,N—H---Cl 氢键作用消失,4 个 Cl^- 在 Ni^{2+} 周围以四面体几何结构排列,如图 3−23 所示。因此,Ni^{2+} 的 d 电子构型变为 $e^4 t_2^4$,导致其电子发生 d−d 跃迁吸收波长较长的可见光,此时配合物的颜色呈现蓝色。由于$[(CH_3CH_2)_2NH_2]_2NiCl_4$配合物中 N—H---Cl 氢键作用较强,所以,几何构型变化而导致其颜色变化所需的温度比较高。

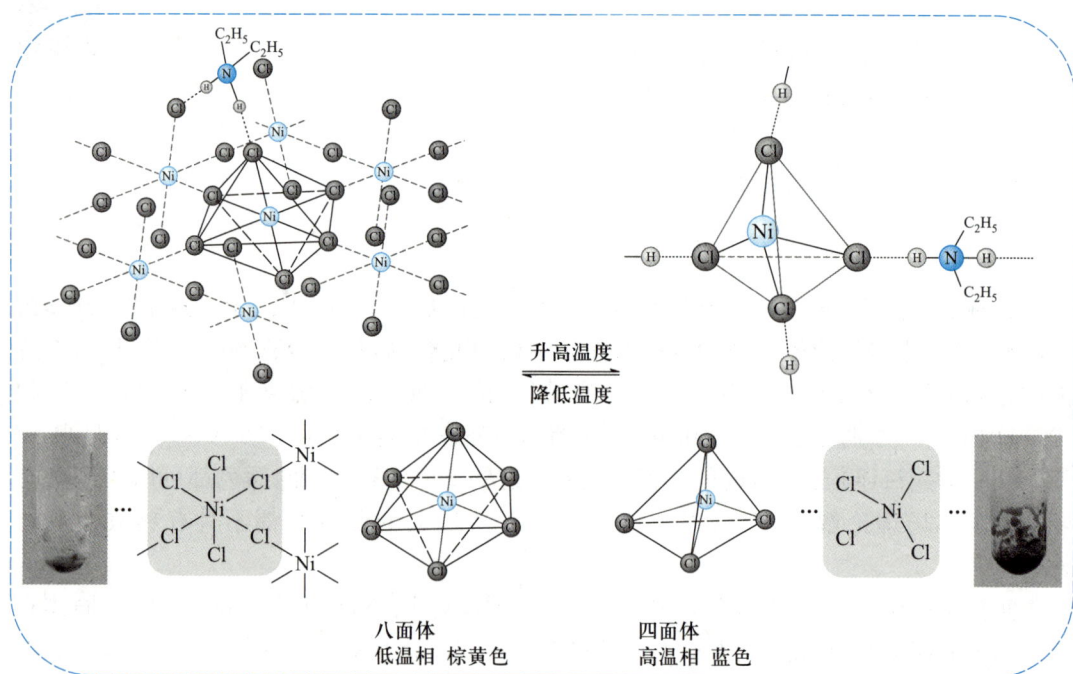

图 3−23　$[(CH_3CH_2)_2NH_2]_2NiCl_4$ 在低温(常温)相和高温相的结构图

另外,根据上述八面体和四面体配合物中中心离子 Ni^{2+} 的电子排布可以分别计算出八面体配合物和四面体配合物的晶体场稳定化能,即

$$E_{so}=[(-2/5)\times6+(3/5)\times2]\Delta_o=-(6/5)\Delta_o$$
$$E_{st}=[(-3/5)\times4+(2/5)\times4]\Delta_t=-(4/5)\Delta_t\approx-(2/5)\Delta_o[\Delta_t\approx(1/2)\Delta_o]$$

八面体配合物和四面体配合物的稳定化能差值为

$$\Delta E=E_{so}-E_{st}=-(4/5)\Delta_o$$

即八面体配合物比四面体配合物稍稳定,这也就是在高温下倾向形成四面体配合物的原因。

三、实验内容

1. [(CH₃CH₂)₂NH₂]₂NiCl₄ 配合物的小量固相合成

向干净、干燥的试管中加入 $0.15\ g$($1.2\ mmol$)二乙基胺盐酸盐和 $0.08\ g$($0.6\ mmol$)无水 $NiCl_2$ 固体,将试管放入 $80\ ℃$ 水浴中稍稍加热以加快反应速率,并用玻棒搅拌使反应完全,得到蓝色黏稠物;然后将试管冷至室温(若实验室湿度大时,用橡胶塞或铝膜封住试管口,防止产物吸水),得到棕黄色黏稠物。

2. [(CH₃CH₂)₂NH₂]₂NiCl₄ 配合物的热致变色现象

将上述盛有棕黄色黏稠物的试管放入 $80\ ℃$ 水浴中,观察颜色变化。然后用自来水冷却试管,观察颜色变化;再将试管放入 $80\ ℃$ 水浴中,观察颜色变化是否具有可逆性。

3. 拓展实验

参阅参考文献[2],用二甲基胺盐酸盐[(CH₃)₂NH₂Cl]代替本实验中二乙基胺盐酸盐[(CH₃CH₂)₂NH₂Cl]合成类似配合物,并探讨其热致变色性质。

四、注意事项

(1) 制备[(CH₃CH₂)₂NH₂]₂NiCl₄ 配合物时,可用相当量的 $NiCl_2·6H_2O$ 代替无水 $NiCl_2$,但在使用前,须将相当量的绿色 $NiCl_2·6H_2O$ 放入蒸发皿中,加热搅拌至得到黄色的无水 $NiCl_2$。

(2) 实验室温度高时,不需要水浴加热,直接搅拌使反应物混合均匀并促使反应进行,可得到棕黄色产物。

五、思考题

(1) 解释该配合物颜色随温度变化的原因。
(2) 热致变色材料具有哪些应用?

六、参考文献

[1] Zhou Zhihua, Zhou Yiming, Du Jiangyan, et al. Solid-state synthesis of a thermochromic compound. J Chem Educ, 2000, 77(9):1206.

[2] Miha Bukleski, Vladimir M. Petruševski. Preparation and Properties of a Spectacular Thermochromic Solid, J Chem Educ, 2009, 86(1):30.

实验 21 溶剂/热致变色 Ni(II)配合物的固相合成及溶剂/热致变色现象

一、预习要点

(1) 固相合成法及应用。
(2) 乙酰丙酮、四苯硼钠等化合物的性质。
(3) 配合物的晶体场理论及晶体场分裂能和晶体场稳定化能。

教学课件

(4) 配合物的溶剂/热致变色及其应用。

二、实验原理

化学,特别是配位化学中最美丽和最令人兴奋的方面之一是化合物可能具有广泛的颜色。更不寻常的是化学反应和环境物理参数的改变所带来的颜色变化。许多物质在如温度、压力、光照和溶剂等不同的物理或化学条件下表现出可逆的颜色变化,这种可逆的颜色变化统称为"向色性"(chromotropism)。向色现象可能会重叠,即同一种物质可能表现出溶剂变色和热致变色现象。

具有 d^8 电子结构的 Ni^{2+} 与不同配体所形成的配合物,其空间构型、磁性、颜色都具有典型特征,并能用配合物的价键理论和晶体场理论给予很好的解释。如常见的正四面体结构配离子 $[NiCl_4]^{2-}$ 是黄绿色的,中心 Ni(Ⅱ) 采用 sp^3 杂化,具有顺磁性;正八面体结构配离子 $[Ni(NH_3)_6]^{2+}$ 和 $[Ni(H_2O)_6]^{2+}$ 分别是蓝色和蓝绿色的,其中心 Ni(Ⅱ) 都采用 sp^3d^2 杂化,也都具有顺磁性;而平面正方形结构的配合物二丁二酮肟合 Ni(Ⅱ) 等是红色的,中心 Ni(Ⅱ) 采用 dsp^2 杂化,具有反磁性等。

Ni^{2+} 也能与二胺和 $\beta-$二酮类混合配体形成红色的平面正方形结构的配合物,如 $[Ni(Me_4en)(acac)]ClO_4(Me_4en=N,N,N',N'-$tetramethylethylenediamine,四甲基乙二胺;acac$=$acetylacetonate,乙酰丙酮基)和 $[Ni(Me_3en)(acac)]BPh_4(Me_3en=N,N',N'-$trimethyleneddiamine,三甲基乙二胺)等,这类配合物具有显著的可逆溶剂变色效应,即配合物的颜色随着溶剂分子的配位及其配位能力的变化而产生较大颜色变化的现象,称为溶剂变色效应;这些溶剂变色的配合物如果受到一定热辐射的扰动,则使溶剂分子挥发而又恢复到原来颜色的现象,称为热致变色效应。

基于这类配合物的溶剂/热致变色效应,将其与具有层状结构的 SAP(saponite,皂石)或高分子聚合物 Nafion(一种全氟磺酸树脂)等材料混合,并经适当处理,可以制得具有有机溶剂识别功能的固体颗粒物或薄膜材料。例如,将上述 Ni(Ⅱ) 与二胺和 $\beta-$二酮类混合配体形成的红色的平面正方形结构的配合物材料浸入二氯甲烷或乙醚等溶剂中,材料保持红色不变;但将此材料放入甲醇或乙腈等溶剂中,材料则由红色变为蓝绿色;将此蓝绿色的材料放入真空烘箱中加热干燥(80~100 ℃),材料又变为红色。这类材料在一些特定溶剂的便捷检测过程中,颜色变化显著,肉眼即可识别,且变化可逆,在环境保护、工业生产等方面具有一定的应用价值。

对于 Ni^{2+} 与二胺和 $\beta-$二酮类混合配体配合物的合成,早期文献报道的都是有机溶剂两步合成法,而在本实验中创新性地采用相对绿色环保的固相合成法。

固相化学反应是指有固体物质直接参与、不使用液态溶剂的合成反应。它既包括经典的固—固反应,也包括固—气反应和固—液反应,即固相化学反应中至少要有一种反应物为固态。所有固相化学反应都是非均相反应。固相反应应用于工业生产的大实例很多,如陶瓷、玻璃、水泥、石灰、青砖与红砖的生产,以及 NH_3 的合成等。可以说,固相反应的应用在推动人类文明进步方面发挥了重要作用。

一般来说,温度低于 100 ℃ 的固相反应称为低温固相反应,温度在 100~600 ℃ 之间的固相反应称为中温固相反应(如实验8),而温度高于 600 ℃ 的固相反应称为高温固相反应。

传统的固相反应主要指高温固相反应,反应物中化学键贯穿整个晶格,原子、离子被较强的化学键束缚在晶格上,只有在高温下才能获得足够的能量使原有的化学键断裂,发生固相反应。低热固相化学反应是20世纪80年代末发展起来的一种新的合成方法,相比于高温固相反应,低热固相反应最大的特点在于将反应温度降至室温或近室温,因而具有便于操作与控制的优点。此外,固相反应还具有不使用溶剂、节省能源、设备与操作工艺简单、选择性好、产率高、环境污染小等优点。更重要的是,固相反应可用于制备那些在溶液中不能合成或具有特殊结构和性能的材料,已成为人们制备新型固体材料的主要手段之一。

室温固相反应一般可分为扩散、反应、成核、生长四个阶段,每步都有可能是反应的决速步骤。在进行室温固相反应时,将按比例称量的反应物进行充分混合和研磨是必要的,研磨能增大反应物的比表面积,使反应物之间充分而均匀地相互接触,有利于反应物分子通过扩散发生反应。我们可以根据产物与反应物的理化性质(如颜色、气味等)的差异来定性判断室温固相反应是否发生。

本实验内容包括配合物[Ni(Me$_3$en)(acac)]BPh$_4$的固相合成、溶剂变色和热致变色性质探讨等,其内容概要如图3−24所示。

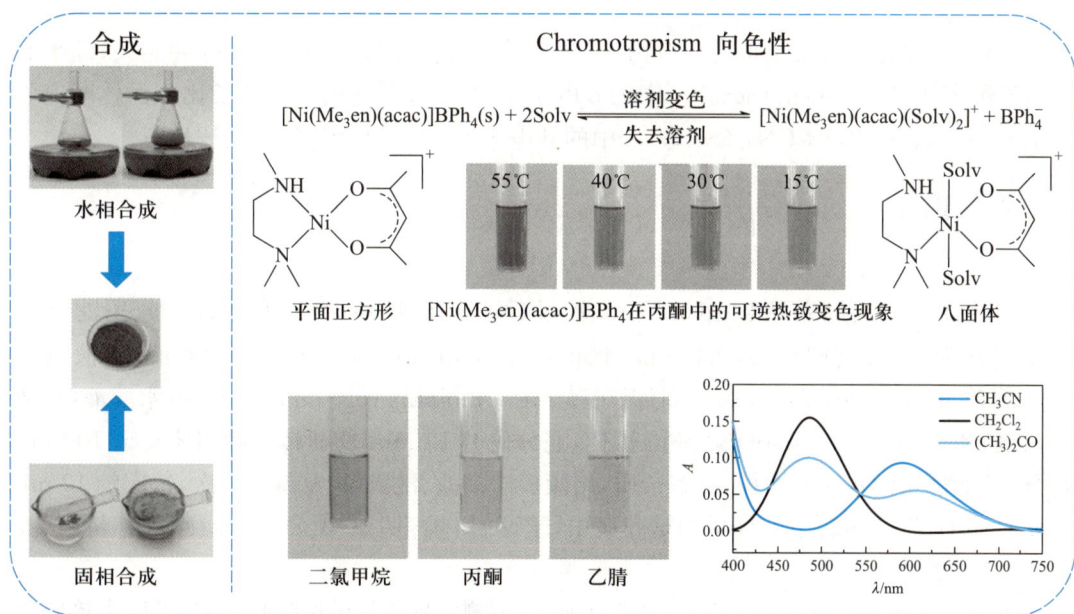

图3−24 配合物[Ni(Me$_3$en)(acac)]BPh$_4$的合成、溶剂/热致变色实验内容概要图

1. 配合物[Ni(Me$_3$en)(acac)]BPh$_4$的固相合成

在研钵中依次加入Ni(NO$_3$)$_2$·6H$_2$O,Hacac,Na$_2$CO$_3$,Me$_3$en和NaBPh$_4$反应物,充分研磨,即可得到目标产物。利用产物难溶于水而杂质易溶于水的特点,可将产物与杂质进行有效分离。有关反应见方程式(1)和(2)。

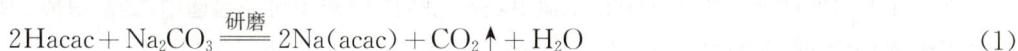

$$2Hacac + Na_2CO_3 \xrightarrow{研磨} 2Na(acac) + CO_2\uparrow + H_2O \tag{1}$$

$$Ni(NO_3)_2 + Me_3en + Na(acac) + NaBPh_4 \xrightarrow{研磨} [Ni(Me_3en)(acac)]BPh_4 + 2NaNO_3 \tag{2}$$

2. 配合物[Ni(Me$_3$en)(acac)]BPh$_4$在甲醇或乙腈等溶剂中的溶剂变色

配位数为4的平面正方形结构的Ni(II)配合物在给电子能力很弱的二氯甲烷中,由于

二氯甲烷分子不参与 Ni(Ⅱ)配位,因此,配合物仍保持其原有的平面正方形结构而不变色。而 Ni(Ⅱ)配合物在具有一定配位能力的溶剂中,其溶剂分子会在轴向与 Ni(Ⅱ)配位,形成配位数为 6 的不同颜色的八面体结构的配合物,即前面提到的溶剂变色效应,如图 3−25 所示。但由于溶剂分子的配位能力相对较弱,因此在高温等条件下使溶剂分子失去,由八面体结构的配合物变回平面四方形结构的配合物,因而其颜色也随之发生改变,即这种溶剂变色性质具有可逆性。由于 Ni(Ⅱ)在平面正方形和不同八面体场中具有不同的 d−d 分裂能,所以配合物在不同溶剂中会显现不同的颜色。

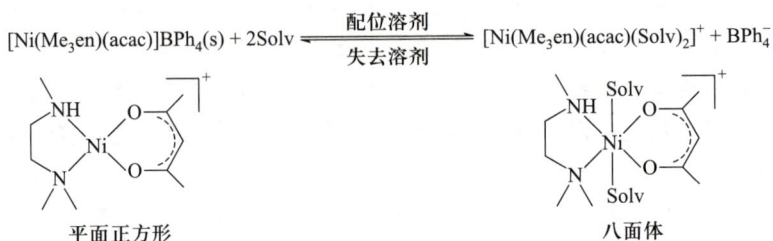

$$[Ni(Me_3en)(acac)]BPh_4(s) + 2Solv \underset{\text{失去溶剂}}{\overset{\text{配位溶剂}}{\rightleftharpoons}} [Ni(Me_3en)(acac)(Solv)_2]^+ + BPh_4^-$$

平面正方形   八面体

图 3−25   配合物[Ni(Me₃en)(acac)]BPh₄ 的可逆溶剂变色原理示意图

Ni(Ⅱ)的平面正方形结构的配合物比其八面体结构的配合物的 d−d 分裂能大,即平面正方形配离子[Ni(Me$_3$en)(acac)]$^+$中的 d 电子发生 d−d 跃迁的吸收波长比八面体配离子[Ni(Me$_3$en)(acac)(CH$_3$CN)$_2$(Solv)$_2$]$^+$中的 d 电子发生 d−d 跃迁的吸收波长短。

三、实验内容

1. 配合物[Ni(Me₃en)(acac)]BPh₄ 的固相合成

向研钵中依次加入 0.87 g(3.0 mmol)Ni(NO$_3$)$_2$·6H$_2$O 固体(称量前需先用滤纸尽可能将其表面的水分吸干)、0.75 mL 4 mol·L^{-1}(3.0 mmol)Hacac 乙醇溶液(移液枪移取)、0.16 g (1.5 mmol)Na$_2$CO$_3$ 固体、0.75 mL 4 mol·L^{-1}(3.0 mmol)Me$_3$en 水溶液(移液枪移取)和 1.03 g(3.0 mmol)NaBPh$_4$ 固体,充分研磨 10 min,将研钵中的固体转至 100 mL 烧杯中,加适量纯水充分搅拌、溶解杂质,用倾析法抽滤、洗涤(重复洗涤 3 次,每次约 10 mL 纯水),抽干,将产物转至已称量的培养皿中,于 90 ℃烘箱中干燥 30 min,冷却、称量、计算产率。

如果只是观察产物的溶剂变色和热致现象,不测定紫外−可见吸收光谱,可以直接应用"固相法"合成产物(不需要水洗纯化)。这也是用"固相法"合成的优势体现。

需要特别指出的是,由于上述"固相法"具有合成过程简单、安全、操作方便、反应快速和现象明显的特点,且目标产物能显现快速的可逆溶剂、热致变色现象,可直接将之用于理论课堂演示。

2. 配合物[Ni(Me₃en)(acac)]BPh₄ 的溶剂变色现象及紫外−可见光吸收光谱表征

在 25 mL 具塞玻璃试管中,分别以二氯甲烷及乙腈和丙酮(也可一起选用乙醇、甲醇、丙酮、DMF[①] 溶剂)为溶剂,配制浓度分别为 1 mg·mL^{-1} 及 5 mg·mL^{-1} 的[Ni(Me$_3$en)(acac)]BPh$_4$ 配合物溶液各 10 mL,观察溶液颜色,并用 1 cm 比色皿,以相应的溶剂作参比溶液,在波长为

———————————
① N,N−二甲基甲酰胺

400~750 nm 的范围内,分别测定上述溶液的吸光度,先每间隔 10 nm 测一次,再于吸光度 A 最大的波长附近,每间隔 5 nm 或 2 nm 测定一次。以波长 λ 为横坐标,以吸光度 A 为纵坐标,制作吸收曲线,确定其最大吸收波长 λ_{max}。比较不同溶液的 λ_{max},并解释之。

3. 配合物 $[Ni(Me_3en)(acac)]BPh_4$ 的溶剂/热致变色现象

分别取适量配合物 $[Ni(Me_3en)(acac)]BPh_4$ 于点滴板的不同孔穴中,分别加入 1~2 滴甲醇、丙酮、乙醇、DMF 和乙腈使产物溶解,观察溶液颜色;待溶剂挥发完后,再观察其颜色变化(沸点高的溶剂挥发较慢,可将其置于 80 ℃烘箱中干燥 10 min);再对应滴加相应溶剂,再次观察其颜色变化。解释这一系列颜色变化的原因。

若为了快速观察产物的溶剂/热致变色现象,也可分别取适量配合物于点滴板的不同孔穴中,分别滴加适量溶剂溶解,并用玻棒将不同溶液分别点在滤纸上,观察滤纸上各个斑点的颜色差别。稍稍放置,待溶剂挥发后(DMF 沸点较高,挥发较慢,放置时间稍长或用电吹风机吹干),再观察滤纸上各个斑点的颜色。

4. 配合物 $[Ni(Me_3en)(acac)]BPh_4$ 在丙酮中的热致变色现象

称取 0.10 g 产物于 15 mL 具塞玻璃试管中,加入 5 mL 丙酮溶解,盖好塞子,观察溶液颜色;将试管放入 55 ℃水浴中加热 1 min(通风橱中进行,防止丙酮汽化冲掉管塞),观察溶液颜色的变化;移去水浴,在试管冷却至室温的过程中,观察溶液颜色的变化;将试管放入冰水浴中,观察溶液颜色的变化。解释这一系列颜色变化的原因。分别用二氯甲烷、乙腈等代替丙酮进行同样实验(根据所用溶剂的沸点,相应调低和调高水浴温度,且反应都必须在通风橱中进行,以防溶剂汽化冲掉管塞),观察现象并解释。

5. 延伸实验

(1) 配合物 $[Ni(Me_3en)(acac)]BPh_4$ 的水相合成。

配合物 $[Ni(Me_3en)(acac)]BPh_4$ 的合成也可以采用"水相合成法"。所谓"水相合成法"是相对于原始文献中的"有机溶剂两步合成法"和上述"固相合成法"而言的,即在水溶液中,由 $Ni(NO_3)_2·6H_2O$ 与 Hacac,Na_2CO_3 和 Me_3en 反应生成中间产物,不需分离中间产物,继续加入 $NaBPh_4$ 反应得到目标产物。本方法巧妙利用产物难溶于水而杂质易溶于水的特点,将产物与杂质进行有效分离。

"水相合成法"合成配合物 $[Ni(Me_3en)(acac)]BPh_4$ 的具体实验过程如下:

向 100 mL 锥形瓶中加入 0.87 g(3.0 mmol)$Ni(NO_3)_2·6H_2O$ 固体(称量前需先用滤纸尽可能将其表面的水分吸干)和 20 mL 纯水,搅拌溶解后依次加入 0.75 mL 4 mol·L^{-1} (3.0 mmol)Hacac 乙醇溶液(移液枪移取)、0.16 g(1.5 mmol)Na_2CO_3 固体和 0.75 mL 4 mol·L^{-1}(3.0 mmol)Me_3en 水溶液(移液枪移取),搅拌反应 5 min 后,加入 10 mL 0.3 mol·L^{-1}(3.0 mmol)$NaBPh_4$ 水溶液,搅拌反应 30 min 后,用倾析法抽滤、洗涤(重复洗涤 3~5 次,每次用纯水约 10 mL)产物,抽干。将产物转至培养皿中,置于 90 ℃烘箱中干燥 30 min,冷却、称量、计算产率。

特别指出的是,"水相合成法"合成也可选择在烧杯中进行,用玻棒代替电磁搅拌器充分搅拌,其他实验环节完全一样。

(2) 配合物 $[Ni(Me_3en)(acac)]BPh_4$ 中 Ni(Ⅱ)含量的测定。

① 0.01 mol·L^{-1} EDTA 标准溶液的配制 称取 1.2 g EDTA 固体于烧杯中,加入 200 mL 纯水溶解(必要时可微热促使其溶解)后转入塑料试剂瓶中,加纯水稀释至

300 mL,摇匀,备用。

② 0.01 $mol \cdot L^{-1}$ Zn^{2+} 标准溶液的配制　准确称取 0.20~0.22 g ZnO 基准物于 100 mL 烧杯中,加入 5 mL 6 $mol \cdot L^{-1}$ HCl 溶液溶解,加入适量纯水稀释,将溶液定量转至 250 mL 容量瓶中,用纯水稀释至刻度,充分摇匀,备用。

③ 0.01 $mol \cdot L^{-1}$ EDTA 标准溶液浓度的标定　移取 25.00 mL Zn^{2+} 标准溶液于 250 mL 锥形瓶中,加入 50 mL 纯水和 3~4 滴 0.2% 二甲酚橙指示剂,再加入 10 mL 30% 六次甲基四胺溶液。用 0.01 $mol \cdot L^{-1}$ EDTA 标准溶液滴定至溶液由紫红色变为黄色,即为终点。平行标定三份。计算 EDTA 标准溶液的准确浓度及相对平均偏差。

④ [Ni(Me$_3$en)(acac)]BPh$_4$ 配合物中 Ni(Ⅱ) 含量测定　准确称取 0.10~0.12 g 产物于 250 mL 锥形瓶中,加入 20 mL 乙醇溶解(若不溶,可稍加热),准确加入 38~40 mL 0.01 $mol \cdot L^{-1}$ EDTA 标准溶液,放置 5 min。然后加入 5 mL 30% 六亚甲基四胺溶液,调节溶液 pH 为 5.8~6.2。加入 3~4 滴 0.2% 二甲酚橙指示剂,用 0.01 $mol \cdot L^{-1}$ Zn^{2+} 标准溶液滴定至溶液颜色恰变为紫红色,即为终点,平行测定三份。计算产物中 Ni(Ⅱ) 的含量及相对平均偏差。

6. 拓展实验

(1) 参考文献,培养产物的单晶,挑选合适的单晶进行 X 射线单晶结构分析,学习 X 射线单晶衍射仪的使用和晶体结构解析软件的使用。

(2) 用 X 射线粉末衍射仪测定固相或水相法合成的产物的 XRD 图谱,学习解析其 XRD 图谱,并与用其 X 射线单晶结构分析数据模拟的 XRD 图谱进行比较,说明固相法或水相法合成产物的结构和纯度。

(3) 测定配合物 [Ni(Me$_3$en)(acac)]BPh$_4$ 及其溶剂变色配合物的质谱,比较配合物在不同溶剂及不同温度下的质谱图,证明溶剂配位配合物的形成。

(4) 查阅文献,参考相关实验内容,自行设计实验方案,测定配合物 [Ni(Me$_3$en)(acac)]BPh$_4$ 的磁化率。根据磁化率数据推断 [Ni(Me$_3$en)(acac)]$^+$ 中未成对电子数,画出 [Ni(Me$_3$en)(acac)]$^+$ 的分子轨道能级图及电子排布。

四、注意事项

(1) 制备过程中可直接取用 Me$_3$en 和 Hacac 原液。但由于 Me$_3$en 和 Hacac 用量太少,可配制成一定浓度的水或乙醇溶液(乙酰丙酮与水的互溶度较低),以便较准确地取用。

(2) 溶剂变色和热致变色实验用到多种不同的有机溶剂,注意有机溶剂的使用规范。

(3) 溶剂变色和热致变色实验须在通风橱中操作。

(4) 为了安全和环保起见,有关配合物在不同溶剂中的热致变色实验可作为演示实验。

(5) 附着在研钵或烧杯等玻璃器皿上的红色镍(Ⅱ)配合物难溶于水,可加入适量工业乙醇浸泡一会,并轻轻研磨或搅拌溶解后,倒掉乙醇溶液,再用自来水洗涤。

(6) 剩余产物及实验中的无机废液和有机废液要分类回收至指定容器中。

五、思考题

(1) 分析合成过程中加入 Na$_2$CO$_3$ 的作用? 能否用相当量的 NaOH 代替 Na$_2$CO$_3$?

(2) 根据本实验的结果,说明影响配合物晶体场分裂能的因素有哪些?

（3）固相合成时，体系中的原料同时满足 Ni(Ⅱ) 形成平面正方形、八面体和四面体结构的配合物的条件，却选择性地形成了红色的平面正方形结构的配合物，试用晶体场理论给予解释。

（4）红色配合物 [Ni(Me₃en)(acac)]BPh₄ 不溶于水，这是实验事实，能否从理论上作出解释。

（5）在水溶液中，Ni^{2+} 与丁二酮肟形成平面正方形结构的配合物，如图 3-26 所示。预测该配合物是否具有溶剂变色效应？为什么？

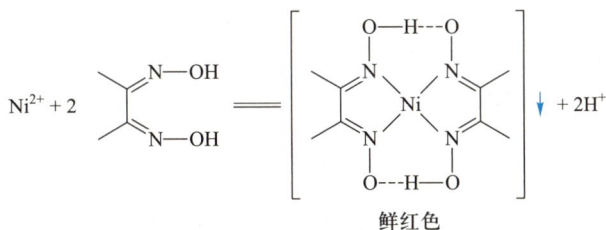

图 3-26 二丁二酮肟合 Ni(Ⅱ)配合物的反应及结构示意图

（6）基于配合物 [Ni(Me₃en)(acac)]BPh₄ 的溶剂/热致变色性质，预测该配合物具有哪些潜在的应用。

六、参考文献

第 10 届全国大学生化学实验邀请赛无机及分析化学实验竞赛试题。

七、助学导学内容

（1）董志强,陈欣,王凤彬,等.配合物 [Ni(Me₃en)(acac)]BPh₄ 合成、分析实验实施结果与讨论——第 10 届全国大学生化学实验邀请赛无机及分析化学实验试题部分内容实施结果与讨论.大学化学,2023,38(5):325-334.

（2）董志强,易波,陈烨超,等."配合物 [Ni(Me₃en)(acac)]BPh₄ 的溶剂/热致变色行为研究"实验实施结果与讨论——第 10 届全国大学生化学实验邀请赛无机及分析化学实验试题部分内容实施结果与讨论.大学化学,2023,38(8):333-340.

（3）董志强,阮婵姿,张春艳,等.配合物 [Ni(Me₃en)(acac)]BPh₄ 合成过程优化的基本思路与初步实施结果——第 10 届全国大学生化学实验邀请赛无机及分析化学实验试题合成过程优化的基本思路与初步实施结果.大学化学,2023,38(9):313-321.

（4）Zhiqiang Dong, Bo Yi, Yanping Ren, et al. Aqueous and solid phase synthesis of [Ni(Me₃en)(acac)]BPh₄ and its solvatochromic properties：a laboratory experiment for first-year undergraduates. J Chem Educ,2024,101，5，2080-2086.

（5）第三届全国大学生化学实验创新大赛华南区赛,选手作品之一——实验视频。

（6）第三届全国大学生化学实验创新大赛华南区赛,选手作品之一——讲解视频。

| (1) | (2) | (3) | (4) | (5) | (6) |

实验 22   系列 Cr(Ⅲ)配合物的制备及其光谱化学序列的测定

一、预习要点

(1) 原位合成法及其应用。

(2) Cr(Ⅲ)化合物性质及不同 Cr(Ⅲ)配合物的制备方法。

(3) 配合物的晶体场理论及影响晶体场分裂能的因素。

(4) 晶体场分裂能与光谱化学序列。

教学课件

视频
分光光度计使用

二、实验原理

Cr^{3+} 的配位能力较强,容易与 H_2O,NH_3,Cl^-,$C_2O_4^{2-}$,SCN^- 等配体形成众多的配位数为 6 的系列 Cr(Ⅲ)配合物,而且还存在许多同分异构现象。

中心离子 Cr^{3+} 相同,且这些不同的配位体均为无色,但形成的 Cr(Ⅲ)配合物都有颜色,且颜色不同。

实际上,配合物中心离子 d 轨道的分裂及分裂能就是人们基于对同一中心离子的不同配体配合物颜色不同的这样一个实验事实的"说法",而颜色与光的吸收有关(分裂能与 λ_{max} 的关系),即光谱化学序列测定的依据。

1. 系列 Cr(Ⅲ)配合物的制备

不同配体 Cr(Ⅲ)配合物的制备原理不同。一般来说,配位能力比 H_2O 强的配体可在水溶液中直接与 Cr^{3+} 作用形成配合物,但对于碱性强的配体如乙二胺(ethylenediamine,en),需在有机溶剂中合成其与 Cr^{3+} 的配合物;而对于 $K_3[Cr(C_2O_4)_3] \cdot 3H_2O$, $cis-K[Cr(C_2O_4)_2(H_2O)_2] \cdot 2H_2O$ 和 $trans-K[Cr(C_2O_4)_2(H_2O)_2] \cdot 3H_2O$ 这些含有配位能力与 H_2O 相当的 $C_2O_4^{2-}$ 配合物的合成,则需要在水溶液中以 $K_2Cr_2O_7$ 与 $H_2C_2O_4$ 和 $K_2C_2O_4$ 作用原位合成(in-situ synthesis),有关反应式为

$$K_2Cr_2O_7 + 7H_2C_2O_4 \cdot 2H_2O + 2K_2C_2O_4 = 2K_3[Cr(C_2O_4)_3] \cdot 3H_2O + 6CO_2\uparrow + 15H_2O$$

$$K_2Cr_2O_7 + 7H_2C_2O_4 \cdot 2H_2O = 2cis-K[Cr(C_2O_4)_2(H_2O)_2] \cdot 2H_2O + 6CO_2\uparrow + 13H_2O$$

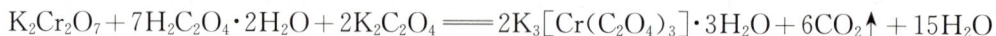

通过在反应体系中引入适当的前驱体物质或催化剂,在反应发生的同时原位高效合成目标化合物的方法称为原位合成法(in-situ synthesis)。原位合成法是近二十年发展起来的一种新方法,广泛应用于材料合成、催化体系及有机合成。在合成配合物时,也常用原位合成法合成用常规法难以得到的配合物,包括合成具有中间氧化态[如实验 23   乙酰丙酮合锰(Ⅲ)配合物的合成、三草酸合锰(Ⅲ)酸钾配合物合成等]或特殊结构和性质的配合物。

原位合成的机理通常相当复杂,可能包括高价金属化合物与金属离子的原位氧化还原及配体原位氧化、水解、偶合和环加成等。此时产物常被用作底物,进而合成出更多具有特殊结构和性质的配合物。

2. 系列 Cr(Ⅲ)配合物的光谱化学序列的测定

在过渡金属配合物中,由于配体场的影响使中心离子原来简并的 d 轨道发生分裂。配体的对称性不同,d 轨道的分裂形式和分裂轨道间的能级差也不同,如图 3-27 所示。

电子在分裂后的 d 轨道间的跃迁称为 d-d 跃迁。这种跃迁的能量相当于可见光区的

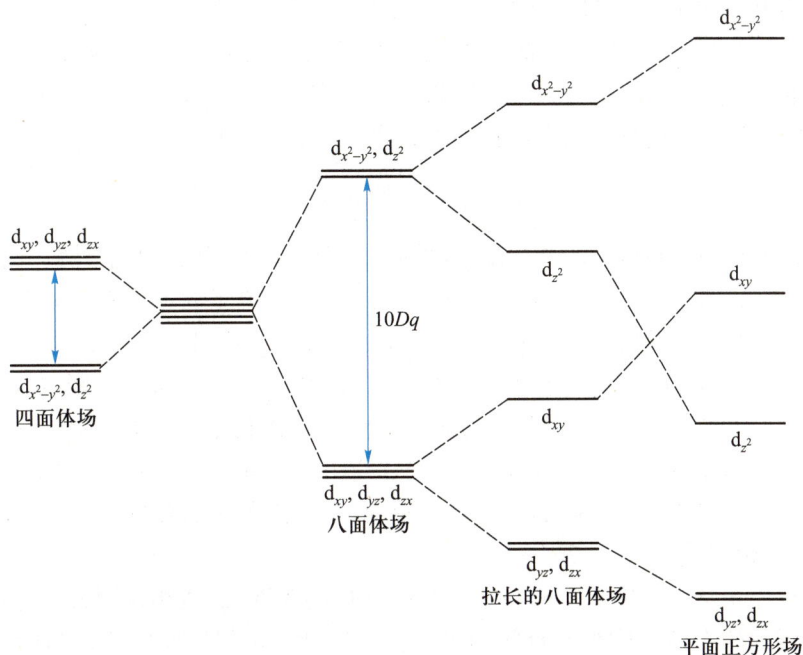

图 3-27　d 轨道在不同配体场中的分裂示意图

能量范围,因此,过渡金属配合物常常呈现出某种颜色。

两个不同能级 d 轨道之间的能量差,称为分裂能 △。△ 值的大小受中心离子的电荷数、周期数、d 电子数和配体性质等因素影响。对于同一中心离子和相同构型的配合物,△ 值随配体场强度的增强而增大。按照 △ 值相对大小排列的配位体顺序称为光谱化学序列,它反映了配体所产生的配位场强度的相对大小。

分裂能 △ 可以通过测定配合物的吸收光谱来求得。过渡金属配合物的吸收光谱通常包括 d—d 跃迁,电荷迁移(ligand to metal charge transfer,LMCT)和配体内电子迁移三种类型的吸收带,其中最重要的是 d—d 跃迁吸收带。研究配合物的吸收光谱必须同时考虑电子间的排斥作用和配位场的作用。根据研究离子的电子光谱的弱场方法,首先考虑 d 电子间相互作用引起的能级改变,获得 d^n 组态的光谱项。然后考虑各光谱项在配位场中的分裂情况。

以各光谱项在配位场中分裂后的能级能量对分裂能 △ 作图,就可得到 d^n 组态的奥格尔(Orgel)能级图。各电子组态的奥格尔能级图可通过量子力学计算得到。图 3-28 是 $Cr^{3+}(d^3)$ 在八面体场中的简化奥格尔能级示意图。

图 3-28　$Cr^{3+}(d^3)$ 在八面体场中的简化奥格尔能级示意图

其中,纵坐标表示光谱项能量,^4F 是 Cr^{3+} 的基态光谱项,^4P 是与基态光谱项具有相同多重态的激发态光谱项。由图 3-28 可知,Cr(Ⅲ)配合物的 d—d 跃迁方式有三种,即

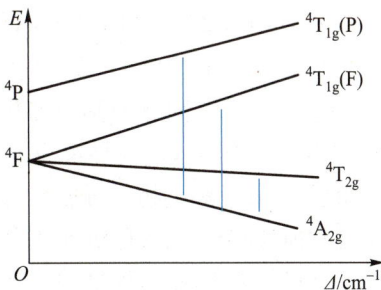

$$\upsilon_1(^4A_{2g} \rightarrow {}^4T_{2g}) \quad \upsilon_2[^4A_{2g} \rightarrow {}^4T_{1g}(F)] \quad \upsilon_3[^4A_{2g} \rightarrow {}^4T_{1g}(P)]$$

故 Cr(Ⅲ)配合物在可见光区的电子吸收光谱图中有三个吸收峰。但是某些 Cr(Ⅲ)配合物溶液中只出现两个(或一个)明显的吸收峰,这是由于荷移光谱的干扰。根据配位场理论推算,d^3 电子组态在八面体场中的第一跃迁能,即电子从 $^4A_{2g}$ 跃迁到 $^4T_{2g}$ 所需的能量为分裂能 Δ_O,此值可以从吸收光谱图中最大波长的吸收峰位置求得,即

$$\Delta_O = \frac{1}{\lambda_{max}} \times 10^7 \, (cm^{-1})$$

d 电子数不同和空间构型不同的配合物的电子光谱是不同的,因此,计算分裂能 Δ 值的方法也各不相同。在八面体场和四面体场中,d^1,d^4,d^6,d^9 电子的电子光谱只有一个简单的吸收峰,其 Δ 值直接由吸收峰位置的波长求得;对 d^2,d^3,d^7,d^8 电子的电子光谱都应有三个吸收峰,其中,八面体场 d^3,d^8 电子和四面体场 d^2,d^7 电子,由最大波长的吸收峰位置的波长计算 Δ 值;而八面体场 d^2,d^7 和四面体场 d^3,d^8 电子,其 Δ 值由最小波长吸收峰和最大波长吸收峰的波数之差来计算。当配体变化时,配合物的颜色将发生变化。如 $[Cr(H_2O)_6]^{3+}$ 中的 H_2O 被卤素离子($X=Cl^-$,Br^-,I^-)分步置换时,生成新的配合物 $[Cr(H_2O)_{6-n}X_n]$(省略电荷)时发生颜色变化。

随着配位原子从 I→Br→Cl→S→F→O→N→C 的改变,Δ 值相应增大。通常把这种随配位体场强增加的次序列称为配合物的光谱化学序列。虽然所有配位体与同一种金属离子不能形成完整的光谱化学序列,但是金属配合物的一般光谱化学序列如下

$I^- < Br^- < Cl^- < SCN^- < F^- < C_2O_4^{2-} < H_2O < EDTA < NH_3 < en < bipy < CN^- < CO$

三、实验内容

1. 配合物的制备

(1) $K_3[Cr(C_2O_4)_3]\cdot 3H_2O$ 的制备。分别称取 0.75 g $K_2C_2O_4$ 和 1.8 g $H_2C_2O_4\cdot 2H_2O$ 于 250 mL 烧杯中,加 20 mL 纯水溶解;另称取 0.65 g $K_2Cr_2O_7$ 于 50 mL 烧杯中,加入 5 mL 纯水溶解。将此 $K_2Cr_2O_7$ 溶液慢慢加入上述 $K_2C_2O_4$ 和 $H_2C_2O_4$ 混合溶液中,并不断搅拌(为什么?)。待反应结束后,将溶液转至蒸发皿中,水浴加热蒸发至近干。冷却,有深绿色晶体生成,抽滤,并依次用适量丙酮、乙醚洗涤产物。将产物转至已称量的表面皿中,称量并计算产率。再将产物转至小自封塑料袋中,封好,备用。

(2) $K[Cr(C_2O_4)_2(H_2O)_2]\cdot nH_2O$ 的顺式($n=2$)和反式($n=3$)异构体的制备。

① $cis-K[Cr(C_2O_4)_2(H_2O)_2]\cdot 2H_2O$ 的制备。分别称取 0.5 g $K_2Cr_2O_7$(充分研细)与 3 g $H_2C_2O_4\cdot 2H_2O$ 固体于蒸发皿中,并混合均匀。用玻棒在混合物中心戳出一个小坑,并在小坑内加一滴纯水以诱导反应发生,盖上表面皿。反应剧烈进行,生成 H_2O 和 CO_2。反应结束后,得紫色黏稠物。再加入 10 mL 无水乙醇,充分搅拌(必要时可倾析掉乙醇溶液再加无水乙醇搅拌)至有暗紫色沉淀产生。抽滤,并依次用适量无水乙醇、乙醚洗涤产物。将产物转至已称量的表面皿中,称量并计算产率。再将产物转至小自封塑料袋中,封好,备用。

② $trans-K[Cr(C_2O_4)_2(H_2O)_2]\cdot 3H_2O$ 的制备。称取 3 g $H_2C_2O_4\cdot 2H_2O$ 于 50 mL 烧杯中,慢慢加入 2.5 mL 沸水(注意水量,否则难以使溶液达到过饱和而析出晶体)至固体恰好溶解。分数次加入 1 g $K_2Cr_2O_7$(反应剧烈! 应控制每次加入量以免溶液溢出,盖上表面皿)。待反应完毕,冷却,过滤,将滤液收集于另一干净小烧杯中,再用封口膜封好烧杯口,再在封口膜上均匀地戳一些小孔(若想让溶液蒸发得快些,多扎几个小孔。但孔洞切勿过

多,否则,溶液蒸发太快,会使顺式异构体也一起析出而导致产物不纯),让溶液自然挥发。一周后,就可以看到红紫色块状晶体。过滤,依次用适量冷水和60%乙醇溶液各洗涤晶体2次,将晶体转至已称量的表面皿中,称量并计算产率。再将产物转入小自封塑料袋中,封好,备用。(注:上述反式配合物的合成在前一周实验课中完成。)

(3) $K_3[Cr(NCS)_6] \cdot 4H_2O$ 的制备。依次称取 2.5 g $Cr_2(SO_4)_3 \cdot 6H_2O$ 和 3 g KSCN 固体于 100 mL 锥形瓶中,加入 20 mL 纯水,搅拌溶解后,将溶液加热至近沸并保持约 1 h,然后加入 10 mL 乙醇,冷却,即有 K_2SO_4 晶体析出,抽滤,将滤液进一步蒸发浓缩至有少量暗红色晶体析出,冷却,有大量红紫色晶体析出。抽滤,依次用适量无水乙醇、乙醚洗涤产物。将产物转至已称量的表面皿中,称量,计算产率。再将产物转至小自封塑料袋中,封好,备用。

(4) $[Cr(en)_3]Cl_3$ 的制备。在 50 mL 双口烧瓶中,加入 3.3 g $CrCl_3 \cdot 6H_2O$,再加入 8 mL 无水乙醇溶解后,加入 0.25 g Zn 粒或 Zn 片,搭建回流装置,在水浴中加热回流,同时缓慢加入 5 mL 乙二胺,加完后继续回流 1 h,有黄色沉淀生成。冷却,抽滤,依次用适量无水乙醇、乙醚洗涤产物。将产物转至已称量的表面皿中,称量并计算产率。再将产物转至小自封塑料袋中,封好,备用。

(5) Na[CrY] 的制备。称取 0.15 g EDTA($Na_2H_2Y \cdot 2H_2O$)于 50 mL 烧杯中,加入 40 mL 纯水溶解,然后加入 0.11 g $CrCl_3 \cdot 6H_2O$,稍加热即可得到紫色的 Na[CrY] 溶液。

(6) $K[Cr(H_2O)_6](SO_4)_2$ 的制备。取适量 $KCr(SO_4)_2 \cdot 12H_2O$ 固体于 100 mL 烧杯中,加入适量纯水溶解,即可得有$[Cr(H_2O)_6]^{3+}$ 的蓝色溶液。

(7) $[Cr(H_2O)_4Cl_2]Cl$ 的制备。取适量 $CrCl_3 \cdot 6H_2O$ 固体于 100 mL 烧杯中,加入适量纯水溶解,即可得含有$[Cr(H_2O)_4Cl_2]^+$的亮绿色溶液。一定要现用现配(为什么?)。

(8) $[Cr(NH_3)_6]Cl_3$ 的制备。在少量 $CrCl_3$ 溶液中加入适量浓 $NH_3 \cdot H_2O$,即可得到含 $[Cr(NH_3)_6]^{3+}$ 的紫红色溶液。为防止 $NH_3 \cdot H_2O$ 的污染,一定要现用现配。

2. 配合物吸收曲线的测定

按照表3-6中所列的测定系列 Cr(Ⅲ) 配合物吸收曲线所要求的溶液的大致浓度,配制系列 Cr(Ⅲ) 配合物溶液。

表3-6 系列 Cr(Ⅲ) 配合物吸收曲线测定的适宜浓度

编号	配合物	颜色	浓度/ $(mol \cdot L^{-1})$	备注
1	$K_3[Cr(C_2O_4)_3] \cdot 3H_2O$	深绿	0.023	水溶液
2-(1)	$cis-K[Cr(C_2O_4)_2(H_2O)_2] \cdot 2H_2O$	紫	0.003	0.05 g 顺式或反式产物溶于 50 mL
2-(2)	$trans-K[Cr(C_2O_4)_2(H_2O)_2] \cdot 3H_2O$	紫	0.003	1.0×10^{-4} mol·L^{-1} HClO$_4$ 溶液中
3	$K_3[Cr(NCS)_6] \cdot 4H_2O$	紫红	0.018	水溶液
4	$[Cr(en)_3]Cl_3$	黄	0.014	水溶液
5	Na[CrY]	紫	0.007	溶液稀释
6	$K[Cr(H_2O)_6](SO_4)_2$	蓝	0.035	$KCr(SO_4)_2 \cdot 12H_2O$ 配制
7	$[Cr(H_2O)_4Cl_2]Cl \cdot 2H_2O$	绿	0.03	$CrCl_3 \cdot 6H_2O$ 现用现配
8	$[Cr(NH_3)_6]Cl_3$	紫红	0.03	$CrCl_3$ 溶液加浓 $NH_3 \cdot H_2O$ 现用现配

用 1 cm 比色皿,以纯水作参比溶液,在波长为 $400 \sim 700$ nm 范围内,分别测定上述系列 Cr(Ⅲ)配合物溶液的吸光度,先每间隔 10 nm 测一次,再于吸光度 A 最大的波长附近,每间隔 5 nm 或 2 nm 测定一次。

以波长 λ 为横坐标,以吸光度 A 为纵坐标,在同一坐标中制作系列 Cr(Ⅲ)配合物的吸收曲线,确定其最大吸收波长 λ_{max},计算不同配体 Cr(Ⅲ)配合物的分裂能 Δ,最后列出 Cr(Ⅲ)配合物配体的光谱化学序列。也可利用具有自动扫描功能的紫外–可见分光光度计扫描上述系列 Cr(Ⅲ)配合物溶液的吸收曲线,在其吸收曲线上可直接读取其最大吸收波长 λ_{max}。

3. 拓展实验

(1) 通过试管实验鉴别 $cis-K[Cr(C_2O_4)_2(H_2O)_2]$ 和 $trans-K[Cr(C_2O_4)_2(H_2O)_2]$ 异构体。

(2) 通过试管实验探讨 $cis-K[Cr(C_2O_4)_2(H_2O)_2]$ 异构体的紫–绿二色性。

四、注意事项

(1) 制备实验过程用到甲醇、乙醇、丙酮等有机溶剂,注意有机溶剂的使用规范。

(2) $Na[CrY]$,$K[Cr(H_2O)_6](SO_4)_2$ 和 $[Cr(H_2O)_4Cl_2]Cl$ 溶液可由实验室统一配制,学生实验时按需取用。$[Cr(H_2O)_4Cl_2]Cl$ 溶液一定要现用现配,否则,其内界 Cl^- 会被 H_2O 取代。

(3) 测定含 $NH_3 \cdot H_2O$ 试样的吸光度时要盖上比色皿的盖子。

(4) 实验中无机废液和有机废液要分类回收至指定容器中。

五、思考题

(1) 在合成配合物 $K_3[Cr(C_2O_4)_3] \cdot 3H_2O$ 和 $K[Cr(C_2O_4)_2(H_2O)_2] \cdot nH_2O$ 时,为什么不直接用 Cr(Ⅲ)盐,而使用 $K_2Cr_2O_7$(公认的致癌物)作为 Cr(Ⅲ)源? 为什么都要加 $H_2C_2O_4$,并且合成配合物 $K_3[Cr(C_2O_4)_3] \cdot 3H_2O$ 用的 $H_2C_2O_4$ 量比合成配合物 $K[Cr(C_2O_4)_2(H_2O)_2] \cdot nH_2O$ 时用的 $H_2C_2O_4$ 量少很多? 合成配合物 $K_3[Cr(C_2O_4)_3] \cdot 3H_2O$ 时,为什么还要加 $K_2C_2O_4$?

(2) 合成 $[Cr(en)_3]Cl_3$ 时,为什么要加 Zn 粒或 Zn 片?

(3) 在测定配合物的吸收光谱时所配溶液的浓度是否需要准确? 为什么?

(4) 如何理解配体场强度对分裂能 Δ 的影响?

(5) 根据本实验和相关实验的结果,说明影响分裂能 Δ 的因素有哪些?

(6) 根据上述影响分裂能 Δ 的因素,解释图 3–14 中有关 Dq 的含义。

六、参考文献

[1] 河南大学. 配位化学. 郑州:河南大学出版社,1989.

[2] 钟山,朱绮琴. 高等无机化学实验. 上海:华东师范大学出版社,1994.

七、助学导学内容

任艳平. "化学学科拔尖学生培养试验计划"课程平台——"基础化学实验—强化实验"课程设计与实践. 大学化学,2017,32(1):15–20.

实验 23 乙酰丙酮锰配合物的原位合成及其顺磁性

一、预习要点

（1）Mn 不同氧化态化合物的性质。

（2）乙酰丙酮锰配合物的制备原理和方法。

（3）顺磁性、磁化率、摩尔磁化率与分子磁矩。

（4）配合物的价键理论、未成对电子及分子的配键类型。

（5）磁天平测定磁化率的原理和方法。

二、实验原理

Mn 的氧化态比较丰富，其常见氧化态有 +2，+3，+4，+6 和 +7，在酸性溶液中，Mn^{2+} 是 Mn 的最稳定氧化态，而 Mn^{3+} 容易发生歧化反应形成 Mn^{2+} 和 MnO_2。所以，在适当条件下，Mn^{2+} 能直接与配体形成 Mn(Ⅱ) 配合物，而 Mn(Ⅲ) 配合物常用原位合成法（in-situ synthesis）合成（有关原位合成的介绍见实验 22），即在一定条件通过氧化还原反应，在体系中原位生成 Mn(Ⅲ) 配合物，如焦磷酸合锰(Ⅲ)配合物、三草酸合锰(Ⅲ)配合物等，其有关反应式为

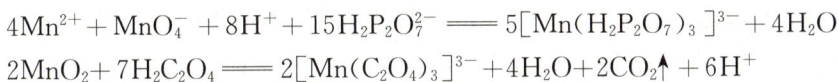

$$4Mn^{2+} + MnO_4^- + 8H^+ + 15H_2P_2O_7^{2-} =\!=\!= 5[Mn(H_2P_2O_7)_3]^{3-} + 4H_2O$$

$$2MnO_2 + 7H_2C_2O_4 =\!=\!= 2[Mn(C_2O_4)_3]^{3-} + 4H_2O + 2CO_2\uparrow + 6H^+$$

原位合成法是最近二十年来发展起来制备具有中间氧化态或特殊结构和性质的配合物的新方法，是合成水溶液中不稳定氧化态金属离子或特殊配体配合物或用常规法难以得到的配合物的一种有效方法。

Mn 的价电子层结构为 $3d^5 4s^2$，Mn(Ⅱ) 和 Mn(Ⅲ) 配合物都可能具有顺磁性。

物质在外加磁场作用下会被磁化而产生附加磁感应强度，此时物质内部的磁感应强度 B 为

$$B = B_0 + B' = \mu_0 H + \chi \mu_0 H \tag{1}$$

式中，B_0 为外磁场的磁感应强度，B' 为物质磁化产生的附加磁感应强度，H 为外磁场强度；μ_0 为真空磁导率，在 CGS 电磁单位制[①]中，其数值等于 1，χ 称为体积磁化率，是指单位体积物质的磁化能力。

根据 χ 的特点可把物质分为三类：$\chi > 0$，即 B_0 与 B' 的方向一致时为顺磁性物质；$\chi < 0$，即 B_0 与 B' 的方向相反时为逆磁性物质；另有少数物质的 χ 值与外磁场 H 有关，随外磁场强度的增加而急剧增强，但不随外磁场的消失而迅速消失，即有剩磁现象，这类物质称为铁磁性物质，如铁、钴、镍等。

在化学上常用单位质量磁化率 χ_m 或摩尔磁化率 χ_M 来表示物质的磁性质，分别定义为

$$\chi_m = \frac{\chi}{\rho} \tag{2}$$

[①] 本实验中全部采用 CGS 电磁单位制。

$$\chi_M = \frac{\chi \cdot M}{\rho} \tag{3}$$

式中,ρ,M 分别表示物质的密度和摩尔质量。在 CGS 电磁单位制中,χ_m 的常用单位为 $cm^3 \cdot g^{-1}$,χ_M 的常用单位为 $cm^3 \cdot mol^{-1}$。

凡是分子中具有自旋未成对电子的物质都是顺磁性物质。在无外磁场作用时,由于热运动,永久磁矩指向各方向的机会相同,该磁矩的统计值为零,如图 3−29(a)所示;在外磁场的作用下,其具有两种不同的附加磁场:①未成对电子的自旋运动未被相互抵消,永久磁矩沿着外磁场的方向排列,其磁化方向与外磁场相同,强度与外磁场成正比,如图 3−29(b)所示;②物质内部的电子会在外磁场作用下进行拉摩运动,感应出一个诱导磁矩,其磁矩方向与外磁场相反。

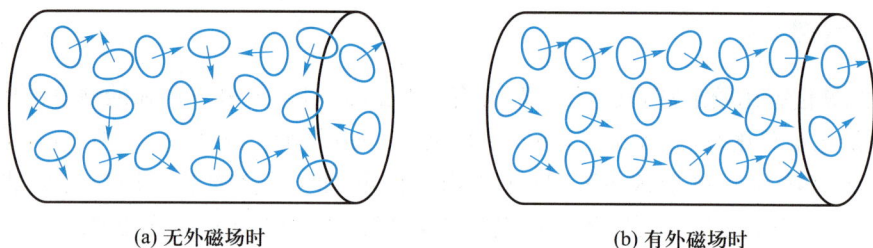

(a) 无外磁场时   (b) 有外磁场时

图 3−29   磁场与磁矩关系示意图

因此,顺磁性物质的摩尔磁化率 χ_M 是分子永久磁矩所产生的摩尔顺磁化率 χ_μ 与分子诱导磁矩所产生的摩尔反磁化率 χ_0 之和,即

$$\chi_M = \chi_\mu + \chi_0 \tag{4}$$

式中,$\chi_\mu > 0$,而 $\chi_0 < 0$,但由于 $\chi_\mu \gg |\chi_0|$,故

$$\chi_M \approx \chi_\mu \tag{5}$$

顺磁性物质所具有的顺磁化率与分子永久磁矩的关系一般服从居里定律:

$$\chi_\mu = \frac{N_A \mu_m^2 \mu_0}{3kT} \tag{6}$$

式中,N_A 为阿伏伽德罗常数,k 为玻尔兹曼常数,μ_m 为分子永久磁矩,μ_0 为真空磁导率($\mu_0 = 1$),T 为热力学温度。

由式(5)和式(6)可得

$$\chi_M = \frac{N_A \mu_m^2 \mu_0}{3kT} \tag{7}$$

式(7)将物质的宏观性质(χ_M)与物质的微观性质(μ_m)联系起来。因此可通过实验测定 χ_M 来计算物质分子的永久磁矩 μ_m,而物质的永久磁矩 μ_m 和它所含有未成对电子数 n 的关系为

$$\mu_m = \mu_B \sqrt{n(n+2)} \tag{8}$$

式中,μ_B 是玻尔磁子,其物理意义是单个自由电子自旋所产生的磁矩,其值为

$$\mu_B = \frac{eh}{4\pi m_e} = 9.274 \times 10^{-28} \ J \cdot G^{-1} \tag{9}$$

式中,e、m_e 分别为电子的电荷和静止质量,h 为普朗克常量。

Mn 可以形成 Mn(Ⅱ)和 Mn(Ⅲ)配合物,可以通过测定磁化率和配合物磁矩的大小来确定配合物中未成对电子数,进而确定其配合物中金属离子的氧化态。

1. 乙酰丙酮锰配合物的原位合成

本实验中,以 $MnCl_2 \cdot 4H_2O$ 和乙酰丙酮(acetylace-tone, Hacac, $CH_3COCH_2COCH_3$)为原料,在 HAc － NaAc 缓冲体系中,通过 $KMnO_4$ 的氧化,得到乙酰丙酮锰配合物粗产物。进而用丙酮进行重结晶,得到乙酰丙酮锰配合物纯产物。

2. 乙酰丙酮锰配合物的磁化率测定

由磁化率的测定来计算分子或离子中未成对电子数,在研究自由基和顺磁性分子的结构、过渡金属离子的价态及配位场理论中有着广泛的应用。本实验采用古埃磁天平法观察物体在磁场中所受到的力,进而计算其磁化率。古埃磁天平的工作原理如图 3－30 所示。

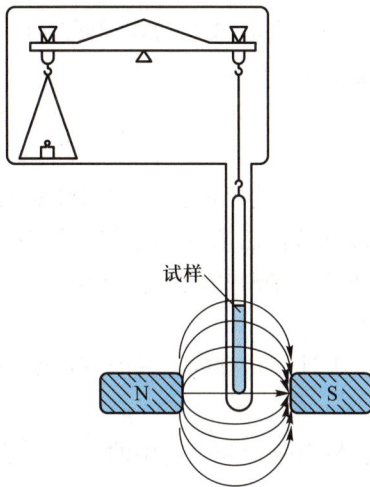

将装有试样的圆形玻璃试管悬挂在两磁极之间,使试样的底部处于两磁极中心,即磁场强度最强处 H,试样顶部处于磁场最弱(甚至为 0)的区域,如图 3－17 所示。这样,试样就处于一不均匀的磁场中。设试样管的截面积为 A,装入试样高度为 h,则沿试样管长度方向上单位体积为 $A\mathrm{d}h$ 的试样在磁场梯度 $\dfrac{\mathrm{d}H}{\mathrm{d}h}$ 中所受到作用力 $\mathrm{d}F$ 为

$$\mathrm{d}F = \chi \cdot H \cdot \frac{\mathrm{d}H}{\mathrm{d}h} \cdot A\mathrm{d}h \tag{10}$$

式中,$\dfrac{\mathrm{d}H}{\mathrm{d}h}$ 为磁场强度的变化梯度,对于顺磁性物质,作用力指向磁场强度最大的方向;反磁性物质则指向磁场强度最弱的方向,整个试样所受到的力为

$$F = \int_{H=H}^{H=0} \chi \cdot H \cdot \frac{\mathrm{d}H}{\mathrm{d}h} \cdot A\mathrm{d}h = \frac{1}{2} \cdot \chi \cdot H^2 \cdot A \tag{11}$$

注意:为了使积分上限 $H=0$,所装试样须装至足够的高度。试样受磁场作用力的大小可从天平的读数变化来测定,即 ΔW 为施加磁场前后的质量差,则

$$F = \frac{1}{2}\chi H^2 A = \Delta W \cdot g = g \cdot (\Delta W_{\text{空管+试样}} - \Delta W_{\text{空管}}) \tag{12}$$

将 $\chi = \chi_m \cdot \rho$,$\rho = \dfrac{W}{h \cdot A}$ 代入式(8)经整理得

$$\chi_M = \frac{2(\Delta W_{\text{空管+试样}} - \Delta W_{\text{空管}}) \cdot g \cdot h \cdot M}{WH^2} \tag{13}$$

式中,h 为试样高度(cm),g 为重力加速度,W 为试样质量(g),H 为磁场强度(G),M 为试样的摩尔质量。

磁场强度 H 可用"特斯拉计"测量,或用已知磁化率的标准物质进行间接测量。例如,用莫尔盐 $[(NH_4)_2Fe(SO_4)_2 \cdot 6H_2O]$ 来标定磁场强度,莫尔盐的质量磁化率 χ_m 与温度 T 关系为

图 3－30　古埃磁天平的工作原理示意图

试样

$$\chi_m = \frac{9500}{T+1} \times 10^{-6} \tag{14}$$

本实验中测得标准物质莫尔盐和待测乙酰丙酮锰配合物试样（分子式：$C_{15}H_{21}MnO_6$；相对分子质量：352.3）在零磁场下的质量分别 $W_{标}$ 和 $W_{样}$，则乙酰丙酮锰配合物的顺磁磁化率 $\chi_{顺}$ 为

$$\chi_{顺} \approx \chi_{M锰} = \frac{352.3\,\chi_{m标}W_{标}(\Delta W_{空管+锰} - \Delta W_0)}{W_{锰}(\Delta W_{空管+标} - \Delta W_0)} \tag{15}$$

式中，$\chi_{M锰}$ 为乙酰丙酮锰的摩尔磁化率，$\chi_{M标}$ 为标准物质莫尔盐的质量磁化率；$\Delta W_{空管+锰}$ 为待测试样乙酰丙酮锰加试样管在有磁场和零磁场时的质量差，ΔW_0 为空试样管在有磁场和零磁场时的质量差，$\Delta W_{空管+标}$ 为标准物质莫尔盐加试样管在有磁场和零磁场时的质量差。

把计算得到的乙酰丙酮锰配合物的摩尔磁化率 $\chi_{M锰}$ 值代入式（7）、式（8）可求得

$$n^2 + 2n = 8.06\,\chi_{M锰} \cdot T \tag{16}$$

则乙酰丙酮锰配合物中的中心离子的不成对电子数为

$$n = \sqrt{8.06\,\chi_{M锰} \cdot T + 1} - 1 \tag{17}$$

将计算得到的 n 代入式（8），可得乙酰丙酮锰配合物的磁矩（忽略轨道运动对磁矩的贡献）。

三、实验内容

1. 乙酰丙酮锰配合物的原位合成

（1）依次称取 3.0 g $MnCl_2 \cdot 4H_2O$ 和 7.8 g $NaAc \cdot 3H_2O$ 固体于 250 mL 锥形瓶中，加入 100 mL 纯水，在电磁搅拌下使固体完全溶解，再加入 12 mL 乙酰丙酮。

（2）称取 0.6 g $KMnO_4$ 固体于 100 mL 烧杯中，加入 30 mL 纯水溶解，并将此溶液慢慢滴加到（1）所得溶液中，加完后继续搅拌 5 min。

（3）向上述溶液中缓慢加入 NaAc 溶液（7.8 g $NaAc \cdot 3H_2O$ 溶于 20 mL 纯水中）。所得溶液在 50～60 ℃ 水浴上保温并搅拌 10 min，然后用冰水浴冷却至室温，即有沉淀析出。

（4）用砂芯漏斗减压过滤，依次用 15 mL 纯水、7 mL 无水乙醇（快速淋洗）、7 mL 石油醚洗涤沉淀，得到乙酰丙酮锰粗产物，称量，并计算产率。

2. 乙酰丙酮锰配合物的重结晶

将上述粗产物转至 50 mL 圆底烧瓶或磨口锥形瓶中，加入适量丙酮（丙酮的加入量按每克粗产物 4 mL 计算），搭建回流装置，在加热回流条件下溶解粗产物；趁热用布氏漏斗减压过滤，滤液立即转移至烧杯中，搅拌并冷却至室温，加入适量石油醚（按所加丙酮体积的2.5 倍加入），即析出纯产物。减压过滤，将产物转至已称量的称量瓶中称量，计算产率。

3. 乙酰丙酮锰配合物的磁化率的测定

（1）接通特斯拉计的电源，预热 10 min 后按"清零"键，消除系统零位误差，此时仪表显示为"000.0 mT"[①]。

（2）打开稳压电源开关，确保霍尔探头插在两磁极中间，且探头的平面应平行于两磁极

---

① 　1 mT＝10 G。

面,并固定好霍尔探头在磁场最强处(此步事先由教师调好,不再动)。

（3）取一洁净的试样管悬挂在磁天平的挂钩上,使管底恰好在探头上方,不触碰探头又处于两磁极中间。依次称取磁场强度由低到高(即 0 mT,200 mT,300 mT)、再由高到低(300 mT,200 mT,0 mT)时的空管质量[①]。

（4）用莫尔盐标定在特定励磁电流下的磁场强度 H。取下试样管,将事先研细并干燥的莫尔盐通过小漏斗装入试样管内,并边装边用玻棒将管内粉末压实,使其均匀密实,直至所要求的高度(约为 12 cm),用直尺准确量出试样高度 h 并记录于表 3-7 中。将试样管悬挂在磁天平上。如上法,依次测量磁场强度分别为 0 mT,200 mT 和 300 mT 时,莫尔盐与试样管的总质量 $W_{空管+标}$(重复两次)。利用莫尔盐的 χ_m 与温度关系式(14)可以标定出该不同励磁电流下的试样所在位置磁场强度 H 值。测定完成后将试样管中标准物质莫尔盐倒回原瓶中。依次用自来水、适量纯水和丙酮洗涤试样管,再用电吹风机吹干,备用。

（5）将乙酰丙酮锰配合物试样置于研钵中研细,并过 100 目的筛。再用该试样管,按照上述步骤(4)同法测定乙酰丙酮锰配合物试样的磁化率,并将测定数据记录于表 3-7 中。

表 3-7　磁化率测定的实验数据记录

待测物理量			待测物		
			空管	空管+莫尔盐	空管+乙酰丙酮锰配合物
质量/g	磁场强度 0 mT	第一次			
		第二次			
		平均值 m_0			
	磁场强度 200 mT	第一次			
		第二次			
		平均值 m_1			
	磁场强度 300 mT	第一次			
		第二次			
		平均值 m_2			
	温度 T/℃				
	试样高度 h/cm		—		
	试样质量 W/g		—		
	ΔW_1/g				
	ΔW_2/g				

4. 数据处理

根据以上测量结果,用所提供的公式计算乙酰丙酮锰的顺磁磁化率和分子磁矩,推算其中心离子的不成对电子数及氧化态,并按配位场理论给出乙酰丙酮锰配合物中心离子的 d 电子排布,画出该配合物的分子结构示意图。

[①]　为消除实验时剩磁现象,可先在励磁电流 I 时称量一次,然后稍增大电流至 $I+\Delta I$,再退回 I,再称量一次,前后两次平均值为 I 时空管的质量。

四、注意事项

（1）合成过程的废液要分类回收至指定的容器中。

（2）要将 $KMnO_4$ 溶液慢慢滴加到 $MnCl_2$ 与 NaAc 的混合溶液中。

（3）测定磁化率过程中，应摘下手表，以免被磁化而损坏。

（4）测定磁化率过程中，应始终注意由于外电源波动而造成磁场强度的变化。同时，由于天平一端很长，外部振动将引起天平摆动不定。

（5）霍尔变送器是易损元件，防止压、挤、扭弯、碰撞等，其型号应和刻度盘上所注编号相符。

（6）未知磁场极性之前，不得把励磁电流开得太大，以免超出量程。

（7）在每次测量试样时，都应读取当时的温度及试样高度并及时记录于表 3−7 中。

（8）测定完成后，将试样管中标准物质莫尔盐倒回原瓶，将试样乙酰丙酮锰配合物倒入指定的容器。

五、思考题

（1）写出有关合成反应式。

（2）合成乙酰丙酮锰配合物过程中，为什么要将 $KMnO_4$ 溶液慢慢滴加到 $MnCl_2$ 与 NaAc 的混合溶液中？

（3）在抽滤得到粗产物时，为什么要用乙醇快速淋洗？

（4）简述用古埃磁天平法测定磁化率的基本原理。

（5）为什么可用莫尔盐来标定磁场强度。

（6）本实验中，为什么试样管中的试样装填高度有一定要求？

（7）根据实验结果所得到的未成对电子数，从简单的价键理论角度，写出乙酰丙酮锰配合物中心离子的 d 电子排布及杂化类型。

实验 24　光致发光稀土配合物 $[Eu(Phen)_2(NO_3)_3]$ 的小量合成及其发光现象

一、预习要点

（1）稀土元素及其化合物性质。

（2）配合物 $[Eu(Phen)_2(NO_3)_3]$ 的制备原理和方法。

（3）配合物 $[Eu(Phen)_2(NO_3)_3]$ 的发光原理。

教学课件

二、实验原理

稀土元素（rare earth element，RE）是指元素周期表中原子序数从 57 到 71 的 15 个镧系元素（lanthanon，Ln）及与镧系元素在化学性质上相似的 21 号钪（Sc）和 39 号钇（Y）共 17 个元素。稀土元素的原子电子层结构和物理化学性质，以及它们在矿物中共生情况和不同的离子半径可产生不同性质的特征，使其在石油、化工、冶金、纺织、陶瓷、玻璃、永磁和发光材料等领域都得到了广泛的应用，并随着科技的进步和应用技术的不断突破，稀土元素及其化合物的应用价值越来越大。所以,现如今稀土已成为极其重要的战略资源。

其中,发光是稀土化合物及配合物的重要性质,如 Eu^{3+} 和 Tb^{3+} 等稀土离子能与一些有机配体形成具有发光性质的配合物,在发光分子器件、荧光探针、电致发光器件等方面具有广泛应用,受到人们的极大关注。本实验是有关在非水溶剂中合成邻二氮菲(1,10-phenanthroline,Phen)与 Eu^{3+} 的配合物[Eu(Phen)₂(NO₃)₃]及其发光性质和原理的探讨,其内容概要如图 3-31 所示。

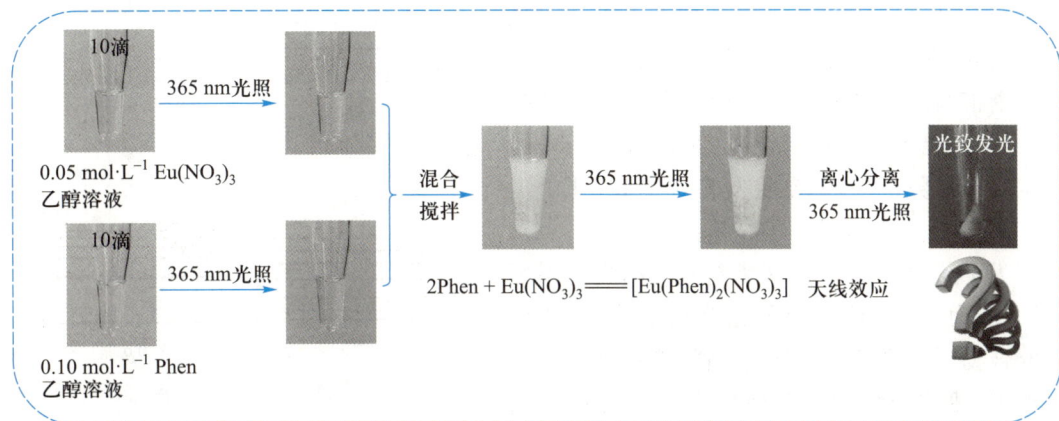

图 3-31　配合物[Eu(Phen)₂(NO₃)₃]的小量合成及其发光性质实验内容概要图

1. 配合物[Eu(Phen)₂(NO₃)₃]的合成

稀土离子为典型的硬酸,容易与含有氧或氮等配位原子的硬碱配位,如与 β-二酮和 Phen 结合形成稳定的配合物。本实验是在乙醇介质中,配体 Phen 与 Eu(NO₃)₃ 直接反应得到产物,有关反应式为

$$2Phen + Eu(NO_3)_3 \Longrightarrow [Eu(Phen)_2(NO_3)_3]$$

据文献报道,本实验中快速结晶得到的配合物的组成与其 X 射线单晶衍射分析组成一致。X 射线单晶衍射实验结果表明,在配合物[Eu(Phen)₂(NO₃)₃]中,2 个 Phen 中的各 2 个 N 原子和 3 个 NO_3^- 中的各 2 个 O 原子均以双齿螯合方式与中心离子 Eu(Ⅲ)配位,形成配位数为 10 的单核配合物,即配合物[Eu(Phen)₂(NO₃)₃]以单核分子形式存在,其配位多面体为双帽四方反棱柱,如图 3-32 和图 3-33 所示。

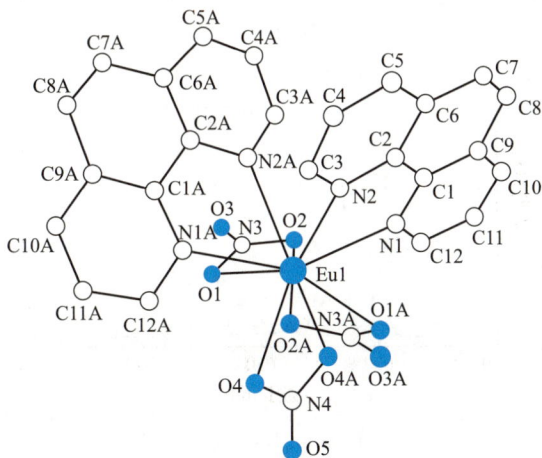

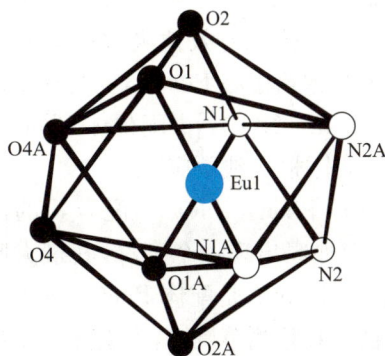

图 3-32　[Eu(Phen)₂(NO₃)₃]的分子结构图

图 3-33　[Eu(Phen)₂(NO₃)₃]的配位多面体结构示意图

一般来说,与过渡金属离子相比,稀土离子具有比较大的体积,常形成配位数大于 6 的配合物。X 射线衍射分析数据表明,稀土元素配合物的典型配位数为 7,8,9 和 10。

2. 配合物[Eu(Phen)$_2$(NO$_3$)$_3$]的光致发光

所谓光致发光,就是某种物质在光的照射(激发)下产生发光的现象。

具有 f—f 电子跃迁的稀土离子,如 Eu^{3+},Tb^{3+} 等,它们与配体形成配合物后,用近紫外光照射,常常发出对应于中心离子的 f—f 跃迁可见光。因此,在一般情况下,它们的荧光由尖锐的发射谱带组成。但由于 f—f 电子跃迁属于禁阻跃迁,因此稀土离子在紫外区(200~400 nm)的摩尔吸光系数很小,其自身发光效率低。Eu^{3+},Tb^{3+} 的能级跃迁如图 3—34 所示。

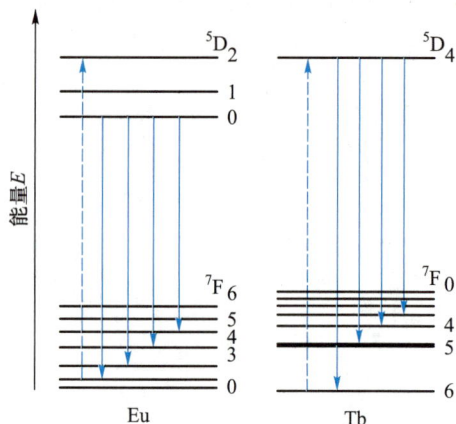

图 3—34　Eu^{3+},Tb^{3+} 的能级跃迁示意图

为了获得高效发光,稀土与具有高吸光系数(吸收能力强)的配体(特别是有机配体)形成稀土配合物,其中配体吸收光能后将能量传递给稀土离子,使配合物发射较强稀土离子的特征荧光。此时,配体犹如一个天线充分吸收光能,然后通过分子能量传递模式把能量再传递给与之配位的中心稀土离子,这种传递作用被喻为"天线(antenna)效应"。在稀土光致发光配合物中,具有"天线效应"的配体有 β—二酮、芳香羧酸、联吡啶、邻二氮菲、8—羟基喹啉等。一般来说,配体的共轭程度越大,配合物共轭平面和刚性结构越大,配合物中稀土离子的发光效率就越高。

有机配体中的跃迁有 $\sigma \rightarrow \sigma^*$ 跃迁和 $\pi \rightarrow \pi^*$ 跃迁。其中,$\pi \rightarrow \pi^*$ 跃迁主要指不饱和双键上的 π 电子跃迁,这种跃迁在所有有机化合物中的吸光度最大,摩尔吸光系数一般为 $\kappa > 10^4$ L·mol^{-1}·cm^{-1}。大多数光致发光稀土配合物的配体跃迁都属于这一类。

配合物[Eu(Phen)$_2$(NO$_3$)$_3$]的发光机理与其他大多数稀土配合物类似。其中的配位体 Phen(具有刚性的共轭平面结构)吸收紫外光,电子从其基态跃迁到激发态,处于激发态的 Phen 通过非辐射跃迁的方式将能量传递给与其能量匹配的 Eu(Ⅲ)激发态,最后电子从 Eu(Ⅲ)激发态回到基态,将能量以光子的形式释放而发光,如图 3—35 所示。在整个过程中,Phen 配体能有效地吸收能量并有效地将能量传递给中心 Eu(Ⅲ),发光稀土配合物[Eu(Phen)$_2$(NO$_3$)$_3$]中配位体 Phen 的这种作用,即上述"天线效应"。

在[Eu(Phen)$_2$(NO$_3$)$_3$]配合物的激发光谱中,紫外区出现一个宽峰,其最大吸收波长约为 310 nm,是配体 Phen 的 $\pi \rightarrow \pi^*$ 跃迁产生的。在检测范围内,发射光谱中出现的是 Eu^{3+} 的特征发射峰,这说明配体 Phen

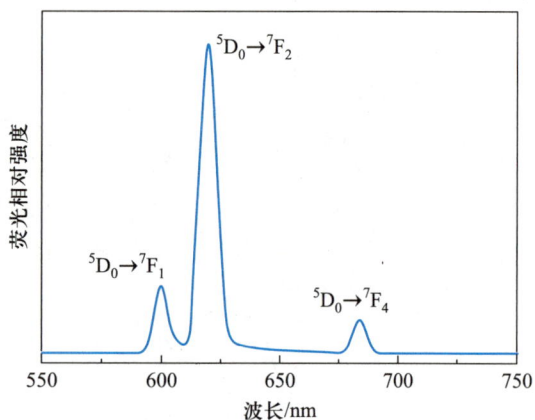

图 3—35　配合物[Eu(Phen)$_2$(NO$_3$)$_3$]的荧光发射光谱示意图

将吸收的能量有效地传递给了中心 Eu(Ⅲ)。从图 3 - 35 可以看出，配合物 [Eu(Phen)$_2$(NO$_3$)$_3$] 的荧光发射光谱中有三个特征吸收峰，分别对应着 $^5D_0 \rightarrow {}^7F_1$(约 600 nm)，$^5D_0 \rightarrow {}^7F_2$(约 620 nm)和 $^5D_0 \rightarrow {}^7F_4$(约 690 nm)跃迁，其中 $^5D_0 \rightarrow {}^7F_2$ 跃迁发射峰是最强峰。

三、实验内容

1. 配合物[Eu(Phen)₂(NO₃)₃]的小量合成

为节省试剂，配合物 [Eu(Phen)$_2$(NO$_3$)$_3$] 的小量合成所需用的 0.05 mol·L^{-1} Eu(NO$_3$)$_3$ 乙醇溶液和 0.10 mol·L^{-1} Phen 乙醇溶液由实验室统一配制，学生实验时按 n[Eu(NO$_3$)$_3$]∶n(Phen)=1∶2 取用。

取两支离心管，向一支离心管中加入 10 滴 0.05 mol·L^{-1} Eu(NO$_3$)$_3$ 乙醇溶液，用 365 nm 紫外手电筒照射离心管中的溶液，记录现象；向另一支离心管中加入 10 滴 0.10 mol·L^{-1} Phen 乙醇溶液，用 365 nm 紫外手电筒照射离心管中的溶液，记录现象。

然后用滴管将 Phen 乙醇溶液转入盛有 Eu(NO$_3$)$_3$ 乙醇溶液的离心管中，立即产生白色沉淀，振荡离心管使反应完全，再用 365 nm 的紫外手电筒照射离心管中的白色浑浊液，记录现象；离心分离，倾去上层清液，得到白色固体。必要时，再加入适量无水乙醇，用玻棒搅起沉淀，再离心分离，倾去上层清液，尽可能将清液倾倒干净（也可用电吹风机吹干），以备下一步实验之用。

2. 配合物[Eu(Phen)₂(NO₃)₃]的光致发光现象

用 365 nm 的紫外手电筒照射离心分离后得到的白色产物，观察现象。同样用 365 nm 紫外手电筒分别照射 Eu(NO$_3$)$_3$·6H$_2$O 和 Phen 固体，观察现象。解释产物的光致发光现象。

3. 拓展实验

(1) 配合物 [Tb(Phen)$_2$(NO$_3$)$_3$] 的合成及发光性质。应用上述合成配合物 [Eu(Phen)$_2$(NO$_3$)$_3$] 的方法合成配合物 [Tb(Phen)$_2$(NO$_3$)$_3$]；用 365 nm 紫外手电筒照射配合物 [Tb(Phen)$_2$(NO$_3$)$_3$]，观察现象并解释之。同样用 365 nm 紫外手电筒照射 Tb(NO$_3$)$_3$·6H$_2$O 固体，观察现象并解释之。

(2) 配合物 [Eu(Phen)$_2$(NO$_3$)$_3$] 和 [Tb(Phen)$_2$(NO$_3$)$_3$] 的红外光谱和紫外光谱测定。分别测定前述两种配合物及配体 Phen 的红外光谱和紫外光谱，并比较和讨论它们光谱的异同。

(3) 配合物 [Eu(Phen)$_2$(NO$_3$)$_3$] 和 [Tb(Phen)$_2$(NO$_3$)$_3$] 的荧光光谱测定。测定前述两种配合物及 Eu(NO$_3$)$_3$·6H$_2$O 和 Tb(NO$_3$)$_3$·6H$_2$O 的荧光光谱，并结合上述实验中所观察到的发光现象，解释两种配合物的发光光谱特征。

四、注意事项

(1) 相对于一般合成实验反应物的用量，本实验属于小量合成，可直接在离心管中进行。实验室可直接提供 0.05 mol·L^{-1} Eu(NO$_3$)$_3$ 乙醇溶液和 0.10 mol·L^{-1} Phen 乙醇溶液，学生按需取用。

（2）使用紫外手电筒时,应避免紫外光照射眼睛和皮肤。

（3）产物要回收至指定容器中。

五、思考题

（1）在合成配合物$[Eu(Phen)_2(NO_3)_3]$时,为什么要将$Eu(NO_3)_3 \cdot 6H_2O$和Phen固体分别溶于乙醇后再混合？能否用水作溶剂？为什么？

（2）为什么稀土离子通常形成高配位数的配合物？

（3）为什么配合物$[Eu(Phen)_2(NO_3)_3]$和$Eu(NO_3)_3 \cdot 6H_2O$固体的发光现象不同？解释配合物$[Eu(Phen)_2(NO_3)_3]$的光致发光原理。

六、参考文献

［1］李媛媛,闫涛,王冬梅,等.稀土配合物的发光机理及其应用.济南大学学报（自然科学版）,2005,9(2):113-118.

［2］赵娜,马瑞霞,徐丽娟,等.配合物$[Eu(Phen)_2(NO_3)_3]$的晶体结构和性质.河北师范大学学报（自然科学版）,2008,32(2):209-211.

［3］Shawn Swavey. Synthesis and characterization of europium（Ⅲ）and terbium（Ⅲ）complexes：an advanced undergraduate inorganic chemistry experiment,J Chem Educ,2010,87(7)：727-729.

实验 25   自动化合成稀土−过渡金属氧团簇

一、预习要点

教学课件   讲解视频

（1）自动化装置在化学实验室的应用。

（2）自动化合成化学的基本要求。

（3）实验室自动化仪器使用前的注意事项及LabVIEW平台控制自动化合成仪器的使用。

（4）自动化实验装置合成稀土−过渡金属氧团簇的过程及光学显微镜的使用。

二、实验原理

人工智能的时代已经到来,它正在促进合成化学研究范式的变革。人工智能将极大地解放化学家的双手,使其更专注于更具创造性的脑力劳动。合成化学家与人工智能将各司其职、优势互补。

实验室自动化是以机器替代人工、以"人工智能"（artificial intelligence,AI）替代人类智慧,实现无人化、精准化和高效化的科学探索,其特点是自动化和智能化。实验室自动化技术可能带来化学实验的变革。尽管化学实验室的工作流程大多非标准化,实验和数据分析过程复杂,实现其自动化仍有诸多挑战,但用"无人实验室"开展科学研究已经不是遥不可及的梦想。例如,格拉斯哥大学的Cronin课题组发表了一系列自行搭建的自动化合成机器,并公开了详细的设计图纸和操控代码。剑桥大学的Ley课题组通过机器视觉（machine vision）实现萃取操作的自动化,优化色谱分离和过滤等操作。利物浦大学的Cooper课题组利用可移动机械臂操控化学实验室已有的各类仪器设备，实现自动化——该系统可以称量固体催化剂、分配液体、启动实验装置及操纵分析仪器对实验结果进行检测，并可利用贝叶斯优化(bayesian optimization)算法不断优化实验条件。中国科学技术大学江俊教授课题组创造出一位集化学合成、表征与测试全流程于一体的机器化学家——"小来"。"小来"可以从科研论文中自动提取信息、设计实验、合成测试及进行实验结果分析，甚至开展一些复杂的研究工作。

实验室自动化的硬件部分往往将工业自动化技术融入实验室流程中，以实现特定实验步骤。最基础的实验室自动化模块能够实现简单的试样转移、加样、分装、稀释等操作。在此基础上进一步融合协作机械臂、AGV 小车、滑轨等自动化硬件，并将简单操作连接起来，完成复杂的任务。

自动化合成稀土－过渡金属氧团簇实验主要包括自动化装置搭建、程序设计、金属氧团簇合成及晶体生长观察等内容，其内容概要如图 3－36 所示。

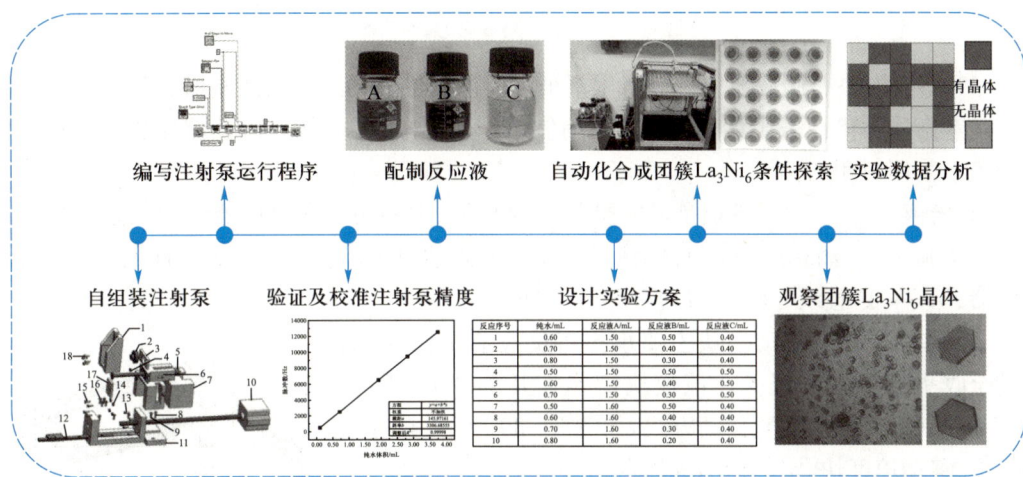

图 3－36　自动化合成稀土－过渡金属氧团簇实验内容概要图

通过该实验，主要让大学一年级学生了解自动化合成的基本流程，窥探未来合成化学实验室的样子，培养学生积极探索 AI 在化学及化学实验中的应用理念。

液体工作站是应用较为广泛的实验室自动化设备之一，它可以快速自动移取和混合不同液体，配制反应液，也可用于大规模反应筛选。本实验主要采用液体工作站探索稀土－过渡金属氧团簇 La_3Ni_6 的快速结晶方案。

1. 液体工作站组成

液体工作站是实验室自动化中的一个典型代表，可大致分为两个部分：一部分是负责人机交互和协同各子模块运作的控制程序及硬件，被称为"上位机"，可以通过数据接口控制、监视子模块并收集子模块传来的数据；另一部分则是由一系列具有不同功能的子模块组成的硬件部分，如图 3－37 所示。

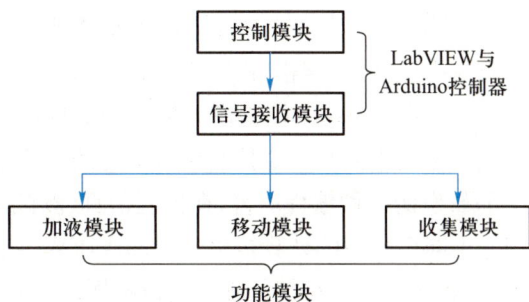

图 3－37　装置模块设计框图

本套实验装置是针对稀土-过渡金属氧团簇的探索合成过程搭建的一台液体工作站，其控制模块和信号接收模块是使用 LabVIEW 作为上位机编程语言及使用 LabVIEW Interface for Arduino Toolkit 工具包对 Arduino 控制器（又叫单片机）进行开发，并选择 Arduino Mega 2560 作为微控制器；功能模块则由储液模块、输液模块、收集模块和移动模块组成，如图 3-38 所示。

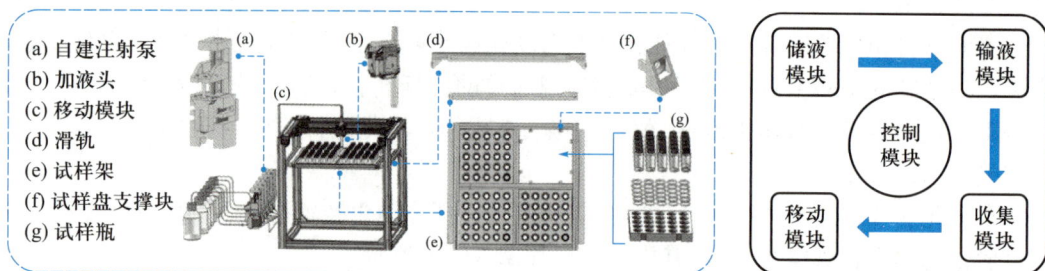

(a) 自建注射泵
(b) 加液头
(c) 移动模块
(d) 滑轨
(e) 试样架
(f) 试样盘支撑块
(g) 试样瓶

图 3-38　稀土-过渡金属氧团簇合成装置模型示意图

（1）储液模块。储液模块一般采用不被反应液侵蚀和污染的材质制成。为防止空气中的灰尘等杂质污染而采用具有气阀的密闭体系作为储液装置，如一次性储液袋等。在本实验装置中采用封闭的储液瓶。

（2）输液模块。输液模块是该实验装置的心脏，主要用于向反应器中加入定量的反应液。该实验装置是采用自主设计的注射泵作为液体动力源，其主要由 42 丝杆电动机、5 mL 注射器、MGN7C 直线导轨和 3D 打印套件组成。

（3）移动模块。移动模块主要承担将反应液快速、准确地转至收集模块中的任务。该模块借鉴了开源 3D 打印机 BLV mgn Cube 中的 XY 移动方式，如图 3-39 所示，具有结构简单、移动速度快、定位精准等优点。

（4）收集模块。收集模块主要用于收集反应液以静置结晶。收集模块由收集板、防滑 O 圈和反应瓶（反应容器）三部分组成。如图 3-40 所示，收集板的大小为 190 mm×190 mm，每块收集板上有 25 个通孔，每个通孔的直径为 28 mm，通孔之间的间隔为 36 mm。将反应瓶置于收集板内开好的凹槽中，并由防滑 O 圈固定，防止反应瓶晃动。本实验中所使用的反应容器，即反应瓶是一系列直径为 27.5 mm，高为 57 mm 的 20 mL 玻璃瓶。同时，为增加实验通量，提高实验效率，单独

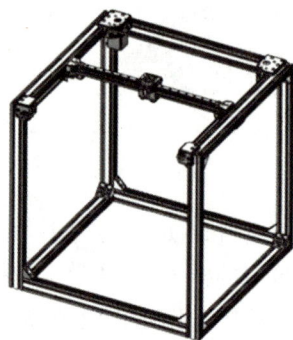

图 3-39　BLV mgn Cube 3D 打印机框架中的 XY 移动模块示意图

的收集模块被"田字格"框架组合在一起，一共可放置 100 个反应瓶。

（5）控制模块。控制模块是实验室自动化装置的大脑，包括微控制器和程序设计。微控制器是用来接收指令控制装置运行的核心器件。LabVIEW 是由美国国家仪器有限公司（NI）研发的一种编程语言，在控制仿真、测试测量、信号处理和应用发布方面有着广泛的应用。不同于一般的计算机语言，LabVIEW 采用图形化编程语言，使用它做开发时，基本上不用写代码，最后写好的程序是以框图的形式展现，类似于流程图，可读性好，可理解性强。而且 LabVIEW 自身包装了很多实用的函数库，能够提高编写程序的效率。本实验采用

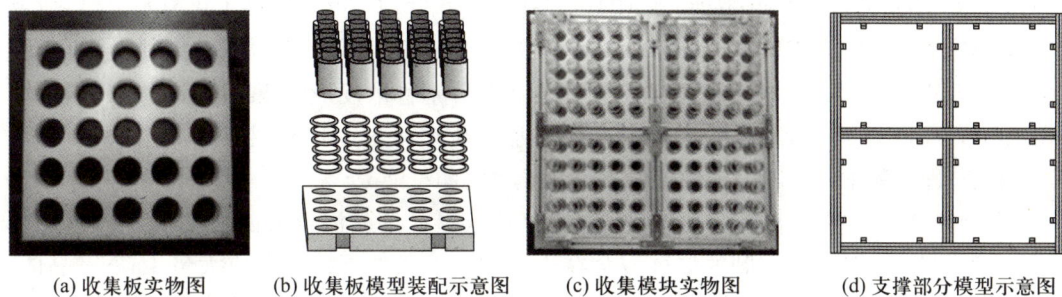

(a) 收集板实物图　(b) 收集板模型装配示意图　(c) 收集模块实物图　(d) 支撑部分模型示意图

图 3−40　收集模块实物图与模型示意图

LabVIEW Interface for Arduino Toolkit 进行开发,相关的控制程序已由指导教师编写完成,学生可直接调用。

2. 稀土−过渡金属氧团簇合成条件的探索

稀土−过渡金属氧团簇是一类具有原子级精确结构的纳米材料。它不仅具有丰富多样的结构,而且能够表现出独特的物理和化学性质,使其在光学、电学、磁学、催化等领域都有应用潜力,但其在合成上具有较大的挑战,尤其是难以实现其结构的定向设计及组装。因此,采用自动化合成获取大量实验数据,并与机器学习联用,有望提高稀土−过渡金属氧团簇的合成探索效率及加深对团簇形成机理的理解。

稀土−过渡金属氧团簇的形成一般与反应温度、反应时间、反应液 pH、金属离子与配体的物质的量之比等条件有关,实验过程也较复杂,涉及溶液配制、反应液的量取及混合、加热、过滤、搅拌、结晶、观察与测试等步骤。在本实验中仅利用自动化反应装置探索反应液配比的改变对稀土−过渡金属氧团簇形成的影响。

$[La_3Ni_6(IDA)_6(OH)_6(H_2O)_{12}](NO_3)_3 \cdot 15H_2O$(简写为 La_3Ni_6)是一种稀土−过渡金属氧团簇,其结构如图 3−41 所示,其中 IDA 是螯合配体亚氨基二乙酸(iminodiacetic acid,IDA)。

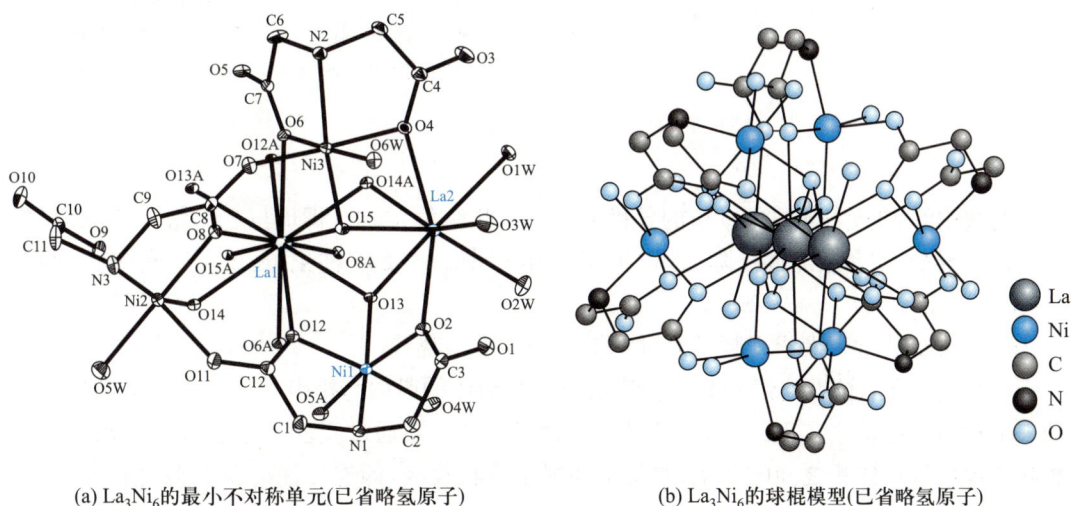

(a) La_3Ni_6的最小不对称单元(已省略氢原子)　(b) La_3Ni_6的球棍模型(已省略氢原子)

图 3−41　La_3Ni_6 团簇结构示意图

La_3Ni_6 团簇的合成方法：按照物质的量之比 4:9:6 分别称取反应物 $La(NO_3)_3 \cdot 6H_2O$ 固体、$Ni(NO_3)_2 \cdot 6H_2O$ 固体和 IDA 固体于烧杯中，加入纯水和 NaOH 溶液溶解，配制成一定浓度的溶液，即母液 A。同样，按照物质的量之比 1:3:3 分别称取反应物 $La(NO_3)_3 \cdot 6H_2O$ 固体、$Ni(NO_3)_2 \cdot 6H_2O$ 固体和 IDA 固体于烧杯中，加入纯水和 NaOH 溶液溶解，配制成一定浓度的溶液，即母液 B。配制一定浓度的 NaOH 溶液，即母液 C。

将母液 A 和母液 B 按一定比例混合，并加入母液 C 调整混合液的 pH，再加入一定体积的纯水调节溶液浓度，得到的混合液会在恰当的实验条件下快速形成大量 La_3Ni_6 晶体。该实验要求以母液 A，母液 B，母液 C 和纯水的加入体积为实验变量，探索反应液配比的改变对 La_3Ni_6 团簇形成影响。

三、实验内容

1. 注射泵的装配及校准

注射泵是液体工作站的核心部件，可用来精确连续移取定量的液态物质。市场上的注射泵大多较为昂贵，集成度高，难以与自建的控制系统衔接，不适用于实验室自动化系统。

本实验利用步进电动机等基础材料搭建一台价格低廉，可开放控制端口的注射泵，并通过实验检验该泵的稳定性和精确性。

（1）注射泵套件核验及注射泵的组装（选做）。注射泵各部分零件如图 3−42 所示。

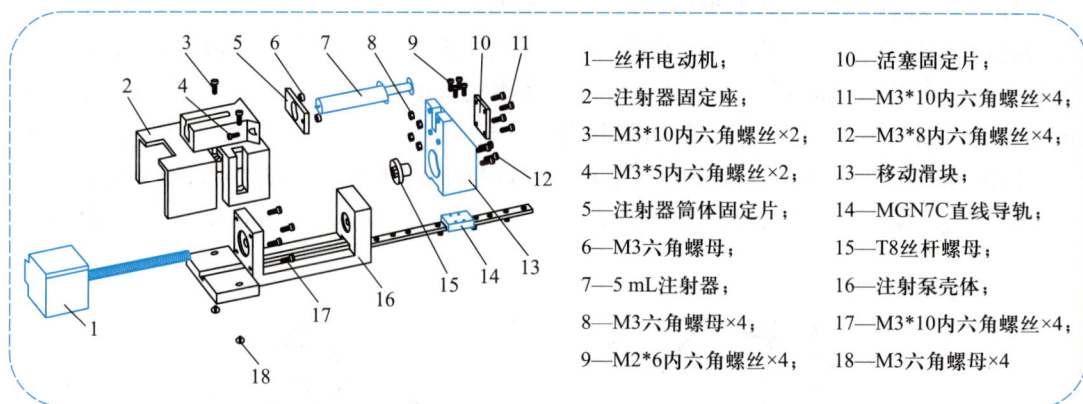

1—丝杆电动机；	10—活塞固定片；
2—注射器固定座；	11—M3*10内六角螺丝×4；
3—M3*10内六角螺丝×2；	12—M3*8内六角螺丝×4；
4—M3*5内六角螺丝×2；	13—移动滑块；
5—注射器筒体固定片；	14—MGN7C直线导轨；
6—M3六角螺母；	15—T8丝杆螺母；
7—5 mL注射器；	16—注射泵壳体；
8—M3六角螺母×4；	17—M3*10内六角螺丝×4；
9—M2*6内六角螺丝×4；	18—M3六角螺母×4

图 3−42　注射泵组装示意图

所选用的 42 丝杆步进电动机的导程为 2 mm，步距角为 1.8°，螺母与之配套。其余螺丝螺母及直线导轨均为标准件。随后，根据组装示意图 3−42 将注射泵组装完成（耗时约为 15 min）。

注射泵组装过程操作视频可通过扫描有关二维码观看。

（2）注射泵的校准与误差测试。注射泵控制液体的吸取与排出是通过步进电动机的转动来带动滑块运动来实现的。为了增加注射泵的精度，须通过实验来建立步进电动机脉冲数和所量取液体体积之间的关系，对每个注射泵进行校准，即连接注射泵电源、信号传输线及液体单向阀，随后在计算机上启动校准程序，按照表 3−8 填写相应信息。脉冲数分别设定为 500 Hz，2500 Hz，6500 Hz，9500 Hz 和 12500 Hz，并记录注射泵所取纯水体积或质量，平行取三次。将校准曲线的斜率与截距填写到注射泵程序中，并启动验证程序。预设体积分别输入 0.300 mL, 0.500 mL, 1.000 mL 和 3.000 mL。用天平称量所量取的纯水的质量, 平行实验 2 次, 取其平均值 (耗时约 20 min)。将实际称得的水的质量除以水的密度, 得到水的体积, 并对脉冲数作图, 得到注射泵的校准曲线。液体工作站中的每个注射泵都与该泵相同, 已经经过校准。校准参数已经输入控制程序, 用于准确量取液体体积。

2. 反应液配制

母液 A: 称取 43.30 g (0.1 mol) $La(NO_3)_3 \cdot 6H_2O$ 固体, 65.43 g (0.225 mol) $Ni(NO_3)_2 \cdot 6H_2O$ 固体和 19.97 g (0.15 mol) IDA 固体于 400 mL 烧杯中, 加入 200 mL 纯水溶解, 再缓慢加入 6 g (0.15 mol) NaOH 固体, 搅拌至溶液澄清 (IDA 在水中溶解度较小, 所以, 在未加入 NaOH 固体时, 会有少量不溶物; 待加入 NaOH 固体后, 会形成部分沉淀, 搅拌约 5 min 后变为澄清)。冷却至室温后, 将溶液转至 250 mL 容量瓶中, 用纯水稀释至刻度, 充分摇匀, 备用。

母液 B: 称取 12.99 g (0.03 mol) $La(NO_3)_3 \cdot 6H_2O$ 固体, 26.17 g (0.09 mol) $Ni(NO_3)_2 \cdot 6H_2O$ 固体和 11.98 g (0.09 mol) IDA 固体于 250 mL 烧杯中, 加入 70 mL 纯水溶解, 随后, 再缓慢加入 7.2 g (0.18 mol) NaOH 固体, 搅拌至溶液澄清。冷却至室温后, 将溶液转至 100 mL 容量瓶中, 用纯水稀释至刻度, 充分摇匀, 备用。

母液 C: 即 1 $mol \cdot L^{-1}$ NaOH 溶液。

如图 3−36 所示, 取适量的母液 A, B, C 和纯水分别放置于 A, B, C, D 四个储液瓶中, 并通过聚四氟管路与液体工作站连接。

3. 实验方案设计

此前实验结果发现母液 A 与母液 B 的体积比在 3∶1 左右 (总体积约为 2 mL), 母液 C 体积大于 1 mL 小于 4 mL 时易得到 La_3Ni_6 晶体。因此, 实验方案可在此范围内依据控制变量法进行调整, 设计 100 个实验方案。将三种溶液的体积和额外加入的纯水体积 (用于归一反应物浓度, 可确定总体积为 7 mL) 填写至 Excel 表中, 并保存为 "csv" 格式, 命名为 experimental_data.csv, 便于程序读取 (可通过扫描有关二维码查看示例)。鼓励学生在更大范围内尝试改变母液 A 与母液 B 的体积比及母液 C 的用量, 观察 La_3Ni_6 晶体形成的情况。

4. 液体工作站操作

液体工作站操作流程如图 3−43 所示。

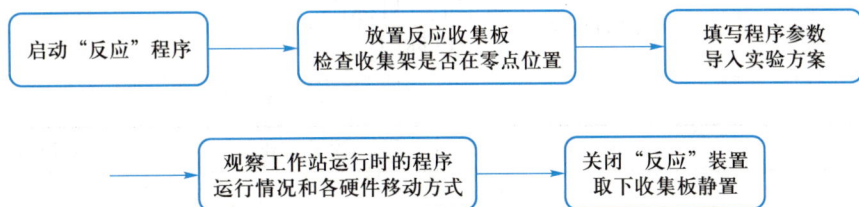

图 3−43 液体工作站操作流程示意图

5. 晶体的观察测试与实验数据统计

让反应液静置约 20 min 后, 通过显微镜观察各反应瓶中是否有晶体生成, 并记录晶体形状。统计有晶体生成的实验方案及晶体量。将实验结果记录在 experimental_data.csv 中的 "crystal amount" 列中。没有晶体生成时填写 "none"; 有晶体生成时, 描述晶体量的多少和观察到的晶体形貌。

四、实验数据分析

1. 注射泵校准曲线与稳定性分析

（1）制作脉冲数－体积校准曲线。记录注射泵的工作参数于表 3−8 中，并根据实验数据使用软件制作校准曲线，如图 3−44 所示。

表 3−8　注射泵脉冲数与所取纯水体积的对应数据记录

脉冲数/Hz	500	2500	6500	9500	12500
纯水体积/mL					

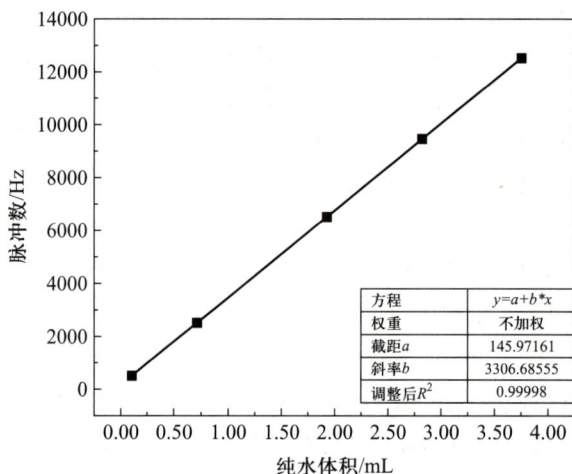

图 3−44　注射泵校准曲线（示例）

（2）注射泵稳定性分析。根据实验数据检验注射泵的稳定性，即用纯水作为注射泵输送的对象，使用离心管或试管在注射泵出液口处准备接收纯水。同时，在注射泵编程界面输入目标体积值，等待注射泵运行结束后，称量输出的纯水质量，计算相应质量的纯水体积，并填写于表 3−9 中。计算误差及相对误差。每组重复三次实验。

$$误差＝测定值－目标值$$

$$相对误差＝\frac{测定值－目标值}{目标值}×100\%$$

表 3−9　注射泵稳定性检验的实验数据记录

目标值/mL	测定值/mL	误差/mL	相对误差/mL
0.300			
0.500			

续表

目标值/mL	测定值/mL	误差/mL	相对误差/mL
1.000			
3.000			

2. 实验方案与实验结果分析

根据预设实验方案与实验结果分析 La_3Ni_6 团簇的形成与哪些因素有关,并定性判断其形成的大致条件。

3. 单晶测试数据处理(选做)

取合适的单晶,使用 X 射线单晶衍射仪测试晶体的晶胞参数,并选取合适的晶体测定晶体结构。解析单晶数据,导出结构参数(键长、键角),绘制结构图。

五、拓展实验

随着 AI 技术的不断发展以及机器学习在化学合成中的应用不断深入,对于"自动化合成稀土–过渡金属氧团簇"实验从注射泵的组装及校准、控制程序的编写、反应母液的配制到实验方案的设计、液体工作站的工作以及晶体的观察测试和实验数据的统计分析等可以实现全程自动化和智能化,这才是真正的自动化合成。请同学们结合本实验目前的具体过程,探索上述哪个或哪些环节还可以实现自动化,并具体实施。

六、思考题

(1) 如何提高注射泵的精度和稳定性?
(2) 在实验中如何发挥自动化的优势?
(3) 对于需要加热才能反应形成产物并冷却后生长晶体的体系,该如何改进液体工作站进行合成?

七、参考文献

[1] Granda J M,Donina L,Dragone V,et al.Controlling an organic synthesis robot with machine learning to search for new reactivity.Nature,2018,559:377−381.

[2] Butler K T,Davies D W,Cartwright H,et al.Machine learning for molecular and materials science.Nature,2018,559:547−555.

[3] Perera D,Tucker J W,Brahmbhatt S,et al.A platform for automated nanomole-scale reaction screening and micromole-scale synthesis in flow. Science,2018,359:429−434.

[4] Angelone D,Hammer A J S,Rohrbach S,et al.Convergence of multiple synthetic paradigms in a universally programmable chemical synthesis machine.Nat Chem,2021,13:

63—69.

[5] Mehr S H M,Craven M,Leonov A I,et al.A universal system for digitization and automatic execution of the chemical synthesis literature.Science,2020,370:101—108.

[6] 凌誉,林昶旭,周达,等.自动化和智能化的化学合成.中国科学:化学,2023,53(01):48—65.

[7] 韩英锋,鲁欣月,张乐.AI+化学:从自动化迈向智能化探索.西北大学学报(自然科学版),2023,53(1):1—16.

[8] 江林朋.稀土−过渡金属团簇自动化合成装置的搭建及其应用.厦门:厦门大学,2022.

八、助学导学内容

(1) 注射泵组装过程操作视频。
(2) 实验方案设计示例。

注射泵
组装过程操作视频

实验方案
设计示例

实验 26 电致变色材料聚苯胺的电化学合成及其电致变色现象

一、预习要点

(1) 电致变色材料及其用途。
(2) 导电聚合物聚苯胺的结构及化学、电化学合成方法。
(3) 聚苯胺的电致变色原理。

二、实验原理

刺激响应型分子材料在高新技术领域具有广泛应用前景,是智能材料领域研究热点之一。其中,电致变色材料是能够在外加电压作用下发生氧化还原反应,当其在不同的氧化还原状态之间进行可逆切换时,能发生可逆的光谱吸收或透射变化,从而产生可逆的颜色变化的新型智能材料。这种能够响应外部电刺激而发生颜色变化的现象称为电致变色(electrochromism)。根据电致变色材料的化学组成,可分为无机电致变色材料和有机电致变色材料。前者主要为过渡金属氧化物、配合物(普鲁士蓝、类普鲁士蓝),后者包括导电聚合物、金属有机螯合物及氧化还原型化合物等。

导电聚合物是指具有导电性的一类高分子聚合物材料,可以是本身具有导电功能的或是掺杂其他材料后具有导电功能的。这类聚合物分子中含有共轭的长链结构,双键上离域的 π 电子可以在分子链上迁移形成电流。常见的导电聚合物如图 3−45 所示。其结构特征和独特的掺杂机制,使得导电聚合物不仅可作为导电材料,还在能源、光电子器件、传感器、分子导线等领域也有着潜在的应用价值。

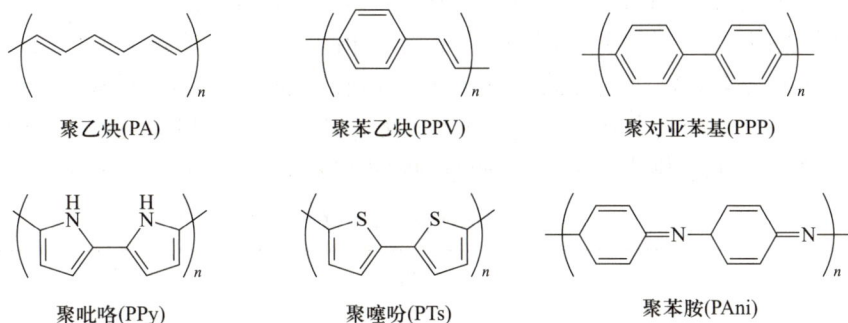

聚乙炔(PA)　　　　聚苯乙炔(PPV)　　　　聚对亚苯基(PPP)

聚吡咯(PPy)　　　　聚噻吩(PTs)　　　　聚苯胺(PAni)

图3-45　常见的导电聚合物

导电聚苯胺及其衍生物是典型的电致变色材料之一,具有原料易得、合成简单、稳定性好、颜色变化丰富等特点。所以,本实验以聚苯胺的电化学合成及其电致变色性质试验为载体,引导学生认识电致变色材料及其变色原理等内容并领略前沿科技成果的应用。

1. 聚苯胺的电化学合成

聚苯胺是以苯胺为单体(monomer)所形成的聚合物,常用的制备方法有化学氧化聚合法和电化学聚合法。

化学氧化聚合法是在酸性条件下利用氧化剂引发苯胺单体发生氧化聚合。常用的氧化剂有$(NH_4)_2S_2O_8$,KIO_3,$FeCl_3$和$K_2Cr_2O_7$等。化学氧化法合成聚苯胺的优势在于可以大批量制备,因而是最常用的一种制备方法。

电化学聚合法是在含有苯胺的电解质溶液中选择适宜的电化学条件,使苯胺在阳极上发生氧化聚合反应,生成黏附于电极表面的聚苯胺薄膜。电化学合成法的反应条件易于控制,合成的聚苯胺纯度高,但只适合于小批量生产。

2. 聚苯胺的电致变色

一般认为,苯胺的电化学聚合是一个自催化过程。苯胺首先在阳极上失去电子,生成自由基阳离子;随后自由基阳离子再发生头-尾二聚反应,生成对氨基二苯胺;然后再与其他单体聚合;最终阳极上所覆盖的聚苯胺产物会随着反应的电压、时间等因素的不同而呈现不同的颜色,即获得不同氧化程度的聚苯胺。除上述电解电压和时间外,影响聚苯胺电化学合成的其他主要因素有电解质溶液的酸度、电解质的种类和苯胺单体的浓度等。

因氧化程度不同,一条聚苯胺高分子长链可能具备两种单元:一是相邻两苯胺单体以氨基(氮原子为sp^3杂化)相接,形成如图3-46中所示的A单元形式,即苯-苯还原形式;另一种则是以亚胺基团(氮原子为sp^2杂化)相接的苯-醌氧化形式,如图3-46中所示的B单元形式。

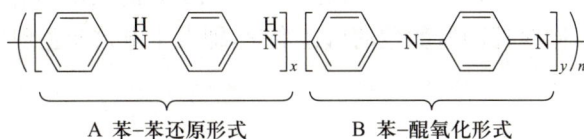

A 苯-苯还原形式　　　B 苯-醌氧化形式

图3-46　聚苯胺的两种单元形式示意图

根据 A,B 单元在聚苯胺高分子长链中的比例,可将聚苯胺分成三种不同形式,如表 3—10 所示。若聚苯胺高分子长链均以还原形式单元 A 相接,则形成外观为无色的聚苯胺 LE (leucoemeraldine);若皆以氧化形式单元 B 相接,则形成外观为紫色的聚对苯亚胺 PNB (pernigraniline);当聚苯胺高分子长链的氧化态处于前二者之间,既有还原形式的 A 单元,也有氧化形式的 B 单元,则为外观呈绿/蓝色的碱式聚苯胺 EB(emeraldine base)。

表 3—10　不同形式聚苯胺及其性质

名称	结构式	颜色	氧化程度
无色翠绿亚胺式聚苯胺 leucoemeraldine(LE)		无色	完全还原
过苯胺黑式聚苯胺 pernigraniline(PNB)		紫色	完全氧化
翠绿亚胺式聚苯胺 emeraldine base(EB)		绿/蓝色	部分氧化

LE,PNB 和 EB 这三种形式的聚苯胺都不具导电性。但 EB 形式的聚苯胺在酸性条件下,其亚胺上的氮被质子化,可形成具有导电性的聚苯胺盐 ES(emeraldine salt),如图 3—47 所示,此过程即为酸掺杂。而完全氧化的 PNB 形式或完全还原的 LE 形式的聚苯胺在任何酸碱条件下都不能导电。

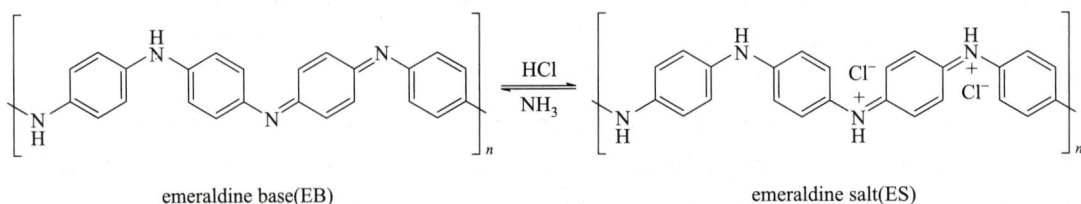

emeraldine base(EB)　　　　　　　emeraldine salt(ES)

图 3—47　部分氧化的聚苯胺 EB 的质子化反应示意图

研究表明,在酸性介质中,聚苯胺薄膜在 $-0.2 \sim 0.8$ V 的低电压作用下,其氧化还原状态将发生可逆的变化,同时伴随着颜色的可逆变化,即发生电致变色现象。

三、实验内容

1. 0.5 mol·L^{-1}苯胺盐酸盐溶液的配制

称取 4.7 g 苯胺于 250 mL 烧杯中,加入 100 mL 3 mol·L^{-1} HCl 溶液,搅拌,溶解,得到

0.5 mol·L^{-1} 苯胺盐酸盐溶液。为了节约试剂，0.5 mol·L^{-1} 苯胺盐酸盐溶液可由实验室统一配制，学生实验时按需取用。

2. 聚苯胺的电化学合成

（1）导电玻璃作为阳极（与干电池的正极相连），碳棒作为阴极（与干电池的负极相连），按图 3−48（a）所示接好装置。

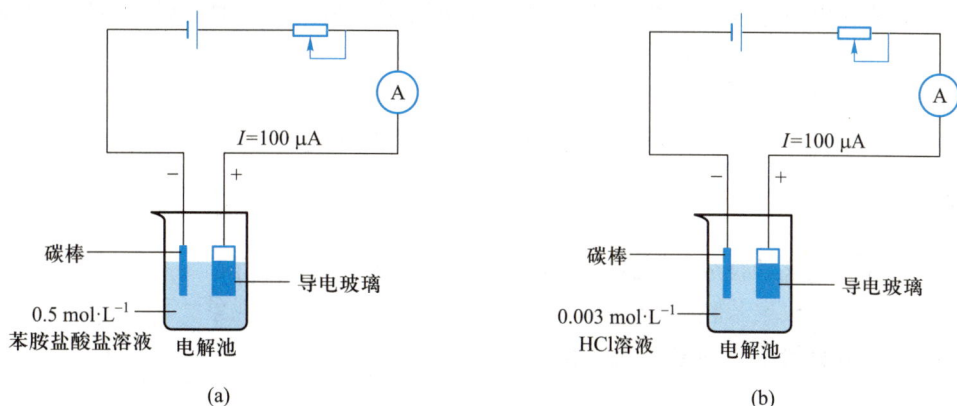

图 3−48　聚苯胺的电化学合成装置示意图（a）与电致变色装置示意图（b）

（2）量取 20 mL 0.5 mol·L^{-1} 苯胺盐酸盐溶液于 50 mL 烧杯中，将导电玻璃与碳棒电极置于其中。注意导电玻璃浸入溶液不要超过其高度的 2/3，以防连接导电玻璃的鳄鱼夹接触溶液；电极之间应保持 1～2 cm 距离，勿碰触。

（3）先将可变电阻调至最大再打开电源开关。接通电源后调节可变电阻使电流约为 100 μA。

（4）观察并记录导电玻璃上的颜色变化，3～4 min 后，导电玻璃表面形成均匀的绿色薄膜，此过程即为电化学合成聚苯胺。

（5）关闭电源开关，小心将导电玻璃和碳棒电极从苯胺盐酸盐溶液中取出。注意勿使鳄鱼夹接触溶液，导电玻璃不得触碰碳棒电极和烧杯内壁，以免破坏绿色薄膜。

3. 聚苯胺的电致变色现象

（1）量取 20 mL 0.003 mol·L^{-1} HCl 溶液于 50 mL 烧杯中，小心将覆盖有绿色薄膜的导电玻璃和碳棒电极置于其中。仍保持导电玻璃为阳极（与干电池的正极相连），碳棒电极为阴极（与干电池的负极相连）。

（2）打开电源开关前，再次将可变电阻调至最大。接通电源，调节可变电阻使电流为 100～150 μA。观察导电玻璃上的聚苯胺颜色从绿色变成蓝色，最后变成紫色，如图 3−48（b）所示，此过程即为电氧化还原显色过程。

（3）其他实验条件都不变，将两个电极反接，即导电玻璃为阴极（与干电池的负极相连），碳棒电极为阳极（与干电池的正极相连）。将可变电阻调至最大后再打开电源开关。接通电源后调节可变电阻使电流为 100～150 μA。观察导电玻璃上的聚苯胺颜色从紫色逐渐变为蓝色，再变为绿色，最后变为淡黄色。

（4）多次重复对换阴、阳极，观察导电玻璃颜色变化是否可逆。

四、注意事项

（1）拿取导电玻璃时应捏住导电玻璃两边，手指不要接触玻璃的两面。

（2）注意导电玻璃和碳棒电极在制备实验和电致变色实验中与电源的连接，不能接反。实验中两电极之间应保持一定的距离，不可碰触。

（3）为避免电流过大，在通电前须先将可变电阻调至最大值。通电后再根据情况调小电阻使电流值在规定的范围内。

（4）辅助电极也可采用铜电极。

（5）如有条件，可用恒电流仪或电化学工作站代替干电池与可变电阻。

五、思考题

（1）为什么电化学合成和电致变色实验都要在酸性条件下进行？

（2）电化学合成聚苯胺时，若不慎将两电极接反，会发生什么现象？

（3）如何解释聚苯胺的电致变色现象？

六、参考文献

[1] 沈建中，马林，赵滨，等.普通化学实验.上海：复旦大学出版社，2007.

[2] 庄碧莹，汪浩，张倩倩，等.电致变色材料的研究与应用进展.北京工业大学学报，2020，46(10)：1091−1102.

实验 27　类普鲁士蓝薄膜的电化学制备及其电致变色性质探讨

一、预习要点

（1）电致变色材料及其用途。

（2）工作电极、参比电极和对电极。

（3）电沉积法的基本原理。

（4）类普鲁士蓝薄膜电致变色的基本原理。

（5）非化学计量/非整比化合物。

二、实验原理

电致变色(electrochromism)是指材料为响应外部电刺激而改变其光学性质的现象，通过在不同的氧化还原状态之间进行切换，可以在可见光或近红外区域的不同部分产生新的吸收带，在智能窗户、节能建筑、无眩反光镜及智能显示等诸多领域具有广泛应用。金属配合物兼具有机材料和无机材料的优点，其颜色可通过改变金属离子类型和配体结构来调控。尤其是变价金属配合物具有良好的氧化还原性质和丰富的电子跃迁，具有高的光学对比度、快速的响应时间等优异的电致变色性能，是一类优异的电致变色材料。如铁(Ⅱ)配合物和配位聚合物具有良好的氧化还原性质和丰富的电子跃迁，被广泛应用于电致变色器件中。

普鲁士蓝(prussian blue,PB)有较高的电化学可逆性,可辅助电荷传导,是一种常用的电致变色材料,如采用简单的电化学沉积法将普鲁士蓝沉积在 ITO 导电玻璃表面形成普鲁士蓝薄膜,即以 ITO 导电玻璃作阴极,Pt 片作阳极,以 $FeCl_3$ 与 $K_4[Fe(CN)_6]$ 混合溶液作电解液(沉积液),在通电情况下,溶液中部分 Fe^{3+} 被还原为 Fe^{2+},并与 $[Fe(CN)_6]^{4-}$ 配位,从而在 ITO 导电玻璃表面沉积一层普鲁士蓝薄膜,再研究其电致变色性质。但这样的普鲁士蓝薄膜电致变色比较单调,只能呈现蓝色与绿色两种颜色的变化。

文献报道,在用电化学沉积法制备普鲁士蓝薄膜的电解液中再加入 K_2MoO_4,可以得到多色电致变色普鲁士蓝类似物(multicolor electrochromic prussian blue analogues,MC−PBA)薄膜,其具有丰富的电致变色颜色。该实验就是有关 MC−PBA 薄膜的制备及其电致变色性质探讨。因锌铁普鲁士蓝类似物(Zn−Fe PBA)颜色为白色,且几乎不随外加电压变化而变化。一般使用 Zn−Fe PBA 薄膜作为电致变色的离子存储层,可以使电化学性能显著提高,同时不会对电致变色的色彩产生影响。因此,在探讨 MC−PBA 薄膜的电致变色性质时,用 Zn−Fe PBA 薄膜作为对电极直接与 MC−PBA 薄膜组装成电解池。

该实验主要包括 Zn−Fe PBA 薄膜的制备和 MC−PBA 薄膜的制备及其电致变色性质探讨。高年级学生可在此基础上利用扫描电子显微镜、紫外−可见吸收光谱法、循环伏安法等表征普鲁士蓝类似物薄膜的结构及光电化学性质,结合原位紫外−可见吸收光谱法研究其电致变色过程。

Zn−Fe PBA 薄膜和 MC−PBA 薄膜的制备都用到电化学沉积法。电化学沉积法是指在外电场作用下通过电解质溶液中正负离子的迁移并在电极上发生得失电子的氧化还原反应而形成镀层的技术。

1. 两步电沉积法制备 Zn−Fe PBA 薄膜

采用两步电沉积法制备 Zn−Fe PBA 薄膜,包括在 ITO 玻璃上沉积 Zn 薄膜和 Zn 薄膜被氧化为 Zn−Fe PBA 薄膜两步。

(1) Zn 薄膜的制备

以 ITO 玻璃作工作电极、Zn 片作对电极和参比电极的两电极模式下,$ZnSO_4$ 溶液作电沉积液,电解得到 Zn 薄膜。

(2) Zn−Fe PBA 薄膜的制备

以上述制得的 Zn 薄膜为工作电极,Pt 片为对电极和参比电极的两电极模式下,$K_4[Fe(CN)_6]$ 和 KCl 混合溶液作电沉积液,电解得到 Zn−Fe PBA 薄膜。

2. 电沉积法制备 MC−PBA 薄膜

以 ITO 导电玻璃作负极,Pt 片作正极,以 $FeCl_3$ 与 $K_4[Fe(CN)_6]$ 和 K_2MoO_4 混合溶液作电沉积液,在通电情况下,溶液中部分 Fe^{3+} 被还原为 Fe^{2+},并与 $[Fe(CN)_6]^{4-}$ 配位形成普鲁士蓝,而 MoO_4^{2-} 以 MoO_3 的形式与普鲁士蓝结合,从而在 ITO 导电玻璃表面沉积一层青色的类普鲁士蓝薄膜。

3. MC−PBA 薄膜的电致变色

金属配合物的颜色及其吸收光谱取决于金属离子的种类、配体分子结构及其电荷/能量转移特性。金属配合物中的电子跃迁可源于金属−配体电荷转移(MLCT)或配体−金属电荷转移(LMCT)。在多金属配位聚合物中,还可以观察到金属−金属电荷转移(MMCT)

带。对于含有一个以上配体分子的配合物,在吸收光谱中可能出现配体−配体电荷转移(LLCT)带。对于变价金属配合物而言,在外界电压作用下,中心金属离子发生氧化还原反应,导致其 MLCT 跃迁发生变化,从而引起光谱吸收性质的变化,导致其颜色变化。

在该实验中,将电压由−1.5 V 增加到+3 V 的过程中,MC−PBA 薄膜颜色由蓝青色变为红、蓝、绿、黄四种颜色,并且电压变化时,这四种颜色变化可逆。

三、实验内容

1. 两步电沉积法制备 Zn−Fe PBA 薄膜

(1) 电沉积法制备 Zn 薄膜。称取 7.2 g $ZnSO_4 \cdot 7H_2O$ 固体于 100 mL 烧杯中,加入 25 mL 纯水,充分搅拌使其完全溶解,得到无色透明的锌电极电沉积液。以 ITO 玻璃为工作电极、Zn 片为对电极和参比电极,如图 3−49 所示,在两电极模式下通过恒流(电流密度为 −40 mA·cm^{-2})电沉积法制备 Zn 薄膜,沉积时间为 5 s,即可得到银灰色的 Zn 薄膜,小心用纯水冲洗掉其表面残留的电解液,备用。

(2) 电沉积法制备 Zn−Fe PBA 薄膜。分别称取 1.06 g $K_4[Fe(CN)_6] \cdot 3H_2O$ 固体和 0.93 g KCl 固体于 100 mL 烧杯中,加入 25 mL 纯水,充分搅拌使其完全溶解,再置于超声波振荡器中振荡 10 min,即可得到淡黄色的 Zn−Fe PBA 薄膜电沉积液。

以上述制得的 Zn 薄膜为工作电极、Pt 片为对电极和参比电极,如图 3−50 所示。在两电极模式下通过恒压(电压为 0.8 V)电沉积法制备得到白色的 Zn−Fe PBA 薄膜(2.0 cm× 2.0 cm),沉积时间为 300 s。小心用纯水冲洗掉其表面残留的电解液,吹干后置于 60 ℃ 烘箱中干燥,备用。

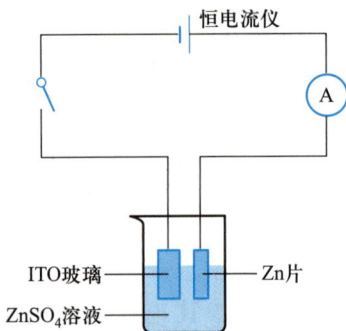

图 3−49   电沉积法制备 Zn 薄膜
的示意图

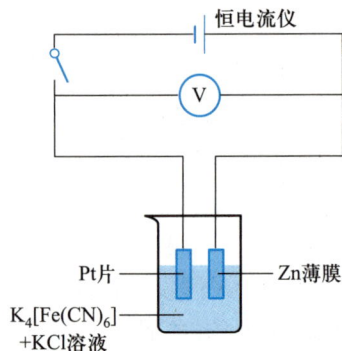

图 3−50   电沉积法制备 Zn−Fe PBA
薄膜的示意图

2. 电沉积法制备 MC−PBA 薄膜

分别称取 0.135 g $FeCl_3 \cdot 3H_2O$ 固体、0.164 g $K_3[Fe(CN)_6] \cdot H_2O$ 固体、0.195 g KCl 固体于 100 mL 烧杯中,加入 25 mL 纯水,充分搅拌使其完全溶解,再置于超声波振荡器中振荡 10 min,得到红棕色溶液,记为溶液 A;分别称取 0.119 g K_2MoO_4 固体、0.164 g $K_3[Fe(CN)_6] \cdot H_2O$ 固体、3.728 g KCl 固体于 100 mL 烧杯中,加入 25 mL 纯水,充分搅拌使其完全溶解,再置于超声波振荡器中振荡 10 min,得到淡黄色溶液,记为溶液 B。

将溶液 A 和溶液 B 以 1:1 的比例配制 25 mL 混合液,混合液中有白色絮状沉淀生成,立即向混合液中滴加 10 滴 2 mol·L⁻¹ HCl 溶液并充分搅拌,白色沉淀迅速溶解,得到深绿色澄清溶液,再置于超声波振荡器中振荡 10 min,即可得到制备 MC−PBA 薄膜的电沉积液。

ITO 玻璃为工作电极、Pt 片为对电极和参比电极,以上述溶液为电沉积液,如图 3−51 所示,在恒电流密度为 $-40~\mu A \cdot cm^{-2}$ 下沉积 500 s,可得到蓝青色的 MC−PBA 薄膜（2.0 cm×2.0 cm）,小心用纯水冲洗其表面残留电解液,吹干后置于 60 ℃烘箱中干燥,备用。

需要注意的是,为了使制备的 Zn−Fe PBA 薄膜和 MC−PBA 薄膜的大小均为 2.0 cm×2.0 cm（可根据 ITO 玻璃的面积自行适当调节）,预先将不需要镀层的部分 ITO 玻璃用绝缘胶带缠绕后再进行电镀,以减少影响实验结果的因素。

3. MC−PBA 薄膜的电致变色性质

以 MC−PBA 薄膜为工作电极、Zn−Fe PBA 薄膜为对电极,以 1 mol·L⁻¹ LiClO₄ 碳酸丙烯酯（propylene carbonate,PC）溶液为电解液,如图 3−52 所示。当电压分别调至 −1.5 V,0.5 V,2.5 V 和 3.0 V 时,观察 MC−PBA 薄膜颜色;再在 3.0 V 至−1.5 V 区间改变电压,观察 MC−PBA 薄膜颜色变化的可逆性。

需要注意的是,在配制 1 mol·L⁻¹ LiClO₄ 碳酸丙烯酯溶液及使用过程中不能引入水,以免影响电致变色实验效果。

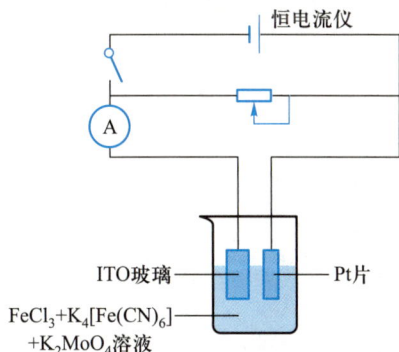

图 3−51　电沉积法制备 MC−PBA 薄膜的示意图

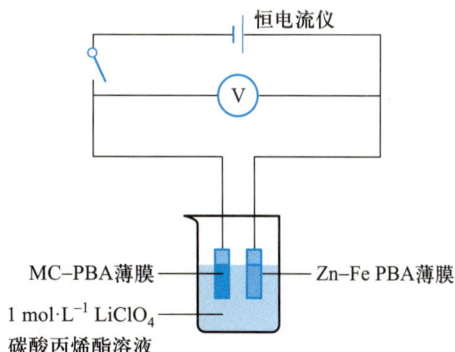

图 3−52　MC−PBA 薄膜的电致变色实验示意图

四、注意事项

（1）拿取导电玻璃时应捏住导电玻璃两边,手指不要接触玻璃的两面。

（2）实验中两电极应保持一定的距离,不可碰触。

（3）为避免电流过大,在通电前须先将恒电流仪电流调到最小值。

（4）在配制 1 mol·L⁻¹ LiClO₄ 碳酸丙烯酯溶液及使用过程中所用的容器要干燥,以免影响电致变色实验效果。

五、思考题

（1）在制备 Zn−Fe PBA 薄膜时,第二步的操作是否有必要,为什么?

（2）电化学合成类普鲁士蓝膜时，若不慎将两电极接反，会发生什么现象？

（3）如何解释类普鲁士蓝膜的电致变色现象？

（4）电致变色过程中，Zn－Fe PBA 薄膜及 MC－PBA 薄膜中钼酸盐的作用分别是什么？

六、参考文献

［1］张家强，邹馨蕾，王能泽，等. 两步电沉积法制备 Zn－Fe PBA 薄膜及其在电致变色器件中的性能研究. 无机材料学报，2022，37（9）：961－968.

［2］ZOU X，WANG Y，TAN Y，et al. Achieved RGBY four colors changeable electrochromic pixel by coelectrodeposition of iron hexacyanoferrate and molybdate hexacyanoferrate. ACS Applied Materials & Interfaces，2020，12（26）：29432－29442.

［3］尉云平，刘婷玮，陈涵睿，等. 普鲁士蓝薄膜的电化学制备及其光电性质研究，2023，38（4）：1－6.

［4］邢洁妮，束敏，汪文源，等. 含三苯胺基团的菲咯啉铁（Ⅱ）配合物电致变色材料的合成及性质. 无机化学学报，2021，37（10）：1847－1852.

［5］束敏，刘海涛，彭胜，等. 铁（Ⅱ）配位聚合物电致变色材料研究进展. 无机化学学报，2022，38（9）：1690－1706.

第 4 章　常数测定实验

　　本章一共包含 8 个实验项目(实验 28—实验 35),均承载了基本科学思想和方法的常数测定实验,如 Mg 的摩尔质量 M,阿伏伽德罗常数 N_A,反应速率常数 k 和活化能 E_a,热力学平衡常数 K_a,$K_稳$ 或 K_{sp} 等常用物理化学常数的测定。本章的实验项目不仅融合了经典的容量分析、基础的电化学分析和分光光度法等分析方法,还包括容量分析的基本操作和 pH 计、电导率仪、分光光度计等基本仪器的原理与操作方法,也与时俱进地融入了新思想、新方法及新技术的应用。

　　对于各高校在教学实践中普遍应用的经典实验项目,如在 $(NH_4)_2S_2O_8$ 与 KI 反应和 $Fe(NO_3)_3$ 与 KI 反应的动力学常数测定实验中融入了半微量化设计,很好地体现了绿色化学的理念;引入了"智能手机色度分析法测定甲基紫与 NaOH 反应的速率常数"实验,旨在让学生认识智能手机的功能及其在化学实验中的应用,感受现代科技的力量,激发学生的实验兴趣,启发学生利用身边的电子设备发展新颖、简便的分析方法具有很好的示范作用。同时,也适时地将近几年科研领域的前沿热点融入本章内容中。厦门大学汪骋等总结他们在人工智能(artificial intelligence,AI)应用尤其在"机器学习(machine learning,ML)"研究方面的体会,设计了"机器学习预测有机酸的 pK_a"实验项目,并与编入本章的 pH 法、电导率法和分光光度法测定相关常数的实验项目相辅相成。其目的主要是向低年级学生科普"机器学习"及其应用,让学生初步感知"人工智能"的魅力,激发学生创新的灵感。

　　这些实验项目所涉及的实验原理可抽丝剥茧地引导学生学习如何分析问题,如何把抽象的待测量转化为具体的实验可测量,使二者之间建立起定量的关系,即通过有效地分析实验现象和数据来挖掘隐藏在实验内容背后的科学思想和方法;同时,引导学生学会实验数据的处理方法、计算机软件的使用、图像的制作及误差原因的分析等基本技能。

　　本章的大部分实验项目已在厦门大学经过多轮的教学实践,具有很强的可行性,并且给出了大部分实验项目的教学课件,可通过扫描二维码查看。其中,实验 28,实验 29 和实验 30-4 的实施流程、实验教学的经验和体会等也可通过扫描对应实验中的二维码查看与借鉴。

实验 28　量气法测定 Mg 的摩尔质量

一、预习要点

　　(1) 量气法及其应用。

　　(2) 理想气体、理想气体状态方程及分压定律。

教学课件

(3) 有效数字和误差概念。

(4) 电子分析天平的使用。

二、实验原理

量气法是指利用封闭体系中化学反应产生的气体,通过测量反应前后的气体体积变化,得到反应所产生的气体体积,再利用分压定律、连通器原理和理想气体状态方程及相应定量关系计算得到待测值。量气法具有实验原理简单、操作简便快速、实用性强等特点,是常数测定和定量化学分析实验中常用的经典实验方法。

量气法测定 Mg 的摩尔质量,即准确称取一定质量的 Mg 条,使其与过量的稀 H_2SO_4 溶液作用,产生一定量的 H_2,测定已知温度和压力下所生成 H_2 的体积,由理想气体状态方程计算 H_2 的物质的量,再由相应定量关系计算 Mg 的摩尔质量。有关反应式及计算式为

$$Mg + H_2SO_4 \Longrightarrow MgSO_4 + H_2 \uparrow$$

$$p_{H_2}V_{H_2} = n_{H_2}RT$$

$$p_{H_2} = p_{大气压} - p_{H_2O}$$

式中,p_{H_2} 为 H_2 分压;$p_{大气压}$ 为大气压力(从气压计读出);p_{H_2O} 为实验时温度为 T 时水的饱和蒸气压(从附录 4 读出);R 为摩尔气体常数,等于 $8.314 \text{ J} \cdot \text{mol}^{-1} \cdot \text{K}^{-1}$。从上面反应式可知,$n_{Mg} = n_{H_2}$,则 Mg 的摩尔质量 M_{Mg} 为

$$M_{Mg} = m_{Mg}/n_{Mg} = m_{Mg}/n_{H_2}$$

三、实验内容

1. 实验装置的搭建及其气密性的检查

按图 4-1 搭建好实验装置。取下反应管上的橡胶塞,从漏斗中注入自来水至水充满量气管和橡胶管。将漏斗上下移动数次,尽可能地驱除附在量气管和橡胶管内的空气泡。

将漏斗固定在铁架台上,塞上反应管的橡胶塞,将漏斗向下移动一段距离。如果量气管中的水面只在开始时稍有下降,随后就稳定了,则表明该装置气密性良好,如图 4-1 所示的水柱。如果量气管内的水面一直不断下降,直至与漏斗一侧的液面相平,则表明该装置漏气。这时,应检查装置的各个接头处是否连接紧密,以及反应管橡胶塞是否塞紧等,纠正后再检查,直到不漏气为止。

2. 称量 Mg 条

准确称取两份 Mg 条,控制其质量在 $0.025 \sim 0.035 \text{ g}$,记录于表 4-1 中。

3. 测量 H_2 体积

(1) 安放 Mg 条。用量筒量取 5 mL 1 $mol \cdot L^{-1}$ H_2SO_4 溶液。取下反应管上的橡胶塞,用长滴管小心地将 H_2SO_4 溶液加至反应管的底部(注意不要使滴管外壁上的 H_2SO_4 溶液沾到反应管内

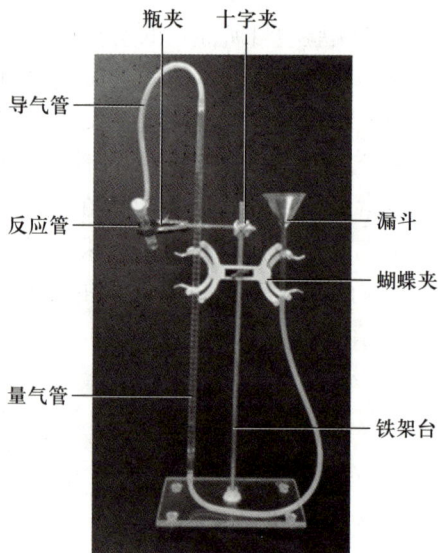

图 4-1   量气法测定 Mg 的摩尔质量实验装置实物图

壁）。把用纯水润湿后的 Mg 条贴在反应管上部的内壁（以塞紧橡胶塞后不被橡胶塞压住为准，且此时反应管不应垂直竖立，而应以一定角度倾斜，以免 Mg 条掉落到 H_2SO_4 溶液中），这时切不可使 Mg 条与 H_2SO_4 溶液接触。移动漏斗，使量气管内的水面比量气管的零刻度稍低些（保持水面在 0～5 mL），然后将反应管的橡胶塞塞紧，再检查装置的气密性。

（2）读取初始体积 V_1。将漏斗移近量气管，使两边的水面保持在同一水平位置（这时反应体系内的压力与外界大气压相等），读取量气管内液面准确位置 V_1（准确到 0.01 mL），并记录于表 4−1 中。

（3）产生 H_2。把反应管底部稍微抬起或用指头轻弹反应管，使 Mg 条掉落在 H_2SO_4 溶液里。反应发生后，产生的 H_2 进入量气管内，并把其中的水压入漏斗，为使量气管内的压力随时与外面的大气压保持平衡，当量气管内的水面下降时，应把漏斗相应地向下移动，以便使两边的水面快速地处于同一水平位置。

（4）读取终态体积 V_2。待 Mg 条反应完全后，让反应管自然冷却至室温（需要 4～5 min），再将漏斗移近量气管，使两边的水面保持在同一水平位置，读取量气管内液面准确位置 V_2（准确到 0.01 mL）。为减少实验误差，可再冷却几分钟，再重新记录一次量气管内液面的准确位置。如两次读数相等，则说明量气管内液体的温度已与室温相同。把测得的数据记录于表 4−1 中。

实验过程中应随时观察并记录室温温度和大气压力。如果变化较大时，计算时应取其平均值。

拆下反应管并清洗干净，按照上述操作步骤再做一次实验。把所测得的数据填入表 4−1 中。

表 4−1　量气法测定 Mg 的摩尔质量的实验数据记录及处理

实验序号	1	2
Mg 条质量 m_{Mg}/g		
室温 T/℃		
大气压力 $p_{大气压}$/kPa		
T ℃时水的饱和蒸气压 p_{H_2O}/Pa		
H_2 分压 p_{H_2}/Pa		
反应前量气管内液面位置 V_1/mL		
反应后量气管内液面位置 V_2/mL		
H_2 体积 V_{H_2}/mL		
Mg 摩尔质量 M_{Mg}/(g·mol^{-1})		
两次实验值的平均值 $\overline{M}_{Mg}$/(g·mol^{-1})		
相对误差/%		

四、注意事项

（1）连接橡胶管与漏斗或量气管时，先用水润湿接触部分以便于连接。

（2）实验前，先用砂纸擦除镁条表面的氧化物并擦拭干净，然后再去天平室准确称量。

（3）读取量气管内液面位置时，视线应与溶液凹液面的切线及量气管的刻度线在同一水平线上，且装置两边的液面在同一水平线上。

（4）相对误差计算公式为

$$相对误差 = \frac{测定值(x_i) - 真实值(x_t)}{真实值(x_t)} \times 100\%$$

五、思考题

（1）实验时，为什么要将 Mg 条的质量控制在 $0.025 \sim 0.035$ g？Mg 条质量太大或太小有什么影响？

（2）下述各种情况对实验结果有何影响？

① 在 H_2 发生的过程中装置漏气（往外漏气）。

② 读取量气管内液面位置时，量气管与漏斗的液面没有处在同一水平面上。

③ 未等到反应管冷却至室温就读取 H_2 体积。

（3）检查量气装置是否漏气的原理是什么？

（4）在计算 H_2 分压时，为什么必须用大气压力值减去实验温度时水的饱和水蒸气压值？

（5）对于本实验装置，在 H_2 发生的过程中，可能造成水从漏斗溢出，这是否对实验结果有影响？

（6）该实验的方法还有哪些应用？测定 Mg 的摩尔质量的方法还有哪些？

（7）该实验方法还存在哪些不足？如何改进？

六、助学导学内容

（1）任艳平，董志强，阮婵姿. 如何在基础化学实验教学中培养学生"想"的意识——以量气法实验教学为例. 大学化学，2015，30(2)：22—25.

（2）董志强，任艳平. 量气法的改进及应用. 大学化学，2016，31(11)：51—55.

实验 29　电解-量气法测定阿伏伽德罗常数

一、预习要点

（1）电解的基本原理及法拉第电解定律的应用。

（2）电解-量气法测定阿伏伽德罗常数的原理和方法。

（3）理想气体状态方程和分压定律。

（4）有效数字和误差概念。

教学课件

二、实验原理

阿伏伽德罗常数（N_A）是化学中十分重要的一个物理常数，有许多经典的测定方法，如电解法、X 射线衍射法、光散射法、单分子膜法等，其中电解法包括电解-称量法和电解-量气法。本实验采用电解-量气法进行测定，其装置示意图如图 4-2 所示。

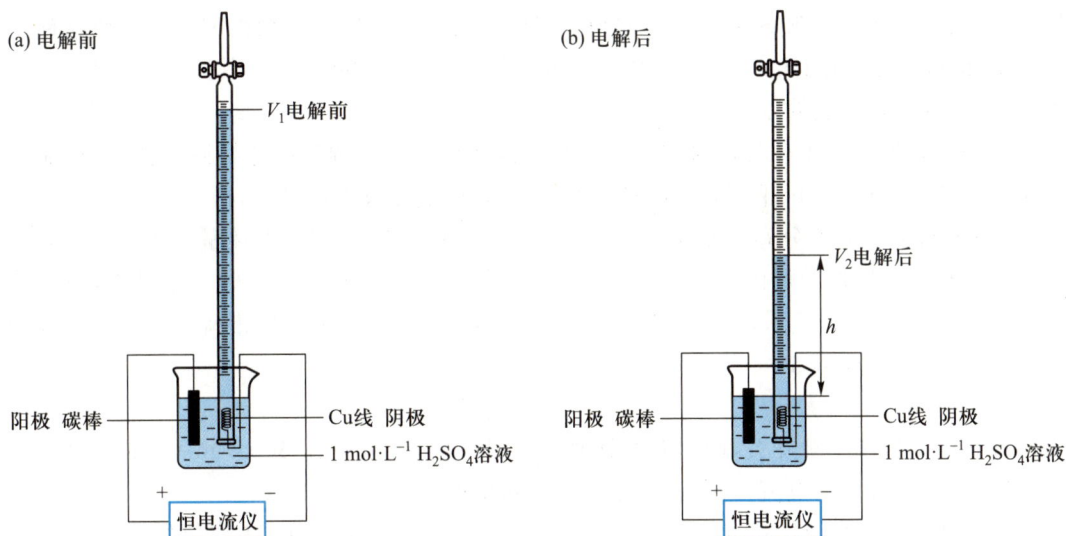

图 4−2　电解−量气法测定阿伏伽德罗常数实验装置示意图(电解前后)

以碳棒作阳极,以塞入量气管内的 Cu 线(卷曲成螺圈状以增大电极面积)作阴极,对稀 H_2SO_4 溶液进行电解时,阴极有 H_2 析出,即

$$2H^+ + 2e^- \rule[0.5ex]{2em}{0.4pt} H_2 \uparrow$$

用量气法可以测定阴极所析出的 H_2 体积。

若电解时通过电解池的电流为 I(A),则在电解时间 t(s)内,通过电解池的总电荷量 Q 为

$$Q = It \text{(A·s,即 C)}$$

从上述的阴极反应可知,产生一个 H_2 需要两个电子,一个电子的电荷量是 1.602×10^{-19} C,如果通过电解池的电荷量为 Q,在阴极上产生了 n mol H_2,则 1 mol H_2 所具有的分子数,即阿伏伽德罗常数 N_A 为

$$N_A = \frac{It}{2 \times 1.602 \times 10^{-19} n_{H_2}}$$

实验中可同时测定室温 T 时 H_2 的压力 p_{H_2} 和体积 V_{H_2},则 H_2 的物质的量可由理想气体状态方程得到,即

$$p_{H_2} V_{H_2} = n_{H_2} RT$$

$$n_{H_2} = \frac{p_{H_2} V_{H_2}}{RT}$$

$$p_{H_2} = p_{大气压} - p_{H_2O} - p_{液柱}$$

式中,p_{H_2} 为 H_2 分压;$p_{大气压}$ 为大气压力(从气压计读出);p_{H_2O} 为实验温度 T 时水的饱和蒸气压(从附录 4 读出);$p_{液柱}$ 为量气管内液柱所产生的压力,可由直尺测得量气管内液面与烧杯中电解液液面的高度差 h 计算得到;R 为摩尔气体常数(8.314 J·mol^{-1}·K^{-1})。

三、实验内容

1. 组装电解−量气装置

在 100 mL 烧杯中加入 50 mL 1 mol·L^{-1} H_2SO_4 溶液,在 50 mL 滴定管(作为量气管

用)中加入 1 mol·L^{-1} H$_2$SO$_4$ 溶液至管口,然后把装满 H$_2$SO$_4$ 溶液的滴定管小心快速地倒置于上述盛有 50 mL 1 mol·L^{-1} H$_2$SO$_4$ 溶液的烧杯中,并用蝴蝶夹将其固定在铁架台上,如图 4-2(a)所示。

打开恒电流仪电源开关,连接其正极和负极以使其短路,调节电流控制旋钮,使电流值显示为 100.0 mA。再断开正极和负极的连接,关闭恒电流仪电源开关,待用。

将 Cu 线的裸露部分卷成螺圈状,再插入量气管的倒口中(应全部在量气管内)。Cu 线的另一端与恒电流仪的负极相接。把连接恒电流仪正极的碳棒浸在 H$_2$SO$_4$ 溶液中,量气管中溶液的液面应调在 45~50 mL 的刻度范围内,读取量气管中液面的准确位置 V_1(准确到 0.01 mL),并记录于表 4-2 中。

2. 电解-量气法测定 H$_2$ 体积

打开恒电流仪电源开关,同时开始计时。此时,电解电流应为 100.0 mA。如果电流有少许波动,须及时调节电流控制旋钮,使电流显示值始终为 100.0 mA。

电解 20 min,关闭恒电流仪电源开关。读取量气管中液面的准确位置 V_2(准确到 0.01 mL),并用直尺量出量气管内液面与烧杯内电解液液面的高度差 h,把所测得的数据记录于表 4-2 中。

实验过程中应随时观察并记录室温温度和大气压力。如果变化较大时,计算时应取其平均值。

按照上述操作步骤再做一次实验。把所测得的数据记录于表 4-2 中。

表 4-2 电解量气法测定 N$_A$ 的实验数据记录及处理

实验序号	1	2
电流 I/A		
电解时间 t/s		
电解前量气管内液面位置 V_1/mL		
电解后量气管内液面位置 V_2/mL		
H$_2$ 体积 V_{H_2}/mL		
液柱高度 h/cm		
室温 T/℃		
大气压 $p_{大气压}$/kPa		
T ℃时水的饱和蒸气压 p_{H_2O}/Pa		
液柱产生的压力 $p_{液柱}$/Pa		
H$_2$ 分压 p_{H_2}/Pa		
H$_2$ 的物质的量 n_{H_2}/mol		
阿伏伽德罗常数 N$_A$		
相对误差/%		

3. 延伸实验——电解-称量法与量气法同时测定阿伏伽德罗常数 N$_A$ 和摩尔气体常数 R

参考本实验的助学导学内容,在了解电解-称量法测定阿伏伽德罗常数 N$_A$ 实验的基础上,分别以 Cu 片和 Pt 丝作阴极和阳极、酸性 $CuSO_4$ 溶液作电解液进行电解。电解过程中,阴极有 Cu 沉积,用电解−称量法测定阿伏伽德罗常数 N_A;阳极有 O_2 析出,用电解−量气法测定摩尔气体常数 R,一次电解完成两个实验,节约电能,节省时间。

(1) 简单写出用电解−称量法测定阿伏伽德罗常数 N_A 和用电解−量气法测定摩尔气体常数 R 的原理。

(2) 完成实验,将实验数据及数据处理结果填入自行设计的数据表中。

四、注意事项

(1) 本实验要求连续做两次,H_2SO_4 溶液可连续使用。

(2) 实验结束后,烧杯和量气管中的 H_2SO_4 溶液都要倒回原试剂瓶中,可继续用于该实验。

(3) 读取量气管内液面位置时,视线应与溶液的凹液面的切线及量气管的刻度线在同一水平线上。

(4) 计算液柱产生的压力时,严格来说,应用 H_2SO_4 溶液的密度,但由于不同浓度 H_2SO_4 溶液的密度不同,并所用 H_2SO_4 溶液的浓度也不一定准确,在实际处理数据时,就用水的密度代替 H_2SO_4 溶液的密度。

(5) 相对误差计算公式为

$$相对误差=\frac{测定值(x_i)-真实值(x_t)}{真实值(x_t)}\times100\%$$

(6) 本实验所用的 H_2SO_4 溶液的浓度、电流强度及电解时间等实验条件都可由学生选择。

(7) 有关恒电流仪的规范使用及其注意事项详见第 1 章有关内容。

(8) 每次实验所测定的阿伏伽德罗常数,其误差在 $\pm5\%$ 以内为合格,否则为不合格。

五、思考题

(1) 本实验中,在阳极碳棒上生成的物质是什么? 写出电极反应。

(2) 如何测量 H_2 压力? 在计算 H_2 压力时,为什么要减去量气管中液柱产生的压力?

(3) 将 Cu 线的裸露部分卷成螺圈状,并应全部插入量气管的倒口中,为什么?

(4) 在计算 H_2 压力时,要减去量气管中液柱产生的压力。在实验时要量取量气管中液柱高度并将液柱高度(cm)换算成压力(Pa)(严格来说,要用 $1 \ mol \cdot L^{-1}$ H_2SO_4 溶液的密度计算),但该过程比较麻烦。那么,如何改进实验装置,像测定 Mg 的摩尔质量实验一样,使量气管内外气体压力一样?

(5) 如何改进实验装置,可同时在阴极和阳极分别收集与测量 H_2 和 O_2 的体积,并计算阿伏伽德罗常数 N_A?

(6) 测定阿伏伽德罗常数的方法还有哪些?

六、参考文献

陆根土,王中庸.无机化学实验教学指导书.北京:高等教育出版社,1988.

七、助学导学内容

霍宣竹，刘乙熹，吴其宇，等."电解法制备 Cu_2O 及量气法测定阿伏伽德罗常数"一体化实验及其实施结果与讨论——向全国不同层次高校的大一学生推荐一个微实验.大学化学，2024,39(3),302.

实验30　化学反应的反应级数、反应速率常数及活化能的测定系列实验

化学反应速率是用来衡量化学反应进行快慢程度的一个物理量。随着化学反应的进行，反应物和生成物的浓度都在变化，直到反应完全或者达到化学平衡。反应体系中一种物质的浓度发生变化，必然引起其他物质浓度发生相应的变化。因此，化学反应速率可以用反应体系中任何一种物质（反应物或生成物）的浓度变化来表示，一般以最容易测定的物质来表示。

要测定某一反应的反应速率或速率常数，实质都是要测定该反应在某一时刻某一反应物或生成物的浓度，也就是要用巧妙、简单、可行的直接或间接的方法跟踪反应体系中某一物种的浓度，使动力学的研究变得可能、可行、可信。测定物质浓度的方法主要有化学分析法和仪器分析法。

化学分析法是以物质的化学反应为基础的分析方法，如酸碱滴定法测定卤代烃水解反应的速率常数，"$Na_2S_2O_3$－淀粉变色桥联指示法"测定 $(NH_4)_2S_2O_8$ 与 KI 反应的速率常数等动力学常数及"Cu^{2+} 催化－鲁米诺发光桥联指示法"测定 H_2O_2 氧化半胱氨酸反应级数、反应速率常数等经典实验项目都是利用化学分析法。

在物质的诸多性质中，人们往往对颜色和光最为敏感。当反应体系中有比较明显的颜色变化，并且这种颜色变化与体系中某种物质量的变化存在定量关系时，就可用来跟踪反应过程和测定反应速率。如经典的"碘钟"反应速率的测定，就是利用体系中 $S_2O_3^{2-}$ 与 I_2 的快速反应及体系中微过量 I_2 遇到淀粉变蓝色的特征反应来表示 $S_2O_3^{2-}$ 已消耗完毕。这类"碘钟"反应速率的测定方法，即上述"$Na_2S_2O_3$－淀粉变色桥联指示法"。像基础化学实验教材中经典的实验项目"KIO_3 与 Na_2SO_3 反应级数、反应速率常数及活化能的测定""H_2O_2 与 KI 反应的反应级数、速率常数及活化能的测定"，以及"$(NH_4)_2S_2O_8$ 与 KI 反应的反应级数、速率常数及活化能的半微量测定"（实验30－1）和"$Fe(NO_3)_3$ 与 KI 反应的反应级数、反应速率常数及活化能的半微量测定"（实验30－2）都是应用的这一方法。

在实验中，也利用鲁米诺(luminol)化学发光性质来跟踪 H_2O_2 氧化半胱氨酸反应体系中半胱氨酸的浓度变化。鲁米诺是一种著名的化学发光试剂，在 Cu^{2+} 催化作用下，鲁米诺与 H_2O_2 发生反应并发出蓝光。若在体系中存在具有还原和配位能力的半胱氨酸(cysteine)，体系中 Cu(Ⅱ)可首先被还原并生成 Cu(Ⅰ)－半胱氨酸配合物，该配合物不会催化鲁米诺与 H_2O_2 反应。而体系中 H_2O_2 可依次将体系中游离的半胱氨酸及 Cu(Ⅰ)－半胱氨酸配合物氧化为胱氨酸(cystine)，此时生成的 Cu^{2+} 催化 H_2O_2 氧化鲁米诺而闪光以指示体系中所有半胱氨酸被消耗完全。这就是上述"Cu^{2+} 催化－鲁米诺发光桥联指示法"测定 H_2O_2 氧化半胱氨酸反应的反应级数与反应速率常数的基本原理。

仪器分析法是使用较特殊仪器的分析方法,是以物质的物理或化学性质为基础的分析方法,如借助仪器测定与物质浓度相关的电导率、旋光度等物理量。电导率法测定乙酸乙酯皂化反应的速率常数、旋光法测定蔗糖水解反应的速率常数等都是经典的物理化学实验内容。分光光度法是基础化学实验中最常用的仪器分析方法,如分光光度法测定乙酰水杨酸水解反应的速率常数、分光光度法测定 $trans-[Co(en)_2Cl_2]Cl$ 配合物水解反应的速率常数等。

比色法是利用颜色的变化来对分析物进行定性或半定量分析的方法,其具有低成本、无需昂贵设备、易于实现等优势。智能手机拍照便捷,结合颜色识别应用软件 App 可以较精准地识别颜色编码,利用其做检测器比人眼更精准,比分光光度计更便捷更易于实施。所以,近年来,也有人将智能手机色度法应用于化学反应速率常数的测定,如智能手机色度分析法测定甲基紫与 NaOH 反应的速率常数(实验 30-4),基于智能手机比色分析测定丙酮碘化反应的反应级数、速率常数及反应活化能,下面具体介绍几个有关典型实例。

实验 30-1　(NH₄)₂S₂O₈ 与 KI 反应的反应级数、反应速率常数及活化能的半微量测定

一、预习要点

(1) 化学反应平均速率、瞬时速率的定义。
(2) 化学反应速率理论及浓度、温度和催化剂对化学反应速率的影响。
(3) 反应级数、反应速率常数和活化能的概念。
(4) $S_2O_8^{2-}$ 与 I^- 反应的反应级数、反应速率常数及活化能的测定的原理和方法。
(5) 反应速率常数和温度的关系及阿伦尼乌斯经验式。
(6) 移液枪的使用规范。
(7) 作图法处理实验数据及作图技术、作图软件的使用。

教学课件

视频
移液枪使用

视频
水浴锅使用

二、实验原理

在水溶液中,$S_2O_8^{2-}$ 和 I^- 发生氧化还原反应,即
$$S_2O_8^{2-} + 3I^- = 2SO_4^{2-} + I_3^-　　　(1)$$
该反应的反应速率可表示为
$$v=k[S_2O_8^{2-}]^m[I^-]^n$$
式中,v 是给定条件下的瞬时反应速率,若 $[S_2O_8^{2-}]$,$[I^-]$ 是起始浓度,则 v 表示起始反应速率;k 为反应速率常数;m 与 n 之和是该反应的反应级数。

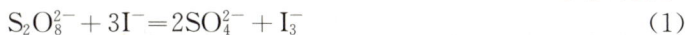

1. 反应级数 m,n 及速率常数 k 的测定

实验能测定的速率是在一段时间(Δt)内反应的平均速率 $\bar v$。若在 Δt 时间内 $S_2O_8^{2-}$ 浓度的变化为 $\Delta[S_2O_8^{2-}]$,则平均速率为
$$\bar v=\frac{-\Delta[S_2O_8^{2-}]}{\Delta t}$$
当实验在 Δt 时间内反应物浓度变化很小时,可以近似地用平均速率代替起始速率,即

$$\bar{v}=\frac{-\Delta[S_2O_8^{2-}]}{\Delta t}=k[S_2O_8^{2-}]^m[I^-]^n$$

为了测定 Δt 时间内 $S_2O_8^{2-}$ 的浓度变化，在 $(NH_4)_2S_2O_8$ 溶液和 KI 溶液混合的同时，加入一定体积且浓度已知的 $Na_2S_2O_3$ 溶液和淀粉溶液，则在反应(1)进行的同时，还发生以下反应：

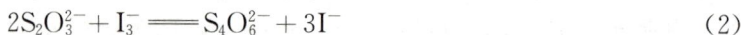

$$2S_2O_3^{2-}+I_3^- \Longrightarrow S_4O_6^{2-}+3I^- \tag{2}$$

由于反应(2)比反应(1)快得多，所以由反应(1)生成的 I_3^- 立即与 $S_2O_3^{2-}$ 作用，生成无色的 $S_4O_6^{2-}$ 和 I^-。反应体系中的 $S_2O_3^{2-}$ 一旦耗尽，反应(1)生成的微量 I_3^- 将立即使淀粉溶液显蓝色。

从反应(1)和(2)可以看出，每反应 1 mol $S_2O_8^{2-}$ 时，则会消耗 2 mol $S_2O_3^{2-}$，即

$$\Delta[S_2O_8^{2-}]=\frac{\Delta[S_2O_3^{2-}]}{2}$$

记录从反应开始到溶液出现蓝色所需要的时间 Δt，由于在 Δt 时间内 $S_2O_3^{2-}$ 全部耗尽，所以由 $Na_2S_2O_3$ 的起始浓度可求 $\Delta[S_2O_3^{2-}]$，进而可以计算反应的平均速率 $-\frac{\Delta[S_2O_8^{2-}]}{\Delta t}$，并近似作为反应的起始反应速率。

对反应速率表示式 $\bar{v}=k[S_2O_8^{2-}]^m[I^-]^n$ 两边取对数，即

$$\lg\bar{v}=m\lg[S_2O_8^{2-}]+n\lg[I^-]+\lg k$$

当 $[I^-]$ 不变时，以 $\lg\bar{v}$ 对 $\lg[S_2O_8^{2-}]$ 作图，可得一直线，其斜率即为 m。同理，当 $[S_2O_8^{2-}]$ 不变时，以 $\lg\bar{v}$ 对 $\lg[I^-]$ 作图，可得 n。

求出 m 和 n 后，可求得反应级数 $m+n$ 和反应速率常数 k。

2. 反应活化能 E_a 的测定

一般来说，当温度变化不是太大时，反应速率常数 k 与反应温度 T 的关系符合阿伦尼乌斯经验式，即

$$k=Ae^{-\frac{E_a}{RT}}$$

两边取对数，则有

$$\lg k=\lg A-\frac{E_a}{2.303RT}$$

式中，A 为"指前因子"，反应一定时，A 为常数；E_a 为反应的活化能；R 为摩尔气体常数 $(8.314\ J\cdot mol^{-1}\cdot K^{-1})$；$T$ 为热力学温度。

测出不同温度时的 k 值，以 $\lg k$ 对 $\frac{1}{T}$ 作图得一直线，由直线斜率求得反应的活化能 E_a。

三、实验内容

1. 试剂的准备

实验前由实验室统一配制：$0.20\ mol\cdot L^{-1}$ KI 溶液；0.2% 淀粉溶液；$0.010\ mol\cdot L^{-1}$ $Na_2S_2O_3$ 溶液；$0.20\ mol\cdot L^{-1}$ KNO_3 溶液；$0.20\ mol\cdot L^{-1}$ $(NH_4)_2SO_4$ 溶液；$0.20\ mol\cdot L^{-1}$ $(NH_4)_2S_2O_8$ 溶液。

从 KI，淀粉，$Na_2S_2O_3$，KNO_3，$(NH_4)_2SO_4$ 和 $(NH_4)_2S_2O_8$ 的储备液瓶中分别量取适量溶液于 6 支干净、干燥的 15 mL 试管中，用标签分别做好标记，并将试管放回试管架最后一排。若试管不干燥，则须先用储备液润洗试管。

2. 反应容器的准备

取 10 个 10 mL 烧杯,用标签分别标记为 1,2,3,4,5 和 1′,2′,3′,4′,5′。在试管架第一排放 8 支 15 mL 试管,也用标签分别标记为 1,2,3,4 和 1′,2′,3′,4′。

3. 预混合溶液的配制

按表 4-3 和表 4-4 中试剂用量,同时配制 18 份预混合溶液(应平行配制,可提高实验效率,也可节约移液枪吸头)

表 4-3 浓度对化学反应速率影响的实验数据记录 室温___℃

实验序号		1	2	3	4	5
试剂用量	0.20 mol·L⁻¹ KI 溶液体积/mL	1.00	1.00	1.00	0.50	0.25
	0.2%淀粉溶液体积/mL	0.20	0.20	0.20	0.20	0.20
	0.010 mol·L⁻¹ Na₂S₂O₃ 溶液体积/mL	0.40	0.40	0.40	0.40	0.40
	0.20 mol·L⁻¹ KNO₃ 溶液体积/mL	0.00	0.00	0.00	0.50	0.75
	0.20 mol·L⁻¹ (NH₄)₂SO₄ 溶液体积/mL	0.00	0.50	0.75	0.00	0.00
	先混合以上溶液,往预混合溶液中加入(NH₄)₂S₂O₈ 溶液,须同时开始计时					
	0.20 mol·L⁻¹ (NH₄)₂S₂O₈ 溶液体积/mL	1.00	0.50	0.25	1.00	1.00
反应时间 t/s(第一次实验,烧杯 1—5)						
反应时间 t/s(第二次实验,烧杯 1′—5′)						

表 4-4 温度对化学反应速率影响的实验数据记录

实验序号		1	2	3	4
反应温度(水浴温度)/℃					
试剂用量	0.20 mol·L⁻¹ KI 溶液体积/mL	0.50	0.50	0.50	0.50
	0.2%淀粉溶液体积/mL	0.20	0.20	0.20	0.20
	0.010 mol·L⁻¹ Na₂S₂O₃ 溶液体积/mL	0.40	0.40	0.40	0.40
	0.20 mol·L⁻¹ KNO₃ 溶液体积/mL	0.50	0.50	0.50	0.50
	0.20 mol·L⁻¹ (NH₄)₂SO₄ 溶液体积/mL	0.00	0.00	0.00	0.00
	先混合以上溶液,往预混合溶液中加入(NH₄)₂S₂O₈ 溶液,须同时开始计时				
	0.20 mol·L⁻¹ (NH₄)₂S₂O₈ 溶液体积/mL	1.00	1.00	1.00	1.00
反应时间 t/s(第一次实验,试管 1—4)					
反应时间 t/s(第二次实验,试管 1′—4′)					

4. 浓度对化学反应速率的影响

先在磁力搅拌器面板上放一张白纸(有助于观察烧杯中溶液颜色变化),再将盛有预混合溶液的烧杯放在磁力搅拌器上,加入磁力搅拌子。接通电源,搅拌使溶液快速混合均匀(控制好搅拌速率,勿使磁力搅拌子蹦跳)。用移液枪移取适量 0.20 mol·L⁻¹ (NH₄)₂S₂O₈ 溶液(试剂用量见表 4-3),快速加入烧杯中并同时开始计时。当溶液刚出现蓝色时,立即停止计时,并将反应时间准确记录于表 4-3 中。用吸磁棒从烧杯中回收磁力搅拌子,依次用自来水、纯水洗净后,用滤纸片吸干,再依序完成表 4—3 中其他实验内容,并将反应时间准确记录于表 4—3 中。

每次做完实验,及时将烧杯中的反应溶液倒入废液杯中,并盖上表面皿以防 I_2 挥发。

5. 温度对化学反应速率的影响

取适量自来水于 400 mL 烧杯中,作为室温水浴(便于准确测定室温温度)。同时,在三个水浴锅内分别放入一块点滴板作为颜色衬板(孔穴朝下,有助于观察溶液的变色,三组同学共用三台水浴锅),并加自来水至水浴锅高度的 2/3。打开水浴锅电源开关,分别设置其温度比室温高 10 ℃,20 ℃和 30 ℃。等待水浴锅中的水温达到设定温度后,再用水银温度计测定实际水温,并准确记录。

(1)将两支盛有预混合溶液的试管和一支盛有 $(NH_4)_2S_2O_8$ 溶液的试管放在盛有自来水的烧杯中恒温 5 min,然后用移液枪移取 1.00 mL $(NH_4)_2S_2O_8$ 溶液,快速加到其中一支盛有预混合溶液的试管中并开始计时,同时不断振荡(也可用磁力搅拌器搅拌,下同)试管。当溶液刚出现蓝色时,立即停止计时,将反应时间准确记录于表 4—4 中。用水银温度计准确测量烧杯中的水温,并记录于表 4—4 中。重复实验一次,并将实验数据记录于表 4—4 中。

(2)分别用试管夹夹住两支盛有预混合溶液的试管和一支盛有 $(NH_4)_2S_2O_8$ 溶液的试管,放入水浴锅中恒温 5 min(须不时振荡试管,操作过程中水浴锅的大部分套圈应在水浴锅上,防止温度变化过大)。恒温后取下一部分水浴锅套圈,并打开手机手电筒辅助照明功能,再用移液枪移取已恒温的 1.00 mL $(NH_4)_2S_2O_8$ 溶液,快速加到一支盛有预混合溶液的试管中并开始计时,同时不断振摇该反应试管。当溶液刚出现蓝色时,立即停止计时,将反应时间准确记录于表 4—4 中。重复实验一次,将反应时间准确记录于表 4—4 中。

(3)依序在其他两台不同温度水浴锅中完成表 4—4 中的其他实验内容。将反应时间准确记录于表 4—4 中。

6. 实验数据处理

参考第 1 章的 Excel 或 Origin 软件及其应用示例处理数据。

四、注意事项

(1)本实验中用到的 KI 溶液、$Na_2S_2O_3$ 溶液、$(NH_4)_2S_2O_8$ 溶液和淀粉溶液需要实验当天配制,以防变质影响实验进程或实验结果。

(2)不得用移液枪直接从储备液瓶中取用溶液,以防操作失误引起试剂污染。

(3)应注意加入溶液的次序,在加入 $(NH_4)_2S_2O_8$ 溶液之前,要把其他溶液混合搅拌均匀,再迅速加入 $(NH_4)_2S_2O_8$ 溶液。

(4)搅拌速率对反应速率有影响,所以,所有实验的电磁搅拌速率(或振荡试管的强度和频率)要保持一致。

(5)移液枪吸头用完后须回收至专用回收盒中。

(6)实验结束后,将废液倒入废液桶中,并清洗所有玻璃器皿,公用器皿应放回原位;拔去磁力搅拌器的电源线,并缠绕整齐;将水浴锅中的水倒尽,并用抹布擦干后,与电源线一同放回指定实验柜中。

五、思考题

(1) 本实验中,为什么可以由反应溶液出现蓝色的时间长短来计算反应速率? 反应溶液出现蓝色后,$S_2O_8^{2-}$ 氧化 I^- 的反应是否就终止了?

(2) 在本实验中,加入 $Na_2S_2O_3$ 的作用是什么? $(NH_4)_2S_2O_8$ 会直接把 $Na_2S_2O_3$ 氧化吗? $Na_2S_2O_3$ 的用量过多或过少对实验结果有何影响?

(3) 下列情况对实验结果有何影响?

① 先加入 $(NH_4)_2S_2O_8$ 溶液,最后再加入 KI 溶液。

② 缓慢加入 $(NH_4)_2S_2O_8$ 溶液。

(4) 本实验中为什么要加入 KNO_3 溶液或 $(NH_4)_2SO_4$ 溶液?

(5) 根据实验结果,讨论浓度、温度对反应速率及反应速率常数的影响。

(6) 根据反应方程式能否直接确定反应级数,为什么? 试用本实验的结果加以说明。

实验 30−2　$Fe(NO_3)_3$ 与 KI 反应的反应级数、反应速率常数及活化能的半微量测定

一、预习要点

(1) 化学反应平均速率、瞬时速率的定义。

(2) 化学反应速率理论及浓度、温度和催化剂对化学反应速率的影响。

(3) 反应级数、速率常数和活化能的概念。

(4) Fe^{3+} 氧化 I^- 反应的反应级数、速率常数及活化能的测定原理和方法。

(5) 反应速率常数和温度的关系及阿伦尼乌斯经验式。

(6) 移液枪的规范使用。

(7) 作图法处理实验数据及作图技术、作图软件的使用。

视频
移液枪使用

视频
水浴锅使用

二、实验原理

在水溶液中,$Fe(NO_3)_3$ 与 KI 发生以下氧化还原反应,即

$$2Fe^{3+} + 3I^- \Longrightarrow 2Fe^{2+} + I_3^- \tag{1}$$

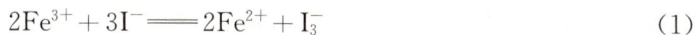

该反应的反应速率可表示为

$$v = k[Fe^{3+}]^m[I^-]^n$$

式中,v 是给定条件下的瞬时反应速率;若 $[Fe^{3+}]$,$[I^-]$ 是起始浓度,则 v 表示起始反应速率;k 为速率常数;m 与 n 之和为该反应的反应级数。

1. 反应级数 m,n 及速率常数 k 的测定

实验可以测定的速率是在一段时间 (Δt) 内反应的平均速率 $\bar{v}$。若在 Δt 时间内 Fe^{3+} 浓度的变化为 $\Delta[Fe^{3+}]$,则反应的平均速率为

$$\bar{v} = \frac{-\Delta[Fe^{3+}]}{\Delta t}$$

当实验在 Δt 时间内反应物浓度变化很小时,可以近似用平均反应速率代替起始反应

速率,即

$$\overline{v} = \frac{-\Delta[Fe^{3+}]}{\Delta t} = k[Fe^{3+}]^m[I^-]^n$$

为了测定 Δt 时间内 $[Fe^{3+}]$ 的浓度变化,在 $Fe(NO_3)_3$ 和 KI 溶液混合的同时,加入一定体积且浓度已知的 $Na_2S_2O_3$ 溶液和淀粉溶液,则在主反应进行的同时,还发生以下副反应:

$$2S_2O_3^{2-} + I_3^- \Longrightarrow S_4O_6^{2-} + 3I^- \tag{2}$$

由于反应(2)比主反应(1)快得多,所以由主反应生成的 I_3^- 立即与 $S_2O_3^{2-}$ 作用,生成无色的 $S_4O_6^{2-}$ 和 I^-。当加入的 $S_2O_3^{2-}$ 一旦耗尽,则主反应生成的微量 I_3^- 将立即使淀粉溶液显蓝色。

从反应(1)和(2)可以看出,每反应 1 mol Fe^{3+} 时,会消耗 1 mol $S_2O_3^{2-}$,即

$$\Delta[Fe^{3+}] = \Delta[S_2O_3^{2-}]$$

记录从反应开始到溶液出现蓝色所需要的时间 Δt,由于 Δt 时间内 $S_2O_3^{2-}$ 全部耗尽,所以由 $Na_2S_2O_3$ 溶液的起始浓度可求 $\Delta[S_2O_3^{2-}]$,进而可以计算反应平均速率 $-\dfrac{\Delta[Fe^{3+}]}{\Delta t}$,并近似作为反应的起始反应速率。

对反应速率表示式 $\overline{v} = k[Fe^{3+}]^m[I^-]^n$ 两边取对数,得

$$\lg\overline{v} = m\lg[Fe^{3+}] + n\lg[I^-] + \lg k$$

当 $[I^-]$ 不变时,以 $\lg\overline{v}$ 对 $\lg[Fe^{3+}]$ 作图,可得一条直线,其斜率即为 m。同理,当 $[Fe^{3+}]$ 不变时,以 $\lg\overline{v}$ 对 $\lg[I^-]$ 作图,可得 n。

求出 m 和 n 后,根据 $\overline{v}$,$[Fe^{3+}]$,$[I^-]$ 可以求得反应的速率常数 k。

2. 反应活化能 E_a 的测定

一般来说,当温度变化不是太大时,反应速率常数 k 与反应温度 T 的关系符合阿伦尼乌斯经验式,即

$$k = A\mathrm{e}^{-\frac{E_a}{RT}}$$

两边取对数,则有

$$\lg k = \lg A - \frac{E_a}{2.303RT}$$

式中,A 为"指前因子",反应一定时,A 为常数;E_a 为反应的活化能;R 为摩尔气体常数 $(8.314\ \mathrm{J \cdot mol^{-1} \cdot K^{-1}})$;$T$ 为热力学温度。

测出不同温度时的 k 值,以 $\lg k$ 对 $\dfrac{1}{T}$ 作图得一直线,由直线斜率求得反应的活化能 E_a。

三、实验内容

1. 试剂的准备

实验前由实验室统一配制:0.04 mol·L⁻¹ KI 溶液;0.2% 淀粉溶液;0.004 mol·L⁻¹ $Na_2S_2O_3$ 溶液;0.15 mol·L⁻¹ HNO_3 溶液;0.04 mol·L⁻¹ $Fe(NO_3)_3$ 溶液(用 0.15 mol·L⁻¹ HNO_3 溶液配制)。

从 KI,淀粉,$Na_2S_2O_3$,HNO_3 和 $Fe(NO_3)_3$ 的储备液瓶中分别量取适量溶液于 5 支干净、干燥的试管中,用标签分别做好标记,并将试管放回试管架最后一排。若试管不干燥,

则须先用储备液润洗试管。

2. 反应容器的准备

取 12 个 10 mL 烧杯,用标签分别标记为 1,2,3,4,5,6 和 1′,2′,3′,4′,5′,6′;在试管架的第一排放 8 支 15 mL 试管,也用标签分别标记为 1,2,3,4 和 1′,2′,3′,4′。

3. 预混合溶液的配制

按表 4−5 和表 4−6 中试剂用量,同时配制 20 份预混合溶液(应平行配制,可提高实验效率,也可节约移液枪吸头)。

表 4−5　浓度对化学反应速率影响的实验数据记录　　　　　　　　室温＿＿＿℃

实验序号		1	2	3	4	5	6
试剂用量	$0.04\ \text{mol·L}^{-1}$ KI 溶液体积/mL	0.50	0.50	0.50	0.25	0.75	1.00
	$0.004\ \text{mol·L}^{-1}$ $Na_2S_2O_3$ 溶液体积/mL	0.50	0.50	0.50	0.50	0.50	0.50
	0.2% 淀粉溶液体积/mL	0.25	0.25	0.25	0.25	0.25	0.25
	纯水体积/mL	2.25	2.25	2.25	2.25	2.00	1.75
	先混合以上溶液,往预混合溶液中加入 HNO_3 溶液后快速加入 $Fe(NO_3)_3$ 溶液,须同时开始计时						
	$0.15\ \text{mol·L}^{-1}$ HNO_3 溶液体积/mL	1.00	0.50	0.00	1.00	1.00	1.00
	$0.04\ \text{mol·L}^{-1}$ $Fe(NO_3)_3$ 溶液体积/mL	0.50	1.00	1.50	0.50	0.50	0.50
反应时间 t/s(第一次实验,烧杯 1—6)							
反应时间 t/s(第二次实验,烧杯 1′—6′)							

注:$0.04\ \text{mol·L}^{-1}$ $Fe(NO_3)_3$ 溶液是用 $0.15\ \text{mol·L}^{-1}$ HNO_3 溶液配制的。

表 4−6　温度对化学反应速率影响的实验数据记录

实验序号		1	2	3	4
反应温度(水浴温度)/℃					
试剂用量	$0.04\ \text{mol·L}^{-1}$ KI 溶液体积/mL	0.50	0.50	0.50	0.50
	$0.004\ \text{mol·L}^{-1}$ $Na_2S_2O_3$ 溶液体积/mL	0.50	0.50	0.50	0.50
	0.2% 淀粉溶液体积/mL	0.25	0.25	0.25	0.25
	纯水体积/mL	2.25	2.25	2.25	2.25
	先混合以上溶液,往预混合溶液中加入 HNO_3 溶液后快速加入 $Fe(NO_3)_3$ 溶液,须同时开始计时				
	$0.15\ \text{mol·L}^{-1}$ HNO_3 溶液体积/mL	1.00	1.00	1.00	1.00
	$0.04\ \text{mol·L}^{-1}$ $Fe(NO_3)_3$ 溶液体积/mL	0.50	0.50	0.50	0.50
反应时间 t/s(第一次实验,试管 1—4)					
反应时间 t/s(第二次实验,试管 1′—4′)					

注:$0.04\ \text{mol·L}^{-1}$ $Fe(NO_3)_3$ 溶液是用 $0.15\ \text{mol·L}^{-1}$ HNO_3 溶液配制的。

4. 浓度对化学反应速率的影响

先在磁力搅拌器面板上放一张白纸(有助于观察烧杯中溶液的颜色变化),再将盛有预混合溶液的烧杯放在磁力搅拌器上,加入磁力搅拌子。接通电源,搅拌使溶液快速混合均匀(控制好搅拌速率,勿使磁力搅拌子蹦跳)。用移液枪加入 $0.15\ \text{mol·L}^{-1}$ HNO_3 溶液,随后用移液枪快速加入 $0.04 \ mol \cdot L^{-1} \ Fe(NO_3)_3$ 溶液并同时开始计时(试剂用量见表 4—5)。当溶液刚出现蓝色时,立即停止计时,并将反应时间准确记录于表 4—5 中。用吸磁棒从烧杯中回收磁力搅拌子,依次用自来水、纯水洗净后,用滤纸片吸干,再依序完成表 4—5 中其他实验内容,并将反应时间准确记录于表 4—5 中。

每次做完实验,及时将烧杯中的反应溶液倒入废液杯中,并盖上表面皿以防 I_2 挥发。

5. 温度对化学反应速率的影响

取适量自来水于 400 mL 烧杯中,作为室温水浴(便于准确测定室温温度)。同时,在三个水浴锅内分别放入一块点滴板作为颜色衬板(孔穴朝下,有助于观察溶液的变色,三组同学共用三台水浴锅),并加自来水至水浴锅高度的 2/3。打开水浴锅电源开关,设置比室温高 10 ℃,20 ℃ 和 30 ℃。等待水浴锅中的水温达到设定温度后,再用水银温度计测定实际水温,并准确记录。

(1) 将两支盛有预混合溶液的试管和一支盛有 $0.15 \ mol \cdot L^{-1} \ HNO_3$ 和 $0.04 \ mol \cdot L^{-1}$ $Fe(NO_3)_3$ 的混合溶液(按表 4—6 中的比例混合)的试管放在盛有自来水的烧杯中恒温 5 min。用移液枪移取 1.50 mL HNO_3 和 $Fe(NO_3)_3$ 的混合溶液,快速加到其中一支装有预混合溶液的试管中并开始计时,不断振摇(也可用磁力搅拌器搅拌)反应试管,当溶液刚出现蓝色时,立即停止计时,将反应时间准确记录于表 4—6 中。用水银温度计准确记录烧杯中的水温,并记录于表 4—6 中。重复实验一次,并将实验数据记录于表 4—6 中。

(2) 分别用试管夹夹住两支盛有预混合溶液的试管和一支盛有 $0.15 \ mol \cdot L^{-1} \ HNO_3$ 和 $0.04 \ mol \cdot L^{-1} \ Fe(NO_3)_3$ 的混合溶液(按表 4—6 中的比例混合)的试管,在水浴锅中恒温 5 min(须不时振摇试管或用磁力搅拌器搅拌,操作过程中水浴锅的大部分套圈应在水浴锅上,防止温度变化过大)。恒温后取下一部分水浴锅套圈,并打开手机手电筒辅助照明功能,再用移液枪移取 1.50 mL HNO_3 和 $Fe(NO_3)_3$ 的混合溶液(恒温好的)快速加到其中一支盛有预混合溶液的试管中并开始计时,不断振摇该反应试管。当溶液刚出现蓝色时,立即停止计时,将反应时间准确记录于表 4—6 中。重复实验一次,并将实验数据记录于表 4—6 中。

(3) 依序在其他两台不同温度水浴锅中完成表 4—6 中的其他实验内容。将反应时间准确记录于表 4—6 中。

6. 实验数据处理

参考第 1 章的 Excel 或 Origin 软件及其应用示例处理数据。

四、注意事项

(1) 本实验中用到的 KI 溶液、$Na_2S_2O_3$ 溶液和淀粉溶液需要实验当天配制,以防变质影响实验进程或实验结果。

(2) 不得用移液枪直接从储备液瓶中取用溶液,以防操作失误引起试剂污染。

(3) 应注意加入溶液的次序,在加入 HNO_3 和 $Fe(NO_3)_3$ 的混合溶液之前,要把其他溶液混合搅拌均匀,再迅速加入 HNO_3 和 $Fe(NO_3)_3$ 的混合溶液。

(4) 搅拌速率对反应速率有影响,所以所有实验的电磁搅拌速率(或振荡试管的强度和频率)要保持一致。

(5) 移液枪吸头用完须回收至专用回收盒中。

(6) 实验结束后,将废液倒入废液桶中,并清洗所有玻璃器皿,公用器皿应放回原位;拔去磁力搅拌器的电源线,并缠绕整齐;将水浴锅中的水倒尽,并用抹布擦干后,与电源线一同放回指定实验柜中。

五、思考题

(1) 本实验中,为什么可以由反应溶液出现蓝色的时间长短来计算反应速率?反应溶液出现蓝色后,$Fe(NO_3)_3$ 氧化 I^- 的反应是否就终止了?

(2) 为什么 $Fe(NO_3)_3$ 溶液需要用 $0.15\ mol \cdot L^{-1}\ HNO_3$ 溶液配制?在向预混合溶液中加入 $Fe(NO_3)_3$ 溶液前为什么还要加入 $0.15\ mol \cdot L^{-1}\ HNO_3$ 溶液?

(3) 在本实验中,加入 $Na_2S_2O_3$ 的作用是什么?$Fe(NO_3)_3$ 会直接把 $Na_2S_2O_3$ 氧化吗?$Na_2S_2O_3$ 的用量过多或过少对实验结果有何影响?

(4) 根据实验结果,总结浓度、温度对反应速率及速率常数的影响。

(5) 根据反应方程式能否直接确定反应级数,为什么?试用本实验的结果加以说明。

实验 30−3　H_2O_2 氧化半胱氨酸反应速率测定实验探究

一、预习要点

(1) 化学反应的平均速率与瞬时速率。

(2) 反应级数与速率常数的概念。

(3) H_2O_2 氧化半胱氨酸反应级数与速率常数的测定的原理和方法。

二、实验原理

鲁米诺(luminol)的化学名称为 3−氨基邻苯二甲酰肼,是一种著名的化学发光试剂,它除了能够与痕量血迹作用发出明显的蓝色荧光而被广泛用于刑事侦查外,也常用于化学示踪、免疫分析等重要领域。

在本实验中,利用鲁米诺化学发光的特性来跟踪 H_2O_2 氧化半胱氨酸反应体系中半胱氨酸的浓度变化。在 Cu^{2+} 催化作用下,鲁米诺与 H_2O_2 发生反应,所生成产物中电子处于激发态,其通过发出蓝光释放多余的能量,有关反应原理如式(1)所示:

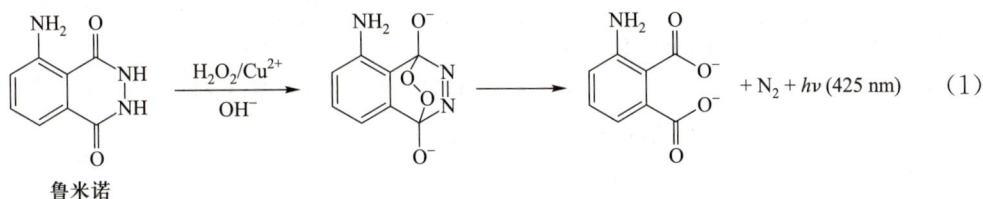

鲁米诺

若在体系中存在具有还原和配位能力的半胱氨酸(cysteine,Cys),体系中 Cu(Ⅱ)可首先被还原并生成 Cu(Ⅰ)−半胱氨酸配合物,如式(2)所示:

$$Cys + Cu^{2+}(催化量) \longrightarrow Cu(Ⅰ)-Cys \qquad (2)$$

该配合物不会催化 H_2O_2 与鲁米诺反应,但体系中 H_2O_2 可依次将体系中游离的半胱氨酸及 Cu(Ⅰ)−半胱氨酸配合物氧化为胱氨酸(cystine),并释放出 Cu^{2+},如式(3)和式(4)所示。

$$2\ \text{HS}\text{—CH—COOH}(\text{NH}_2) \xrightarrow[\text{OH}^-]{\text{H}_2\text{O}_2} \text{HOOC—CH—CH}_2\text{—S—S—CH}_2\text{—CH—COOH} \quad (3)$$

半胱氨酸   胱氨酸

$$\text{Cu(I)—Cys} + \text{H}_2\text{O}_2 \longrightarrow \text{Cu}^{2+} + \text{HOOC—CH—CH}_2\text{—S—S—CH}_2\text{—CH—COOH} \quad (4)$$

胱氨酸

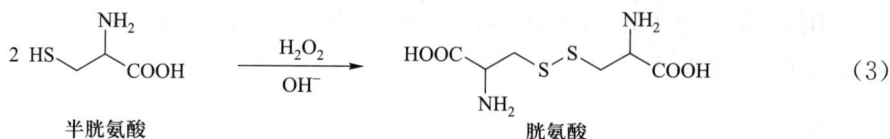

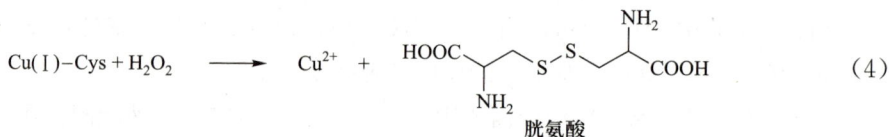

此时生成的 Cu^{2+} 可催化体系中 H_2O_2 氧化鲁米诺而发出蓝光[见反应式(1)]，从而指示体系中所有半胱氨酸被消耗完全。这就是上述"Cu^{2+} 催化—鲁米诺发光桥联指示法"测定 H_2O_2 氧化半胱氨酸反应级数与速率常数的基本原理。学生可根据所提供的试剂及表 4-7 中的试剂用量示例来自主设计具体实验方案并实施。

三、实验内容

1. 试剂的准备

实验前由实验室统一配制：$2.00\ \text{mol·L}^{-1}\ H_2O_2$ 溶液；$0.100\ \text{mol·L}^{-1}$ 半胱氨酸溶液；$2.00\ \text{mmol·L}^{-1}\ CuSO_4$ 溶液；$8\ \text{mmol·L}^{-1}$ 鲁米诺与 $0.4\ \text{mol·L}^{-1}\ NaOH$ 的混合溶液。

（1）$0.20\ \text{mol·L}^{-1}\ H_2O_2$ 溶液的配制。移取 $5.00\ \text{mL}\ 2.00\ \text{mol·L}^{-1}\ H_2O_2$ 溶液于 50 mL 容量瓶中，加入纯水稀释至刻度。摇匀，再将容量瓶中的溶液转至干燥的小试剂瓶中，备用。

（2）$0.010\ \text{mol·L}^{-1}$ 半胱氨酸溶液的配制。移取 $5.00\text{mL}\ 0.100\ \text{mol·L}^{-1}$ 半胱氨酸溶液于 50 mL 容量瓶中，加入纯水稀释至刻度。摇匀，再将容量瓶中的溶液转至干燥的小试剂瓶中，备用。

2. 浓度对化学反应速率的影响

表 4-7 浓度对化学反应速率影响的实验数据记录   室温____℃

实验序号		1	2
试剂用量	纯水体积/mL	3.00	3.30
	$8\ \text{mmol·L}^{-1}$ 鲁米诺与 $0.4\ \text{mol·L}^{-1}\ NaOH$ 的混合溶液体积/mL	2.50	2.50
	$0.010\ \text{mol·L}^{-1}$ 半胱氨酸溶液体积/mL	3.30	3.30
	先混合以上溶液，往预混合溶液中加入 $CuSO_4$ 与 H_2O_2 的混合液，并同时开始计时		
	$2.00\ \text{mmol·L}^{-1}\ CuSO_4$ 溶液体积/mL	0.50	0.50
	$0.20\ \text{mol·L}^{-1}\ H_2O_2$ 溶液体积/mL	0.70	0.40
反应时间 t/s			
反应温度 $T/℃$			
标准化到 25 ℃时的反应时间 t/s			

注：浓度对反应时间也有影响。不同温度下第 1 组和第 2 组浓度不同的体系对应的标准化系数 $n_{x\to 25}$ 的值见表 4-8。

四、注意事项

（1）温度对反应影响比较大,实验过程不要将溶液或移液枪置于电热板或其他热源附近。建议实验时的环境温度在 25～35 ℃之间。

（2）由于反应速率与温度有关,在所有实验中,都必须尽快记录实际温度,即当记录蓝光出现所需时间后,立即测量并记录溶液温度。

（3）在处理实验数据时,在 x ℃下观察到的每个反应时间 $t(x\ ℃)$必须转换为在 25 ℃下观察到的时间 $t(25\ ℃)$。将反应时间标准化到 25 ℃的方法是将 $t(x\ ℃)$与标准化系数 $n_{x\to25}$相乘,即

$$t(25\ ℃)=n_{x\to25}t(x\ ℃)$$

不同温度下对应的标准化系数 $n_{x\to25}$的值见表 4-8。

表 4-8 不同温度下测定的反应时间转换为 25.0 ℃下的反应时间的标准化系数 $n_{x\to25}$

温度/℃	第一组	第二组	温度/℃	第一组	第二组	温度/℃	第一组	第二组
22.0	0.8017	0.8221	24.1	0.9354	0.9425	26.2	1.0937	1.0827
22.1	0.8076	0.8274	24.2	0.9424	0.9487	26.3	1.1019	1.0899
22.2	0.8135	0.8328	24.3	0.9494	0.9550	26.4	1.1102	1.0972
22.3	0.8195	0.8382	24.4	0.9564	0.9613	26.5	1.1186	1.1045
22.4	0.8255	0.8437	24.5	0.9636	0.9676	26.6	1.1270	1.1119
22.5	0.8316	0.8492	24.6	0.9707	0.9740	26.7	1.1355	1.1194
22.6	0.8377	0.8547	24.7	0.9780	0.9804	26.8	1.1441	1.1268
22.7	0.8438	0.8603	24.8	0.9852	0.9869	26.9	1.1527	1.1344
22.8	0.8500	0.8659	24.9	0.9926	0.9934	27.0	1.1614	1.1420
22.9	0.8563	0.8715	25.0	1.0000	1.0000	27.1	1.1702	1.1497
23.0	0.8626	0.8772	25.1	1.0075	1.0066	27.2	1.1790	1.1574
23.1	0.8690	0.8829	25.2	1.0150	1.0133	27.3	1.1879	1.1651
23.2	0.8754	0.8887	25.3	1.0226	1.0200	27.4	1.1969	1.1730
23.3	0.8818	0.8945	25.4	1.0302	1.0268	27.5	1.2060	1.1809
23.4	0.8884	0.9004	25.5	1.0379	1.0336	27.6	1.2151	1.1888
23.5	0.8949	0.9063	25.6	1.0457	1.0404	27.7	1.2243	1.1968
23.6	0.9015	0.9122	25.7	1.0536	1.0474	27.8	1.2336	1.2049
23.7	0.9082	0.9182	25.8	1.0614	1.0543	27.9	1.2430	1.2130
23.8	0.9149	0.9242	25.9	1.0694	1.0613	28.0	1.2524	1.2212
23.9	0.9217	0.9303	26.0	1.0774	1.0684	28.1	1.2619	1.2294
24.0	0.9285	0.9364	26.1	1.0855	1.0755	28.2	1.2715	1.2377

续表

温度/℃	第一组	第二组	温度/℃	第一组	第二组	温度/℃	第一组	第二组
28.3	1.2812	1.2461	29.9	1.4471	1.3888	31.5	1.6360	1.5495
28.4	1.2909	1.2545	30.0	1.4582	1.3983	31.6	1.6487	1.5602
28.5	1.3008	1.2630	30.1	1.4694	1.4078	31.7	1.6614	1.5709
28.6	1.3107	1.2716	30.2	1.4807	1.4175	31.8	1.6743	1.5818
28.7	1.3207	1.2802	30.3	1.4921	1.4272	31.9	1.6872	1.5927
28.8	1.3307	1.2889	30.4	1.5035	1.4369	32.0	1.7003	1.6038
28.9	1.3409	1.2976	30.5	1.5151	1.4468	32.1	1.7135	1.6149
29.0	1.3511	1.3064	30.6	1.5267	1.4567	32.2	1.7268	1.6260
29.1	1.3615	1.3153	30.7	1.5385	1.4667	32.3	1.7402	1.6373
29.2	1.3719	1.3243	30.8	1.5503	1.4768	32.4	1.7536	1.6487
29.3	1.3823	1.3333	30.9	1.5623	1.4869	32.5	1.7673	1.6601
29.4	1.3929	1.3424	31.0	1.5743	1.4972	32.6	1.7810	1.6716
29.5	1.4036	1.3515	31.1	1.5865	1.5075	32.7	1.7948	1.6833
29.6	1.4143	1.3607	31.2	1.5987	1.5179	32.8	1.8087	1.6950
29.7	1.4252	1.3700	31.3	1.6111	1.5283	32.9	1.8228	1.7068
29.8	1.4361	1.3793	31.4	1.6235	1.5388	33.0	1.8370	1.7186

五、思考题

（1）计算两组实验中 H_2O_2 溶液、半胱氨酸溶液和 $CuSO_4$ 溶液的起始浓度。采用标准化反应时间（t_1 和 t_2），以 min 为单位，以半胱氨酸的消耗速率表示（$mmol \cdot L^{-1} \cdot min^{-1}$）。假设反应过程中半胱氨酸的消耗速率是常数，计算相应的反应速率 v_1 和 v_2。

（2）假设速率方程可表示为

$$v=k[H_2O_2]^p$$

利用实验数据计算该反应对 H_2O_2 的级数 p（保留小数点后两位）。写出计算过程。

（3）更接近实际的情况中，半胱氨酸消耗速率方程的表达式为

$$v=k_1[H_2O_2][Cu^{2+}]+k_2[Cu^{2+}]$$

为方便数据处理，可以先简写为

$$v=a[H_2O_2]+b$$

采用上述思考题（2）的数据，通过线性函数关系分析反应速率 v 对$[H_2O_2]$的函数表达式，先计算 a 和 b（保留四位有效数字），并最终计算 k_1 和 k_2（若实验没有得到结果，a 和 b 均取 11.50）。

六、参考文献

50th IChO 2018, International Chemistry Olympiad, Problem P2. A glowing clock reaction.

实验 30－4　智能手机色度分析法测定甲基紫与 NaOH 反应的速率常数

一、预习要点

（1）智能手机色度分析法的原理。

（2）色度分析法测定反应速率常数的原理和方法。

教学课件

二、实验原理

本实验通过录制甲基紫与 NaOH 反应的视频，利用智能手机中的取色软件，通过色度分析的方法获得甲基紫浓度随时间变化的曲线，最终经计算获得该反应的速率常数，其本质与分光光度法测定其反应的速率常数是一致的。这种方法简单、便捷、不再需要其他昂贵的仪器，适合高中生或大学生用于探索化学动力学方面的实验。

1. 色度分析法

人眼可见的物质的颜色（color, C）可以由红（red, R）、绿（green, G）和蓝（blue, B）三个分量按照一定的权重线性组合，即

$$C = rR + gG + bB \tag{1}$$

式中，r, g, b 分别为三种颜色分量的权重大小。计算机对颜色的表示也是基于此原理：在计算机中，r, g, b 取值范围是 $0\sim255$，数值越大，亮度越高。例如，r, g, b 均为 0 时，颜色为黑色；而 r, g, b 均为 255 时，颜色为白色。

将 r, g, b 比例相同的颜色组成一个集合，这个集合可以表示一个系列的颜色，如图 4－3 所示为蓝色系列。图 4－3 第一行方框中的大正方形在竖直方向上表示亮度（也称明度），越靠近上侧，亮度越高；在水平方向上表示纯度，越靠近右侧，则纯度越高。小正方形是大正方形中选择点（白色方框）的颜色预览，将此颜色预览放大并放到图 4－3 的第二行，并在下方按式（1）的表示方法标示出各颜色。由图 4－3 可见，C_1 到 C_4 是四个 r, g, b 比例相同但数值依次增加的颜色。r, g, b 的大小，反映的是这个系列颜色的亮暗。r, g, b 值越大，颜色越亮，颜色的亮度随着 r, g, b 大小的变化是线性的。

由于颜色的亮暗可看成是透射光强度 I 强弱的表现，则 r, g, b 的大小也可以表示透射光的强弱。因此，当 r, g, b 比例相同时，光强 I 和 r, g, b 以线性关系一一对应。因为 r, g, b 都可以表示光强，光强和 r, g, b 的关系可以写成下面三式中的任意一种，即

$$I = k_r \cdot r \tag{2}$$

$$I = k_g \cdot g \tag{3}$$

$$I = k_b \cdot b \tag{4}$$

式（2）～（4）中，比例常数 k_r, k_g, k_b 分别表示光强和 r, g, b 大小的转化因子。当有色物质的颜色褪去的时候，透过的光强变大，故 r, g, b 的比例未变，但是数值变大。

综上所述，r, g, b 比例相同时，r, g, b 的大小可以表征光线透过有色物质的光强。因此，利用 r, g, b 数值的大小代替光的强弱，代入朗伯－比尔定律可得

$C_1 = 30R + 45G + 60B$	$C_2 = 60R + 90G + 120B$	$C_3 = 90R + 135G + 180B$	$C_4 = 120R + 180G + 240B$

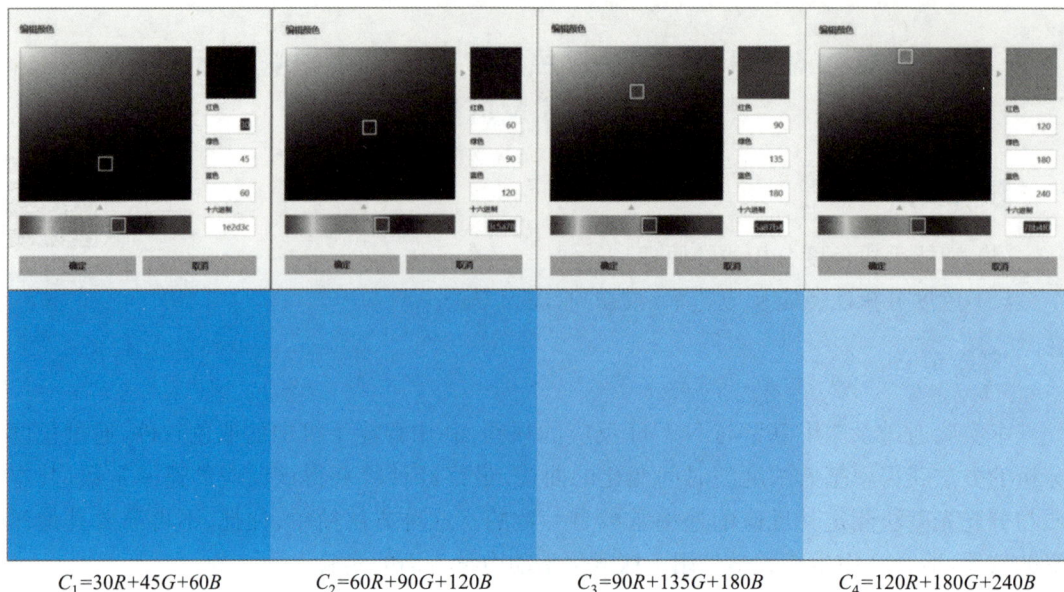

图 4-3 r、g、b 比例相同但数值不同的蓝色系列

$$A_R = \lg \frac{I_0}{I_t} = \lg \frac{r_0}{r_t} = \varepsilon_R bc \tag{5}$$

$$A_G = \lg \frac{I_0}{I_t} = \lg \frac{g_0}{g_t} = \varepsilon_G bc \tag{6}$$

$$A_B = \lg \frac{I_0}{I_t} = \lg \frac{b_0}{b_t} = \varepsilon_B bc \tag{7}$$

式中，I_0，r_0，g_0，b_0 分别为参比溶液的有关参数；I_t，r_t，g_t，b_t 分别为标准溶液或者待测溶液的有关参数。A_R，A_G，A_B 分别为三个分量各自对应的吸光度，ε_R，ε_G，ε_B 分别为三个分量各自对应的摩尔吸光系数，b 为吸光液层的厚度，c 为溶液中吸光物质的浓度。

基于上述色度分析法的原理可知，利用对数码成像的同一系列有色物质溶液颜色的深浅进行分析，可以确定待测试样溶液的浓度或待测物质的含量。即对同一系列标准溶液和待测溶液进行数码成像，然后利用软件提取出不同浓度溶液所对应的颜色数据，再通过制作浓度与提取的颜色数据的标准曲线来对待测试样溶液进行分析，从而得到待测试样溶液的浓度或待测物质的含量。

2. 色度分析法测定甲基紫与 NaOH 反应的速率常数

甲基紫(methyl violet)，俗称龙胆紫、结晶紫(crystal violet，CV)，包含一系列同类的有机化合物，可作染料、酸碱指示剂、消毒剂。在溶液中，甲基紫以图 4-4 所示的 a、b 共振结构形式存在，向甲基紫溶液中加入 NaOH 后得到无色化合物 c。

甲基紫与 NaOH 的反应式可简写为

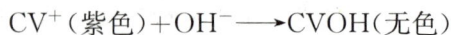

$$CV^+(紫色) + OH^- \longrightarrow CVOH(无色)$$

实验结果证明，CV^+ 与 OH^- 的反应是二级反应，其反应速率方程可以表示为

$$-\frac{d[CV^+]}{dt} = k[CV^+][OH^-] \tag{8}$$

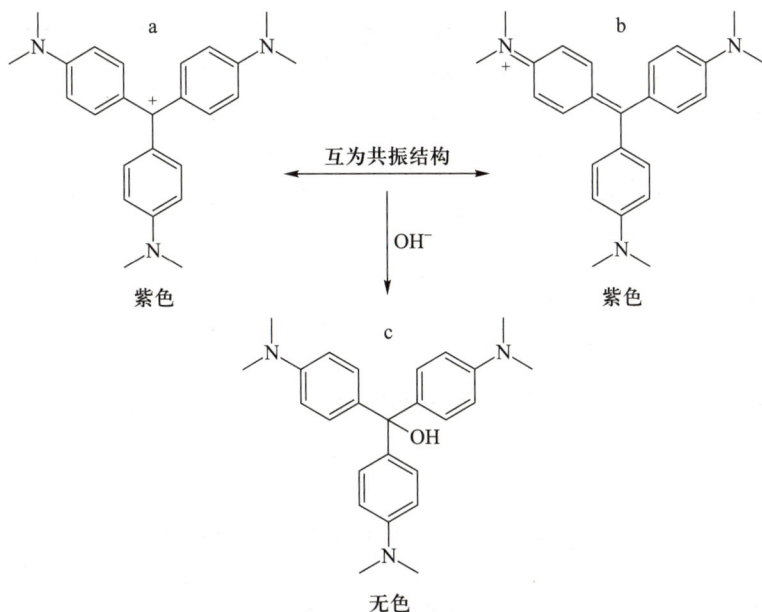

图 4-4 甲基紫及其与 NaOH 反应所形成产物的结构式

当 OH^- 浓度足够大时,尽管有部分 OH^- 参加了反应,但可以近似地认为整个反应过程中 OH^- 的浓度是恒定的,反应速率仅由 CV^+ 浓度决定,即

$$-\frac{d[CV^+]}{dt}=k'[CV^+] \qquad (9)$$

式中,k 为反应速率常数,k' 为表观反应速率常数,且 $k'=k[OH^-]$。

将式(9)积分得

$$\ln[CV^+]=-k't+[CV^+]_0 \qquad (10)$$

以 $\ln[CV^+]$ 对时间 t 作图,由斜率可求得 k'。如果 NaOH 溶液与甲基紫溶液等体积混合进行反应,则 NaOH 溶液浓度是原浓度的 $1/2$,则

$$k=\frac{2k'}{c_{NaOH}} \qquad (11)$$

由于产物 CVOH 是无色的,因此,该反应体系的吸光度仅取决于反应物 CV^+ 的浓度,而其吸光度可根据色度由式(5)~(7)求得。

三、实验内容

1. 0.2 mol·L⁻¹ NaOH 溶液的配制

由实验室预先统一配制,学生实验时按需取用。

2. 系列标准溶液的配制

(1) 100 μmol·L⁻¹ 甲基紫标准溶液的配制。准确称取 0.0100 g 甲基紫固体于 100 mL 烧杯中,加入适量纯水溶解后,将溶液定量转至 250 mL 容量瓶中,用纯水稀释至刻度,充分摇匀,备用。为节约试剂,可由实验室预先统一配制,学生实验时按需取用。

(2) 系列甲基紫标准溶液的配制。准备 5 个 50 mL 容量瓶,按照表 4-9 配制 2~6 号不同浓度的甲基紫标准溶液。

表 4－9 系列甲基紫标准溶液配制的实验数据记录

实验序号	甲基紫标准溶液体积/mL	定容体积/mL	甲基紫浓度/($\mu mol \cdot L^{-1}$)
1	0.00	50.00	0.0
2	5.00	50.00	10.0
3	10.00	50.00	20.0
4	15.00	50.00	30.0
5	20.00	50.00	40.0
6	25.00	50.00	50.0

实验时，系列甲基紫标准溶液也可由实验室统一配制，学生直接取用即可。

3. 手机录像跟踪室温下甲基紫与 NaOH 反应的进程

（1）取适量 1～6 号标准溶液分别于 1～6 号比色皿中。

（2）用移液枪向标注 S(sample) 的比色皿中加入 1.50 mL 50.0 $\mu mol \cdot L^{-1}$ 甲基紫溶液（6 号溶液）。

（3）将上述所有盛有溶液的比色皿放置在白色 A4 纸前，保持手机距离中心比色皿 30 cm 以上并固定，手机锁定白平衡和聚焦。

（4）用移液枪向比色皿 S 中加入 1.50 mL 0.2 $mol \cdot L^{-1}$ NaOH 溶液，快速吸排几次，并开始录像，待溶液紫色明显褪去（约 3 min）即可停止录像。标注 S 的比色皿中溶液颜色的变化如图 4－5 所示。

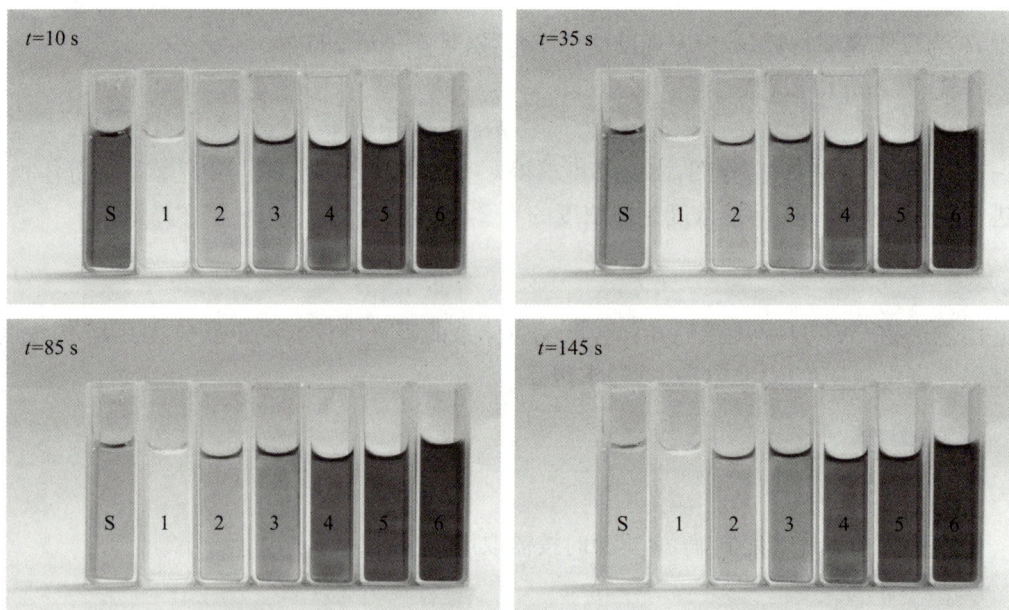

图 4－5 室温下甲基紫与 NaOH 反应的进程（比色皿 S）及系列标准溶液（比色皿 1～6 号）实物照片

4. 数据处理

（1）r，g，b 值的读取和标准曲线的制作。

① 任选一个时间点的视频截图，在该视频截图中的 1～6 号比色皿内各取 3 点，采用取

色软件(如 PowerPoint 软件里的取色器,Photoshop 软件或手机取色 App 等)读取 r,g,b 三个分量的数值,取平均值作为该份溶液的色度值,将相关数据记录在表 4—10 中。

注意,数据点应在比色皿的同一高度进行选取。

② 按照式(5)~式(7)计算 A 值。

③ 将求得的 A_R,A_G,A_B 分别对甲基紫的浓度作图,选择斜率最大的标准曲线所代表的分量来计算下述(2)中不同时刻的甲基紫浓度。

表 4—10　智能手机色度分析法标准曲线制作的实验数据记录及处理

实验序号	$c_{CV}/$ $(\mu mol \cdot L^{-1})$	r			r平均值	A_R	g			g平均值	A_G	b			b平均值	A_B
		1	2	3			1	2	3			1	2	3		
1	0.0															
2	10.0															
3	20.0															
4	30.0															
5	40.0															
6	50.0															
	R^2															
	斜率															

(2)反应速率实验曲线的制作及速率常数的测定。

① 从视频时间 0 s 开始,每 15 s 截取一张图片(共取 10 张图片),按照上述(1)中所述方法,针对每张图片,通过甲基紫标准溶液浓度与所选分量提取的颜色数据对应所做的标准曲线来对比色皿 S 中的甲基紫浓度进行测定。注意:取点时,数据点应与制作标准曲线时 1~6 号比色皿的取点在同一高度;且只需读取所选择的分量的数值,其他两个分量的数值无需读取。将相关数据记录在表 4—11 中。

表 4—11　智能手机色度分析法测定试样中的甲基紫浓度的实验数据记录及处理

实验序号	$c_{CV}/(\mu mol \cdot L^{-1})$	x			x平均值	A_x
		1	2	3		
1	0.0					
2	10.0					
3	20.0					
4	30.0					
5	40.0					
6	50.0					
S(待测试样)						
	R^2					
	斜率					

注:x 代表 r,g,b 中所选择的其中一个分量。

② 以甲基紫浓度 $c(\mu mol \cdot L^{-1})$ 对时间 t 作图，得 $c-t$ 关系图，其中，时间 t 以加入 NaOH 溶液的时间为计时零点。

③ 以 $\ln c$ 对 t 作图，可得一直线，斜率即为 $-k'$，代入式(11)即可求出反应速率常数 k。

四、注意事项

（1）拍摄过程中须对焦清楚，且锁定白平衡和聚焦，以防在拍摄过程中亮度发生变化导致实验失败。

（2）拍摄时，将图 4-5 中的各个比色皿排列整齐，镜头应正对位于中间的比色皿，以使镜头距各个比色皿的距离尽可能相同。

（3）拍摄时，应确保光线充足且稳定。

（4）所有数据点应在每个比色皿的同一高度进行选取。

（5）本实验中，称量的甲基紫质量、移取的溶液体积等的有效数字位数需根据所用仪器的精度而定；在用色度分析法测定甲基紫浓度时，吸光度 A 的有效数字位数根据 r,g,b 值（一般是 2~3 位）的实际读取情况而定（可多读取 1 位）；最终实验结果的有效数字位数则需按照有效数字的运算规则而定。

（6）$0.2 \ mol \cdot L^{-1}$ NaOH 溶液的准确浓度需要标定，具体标定方法见实验 39-2。

五、思考题

（1）理论上应该采用 R,G,B 中哪个分量的值来求反应的速率常数？

（2）写出用分光光度法测定甲基紫与 NaOH 反应的速率常数的实验方案，并通过实验验证所设计方案的可行性。

六、参考文献

Knutson T R, Knutson C M, Mozzetti A R, et al. A fresh look at the crystal violet lab with handheld camera colorimetry. J. Chem. Educ., 2015, 92(10):1692.

七、助学导学内容

（1）曾一帆，秦萧，王玥，等.智能手机色度分析测定甲基紫与氢氧化钠反应速率常数.大学化学,2020,35(6):54-62.

（2）董志强，刘丰俊，翁玉华，等.智能手机在化学实验中的应用.大学化学，2021,36(4):159-169.

实验 31 pH 法和电导率法测定 HAc 的解离常数和解离度

一、预习要点

（1）弱电解质的解离常数和解离度的概念。

（2）酸碱滴定法的原理及滴定操作规范。

教学课件   视频

（3）pH 计的工作原理及其使用规范。

pH 计使用

（4）溶液的电导、电导率、摩尔电导、极限摩尔电导的概念。

（5）电导率法测定 HAc 解离常数和解离度的原理及解离度与摩尔电导率的关系。

（6）电导率仪的工作原理及其使用规范。

二、实验原理

测定 HAc 的解离常数和解离度的经典方法有 pH 法和电导率法。

1. pH 法测定 HAc 的解离常数和解离度

HAc 是弱电解质，在溶液中存在如下解离平衡，即

$$HAc \rightleftharpoons H^+ + Ac^-$$

一定温度下达到解离平衡时，其解离常数和解离度表达式分别为

$$K_a = \frac{[H^+][Ac^-]}{[HAc]} \qquad \alpha = \frac{[H^+]}{c} \times 100\%$$

式中，$[H^+]$，$[Ac^-]$ 和 $[HAc]$ 分别为溶液中 H^+，Ac^- 和 HAc 的平衡浓度；K_a 为解离常数；α 为解离度；c 为 HAc 溶液的总浓度。

根据上述解离平衡关系式可以看出，一定温度下，浓度为 c 的 HAc 溶液解离达到平衡时，$[Ac^-]=[H^+]$，$[HAc]=c-[H^+]$，则

$$K_a = \frac{[H^+][Ac^-]}{[HAc]} = \frac{[H^+][H^+]}{c-[H^+]} = \frac{[H^+]^2}{c-[H^+]}$$

当 $\alpha < 5\%$ 时，$c-[H^+] \approx c$，则

$$K_a = \frac{[H^+]^2}{c}$$

因此，测定 HAc 溶液的解离常数 K_a 和解离度 α，实质上是测定 HAc 溶液的总浓度 c 及其溶液中 H^+ 的平衡浓度 $[H^+]$。

HAc 溶液的总浓度 c 可以用 NaOH 标准溶液滴定测得，NaOH 标准溶液的浓度可由邻苯二甲酸氢钾基准物质标定而得。

由于 HAc 是弱电解质，其溶液中的 H^+ 和 Ac^- 浓度比较小，测定稀溶液中的 H^+ 浓度可用 pH 计，即在一定温度下用 pH 计测定 HAc 溶液的 pH，再根据 $pH = -\lg[H^+]$ 关系式计算而得 $[H^+]$，从而可计算出该温度下 HAc 的解离常数 K_a 及解离度 α。

HAc 溶液中的 H^+ 和 Ac^- 浓度比较小，测定稀溶液中的离子浓度也可用电导率法。下面具体介绍电导率法测定 HAc 的解离常数和解离度的原理。

2. 电导率法测定 HAc 的解离常数和解离度

在一定温度下，HAc 在溶液中解离达到平衡时，其解离常数 K_a 和解离度 α 具有一定关系，即

$$HAc \rightleftharpoons H^+ + Ac^-$$

起始浓度/$(mol \cdot L^{-1})$ $\qquad\qquad c \qquad\quad 0 \qquad\quad 0$

平衡时浓度/$(mol \cdot L^{-1})$ $\qquad c-c\alpha \quad c\alpha \quad c\alpha$

$$K_a = \frac{[H^+][Ac^-]}{[HAc]} = \frac{(c\alpha)^2}{c-c\alpha} = \frac{c^2\alpha^2}{c(1-\alpha)} = \frac{c\alpha^2}{1-\alpha} \tag{1}$$

解离度可通过测定溶液的电导来求得，从而求得解离常数。导体导电能力的大小，通

常以电阻 R 或电导 G 表示(电阻的单位为 Ω,电导的单位为 S 或 Ω^{-1}),电阻与电导互为倒数,即

$$R = \frac{1}{G}$$

和金属导体一样,电解质溶液的电阻也符合欧姆定律。温度一定时,两极间溶液的电阻与两极间的距离 l 成正比,与电极面积 A 成反比,即

$$R \propto \frac{l}{A} \quad \text{或} \quad R = \rho \frac{l}{A}$$

ρ 称为电阻率(单位为 $\Omega \cdot cm$);电阻率的倒数称为电导率,以 κ 表示,$\kappa = \frac{1}{\rho}$(单位为 $S \cdot cm^{-1}$ 或 $\Omega^{-1} \cdot cm^{-1}$)。综合以上可得

$$G = \kappa \frac{A}{l} \quad \text{或} \quad \kappa = \frac{l}{A} G \tag{2}$$

式中,电导率 κ 表示相距 1 cm,面积为 1 cm^2 的两个电极之间溶液的电导;$\frac{l}{A}$ 称为电极常数或电导池常数,在电导池中,电极距离和面积是固定的,所以对某一电导池来说,$\frac{l}{A}$ 为常数。

在一定温度下,不同浓度的同一电解质溶液的电导与两个变量有关,即溶解的电解质总量和溶质的解离度。如果把含 1 mol 电解质的溶液置于相距 1 cm 的两平行电极间,这时溶液无论怎样稀释,溶液的电导只与电解质的解离度有关,在此条件下测得的电导称为该电解质溶液的摩尔电导率。如以 Λ_m 表示摩尔电导率($S \cdot cm^2 \cdot mol^{-1}$),$V$ 表示 1 mol 电解质溶液的体积(mL),c 表示电解质溶液的浓度($mol \cdot L^{-1}$),κ 表示电解质溶液的电导率,则

$$\Lambda_m = \kappa V = \kappa \frac{1000}{c} \tag{3}$$

对于弱电解质来说,在无限稀释时,可看作完全解离。这时,溶液的摩尔电导称为极限摩尔电导率(Λ_∞)。在一定温度下,弱电解质的极限摩尔电导率是一定的。表 4—12 列出了不同温度下 HAc 溶液的极限摩尔电导率 Λ_∞。

表 4—12   不同温度下 HAc 溶液的极限摩尔电导率 Λ_∞

温度/K	273	291	298	303
$\Lambda_\infty/(S \cdot cm^2 \cdot mol^{-1})$	245	349	390.7	421.8

对弱电解质来说,某浓度时的解离度等于该浓度时的摩尔电导率与极限摩尔电导率之比,即

$$\alpha = \frac{\Lambda_m}{\Lambda_\infty} \times 100\% \tag{4}$$

将式(4)代入式(1),得

$$K_a = \frac{c\alpha^2}{1-\alpha} = \frac{c(\Lambda_m)^2}{\Lambda_\infty(\Lambda_\infty - \Lambda_m)} \tag{5}$$

因此,从实验测得浓度为 c 的 HAc 溶液的电导率 κ 后,代入式(3),算出 Λ_{m},将 Λ_{m} 的值代入式(5),即可分别算出 α 和 K_{a}。

三、实验内容

1. 0.1 mol·L^{-1} NaOH 标准溶液的配制与标定

详见实验 39－2。

2. 0.1 mol·L^{-1} HAc 溶液浓度的测定

移取 25.00 mL 0.1 mol·L^{-1} HAc 溶液于 250 mL 锥形瓶中,加入 2 滴酚酞指示剂,用 0.1 mol·L^{-1} NaOH 标准溶液滴定至溶液颜色出现微红色,保持 30 s 内不褪色,即为终点。平行测定三份。计算 HAc 溶液的准确浓度。

3. 不同浓度 HAc 溶液的配制

用吸量管或移液管分别移取 5.00 mL,10.00 mL 和 25.00 mL 已知准确浓度的 HAc 溶液分别于三个 50 mL 容量瓶中,用纯水稀释至刻度,充分摇匀,以备后续 pH 和电导率的测定。

4. 不同浓度 HAc 溶液的 pH 测定

将上述配制好的不同浓度 HAc 溶液分别倒入三个干净、干燥的烧杯中(如果烧杯不干燥,则可用滤纸擦干,再用适量待测溶液润洗三遍),用 pH 计由稀到浓依次分别测定这三个不同浓度及原始 HAc 溶液的 pH,将测得的数据和计算结果列入表 4－13 中。注意:测定过 pH 的各烧杯溶液及对应容量瓶中溶液要妥善保存,以备测定其电导率。

表 4－13　不同浓度 HAc 溶液的配制、pH 测定实验数据记录及处理　　　温度＿＿＿℃

实验序号	V_{HAc}/mL	定容体积/mL	c_{HAc}/(mol·L^{-1})	pH	[H$^+$]/(mol·L^{-1})	K_{a}	α/%
1	5.00						
2	10.00						
3	25.00						
4[①]							

注:① 0.1 mol·L^{-1} HAc 溶液。

5. 不同浓度 HAc 溶液的电导率测定

用电导率仪依次由稀到浓分别测定上述三个不同浓度及原始 HAc 溶液的电导率(将测定过 pH 的各烧杯溶液倒掉,再从容量瓶中倒入相应浓度溶液,测定其电导率),将测得的数据和计算结果列入表 4－14 中。

表 4－14　不同浓度 HAc 溶液电导率测定的实验数据记录及处理　　　温度＿＿＿℃

实验序号	1	2	3	4
c_{HAc}/(mol·L^{-1})				
κ/(S·cm^{-1})				
Λ_{m}/(S·cm^2·mol^{-1})				
Λ_{∞}/(S·cm^2·mol^{-1})				
α/%				
K_{a}				

四、注意事项

（1）测定四种不同浓度 HAc 溶液的 pH 和电导率时，应按 HAc 溶液浓度由稀到浓的顺序测量。

（2）测定 pH 和电导率时，电极的感应部分应全部浸没在 HAc 溶液中，否则读数不稳定且不准确。

（3）应注意 pH 计和电导率仪的规范使用及其所配电极的保养规范。

（4）"电导率法测定 HAc 解离常数和解离度"实验可作为"pH 法测定 HAc 解离常数和解离度"实验的延续内容，即在用 pH 计测定不同浓度的 HAc 溶液 pH 后，直接用电导率仪测定相应溶液的电导率，并对两种实验方法及其实验结果进行对比与分析。

五、思考题

（1）弱电解质溶液的解离度 α 与哪些因素有关？

（2）若改变所测 HAc 溶液的温度，测定的解离常数和解离度有无变化？为什么？

（3）某学生用 pH 计测定一份 HAc 溶液的 pH 为 2.18，进而计算得到其对应 H^+ 浓度为 $6.60 \times 10^{-3} \ mol \cdot L^{-1}$。请问该学生有关 H^+ 浓度的表述是否正确，为什么？

（4）电解质溶液导电的特点是什么？

（5）什么叫电导、电导率和摩尔电导率？

实验 32　分光光度法测定酸碱指示剂解离常数和各型体分布曲线的制作

一、预习要点

（1）酸碱平衡、分布曲线的相关知识。

（2）分光光度法测定酸碱指示剂解离常数的原理和方法及各型体分布曲线的制作。

视频
分光光度计使用

视频
pH 计使用

二、实验原理

常用的酸碱指示剂一般是弱的有机酸、有机碱或酸碱两性物质，其酸式构型和碱式构型具有不同的颜色。当溶液 pH 发生改变时，指示剂或者获得质子转化为酸式构型，或者失去质子转化为碱式构型，从而使溶液显示不同的颜色。如甲基橙（methyl orange）在水溶液中的解离和颜色变化有如下的平衡关系：

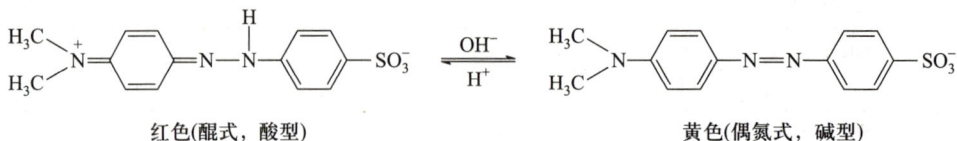

红色（醌式，酸型）　　　　　　　　　　黄色（偶氮式，碱型）

由平衡关系可以看出，增大溶液的酸度，甲基橙主要以醌式双极离子存在，溶液显红色；降低溶液的酸度，则主要以偶氮式离子形式存在，溶液显黄色。甲基橙、甲基红及溴百里酚蓝等这类酸、碱构型均有颜色的指示剂称为双色指示剂,可用分光光度法测定其解离常数并绘制各型体的分布曲线。下面具体介绍分光光度法测定这类双色指示剂解离常数的原理和分布曲线的制作。

1. 解离常数与 pH 及吸光度的关系

指示剂 HIn 本身是一种弱酸,存在着如下的酸碱平衡:

$$HIn \rightleftharpoons H^+ + In^-$$

设 HIn 和 In$^-$ 的最大吸收波长分别为 λ_a 和 λ_b。用 1.0 cm 的比色皿,以纯水为参比溶液,在 λ_a 处测量分析浓度为 c 的指示剂溶液的吸光度,则根据光吸收定律和吸光度的加和性,有

$$A_{\lambda_a} = \kappa_{\lambda_a}^{HIn}[HIn] + \kappa_{\lambda_a}^{In^-}[In^-]$$
$$= \kappa_{\lambda_a}^{HIn} c \cdot \delta_{HIn} + \kappa_{\lambda_a}^{In^-} c \cdot \delta_{In^-} \tag{1}$$

一元弱酸的分布分数计算式为

$$\delta_{HIn} = \frac{[H^+]}{[H^+] + K_a} \tag{2}$$

$$\delta_{In^-} = \frac{K_a}{[H^+] + K_a} \tag{3}$$

将式(2)和式(3)代入式(1),可得

$$A_{\lambda_a} = \kappa_{\lambda_a}^{HIn} c \frac{[H^+]}{[H^+]+K_a} + \kappa_{\lambda_a}^{In^-} c \frac{K_a}{[H^+]+K_a} \tag{4}$$

当 pH < pK_a − 1 时,$c \approx [HIn]$,则有

$$A_{\lambda_a}^{HIn} = \kappa_{\lambda_a}^{HIn} c \tag{5}$$

当 pH > pK_a + 1 时,$c \approx [In^-]$,则有

$$A_{\lambda_a}^{In^-} = \kappa_{\lambda_a}^{In^-} c \tag{6}$$

将式(5)和式(6)代入式(4),整理得到

$$\lg \frac{A_{\lambda_a} - A_{\lambda_a}^{HIn}}{A_{\lambda_a}^{In^-} - A_{\lambda_a}} = pH - pK_a \tag{7}$$

同理,对应于吸收波长 λ_b,可得

$$\lg \frac{A_{\lambda_b} - A_{\lambda_b}^{HIn}}{A_{\lambda_b}^{In^-} - A_{\lambda_b}} = pH - pK_a \tag{8}$$

式(7)或式(8)即为分光光度法测定酸碱指示剂解离常数 K_a 的计算公式。

若配制一系列相同浓度、不同 pH 的指示剂溶液,分别在 λ_a 或 λ_b 处测量其吸光度。令 $y = \lg \dfrac{A_{\lambda_i} - A_{\lambda_i}^{HIn}}{A_{\lambda_i}^{In^-} - A_{\lambda_i}}$ (i=a,b),以 y 对 pH 作图,得一直线。直线与横坐标的交点,即 $y = 0$ 时,pH = pK_a,即可求出该指示剂的解离常数。

2. 分布分数与吸光度的关系

弱酸弱碱的分布分数通常通过式(2)和式(3)计算而得。本实验采用分光光度法测定弱酸 HIn 和其共轭碱 In$^-$ 的分布分数。

根据式(1),某一 pH 的指示剂溶液的吸光度为

$$A_{\lambda_a} = A_{\lambda_a}^{HIn} \delta_{HIn} + A_{\lambda_a}^{In^-} \delta_{In^-} \tag{9}$$

同理

$$A_{\lambda_b} = A_{\lambda_b}^{HIn} \delta_{HIn} + A_{\lambda_b}^{In^-} \delta_{In^-} \tag{10}$$

联立式(9)和式(10)得

$$\delta_{HIn} = \frac{A_{\lambda_a} A_{\lambda_b}^{In^-} - A_{\lambda_b} A_{\lambda_a}^{In^-}}{A_{\lambda_a}^{HIn} A_{\lambda_b}^{In^-} - A_{\lambda_b}^{HIn} A_{\lambda_a}^{In^-}} \tag{11}$$

$$\delta_{In^-} = \frac{A_{\lambda_a} - A_{\lambda_a}^{HIn} \delta_{HIn}}{A_{\lambda_a}^{In^-}} \tag{12}$$

测定不同 pH 的指示剂溶液在 λ_a 和 λ_b 波长下的吸光度,根据式(11)和式(12)可求得各 pH 时的 δ_{HIn} 和 δ_{In^-},并对 pH 作图,即得到该指示剂的酸度分布曲线。

三、实验内容

1. 系列浓度相同、pH 不同的甲基橙溶液的配制

分别移取 1 mL 0.02% 甲基橙溶液于 18 个 50 mL 容量瓶中,加入纯水至刻度线下 1 cm 处,摇匀。再加入几滴不等量、不同浓度的 HCl 溶液或 NaOH 溶液,用纯水定容,则配制成一系列浓度相同、pH 不同的甲基橙溶液。溶液颜色应从红色逐渐变为橙色再变为黄色,其中绝大多数溶液为颜色明显不同的橙色溶液,红色和黄色溶液各配 2~3 瓶即可。

分别采用 pH 为 4.01 和 6.86 的标准缓冲溶液校正 pH 计,再用 pH 计准确测定以上 18 瓶溶液的 pH。

2. 甲基橙酸型 HIn 和碱型 In⁻ 吸收曲线的测定

当 pH<pK_a−1 时,甲基橙主要以酸型 HIn 存在。因此,取 pH 最小的甲基橙溶液,在不同波长下测其吸光度,并寻找 HIn 的最大吸收波长 λ_a。

当 pH>pK_a+1 时,甲基橙主要以碱型 In⁻ 存在。因此,取 pH 最大的甲基橙溶液,在不同波长下测其吸光度,并寻找 In⁻ 的最大吸收波长 λ_b。

3. 系列浓度相同、pH 不同的甲基橙溶液的吸光度的测定

分别在波长 λ_a 和 λ_b 处,测定上述配制的一系列浓度相同、pH 不同的甲基橙溶液的吸光度。

4. 实验数据的处理

(1)甲基橙酸型 HIn 和碱型 In⁻ 的吸收曲线的制作。根据实验内容 2 中的实验数据,以吸光度 A 对波长 λ 作图,分别得到 HIn 和 In⁻ 的吸收曲线,从中找到对应的最大吸收波长 λ_a 和 λ_b。

(2)甲基橙解离常数的求算。根据实验内容 3 中的实验数据,分别计算不同 pH 时的 y 值。然后以 y 对溶液的 pH 作图,得一直线。通过直线与横坐标的交点(即 y=0)计算该指示剂的解离常数。

(3)甲基橙各型体的分布曲线的制作。根据实验内容 3 中的实验数据,用式(11)和式(12)分别计算 pH 不同时 HIn 和 In⁻ 的分布分数 δ。然后以分布分数 δ 对溶液的 pH 作图,可得 HIn 和 In⁻ 两种型体的分布曲线。

还可将指示剂解离常数 K_a 的值代入式(2)和式(3),通过计算得到不同 pH 下的 δ_{HIn} 和 δ_{In^-}。然后将其对 pH 作图,并与上述根据实验数据所得的分布曲线绘制于同一图中。对比两种方法所绘曲线的差别并对实验测定结果进行评价。

参考第 1 章的 Excel 或 Origin 软件及应用示例处理上述实验数据。

四、注意事项

（1）应使配制的甲基橙溶液的颜色由红→橙→黄逐渐变化，其中绝大多数溶液为颜色明显不同的橙色溶液。

（2）若实验室配备了可自动扫描的紫外－可见分光光度计，建议扫描所有溶液的吸收曲线，再将其绘制在同一张图中进行对比。由于获得了吸收曲线波长范围内各波长下的吸光度和 pH 的关系，学生可尝试选择不同波长处的数据来计算指示剂解离常数及各型体的分布分数，并将所得结果进行比较，从而总结出波长选择的原则。

五、思考题

（1）为绘制两种型体的吸收曲线，溶液的 pH 应分别控制在多少？

（2）如何求得 HIn 和 In$^-$ 在其最大吸收波长处的摩尔吸光系数？

（3）λ_a 或 λ_b 波长处测量的吸光度均可用来求算甲基橙的解离常数。采用哪组数据更好？为什么？

（4）分光光度法测定分布分数时为什么要选择在 λ_a 和 λ_b 波长处测量溶液的吸光度？

实验 33　机器学习预测有机酸的 pK$_a$

一、预习要点

（1）分析化学与无机化学课程中关于酸碱解离平衡、pK$_a$ 的内容。

（2）分析化学课程中概率统计和数据处理的相关内容。

教学课件　　实验软件　　视频
实验过程指导

二、实验原理

机器学习（machine learning，ML）是人工智能（artificial intelligence，AI）的一个重要分支。人工智能的主要目标是让机器具有人类智能的各种特征，如理解自然语言、识别语音、图像和手写及解决复杂问题等。

机器学习是实现这些目标的一种方法。机器学习的主要目标是让机器从过去的数据中学习并应用相关知识来预测未来的数据或做出决策。

机器学习特别适用于那些拥有大量相关数据，但是难以通过明确的数学公式去描述或预测的情况。在这些场景中，机器学习模型可以从大量的历史数据中学习隐藏的规律和模式，而这些规律和模式往往是人们难以通过传统的数学模型或者规则来捕捉的。

在医疗诊断中，我们可使用机器学习模型来帮助预警重大疾病。例如，我们可能会收集一些患者和正常人的医疗数据，如年龄、性别、身高、体重、血压和血液检测结果等，以及他们是否患有某种重大疾病（如心脏病等）的标签。这些数据构成了训练数据集。然后使用这个数据集来训练一个机器学习模型，如深度神经网络，支持向量机或随机森林。这些模型就是一个个"AI 医生"，他们可以指出什么样的生理特征和检测结果更可能与心脏病相关。当模型训练完毕后,如果有一个新的患者来到医院,人们可以收集他的医疗数据,然后输入到模型中。模型会预测这个患者是否有可能患有心脏病。这种预警系统可以帮助医生更早地发现疾病,提高患者治疗的成功率。

而在化学领域,机器学习是帮助化学家及工程师预测化合物性质和解决化学问题的工具,定量提取"构效关系",协助理解化学过程,如分子的设计和合成路径的预测等,加速新物质的创制和新材料的研发。

本实验中使用机器学习来预测有机酸的 pK_a,帮助和引导学生了解机器学习在化学领域的应用。

弱酸解离常数的确定对化学反应,包括化学反应速率和化学平衡的理解都很重要。在有机化学中,我们需要了解一些有机酸的 pK_a,对了解它们的反应性质及分析、分离方法的选择和应用有重要意义,如比较取代苯甲酸的解离常数,可以帮助学生定量地理解苯环取代基的种类对其酸性强度的影响。pK_a 的大小和化合物本身的结构有关,也和溶剂有关。

有些弱酸的 pK_a 可以通过实验测定,如实验 31 pH 法或电导率法测定 HAc 的解离常数和实验 32 分光光度法测定甲基橙、甲基红等酸碱指示剂的 pK_a。有些有机酸的 pK_a 还没有成熟的实验方法来测定,或者科研过程新合成的有机酸需要根据其 pK_a 预测其性质和设计后续的反应等,现在就可以用机器学习进行较快速的预测。

用机器学习预测有机酸的 pK_a 时,首先,需要一个训练数据集,这个数据集包含一些已知 pK_a 的酸,以及它们的各种化学特性,如官能团、分子结构、电子分布等。

然后,使用这个数据集来训练一个机器学习模型,如神经网络或随机森林。这个模型的目标是从特征重要性的角度学习哪些化学特性与 pK_a 有关,以及这种关系是什么。

最后,在模型训练完毕后,如果有一个新的有机酸分子且人们想知道它的 pK_a 时,则可以把这个有机酸分子的化学特性输入模型中,模型会预测出它的 pK_a。

可以看出,这种方法的优势在于,人们可以利用机器学习模型预测那些无法直接测量 pK_a 的有机酸,或者在实验之前得到一个目标有机酸分子的初步预测值。这可以大大加快化学研究的过程,帮助人们更好地理解哪些化学特性会影响酸的强度。当然,预测的准确性受限于数据量和数据的可靠性。有关机器学习预测有机酸的 pK_a 实验内容概要如图 4−6 所示。

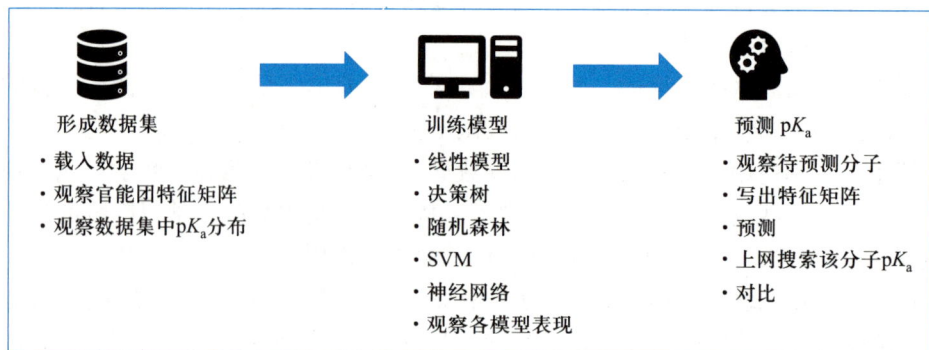

形成数据集	训练模型	预测 pK_a
·载入数据	·线性模型	·观察待预测分子
·观察官能团特征矩阵	·决策树	·写出特征矩阵
·观察数据集中 pK_a 分布	·随机森林	·预测
	·SVM	·上网搜索该分子 pK_a
	·神经网络	·对比
	·观察各模型表现	

图 4−6　机器学习预测有机酸的 pK_a 实验内容概要图

1. 酸碱解离平衡与 pK_a

质子酸的酸性强弱可由其释放质子的解离平衡常数来度量。酸的解离反应平衡通式为

$$HA \xrightleftharpoons{K_a} H^+ + A^-$$

其解离平衡常数为

$$K_a = \frac{[H^+][A^-]}{[HA]}$$

式中，H^+ 为溶剂化的质子，则 pK_a 是酸解离平衡常数的负对数，即

$$pK_a = -\lg K_a$$

因此，pK_a 越小，酸的解离平衡常数越大，上述平衡向右移动，酸性越强；反之，pK_a 越大，酸性越弱。一般认为，在水溶液中，$pK_a < 0$ 的酸是强酸，pK_a 介于 $0 \sim 4$ 是中强酸，而 pK_a 大于 4 为弱酸。

利用 pK_a 的数值可以判断质子溶剂中酸碱反应的方向与程度。例如，可以用 pK_a 数值较小的强酸与 pK_a 较大的弱酸的盐反应，从而制备弱酸；也可以用亨德森－哈塞尔巴尔赫方程计算溶液的 pH，特别是缓冲溶液的 pH：

$$pH = pK_a + \lg \frac{[A^-]}{[HA]}$$

物质的酸性强弱由其组成和分子结构决定。无机化学和分析化学课程中学过的多个理论可以定性和半定量地预测分子的 pK_a。

例如，含氧酸的 pK_a 与中心原子所连接的非羟基氧的数目有关，非羟基氧越多，剩下的羟基中氧原子越缺电子，氢越容易解离。因此，H_2SO_4（两个非羟基氧）的酸性强于 H_2SO_3（一个非羟基氧）。一个半定量的经验规则是，多元含氧酸逐级 pK_a 差值为 5。一般来说，没有非羟基氧的酸为弱酸，有一个的为中强酸，两个或三个的为强酸。此外，含氧酸的中心原子半径越小，电负性越大，其酸性越强。而对于同一族元素的非含氧酸，可以结合软硬酸碱理论进行判断。由于质子是极硬的酸，因此与其结合的碱越软，键能越小，酸就越容易解离。

然而，pK_a 的定量预测还比较困难，需要耗费较多的计算资源和时间成本进行高精度量子化学计算。近年来，机器学习方法成为描写分子结构、发掘分子构效关系的有力手段。相较于量子化学计算方法，聚焦于构效关系的机器学习方法有极低的计算成本和与之相当的预测准确度。已有多个课题组针对有机酸 pK_a 的预测开展一系列研究工作。本实验通过有机酸在水溶液中 pK_a 的开源数据集和调用开源 python 代码库，引导学生利用数据科学的先进工具探索有机酸 pK_a 与分子结构的定量关系。同学们也可用本实验得到的模型，预测不同有机酸的 pK_a，并与教材后附录 6 或其他文献值进行对比。

2. 机器学习简介

（1）机器学习的定义与流程。机器学习是一系列由数据驱动的统计分析、数据挖掘工具与模型的统称。机器学习中使用的模型通常基于严格的数学推导，并具有泛化能力——用已有数据进行训练后，可对不在训练数据集中的未知数据进行预测。

机器学习的一般流程为：收集数据与数据预处理；确定机器学习任务；选择机器学习模型；进行模型的训练和参数优化。

（2）机器学习中的常用概念。

① 样本：一个样本相当于一次实验结果，由一个保存实验自变量的向量（称为"特征"，记为 $\boldsymbol{x}$）和一个表示结果（因变量）的实数（称为标签值，记为 y）构成。其中，$\boldsymbol{x}$ 记录了这个样本的"特征"，例如分子的结构、浓度、反应温度、时间等信息，而 y 则记录了这个样本的性质，例如分子的 pK_a、反应的平衡常数、反应的产率等。

② 数据集：多个样本的合并保存集合，此时将各个样本的 $\boldsymbol{x}$ 叠加起来形成特征矩阵 $\boldsymbol{X}$，将 y 叠加起来形成向量 $\boldsymbol{y}$。在矩阵 $\boldsymbol{X}$ 中，每一行代表一个样本，每一列代表一个特征。在描述实际问题的数据集中，往往还包含每个特征名称的向量。在使用机器学习模型进行训练和拟合时，往往按一定的比例将整个数据集划分为训练集、验证集和测试集。

③ 模型：为完成特定的任务、基于数学推导构建的具有泛化性能的数学模型。在简单问题中，模型可看作一个建立"特征"值信息到"标签"值之间的函数映射。

④ 训练集：用于训练模型、优化模型参数、构建"特征"值到"标签"值之间映射所使用的样本数据，一般占数据集的 50% 以上。

⑤ 测试集：用于在模型的参数训练完毕之后进行模型性能测试的数据集。

⑥ 训练：将训练集的特征矩阵 $\boldsymbol{X}_{\text{Train}}$ 与标签值向量 $\boldsymbol{y}_{\text{Train}}$ 作为模型的输入，用算法调整模型参数，自动优化参数以获得特征值与标签值之间的映射关系。

⑦ 测试：将测试集的特征矩阵 $\boldsymbol{X}_{\text{Test}}$ 作为模型的输入，让模型给出预测的标签值 $\hat{\boldsymbol{y}}_{\text{Test}}$，并根据不同的问题选择不同的分数，评价模型的效果。

（3）机器学习的分类。根据针对的任务及数据集特点的不同，可将机器学习模型进行如下分类：

① 按数据集标签信息分类：监督学习，有特征矩阵和标签值，如常见的回归与分类任务；无监督学习，只有特征矩阵，没有标签值，如聚类、降维；半监督学习，有特征矩阵和标签值，但标签值大部分是空缺的，利用已有的标签值进行模型训练，并实现空缺标签值的标记。

② 按任务目标分类：回归任务，标签值为连续值，如以某个分子的结构作为特征学习并预测分子的 pK_a，面对的常常是连续实数；分类任务，标签值为离散的值，如从分子结构预测该分子是否是质子酸或碱，就是一个典型的二分类任务，仅需要判断"是"与"否"，此外，常见的还有多分类情况，如某化合物是否能作为催化剂，可以将标签值设置为 $-1, 0, 1$，分别代表有副作用、无明显作用和有正作用。

（4）度量监督学习模型的表现的指标。

回归任务（N 为样本数）：

① 均方误差（mean squared error，MSE）：

$$\text{MSE} = \frac{1}{N} \sum_i (y_i - \hat{y}_i)^2$$

② 平均绝对误差（mean absolute error，MAE）：

$$\text{MAE} = \frac{1}{N} \sum_i |y_i - \hat{y}_i|$$

这两个误差函数的值越小，说明模型效果越好，因此常用作损失函数。在模型训练中须不断优化模型参数，使得模型在训练集上的损失函数最小。

③ R^2 分数：

$$R^2 = 1 - \frac{\sum\limits_{i}(y_i - \hat{y}_i)^2}{\sum\limits_{i}(y_i - \overline{y})^2}$$

回归任务中，MSE 与 MAE 越低、R^2 分数越接近 1，模型的表现越好。

（5）回归学习的常用模型。本实验主要涉及回归问题，此处简单介绍回归问题的常用模型。

① 线性模型。线性模型包含大家所熟悉的用最小二乘法求算的一元线性回归。由于机器学习常涉及多个自变量（一般称为"特征"），这里的线性模型通常指多元线性回归。在简单线性回归基础上，为减少异常值的影响，解决特征共线性、数据分布不均匀、非线性、过拟合等问题，发展出了一系列特殊的线性回归方法，如 LASSO（least absolute shrinkage and selection operator）、岭回归、弹性网络回归等。本实验中代号为 LinearRegression 的回归模型都属于（广义）线性回归模型。

② 决策树模型。决策树模型通过对数据进行划分，形成树形结构，用于预测目标变量，可用于分类问题，也可用于回归问题。在简单决策树的基础上并通过多棵树的集成，发展了随机森林、梯度提升决策树等相关模型。

③ 随机森林模型。随机森林模型是一种集成学习方法，通过组合多个决策树来进行预测。它可以用于分类和回归问题，不但具有强大的性能，还有很强的灵活性。随机森林模型通过降低过拟合与提高泛化能力来克服单个决策树的局限性。它使用随机特征选择和自助采样（bootstrap aggregating，缩写为 bagging）的组合方式构建多个不同的决策树。最终的预测结果是将所有个体树的预测结果进行聚合而得到的。

④ 支持向量机（SVM）模型。支持向量机模型是一种监督学习算法，用于分类和回归问题。它通过寻找最优超平面来最大化不同类别数据点之间的间隔或在回归问题中预测目标变量。SVM 模型在处理多元数据与处理线性和非线性关系方面表现出色，其中可以通过使用核函数处理非线性关系。

⑤ 神经网络模型。神经网络模型的灵感来源于生物神经网络结构与多功能和强大的机器学习模型。它由多个相互连接的人工神经元层组成，用于处理与学习数据。神经网络模型可以处理多元数据，能够处理线性和非线性关系。通过调节网络的结构和参数，神经网络模型可以适应各种复杂的模式和数据分布。

3. 机器学习在化学中的应用简介

近年来，机器学习的快速发展与化学领域长期的数据积累相结合，产生了大量机器学习在化学中的应用案例。各类浅层学习模型与深度学习模型被广泛用于化学分子的性质预测与合成体系的相图绘制，如使用支持向量机进行合金体系的相预测，利用高斯过程回归预测单分子性质或绘制钙钛矿的荧光相图，使用三维卷积神经网络预测共聚物性质，搭建 BERT 模型（一种 transformer 模型）预测有机反应产率，利用长短期记忆神经网络（LSTM，一种循环神经网络）预测有机分子的 UV−Vis 光谱，使用极限随机树和 SISSO（一种符号回归模型）预测材料表面吸附分子的振动特征，符号回归模型预测锂离子电池寿命，梯度提升树模型预测有机分子的荧光吸收、发射波长和量子产率等。

在本实验中，将使用基础的机器学习模型，以开源的有机酸分子 pK_a 数据集进行模型的训练拟合，并对数据集外的有机分子进行预测。为此，还需知道如下的预备知识。

SMILES:将分子结构转化为机器可识别的信息有多种方法,其中 SMILES(simplified molecular input line entry system)是常用方法之一,由 Arthur Weininger 和 David Weininger 于 20 世纪 80 年代晚期开发,并由日光化学信息系统有限公司(Daylight Chemical Information Systems Inc.)等修改和扩展。用 Chemdraw 画出分子结构,选中分子结构并按下快捷键 Ctrl+Alt+C 复制,然后在 txt 文本编辑器或 Word/Excel 等应用中按快捷键 Ctrl+V 粘贴,就可以得到相应分子的 SMILES 表达式。反之,想知道某一 SMILES 表达式所对应的分子结构,在文本编辑器中按 Ctrl+C 复制,再到 Chemdraw 中按 Ctrl+V 粘贴,即可得到相应分子结构。

本实验需学生自带计算机完成,推荐用 Windows 系统,按照软件中的指令逐步完成 pK_a 的机器学习预测。

三、实验内容

1. 机器学习 pK_a

(1) 下载并在任意处解压"本科生实验 33 软件"压缩包,进入文件夹后双击"本科生实验 33.exe",如图 4—7(a)所示。

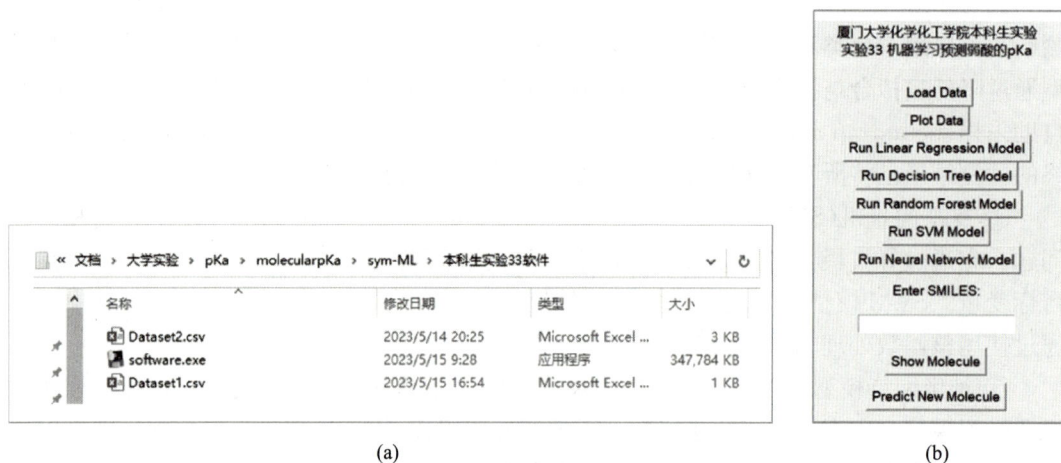

(a)   (b)

图 4—7　机器学习预测有机酸的 pK_a 实验的软件界面

(2) 出现以下软件界面,如图 4—7(b)所示。

(3) 点击"Load Data"载入数据,选择本文件夹下的数据集。观察后退出界面,点击"Plot Data"画出数据集中 pK_a 分布。

(4) 依次点击 Linear Regression Model 等五个模型,观察输出的表现(MSE,MAE,R2),真实值/预测值图和特征重要性图。

(5) 输入待预测分子的 SMILES 格式,在这里建议丙酸"CC(C(O)=O)C",对羟基苯甲酸"OC1=CC=C(C=C1)C(O)=O",邻羟基苯甲酸"OC(C1=C(O)C=CC=C1)=O"。单击"Show Molecule"查看分子的结构式。

(6) 根据输出的结构式点击界面中的"Predict New Molecule",依次输入待预测分子的特征值,输入后点击"Predict"可查看预测结果,并与真实值比对。三个分子真实值分别是 4.84,4.54 和 2.97。

2. 实验数据分析

（1）数据分布分析——绘制 pK_a 分布的直方图。

（2）利用五个模型进行机器学习，观察输出的表现（MSE、MAE、R^2），真实值/预测值图和特征重要性图。

（3）用最后选择的机器学习模型预测新的有机酸的 pK_a。在 Chemdraw 中画出一个分子结构，选中并按 Ctrl+Alt+C 复制，再在软件"Enter SMILES"下的空白处按 Ctrl+V 粘贴，计算所画结构的 pK_a，或者到 PubChem 网站根据画出的结构式搜索得到 SMILES 表达式。

查阅文献或利用相关的网页版 pK_a 预测器查询有关有机酸的 pK_a，将自己模型的预测结果与之对比。

四、注意事项

（1）数据集需要和程序在同一文件夹。

（2）预测的准确性受限于数据量和数据的可靠性。

五、思考题

（1）本实验得到的机器学习模型有何局限性？如果同一个分子中有超过一个可解离的质子该怎么办？用传统化学的方法该如何思考？机器学习能否解决？

（2）本实验数据的 pK_a 表现出何种分布？

（3）不同模型之间各有什么特点，列一个表格，从模型类型、本次实验的效果、训练速度、解释性进行比较。

（4）你认为未来十年机器学习在化学方面还可能获得哪些进展和应用？

六、参考文献

[1] Kamel Mansouri, Neal F Cariello, Alexandru Korotcov, et al. Open-source QSAR models for pK_a prediction using multiple machine learning approaches. J. Cheminformatics, 2019, 11:60.

[2] Yang Qi, Li Yao, Yang Jindong, et al. Holistic prediction of the pK_a in diverse solvents based on a machine learning approach. Angew. Chem. Int. Ed., 2020, 59:19282—19291.

[3] Claudio D Navo, Gonzalo Jiménez-Osés. Computer prediction of pK_a values in small molecules and proteins. ACS Medicinal Chem. Lett., 2021, 12:1624—1628.

[4] Mehtap Işık, Ariën S Rustenburg, Andrea Rizzi, et al. Overview of the SAMPL6 pK_a challenge: evaluating small molecule microscopic and macroscopic pK_a predictions. J. Comput. Aided Mol. Des., 2021, 35:131—166.

实验 34   磺基水杨酸合铜(Ⅱ)配合物的组成及其稳定常数的测定

一、预习要点

(1) 分光光度法测定配合物的组成及其稳定常数的原理。

(2) 磺基水杨酸的性质及其与金属离子形成配合物的条件。

(3) pH 计及分光光度计的使用规范。

教学课件   视频 pH 计使用   视频 分光光度计使用

二、实验原理

测定配合物的组成和稳定常数对于了解配合物的性质和推断它的结构具有重要意义。如在离子交换、溶剂萃取和配位滴定等许多实际应用方面,都是以配合物在溶液中的稳定性为基础的。目前已经建立了多种测定配合物的组成和稳定常数的方法,其中,分光光度法是较常用的经典测定方法。

用分光光度法测定配离子组成的方法很多,较常用的有摩尔比法和等摩尔连续变化法(也叫浓比递变法),如用摩尔比法测定邻二氮菲与 Fe^{2+} 配合物的组成。本实验是用等摩尔连续变化法测定磺基水杨酸合铜(Ⅱ)配合物的组成及其稳定常数。

在配位化学中,一般用 M(metal)表示金属离子,L(ligand)表示配体,ML_n 表示配离子,n 表示配体数。所谓等摩尔连续变化法就是保持溶液的金属离子的浓度(c_M)与配体的浓度(c_L)之和不变(即总物质的量不变),改变 c_M 与 c_L 的相对量,配制一系列溶液。显然,在这一系列溶液中,有一些溶液中的金属离子是过量的;而在另一些溶液中,配体是过量的。在这两部分溶液中,配离子的浓度都不能达到最大值。只有当溶液中金属离子与配体的物质的量之比与配离子的组成一致时,配离子的浓度才能最大。实验时,取用物质的量浓度相等的金属离子溶液和配体溶液,按照不同的体积比(即物质的量之比)配制成一系列溶液,测定其吸光度,以吸光度 A 为纵坐标,以体积分数 $\dfrac{V_M}{V_M+V_L}$ 或 $\dfrac{V_L}{V_M+V_L}$(即摩尔分数 F_M 或 F_L)为横坐标作图。若测量波长下仅有配离子有吸收,可得曲线如图 4-8 所示。将曲线两边的直线部分延长相交于 B,B 点的吸光度 A' 最大。由 B 点横坐标值 F(fraction)可计算配离子中金属离子与配体的物质的量之比,即可求出配离子 ML_n 中配体的数目 n。例如,若 $F=0.5$,则可计算出金属离子与配体的配位比是 1∶1(如何计算?)。

由图 4-8 可以看出,最大吸光度应在 B 点,其值为 A',一般认为此时 M 与 L 全部配位生成 ML_n。但由于配离子 ML_n 存在配位解离平衡,有一部分发生解离,使其浓度要稍小一些。所以,实验测得的最大吸光

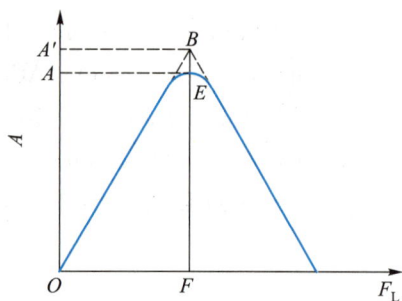

图 4-8   等摩尔连续变化法 测定配合物的组成示意图

度在 E 点，其值为 A。这样可以推得配离子的解离度 $\alpha=\dfrac{A'-A}{A'}$。

配离子的表观稳定常数 K 可由以下平衡关系导出，即

$$M+nL \rightleftharpoons ML_n \quad（省去电荷）$$

平衡浓度　　$c\alpha \quad nc\alpha \quad c(1-\alpha)$

$$K \frac{[ML]_n}{[M][L]^n}$$

$$=\frac{c(1-\alpha)}{c\alpha(nc\alpha)^n}$$

$$=\frac{1-\alpha}{(nc)^n\alpha^{n+1}}$$

式中，c 为与 B 点相对应的配离子的总浓度，也就是 M 的总浓度。

用等摩尔连续变化法测定配合物的稳定常数，其最大的优点是简单、快速，但要求所测定的配合物稳定性要适中，配位数不能太高（$n\leqslant3$），否则得不到正确的结果。而且用等摩尔连续变化法测定的是配合物的表观稳定常数，如果要准确测定其热力学稳定常数，还要控制测定时的温度和离子强度，并进行酸效应和配位效应等的校正，即 $\lg K_{稳}=\lg K+\lg\alpha_1+\cdots+\lg\alpha_n$。如磺基水杨酸作为配体时，当 pH=2 时，其酸效应系数 $\lg\alpha=10.3$。

Cu^{2+} 与磺基水杨酸$[HO_3SC_6H_3(OH)CO_2H$，以 H_3L 表示$]$在 pH=4～5 时形成 1:1 的亮绿色配合物，其最大吸收波长为 440 nm；pH>8.5 时形成 1:2 的深绿色配合物。本实验选择在 pH=4～5 时，Cu^{2+} 与 H_3L 形成 1:1 配合物，并选择在 440 nm 波长下测定该配合物溶液的吸光度。在此实验条件下，H_3L 不吸收，Cu^{2+} 也几乎不吸收，形成的配合物则有较强的吸收。

三、实验内容

1. 等摩尔连续变化法的系列溶液配制

实验用 0.05 mol·L^{-1} H_3L 溶液和 0.05 mol·L^{-1} $Cu(NO_3)_2$ 溶液（两者均用 0.1 mol·L^{-1} KNO$_3$ 溶液配制，浓度都须经过标定且应一样）由实验室预先统一配制，学生实验时按需取用。

取 13 个 50 mL 烧杯，分别编号为 1～13，按照表 4−15 所列 H_3L 溶液和 $Cu(NO_3)_2$ 溶液体积，用配套专用的吸量管分别吸取 H_3L 溶液和 $Cu(NO_3)_2$ 溶液配制系列溶液。

表 4−15　系列溶液配制、吸光度测定的实验数据记录及处理　　　室温：＿＿℃

实验序号	H_3L 溶液 V_L/mL	$Cu(NO_3)_2$ 溶液 V_M/mL	$F_L\left(=\dfrac{V_L}{V_M+V_L}\right)$	pH	定容体积/mL	吸光度 A
1	0.00	24.00				
2	2.00	22.00				
3	4.00	20.00				
4	6.00	18.00				
5	8.00	16.00				

续表

实验序号	H₃L 溶液 V_L/mL	Cu(NO₃)₂ 溶液 V_M/mL	$F_L\left(=\dfrac{V_L}{V_M+V_L}\right)$	pH	定容体积/mL	吸光度 A
6	10.00	14.00				
7	12.00	12.00				
8	14.00	10.00				
9	16.00	8.00				
10	18.00	6.00				
11	20.00	4.00				
12	22.00	2.00				
13	24.00	0.00				

2. 系列溶液的配制及其 pH 调节

依次在 1～13 号混合液中插入已经校准的 pH 计电极(用 pH 为 4.01 和 6.86 的标准缓冲溶液校准),慢慢滴加 1 mol·L⁻¹ NaOH 溶液(用电极轻轻搅拌;滴加 NaOH 溶液时要避开电极)以调节体系的 pH 约为 4。然后改用 0.05 mol·L⁻¹ NaOH 溶液小心调节 pH 至 4.0～4.5(此时溶液的颜色应为黄绿色,不应有沉淀产生。若有沉淀产生,说明 pH 过高,Cu²⁺已水解)。若 pH 超过 4.5,则可用 0.01 mol·L⁻¹ HNO₃ 溶液进行回调。1～13 号溶液的 pH 应在 4.0～4.5 之间且有统一的确定值。注意,烧杯中溶液的总体积不得超过 50 mL。

每次将烧杯中的混合溶液的 pH 调节在 4.0～4.5 之间统一的确定值后,轻轻提起电极,用滴管滴加适量 pH=5 的 0.1 mol·L⁻¹ KNO₃ 溶液洗涤电极,洗涤液接入烧杯中;再将烧杯中溶液转至预先编号的 50 mL 容量瓶中,用 pH=5 的 0.1 mol·L⁻¹ KNO₃ 溶液稀释至刻度,充分摇匀,备用。注意:一个溶液配制完成后,电极要洗涤、用滤纸吸干后,才能放入下一个溶液中进行 pH 调节。

3. 系列溶液的吸光度测定

用 1 cm 比色皿,以纯水作参比溶液,在波长为 440 nm 处分别测定 1～13 号溶液的吸光度 A,将测定数据记录于表 4-15 中。

4. 数据处理

以吸光度 A 为纵坐标,配体摩尔分数 F_L 为横坐标,作 $A-F_L$ 图,求 CuL$_n$ 的配位体数目 n 和配合物的表观稳定常数 $K_{稳}$。参考第 1 章的 Excel 或 Origin 软件及应用示例,用软件作图。

四、注意事项

(1) 调节烧杯中溶液的 pH 时,滴加 NaOH 溶液要避开电极,不能直接滴在电极上。用电极搅拌时动作要轻(严格地说,电极是不能当玻棒用的),电极不能触碰烧杯。

(2) 调节烧杯中溶液的 pH 时,若 pH 超过 5,理论上可用 0.01 mol·L⁻¹ HNO₃ 溶液调回。但实际上磺基水杨酸(磺酸基是强酸,而水杨酸部分是弱酸)是二元弱酸,加 NaOH 溶液后已构成缓冲体系,再加 0.01 mol·L⁻¹ HNO₃ 溶液降低体系的 pH 的效果不明显。所以,调节溶液的 pH 时,一定要小心,最好不要加碱过度,不要使溶液的 pH 超过 4.5。

(3) 测定系列溶液的 pH 时,每测完一种溶液后,电极要用适量 pH＝5 的 0.1 mol·L⁻¹ KNO₃ 洗干净,且洗涤液应接收至原溶液中,用碎滤纸吸干电极上的溶液,再插入下一个溶液中进行调节。

(4) 吸光度的测量顺序应与 pH 的调节顺序相同。

(5) 也可以通过实验确定磺基水杨酸合铜(Ⅱ)配合物的最大吸收波长。利用具有自动扫描功能的紫外－可见分光光度计扫描表 4－15 中 7 号溶液的吸收曲线,在该吸收曲线上可直接读取最大吸收波长 λ_{max}。

五、思考题

(1) 如果溶液中同时有几种不同组成的配合物存在,能否用本实验的方法测定它们的组成及其稳定常数?

(2) 本实验为什么要比较严格地控制在 pH＝4～5 下进行测定?

(3) 本实验中,所配制的 13 个溶液的 pH 是否一样? 如不一样,对实验结果有何影响?

(4) 在测定 13 个溶液的吸光度时,是否可以用不同的比色皿? 为什么?

(5) 使用分光光度计时应注意哪些事项?

六、参考文献

[1] 武汉大学化学与分析科学学院实验中心.无机化学实验.武汉:武汉大学出版社,2002.

[2] 彭敏,石建新,王周,等. 摩尔比法测定磺基水杨酸铜组成与稳定常数的研究.大学化学,2021,36(8),2009064.

实验 35　Cu(IO₃)₂的制备及其溶度积的测定

一、预习要点

(1) 难溶盐的溶解平衡,溶度积与溶解度、温度的关系。

(2) 沉淀、过滤、洗涤等基本操作。

教学课件　　视频
分光光度计使用

(3) 分光光度法的基本原理及分光光度计的使用。

(4) 分光光度法测定 Cu(IO₃)₂ 溶度积的原理和方法。

二、实验原理

有关难溶电解质溶度积测定的实验比较多,如分光光度法测定 Cu(IO₃)₂ 溶度积,离子交换法测定 PbCl₂,PbI₂ 和 CaSO₄,以及电导率法测定 BaSO₄ 和 AgCl 的溶度积等。

对于任一难溶电解质 AB_m,在一定温度下溶解达到平衡,即

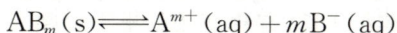

$$AB_m(s) \Longrightarrow A^{m+}(aq) + mB^-(aq)$$

其饱和溶液中 A^{m+} 浓度与 B^- 浓度的乘积是一个常数,即溶度积(solubility product,K_{sp})

$$K_{sp} = [A^{m+}][B^-]^m$$

因此,要测定难溶电解质的溶度积 K_{sp},只要测定其饱和溶液中的阳离子或阴离子的浓度即可。由于难溶电解质饱和溶液中的离子浓度都较小,所以,一般采用分光光度法、离子交换法或电导率法等方法来进行测定。

1. $Cu(IO_3)_2$ 的制备

在水溶液中,由 $CuSO_4$ 和 KIO_3 作用制得 $Cu(IO_3)_2$ 沉淀,然后用倾析法过滤,并多次洗涤沉淀,得到纯净的 $Cu(IO_3)_2$。有关反应式为

$$CuSO_4 + 2KIO_3 \Longrightarrow Cu(IO_3)_2\downarrow + K_2SO_4$$

2. $Cu(IO_3)_2$ 溶度积的测定

$Cu(IO_3)_2$ 是难溶强电解质,在一定温度下,其饱和溶液中 Cu^{2+} 和 IO_3^- 与 $Cu(IO_3)_2$ 之间存在如下平衡,即

$$Cu(IO_3)_2(s) \Longrightarrow Cu^{2+}(aq) + 2IO_3^-(aq)$$

平衡时,溶液中 Cu^{2+} 浓度与 IO_3^- 浓度平方的乘积是一个常数,即

$$K_{sp} = [Cu^{2+}][IO_3^-]^2$$

一定温度下,$Cu(IO_3)_2(s)$ 溶于纯水所制得的饱和溶液中,总有 $2[Cu^{2+}] = [IO_3^-]$,则

$$\begin{aligned}
K_{sp} &= [Cu^{2+}][IO_3^-]^2 \\
&= [Cu^{2+}](2[Cu^{2+}])^2 \\
&= 4[Cu^{2+}]^3
\end{aligned}$$

式中,K_{sp} 称为溶度积常数,它和其他平衡常数一样,与浓度无关,随温度的不同而改变;$[Cu^{2+}]$ 和 $[IO_3^-]$ 为平衡浓度(严格地说,应是活度,但由于难溶强电解质的溶解度很小,离子强度也很小,可以用浓度近似代替活度)。因此,如果能测得一定温度下 $Cu(IO_3)_2$ 饱和溶液中的 $[Cu^{2+}]$,就可以求算出该温度下的 K_{sp}。

首先将自制的纯净 $Cu(IO_3)_2$ 固体分散在一定量纯水中,搅拌使其溶解达到平衡,过滤后得到 $Cu(IO_3)_2$ 饱和溶液。但由于 $Cu(IO_3)_2$ 饱和溶液中 Cu^{2+} 浓度比较小,对可见光吸收很弱,所以用分光光度法测定其中 Cu^{2+} 浓度时,需要加入显色剂 $NH_3 \cdot H_2O$,即取一定量饱和溶液,加入过量 $NH_3 \cdot H_2O$ 与其中 Cu^{2+} 作用生成深蓝色配离子 $[Cu(NH_3)_4]^{2+}$,其最大吸收波长 $\lambda_{max} = 600$ nm。由分光光度计测得 $[Cu(NH_3)_4]^{2+}$ 溶液在 600 nm 处的吸光度,利用标准曲线并通过计算确定饱和溶液中 Cu^{2+} 浓度,进而求出 $Cu(IO_3)_2(s)$ 的溶度积常数 K_{sp}。

三、实验内容

1. $Cu(IO_3)_2$ 的制备

分别称取 2.0 g $CuSO_4 \cdot 5H_2O$ 固体和 3.4 g KIO_3 固体于置于两个 100 mL 烧杯中,均加入 25 mL 纯水并适当加热使之完全溶解,然后将 $CuSO_4$ 溶液与 KIO_3 溶液混合,充分搅拌 20 min 后,静置使沉淀完全,用做好水柱的漏斗倾析法过滤,每次用 5~8 mL 纯水洗涤沉淀至无 SO_4^{2-} 为止(如何检验?)。

2. $Cu(IO_3)_2$ 饱和溶液的制备

将制得的 $Cu(IO_3)_2$ 固体分散于盛有 80 mL 纯水的烧杯中,搅拌 5 min,使 $Cu(IO_3)_2(s)$ 溶解达到饱和。用干的双层滤纸过滤,并将滤液收集于干燥的烧杯中,备用。

3. 工作曲线的制作

分别移取 0.00 mL,0.40 mL,0.80 mL,1.20 mL,1.60 mL 和 2.00 mL 0.100 mol·L^{-1}

$CuSO_4$ 标准溶液于 6 个 50 mL 容量瓶中,均加入 25.00 mL 1 mol·L⁻¹ NH_3·H_2O,轻轻摇匀,用纯水稀释至刻度,再充分摇匀。用 1 cm 比色皿,以纯水作参比溶液,在波长为 600 nm 处分别测定各溶液的吸光度,将测定数据记录于表 4-16 中。以吸光度 A 为纵坐标,相应 Cu^{2+} 浓度为横坐标,参考第 1 章 Excel 或 Origin 软件及其应用示例,用软件制作标准曲线。

表 4-16 系列标准溶液的配制、吸光度测定的实验数据记录

实验序号	1	2	3	4	5	6
V_{CuSO_4}/mL	0.00	0.40	0.80	1.20	1.60	2.00
$V_{NH_3·H_2O}$/mL						
定容体积/mL						
$c_{Cu^{2+}}$/(mol·L⁻¹)						
吸光度 A						

4. 饱和溶液中 Cu^{2+} 浓度的测定

吸取 20.00 mL 过滤后的 $Cu(IO_3)_2$ 饱和溶液于 50 mL 容量瓶中,加入 25.00 mL 1 mol·L⁻¹ NH_3·H_2O,用纯水稀释至刻度,充分摇匀。按照上述测定标准曲线的条件测定溶液的吸光度。根据标准曲线求出饱和溶液中 Cu^{2+} 的浓度,从而可计算出 $Cu(IO_3)_2$ 的 K_{sp}。

5. 延伸实验

除分光光度法外,还可用智能手机色度分析法及目视比色法测定 $Cu(IO_3)_2$ 饱和溶液中 Cu^{2+} 的浓度。

(1) 智能手机色度分析法测定 $Cu(IO_3)_2$ 饱和溶液中 Cu^{2+} 的浓度。利用智能手机对上述系列[$Cu(NH_3)_4$]²⁺标准溶液和试样溶液进行数码成像,利用软件提取出不同浓度的标准溶液所对应的颜色数据,通过建立浓度与提取的颜色数据的标准曲线来对试样溶液中 Cu^{2+} 的浓度进行测定。基于智能手机色度分析法的基本原理及具体操作过程详见实验 58-3。

(2) 目视比色法测定 $Cu(IO_3)_2$ 饱和溶液中 Cu^{2+} 的浓度。目视比色法是利用眼睛观察和比较溶液颜色的深浅,从而确定物质含量的方法。该法操作简便,但准确度不高。目视比色法是用 10 mL 的比色管代替上述分光光度法中 50 mL 的容量瓶,同样加入各种试剂,加纯水稀释至刻度,充分摇匀。注意:配制系列[$Cu(NH_3)_4$]²⁺标准溶液的管数多一些,且各管中溶液浓度间隔小一些。显色完成之后,直接用眼睛观察、比较未知溶液与系列标准溶液颜色的深浅,从而确定未知溶液中 Cu^{2+} 的浓度。

四、注意事项

(1) 过滤饱和溶液时,必须用干的双层滤纸并用饱和溶液将其润湿,不可用纯水润湿,避免溶液浓度变化。注意一定避免沉淀穿透滤纸进入滤液,否则加入 NH_3·H_2O 后,小颗粒的沉淀溶解,使测定结果误差很大。

(2) 比色皿内的溶液中含有 NH_3·H_2O,因此,在放入比色皿暗箱前须盖好比色皿盖子。

(3) $CuSO_4$ 标准溶液必须经过标定,以确保其浓度的准确;1 mol·L⁻¹ NH_3·H_2O 浓度

不一定很准确,但配制系列标准溶液和试样溶液时,体系中所加入的 $NH_3 \cdot H_2O$ 的体积要保持一致,且整个实验不能耗时太长,以防其浓度发生变化。

(4) 本实验中测定的是用浓度表示的 $Cu(IO_3)_2$ 的溶度积 K_{sp},而文献报道 $Cu(IO_3)_2$ 的溶度积 $K_{sp}^{\ominus} = 1.4 \times 10^{-7} \sim 6.94 \times 10^{-8}$,考虑了溶液中离子强度的影响,用活度代替浓度而得到的。

(5) 也可以通过实验确定 $[Cu(NH_3)_4]^{2+}$ 的最大吸收波长。利用具有自动扫描功能的紫外−可见分光光度计扫描表 4−16 中 6 号溶液的吸收曲线,在该吸收曲线上可直接读取最大吸收波长 λ_{max}。

五、思考题

(1) 制备 $Cu(IO_3)_2$ 时,为什么一般都要使 $CuSO_4$ 过量? 又为什么要将 $Cu(IO_3)_2$ 洗至无 SO_4^{2-}?

(2) $Cu(IO_3)_2$ 溶液未达饱和,或把少量 $Cu(IO_3)_2$ 固体带入吸取的饱和溶液中,对测定结果有何影响?

(3) 分光光度法测定 Cu^{2+} 浓度是以生成深蓝色的 $[Cu(NH_3)_4]^{2+}$ 为基础的。在整个实验中,如果所用 $NH_3 \cdot H_2O$ 浓度不同,则对测定结果是否有影响?

(4) 分光光度法测定 Cu^{2+} 含量时,除用 $NH_3 \cdot H_2O$ 作显色剂,还可用磺基水杨酸和氨基乙酸等作显色剂。比较用 $NH_3 \cdot H_2O$ 和磺基水杨酸作显色剂的优缺点。

(5) 除分光光度法外,还有哪些方法可测定 $Cu(IO_3)_2(s)$ 的溶度积?

六、参考文献

丁子都,雷英杰,梁云,等. 比色法测碘酸铜溶度积常数实验的改进. 大学化学,2023,38(12):257−261.

第 5 章 基础定量分析实验

  本章包含 17 个有关基础定量分析实验项目(实验 36—实验 38、实验 40—实验 49、实验 51—实验 54),以及标准溶液的配制与标定系列实验(实验 39)、海水中卤素离子总量的测定系列实验(实验 50)、基础定量分析设计与研究性系列实验(实验 55),其主要内容为包括电位滴定的滴定分析法(酸碱滴定法、氧化还原滴定法、配位滴定法和沉淀滴定法)、重量分析法、分光光度法、分离分析法及热分析法五方面的基础实验。这些内容不仅与分析化学理论课紧密结合,而且贴近人们的实际生活和面向工业生产实际,如水分析(实验室自来水硬度的测定、实验室自来水盐类总量的测定、厦门大学白城海域海水中卤素离子总量的测定)、果蔬及饮品分析(果蔬中维生素 C 的分析、茶叶中微量元素的鉴定与分析)、药品分析(阿司匹林片剂中乙酰水杨酸含量的测定、维生素 C 片剂中维生素 C 含量的测定)及工业产品分析(铝合金中 Al 含量的测定、铜合金中 Cu 含量的测定)和工业生产酸洗液的分析等。

  这些内容全面融合了基础定量分析的基本原理、思想和方法及滴定分析的四大基本操作,即电子分析天平的称量(直接称量法、减量称量法)、容量瓶(溶解、转移、定容)、移液管和滴定管的基本操作,重量分析的沉淀法的基本操作(沉淀的制备、倾析法过滤、洗涤等)、以及分光光度法、离子交换法的基本操作等;贯穿了水、火、电、毒、伤的安全教育与环保理念,有助于全面培养学生对分析化学基本原理、思想和方法的理解和应用能力、掌握基础定量分析实验操作技能及提升安全意识和环保意识。以"电子分析天平和移液枪的校准"实验为载体,培养学生树立"在使用仪器前要对仪器进行校准,以保证测量结果的准确性"的意识,树立正确的"量"的概念,以及误差和有效数字等基本概念。

  同时,本章还介绍了"基于手机光线传感的简易光度计的组装及应用"及"智能手机色度分析法测定水样中 Cr(Ⅵ)和碳酸盐矿中 Fe 含量"的实验内容,让学生了解智能手机的强大功能和简易光度计的组装,深入理解分光光度计的工作原理。利用智能手机作为检测器,这对于启发学生利用身边的电子设备组装简易的仪器和发展新颖简便的分析方法,以及培养创新意识和手脑并动的能力具有很好的示范意义,引导学生更多地将智能手机作为一种学习和实验的工具。

  鉴于实际教学过程中,理论教学往往和实验教学不能同步,因此在策划本书内容时,专门将经典的基础定量分析实验单列出来,既可以让学生加深对基础定量分析实验的思想和方法的系统性认识,也便于学生在其他实验教学模块中及开展研究性实验时查阅和应用。在具体编排本章内容时,也将"标准溶液的配制与标定系列实验"作为微实验项目单列出来,同时也介绍了同一标准溶液的不同标定方法,以方便学生选用。"标准溶液的配制与标定系列实验"也可独立作为教学实验项目。

  本章中的实验项目都已在厦门大学经过多轮教学实践,具有很强的可行性,并且给出了大部分实验项目的教学课件,可通过扫描二维码查看。

5.1   基础定量分析方法简介

基础定量分析实验主要包括电位滴定在内的滴定分析法(酸碱滴定法、氧化还原滴定法、配位滴定法和沉淀滴定法)、重量分析法、分光光度法、分离分析法及热分析法等方面的实验内容。

5.1.1   滴定分析法

滴定分析法(又称容量分析法)是一种基于化学反应的定量分析方法,是将一种已知准确浓度的标准溶液(常称为滴定剂),用滴定管准确滴加到含有待测物质的溶液中,直到化学反应恰好完成为止。通过测量所消耗标准溶液的体积,依据标准溶液中反应物与待测物质之间的化学计量关系,求得待测组分的含量。滴定分析法适用于常量组分(含量$>1\%$)的测定,其操作简便、快速,准确度也较高,在药物、水(污泥水)分析等方面应用比较广泛。

(1)滴定分析法的分类。根据反应类型的不同,滴定分析法可分为酸碱滴定法、配位滴定法、氧化还原滴定法和沉淀滴定法。

① 酸碱滴定法。酸碱滴定法是以酸碱反应为基础的滴定分析方法,其滴定剂常使用强酸、强碱溶液,最常用的强酸滴定剂是稀 HCl 溶液,最常用的强碱滴定剂是稀 NaOH 溶液。酸碱滴定法用酸碱指示剂确定滴定终点,合适的指示剂必须根据滴定突跃的 pH 范围来选择。

酸碱滴定法可用于强酸、强碱的测定,也可用于弱酸、弱碱的测定,但能够使用指示剂确定终点进行准确直接滴定的弱酸或弱碱必须满足cK_a 或 $cK_b \geqslant 10^{-8}$。对于不能满足此条件的极弱酸或极弱碱,可以采用电位滴定法或线性滴定法,也可采用各种强化手段,如非水体系的强化、化学反应的强化等,使其解离常数变大,以致其能够被准确滴定。

② 配位滴定法。配位滴定法是以配位反应为基础的滴定分析方法,其滴定剂常选用氨羧配位剂。一个氨羧配位剂分子中同时含有氨基氮和羧基氧两种配位原子,且均不止一个,可以与大多数金属离子形成配位比简单、性质稳定的螯合物,故氨羧配位剂是一种广谱的配位剂,在配位滴定中有广泛的应用。

其中,乙二胺四乙酸(ethylene diamine tetraacetic acid)是在配位滴定中使用最多的氨羧配位剂。乙二胺四乙酸是一种四元酸(一般用 H_4Y 表示),在水溶液中的溶解度很小(22 ℃时每 100 mL 水中仅溶解 0.02 g),难溶于酸和有机溶剂,但易溶于 NaOH 溶液或 $NH_3 \cdot H_2O$ 中形成相应的盐。所以,在配位滴定中常使用它的二钠盐(常以 $Na_2H_2Y \cdot 2H_2O$ 表示,也惯称为 EDTA),其 0.01 mol·L^{-1}水溶液的 pH 约为 4.8。

EDTA 分子中 2 个氨基氮和 4 个羧基氧可以同时和金属离子配位,形成 1:1 的稳定性极强的配位数为 6 的螯合物,且配位反应较迅速、无分级配位现象。有关 EDTA 配位滴定法的应用详见实验 39−3,实验 44 和实验 45 等。

③ 氧化还原滴定法。氧化还原滴定法是以氧化还原反应为基础的滴定分析方法,不仅可以测定具有氧化性或还原性的物质,而且对于某些非氧化还原性的物质,通过一定的转化过程也可以间接测定。因此,它是一种广泛应用的滴定分析方法。氧化还原反应是基于氧化剂和还原剂之间电子转移的反应,机理较为复杂,反应经常是分步进行的,反应速率比

较小,而且还常常伴随着副反应的发生,或因条件不同而生成不同的产物。因此,只有为数不多的反应可以用于氧化还原滴定。

根据滴定时使用的标准溶液的不同,氧化还原滴定法可分为 $KMnO_4$ 法、$K_2Cr_2O_7$ 法、碘量法、$Ce(SO_4)_2$ 法和 $KBrO_3$ 法等。同时,在使用这几种方法滴定过程中还须较严格地控制其滴定条件,如酸度、温度、滴定速率及指示剂选择等。氧化还原滴定法的指示剂有氧化还原指示剂,专属于碘量法的淀粉指示剂,以及在 $KMnO_4$ 法中利用 $KMnO_4$ 本身颜色指示终点的自身指示剂。氧化还原指示剂必须根据其自身的氧化还原电势及滴定反应突跃的电势变化范围来选择,且由于影响指示剂指示终点的因素很多,所以,氧化还原指示剂的选择往往需要更多的经验因素。有关 $KMnO_4$ 法、$K_2Cr_2O_7$ 法和碘量法的具体应用分别详见实验46—实验49。

④ 沉淀滴定法。沉淀滴定法是以沉淀反应为基础的滴定分析方法。沉淀反应很多,但能用于滴定分析的沉淀反应不多,主要是由于有的沉淀溶解度比较大,有的沉淀形成速率很小而易形成过饱和状态,有的沉淀组成不恒定,有的沉淀容易吸附杂质或产生后沉淀,以及有的沉淀反应难以找到合适的指示剂。常用的沉淀滴定法有银量法、汞量法、$BaSO_4$ 沉淀法、锌盐滴定法等。有关银量法的具体应用详见实验50。

(2) 滴定方式。滴定分析虽然能应用以上各种类型的反应,但不是所有的反应都可以用于滴定分析。适合滴定分析的反应必须具备以下几个条件:滴定反应必须按确定的反应式进行,即滴定反应具有确定的化学计量关系;滴定反应必须定量地进行,通常要求反应完全程度达到99.9%;滴定反应要快,对于较慢的反应,有时可通过加热或加入催化剂等方法加快反应速率;必须有适当的方法确定终点。只有完全满足上述要求,才能用标准溶液直接滴定待测组分。如果反应不能完全符合上述要求时,可以考虑采用返滴定法、置换滴定法或间接滴定法,从而在一定程度上拓宽滴定分析的应用范围。

① 直接滴定法。凡是滴定剂与待测组分的反应满足上述滴定分析法对化学反应的要求,就可以用标准溶液直接滴定待测组分,这种滴定方式称为直接滴定法,是滴定分析中最常采用的滴定方式。

② 返滴定法。当待测组分与滴定剂反应很慢或没有合适的指示剂等情况时,可先准确加入一定量过量的滴定剂,使其与试液中待测组分完全反应后,再用另一种标准溶液滴定剩余的滴定剂,可根据定量关系计算出待测组分的含量,这种滴定方式称为返滴定法或回滴法。例如,阿司匹林片剂中乙酰水杨酸含量的测定、水中化学需氧量(COD)的测定及 $[Cu(NH_3)_4]SO_4 \cdot H_2O$ 和 $[Co(NH_3)_6]Cl_3$ 配合物中 NH_3 含量的测定都是采用返滴定法进行的。

③ 间接滴定法。当待测组分不能直接与滴定剂发生化学反应时,可以通过其他化学反应间接地进行测定,这种方式称为间接滴定法。例如,在溶液中不能用 $KMnO_4$ 氧化还原滴定法直接测定 Ca^{2+},但若先使 Ca^{2+} 与 $C_2O_4^{2-}$ 定量反应生成 CaC_2O_4 沉淀,并经过滤、洗涤纯化处理后,用适量 H_2SO_4 溶液溶解 CaC_2O_4 沉淀,再用 $KMnO_4$ 标准溶液滴定溶液中的 $C_2O_4^{2-}$,则可间接求得 Ca^{2+} 的含量。这也是测定 Ca^{2+} 的经典方法。

④ 置换滴定法。当待测组分所参与的化学反应不能按化学计量关系定量进行或伴有副反应而导致不能用直接滴定法滴定时,可先用适当试剂与待测组分反应置换出一定量能被滴定的物质,再用标准溶液进行滴定,这种方式称为置换滴定法。如可用置换滴定法测定铝合金中 Al 的含量。

（3）电位滴定法。电位滴定法与普通滴定分析方法的根本区别在于确定滴定终点的方法不同。普通滴定分析方法是利用指示剂在化学计量点附近发生颜色突变来指示滴定终点，如果待测溶液有颜色、浑浊，以及对指示剂有封闭或僵化等影响时，终点的指示就比较困难，或者根本找不到合适的指示剂，在这种情况下，可选用电位滴定法。电位滴定则是根据滴定过程中化学计量点附近的电位突跃来确定终点，对终点的判断比较客观，能提高滴定的准确度和灵敏度。也就是说，与普通滴定分析方法相比，电位滴定法具有可用于滴定突跃小或不明显、有色或浑浊试样的滴定的优点。

电位滴定法是在滴定过程中通过测量电位变化，即以电位的突跃指示滴定终点的方法。与直接电位法（通过测量电池电动势来确定指示电极的电位，再根据 Nernst 方程，由所测得的电极电位值计算出被测物质的含量）相比，电位滴定法不需要准确地测量电极电位值，因此，温度、液体接界电位的影响并不重要，其准确度优于直接电位法。在滴定终点前后时，滴定体系中的待测离子浓度往往连续变化 n 个数量级，引起电位的突跃，待测成分的含量仍然通过消耗滴定剂的量来计算。

选择适宜的指示电极和参比电极，电位滴定法就可用于酸碱滴定、氧化还原滴定、配位滴定和沉淀滴定。在滴定过程中，随着滴定剂的不断加入，体系的电位不断发生变化，当电位发生突跃时，说明滴定到达终点。用导数曲线比普通滴定曲线更容易确定滴定终点，如图 5-1 所示，$E-V$ 曲线为普通滴定曲线，最大突跃点不容易计算求得；$\Delta E/\Delta V-V$ 曲线为

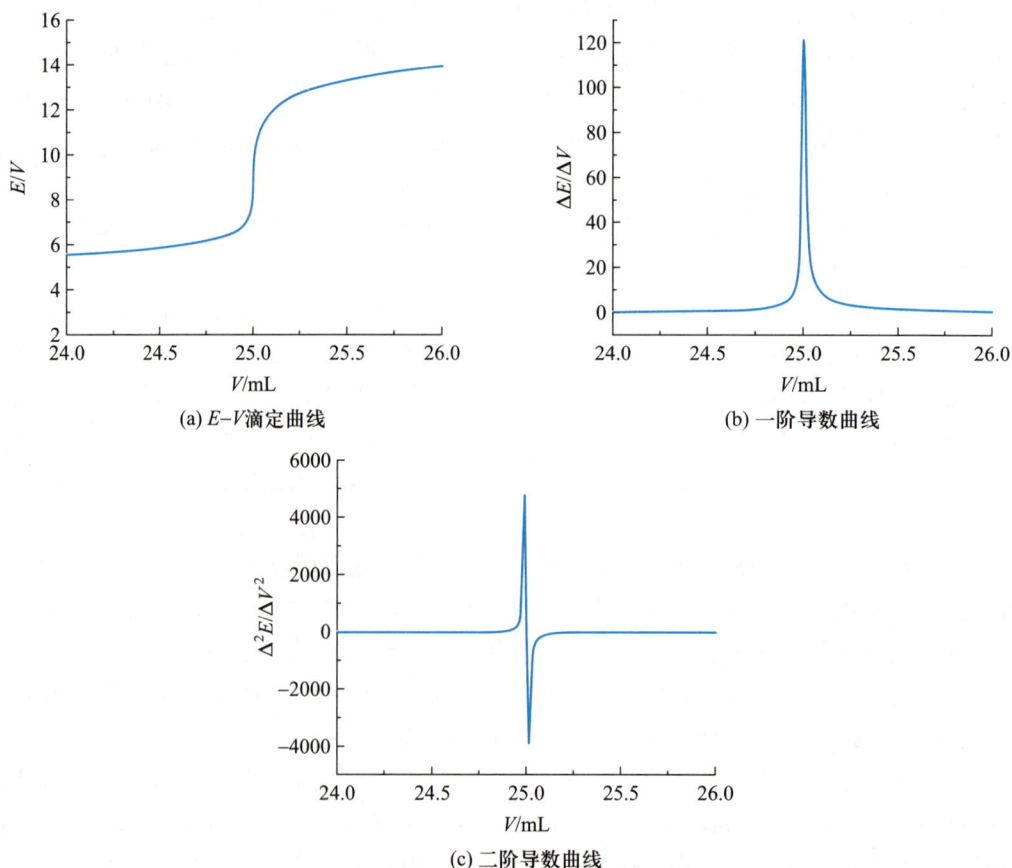

(a) $E-V$ 滴定曲线

(b) 一阶导数曲线

(c) 二阶导数曲线

图 5-1　作图法确定滴定终点

一阶导数曲线,$\Delta E / \Delta V$ 极大值对应的滴定体积即为滴定终点;$\Delta^2 E / \Delta V^2 - V$ 曲线为二阶导数曲线,在滴定突跃范围内$\Delta^2 E / \Delta V^2$ 为零对应的滴定体积即为滴定终点。

随着电极技术的发展及其与电子技术的结合,电位滴定已实现自动化和连续测定,各种新型自动电位滴定仪在石油、化工、食品、医药、环保、生化等领域具有广泛的应用。但自动电位滴定仪的价格相对较高,教学实践中使用频率较低。对大批大学一年级学生而言,可以选用酸碱滴定体系,用 pH 计指示终点,让学生了解电位滴定法的基本工作原理,特别是弱酸弱碱体系的滴定及非水体系极弱酸的滴定。

5.1.2 重量分析法

重量分析法是分析化学中重要的经典分析方法,是用称量的方法来测定物质含量的方法,包括分离和称量两个过程,因此,必须先将待测组分与试样中的其他组分进行分离后,再转化为一定的称量形式。根据其分离方法的不同,可分为沉淀重量法、气化重量法和电解重量法三种,其中,以沉淀重量法应用较多。

沉淀重量法是利用适当的沉淀剂,将待测组分转化为沉淀形式而与其他组分分离,经过滤、洗涤、烘干或灼烧后,变为称量形式。称得称量形式的质量,计算待测组分的含量。在沉淀法的步骤中,最重要的是沉淀反应,其中沉淀剂的选择和用量、沉淀条件的控制及沉淀过程中杂质的混入等,都会直接影响分析结果的准确度。

重量分析法一般不需要用到基准物质和由容量器皿得到的数据,不会引入这些方面的误差,所以其分析结果的准确度较高,尤其是对于高含量组分的测定。重量分析法的缺点是操作烦琐,耗时较多,对低含量组分的测定误差较大。沉淀重量法的具体应用详见实验51 和实验58−5。

5.1.3 分光光度法

分光光度法是基于待测组分的分子(或离子)对光具有选择性吸收的特性而建立起来的分析方法,具有灵敏度高,准确度能满足微量组分测定的要求,操作简便快速及应用广泛等特点。

不同物质的分子(或离子)对光吸收的特性即吸收光谱(也称吸收曲线)不同,这是分光光度法对物质进行定性分析的依据。分光光度法定量分析的理论基础是光吸收定律,即朗伯−比尔定律:在一定波长下,溶液的吸光度 A 与溶液中吸光物质的浓度c 及吸光液层的厚度b 成正比,即

$$A = \varepsilon bc$$

式中,ε 称为摩尔吸光系数,是衡量分光光度法灵敏度的物理量。

应用分光光度法测定金属离子含量的一般过程是:试样溶解成试液后,使试液在适宜的条件下进行显色,在分光光度计上测定显色后试液的吸光度,经数据处理,计算待测组分在试样中的含量。在分析过程中,应考虑各种影响因素,主要有显色剂的选择,显色反应条件(包括显色剂的用量,显色反应的酸度、温度,显色时间及反应的催化剂等)的选择,测量波长的选择,参比溶液的选择,适宜吸光度范围的选择等,而且还应考虑共存离子的干扰及

消除等。有关分光光度法的具体应用详见实验22,实验32,实验34,实验35,实验52,实验53,实验54,实验58-2和实验61等。

5.1.4 分离分析法

在实际分析工作中,试样组成往往比较复杂。在测定某一组分时,常会受到其他组分的干扰,这不仅影响测定结果的准确性,有时甚至无法进行测定。因此,消除干扰,提高测定的选择性就显得十分重要。优化分析条件或使用掩蔽剂是消除干扰较为简便和有效的途径,但在不少情况下,采用这些方法尚无法解决上述问题,须事先将待测组分与干扰组分进行分离。有时,试样中待测组分的含量较少,而选择的测定方法灵敏度又不够高时,必须先将待测组分进行富集,然后再进行测定。因此,待测组分的分离和富集往往是一体的。

分析化学中,常用的分离方法有沉淀分离法、溶剂萃取分离法、离子交换分离法、色谱分离法、蒸馏法和挥发分离法等。如实验58-5重量法测定硫酸亚铁铵中的 SO_4^{2-} 含量时,因试样中 Fe^{2+} 和 Fe^{3+} 能产生共沉淀,须先用离子交换法除去试样中的 Fe^{2+} 和 Fe^{3+},以消除其对 SO_4^{2-} 含量测定的干扰。

5.1.5 热分析法

物质的物理状态和化学状态发生变化,如升华、结晶、熔融等物理变化或发生氧化、脱水等化学变化时,往往伴随着热、焓、比热容、导热系数等热力学性质的变化,故可通过测定其热力学性能的变化来了解物质的物理变化或化学变化的过程。在实验中常用到的热分析方法有热重分析(thermogravimetric analysis,TG 或 TGA)法、差热分析(differential thermal analysis,DTA)法等。如"实验40 未知有机酸摩尔质量的测定及其化学式的推断""实验63 草酸合铜(Ⅱ)配合物的制备、组成测定及其化学式的推断"和"实验64 模板法合成氨基酸铜(Ⅱ)配合物及其组成分析与红外光谱表征"都涉及热重和差热分析法。

(1) 热重分析法。许多物质在加热过程中,伴随着物理化学变化的发生,引起其质量随之改变。通过测定物质质量的变化可以研究其变化过程。热重分析法就是在程序控制温度下测量物质质量与温度或时间关系的方法,常用来研究物质的热稳定性和组成。热重分析实验得到的曲线称为热重曲线,即 TG 曲线。TG 曲线是以质量为纵坐标、以温度或时间为横坐标,纵坐标从上到下表示质量减少,横坐标自左至右表示温度或时间增加。当待测物质在加热过程中有升华、气化、失去结晶水或分解放出气体时,待测物质的质量就会减少,热重曲线就会下降;当待测物质在加热过程中被氧化时,待测物质的质量就会增加,热重曲线就会上升。通过分析热重曲线,就可以知道待测物质在多少温度时产生了变化,并且根据失重量可以推算失去了什么物质。

(2) 差热分析法。许多物质在加热过程中会发生熔化、晶型转变、分解、化合、氧化、脱附等物理化学变化。这些变化必将伴随体系焓的改变,表现为吸热或放热现象。选择一种对热稳定的物质作为参比物(常用经 1270 K 煅烧的高纯 $\alpha-Al_2O_3$),将其与样品一起置于电炉中,分别记录参比物的温度和试样与参比物间的温度差,以温度差对温度作图就可以得到一条差热分析曲线,即 DTA 曲线。从 DTA 曲线上能够发现试样的熔点、晶型转变温度等,并根据 DTA 曲线上吸热峰或放热峰的位置、形状及个数等判断试样所发生的物理化学变化,进而判断试样的可能组成和结构。

5.2　基准物质和标准溶液及其配制方法

5.2.1　基准物质和标准溶液

标准溶液是已确定其主体物质浓度或其他特征量值的溶液。化学实验中常用的标准溶液有滴定分析用的标准溶液、仪器分析用的标准溶液和 pH 测量用的标准缓冲溶液。

标准溶液是滴定分析中所必需的,用于直接配制标准溶液或标定标准溶液浓度的物质称为基准物质。基准物质必须符合以下要求:① 物质的组成应与化学式完全相同,包括结晶水;② 物质的纯度应足够高,其质量分数大于 99.9%;③ 物质在通常情况下性质稳定,不分解,不易与空气中的 O_2 或 CO_2 反应,也不易吸收空气中的水分,也不失去结晶水等;④ 物质参与滴定反应时,应按反应方程式 100% 定量进行,无副反应发生;⑤ 物质最好有较大的摩尔质量,以减少称量时的相对误差。

常用基准物质的用途及干燥方法见附录 12。

5.2.2　滴定分析所用标准溶液的配制方法

用于滴定分析的标准溶液的配制方法通常有两种,即直接法和标定法。

(1) 直接法。用电子分析天平准确称取一定质量(精确到 0.1 mg)的基准物质,完全溶解后定量转入容量瓶中,用纯水稀释至刻度。根据所称取基准物质的质量与容量瓶的体积,计算出由该基准物质所配制的标准溶液的准确浓度。

(2) 标定法。实际上只有少数试剂符合基准物质的要求,很多试剂不能用直接法配制成准确浓度的标准溶液,而要用间接的标定法。即先配制成接近所需浓度的溶液,然后用基准物质或另一种已知准确浓度的标准溶液来标定该溶液的准确浓度。

在实际工作中特别是在工厂实验室,还常采用"标准试样"来标定标准溶液的浓度。"标准试样"的组成与待测物相近,且含量已知。采用"标准试样"标定可使分析过程的系统误差抵消,提高结果的准确度。

对于贮存较长时间的标准溶液,由于水分蒸发,水珠凝结于瓶壁等原因,使用前应将溶液充分摇匀。如果溶液浓度有了改变,则必须重新标定。对于不稳定的溶液应在使用前标定其准确浓度。

实验 36　电子分析天平与移液枪的校准

一、预习要点

（1）电子分析天平的校准、使用方法（直接称量法）及注意事项。

（2）移液枪的校准、使用方法和注意事项。

视频　视频
电子分析天平使用　移液枪使用

二、实验原理

电子分析天平是进行精确称量的精密仪器，是化学实验中最主要、最常用的仪器之一。电子分析天平的称量准确度是与分析结果的准确度要求相适应的，实验室一般采用分度值为 0.0001 g 的电子分析天平就可满足基础定量分析实验对称量准确度的基本要求。其校正须严格按照相关使用说明中的操作步骤进行。一般是在校准过程中，用一个校准砝码来确定显示数值与实际称量数值存在多大的误差，将这一误差与特定的期望值进行比较，在误差允许范围内则认为此时电子分析天平状态正常，可以使用。

移液枪是移液器的一种，在实验室里用于小量或微量液体的移取。与移液管、吸量管相比，移液枪具有操作方便、快速等优点，在实验教学和科研中已经广泛使用。不同规格的移液枪配套使用不同大小的吸嘴。由于移液枪的实际容积与标称容积总是存在着或多或少的差值，在准确度要求较高的分析工作中，使用前必须对其进行校准。移液枪的校准采用称量法校准，即称量一定温度下从移液枪排出的纯水的质量，再将所测得的质量值、温度值和空气密度值分别代入式（1），即可求得被检移液枪在标准温度 20 ℃时的实际容积。

$$V_{20} = \frac{m(\rho_B - \rho_A)}{\rho_B(\rho_w - \rho_A)}[1 + \beta(20 - t)] \tag{1}$$

式中，V_{20}——标准温度 20 ℃时移液枪的实际容积，mL；

　　m ——被检移液枪所移出纯水的表观质量，g；

　　ρ_B ——砝码的密度，取 8.00 g·cm^{-3}；

　　ρ_A ——校准时实验室内空气的密度，取 0.0012 g·cm^{-3}；

　　ρ_w ——纯水在温度 t（℃）时的密度，g·cm^{-3}；

　　β ——被检移液枪的体积膨胀系数，取 4.5×10^{-4} ℃$^{-1}$；

　　t ——校准时纯水的温度，℃。

为简化计算过程，将式（1）简化为下列形式：

$$V_{20} = m \cdot K(t) \tag{2}$$

其中　　　　　　　　$$K(t) = \frac{\rho_B - \rho_A}{\rho_B(\rho_w - \rho_A)}[1 + \beta(20 - t)]$$

水在不同温度下的 $K(t)$ 值见表 5—1。这样根据测定值 m 和校准时纯水的温度所对应的 $K(t)$ 值，即可求出被检移液枪在标准温度 20 ℃时的实际容量值。

表 5−1 纯水在不同温度下的 $K(t)$ 值

水温/℃	$K(t)/(cm^3 \cdot g^{-1})$	水温/℃	$K(t)/(cm^3 \cdot g^{-1})$	水温/℃	$K(t)/(cm^3 \cdot g^{-1})$
15.0	1.004213	18.0	1.003367	21.0	1.002619
15.1	1.004183	18.1	1.003340	21.1	1.002596
15.2	1.004153	18.2	1.003314	21.2	1.002573
15.3	1.004123	18.3	1.003288	21.3	1.002550
15.4	1.004094	18.4	1.003261	21.4	1.002527
15.5	1.004064	18.5	1.003235	21.5	1.002504
15.6	1.004035	18.6	1.003209	21.6	1.002481
15.7	1.004006	18.7	1.003184	21.7	1.002459
15.8	1.003977	18.8	1.003158	21.8	1.002436
15.9	1.003948	18.9	1.003132	21.9	1.002414
16.0	1.003919	19.0	1.003107	22.0	1.002391
16.1	1.003890	19.1	1.003082	22.1	1.002369
16.2	1.003862	19.2	1.003056	22.2	1.002347
16.3	1.003833	19.3	1.003031	22.3	1.002325
16.4	1.003805	19.4	1.003006	22.4	1.002303
16.5	1.003777	19.5	1.002981	22.5	1.002281
16.6	1.003749	19.6	1.002956	22.6	1.002259
16.7	1.003721	19.7	1.002931	22.7	1.002238
16.8	1.003693	19.8	1.002907	22.8	1.002216
16.9	1.003665	19.9	1.002882	22.9	1.002195
17.0	1.003637	20.0	1.002858	23.0	1.002173
17.1	1.003610	20.1	1.002834	23.1	1.002152
17.2	1.003582	20.2	1.002809	23.2	1.002131
17.3	1.003555	20.3	1.002785	23.3	1.002110
17.4	1.003528	20.4	1.002761	23.4	1.002089
17.5	1.003501	20.5	1.002737	23.5	1.002068
17.6	1.003474	20.6	1.002714	23.6	1.002047
17.7	1.003447	20.7	1.002690	23.7	1.002026
17.8	1.003420	20.8	1.002666	23.8	1.002006
17.9	1.003393	20.9	1.002643	23.9	1.001985

续表

水温/ ℃	$K(t)/(cm^3 \cdot g^{-1})$	水温/ ℃	$K(t)/(cm^3 \cdot g^{-1})$	水温/ ℃	$K(t)/(cm^3 \cdot g^{-1})$
24.0	1.001965	24.4	1.001884	24.8	1.001805
24.1	1.001945	24.5	1.001864	24.9	1.001786
24.2	1.001924	24.6	1.001845	25.0	1.001766
24.3	1.001904	24.7	1.001825		

注:1. 数据来源于《中华人民共和国国家计量检定规程 移液器》(JJG646—2006)。

2. $\beta = 0.00045 \ ℃^{-1}$。

三、实验内容

1. 电子分析天平的校准

检查水平仪,若气泡不位于水平仪中心,则调节水平调节脚直至电子分析天平处于水平状态,再按照使用说明书进行校准。不同品牌和型号的电子分析天平校准步骤略有不同,下面以 Practum124—1CN 电子分析天平为例进行介绍。

(1) 先取出秤盘上具有保护功能的自制铝盘,关闭天平门后按显示屏上的电源键,电子分析天平开机,完成自检后显示"0.0000",否则按"归零"键使显示界面归零,如图 5—2 所示。

(2) 按"菜单"键,进入菜单界面;选择"CAL"键,出现校准天平窗口。

(3) 选择"外部校准",出现砝码选择窗口;选择外部砝码"100 g",用镊子将 100 g 标准砝码放到天平秤盘上;关闭天平门,电子分析天平开始自动校准。

(4) 校准结束后,显示屏上出现校准结果,如图 5—3 所示。

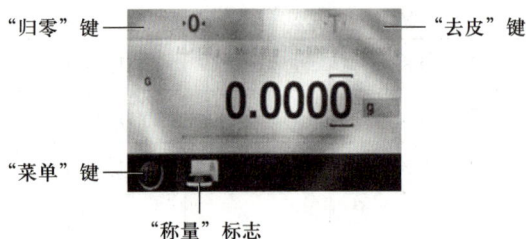

图 5—2　Practum124—1CN 电子分析天平自检、归零后的界面

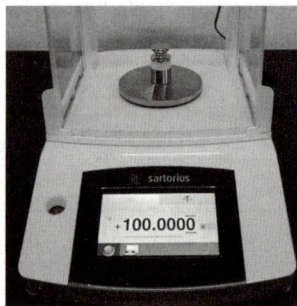

图 5—3　用 100 g 标准砝码校准 Practum124—1CN 电子分析天平的界面

(5) 取出标准砝码,电子分析天平回到"称量"状态。将自制铝盘放回天平秤盘上,按"去皮"键,显示屏随即出现"0.0000"。

2. 移液枪的校准

(1) 取一洁净的 100 mL 塑料瓶放在天平秤盘上,按"去皮"键。

(2) 固定选用一支移液枪,将容量调节到检定点,如 200 μL,1000 μL 或 5000 μL。

(3) 取出塑料瓶,再用移液枪从已恒温的试剂瓶中准确移取纯水于塑料瓶中。

（4）称量纯水的质量，将数据记录于表 5−2 中。

（5）用温度计测量塑料瓶中纯水的温度，将数据记录于表 5−2 中。

（6）重新按"去皮"键，再重复上述步骤。注意：上述操作过程全程戴一次性 PE 手套。

（7）应用表 5−1 中对应温度下的 $K(t)$ 值，计算被检移液枪在标准温度 20 ℃时检定点的实际容量，并根据表 5−3 中对应的容量允许范围来判断该移液枪是否合格。

表 5−2　移液枪校准的实验数据记录及处理

实验序号	1	2
检定点/μL		
纯水质量/g		
纯水温度/℃		
$K(t)$ 值		
V_{20}/μL		
判断移液枪是否合格		

表 5−3　移液枪容量允许范围

移液枪量程范围/μL	检定点/μL	20 ℃时容量允许范围/μL
20～200	200	197～203
100～1000	1000	990～1010
1000～5000	5000	4970～5030

四、注意事项

（1）使用移液枪时，需注意以下几个方面：

① 装吸嘴时，将移液枪手柄用力下压，小幅度旋转即可，切不可用力敲击吸嘴。

② 由小量程调节至大量程时，朝所需量程方向连贯旋转，先旋转至超过所需量程 1/3 圈处再回调至所需量程。由大量程调节至小量程时，直接连贯旋转至所需量程即可。

③ 吸嘴需用同一液体试样重复吸液和排液 2～3 次进行润洗，但高温或者低温液体不要润洗。

④ 吸液时尽量保持移液枪处于垂直状态。

⑤ 根据吸取溶液的量确定吸嘴尖端浸入液体试样中的深度，避免空吸。

⑥ 吸液后，在液面中保持 1～2 s，再将吸嘴平缓移开。这对于大容量移液枪或者吸取黏性试样时尤为重要。

⑦ 须匀速连贯移液，并控制好移液速度。太快会造成喷液，导致液体或气雾冲入移液枪内部，污染活塞等部件。

⑧ 移液枪不宜长时间握在手里。

⑨ 移液枪用完后，一定要将移液枪的量程调至最大处。

（2）使用电子分析天平时，需注意以下几个方面：

① 称量动作(如开、关天平门的动作)要轻缓。

② 清零和读数时,要保证天平门都处于关闭状态。

③ 标准砝码要收在专用的保护盒内,不能直接放在实验台上。

五、思考题

(1) 本实验采用纯水对移液枪进行校准检验。若校准后,用该移液枪移取有机溶剂时,是否需要重新用有机溶剂进行校准操作? 如果不重新进行校准,移取有机溶剂的实际体积相对于移取前设定的体积数值是增大、不变还是减小?

(2) 使用电子分析天平进行称量时,是否每次都要对其进行校准?

实验 37　电子分析天平的称量练习

一、预习要点

(1) 电子分析天平的使用方法及注意事项。

(2) 准确称取固体试样的方法。

教学课件　　　视频
　　　　　　电子分析
　　　　　　天平使用

二、实验原理

有关电子分析天平的构造、工作原理及使用方法等参看第 1 章"电子分析天平的使用"相关内容。本实验主要学习定量分析实验中电子分析天平的规范操作和用电子分析天平准确称量固体试样的方法。

根据所要称量固体试样的性质及分析工作中的具体要求,固体试样的准确称量可分为直接称量法、指定质量称量法和减量称量法。

1. 直接称量法

一些不易吸水、在空气中较稳定的固体试样(如金属 Mg 条、Zn 片、Cu 合金等)及洁净干燥的器皿(如小烧杯、小锥形瓶、表面皿、坩埚等)都可以用直接称量法称量。

将电子分析天平归零后,将折好的称量纸放在天平秤盘上(洁净干燥的器皿可直接放在天平秤盘上),待天平读数稳定后,按"去皮"键,然后小心地用药匙将要称量的固体粉末试样,或用镊子将要称量的棒状或片状金属转移至称量纸上,待读数稳定后,记录数据。

2. 指定质量称量法

对于可用直接称量法称量的固体试样,在例行分析中,为简化计算工作,有时需要直接用基准物质配制成一定浓度值的溶液,这就要求所称取基准物质的质量必须是一定的,即指定质量称量法。具体称量方法同直接称量法。

3. 减量称量法

对于一些较易吸水或失水、较易与空气中 O_2 或 CO_2 反应的物质,即在空气中相对不稳定的物质,如无水 Na_2CO_3 基准物和工业碱等,必须用减量称量法称量。减量称量法称量的基准物或固体试样须预先研磨、烘干后装在称量瓶($\Phi25$ mm$\times$40 mm)中并置于干燥器中保存。

简单来说,就是先称量称量瓶和试样的总质量,然后倒出所需试样的估计量,重复称量称量瓶和剩余试样的总质量,两次质量之差即为倾出试样的准确质量。

称量时,要先用纸条套住称量瓶的瓶身(或手戴一次性手套直接拿称量瓶)再将其放在天平秤盘上,按"去皮"键,倾出所要称取的试样后,把称量瓶放在天平盘上,此时天平显示屏上显示的负值的绝对值,即为所倾出取试样的质量。若需连续称取第二份试样,则重新按"去皮"键,再倾出所要称取的试样,如此重复操作,可连续称取若干份试样。一般来说,装在称量瓶中颗粒状或粉末状的基准物质或试样都可以用减量称量法称量。

三、实验内容

本实验用石英砂作为称量对象进行不同称量方法的练习。称量练习数据记录在实验记录本上。

1. 称量前的准备工作

(1) 将天平罩取下,叠好放在电子分析天平右后的台面上。检查电子分析天平内及秤盘上有无杂物,若有杂物,须及时用天平刷小心清理干净。

(2) 查看水平仪,如不水平,则通过水平调节脚调至水平(气泡居中)。

(3) 接通电源,开启显示器,等待出现"0.0000 g""称量模式"后方可称量。如果显示器出现质量值,则轻按"归零"键,待出现"0.0000 g"后再称量。

2. 指定质量称量法练习

用指定质量称量法分别准确称取 0.3000 g 和 0.5000 g 石英砂于 100 mL 烧杯中,称量练习数据(允许±0.0004 g 的误差)记录在实验记录本上。具体称量步骤如下:

(1) 取一张 10 cm×10 cm 称量纸,先沿一对角线对折,将其对角线的两边 1/3 处折紧,其中间 1/3 处不折紧;再把称量纸沿另一对角线对折,同样将其对角线的两边 1/3 处折紧,其中间 1/3 处不折紧。将折好的称量纸展开后放在天平秤盘上(此时称量纸的四边微微翘起以防颗粒试样滚落,并方便将称量纸及其盛有的试样从电子分析天平中转移至盛接容器中),待读数稳定后,按"去皮"键。

(2) 左手食指和中指反向夹起称量瓶盖,再用左手食指与拇指捏好称量瓶,右手拇指和中指握好药匙,药匙后柄顶着手心,用药匙从称量瓶中取出适量石英砂,然后用右手食指轻轻弹敲勺颈,使石英砂缓缓落入称量纸中央,直至所需称量质量。关闭天平门,待天平稳定后读数。

(3) 打开天平门,用拇指和食指等捏住称量纸翘起的部分,将称量纸连同试样转移出天平,并用另一手的拇指和食指辅助捏住称量纸的对角,垂直将试样倒入烧杯中,轻轻弹敲称量纸使试样完全转移。

(4) 按"去皮"键,如此重复操作,可连续称取第二份和第三份试样。

3. 减量称量法练习

用减量称量法准确称取 0.3~0.4 g 石英砂于 250 mL 锥形瓶(或小烧杯)中,平行称取三份,记录各锥形瓶(或小烧杯)中石英砂的准确质量。具体称量步骤如下:

(1) 左手拿好纸条,右手轻轻水平推开干燥器盖子,同时用左手手腕处靠住干燥器身,以防干燥器被推倒。右手抓稳干燥器盖子,左手纸条套住称量瓶身中心位置,并用拇指和食指捏紧纸条(可避免手汗和体温的影响,力度要适宜)将称量瓶移出干燥器,再将干燥器盖子盖好。

（2）将称量瓶放在天平秤盘的中央，关闭天平门，待显示数字稳定后，按"去皮"键。

（3）从纸条上撕下一块长约1.5 cm的纸片。再用左手纸条套住称量瓶身中心位置，并用拇指和食指捏紧纸条将称量瓶转移出电子分析天平，在盛接试样的锥形瓶（或小烧杯）口上方将称量瓶身稍微倾斜，并用右手垫着小纸片打开称量瓶盖子，然后用瓶盖内沿轻敲称量瓶口右上部（称量瓶口应靠近锥形瓶口或小烧杯口上沿），使试样缓缓倾入锥形瓶（或小烧杯）中。

（4）估计倾出的试样质量已达到所需称量范围时，边轻敲称量瓶口，边将瓶身缓缓扶正（此时，瓶盖在瓶口正上方，整个称量瓶在锥形瓶口的正上方），盖好瓶盖后，方可离开锥形瓶（或小烧杯）的上方，再将称量瓶放在天平秤盘的中央进行准确称量。

（5）如果一次倾出的试样质量不够，可再次倾出试样，直至倾出试样的量满足要求后，再记录称量的质量。

（6）按"去皮"键，如此重复操作，可连续称取第二份和第三份试样。

4. 称量后的工作

（1）称量结束，将称量瓶盖子盖好，送至指定回收称量瓶的托盘中，也一并将药匙送至指定回收药匙的大烧杯中。

（2）关闭天平门、归零，再关闭电源。如在称量过程中有石英砂洒落在天平内，要在关闭电源的情况下，用天平刷小心清扫；洒落在实验台上的石英砂也要用天平刷轻轻扫入回收石英砂的大烧杯中。

（3）罩好天平罩，填写电子分析天平的使用记录本，并请教师检查、签名后，方可带好自己的实验用品离开天平室。

四、注意事项

（1）电子分析天平刚安装好新启用，或使用较长时间，或移动、环境变化，都须进行校准。校准方法严格按照电子分析天平自带的校正操作程序进行。

（2）称量时若发现电子分析天平有故障，应及时报告指导教师或教辅教师，不得擅自处理。

（3）称量物体须放置在秤盘中心，且不得超过电子分析天平的最大载荷质量，外形尺寸也不宜过大。称量物体的温度应与电子分析天平的环境温度相同。

（4）开、关天平电源键或天平门及取放被称物等操作都要轻缓，切不可用力过猛。否则，可能会造成电子分析天平受震损坏。

（5）按"去皮"键及记录称量读数时，应保持天平门都处于关闭状态。

（6）减量称量时，称量瓶只能在干燥器中或学生手上或天平秤盘上，不能随意放在实验台、实验记录本等上面。

（7）指定质量称量法时，添加试样（规范使用药匙）不能在电子分析天平外进行，即称量过程中不能将称量纸拿出电子分析天平外。

（8）由于取出的试样不能再放回原容器中，所以，采用直接称量法称量时，每次用药匙从称量瓶（或试剂瓶）中取出的试样不宜多。若药匙中装载的试样过多，移动时容易洒样，造成浪费。

（9）称量读数必须立即记在原始数据记录表或实验预习报告本上，不得记在其他地方。

（10）称量完毕，应随即将电子分析天平关闭，并检查天平内部和周围是否有试样洒落。洒落在天平里的试样一定要及时清理。清洁时，务必在电源关闭状态下进行，否则，在通电状态下清理天平秤盘，有可能对电子分析天平造成损坏。

（11）本实验称量结束后，将锥形瓶或烧杯中的石英砂回收至指定容器中，千万不能倒入水槽或其他任何地方。

（12）称量用过的纸条、称量纸等要带回实验室，并放入垃圾桶中。

五、思考题

（1）用电子分析天平称量固体试样的方法有哪几种？各适用于哪些称量对象？请举例说明。

（2）用减量称量法称样的过程中，若称量瓶内的试样吸湿，会对称量结果造成怎样的影响？若将试样倾入烧杯后再吸湿，又会对称量结果有何影响？

（3）如果称量速度太慢，对减量称量法和指定质量称量法的称量结果将分别造成怎样的影响？

（4）已知电子分析天平的分度值为 0.0001 g，要使在电子分析天平上的称量误差小于 0.1%，则至少需称量多少克试样？

实验 38　滴定操作练习

一、预习要点

（1）滴定分析的基础知识和基本操作。
（2）标准溶液的概念及酸碱指示剂变色原理。
（3）滴定终点的控制与正确判断。

教学课件　　视频 移液管使用　　视频 滴定管使用

二、实验原理

滴定分析是指将一种已知准确浓度的标准溶液用滴定管滴加到待测试样溶液中，直到标准溶液的加入量和待测组分的含量正好符合化学反应式所表示的化学计量关系时为止，根据标准溶液的准确浓度和滴定所消耗的体积求算试样中待测组分含量的一种方法。

滴定分析基本操作包括滴定分析器皿的选择和正确操作，滴定终点的判断和控制，滴定数据的读取、记录和处理等。

本实验以 0.1 mol·L⁻¹ HCl 溶液和 0.1 mol·L⁻¹ NaOH 溶液互滴为例，通过练习理解滴定分析的原理，特别是理解化学计量点和滴定终点的区别，同时，学习一般强酸、强碱溶液的配制及滴定分析的基本操作（包括移液管的洗涤、润洗、移液、液面调节及放液等操作；滴定管的洗涤、润洗、排气泡、调零、滴定终点的控制及读数等）。

0.1 mol·L⁻¹ HCl 溶液滴定 0.1 mol·L⁻¹ NaOH 溶液，选用甲基橙作指示剂。甲基橙变色的 pH 范围为 3.1（红）～4.4（橙黄）。根据滴定曲线的 pH 突跃范围，如果滴定至甲基橙呈现红色，则将超出允许的误差范围，因而只能滴定至甲基橙呈现橙色（pH 为 4.0 附近）即为滴定终点。橙色是黄色中带有红色，对于初学者判断有一定的难度。

0.1 mol·L⁻¹ NaOH 溶液滴定 0.1 mol·L⁻¹ HCl 溶液，采用酚酞作指示剂。酚酞变色的 pH 范围为 8.2(无色)～10.0(紫红)，因而滴定至溶液颜色刚呈现微粉红色且 30 s 不褪色即为滴定终点，不能滴至溶液的颜色过深，否则产生的误差将超出允许范围。

由于 HCl 和 NaOH 都不是基准物质，都不能采用直接法直接配制成准确浓度的标准溶液。实验室一般提供 2 mol·L⁻¹ HCl 溶液或 NaOH 溶液，只须按照比例粗略稀释为大致需要的浓度的溶液，充分摇匀即可。稀释时，所需 2 mol·L⁻¹ HCl 溶液或 NaOH 溶液用量筒量取即可，而所需加入纯水的量则根据具体配制溶液的体积可用量筒或烧杯加入。

HCl 溶液或 NaOH 溶液应配制在试剂瓶中(NaOH 溶液不能配制在玻璃试剂瓶中)，且在取用过程中应随时盖好瓶盖，以免 HCl 的挥发或空气中的 CO₂ 与 NaOH 发生反应等可能影响溶液的浓度。如需知道稀释后溶液的准确浓度，则须通过标定的方法测得。

三、实验内容

1. 400 mL 0.1 mol·L⁻¹ NaOH 溶液的配制

用公用量筒量取 20 mL 2 mol·L⁻¹ NaOH 溶液于 500 mL 塑料试剂瓶中，加纯水稀释至 400 mL，盖好瓶盖，充分摇匀，备用。

2. 400 mL 0.1 mol·L⁻¹ HCl 溶液的配制

用公用量筒量取 20 mL 2 mol·L⁻¹ HCl 溶液于 500 mL 玻璃试剂瓶中，加纯水稀释至 400 mL，盖好瓶盖，充分摇匀，备用。

3. 0.1 mol·L⁻¹ HCl 溶液滴定 0.1 mol·L⁻¹ NaOH 溶液(甲基橙作指示剂)

(1) 滴定管的润洗、装液与"调零"。将 50 mL 聚四氟乙烯滴定管用自来水洗涤干净后，用纯水润洗三次；再用 0.1 mol·L⁻¹ HCl 溶液润洗三次，每次 10 mL(滴定管容量的 1/5)。向滴定管中装入 0.1 mol·L⁻¹ HCl 溶液至"0.00 mL"刻度线上 2 cm，通过快速打开旋塞的方式排除滴定管下端的气泡(如果排除气泡后，溶液的液面低于"0.00 mL"刻度线，则再装液至"0.00 mL"刻度线以上)，然后用右手拇指和食指捏紧滴定管上端并使滴定管自然下垂，并用左手轻轻旋转旋塞，调节溶液液面恰好切至"0.00 mL"刻度线处。

(2) 移液管的润洗及移液。将 25 mL 移液管用自来水洗涤干净后，用纯水润洗三次；再将移液管垂直，用滤纸片将其外壁的水擦干，并将管尖内的水尽量吸干；然后用待移取的 0.1 mol·L⁻¹ NaOH 溶液润洗移液管三次，每次 5 mL(移液管容量的 1/5)。用润洗过的移液管移取 25.00 mL 0.1 mol·L⁻¹ NaOH 溶液于 250 mL 锥形瓶中，平行移取三份。

(3) 0.1 mol·L⁻¹ HCl 溶液滴定 0.1 mol·L⁻¹ NaOH 溶液。向盛有 0.1 mol·L⁻¹ NaOH 溶液的锥形瓶中加入 2 滴甲基橙指示剂，摇匀，用 0.1 mol·L⁻¹ HCl 溶液滴定至溶液颜色由黄色刚变为橙色，即为终点。平行滴定三份，并将所消耗的 HCl 溶液的体积记录于表 5—4 中。

表 5—4　0.1 mol·L⁻¹ HCl 溶液滴定 0.1 mol·L⁻¹ NaOH 溶液(指示剂:甲基橙)的实验数据记录及处理

实验序号	1	2	3
V_{NaOH}/mL	25.00	25.00	25.00
V_{HCl}/mL			

续表

实验序号	1	2	3
V_{HCl}/V_{NaOH}			
V_{HCl}/V_{NaOH}平均值			
相对偏差/%			
平均相对偏差/%			

4. 0.1 mol·L⁻¹ NaOH 溶液滴定 0.1 mol·L⁻¹ HCl 溶液(酚酞作指示剂)

将上述 3 中的(1),(2)和(3)对应内容中的 HCl 与 NaOH 互换,指示剂用酚酞代替甲基橙,重复上述操作。

用润洗过的移液管移取 25.00 mL 0.1 mol·L⁻¹ HCl 溶液于 250 mL 锥形瓶中,加入 2 滴酚酞指示剂,用 0.1 mol·L⁻¹ NaOH 溶液滴定至溶液颜色由无色变为微粉红色且30 s 不褪色,即为终点。平行滴定三份,并将所消耗的 NaOH 溶液的体积记录于表5-5 中。

表 5-5　0.1 mol·L⁻¹ NaOH 溶液滴定 0.1 mol·L⁻¹ HCl 溶液(指示剂:酚酞)的实验数据记录及处理

实验序号	1	2	3
V_{HCl}/mL	25.00	25.00	25.00
V_{NaOH}/mL			
V_{NaOH}/V_{HCl}			
V_{NaOH}/V_{HCl}平均值			
相对偏差/%			
平均相对偏差/%			

四、注意事项

(1) 滴定管和移液管使用前都必须用待装或待移取的溶液润洗三次。

(2) 滴定过程中,左手不能离开滴定管旋塞而任由溶液流下,也不能凭经验将滴定管中溶液放出一定体积后再滴定。

(3) 滴定速率要适当,一般情况下以 10 mL·min⁻¹ 左右为宜。接近滴定终点时(通过指示剂颜色变化或褪色的快慢来判断),滴定速率要放慢,加一滴溶液摇几秒钟,最后还要半滴滴加溶液直至滴定终点。半滴滴加溶液时,要仔细观察流液口出现的悬而未落的液滴大小,估计有半滴左右时立即关闭旋塞,然后用锥形瓶内壁将半滴溶液靠落,再用洗瓶中的少量纯水将附着在锥形瓶壁上部的溶液冲洗下去,继续摇动,观察其中颜色变化。在滴定过程中,因摇动锥形瓶,可能会使滴定剂滴在瓶口或瓶内壁,或瓶内溶液溅在瓶壁上,需要用少量纯水冲洗,一般冲洗 2~3 次,如果冲洗次数太多,则用水量较大,使溶液过分稀释,可能导致滴定终点变色不敏锐。

(4) 当滴定管旋塞柄与滴定管身完全垂直时,滴定管才处于完全关闭状态。

（5）读取滴定体积时，人要站直，双脚平行靠紧，一只手五指并拢并自然下垂，另一只手拇指和食指紧捏滴定管无溶液处，使其自然下垂，并使管中溶液弯液面的切线与刻度线及视线三线相平。如果滴定管中装的是 $KMnO_4$ 等深色溶液，则要读取溶液液面的最上边缘与刻度线及视线重合点。

（6）滴定体积的读数和记录必须读记至小数点后第二位，即估读到 0.01 mL。

（7）因移液管"球部"部分玻璃较薄，取用时不要触碰其"球部"部分，以免弄坏移液管或热胀冷缩导致其移取溶液体积不准确。

（8）实验结束后，将剩余的 0.1 mol·L^{-1} HCl 溶液和 0.1 mol·L^{-1} NaOH 溶液相互混合后所得到的溶液及滴定废液都要回收至指定容器中。

五、思考题

（1）配制 NaOH 溶液时，应用何种精度的天平称取 NaOH 固体？为什么？加纯水溶解时，应用何种量器量取纯水？为什么？

（2）能否用 NaOH 固体或浓 HCl 溶液直接配制准确浓度的 NaOH 溶液或 HCl 溶液？为什么？

（3）用 HCl 溶液滴定 NaOH 溶液时常采用甲基橙作指示剂，而用 NaOH 溶液滴定 HCl 溶液时却常使用酚酞作指示剂，为什么？这两种情况所求得的体积比（V_{HCl}/V_{NaOH}）为什么会不一致？

（4）滴定分析实验中，滴定管、移液管为何需用待装或待移取溶液润洗三次？滴定用的锥形瓶是否也要用盛装溶液润洗？为什么？

（5）每次滴定都须将滴定管的液面调至"0.00 mL"刻度开始，为什么？

（6）滴定管、移液管、容量瓶是三种准确的容积量器，记录其体积时应如何记录？

实验 39　标准溶液的配制与标定系列实验

本章 5.2 节简单介绍了基准物质和标准溶液及其配制方法。滴定分析所用标准溶液的配制方法通常有直接法和标定法。本系列实验主要具体介绍常用标准溶液的配制与标定方法。

实验 39-1　HCl 标准溶液的配制与标定

一、预习要点

（1）HCl 标准溶液的配制及其标定方法。

（2）标定 HCl 标准溶液浓度常用的基准物质。

（3）基准物质无水 Na_2CO_3 的称量方法。

（4）甲基橙、甲基红及甲基红-溴甲酚绿混合指示剂的变色情况。

（5）滴定分析的基本操作。

教学课件　　视频
滴定管使用

二、实验原理

由于浓 HCl 溶液容易挥发,不能用来直接配制具有准确浓度的 HCl 标准溶液。实际工作中一般先配制成所需近似浓度的 HCl 溶液,然后用基准物质或另一已知准确浓度的标准溶液来标定 HCl 溶液的浓度。

标定 HCl 溶液浓度常用的基准物质有无水 Na_2CO_3 和 $Na_2B_4O_7 \cdot 10H_2O$(硼砂)。具体标定时,应尽可能地采用与测定相同的方法和指示剂,以减少系统误差。

1. 以无水 Na_2CO_3 作基准物质、甲基橙作指示剂标定 HCl 溶液的浓度

Na_2CO_3 是二元碱,其 $K_{b1}=1.8\times10^{-4}$,$K_{b2}=2.4\times10^{-8}$。用 HCl 溶液滴定其至第一化学计量点时,溶液的 pH 约为 8.3,用酚酞作指示剂,终点颜色变化不明显,误差较大。继续滴定至第二化学计量点时,Na_2CO_3 与 HCl 反应生成的 H_2CO_3 的过饱和部分分解成 CO_2 逸出,溶液的 pH 约为 3.9,用甲基橙作指示剂,溶液颜色由黄色变为橙色即为终点。有关反应式为

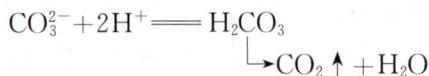

$$CO_3^{2-}+2H^+ = H_2CO_3$$
$$\hookrightarrow CO_2\uparrow + H_2O$$

2. 以无水 Na_2CO_3 作基准物质、甲基红-溴甲酚绿作指示剂标定 HCl 溶液的浓度

以无水 Na_2CO_3 作基准物标定 HCl 溶液的浓度时,用甲基橙作指示剂,溶液颜色由黄色变为橙色,但变色不太敏锐。而用现行国家标准中的甲基红-溴甲酚绿代替甲基橙作指示剂,该指示剂变色域窄,pH<5.0 为暗红色,pH=5.1 为灰绿色,pH>5.2 为绿色,变色较为敏锐,但必须在滴定至刚出现红色时先暂停滴定,把溶液煮沸以除去大部分 CO_2,流水冷却后再继续滴定至刚出现红色,此时才是滴定终点。

3. 以硼砂 $Na_2B_4O_7 \cdot 10H_2O$ 作基准物质、甲基红作指示剂标定 HCl 溶液的浓度

硼砂 $Na_2B_4O_7 \cdot 10H_2O$ 也可作为基准物质来标定 HCl 溶液的浓度。有关反应式为

$$B_4O_7^{2-}+7H_2O = 2H_3BO_3+2B(OH)_4^-$$
$$B(OH)_4^-+H^+ = H_3BO_3+H_2O$$

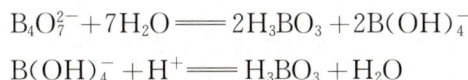

滴定终点时,溶液的 pH=5.1,可选甲基红作指示剂,用 HCl 溶液滴定硼砂溶液颜色由黄色恰变为浅红色,即为终点。

三、实验内容

1. $0.1\ mol\cdot L^{-1}$ HCl 标准溶液的配制

量取 20 mL 2 $mol\cdot L^{-1}$ HCl 溶液于 500 mL 玻璃试剂瓶中,加纯水稀释至 400 mL,盖好瓶盖,充分摇匀,备用。

2. 以无水 Na_2CO_3 作基准物质、甲基橙作指示剂标定 HCl 溶液的浓度

用减量称量法准确称取 0.15~0.20 g 无水 Na_2CO_3 基准物质于 250 mL 锥形瓶中,加入 30 mL 纯水使其完全溶解。加入 2 滴甲基橙指示剂,用待标定的 HCl 标准溶液滴定至溶液颜色由黄色恰变为橙色,即为终点。平行标定三份。计算 HCl 标准溶液的准确浓度。

3. 以无水 Na_2CO_3 作基准物质、甲基红-溴甲酚绿作指示剂标定 HCl 溶液的浓度

用减量称量法准确称取 0.15~0.20 g 无水 Na_2CO_3 基准物质于 250 mL 锥形瓶中,加

入 30 mL 纯水使其完全溶解。加入 8～10 滴甲基红－溴甲酚绿混合指示剂,用待标定的 HCl 标准溶液滴定至溶液颜色由绿色恰变为暗红色。煮沸 2 min,用自来水流水冷却,继续滴定至暗红色又刚出现,即为终点。平行标定三份。计算 HCl 标准溶液的准确浓度。

4. 以 $Na_2B_4O_7 \cdot 10H_2O$ 作基准物质、甲基红作指示剂标定 HCl 溶液的浓度

用减量称量法准确称取 0.4～0.6 g $Na_2B_4O_7 \cdot 10H_2O$ 基准物质于 250 mL 锥形瓶中,加入 50 mL 纯水使其完全溶解(必要时稍加热促使其溶解),加入 2 滴甲基红指示剂,用待标定的 HCl 标准溶液滴定至溶液颜色由黄色恰变为浅红色,即为终点。平行标定三份。计算 HCl 标准溶液的准确浓度。

四、注意事项

(1) 无水 Na_2CO_3 基准物质必须用减量称量法称量。

(2) 用无水 Na_2CO_3 作基准物质、甲基红－溴甲酚绿作指示剂标定 HCl 溶液浓度时,要按照操作步骤进行,以提高结果的准确度。

(3) 实验中采用哪种基准物质标定 HCl 溶液的浓度,应具体问题具体分析。无水 Na_2CO_3 容易制得,纯度很高,价格便宜;但具有强烈的吸湿性,使用前需在 270～300 ℃下烘干 1 h,且置于干燥器中保存。无水 Na_2CO_3 的摩尔质量较小,导致称量误差较大。$Na_2B_4O_7 \cdot 10H_2O$ 也容易制得纯品,不易吸水,而且其摩尔质量较大,产生的称量误差较小;但当空气中相对湿度小于 40% 时,$Na_2B_4O_7 \cdot 10H_2O$ 容易失去结晶水,所以须将其保存在相对湿度为 60% 的恒湿器中。

(4) 滴定结束后的废液要及时回收至指定的容器中。

五、思考题

(1) 能否直接配制准确浓度的 HCl 溶液,为什么? 标定 HCl 溶液浓度常用的基准物质有哪些?

(2) 基准物质无水 Na_2CO_3 使用前为什么要在 270～300 ℃下烘干? 若烘干温度过高或过低,对标定结果有何影响?

(3) 若基准物质无水 Na_2CO_3 保存不当,吸收了少量水分,对标定结果有何影响?

(4) 若基准物质 $Na_2B_4O_7 \cdot 10H_2O$ 久置于装有硅胶干燥剂的干燥器中,对标定结果有何影响?

实验 39－2   NaOH 标准溶液的配制与标定

一、预习要点

(1) NaOH 标准溶液的配制及其标定方法。
(2) 标定 NaOH 标准溶液浓度常用的基准物质。
(3) 容量瓶、移液管及滴定分析的操作规范。

教学课件

视频
滴定管使用

二、实验原理

NaOH 固体易吸潮,且易与空气中的 CO_2 反应,性质不稳定,因此不能用来直接配制成具有准确浓度的标准溶液。一般先配制成所需近似浓度的溶液,然后用基准物质或另一已知准确浓度的标准溶液来标定 NaOH 溶液的浓度。标定 NaOH 溶液浓度常用的基准物质有邻苯二甲酸氢钾($KHC_8H_4O_4$)和二水合草酸($H_2C_2O_4 \cdot 2H_2O$)。

1. 以邻苯二甲酸氢钾作基准物质、酚酞作指示剂标定 NaOH 溶液的浓度

邻苯二甲酸氢钾容易提纯,性质比较稳定,易保存,且摩尔质量大,因此一般实验中大多选择邻苯二甲酸氢钾作基准物质来标定 NaOH 溶液的浓度。有关反应式为

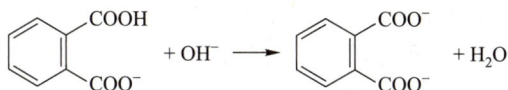

滴定终点时邻苯二甲酸盐溶液呈弱碱性(邻苯二甲酸 $K_{a2}=3.9\times10^{-6}$),可选用酚酞作指示剂,溶液颜色由无色变为微红色且 30 s 不褪色,即为终点。

2. 以 $H_2C_2O_4 \cdot 2H_2O$ 作基准物质、酚酞作指示剂标定 NaOH 溶液的浓度

室温下 $H_2C_2O_4 \cdot 2H_2O$ 稳定性较好,不易风化和吸水,可在室温条件下于空气中干燥,常作基准物质用于标定 NaOH 溶液的浓度。

$H_2C_2O_4$ 是二元弱酸,其 $K_{a1}=5.9\times10^{-2}$,$K_{a2}=6.4\times10^{-5}$,且 $K_{a1}/K_{a2}<10^4$,因此,只能一次滴定到 $C_2O_4^{2-}$。有关反应式为

$$H_2C_2O_4 + 2OH^- \Longrightarrow C_2O_4^{2-} + 2H_2O$$

其滴定终点溶液的 pH 为 8~10,可选用酚酞作指示剂,溶液颜色由无色变为微红色且 30 s 不褪色,即为终点。

三、实验内容

1. 0.1 mol·L⁻¹ NaOH 标准溶液的配制

量取 20 mL 2 mol·L⁻¹ NaOH 溶液于 500 mL 塑料试剂瓶中,加纯水稀释至 400 mL,盖好瓶盖,充分摇匀,备用。

2. 以 $KHC_8H_4O_4$ 作基准物质、酚酞作指示剂标定 NaOH 溶液的浓度

用减量称量法准确称取 0.40~0.60 g 邻苯二甲酸氢钾基准物质于 250 mL 锥形瓶中,加入 40~50 mL 纯水使其完全溶解,加入 2 滴酚酞指示剂,用待标定的 NaOH 标准溶液滴定至溶液颜色由无色刚变为微红色且 30 s 不褪色,即为终点。平行标定三份。计算 NaOH 标准溶液的准确浓度。

3. 以 $H_2C_2O_4 \cdot 2H_2O$ 作基准物质、酚酞作指示剂标定 NaOH 溶液的浓度

用减量称量法准确称取 0.60~0.65 g $H_2C_2O_4 \cdot 2H_2O$ 基准物质于 100 mL 烧杯中,用加入 20 mL 纯水使其完全溶解,将溶液定量转至 100 mL 容量瓶中,用纯水稀释至刻度,充分摇匀,备用。

移取上述溶液 25.00 mL 于 250 mL 锥形瓶中,加入 20 mL 纯水及 2 滴酚酞指示剂,用待标定的 NaOH 标准溶液滴定至溶液颜色由无色刚变为微红色且 30 s 不褪色,即为终点。平行标定三份。计算 NaOH 标准溶液的准确浓度。

四、注意事项

(1) 容量瓶、移液管的规范操作。

(2) 用酚酞作指示剂时，溶液出现微红色且 30 s 不褪色，即可认为是滴定终点。

(3) 滴定结束后的废液要及时回收至指定容器中。

五、思考题

(1) 如果 $H_2C_2O_4 \cdot 2H_2O$ 保存不当，风化失去部分结晶水，则用其标定的 NaOH 溶液的浓度是偏高，还是偏低？

(2) 在要求较高的分析实验中，需要制备不含 CO_3^{2-} 的 NaOH 标准溶液，为什么？

(3) 标定 NaOH 溶液的浓度时，用酚酞作指示剂，滴定至终点呈现微红色的溶液在空气中放置一段时间后，其微红色会褪去。为什么？

实验 39－3　EDTA 标准溶液的配制与标定

一、预习要点

(1) 滴定分析方法及配位滴定的基本知识。

(2) EDTA 的性质及其标准溶液的配制和标定方法。

(3) 配位滴定分析中缓冲溶液的作用。

(4) 金属指示剂的作用原理及常用金属指示剂的使用范围和颜色变化。

教学课件(1)	教学课件(2) 配位滴定法简介	视频 容量瓶使用	视频 移液管使用	视频 滴定管使用

二、实验原理

EDTA，即乙二胺四乙酸二钠盐(简写为 Na_2H_2Y)，是配位滴定中最常用的滴定剂，其分子中的 2 个氨基氮和 4 个羧基氧可以同时和金属离子配位，形成 1∶1 的稳定性极强的配位数为 6 的螯合物。使用 EDTA 作为滴定剂进行配位滴定时，必须注意以下几个问题：

(1) 由于 0.01 $mol \cdot L^{-1}$ EDTA 水溶液的 pH 约为 4.8，其与金属离子配位时放出 H^+，随着滴定反应的进行，溶液的酸度不断增大(EDTA 的酸效应)，可能影响已生成配合物的稳定性。因此，在测定溶液中必须加入适量合适的 pH 缓冲溶液，使其酸度保持在能准确滴定待测离子所允许的 pH 范围内。

(2) 待测离子能够准确被滴定的条件是 $\lg cK' \geqslant 6$。除了酸度外，共存离子的存在是影响条件稳定常数 K' 值的主要因素。因此，当测定溶液中同时含有几种离子时，首先应根据各种离子与 EDTA 形成配合物的稳定常数，判断能否利用控制酸度的方法消除干扰或分别滴定;其次可以用掩蔽(配位掩蔽、氧化还原掩蔽、沉淀掩蔽及解蔽等)的办法消除干扰。

（3）如果滴定体系已满足 $\lg cK' \geqslant 6$，具有准确滴定的可能性，还必须选择合适的指示剂，才能使可能变为现实，以达到敏锐指示终点、满足滴定误差的要求。

（4）在配位滴定中，采用什么样的滴定方式也是必须考虑的。有些金属离子或因与 EDTA 的配位反应速率较慢，或因易水解形成羟基配合物或沉淀，或因难以找到合适的指示剂等，不适合用直接滴定法的，可以采用返滴定法、间接滴定法或置换滴定法进行滴定。

（5）EDTA 与无色的金属离子一般形成无色的配离子，如 ZnY^{2-}，AlY^-，CaY^{2-}，MgY^{2-} 都是无色的;而与有色的金属离子一般形成颜色更深的配离子，如深蓝色 CuY^{2-}、紫红色 MnY^{2-}、蓝色 NiY^{2-}、黄色 FeY^- 等。在配位滴定分析中选用金属指示剂或滴定方式时要注意颜色问题。

EDTA 在 120 ℃下干燥后可以制成基准物质，可直接用来配制其标准溶液。但由于使用的水或试剂中常含有少量金属离子，或用不同指示剂测定会带来一定的误差，所以 EDTA 标准溶液一般不采用直接配制法。通常根据需要，用分析纯的 EDTA 试剂配制成近似浓度的溶液，再进行标定。标定 EDTA 的基准物质包括纯金属（Zn，Cu）、氧化物（ZnO，CaO）和盐类（$CaCO_3$，$MgSO_4 \cdot 7H_2O$）等，其标定原理都一样。

以 Zn 或 ZnO 作基准物质、六亚甲基四胺溶液作缓冲溶液、二甲酚橙（xylenol orange，XO）作指示剂标定 EDTA 溶液浓度为例:首先准确称取一定质量的 Zn 或 ZnO 基准物质，加入 HCl 溶液溶解，配制成 Zn^{2+} 标准溶液;移取一定体积的 Zn^{2+} 标准溶液，加入二甲酚橙指示剂，再加入六亚甲基四胺缓冲溶液，调节溶液 pH 至 5~6，此时，Zn^{2+} 与二甲酚橙指示剂形成紫红色配合物，使溶液显紫红色;然后用 EDTA 标准溶液滴定溶液中 Zn^{2+} 至溶液颜色由紫红色变为亮黄色，即为终点。有关滴定过程体系颜色变化的原理为

滴定前： $XO(亮黄色) + Zn^{2+} = Zn-XO^{2+}(紫红色)$

滴定中： $H_2Y^{2-} + Zn^{2+} = ZnY^{2-}(无色) + 2H^+$

终点时： $H_2Y^{2-} + Zn-XO^{2+}(紫红色) = ZnY^{2-}(无色) + XO(亮黄色) + 2H^+$

标定 EDTA 溶液浓度的基准物质及对应的指示剂和使用的缓冲溶液汇总于表5-6中。

表 5-6　标定 EDTA 溶液浓度的基准物质及标定条件

基准物质	指示剂	适用 pH 范围	缓冲溶液	终点颜色变化
纯金属 Zn ZnO $ZnSO_4 \cdot 7H_2O$	二甲酚橙	<6	六亚甲基四胺溶液;pH=5~6	紫红色→亮黄色
	铬黑 T	7~10	NH_3-NH_4Cl 缓冲溶液;pH 约为 10	紫红色→纯蓝色
	PAN	2~12	NH_3-NH_4Cl 缓冲溶液;pH 约为 10	红色→黄色
$CaCO_3$ CaO	铬黑 T	7~10	NH_3-NH_4Cl 缓冲溶液;pH 约为 10	紫红色→纯蓝色
	钙指示剂	10~13	20% NaOH 溶液;pH 约为 12	酒红色→纯蓝色
	K-B指示剂	10~12	NH_3-NH_4Cl 缓冲溶液;pH 约为 10	紫红色→蓝绿色

续表

基准物质	指示剂	适用 pH 范围	缓冲溶液	终点颜色变化
MgO $MgSO_4 \cdot 7H_2O$	铬黑 T	7～10	NH_3–NH_4Cl 缓冲溶液； pH 约为 10	紫红色→纯蓝色
	K–B 指示剂	10～12	NH_3–NH_4Cl 缓冲溶液； pH 约为 10	紫红色→蓝绿色

在具体实验时，标定条件尽可能与测定条件一致，以减小系统误差。如果能以被测金属离子的纯金属或化合物作基准物质，则系统误差基本可以消除。

本实验主要具体介绍几种常用的 EDTA 溶液浓度的标定方法。

三、实验内容

1. 0.01 mol·L^{-1} EDTA 标准溶液的配制

称取 2 g EDTA 固体于烧杯中，加入 200 mL 纯水溶解（必要时可微热促使其溶解）后转至 500 mL 聚乙烯塑料瓶中，加纯水稀释至 500 mL，充分摇匀，备用。

2. 以纯金属 Zn 或 ZnO 作基准物质、二甲酚橙或铬黑 T 或 PAN 作指示剂标定 EDTA 溶液的浓度

（1）0.01 mol·L^{-1} Zn^{2+} 标准溶液的配制。以纯金属 Zn 作基准物质配制 Zn^{2+} 标准溶液的具体方法：准确称取 0.16～0.18 g 纯金属 Zn 于 100 mL 烧杯中，盖上表面皿，从杯嘴缓慢加入 5 mL 6 mol·L^{-1} HCl 溶液，待完全溶解后，用少量纯水冲洗表面皿和烧杯内壁，再加入 20 mL 纯水稀释，将溶液定量转至 250 mL 容量瓶中，用纯水稀释至刻度，充分摇匀，备用。

以 ZnO 作基准物质配制 Zn^{2+} 标准溶液的具体方法：准确称取 0.20～0.22 g ZnO 基准物质于 100 mL 烧杯中，加入 5 mL 6 mol·L^{-1} HCl 溶液溶解后，加入 20 mL 纯水稀释，将溶液定量转至 250 mL 容量瓶中，用纯水稀释至刻度，充分摇匀，备用。

（2）以二甲酚橙作指示剂标定 EDTA 溶液的浓度。移取 25.00 mL Zn^{2+} 标准溶液于 250 mL 锥形瓶中，加入 2 滴二甲酚橙指示剂，滴加 20% 六亚甲基四胺溶液至溶液呈现稳定的紫红色后，再多加入 5 mL，此时溶液的 pH 为 5～6。用 EDTA 标准溶液滴定至溶液颜色由紫红色恰变为亮黄色，即为终点。平行标定三份。计算 EDTA 标准溶液的准确浓度。

（3）以铬黑 T 作指示剂标定 EDTA 溶液的浓度。移取 25.00 mL Zn^{2+} 标准溶液于 250 mL 锥形瓶中，滴加 1:1 $NH_3 \cdot H_2O$ 至刚有 $Zn(OH)_2$ 白色沉淀出现，再加入 5 mL NH_3–NH_4Cl 缓冲溶液（pH=10）和 20 mL 纯水，加入适量铬黑 T 指示剂，用 EDTA 标准溶液滴定至溶液颜色由紫红色变为纯蓝色，即为终点。平行标定三份。计算 EDTA 标准溶液的准确浓度。

（4）以 PAN 作指示剂标定 EDTA 溶液的浓度。移取 25.00 mL Zn^{2+} 标准溶液于 250 mL 锥形瓶中，依次加入 20 mL 纯水和 10 mL NH_3–NH_4Cl 缓冲溶液（pH=10），滴加 3 滴 PAN 指示剂，用 EDTA 标准溶液滴定至溶液颜色由红色（或粉红色）刚变为黄色（有时稍带点橙色），即为终点。平行标定三份。计算 EDTA 标准溶液的准确浓度。

3.以CaCO₃作基准物质、铬黑T或钙指示剂或K−B作指示剂标定EDTA溶液的浓度

(1) 0.01 mol·L⁻¹ Ca²⁺标准溶液的配制。准确称取0.22~0.26 g CaCO₃基准物质于100 mL烧杯中,加数滴纯水润湿,盖上表面皿,从杯嘴缓慢加入6 mol·L⁻¹ HCl溶液至CaCO₃完全溶解(注意:滴加HCl溶液至CaCO₃完全溶解即可,不要多加,否则溶液酸度过高,后续需要多加缓冲溶液);加入20 mL纯水,加热煮沸2 min以除去溶液中的CO₂,冷却,用少量纯水冲洗表面皿和烧杯内壁,将溶液定量转至250 mL容量瓶中,用纯水稀释至刻度,充分摇匀,备用。

(2) 以铬黑T作指示剂标定EDTA溶液的浓度。移取25.00 mL Ca²⁺标准溶液于250 mL锥形瓶中,加入50 mL纯水及3 mL Mg−EDTA溶液,从已经调好零点的滴定管中加入15 mL(不需要准确)EDTA标准溶液,再加入10 mL NH₃−NH₄Cl缓冲溶液(pH=10)及适量铬黑T指示剂,摇匀后立即用EDTA标准溶液继续滴定至溶液颜色由紫红色变为纯蓝色,即为终点。平行标定三份。计算EDTA标准溶液的准确浓度。

(3) 以钙指示剂作指示剂标定EDTA溶液的浓度。移取25.00 mL Ca²⁺标准溶液于250 mL锥形瓶中,加入25 mL纯水和适量钙指示剂,滴加20%NaOH溶液至酒红色,再多加入5 mL,摇匀后立即用EDTA标准溶液滴定至溶液颜色由酒红色恰变为纯蓝色,即为终点。平行标定三份。计算EDTA标准溶液的准确浓度。

(4) 以K−B指示剂作为指示剂标定EDTA溶液的浓度。移取25.00 mL Ca²⁺标准溶液于250 mL锥形瓶中,加入20 mL NH₃−NH₄Cl缓冲溶液(pH=10)及4滴K−B指示剂(酸性铬蓝K和萘酚绿B的混合指示剂),用EDTA标准溶液滴定至溶液颜色由紫红色恰变为蓝绿色,即为终点。平行标定三份。计算EDTA标准溶液的准确浓度。

四、注意事项

(1) 配位滴定分析中通常需要加入缓冲溶液,以控制溶液的pH,既保证EDTA和金属离子的配位反应程度大,满足滴定分析的要求,又能满足指示剂变色对pH的要求,使指示剂的颜色变化敏锐。

(2) 配位反应比酸碱反应慢,所以配位滴定的速率不能太快,尤其是临近终点时,每滴入一滴EDTA溶液后需要多剧烈摇荡几下,以防止滴定过量。

(3) 用Ca²⁺标准溶液标定EDTA溶液的浓度时,若以铬黑T作指示剂,为了使滴定终点变色敏锐,需在滴定体系中加入适量的Mg−EDTA溶液(称为助指示剂)。其配制方法:将2.44 g MgCl₂·6H₂O及4.44 g EDTA溶解于200 mL纯水中,加入20 mL NH₃−NH₄Cl缓冲溶液及适量铬黑T指示剂,此时溶液应显紫红色(若显蓝色,应再加入少量MgCl₂·6H₂O至溶液呈紫红色)。滴加0.01 mol·L⁻¹ EDTA标准溶液至溶液颜色刚变为蓝色,然后用纯水稀释至1 L。Mg−EDTA溶液一般由实验室直接提供。

(4) 关于所用指示剂的说明:

钙指示剂(又称铬蓝黑R,酸性铬蓝黑R,酸性媒介黑R)和铬黑T指示剂的水溶液或乙醇溶液都不稳定,在有关实验中都使用其被"稀释"的固体。

1%钙指示剂:1 g钙指示剂与100 g干燥NaCl(或无水K₂SO₄)研磨混合则得到黑灰色固体粉末,直接取适量固体粉末加入待测溶液中使用,有时也用其现配制的甲醇或乙醇溶液。钙指示剂与Ca²⁺在pH=12~13的溶液中显红色(若pH<12时,钙指示剂本身呈紫

色,不能指示终点),滴定终点呈纯蓝色,灵敏度高。

1‰铬黑 T 指示剂:1 g 铬黑 T 指示剂与 100 g 干燥 NaCl(或无水 K_2SO_4)研磨混合则得到黑灰色固体粉末,直接取适量固体粉末加入待测溶液中使用,有时也用其现配制的 1‰铬黑 T 水溶液。铬黑 T 指示剂适用于 pH=10 的 NH_3-NH_4Cl 缓冲体系。

K-B 指示剂:一般由酸性铬蓝 K 和萘酚绿 B 混合而成,在 pH=8~13 的溶液中呈蓝色,其中,萘酚绿 B 在滴定过程中没有颜色变化,只起衬托终点颜色的作用,终点为蓝绿色。可以代替铬黑 T 指示剂,且不用加 Mg-EDTA 溶液,终点变色也敏锐。

五、思考题

(1) 用 $CaCO_3$ 作基准物质配制 Ca^{2+} 标准溶液时,为什么要加热煮沸 2 min 以除去溶液中的 CO_2?

(2) 用 $CaCO_3$ 作基准物质标定 EDTA 溶液浓度时,若以铬黑 T 作指示剂,为什么要加入少量 Mg-EDTA 溶液?为什么配制 Mg-EDTA 溶液时,两者物质的量之比一定要恰好为1:1?试分析 Ca^{2+},Mg^{2+} 与 EDTA 及铬黑 T 形成的配合物的稳定性顺序及滴定过程中溶液颜色变化的原因。

(3) 用 Ca^{2+} 标准溶液标定 EDTA 溶液浓度时,为什么加入 NH_3-NH_4Cl 缓冲溶液前,要先加入一部分 EDTA 标准溶液?为什么又要求加入 NH_3-NH_4Cl 缓冲溶液后立即滴定?

(4) 标定 EDTA 溶液浓度的方法有哪些?其主要区别是什么?

实验 39-4 $KMnO_4$ 标准溶液的配制与标定

一、预习要点

(1) 氧化还原滴定分析的基本知识。
(2) $KMnO_4$ 的性质及其标准溶液的配制方法。
(3) $KMnO_4$ 标准溶液浓度的标定方法及标定条件。

教学课件	视频 容量瓶使用	视频 移液管使用	视频 滴定管使用

二、实验原理

$KMnO_4$ 法是氧化还原滴定法中的重要且经典的方法,可直接或间接测定多种无机物和有机物,但选择性较差。$KMnO_4$ 法分为酸性法和碱性法。例如,在酸性条件下,用 $KMnO_4$ 能以直接滴定法测定还原性物质 Fe^{2+},H_2O_2,As(Ⅲ),NO_2^- 和 $C_2O_4^{2-}$ 等;能以间接滴定法测定能与 $C_2O_4^{2-}$ 定量生成沉淀的 Ca^{2+},Th^{4+} 及稀土离子;还可以用返滴定法测定 MnO_2,PbO_2 等氧化物。在碱性条件下,用 $KMnO_4$ 法可以测定甘露醇、酒石酸、柠檬酸、苯酚、甲醛等有机物。$KMnO_4$ 溶液本身呈深紫色,在酸性条件下其还原产物为近乎无色的 Mn^{2+},因此,在酸性条件下用它滴定无色或浅色溶液时,一般不需另加指示剂,当到达滴定终点时,稍微过量半滴 $KMnO_4$ 溶液则能使体系显示微红色而指示滴定终点。此时,$KMnO_4$ 既是氧化剂,又是指示剂。

标定 $KMnO_4$ 标准溶液浓度的基准物质有 $Na_2C_2O_4$,$H_2C_2O_4\cdot2H_2O$,As_2O_3,$(NH_4)_2Fe(SO_4)_2\cdot6H_2O$ 等。相比于 $H_2C_2O_4\cdot2H_2O$,$Na_2C_2O_4$ 因其易提纯以及在空气中稳定等优点,常被首选用于 $KMnO_4$ 溶液浓度的标定。有关反应式为

$$2MnO_4^- + 5C_2O_4^{2-} + 16H^+ = 2Mn^{2+} + 10CO_2 + 8H_2O$$

市售 $KMnO_4$ 试剂常含有少量 MnO_2 和其他杂质,热、光、酸、碱等外界因素均会促使其分解。因此,$KMnO_4$ 标准溶液不能用市售 $KMnO_4$ 试剂直接配制。一般按要求先配成浓度较大的溶液,使用时再按比例稀释,经标定后方可使用。

三、实验内容

1. 0.002 mol·L^{-1} $KMnO_4$ 溶液的配制

称取 0.96 g $KMnO_4$ 固体于 500 mL 烧杯中,加入 300 mL 纯水使其完全溶解,盖上表面皿,在电热板上加热至沸,并保持微沸状态 1 h(加热过程中要不时加以搅拌)。冷却后,用 3 号或 4 号微孔玻璃漏斗或砂芯玻璃漏斗或在玻璃漏斗上塞入一小团玻璃纤维过滤。滤液储存于棕色试剂瓶中,并在室温下静置 2~3 天,再过滤。在临用之前,将其稀释 10 倍,即可得 0.002 mol·L^{-1} $KMnO_4$ 溶液。

一般实验室直接提供 0.02 mol·L^{-1} $KMnO_4$ 溶液,学生可根据实际实验需用量,用公用量筒量取一定体积 0.02 mol·L^{-1} $KMnO_4$ 溶液于 500 mL 棕色试剂瓶中,加纯水稀释 10 倍,充分摇匀,备用。

2. 0.005 mol·L^{-1} $Na_2C_2O_4$ 标准溶液的配制

准确称取 0.16~0.18 g $Na_2C_2O_4$ 基准物质于 150 mL 烧杯中,加入 20 mL 纯水使其完全溶解,将溶液定量转至 250 mL 容量瓶中,用纯水稀释至刻度,充分摇匀,备用。

3. 0.002 mol·L^{-1} $KMnO_4$ 标准溶液浓度的标定

移取 25.00 mL $Na_2C_2O_4$ 标准溶液于 250 mL 锥形瓶中,加入 5 mL 1:3 H_2SO_4 溶液及 20 mL 纯水,摇匀后置于电热板(或水浴中)上加热至 70~85 ℃,趁热用 0.002 mol·L^{-1} $KMnO_4$ 标准溶液滴定至溶液颜色刚呈现微红色且保持 30 s 不褪色,即为终点。平行标定三份。计算 $KMnO_4$ 标准溶液的准确浓度。

四、注意事项

(1) 由于 Cl^- 具有一定的还原性,因此,$KMnO_4$ 法不宜在 HCl 溶液中应用。

(2) 用 $Na_2C_2O_4$ 标准溶液标定 $KMnO_4$ 溶液浓度时,要注意温度、酸度、滴定速率和终点的判断。

① 温度。试液温度控制在 70~85 ℃。温度低,反应速率太慢;温度太高,草酸将分解。

② 酸度。用 H_2SO_4 溶液调节酸度。酸度过低,MnO_4^- 会被部分地还原成 MnO_2;酸度过高,会促使 $H_2C_2O_4$ 分解。一般滴定开始时的适宜酸度约为 1 mol·L^{-1}。

③ 滴定速率。开始滴定时，MnO_4^- 与 $C_2O_4^{2-}$ 的反应很慢，滴入的 $KMnO_4$ 褪色较慢。因此，滴定开始阶段的滴定速率应很慢，等上一滴 $KMnO_4$ 的紫红色褪去后再滴下一滴。否则，滴入的 $KMnO_4$ 来不及和 $C_2O_4^{2-}$ 反应，就会在热的酸性溶液中分解，导致标定结果偏低。待试液中积累了一定量 Mn^{2+}，发挥其催化作用后，滴定速率可以逐渐加快，直至正常滴定速率。

④ 终点。$KMnO_4$ 法是利用 $KMnO_4$ 本身的颜色指示终点，但此终点不够稳定，空气中的还原性气体及尘埃落入试液均能使 $KMnO_4$ 分解，而使微红色消失。所以，滴至溶液呈微红色且 30 s 不褪色，即可认为已经达到滴定终点。

（3）$KMnO_4$ 的氧化能力强，易与水中的有机物、空气中的尘埃、NH_3 等还原性物质作用，而且它还会自行分解，生成 MnO_2 和 O_2 等，且在有 Mn^{2+} 存在的条件下，分解速率加快，特别是见光分解更快。因此，必须注意掌握正确的配制方法和保存条件，以延长其稳定期。但如长期使用，仍须定期或临用前进行标定。

（4）氧化还原滴定的计量关系较为复杂，计算标定结果时要注意氧化剂与还原剂的化学反应计量系数。

五、思考题

（1）用 $Na_2C_2O_4$ 作基准物质标定 $KMnO_4$ 溶液浓度时，为什么选择 H_2SO_4 溶液作为介质，而不选 HCl 溶液或 HNO_3 溶液？

（2）用 $Na_2C_2O_4$ 作基准物质标定 $KMnO_4$ 溶液浓度的过程中，加 H_2SO_4 溶液、加热和控制滴定速率等的目的分别是什么？

（3）本实验中，应如何准确读取滴定管中 $KMnO_4$ 溶液的体积？

（4）本实验中要求趁热用 $KMnO_4$ 溶液滴定 $Na_2C_2O_4$ 溶液，如何有效做到"趁热"？

六、助学导学内容

黎朝. 氧化还原滴定计算新思路. 大学化学，2013，28(6)：66—70.

实验 39—5 $Na_2S_2O_3$ 标准溶液的配制与标定

一、预习要点

（1）$Na_2S_2O_3$ 的性质及其标准溶液的配制和标定方法。
（2）标定 $Na_2S_2O_3$ 溶液浓度的基准物质。
（3）碘量法的误差来源及其消除方法。

| 教学课件(1) | 教学课件(2) 碘量法简介 | 视频 容量瓶使用 | 视频 移液管使用 | 视频 滴定管使用 |

二、实验原理

$Na_2S_2O_3$ 标准溶液通常用于碘量法中。碘量法是氧化还原滴定分析方法中重要的一类滴定方法,是利用 I_2 的氧化性和 I^- 的还原性来进行滴定的方法,通过 $Na_2S_2O_3$ 与 I_2 反应,测得相关氧化物或还原物的准确浓度。碘量法的误差主要来源于 I_2 的挥发和在酸性溶液中 I^- 被空气中 O_2 氧化。

市售的 $Na_2S_2O_3 \cdot 5H_2O$ 纯度不够高,含有少量 S^{2-},S,SO_3^{2-},CO_3^{2-},Cl^- 等杂质,且易风化和潮解,配制好的溶液也不稳定,容易分解,如水中的微生物、空气中的 O_2 与 CO_2 及光等因素都能促使 $Na_2S_2O_3$ 发生分解。因此,$Na_2S_2O_3$ 标准溶液不能用市售的 $Na_2S_2O_3 \cdot 5H_2O$ 试剂直接配制,一般按要求配制成所需近似浓度的溶液,标定后使用。

标定 $Na_2S_2O_3$ 溶液浓度的基准物质有 KIO_3,$K_2Cr_2O_7$ 和纯金属 Cu 等,一般根据实际体系进行选择。

1. 以 KIO_3 作基准物质、淀粉作指示剂标定 $Na_2S_2O_3$ 溶液的浓度

在酸性溶液中,IO_3^- 与 I^- 反应,生成与 KIO_3 基准物质化学计量相当的 I_2。加纯水降低溶液酸度,在弱酸性条件下用待标定的 $Na_2S_2O_3$ 标准溶液滴定析出的 I_2。当绝大部分 I_2 反应后,加入淀粉指示剂,溶液变蓝,继续用 $Na_2S_2O_3$ 标准溶液滴定至蓝色消失,即为终点。有关反应式为

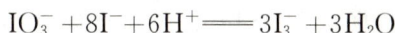

$$IO_3^- + 8I^- + 6H^+ = 3I_3^- + 3H_2O$$
$$I_3^- + 2S_2O_3^{2-} = 3I^- + S_4O_6^{2-}$$

2. 以 $K_2Cr_2O_7$ 作基准物质、淀粉作指示剂标定 $Na_2S_2O_3$ 溶液的浓度

在酸性溶液中,$Cr_2O_7^{2-}$ 与 I^- 反应,生成与 $K_2Cr_2O_7$ 基准物质化学计量相当的 I_2。加纯水降低溶液酸度,在弱酸性条件下用待标定的 $Na_2S_2O_3$ 标准溶液滴定析出的 I_2,当绝大部分 I_2 被反应后,加入淀粉指示剂,继续用 $Na_2S_2O_3$ 标准溶液滴定至溶液呈现亮绿色,即为终点。有关反应式为

$$Cr_2O_7^{2-} + 6I^- + 14H^+ = 2Cr^{3+} + 3I_2 + 7H_2O$$
$$I_3^- + 2S_2O_3^{2-} = 3I^- + S_4O_6^{2-}$$

三、实验内容

1. $0.1 \ mol \cdot L^{-1} \ Na_2S_2O_3$ 标准溶液的配制

称取 $7.5 \ g \ Na_2S_2O_3 \cdot 5H_2O$ 固体于 $400 \ mL$ 烧杯中,加入 $300 \ mL$ 新煮沸并冷却的纯水,使其完全溶解,加入 $0.1 \ g \ Na_2CO_3$ 固体,搅拌均匀,将溶液转入 $500 \ mL$ 棕色试剂瓶中,充分摇匀,备用。

2. 以 KIO_3 作基准物质、淀粉作指示剂标定 $Na_2S_2O_3$ 溶液的浓度

(1) $0.01667 \ mol \cdot L^{-1} \ KIO_3$ 标准溶液的配制。用指定质量称量法称取 $0.3567 \ g \ KIO_3$ 基准物质于 $100 \ mL$ 烧杯中,加 $20 \ mL$ 纯水使其完全溶解,将溶液定量转至 $100 \ mL$ 容量瓶中,用纯水稀释至刻度,充分摇匀,备用。

(2) $0.1 \ mol \cdot L^{-1} \ Na_2S_2O_3$ 溶液浓度的标定。先用上述配制好的 $0.1 \ mol \cdot L^{-1} \ Na_2S_2O_3$ 溶液润洗滴定管,装液、排气泡、调节零点后,架在滴定管架上,做好滴定准备。移取 $25.00 \ mL$

0.01667 mol·L^{-1} KIO$_3$ 标准溶液于 250 mL 锥形瓶中，依次加入 10 mL 20% KI 溶液、5 mL 1 mol·L^{-1} H$_2$SO$_4$ 溶液，再加纯水稀释至总体积约为 100 mL，立即用待标定的 Na$_2$S$_2$O$_3$ 标准溶液滴定至溶液颜色变为淡黄色，加入 5 mL 0.5% 淀粉溶液，继续用 Na$_2$S$_2$O$_3$ 标准溶液滴定至溶液的蓝色刚消失，即为终点。平行标定三份。计算 Na$_2$S$_2$O$_3$ 标准溶液的准确浓度。

3. 以 K$_2$Cr$_2$O$_7$ 作基准物质、淀粉作指示剂标定 Na$_2$S$_2$O$_3$ 溶液的浓度

（1）0.01667 mol·L^{-1} K$_2$Cr$_2$O$_7$ 标准溶液的配制。用指定质量称量法准确称取 0.4904 g K$_2$Cr$_2$O$_7$ 基准物质于 100 mL 烧杯中，加 20 mL 纯水使其完全溶解，将溶液定量转至 100 mL 容量瓶中，用纯水稀释至刻度，充分摇匀，备用。

（2）0.1 mol·L^{-1} Na$_2$S$_2$O$_3$ 溶液浓度的标定。先用上述配制好的 0.1 mol·L^{-1} Na$_2$S$_2$O$_3$ 溶液润洗滴定管，装液、排气泡、调节零点后，架在滴定管架上，做好滴定准备。移取 25.00 mL 0.01667 mol·L^{-1} K$_2$Cr$_2$O$_7$ 标准溶液于 250 mL 锥形瓶中，依次加入 5 mL 6 mol·L^{-1} HCl 溶液、10 mL 20% KI 溶液，摇匀后置于暗处 5 min，然后加纯水稀释至总体积约为 100 mL，立即用 Na$_2$S$_2$O$_3$ 标准溶液滴定至溶液颜色变为淡黄色，加入 5 mL 0.5% 淀粉溶液，继续用 Na$_2$S$_2$O$_3$ 标准溶液滴定至溶液呈现亮绿色，即为终点。平行标定三份。计算 Na$_2$S$_2$O$_3$ 标准溶液的准确浓度。

4. 以纯金属 Cu 作基准物质、淀粉作指示剂标定 Na$_2$S$_2$O$_3$ 溶液的浓度

对于铜合金中 Cu 含量的测定，标定 Na$_2$S$_2$O$_3$ 溶液浓度的基准物质最好选用纯金属 Cu，这样使标定和测定采用相同的方法和指示剂，以减少系统误差。具体测定步骤为

① 先用上述配制好的 0.1 mol·L^{-1} Na$_2$S$_2$O$_3$ 溶液润洗滴定管，装液、排气泡、调节零点后，架在滴定管架上，做好滴定准备。

② 准确称取 0.50～0.70 g 纯金属 Cu 于 250 mL 烧杯中，加入 15 mL 1:1 HCl 溶液，在搅拌下滴加 5 mL 30% H$_2$O$_2$ 溶液，盖上表面皿。加热使 Cu 完全溶解，并继续加热至多余的 H$_2$O$_2$ 完全分解除尽。冷却后，用少量纯水淋洗表面皿，将溶液定量转至 100 mL 容量瓶中，用纯水稀释至刻度，充分摇匀，备用。

③ 移取 25.00 mL 上述 Cu^{2+} 标准溶液于 250 mL 锥形瓶中，加入 15 mL 纯水，滴加 1:1 NH$_3$·H$_2$O 至溶液中刚有沉淀生成，加入 8 mL 1:1 HAc 溶液、10 mL 20% NH$_4$HF$_2$ 溶液及 10 mL 20% KI 溶液，轻轻摇匀后，立即用 Na$_2$S$_2$O$_3$ 标准溶液滴定至溶液颜色变为淡黄色，加入 5 mL 0.5% 淀粉溶液，继续用 Na$_2$S$_2$O$_3$ 标准溶液滴定至溶液的蓝色刚消失，即为终点。平行标定三份。计算 Na$_2$S$_2$O$_3$ 标准溶液的准确浓度。

四、注意事项

（1）加入 KI 溶液轻轻摇匀后应立即滴定。KI 加入一份就应滴定一份，不得三份同时加 KI 后再逐份滴定。滴定开始阶段，滴定速率可适当快些，但不应太剧烈地摇荡，即"快滴慢摇"。

（2）淀粉指示剂不能过早加入，否则淀粉与 I$_2$ 形成大量蓝色包合物，吸附大量 I$_3^-$，颜色变为深灰色，使滴定终点拖长且不敏锐，不好观察。临近滴定终点加入淀粉指示剂后，应"慢滴用力摇"。

（3）若条件允许,最好用碘量瓶代替普通的锥形瓶进行实验。

五、思考题

（1）为什么配制 $Na_2S_2O_3$ 标准溶液时要用新煮沸并冷却的纯水？为什么要在 $Na_2S_2O_3$ 溶液中加入少量 Na_2CO_3 固体？配制好的 $Na_2S_2O_3$ 溶液为什么要储存于棕色试剂瓶中？

（2）标定 $Na_2S_2O_3$ 溶液浓度时可用 KIO_3 和 $K_2Cr_2O_7$ 等作基准物质,都采用间接法标定,为什么？

（3）以 KIO_3 或 $K_2Cr_2O_7$ 作基准物质标定 $Na_2S_2O_3$ 溶液浓度过程中,为什么都要加纯水稀释至 100 mL？

（4）碘量法的误差主要来源于 I_2 的挥发和在酸性溶液中 I^- 被空气中 O_2 氧化。本实验中采取了哪些措施来减小上述两种误差？

（5）在标定 $Na_2S_2O_3$ 溶液浓度时,为什么淀粉指示剂既不能过早也不能过迟地加入？

实验 39−6　I_2 标准溶液的配制与标定

一、预习要点

（1）I_2 的性质及其标准溶液的配制和标定方法。
（2）$Na_2S_2O_3$ 的性质及其标准溶液的配制和标定方法。
（3）碘量法的误差来源及其消除方法。

教学课件（1）
$Na_2S_2O_3$ 标准溶液的
配制与标定

教学课件（2）
碘量法简介

二、实验原理

碘量法是氧化还原滴定法中重要的一类分析方法,主要是利用 I_2 的氧化性和 I^- 的还原性来进行滴定。碘量法分为直接碘量法和间接碘量法。

直接碘量法（又称碘滴定法）是在弱酸性介质中,用 I_2 标准溶液直接滴定 $S_2O_3^{2-}$,SO_3^{2-}和维生素 C 等强还原性物质。

间接碘量法则是利用 I^- 的还原性,在一定条件下与氧化性物质 IO_3^-,$Cr_2O_7^{2-}$,H_2O_2,Cu^{2+} 和 Fe^{3+} 等反应,定量析出相应量的 I_2,然后用 $Na_2S_2O_3$ 标准溶液进行滴定,最后根据它们之间的化学计量关系求算氧化性物质的含量。

碘量法一般采用淀粉作指示剂,灵敏度高,当溶液出现蓝色（直接碘量法）或蓝色消失（间接碘量法）,即为终点。

升华制得的单质 I_2 可以用来直接配制其标准溶液。但由于 I_2 的强挥发性及对天平的腐蚀性,不宜在分析天平上称取。因此,I_2 标准溶液不能用直接法进行直接配制。一般先称取一定量的 I_2 固体,溶于少量 KI 溶液中（可形成 I_3^-,既增加 I_2 的溶解度,又可以减少 I_2 的挥发）,研磨溶解后稀释至一定体积,然后用基准物 As_2O_3 或已经标定的 $Na_2S_2O_3$ 标准溶液标定其准确浓度。鉴于 As_2O_3 是剧毒物质,现常用 $Na_2S_2O_3$ 标准溶液标定 I_2 溶液的浓度。有关反应式为

$$I_3^- + 2S_2O_3^{2-} = 3I^- + S_4O_6^{2-}$$

三、实验内容

1. 0.05 mol·L^{-1} I$_2$ 标准溶液的配制

称取 3.3 g I$_2$ 及 5 g KI 固体于研钵中,在通风橱内加入少量纯水研磨,待 I$_2$ 固体完全溶解后,将溶液转至棕色试剂瓶中,加纯水稀释至 250 mL,充分摇匀,放暗处备用。

2. 0.1 mol·L^{-1} Na$_2$S$_2$O$_3$ 标准溶液的配制和标定

详见实验 39—5。

3. I$_2$ 标准溶液浓度的标定

先用配制好的 0.1 mol·L^{-1} Na$_2$S$_2$O$_3$ 标准溶液润洗滴定管,装液、排气泡、调节零点后,架在滴定管架上,做好滴定准备。

准确移取 25.00 mL I$_2$ 标准溶液于 250 mL 锥形瓶中,加入 50 mL 纯水,立即用 Na$_2$S$_2$O$_3$ 标准溶液滴定至溶液颜色变为淡黄色时,加入 5 mL 0.5% 淀粉溶液,继续用 Na$_2$S$_2$O$_3$ 标准溶液滴定至溶液的蓝色刚好消失,即为终点。平行标定三份。计算 I$_2$ 标准溶液的准确浓度。

四、注意事项

(1) 配制 I$_2$ 标准溶液时须在通风橱中进行。

(2) 不得同时移取三份 I$_2$ 标准溶液后再一份一份地滴定,应滴定完一份后,再移取下一份。

(3) 淀粉指示剂不能过早加入,否则淀粉与 I$_2$ 形成大量蓝色包合物,吸附大量 I$_3^-$,颜色变为深灰色,使滴定终点拖长且不敏锐,不好观察。

(4) 滴定开始阶段,滴定速率可适当快些,但不应太剧烈地摇荡。

五、思考题

(1) 配制 I$_2$ 标准溶液时,为何要加入 KI 固体? 二者的比例为什么不是 1∶1?

(2) 移取 25.00 mL I$_2$ 标准溶液于 250 mL 锥形瓶中,为什么还要加入 50 mL 纯水? 又为什么要立即用 Na$_2$S$_2$O$_3$ 标准溶液滴定?

实验 39—7　AgNO$_3$ 标准溶液的配制与标定

一、预习要点

(1) 沉淀滴定法及银量法的基本知识。

(2) AgNO$_3$ 的性质及其标准溶液的配制和标定方法。

教学课件	视频 容量瓶使用	视频 移液管使用	视频 滴定管使用

二、实验原理

沉淀滴定法是利用沉淀反应来进行滴定分析的方法,比较常用的是 Ag^+ 和卤素、拟卤素之间的沉淀反应,故又称银量法,可以测定 Cl^-,Br^-,I^-,SCN^- 和 Ag^+ 含量。银量法主要包括莫尔法、福尔哈德法和法扬司法,有关内容详见实验 50-1—实验 50-3。

其中,莫尔法是根据分步沉淀的原理,以 K_2CrO_4 作指示剂,用 $AgNO_3$ 标准溶液作滴定剂的银量法。以滴定 Cl^- 为例,由于 AgCl 沉淀的溶解度比 Ag_2CrO_4 的溶解度小,因此,滴定时首先析出 AgCl 沉淀。当 AgCl 定量沉淀后,过量一滴 $AgNO_3$ 溶液立即与 CrO_4^{2-} 反应生成砖红色的 Ag_2CrO_4 沉淀,以指示滴定终点的到达。有关反应式为

$$Ag^++Cl^- \Longrightarrow AgCl\downarrow(白色) \qquad K_{sp}=1.77\times10^{-10}$$
$$2Ag^++CrO_4^{2-} \Longrightarrow Ag_2CrO_4\downarrow(砖红色) \qquad K_{sp}=1.12\times10^{-12}$$

莫尔法的应用必须在中性或弱碱性溶液中进行,最适宜的 pH 范围为 6.5~10.0。若 $pH<6.5$,CrO_4^{2-} 与 H^+ 作用生成 $Cr_2O_7^{2-}$,使 CrO_4^{2-} 浓度降低,Ag_2CrO_4 沉淀出现延迟,甚至不出现沉淀;若 $pH>10.0$,又会出现 Ag_2O 沉淀,使溶液中 Ag^+ 浓度降低,也会使 Ag_2CrO_4 沉淀出现延迟。K_2CrO_4 指示剂的用量对标定的结果有影响。当 CrO_4^{2-} 浓度过大时,终点过早出现,且溶液的颜色过深,影响终点的观察;当 CrO_4^{2-} 浓度过小时,导致 Ag^+ 过量,终点延迟。因此,K_2CrO_4 适宜的浓度为 5×10^{-3} mol·L^{-1}。

本实验主要介绍 $AgNO_3$ 标准溶液的配制及用莫尔法标定 $AgNO_3$ 标准溶液浓度的具体方法。高纯度的 $AgNO_3$ 试剂可以作基准物质,直接用来配制其标准溶液。但由于 $AgNO_3$ 不稳定,见光易分解,一般实验中都是按要求配制成所需近似浓度的溶液,再用 NaCl 基准物质进行标定。

三、实验内容

1. 0.1 mol·L^{-1} $AgNO_3$ 标准溶液的配制

称取 8.5 g $AgNO_3$ 固体于 400 mL 烧杯中,加入 250 mL 纯水溶解后,转入 500 mL 棕色试剂瓶中,加纯水稀释至 500 mL,充分摇匀,置暗处备用。

为了节约 $AgNO_3$ 试剂,一般由实验室直接提供 0.1 mol·L^{-1} $AgNO_3$ 溶液,学生可根据实验实际需用量,用公用量筒直接移取至其棕色试剂瓶中,摇匀,备用。

2. 0.1 mol·L^{-1} $AgNO_3$ 标准溶液浓度的标定

准确称取 0.53~0.60 g NaCl 基准物质于 100 mL 烧杯中,加 20 mL 纯水使其完全溶解,将溶液定量转至 100 mL 容量瓶中,用纯水稀释至刻度,充分摇匀,备用。

移取 25.00 mL NaCl 标准溶液于 250 mL 锥形瓶中,依次加入 25 mL 纯水、1 mL 5% K_2CrO_4 溶液,在充分摇动下用 $AgNO_3$ 标准溶液滴定至溶液颜色呈现淡的砖红色,即为终点。平行标定三份。计算 $AgNO_3$ 标准溶液的准确浓度。

四、注意事项

(1) 莫尔法滴定至终点时,是白色的 AgCl 沉淀中混有很少量的砖红色 Ag_2CrO_4 沉淀,接近浅橙色即可,要防止滴过量。

（2）若 $AgNO_3$ 溶液或 $AgCl$ 沉淀不小心洒在实验台上、地上或水槽边上，应随即清理干净，以防分解后着色。

（3）滴定管使用完后，一定要用纯水洗干净，不能先用自来水洗，以免自来水中的 Cl^- 与滴定管中残留的 Ag^+ 反应生成沉淀而附着在滴定管内壁上。

（4）Ag 是贵重金属，含 Ag 溶液或废液应当回收。润洗滴定管的、调零排出的、实验后试剂瓶和滴定管中剩余的 $AgNO_3$ 溶液及其他含 Ag 废液都要回收至指定容器中。

五、思考题

（1）用莫尔法标定 $AgNO_3$ 溶液浓度时，为什么溶液的 pH 要控制在 6.5～10.5 范围内？

（2）莫尔法中 K_2CrO_4 指示剂的浓度过大或过小对滴定结果分别有何影响？

实验 40　未知有机酸摩尔质量的测定及其化学式的推断

一、预习要点

（1）基准物质与标准溶液。

（2）热分析法及其应用。

（3）NaOH 标准溶液的配制和标定方法。

（4）减量称量法、容量瓶、移液管及滴定管的规范操作。

（5）误差、有效数字的概念。

教学课件

二、实验原理

大多数有机酸是弱酸。如果某有机酸能溶于水，且其酸性足够强，即其各级解离平衡常数 $K_{ai} \geqslant 10^{-7}$，则多元有机酸中的氢均能被准确测定，可用 NaOH 标准溶液滴定，直接测定其含量。有关反应式为

$$n\text{NaOH} + \text{H}_n\text{A}(\text{有机酸}) =\!\!=\!\!= \text{Na}_n\text{A} + n\text{H}_2\text{O}$$

反应产物是强碱弱酸盐，滴定突跃范围在弱碱性范围内，可选用酚酞作指示剂，滴定溶液的颜色由无色变为微红色，即为终点。NaOH 标准溶液的浓度可由邻苯二甲酸氢钾基准物质标定。

有机酸中的结晶水含量则可用热重分析法测定。例如，某一含结晶水的有机弱酸晶体，用热重分析法测定其含水量，得到如图 5-4 所示的热重分析曲线。图中：$m_1 = 0.7564$ g，表示温度 $T < T_1$ 时，含有结晶水的稳定物质的质量；$m_2 = 0.5402$ g，表示温度 $T > T_2$ 时，失去结晶水后的稳定物质的质量。结合下列酸碱滴定法实验结果，则可确定该含结晶水有机酸的摩尔质量，并推断其化学式。

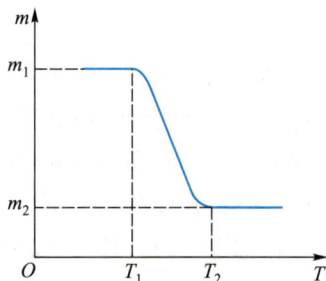

图 5-4　某一含结晶水的有机弱酸晶体的热重分析曲线（示意图）

三、实验内容

1. 0.1 mol·L⁻¹ NaOH 标准溶液的配制和标定

详见实验 39—2。

2. 有机酸摩尔质量的测定

准确称取 0.50～0.60 g 含结晶水的有机酸试样于 100 mL 烧杯中,加入 20 mL 纯水使其完全溶解,将溶液定量转至 100 mL 容量瓶中,加纯水稀释至刻度,充分摇匀,备用。

移取 25.00 mL 有机酸试样溶液于 250 mL 锥形瓶中,加入 20 mL 纯水及 2 滴酚酞指示剂,用 0.1 mol·L⁻¹ NaOH 标准溶液滴定至溶液颜色由无色刚变为微红色且 30 s 不褪色,即为终点。平行测定三份。计算有机酸的摩尔质量。

3. 推断含结晶水有机酸的化学式

根据热重分析结果及滴定分析的数据,确定未知含结晶水有机酸的摩尔质量,并推断其化学式。

4. 拓展实验——未知有机酸的热重和差热分析

测定所给未知有机酸的热重和差热曲线,并与图 5-4 进行对照分析,学习、解读其热重—差热分析图谱。

四、注意事项

(1) 掌握电子分析天平的操作规范。

(2) 实验过程中的废液要回收至指定容器中。

五、思考题

(1) 写出该实验中涉及的所有反应式。

(2) 写出标定 NaOH 标准溶液浓度的计算式,以及各次结果的相对偏差、相对平均偏差的计算式。

(3) 标定 NaOH 溶液浓度的基准物质有哪些?

(4) 如果 NaOH 标准溶液吸收了空气中的 CO_2,对有机酸摩尔质量的测定有何影响?

(5) 柠檬酸、酒石酸等多元酸能否用 NaOH 标准溶液直接滴定?

实验 41　阿司匹林片剂中乙酰水杨酸含量的测定

一、预习要点

(1) 阿司匹林的性质。

(2) 乙酰水杨酸纯度分析及含量测定的常用方法。

(3) 药剂测定的前处理方法。

(4) 返滴定法测定阿司匹林片剂中乙酰水杨酸含量的方法。

教学课件

二、实验原理

乙酰水杨酸,即阿司匹林(aspirin)是一种人们熟知的药物,其应用于临床治疗已有一百多年的历史。起初主要用于解热、镇痛(头痛、神经痛、牙痛、肌肉痛及关节痛)和抗风湿的治疗,后来又发现它有抑制血小板聚集的作用,能抑制血栓的形成,被广泛用于预防和治疗脑血栓和心肌梗死。国内外大量临床资料表明,阿司匹林是预防和抑制血栓形成的良药。

乙酰水杨酸的制备是经典的有机化学实验教学项目,即在酸催化作用下,由乙酸酐或乙酰氯与水杨酸反应而制得,其反应式为

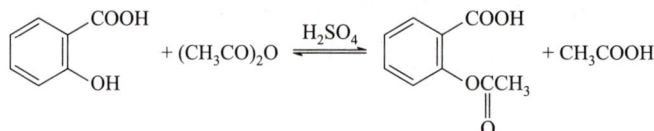

水杨酸是含有酚羟基和羧基双官能团的化合物,因此,在制备乙酰水杨酸的过程中会有少量高聚物的形成。一般将乙酰水杨酸变成钠盐而溶于水,利用高聚物不溶于水的性质将其除去。此外,反应产物中还存有未反应完全的水杨酸原料,以及乙酰水杨酸水解产生的水杨酸。在中性或弱酸性条件下(pH=4~6),杂质水杨酸能与$FeCl_3$反应生成紫色配合物(而乙酰水杨酸不能与$FeCl_3$反应)而用以鉴定水杨酸。此鉴定反应极为灵敏,也可以从紫色深浅的半定量方法(目视比色法)测定杂质水杨酸的含量。

乙酰水杨酸的纯度分析及含量测定是评价合成产物质量的重要环节。实验室常用方法有:

(1)熔点法。纯净固体状态的有机化合物一般都有固定的熔点,且在一定压力下,固液两态之间的变化是非常敏锐的,自初熔至全熔的温度范围(称为熔程)不超过0.5~1 ℃。乙酰水杨酸的熔点为135 ℃,如试样不纯,则其熔点往往低于135 ℃,且熔程也较长。熔程越长,说明试样越不纯。但乙酰水杨酸易受热分解,因此熔点不明显。

(2)薄层层析法。取少许试样配成溶液待用。将水杨酸标样、乙酰水杨酸标样和试样点在硅胶板的同一条线上,在展开剂中展开,然后取出使溶剂挥发,在紫外灯下观察各个试样点的位置并标记,计算各点的比移值R_f(哪种物质的R_f值大,为什么?)以判断产物的纯度。

比移值R_f是薄层色谱法中表示待测组分在薄层中移动位置的参数,即为待测组分(斑点中心)移动的距离与溶剂前沿移动的距离之比,也就是原点(点样位置)到斑点中心的距离与原点到溶剂前沿的距离的比值。

(3)核磁共振波谱法。采用核磁共振氢谱可对产物进行精确的定性与定量分析。核磁共振氢谱中峰面积的积分代表氢原子数目,在粗产物的氢谱中,可精确得出产物乙酰水杨酸与水杨酸的物质的量之比。

(4)容量分析法。乙酰水杨酸易溶于乙醇,微溶于水,其$pK_a=3.0$,$cK_a>10^{-8}$,符合直接滴定的条件,可以酚酞作指示剂,用NaOH标准溶液直接滴定。但为防止乙酰基水解,须在10 ℃以下的中性乙醇中进行滴定。有关反应式为

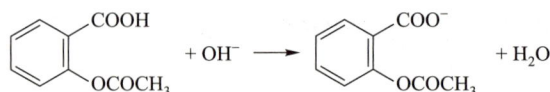

本实验是有关阿司匹林片剂中乙酰水杨酸含量的测定,阿司匹林片剂的主要成分是乙酰水杨酸,但阿司匹林片剂中通常含有一定量的赋形剂(硬脂酸镁、淀粉、糖粉等),它们在冷乙醇中不易溶解,因此,不宜直接滴定,而需采用返滴定法。即准确称取若干片阿司匹林药片并研细后,再准确称取一定量粉末,加入准确体积且过量的 NaOH 标准溶液,加热一定时间使乙酰基水解完全,加入酚酞指示剂,再用 HCl 标准溶液返滴定剩余的 NaOH,以酚酞的微红色刚消失为终点。由此计算每片药片中含乙酰水杨酸的质量(mg/片),并与药瓶上的标识量进行比较。有关反应式为

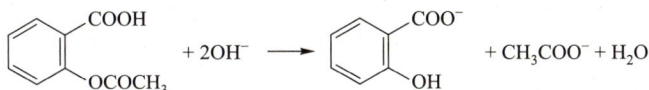

三、实验内容

1. 0.1 mol·L⁻¹ NaOH 标准溶液的配制和标定

详见实验 39－2。

2. 0.1 mol·L⁻¹ HCl 标准溶液的配制

详见实验 39－1。

3. 阿司匹林片剂中乙酰水杨酸含量的测定

准确称取 15 片阿司匹林片剂(记录其总质量,计算每片片剂的平均质量)于研钵中,充分研细并混匀。准确称取 0.4 g 粉末试样于 250 mL 锥形瓶中,用滴定管加入 40.00 mL NaOH 标准溶液(从滴定管的 0.00 mL 处开始放出,不一定为整数,但需准确记录其体积),用铝箔纸封住锥形瓶口,轻轻摇动后置于水浴中加热 15 min(期间时常摇动锥形瓶)。取出并迅速用流水冷却至室温,加入 3 滴酚酞指示剂,立即用 0.1 mol·L⁻¹ HCl 标准溶液滴定至溶液颜色由红色刚变为无色(红色刚刚消失),即为终点。平行测定三份。待后续的体积比 V_{NaOH}/V_{HCl} 测定后,分别计算每片阿司匹林片剂中乙酰水杨酸的含量(mg/片)。

4. 体积比 V_{NaOH}/V_{HCl} 的测定

准确移取 25.00 mL NaOH 标准溶液于 250 mL 锥形瓶中,加入 15 mL 纯水,在与上述测定相同的操作条件下进行加热与滴定。平行测定三份,计算 V_{NaOH}/V_{HCl} 值。

5. 延伸实验——乙酰水杨酸产物纯度的测定

学生实验合成的乙酰水杨酸产物纯度的测定,则可采用直接滴定法。具体测定步骤如下:准确称取 0.3~0.4 g 试样于干燥的锥形瓶中,加入 20 mL 中性冷乙醇溶解,立即用 0.1 mol·L⁻¹ NaOH 标准溶液滴定至溶液颜色由无色刚变为微红色,即为终点。计算试样中乙酰水杨酸的质量分数。(中性冷乙醇的配制:量取一定量预先在冰浴中冷却过的冷乙醇,加入 2~3 滴酚酞指示剂,用 0.1 mol·L⁻¹ NaOH 标准溶液滴定至溶液颜色呈微红色即可,无需记录体积。)

6. 拓展实验——乙酰水杨酸水解反应速率及活化能的测定

乙酰水杨酸,可作为感冒、流感等发热疾病的退热药物和治疗风湿痛及能阻止血栓形成等的药物,主要是乙酰水杨酸在人体内水解形成其活性形式水杨酸的作用。所以,研究酸性和碱性介质中乙酰水杨酸水解反应动力学对了解乙酰水杨酸的用量及用药时间等具有重要意义。设计测定乙酰水杨酸水解反应速率常数及活化能的实验方案,并实施。

四、注意事项

(1) 为保证试样的均匀性，根据每片药片的质量，应取用足够多的片数，以保证其中乙酰水杨酸的总质量大于 1.0 g。因为每次测定需要准确称取适量药粉(相当于 0.3 g 乙酰水杨酸)进行分析测定，共需要测定三份。

(2) 研磨片剂时，先用研杵将药片压碎后再充分研磨。

(3) 由于 NaOH 标准溶液在加热过程中会受空气中 CO_2 的影响，少量 NaOH 生成了 Na_2CO_3，使得返滴定时消耗的 HCl 的化学计量关系发生变化。因此，应对空气中 CO_2 对 NaOH 溶液的影响进行修正，即实验中试样的测定与 V_{NaOH}/V_{HCl} 的测定在水浴上加热的时间和冷却时间都应尽可能保持一致。

五、思考题

(1) 在体积比 V_{NaOH}/V_{HCl} 的测定中，为什么需要在与测定试样相同的操作条件下进行测定？

(2) 已知水杨酸的 $pK_{a2}=13.1$，因此，当用过量 NaOH 分解乙酰水杨酸时，其反应亦可表示为

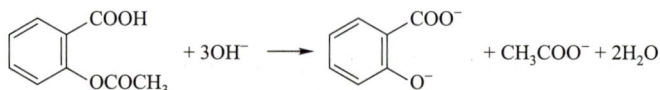

那么，计算含量时能否认为 1 mol 乙酰水杨酸消耗 3 mol NaOH？

实验 42   电位滴定法测定混合碱中 Na_2CO_3 和 $NaHCO_3$ 的含量

一、预习要点

(1) 电位滴定法的基本原理。
(2) Origin 软件的一阶、二阶求导方法。
(3) 内插法计算滴定终点体积。

二、实验原理

在实际工作中常常会遇到酸碱混合组分的分析问题，如纯碱中含有一定量的 $NaHCO_3$，氯化铵中会有一定量的游离 HCl 等。为了检验纯碱和铵盐的质量等级，需要对混合酸碱物中的各组分进行测定。如对于混合碱中 Na_2CO_3 与 $NaHCO_3$ 的含量测定，在经典的滴定分析中，一般以 HCl 标准溶液作滴定剂，依次用酚酞和甲基橙(双指示剂法)分别指示第一、第二终点，用人眼观察溶液颜色的变化来判断滴定终点。虽然测定过程比较简单，但由于 CO_3^{2-} 被滴定至 HCO_3^- 这一步的终点颜色变化不够明显，导致实验误差较大。电位滴定法是根据滴定过程中化学计量点附近的电位突跃来确定滴定终点的方法，准确度较高。与经典的滴定分析法相比，电位滴定法更适用于突跃范围较窄的滴定分析实验。

pH 计的主体是一个精密的电位计，可以作为酸碱体系电位滴定的检测器。对于混合

碱中 Na_2CO_3 与 $NaHCO_3$ 的含量测定,随着滴定剂 HCl 标准溶液的不断加入,pH 计及时记录滴定体系的 pH 变化。如图 5-5 所示,以滴定体积为横坐标,pH 为纵坐标,可以绘制滴定曲线;采用 Origin 软件进行一阶或二阶求导后可以分别绘制一阶导数曲线($\Delta E/\Delta V -V$)和二阶导数曲线($\Delta^2 E/\Delta V^2 -V$)。对于本实验体系,一阶导数曲线的两个最低点所对应的体积就是到达滴定终点时所用的滴定剂的体积;二阶导数曲线在滴定突跃范围内 $\Delta^2 E/\Delta V^2$ 等于零时所对应的体积就是到达滴定终点时所用的滴定剂的体积。

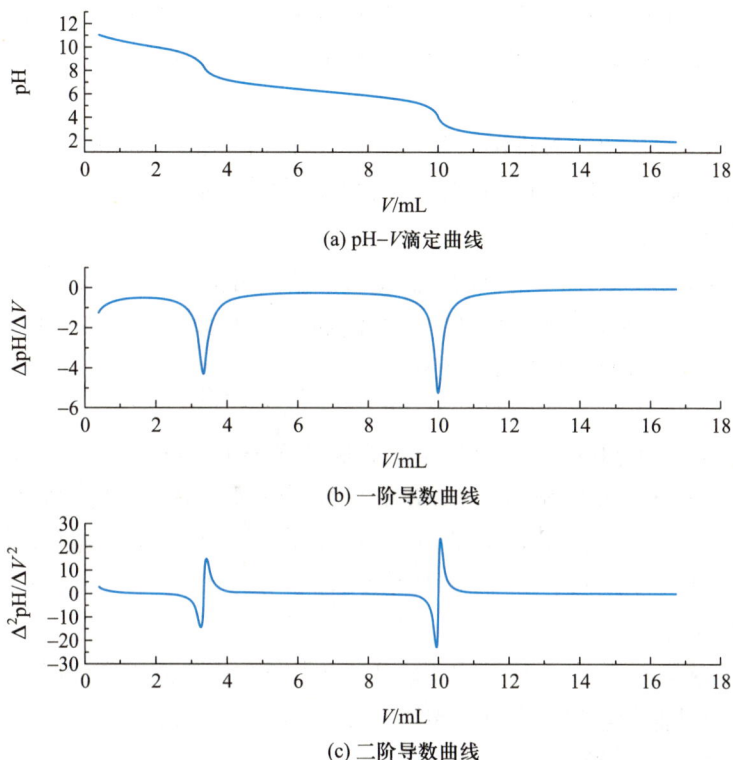

(a) pH-V滴定曲线

(b) 一阶导数曲线

(c) 二阶导数曲线

图 5-5　HCl 标准溶液滴定 Na_2CO_3 与 $NaHCO_3$ 混合溶液

采用 HCl 标准溶液滴定 Na_2CO_3 和 $NaHCO_3$ 混合溶液的实验中,当发生第一步滴定突跃时滴定体系主要存在 HCO_3^-,pH 约为 8.31;当发生第二步滴定突跃时滴定体系主要存在 H_2CO_3,pH 约为 3.89。在 pH=8.31 和 pH=3.89 附近找到一阶导数极小值或者用内插法计算该处所对应的二阶导数 $\Delta^2 E/\Delta V^2$ 等于零时的滴定体积分别为体系第一、第二步计量点的测定体积。

HCl 标准溶液的浓度采用无水 Na_2CO_3 作为基准物质进行标定,该标定实验中标定体积的计算与测定体积的计算类似。在 pH=3.89 附近找到一阶导数极小值,或者用内插法计算该处所对应的二阶导数 $\Delta^2 E/\Delta V^2$ 等于零时的滴定体积即为标定体积。

线性内插法是利用等比关系进行近似计算。例如,滴定体积为 6.52 mL 和 6.78 mL 时,用 Origin 软件二阶求导得到的 $\Delta^2 E/\Delta V^2$ 分别为 -4.41 和 0.47,则滴定突跃范围内 $\Delta^2 E/\Delta V^2$ 为零时,滴定终点体积为

$$V=6.52 \text{ mL} +(6.78 \text{ mL}-6.52 \text{ mL})\times\frac{0-(-4.41)}{0.47-(-4.41)} = 6.75 \text{ mL}$$

三、实验内容

1. 0.05 mol·L^{-1} HCl 标准溶液的配制

量取 10 mL 2 mol·L^{-1} HCl 溶液于 500 mL 玻璃试剂瓶中,加纯水稀释至 400 mL,盖好瓶盖,充分摇匀,备用。

2. 0.05 mol·L^{-1} HCl 标准溶液浓度的标定

用减量称量法准确称取 0.21～0.26 g 无水 Na_2CO_3 基准物质于 100 mL 烧杯中,加入 30 mL 纯水使其完全溶解,将溶液定量转至 100 mL 容量瓶中,用纯水稀释至刻度,充分摇匀,备用。

移取 10.00 mL Na_2CO_3 标准溶液于 100 mL 烧杯中,加入 30 mL 纯水,再加入磁力搅拌子。将烧杯置于磁力搅拌器上,开启磁力搅拌器,调节转速 200～300 r·min^{-1},再小心将 pH 计的复合电极插入溶液中。

用 0.05 mol·L^{-1} HCl 标准溶液润洗滴定管后装满溶液,排气泡及调零,以每秒 1 滴的固定速率将 HCl 标准溶液滴加至烧杯中直至滴加 12 mL 以上。两人合作,一人读取滴定体积,另一人同时记录 pH。平行标定三份。

3. 混合碱中 Na_2CO_3 和 $NaHCO_3$ 含量的测定

用减量称量法准确称取 0.21～0.26 g 混合碱试样于 100 mL 烧杯中,加入 30 mL 纯水使其完全溶解,将溶液定量转至 100 mL 容量瓶中,用纯水稀释至刻度,充分摇匀,备用。

移取 10.00 mL 混合碱试样溶液于 100 mL 烧杯中,加入 30 mL 纯水,再加入磁力搅拌子。将烧杯置于磁力搅拌器上,开启磁力搅拌器,调节转速 200～300 r·min^{-1},再小心将 pH 计的复合电极插入溶液。

在滴定管中装入 0.05 mol·L^{-1} HCl 标准溶液并排气泡及调零后,以每秒 1 滴的固定速率将 HCl 标准溶液滴加至烧杯中直至滴加 12 mL 以上。两人合作,一人读取滴定体积,另一人同时记录 pH。平行测定三份。

4. Origin 软件处理数据

新建一张工作表,输入滴定体积及 pH。选择数据后,依序选择"分析"—"数学"—"微分"功能,并打开微分对话框,在"导数的阶"位置输入 1 或 2 分别计算一阶导数和二阶导数。在 pH=8.31 或 pH=3.89 附近找到一阶导数极小值,并用内插法计算该处二阶导数 $\Delta^2 E/\Delta V^2$ 等于零时的滴定体积。

四、注意事项

(1) 每次滴定时须将滴定管的液面调至 0.00 刻度开始。

(2) 两人须同时记录滴定管的液面读数和 pH 计读数,例如,滴定体积每下降 0.30 mL,则应读一次 pH。两人也可以采用两台手机同时拍摄并记录滴定管的弯液面和 pH 计读数。

(3) 由于 pH 计的玻璃电极响应时间比较长,当滴定速率过快时测定结果可能存在一定的系统误差,因此,现代化学实验室一般采用自动电位滴定仪进行电位滴定。自动电位滴定仪可以自动记录滴定体积和电位值,并显示滴定终点体积,操作简单方便,但仪器价格较高。

五、思考题

（1）标定实验的误差来源有哪些？

（2）实验体系还可以有哪些改进之处？

（3）若采用经典的滴定分析法（酚酞/甲基橙双指示剂）做对照实验，如何评估经典的滴定分析法与电位滴定法这两种实验方法是否存在显著性差异？

实验 43　离子交换-pH 法或酸碱滴定法测定水中盐类的总量

一、预习要点

（1）离子交换树脂的性质、种类及离子交换原理。

（2）离子交换树脂装柱、处理、再生的操作方法。

（3）离子交换 pH 法或酸碱滴定法测定水中盐类总量的原理和方法。

教学课件

视频
pH 计使用

二、实验原理

对于天然水（如海水）、土壤的提取液或工厂排放的废水等，人们常常需要了解其中所含盐类的总量。天然水中盐类的总量较少，通常采用电导法测定，也可以采用本实验的方法，即"离子交换-pH 法或酸碱滴定法"进行测定。

其中，离子交换分离法是利用离子交换树脂和溶液中的离子发生交换反应及交换树脂对不同离子亲和力不同而使离子分离的方法，也是分析化学上常用的一种分离方法。

离子交换树脂是一类在分子中含有特殊活性基团，能与其他物质进行离子交换的固态球状的高分子聚合物。依据其分子中所含有活性基团的不同，可分为阳离子交换树脂、阴离子交换树脂、含有特殊螯合基团的螯合树脂及含有手性基团的特殊交换树脂。常用离子交换树脂及其用途如表 5－7 所示。

表 5－7　常用离子交换树脂及其用途

分类			活性基团	应用
阳离子交换树脂	强酸性	聚苯乙烯型	磺酸基—SO_3H	交换阳离子 纯水的制备等
		酚醛型	磺酸基—SO_3H	
	弱酸性		羧基—COOH 酚基—OH	有机碱的分离
阴离子交换树脂	强碱性聚苯乙烯型		季铵 $R_4N^+Cl^-$	交换阴离子 金属配阴离子 纯水的制备
	弱碱性		伯胺 RNH_2 仲胺 R_2NH 叔胺 R_3N	用于纯水、高纯水的制备 电镀废水及其他 含铬废水的处理

用离子交换-pH法或酸碱滴定法测定水中盐类的总量,就是让水样中的金属离子与氢型阳离子交换树脂发生离子交换,交换出化学计量的 H^+,用 pH 计测定,再折算成每升水样中含有的相当于一价金属离子的物质的量;或用 NaOH 标准溶液滴定,根据 NaOH 标准溶液的浓度和消耗的体积计算水样中含有的相当于一价金属离子的物质的量。有关离子交换反应式为

$$n[R]H + M^{n+} \longrightarrow [R]_n M + nH^+$$

式中,[R]H 表示氢型阳离子交换树脂,M^{n+} 表示 $+n$ 价的金属离子。

水样的交换可以采用"分批法"或"管柱法"。"分批法"是取一定体积的水样和树脂一起共同搅拌一段时间,使其交换完全,然后过滤分离树脂并洗涤,用 NaOH 标准溶液滴定滤液和洗涤液中的 H^+。"管柱法"是将水样流经离子交换柱,离子交换在柱中进行。水样通过柱后,流出液中 H^+ 浓度变化大致如图 5-6 所示。开始时,流出液为柱中树脂中的介质水,H^+ 浓度几乎等于零。随着水样不断通过交换柱,流出液中 H^+ 浓度逐渐增大,直到 H^+ 浓度达到一定值,此时,流出液的 H^+ 浓

图 5-6　水样流经交换柱后 H^+ 浓度的变化示意图

度代表水样中 M^{n+} 的量。当树脂中活性基团的 H^+ 被 M^{n+} 完全交换后,流经交换柱的水样将柱中的 H^+ 冲稀,因此流出液中 H^+ 浓度又逐渐降低,直至水样中 H^+ 的本底浓度。流出曲线中 H^+ 浓度达到最大且恒定的一段流出液(即曲线的 abcd 部分)可收集作为测定液进行滴定。

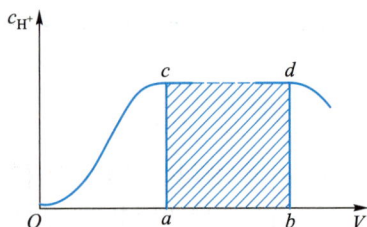

对于水样量少的测定,"管柱法"是让水样全部通过交换柱,然后用纯水淋洗柱至中性,收集全部交换液和淋洗液,用 NaOH 标准溶液进行滴定。

离子交换-酸碱滴定法测定水中盐类总量实验过程相对烦琐,需要配制标准 NaOH 溶液和标定 NaOH 溶液浓度。实际上,可以直接用 pH 计测定交换水样的 pH,通过 $pH = -\lg c(H^+)$ 计算出交换水样中 H^+ 浓度,即离子交换-pH法测定水中盐类总量,这也是一种准确、简单、快捷的测定水中盐类总量的方法。但需注意,pH 计测定的 pH 通常只有两位有效数字,换算为 H^+ 的浓度也就只有两位有效数字,而用 NaOH 标准溶液酸碱滴定测出的 H^+ 浓度有三位或四位有效数字。

利用类似的原理,也可以用于某些无机盐类(如 $NaCl$、KNO_3 等)和某些有机酸盐类含量的测定。

三、实验内容

1. 0.01 mol·L⁻¹ NaOH 标准溶液的配制与标定

(1) 0.01 mol·L⁻¹ NaOH 标准溶液的配制。量取 2 mL 2 mol·L⁻¹ NaOH 溶液于 500 mL 塑料试剂瓶中,加纯水稀释至 400 mL,盖好瓶盖,充分摇匀,备用。

(2) 邻苯二甲酸氢钾标准溶液的配制。准确称取 0.18~0.22 g 邻苯二甲酸氢钾固体于 100 mL 烧杯中,加 20 mL 纯水使其完全溶解,将溶液定量转移至 100 mL 容量瓶中,用纯水稀释至刻度,充分摇匀,备用。

(3) 0.01 mol·L⁻¹ NaOH 标准溶液浓度的标定。移取 25.00 mL 邻苯二甲酸氢钾标准

溶液于 250 mL 锥形瓶中,加 2～3 滴酚酞,用 0.01 mol·L⁻¹ NaOH 标准溶液滴定至溶液颜色由无色刚变为微红色且 30 s 不褪色,即为终点。平行标定三份。计算 NaOH 标准溶液的准确浓度。

2. 树脂的造型

商品树脂为钠型(R—Na 型),使用之前须将树脂用酸处理,使它转变为氢型(R—H 型)。即将 20 g 交换树脂置于烧杯中,加入 150 mL 2 mol·L⁻¹ HCl 溶液,搅拌,浸泡 1～2 天。倾出上层 HCl 溶液,再加入 2 mol·L⁻¹ HCl 溶液,浸泡 1～2 天,并不时加以搅拌,再倾出 HCl 溶液。用纯水洗涤树脂数次,然后再用纯水浸没树脂,备用。有关交换反应式为

$$R-Na + H^+ \longrightarrow R-H + Na^+$$

3. 交换柱的制备

如图 5-7 所示,在交换柱的底部先放入一小团玻璃纤维,注入纯水检查流速(8～10 mL·min⁻¹),然后加纯水至交换柱的一半,小心将氢型交换树脂的悬浮液转入柱内。当水满时,打开交换柱的旋塞,让一部分水流出,但始终要保持树脂在水面以下。再继续装树脂至其层高为 22～25 cm。整个装柱过程中注意勿使空气进入树脂层中。用纯水流过交换柱淋洗树脂,直至流出液为中性(用 pH 试纸检验)为止。

4. 水样测定——酸碱滴定法

将水样以 8～10 mL·min⁻¹ 流速通过前面已装好的交换柱,弃去 100 mL 以上的初段流出液。然后用 100 mL 容量瓶(应先用流出液润洗)接收流出液,至刻度后倒入锥形瓶中(用少量纯水清洗容量瓶后并入锥形瓶中),加 4 滴酚酞指示剂,用 0.01 mol·L⁻¹ NaOH 标准溶液滴定至溶液颜色由无色刚变为微红色且 30 s 不褪色,即为终点。读取消耗的 NaOH 溶液体积,记为 a mL。重复接收交换流出液并滴定一次。

图 5-7 离子交换柱示意图

另取 100.0 mL 原始水样于 250 mL 锥形瓶中,加入 4 滴酚酞指示剂,用 NaOH 标准溶液滴定至溶液颜色由无色刚变为微红色且 30 s 不褪色,即为终点。读取消耗 NaOH 溶液的体积,记为 b mL。重复一次,取平均值 $\bar{b}$。

按下式计算水样中盐类的总量:

$$c_{总} = \frac{c_{NaOH}(a - \bar{b})}{100.0} \times 1000 \, (mmol \cdot L^{-1})$$

5. 水样测定——pH 法

取适量交换水样于 50 mL 干燥(或用交换水样润洗三次)的烧杯中,用 pH 计测定其 pH;再取适量原始水样于 50 mL 干燥(或用原始水样润洗三次)的烧杯中,用 pH 计测定其 pH,并与交换水样的 pH 进行比较。

比较"离子交换——酸碱滴定法"与"离子交换——pH 法"所测定水中盐类总量的结果。

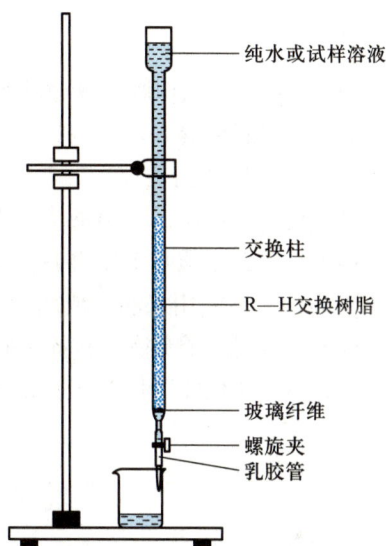

6. 树脂的再生

实验结束后,将交换柱中的树脂倒入烧杯中,用纯水洗涤数次,最后加入适量 $2\ mol\cdot L^{-1}$ HCl 溶液浸泡,以备第二天实验使用。

四、注意事项

(1) 离子交换树脂装入交换柱时勿使空气进入树脂层中。在接收流出液时,要注意交换柱上端水样液面的下降,及时补加水样,切勿使水样液面低于树脂面。

(2) 在滴定时,由于交换液中 H^+ 浓度很低,终点时指示剂变色不太敏锐,要注意观察。

(3) 本实验中,$0.01\ mol\cdot L^{-1}$ NaOH 标准溶液可由 $0.1\ mol\cdot L^{-1}$ NaOH 标准溶液准确稀释而得。$0.1\ mol\cdot L^{-1}$ NaOH 标准溶液的配制和标定详见实验 39-2。

五、思考题

(1) 阳离子交换树脂如没经过 HCl 溶液处理,仍为 R—Na 型,能否用本法测定盐类总量?

(2) 如树脂层混入空气,对离子交换及测定结果有何影响?如何防止树脂层混入空气?如果混入空气应如何处理?

(3) 收集分析用的流出液为什么要有适宜的流速?太快或太慢有什么影响?

(4) 为什么必须收集流出曲线 $abcd$ 范围内的流出液进行滴定或测定 pH?前后两段的流出液为什么不能用来滴定或测定 pH?

(5) 能否用离子交换法制备纯水?先交换阳离子还是阴离子又或是同时交换?为什么?

(6) 海水淡化能否用离子交换法?

实验 44　自来水硬度的测定

一、预习要点

(1) EDTA 标准溶液的配制及其标定方法。

(2) 水硬度的概念和表示方法。

(3) 金属离子指示剂的作用原理、适用条件和选择依据。

(4) 直接配位滴定法测定水硬度的原理和方法。

教学课件(1)　教学课件(2) EDTA 标准溶液配制与标定　教学课件(3) 配位滴定法简介

二、实验原理

水硬度主要指水中可溶性钙盐和镁盐的含量,含量高的水称为硬水,含量低的水称为软水。水硬度的测定通常分为总硬度的测定、钙硬度和镁硬度的测定,前者是测定水中 Ca^{2+} 和 Mg^{2+} 的总含量,后者是分别测定水中 Ca^{2+} 和 Mg^{2+} 的含量。

各个国家表示水硬度的方法和单位不尽相同。1 德国硬度(°d)相当于 1 L 水中含 10 mg CaO(或浓度为 0.1783 mmol·L^{-1} 的 CaO 所引起的硬度);1 法国硬度(°f)相当于 1 L 水中含 10 mg $CaCO_3$(或浓度为 0.09991 mmol·L^{-1} 的 $CaCO_3$ 所引起的硬度);1 英国硬度(°e)相当于 1 L 水中含 14.29 mg $CaCO_3$(或浓度为 0.1427 $mmol \cdot L^{-1}$ 的 $CaCO_3$ 所引起的硬度);1 美国硬度等于 1 法国硬度的十分之一。各国硬度换算关系如表 5−8 所示。

表 5−8　各国硬度值换算表

硬度单位	$mmol \cdot L^{-1}$	德国硬度	法国硬度	英国硬度	美国硬度
1 $mmol \cdot L^{-1}$	1.000	5.608	10.01	7.022	100.1
1 德国硬度	0.1783	1.000	1.785	1.252	17.85
1 法国硬度	0.09991	0.5603	1.000	0.7015	10.00
1 英国硬度	0.1427	0.7987	1.426	1.000	14.26
1 美国硬度	0.009991	0.05603	0.1000	0.07015	1.000

我国采用德国硬度单位制,通常把水的硬度分为五个级别:0~4°d 为极软水;4~8°d 为软水;8~16°d 为微硬水;16~30°d 为硬水;大于 30°d 为极硬水。生活饮用水要求硬度不超过 25°d。

水硬度的测定一般采用配位滴定法。配位滴定法中混合离子的滴定常采用控制酸度法或掩蔽法(沉淀掩蔽或配位掩蔽等)进行,可以根据副反应原理及误差理论进行计算,论证它们分别测定的可能性。

Ca^{2+} 和 Mg^{2+} 均能与 EDTA 形成稳定的 1:1 配合物,其 $lgK^{\ominus}$ 值分别为 11.0 和 8.64。由于两者的稳定常数差值 $\Delta lgK^{\ominus} < 6$,故不能利用酸效应及控制不同酸度而分别进行滴定。分别测定 Ca^{2+},Mg^{2+} 含量时,通常用两个等分溶液分别测定 Ca^{2+} 的含量及 Ca^{2+} 和 Mg^{2+} 的总含量,然后用差减法求 Mg^{2+} 的含量。

在测定 Ca^{2+} 含量时,先用 NaOH 溶液调节水样至其 pH=12,使 Mg^{2+} 生成 $Mg(OH)_2$ 沉淀,然后以钙指示剂作指示剂,用 EDTA 标准溶液滴定 Ca^{2+} 的含量。

测定 Ca^{2+} 和 Mg^{2+} 的总含量(亦即总硬度)时,用 NH_3−NH_4Cl 缓冲溶液调节水样至其 pH=10,以铬黑 T 作指示剂,用 EDTA 标准溶液滴定 Ca^{2+} 和 Mg^{2+} 的总含量。

三、实验内容

1. 0.005 $mol \cdot L^{-1}$ EDTA 标准溶液的配制和标定

详见实验 39−3。

2. 水样中 Ca^{2+} 含量的测定

移取 100.0 mL 实验室自来水于 250 mL 锥形瓶中,加入 2~3 mL 2 $mol \cdot L^{-1}$ NaOH 溶液及适量钙指示剂,用 0.005 $mol \cdot L^{-1}$ EDTA 标准溶液滴定至溶液颜色由酒红色刚变为纯蓝色,即为终点。平行测定三份。计算水样中 Ca^{2+} 的含量(以 $mg \cdot L^{-1}$ CaO 表示)。

3. 水样中 Ca^{2+} 和 Mg^{2+} 总含量的测定

移取 100.0 mL 实验室自来水于 250 mL 锥形瓶中,加入 3 mL Mg−EDTA 溶液和 5 mL NH_3−NH_4Cl 缓冲溶液(pH=10)及适量铬黑 T 指示剂,用 0.005 $mol \cdot L^{-1}$ EDTA 标准溶液滴定至溶液颜色由紫红色刚变为纯蓝色,即为终点。平行测定三份。计算水样中 Ca^{2+} 和 Mg^{2+} 的总含量(以 $mg \cdot L^{-1}$ CaO 表示)。

4. 水样中 Mg^{2+} 含量的求算

由滴定 Ca^{2+} 和 Mg^{2+} 总含量与滴定 Ca^{2+} 含量时所消耗 EDTA 标准溶液的体积之差,

可求出水样中 Mg^{2+} 的含量（以 $mg \cdot L^{-1}$ MgO 表示）。

四、注意事项

（1）鉴于不同地区自来水水样中 Ca^{2+} 和 Mg^{2+} 含量有所差别，可考虑降低 EDTA 标准溶液的浓度（如本实验采用 $0.005\ mol \cdot L^{-1}$ EDTA 标准溶液），以免滴定体积过小而产生较大的相对误差。

（2）根据预实验的结果，合理调整实验中各试剂的用量。如水样中 Ca^{2+} 和 Mg^{2+} 的总含量较低时，则测定时移取水样的量可以翻倍，以保证消耗 EDTA 标准溶液的体积符合滴定分析体积误差的要求。如移取的水样体积较大，可以考虑使用手动助吸器代替普通的洗耳球进行移液操作。

（3）为了保证测定的精密度，应尽可能取同一时段的自来水测定，即同时用两个 400 mL 烧杯取两杯自来水，盖好表面皿，备用。

（4）配位反应比酸碱反应慢，所以，实验中滴定速率不能太快，尤其是临近终点时，每滴入一滴 EDTA 溶液后须剧烈摇荡，防止滴定过量。

（5）如果水样中 Mg^{2+} 含量较低，则在测定 Ca^{2+} 和 Mg^{2+} 的总含量时，滴定之前须加入 3 mL Mg-EDTA 溶液作助指示剂，这样可使终点颜色变化更加敏锐，详见实验 39-3。

（6）如果水样中 HCO_3^- 和 H_2CO_3 含量较高，加入 NH_3-NH_4Cl 缓冲溶液后会析出 $CaCO_3$ 沉淀，影响滴定，可将水样酸化并煮沸后再滴定。

（7）如果水样中含有 Fe^{3+}，Al^{3+}，Cu^{2+} 和 Pb^{2+} 等离子，会干扰测定，可加入三乙醇胺掩蔽 Fe^{3+} 和 Al^{3+}；加入 KCN 和 Na_2S 或巯基乙酸等掩蔽 Cu^{2+} 和 Pb^{2+} 等。

五、思考题

（1）用铬黑 T 作指示剂测定水样中 Ca^{2+} 和 Mg^{2+} 的总含量时，如果水样中 Mg^{2+} 含量较少，为什么滴定前需加入一定量 Mg-EDTA 溶液？

（2）分析比较 Ca^{2+} 和 Mg^{2+} 分别与 EDTA 形成配合物的稳定性的大小，为什么滴定 Mg^{2+} 时要控制 pH=10，而滴定 Ca^{2+} 时则需控制 pH=12？

（3）测定水硬度时，通常要求加入 NH_3-NH_4Cl 缓冲溶液后立即滴定，为什么？

（4）测定钙硬度时，若 pH>13.5 时，将会产生什么结果？

（5）水硬度测定的是水样中可溶性 Ca^{2+} 和 Mg^{2+} 的含量。为了防止 Ca^{2+} 和 Mg^{2+} 发生沉淀反应，本实验中采取了哪些措施？

实验 45　铝合金中 Al 含量的测定

一、预习要点

（1）铝合金试样的溶解方法。
（2）配位返滴定法和置换滴定法滴定 Al^{3+} 的原理及方法。
（3）金属指示剂的封闭和僵化作用。

教学课件（1）　　教学课件（2）
配位滴定法简介

二、实验原理

Al 作为一种常见金属,被人们广泛使用。以纯 Al 为基体添加一种或几种其他金属元素即构成铝合金,是轻金属材料之一,广泛应用于化工行业、航空航天、金属包装等领域。

一般采用湿法分析法测定铝合金中 Al 的含量,即铝合金试样经溶解后,用配位滴定法测定 Al^{3+} 的含量。但由于 Al^{3+} 容易水解,且容易形成多核羟基配合物,特别是在较低酸度时,还会形成含有羟基的 EDTA 配合物。同时,Al^{3+} 与 EDTA 配位的反应较慢,而且对二甲酚橙指示剂有封闭作用。因此,用 EDTA 配位滴定法测定 Al^{3+} 时,不能用直接滴定法。同时,铝合金试液中往往也含有能与 EDTA 配位的其他金属离子,如果采用返滴定法测定其中 Al^{3+} 的含量,将导致测定结果偏高。所以,通常采用置换滴定法来测定铝合金中 Al 的含量,即铝合金试样经酸溶解后,调节酸度至 pH=3~4,加入过量 EDTA 溶液煮沸,使 Al^{3+} 与 EDTA 完全配位。冷却后,调节溶液的 pH=5~6,以二甲酚橙为指示剂,用 Zn^{2+} 标准溶液滴定过量的 EDTA(不计 Zn^{2+} 标准溶液的消耗体积)。然后,加入过量的 NH_4F 溶液,加热至沸,使 Al—EDTA 配合物(以 AlY^- 表示)与 F^- 发生置换反应,释放出与 Al^{3+} 等物质的量的EDTA,释放出来的 EDTA 用 Zn^{2+} 标准溶液滴定,即可计算出铝合金中 Al 的含量。有关反应式为

$$H_2Y^{2-}+Al^{3+}\Longrightarrow AlY^-+2H^+$$
$$AlY^-+6F^-+2H^+\Longrightarrow AlF_6^{3-}+H_2Y^{2-}$$

三、实验内容

1. 0.02 mol·L^{-1} EDTA 标准溶液的配制

详见实验39—3。

2. 0.01 mol·L^{-1} Zn^{2+} 标准溶液的配制

详见实验39—3。

3. 铝合金中 Al 含量的测定

(1) 铝合金试样溶液的配制。准确称取 0.13~0.15 g 铝合金试样于 100 mL 烧杯中,盖上表面皿,从杯嘴缓慢加入 10 mL 混合酸(体积比为 $HNO_3:HCl:H_2O=1:1:2$)溶液,微微加热,待试样完全溶解后,把溶液加热至冒大气泡。冷却至室温,用纯水冲洗表面皿及烧杯内壁,将溶液定量转至 100 mL 容量瓶中,加纯水稀释至刻度,充分摇匀,备用。

移取上述试样溶液 25.00 mL 于 100 mL 容量瓶中,加纯水稀释至刻度,充分摇匀,即将原始试样溶液准确稀释 4 倍。

(2) 置换滴定法测定 Al^{3+} 的含量。移取 25.00 mL 上述稀释液于 250 mL 锥形瓶中,加入20 mL 0.02 mol·L^{-1} EDTA 标准溶液及 2 滴二甲酚橙指示剂,慢慢滴加 1:1 $NH_3·H_2O$ 调至溶液颜色恰呈紫红色,然后滴加 3 滴 1:3 HCl 溶液。将溶液煮沸 3 min,冷却,加入 20 mL 20%六亚甲基四胺溶液,此时溶液应呈黄色或橙黄色,否则应用 1:3 HCl 溶液调节。再补加 2 滴二甲酚橙指示剂,用 Zn^{2+} 标准溶液滴定至溶液颜色由黄色恰变为紫红色(此时不计滴定体积)。加入 10 mL 20% NH_4F 溶液,摇匀,将溶液加热至微沸,再用自来水流水冷却,补加 2 滴二甲酚橙指示剂,此时溶液应呈黄色或橙黄色,否则应用 1:3 HCl 溶液调

节。再用 Zn^{2+} 标准溶液滴定至溶液颜色由黄色恰变为紫红色,即为终点。平行测定三份。计算铝合金中 Al 的含量。

四、注意事项

(1) 若试样中含 Ti,Zr 和 Sn 等金属时,由于这些金属离子与 EDTA 形成的配合物同样能被 F^- 置换,干扰 Al^{3+} 的测定,因此,需采用掩蔽等方法消除影响。

(2) NH_4F 具有较强的腐蚀性,实验时需小心操作。在反应体系中加入 10 mL 20% NH_4F 溶液之前,三份试样可平行进行处理;但 NH_4F 溶液需要一份一份地加入,并在每次测定结束后及时处理锥形瓶中的溶液。

(3) 滴加 1:1 $NH_3 \cdot H_2O$ 要小心,以免过量。否则,用 HCl 溶液回调 pH 的效果不太理想。

(4) 加热过程中要防止溶液暴沸。

(5) 用 Zn^{2+} 标准溶液滴定过量 EDTA 时不计体积,但应严格控制滴定终点。置换反应后,用 Zn^{2+} 标准溶液滴定前,需将滴定管中溶液液面调至 0.00 mL 刻度处。

(6) 当含有六亚甲基四胺的溶液加热时,由于其部分水解产生 NH_3[①] 而使溶液 pH 升高,使二甲酚橙呈红色,这时需补加 HCl 溶液至溶液颜色呈黄色或橙黄色后,再进行滴定。

(7) 本实验过程中,对溶液加热的时间、程度及酸度控制都需要严格的掌握,这样才能获得好的分析结果。

五、思考题

(1) Al 的测定一般采用返滴定法或置换滴定法,为什么?

(2) 置换滴定法滴定 Al^{3+} 时,为什么用 Zn^{2+} 标准溶液滴定过量的 EDTA 时不计体积?这次滴定的终点是否应严格控制?使用的 EDTA 溶液是否需要标定?

实验 46　水中化学需氧量（COD）的测定

一、预习要点

(1) 氧化还原滴定法的基本原理、方法分类及结果计算。

(2) 测定水中化学需氧量的意义及测定方法。

(3) 在酸性介质中用 $KMnO_4$ 法测定水中化学需氧量的基本原理及关键步骤。

教学课件(1)　教学课件(2)
　　　　　　 $KMnO_4$ 标准溶液配制与标定

(4) $KMnO_4$ 标准溶液的配制及标定方法。

二、实验原理

水被有机物污染的情况是很普遍的,因此,测量水中有机物的相对含量成为检验水质受污染程度的重要指标之一,通常用水的需氧量来表示,包括生物需氧量(biological oxygen

---

① $(CH_2)_6N_4 + 6H_2O = 6HCHO + 4NH_3\uparrow$

demand, BOD)和化学需氧量(chemical oxygen demand, COD)两种。BOD 是指水中的有机物在好氧微生物作用下,进行分解过程所消耗水中溶解氧的量;COD 是指在特定条件下,采用一定量的强氧化剂处理水样时,消耗氧化剂所相当的氧量,以 $mg \cdot L^{-1}$ O_2 表示。COD 反映的是水样受还原性物质污染的程度,即反映水中还原性物质的多少,除了有机物之外,还包括亚硝酸盐、亚铁盐、硫化物等。

水中 COD 的测定,会因加入氧化剂的种类和浓度,溶液的反应温度、酸度和时间及催化剂存在与否而得到不同的结果。因此,COD 是一个条件性的指标,其值与实验条件和实验过程密切相关,必须严格按操作步骤进行。

测定水中 COD 的方法主要有 $K_2Cr_2O_7$ 法、库仑法和 $KMnO_4$ 法。对于污染较严重的水样或工业废水,一般用 $K_2Cr_2O_7$ 法或库仑法;一般水样可以用 $KMnO_4$ 法。由于 $KMnO_4$ 法是在规定的条件下所进行的反应,所以,水中有机物只能部分被氧化,并不是理论上的全部需氧量,也不能反映水体中总有机物的含量。因此,常用高锰酸盐指数这一术语作为水质的一项指标,以有别于 $K_2Cr_2O_7$ 法的化学需氧量。

$KMnO_4$ 法又分为酸性法和碱性法两种。本实验以酸性 $KMnO_4$ 法测定水样的化学需氧量,并以高锰酸盐指数表示。即在水样中加入 H_2SO_4 溶液酸化后,加入一定量 $KMnO_4$ 标准溶液,并在沸水浴中加热反应一定时间,然后加入过量的 $Na_2C_2O_4$ 标准溶液,使之与剩余的 $KMnO_4$ 充分作用,再用 $KMnO_4$ 标准溶液回滴过量的 $Na_2C_2O_4$。通过计算求得高锰酸盐指数值。有关反应式为

$$4MnO_4^- + 5C + 12H^+ \longrightarrow 4Mn^{2+} + 5CO_2 \uparrow + 6H_2O$$

$$2MnO_4^- + 5C_2O_4^{2-} + 16H^+ \longrightarrow 2Mn^{2+} + 10CO_2 \uparrow + 8H_2O$$

$$\text{高锰酸盐指数}(mg \cdot L^{-1} O_2) = \frac{\left[5c_{KMnO_4}(V_1+V_2)_{KMnO_4} - (2cV)_{Na_2C_2O_4}\right] \times 8 \times 1000}{V_{\text{水样}}}$$

式中,V_1,V_2 分别为开始加入的 $KMnO_4$ 标准溶液的体积和回滴过量 $Na_2C_2O_4$ 时消耗的 $KMnO_4$ 标准溶液的体积。

三、实验内容

1. 0.002 mol·L⁻¹ KMnO₄ 溶液的配制

详见实验39-4。

2. 0.005000 mol·L⁻¹ Na₂C₂O₄ 标准溶液的配制

用指定质量称量法称取 0.1675 g $Na_2C_2O_4$ 基准物质于 150 mL 烧杯中,加入 20 mL 纯水使其完全溶解,将溶液定量转至 250 mL 容量瓶中,用纯水稀释至刻度,充分摇匀,备用。

3. 水样中 COD 的测定

移取 100.0 mL 水样于 250 mL 锥形瓶中,加入 5 mL 1:3 H_2SO_4 溶液,摇匀;加入 10.00 mL $KMnO_4$ 标准溶液(即 V_1),摇匀,立即放入沸水浴中加热 30 min(从水浴重新沸腾起计时,沸水浴液面要高于锥形瓶中溶液的液面)。趁热加入 10.00 mL $Na_2C_2O_4$ 标准溶液(即 V),摇匀,立即用 $KMnO_4$ 标准溶液滴定至溶液颜色由无色刚变为微红色,即为终点。记下所消耗的 $KMnO_4$ 标准溶液的体积(即 V_2)(保留此溶液,用于下一步 $KMnO_4$ 标准溶液浓度的标定)。平行测定三次。计算水样中 COD 值。

4. 0.002 mol·L⁻¹ KMnO₄ 溶液浓度的标定

将上述测定过程中到达滴定终点的溶液用电热板加热至 70～85 ℃,准确加入 10.00 mL $Na_2C_2O_4$ 标准溶液,再用 $KMnO_4$ 标准溶液滴定至溶液颜色由无色刚变为微红色,即为终点。平行标定三份。计算 $KMnO_4$ 标准溶液的准确浓度。

四、注意事项

(1) 如果水浴加热设备受到限制,可以用电热板直接加热。从冒第一个大气泡时开始计时,准确煮沸 10 min。此法测定的精密度较差,结果也会与水浴法不尽相同。

(2) 本方法适用于 Cl⁻ 含量不超过 300 mg·L⁻¹ 的水样。若 Cl⁻ 含量超过 300 mg·L⁻¹,需将水样按比例准确稀释,或加入 Ag_2SO_4 除去 Cl⁻。

(3) 本方法适用于高锰酸盐指数不大于 5 mg·L⁻¹ O₂ 的水样。若超过,可酌情取少量水样,并用纯水按比例准确稀释后测定。但测定结果必须作稀释倍数的空白扣除(进行空白值的测定,再扣除)。

(4) 加热完毕后,溶液应保持淡红色。如果颜色变得太浅或完全褪去,说明 $KMnO_4$ 加的量(即 V_1)不足。此时,需重新取水样稀释后再测定。

(5) 为保证测定结果的重复性,测定过程中的加热温度、时间、加热条件(如将锥形瓶放在同一水浴锅或同一电热板的同一位置加热)、滴定操作等都要尽可能做到一致。

五、思考题

(1) 本实验标定 $KMnO_4$ 溶液浓度的方法与通常的方法有何不同? 有什么优点?

(2) 本实验的测定方法属于何种滴定方式? 为何要采取这种方式?

(3) 水样中 Cl⁻ 含量高时,为什么对测定有干扰? 如何消除?

(4) 水样 COD 的测定有何意义? 有哪些测定方法?

六、助学导学内容

黎朝. 氧化还原滴定计算新思路. 大学化学,2013,28(6):66－70.

实验 47　$K_2Cr_2O_7$ 法测定铁矿石中 Fe 的含量

一、预习要点

(1) $K_2Cr_2O_7$ 法测定铁矿石中 Fe 含量的原理与方法,并与 $KMnO_4$ 法比较。

(2) 氧化还原指示剂的类型及本实验所用指示剂的作用原理。

教学课件　视频 滴定管使用

(3) 矿物试样的溶解方法。

二、实验原理

铁矿石的种类很多,最重要的铁矿石有磁铁矿(Fe_3O_4)、赤铁矿(Fe_2O_3)、褐铁矿($mFe_2O_3 \cdot nH_2O$)和菱铁矿($FeCO_3$)等。铁矿石常按其含铁量的高低分为富铁矿(含铁量高于50%)和贫铁矿(含铁量在40%以下)。

测定铁矿石中Fe含量的经典方法是$SnCl_2-HgCl_2-K_2Cr_2O_7$滴定法,称为"有汞测Fe法"。即试样用酸溶解后,用$SnCl_2$将Fe^{3+}定量还原为Fe^{2+},随后加入$HgCl_2$氧化除去过量的$SnCl_2$,然后在$H_2SO_4-H_3PO_4$混酸介质中以二苯胺基磺酸钠作指示剂,用$K_2Cr_2O_7$标准溶液滴定Fe^{2+}。有关反应式为

$$2Fe^{3+}+SnCl_4^{2-}+2Cl^- === 2Fe^{2+}+SnCl_6^{2-}$$

$$SnCl_4^{2-}+2HgCl_2 === SnCl_6^{2-}+Hg_2Cl_2\downarrow(白色)$$

$$6Fe^{2+}+Cr_2O_7^{2-}+14H^+ === 6Fe^{3+}+2Cr^{3+}+7H_2O$$

滴定过程中生成的Fe^{3+}呈黄色,影响滴定终点的观察,而溶液中H_3PO_4可与Fe^{3+}生成无色的$[Fe(HPO_4)_2]^-$以掩蔽Fe^{3+}。同时,原本指示剂二苯胺基磺酸钠变色点的电极电势不在滴定突跃范围之内,但由于$[Fe(HPO_4)_2]^-$的生成,使得Fe^{3+}/Fe^{2+}电对的条件电势降低,滴定突跃增大,使二苯胺基磺酸钠变色点的电极电势落在滴定突跃范围内以减小滴定误差。体系中存在$Cu(II)$、$As(V)$、$Ti(IV)$、$Mo(VI)$等离子时,也可被$SnCl_2$还原,同时又能被$K_2Cr_2O_7$氧化,干扰Fe的测定,因此,须提前来用掩蔽等方法消除其干扰。

经典的$K_2Cr_2O_7$法准确、简便,但所用的$HgCl_2$是剧毒物质,容易造成环境污染。为了减少污染,发展出了许多种不用汞盐的分析方法,称为"无汞测Fe法",如普遍应用于实践的以Na_2WO_4作定量还原指示剂、$SnCl_2-TiCl_3$联合作还原剂的方法(参见国家标准GB/T 6730.5—2022),以及以甲基橙作定量还原指示剂、$SnCl_2$作还原剂的方法就是两种典型改进的$K_2Cr_2O_7$法。

1. 以甲基橙作还原指示剂、$SnCl_2$作还原剂、$K_2Cr_2O_7$作滴定剂测定铁矿石中Fe的含量

铁矿石试样经热浓HCl溶液溶解后(低温加热但不能沸腾,必要时加入少量NaF助溶,也可滴加10%$SnCl_2$溶液助溶),其中的铁转化为Fe^{3+}。在强酸性介质及甲基橙存在的条件下,用$SnCl_2$将Fe^{3+}还原为Fe^{2+}。当Fe^{3+}被$SnCl_2$完全还原后,甲基橙也可被$SnCl_2$还原成无色的氢化甲基橙而褪色,即甲基橙作$SnCl_2$定量还原Fe^{3+}的指示剂。流水冷却后,加入二苯胺基磺酸钠指示剂,立即用$K_2Cr_2O_7$标准溶液滴定至溶液呈现稳定的紫色,即为终点。

$SnCl_2$还能继续使氢化甲基橙被还原成$N,N-$二甲基对苯二胺和对氨基苯磺酸盐。这样一来,略为过量的Sn^{2+}也被消除了。有关反应式为

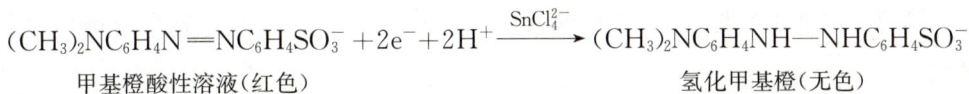

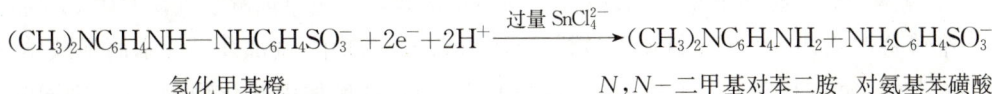

$$(CH_3)_2NC_6H_4N = NC_6H_4SO_3^- +2e^-+2H^+ \xrightarrow{SnCl_4^{2-}} (CH_3)_2NC_6H_4NH—NHC_6H_4SO_3^-$$
甲基橙酸性溶液(红色)　　　　　　　　　　　　　　　　氢化甲基橙(无色)

$$(CH_3)_2NC_6H_4NH—NHC_6H_4SO_3^- +2e^-+2H^+ \xrightarrow{过量 SnCl_4^{2-}} (CH_3)_2NC_6H_4NH_2+NH_2C_6H_4SO_3^-$$
氢化甲基橙　　　　　　　　　　　　　　　　$N,N-$二甲基对苯二胺　对氨基苯磺酸

由于甲基橙的还原产物氢化甲基橙及$N,N-$二甲基对苯二胺和对氨基苯磺酸盐都不

能被 $K_2Cr_2O_7$ 氧化(上述反应是不可逆的),即甲基橙的还原产物不消耗 $K_2Cr_2O_7$ 滴定剂。

以甲基橙作指示剂的 $SnCl_2$ 还原 Fe^{3+} 反应需要在 $3\sim4$ mol·L^{-1} HCl 溶液中进行。若 HCl 溶液浓度大于 6 mol·L^{-1},则 $SnCl_2$ 先还原甲基橙为无色,使其无法指示 Fe^{3+} 的还原,而且 Cl^- 浓度过高也可能消耗 $K_2Cr_2O_7$ 滴定剂。若 HCl 溶液浓度低于 2 mol·L^{-1},则甲基橙褪色缓慢,容易使 $SnCl_2$ 滴加过量。

2. 以 Na_2WO_4 作还原指示剂、$SnCl_2$-$TiCl_3$ 联合作还原剂、$K_2Cr_2O_7$ 作滴定剂测定铁矿石中 Fe 的含量

试样经 1:1 H_2SO_4-H_3PO_4 混合酸溶解后,首先用 $SnCl_2$ 还原大部分的 Fe^{3+},继续用 $TiCl_3$ 定量还原剩余部分的 Fe^{3+}。当 Fe^{3+} 被定量还原为 Fe^{2+} 后,过量一滴 $TiCl_3$ 溶液使溶液中作指示剂的 Na_2WO_4 被还原为"钨蓝",即溶液呈蓝色。然后滴加 $K_2Cr_2O_7$ 溶液使"钨蓝"恰好褪色,或以 Cu^{2+} 作催化剂,借助水中的溶解氧使"钨蓝"消失。最后滴加二苯胺基磺酸钠做指示剂,用 $K_2Cr_2O_7$ 标准溶液滴定至溶液呈现稳定的紫色,即为终点。有关反应式为

$$2Fe^{3+}+SnCl_4^{2-}+2Cl^- \Longrightarrow 2Fe^{2+}+SnCl_6^{2-}$$
$$Fe^{3+}+Ti^{3+}+H_2O \Longrightarrow Fe^{2+}+TiO^{2+}+2H^+$$

要定量还原 Fe^{3+},既不能单用 $SnCl_2$,也不宜单用 $TiCl_3$。因为溶液中如引入较多的 TiO^{2+},当用水稀释时,常易出现大量四价钛盐的水解沉淀(H_2TiO_3)而影响滴定,故通常需将 $SnCl_2$ 与 $TiCl_3$ 联合使用。

三、实验内容

1. 0.01667 mol·L^{-1} $K_2Cr_2O_7$ 标准溶液的配制

详见实验 39-5。

2. 以甲基橙作还原指示剂、$SnCl_2$ 作还原剂测定铁矿石中 Fe 的含量

准确称取 $0.15\sim0.20$ g 铁矿石试样于 250 mL 锥形瓶中,滴加几滴纯水润湿试样,并摇动使其散开。加入 5 mL 浓 HCl 溶液,并加 $4\sim5$ 滴 100 g·L^{-1} $SnCl_2$ 溶液助溶,再在设置为 150 ℃ 的电热板上加热 30 min,并不时摇动,避免沸腾。试样分解完全后,剩余残渣主要为 SiO_2,应为白色或非常接近于白色的固体。然后向锥形瓶中依次加入 25 mL 纯水、8 mL 浓 HCl 溶液,摇匀,加热至近沸后加入 6 滴 0.1% 甲基橙指示剂,趁热边摇荡边慢慢滴加 100 g·L^{-1} $SnCl_2$ 溶液还原 Fe^{3+},溶液颜色由橙红色变为红色,再慢慢滴加 50 g·L^{-1} $SnCl_2$ 溶液至溶液颜色变为淡红色,$SnCl_2$ 切不可过量,若摇动后粉色褪去,说明 $SnCl_2$ 已过量,可补加 1 滴 0.1% 甲基橙指示剂,以除去稍微过量的 $SnCl_2$,此时溶液如呈浅粉色最好,不影响滴定终点。然后,迅速用自来水流水冷却,依次加入 50 mL 纯水、20 mL 1:1:5 H_2SO_4-H_3PO_4-H_2O 混合酸和 4 滴 0.2% 二苯胺基磺酸钠指示剂,并立即用 $K_2Cr_2O_7$ 标准溶液滴定至溶液呈现稳定的紫色,即为终点。平行测定三份,计算铁矿石试样中 Fe 的含量。

3. 以 Na_2WO_4 作还原指示剂、以 $SnCl_2$-$TiCl_3$ 联合作还原剂测定铁矿石中 Fe 的含量

准确称取 $0.15\sim0.20$ g 铁矿石试样于 250 mL 锥形瓶中,滴加几滴纯水润湿试样,并摇动使其散开,加入 10 mL 1:1 H_2SO_4-H_3PO_4 混合酸(如试样中硫化物含量高,则同时加入约 1 mL 浓 HNO_3 溶液),摇匀后置于电热板上加热分解试样。先低温加热,然后提高温

度,加热至冒 SO₃ 白烟。试液清亮、残渣为白色或浅色时表示试样已完全分解。取下锥形瓶稍冷,加入已预热的 30 mL 1:3 HCl 溶液。把试液加热至近沸,趁热边摇荡边滴加 10% SnCl₂ 溶液,使大部分 Fe^{3+} 被还原为 Fe^{2+},溶液颜色由黄色变为浅黄色,加入 1 mL 10% Na₂WO₄ 溶液,滴加 1.5% TiCl₃ 溶液至溶液出现稳定的"钨蓝",30 s 内不褪色为止。

加入 60 mL 无 O₂ 纯水,摇匀并放置 10～20 s,用 K₂Cr₂O₇ 标准溶液滴定至"钨蓝"刚好褪去(不计体积),然后加入 5～6 滴 0.2% 二苯胺基磺酸钠指示剂,立即用 K₂Cr₂O₇ 标准溶液滴定至溶液呈现稳定的紫色,即为终点。平行测定三份,计算铁矿石试样中 Fe 的含量。

四、注意事项

(1) 试样经 1:1 H₂SO₄—H₃PO₄ 混合酸溶解完全后,须强热至冒白烟(若加入浓硝酸,也表明 HNO₃ 已赶尽,不影响测定)。但只要开始冒白烟即可停止,太长时间的强热会使 H₃PO₄ 形成焦磷酸盐黏底,包夹试样而影响测定结果。溶解试样的过程中应经常摇动,以防结块黏底。

(2) SnCl₂ 容易水解。配制 SnCl₂ 溶液时,先要用浓 HCl 溶液溶解 SnCl₂ 固体,再加纯水稀释。如称取 10 g SnCl₂·2H₂O 固体于 250 mL 烧杯中,加入 40 mL 浓热 HCl 溶液,搅拌溶解后,加纯水稀释至 100 mL,得到浓度为 100 g·L⁻¹ SnCl₂ 溶液。

(3) 三份试样同时溶解后,必须一份一份地进行还原与滴定。不得三份都还原后才分别滴定。

(4) 在精确分析中,应作指示剂空白校正。即量取 30 mL 1:1 HCl 溶液于 250 mL 锥形瓶中,加入 2.00 mL 0.5 mol·L⁻¹ (NH₄)₂Fe(SO₄)₂ 标准溶液、10 mL 1:1 H₂SO₄—H₃PO₄ 混合酸及 5～6 滴 0.2% 二苯胺基磺酸钠指示剂,用 K₂Cr₂O₇ 标准溶液滴定至溶液呈现稳定的紫色。记下所消耗 K₂Cr₂O₇ 标准溶液的体积(V_A)。再加入 2.00 mL Fe^{2+} 标准溶液,继续滴定至溶液呈现稳定的紫色,记下所耗 K₂Cr₂O₇ 标准溶液的体积(V_B)。如此反复滴定 2 次,求平均值 $\overline{V_B}$,则空白值为 $V_A - \overline{V_B}$。

五、思考题

(1) Na₂WO₄ 作还原指示剂、SnCl₂—TiCl₃ 联合作还原剂还原 Fe^{3+} 时,为什么要使用两种还原剂?只使用其中的一种有什么问题?

(2) 为什么在用 SnCl₂ 还原 Fe^{3+} 之前要加 HCl 溶液?加 HCl 溶液后要把试液加热至近沸,但不能沸腾,为什么?

(3) 试样溶解之后,为什么要一份一份地进行还原与滴定?

(4) 空白试验[见注意事项(4)]时为什么要加 (NH₄)₂Fe(SO₄)₂ 标准溶液?

(5) 比较经典法与改进的 K₂Cr₂O₇ 法测定铁矿石中 Fe 的含量在原理上有何不同?各有何优缺点?

(6) 滴定为什么要在 H₃PO₄ 介质中进行?终点的颜色变化如何?

实验 48   铜合金中 Cu 含量的测定

一、预习要点

(1) 铜合金试样的溶解方法。

(2) 间接碘量法测定 Cu^{2+} 的原理和方法。

(3) $Na_2S_2O_3$ 的性质及 $Na_2S_2O_3$ 标准溶液的配制和标定方法。

(4) 碘量法的误差来源及消除方法。

教学课件(1)   教学课件(2) 碘量法简介   教学课件(3) $Na_2S_2O_3$ 标准溶液 配制与标定

二、实验原理

铜合金是以纯 Cu 为基体添加一种或几种其他元素所构成的合金,在电工电子、新一代移动通信、新能源汽车、航空航天、轨道交通等新兴产业和重大工程领域具有重要应用。铜合金的种类较多,主要有黄铜($Cu-Zn$ 合金)、青铜($Cu-Sn$ 合金或 $Cu-Pb$ 合金)、白铜($Cu-Ni$ 合金)等。铜合金中 Cu 含量的测定通常用碘量法。即先用 $HCl-H_2O_2$ 混合溶液将铜合金试样氧化溶解为 Cu^{2+},然后在弱酸性介质中(pH=3~4),将 Cu^{2+} 与过量的 KI 作用,生成与 Cu^{2+} 化学计量的 I_2 及 CuI 沉淀。析出的 I_2 可以淀粉作指示剂,用 $Na_2S_2O_3$ 标准溶液滴定。根据 $Na_2S_2O_3$ 标准溶液的浓度及所消耗的体积,计算铜合金中 Cu 的含量。有关反应式为

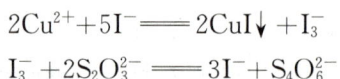

$$2Cu^{2+}+5I^- = 2CuI\downarrow + I_3^-$$
$$I_3^- + 2S_2O_3^{2-} = 3I^- + S_4O_6^{2-}$$

Cu^{2+} 氧化 I^- 的反应需在弱酸性介质中进行。酸度过低时,Cu^{2+} 会水解,使反应不完全,结果偏低,且终点拖长;酸度过高时,I^- 易被空气中的 O_2 氧化生成 I_2(Cu^{2+} 催化此反应),使结果偏高。通常加入 NH_4HF_2 缓冲溶液,控制溶液的 pH=3~4,而且 NH_4HF_2 还可掩蔽试液中可能存在的 Fe^{3+},消除其对测定的干扰(Fe^{3+} 能氧化 I^-)。

Cu^{2+} 与 I^- 之间的反应具有一定的可逆性,加入过量 KI,可使 Cu^{2+} 的还原更完全,而且可以使生成的 I_2 以 I_3^- 形式存在,减少 I_2 的挥发损失。但是,由于 CuI 沉淀强烈地吸附 I_3^-,又会使结果偏低,故需加入 NH_4SCN(或 KSCN)溶液,使 CuI 沉淀($K_{sp}=1.27\times10^{-12}$)转化为溶解度更小的 CuSCN 沉淀($K_{sp}=1.77\times10^{-13}$),将吸附的 I_3^- 释放出来(CuSCN 沉淀吸附 I_3^- 的倾向很小),使测定结果更准确。但 NH_4SCN(或 KSCN)溶液只能在临近终点时加入,过早加入可能会使体系中的 I_2 直接被 SCN^- 还原,致使化学计量关系被破坏。有关反应式为

$$4I_2+SCN^-+4H_2O = SO_4^{2-}+7I^-+ICN+8H^+$$

三、实验内容

1. 0.1 $mol\cdot L^{-1}$ $Na_2S_2O_3$ 标准溶液的配制和标定

详见实验 39−5。

2. 铜合金中Cu含量的测定

（1）铜合金试样的溶解。准确称取 0.20～0.25 g 铜合金试样于 250 mL 锥形瓶中,加入 10 mL 1:1 HCl 溶液,滴加 3 mL 30% H_2O_2 溶液,加热使试样完全溶解后,继续加热使多余的 H_2O_2 完全分解除尽(根据实践经验,开始加热溶解试样时产生大量小气泡,试样溶解完全后,继续加热至冒大气泡,即表明 H_2O_2 已完全分解除尽),再煮沸 1～2 min(注意勿使溶液蒸干)。三份试样平行称取和溶解。

（2）铜合金试样溶液的 pH 调节。将上述铜合金试样溶液冷却,加入 25 mL 纯水,滴加 1:1 $NH_3 \cdot H_2O$ 至溶液中刚有沉淀生成,加入 8 mL 1:1 HAc 溶液、10 mL 20% NH_4HF_2 溶液,调节溶液的 pH=3～4。

（3）间接碘量法测定 Cu^{2+}。在调节好 pH 的铜合金试样溶液中加入 10 mL 20% KI 溶液,轻轻摇匀后,立即用 $Na_2S_2O_3$ 标准溶液(需提前将滴定管润洗、装液、调零)滴定至溶液颜色呈现淡黄色,加入 5 mL 0.5% 淀粉溶液,并继续滴定至溶液颜色呈现浅蓝色,加入 10 mL 10%NH_4SCN 溶液,摇荡 1～2 min,用 $Na_2S_2O_3$ 标准溶液继续滴定至溶液蓝色刚好消失(此时溶液呈现乳白色,并可能略泛红),即为终点。平行测定三份。计算铜合金中 Cu 含量。

四、注意事项

（1）三份铜合金试样应平行溶解,并在通风橱中完成。

（2）30% H_2O_2 溶液具有强腐蚀性,取用时要戴手套。取用 H_2O_2 溶液的量筒一定要清洗干净,再用于量取其他溶液。

（3）加入 KI 溶液并轻轻摇匀后应立即滴定。KI 溶液应加入一份就滴定一份,不得三份同时加 KI 溶液后才逐份滴定。

（4）滴定的开始阶段,滴定速率可以适当快些,但不应太剧烈地摇荡,防止 I_2 挥发。

（5）淀粉指示剂不能过早加入,否则淀粉与 I_2 形成大量蓝色包合物,吸附大量 I_3^-,颜色变为深灰色,使终点拖长且不敏锐,不好观察。

（6）NH_4HF_2 对玻璃具有腐蚀性,滴定终点溶液应及时回收至废液桶中。

（7）对于铜合金中 Cu 含量的测定,标定 $Na_2S_2O_3$ 溶液浓度的基准物质最好选用纯金属 Cu,这样使标定和测定采用相同的方法和指示剂,以减小系统误差。

五、思考题

（1）标定 $Na_2S_2O_3$ 溶液浓度的基准物质有哪些? 本实验用哪种合适? 为什么?

（2）Cu^{2+}/Cu^+ 和 I_2/I^- 的标准电极电势分别为 0.153 V 和 0.535 V,解释为什么 Cu^{2+} 能氧化 I^- 并生成 I_2?

（3）溶解铜合金试样时,为什么选用 H_2O_2 作氧化剂? 有什么好处? 铜合金试样溶解后,为何要继续加热使多余的 H_2O_2 完全分解除尽? 写出铜合金溶解的反应式。

（4）在测定铜合金中 Cu 含量时,如何调节和控制体系的 pH=3～4?

（5）碘量法测定 Cu 时,滴定临近终点时,为什么要加入 NH_4SCN 溶液? 为什么又不能过早加入?

（6）碘量法的误差主要来源于哪两种因素? 本实验中采用了哪些措施以减小这两种误差?

实验 49　间接碘量法测定维生素 C 片剂中维生素 C 的含量

一、预习要点

(1) 维生素 C 的性质及应用。
(2) 碘量法测定维生素 C 含量的原理和方法。
(3) 本实验的测定方法与直接碘量法的异同。
(4) 本实验误差产生的主要原因及消除方法。

| 教学课件(1) | 教学课件(2)
碘量法简介 | 视频
容量瓶使用 | 视频
滴定管使用 |

二、实验原理

维生素 C 又称抗坏血酸,其化学式为 $C_6H_8O_6$,通常用于防治坏血病及各种慢性传染病的辅助治疗。除具有医用价值外,维生素 C 在化学上的应用也非常广泛,在分析化学中常作还原剂,用于分光光度法和配位滴定法等分析中,如把 Fe(Ⅲ) 还原为 Fe(Ⅱ),Cu(Ⅱ) 还原为 Cu(Ⅰ),Se(Ⅲ) 还原为 Se,Au(Ⅲ) 还原为 Au 等。

维生素 C 分子中含有还原性的烯二醇基,具有较强的还原性,能被氧化为二酮基,其对应电对的电极电势为 $\varphi^{\ominus}(C_6H_6O_6/C_6H_8O_6)=0.18$ V,已知,$\varphi^{\ominus}(I_2/I^-)=0.5355$ V,$\varphi^{\ominus}(O_2/OH^-)=0.401$ V,可见,维生素 C 能被 I_2 定量氧化为对应的二酮基,因而可用 I_2 标准溶液直接滴定,以测定维生素 C 片剂、维生素 C 注射液,以及饮料、蔬菜和水果等中含有的维生素 C。有关反应式为

$$C_6H_8O_6 + I_2 \Longrightarrow C_6H_6O_6 + 2HI$$

比较 $\varphi^{\ominus}(C_6H_6O_6/C_6H_8O_6)$ 与 $\varphi^{\ominus}(O_2/OH^-)$ 可知,维生素 C 在空气中极易被氧化而变黄色,尤其在碱性介质中更甚,因此,测定时需加入 HCl 溶液使体系呈弱酸性,以减少维生素 C 副反应的发生。

由于直接碘量法需要配制和标定 I_2 标准溶液,比较麻烦,且会造成误差累积。鉴于市售维生素 C 片剂中仅含有淀粉等添加剂,没有其他还原性物质存在,所以在测定时,可以在试样溶液中加入 KI 及淀粉指示剂,直接用 KIO_3 标准溶液滴定。这种改进的碘量法,测定步骤更简便,精密度更好,且测定结果与直接碘量法的测定结果不存在显著性差异。

三、实验内容

1. 0.01 mol·L⁻¹ KIO₃ 标准溶液的配制

准确称取 0.52～0.54 g KIO₃ 基准物质于 100 mL 烧杯中,加 20 mL 纯水使其完全溶解,将溶液定量转至 250 mL 容量瓶中,用纯水稀释至刻度,充分摇匀,备用。

2. 维生素 C 片剂中维生素 C 含量的测定

准确称取 10 片维生素 C 片剂(记录其总质量,计算每片片剂的平均质量)于研钵中,充

分研细并混匀。准确称取 $0.15 \sim 0.25$ g 粉末试样于 250 mL 锥形瓶中,加入 100 mL 新煮沸并冷却的纯水、5 mL 1 mol·L^{-1} HCl 溶液和 1 g KI 固体或 10 mL 10% KI 溶液、5 mL 0.5% 淀粉溶液,立即用 KIO$_3$ 标准溶液滴定至溶液颜色刚呈现蓝色且 30 s 不褪色,即为终点。平行测定三份。计算每片维生素 C 片剂中维生素 C 的含量(mg/片)。

四、注意事项

(1) KI 溶液要新鲜配制,用时要检查溶液是否变黄,否则将使实验结果偏低。

(2) 维生素 C 溶液很不稳定,易被空气中 O$_2$ 所氧化。所以,试样溶解完后应立即滴定。

(3) 为减少由于维生素 C 被空气 O$_2$ 氧化所造成的误差,必须在第一份试样滴定结束后,再溶解第二份试样,一份一份地滴定。

五、思考题

(1) 测定维生素 C 试样时,为何要在酸性介质中进行?

(2) 维生素 C 片剂试样溶解时,为何要用新煮沸并冷却的纯水?

(3) 测定维生素 C 含量的方法还有哪些?

实验 50　海水中卤素离子总量的测定系列实验

海水中含有不少卤素离子(用 X 表示,包括 Cl$^-$,Br$^-$,I$^-$),主要是 Cl$^-$,所以海水中卤素离子的总量也叫氯度,以 Cl$^-$ 计算其含量为 $16 \sim 17$ g·L^{-1}。海水氯度的测定是海洋调查中很重要的一个化学项目,从中可以了解海流的情况、盐度的分布、近岸或河口物质的扩散情况等。

海水氯度的测定一般采用银量法。银量法是以反应 Ag$^+$ + X$^-$ === AgX↓ 为基础的沉淀滴定法。根据确定滴定终点的指示剂作用原理不同,银量法又主要分为三种方法,分别以创立者的名字命名,即莫尔法(Mohr method)、福尔哈德法(Volhard method)和法扬司法(Fajans method)。下面分别介绍这三种方法的应用。

实验 50－1　莫尔法测定海水中卤素离子的总量

一、预习要点

(1) 海水中卤素离子总量测定的意义。

(2) 莫尔法的方法原理及指示剂的作用原理。

(3) 莫尔法的实验条件及其应用。

(4) AgNO$_3$ 标准溶液的配制和标定方法。

教学课件(1)　教学课件(2)
AgNO$_3$ 标准溶液
配制与标定

二、实验原理

以 K$_2$CrO$_4$ 作指示剂,用 AgNO$_3$ 标准溶液作滴定剂,根据分步沉淀的原理来指示滴定终点的银量法,称为莫尔法,是银量法中最常用的方法。以滴定 Cl$^-$ 为例,由于 AgCl 沉淀的溶解度比 Ag$_2$CrO$_4$ 小,因此,滴定时首先析出 AgCl 沉淀。当 AgCl 定量沉淀后,过量一

滴 $AgNO_3$ 溶液即与溶液中 CrO_4^{2-} 反应生成砖红色 Ag_2CrO_4 沉淀,以指示滴定终点。其主要反应式为

$$Ag^+ + Cl^- \Longrightarrow AgCl \downarrow (白色) \quad K_{sp} = 1.77 \times 10^{-10}$$

$$2Ag^+ + CrO_4^{2-} \Longrightarrow Ag_2CrO_4 \downarrow (砖红色) \quad K_{sp} = 1.12 \times 10^{-12}$$

滴定必须在中性或弱碱性溶液中进行,最适宜的 pH 范围为 6.5～10.0。如果有铵盐存在时,溶液的 pH 须控制在 6.5～7.2 之间。K_2CrO_4 指示剂的用量对测定的结果有影响,溶液中 K_2CrO_4 适宜的浓度为 5×10^{-3} mol·L^{-1}。

试样中凡是存在能与 Ag^+ 或 CrO_4^{2-} 发生化学反应的离子都将干扰测定,如 PO_4^{3-},SO_3^{2-},S^{2-},CO_3^{2-},$C_2O_4^{2-}$ 及 Ba^{2+},Pb^{2+} 等。其中,H_2S 可借助加热煮沸除去,SO_3^{2-} 可被氧化为 SO_4^{2-} 后消除干扰,Ba^{2+} 的干扰可加入过量的 Na_2SO_4 消除等。大量 Cu^{2+},Co^{2+},Ni^{2+} 和 Cr^{3+} 等有色离子的存在将影响终点的观察,而 Al^{3+},Fe^{3+},Bi^{3+} 和 $Sn(\text{IV})$ 等高价离子的存在,在中性或弱碱性介质中易水解产生沉淀,也会干扰测定,必须预先除去。

三、实验内容

1. 海水的采集与预处理

为了安全起见,应由专业技术人员或有关人员带领学生进行海水的采集。要记录海水的采集时间、天气状况(气温等)、地点和经纬度及水温等,如表 5—9 所示。采集的海水在测定实验前需要过滤除去泥沙等,并要进行稀释。必要时还需进行定性分析有哪些干扰离子,并采取相应的措施,以排除其可能带来的干扰。

表 5—9　海水采集信息示例

采集时间	2022 年 4 月 25 日 9 时 49 分
天气状况	多云,26 ℃
采集地点	厦门市演武大桥观景平台西侧 (北纬 24°26′13″,东经 118°5′2″)
采集水温	22.9 ℃

2. 0.1 mol·L^{-1} $AgNO_3$ 标准溶液的配制和标定

详见实验 39—7。

3. 海水中卤素离子总量的测定

(1) 海水试样的稀释。经过过滤除去泥沙的海水,测定前还需要稀释 4 倍,即移取 25.00 mL 海水试样于 100 mL 容量瓶中,用纯水稀释至刻度,充分摇匀,备用。

(2) 海水中卤素离子总量的测定。移取 25.00 mL 上述稀释后的海水试样于 250 mL 锥形瓶中,加入 25 mL 纯水及 1 mL 5% K_2CrO_4 溶液,摇匀,用 $AgNO_3$ 标准溶液滴定至溶液颜色呈现淡的砖红色,即为终点。平行测定三份。计算原始海水样中卤素离子的总量(以 g·L^{-1} Cl^- 计)。

4. 大宗数据处理

上述测定的是某一天的某一个时段采集的厦门大学白城海域某一地点的海水中卤素离子的总量。但同一地段不同采样点的海水中卤素离子的总量不同。即使采样点相同,海

水涨潮和退潮时的海水中卤素离子的总量也存在差异,因此,如果要较科学地了解该采样点的海水中卤素离子的总量,就需要根据海洋监测规范长年累月地对某一采样点的海水进行监测,由此将产生大量的测量数据,即大宗数据。计算这些数据的平均值及总体标准偏差等,称为大宗数据处理。

化学定量分析的目的是获得待测组分的准确含量。由于分析过程中可能存在诸多干扰因素,导致分析测量结果总是包含一定的误差。在相同条件下进行多次测量,大量数据能够显示较为清晰的统计规律性,即分析测定中的测量值一般遵从(或近似遵从)正态分布。当测量过程不存在系统误差时,无限次测量获得的总体平均值就等于真实值。而在分析测试中,测量次数是有限的,一般平行测量3~5次,平均值 $\bar{x}$ 常常不等于真值 μ。也就是说某一天某一个时段在采样点采集得到的海水中卤素离子的总量并不代表该采样点的海水中卤素离子的总量,只有长年累月地对某一采样点的海水进行监测所获得的总体平均值才能代表该采样点的海水中卤素离子的总量。如采用浮标对海水进行原位实时监测,过程长期且连续,将产生大量的监测数据,大宗数据处理后才能得到科学的结果和结论,以帮助人类预测和应对海洋环境的变化,保护海洋生态系统的可持续发展。

本实验中的大宗数据源于厦门大学化学系某一年级学生(100多人)采用莫尔法和法扬司法对同一海水试样中卤素总量的分析结果。

参考第1章的 Excel 或 Origin 软件及其应用示例——大宗数据的处理,完成大宗数据处理实验内容。

四、注意事项

(1) 滴定至终点时,是白色的 AgCl 沉淀中混有很少量的砖红色 Ag_2CrO_4 沉淀,近乎浅橙色即可,要防止滴过量。

(2) 指示剂用量的多少对测定有影响。测定溶液较稀时,须作指示剂的空白校正。即取 1 mL 5% K_2CrO_4 溶液于 250 mL 锥形瓶中,加入 50 mL 纯水及无 Cl^- 的 $CaCO_3$ 固体(相当于 AgCl 的量),配制成相似于实际滴定的浑浊溶液。小心滴入 $AgNO_3$ 标准溶液至与测定时终点的颜色相同为止,记录所消耗 $AgNO_3$ 标准溶液的体积,并对测定结果加以修正。

(3) 银是贵金属,润洗滴定管的 $AgNO_3$ 等含银废液应分类回收至指定容器中,不能倒入废液桶。

(4) 实验结束后,滴定管要用纯水直接洗涤,以防自来水中的 Cl^- 与滴定管中残留的 Ag^+ 发生反应生成沉淀而附着在滴定管内壁。

(5) $AgNO_3$ 溶液或 AgCl 沉淀若不小心洒在实验台、地上或水槽边,应立即清理干净,以防分解后着色。

(6) 如果没有聚四氟乙烯活塞的通用型滴定管,$AgNO_3$ 溶液应装在酸式滴定管(最好是棕色滴定管)中。

(7) 实验过程中,$AgNO_3$ 溶液应避光保存,如放在实验柜中,需要取用时再从实验柜中取出。

五、思考题

(1) 莫尔法测定 Cl^- 时,为什么溶液的 pH 应控制在 6.5~10.0 范围内?

（2）K_2CrO_4 指示剂的浓度过大过小对测定分别有何影响？为什么测定稀溶液时需作指示剂的空白校正？如何进行？

（3）如果测定试样是 $BaCl_2$ 溶液，能否用莫尔法测定 Cl^-？应如何进行？

实验 50－2   福尔哈德法测定海水中卤素离子的总量

一、预习要点

（1）海水中卤素离子总量测定的意义。
（2）福尔哈德法的原理及指示剂的作用原理。
（3）福尔哈德法测定中的直接滴定法和返滴定法。
（4）福尔哈德法的测定条件及方法应用。
（5）$AgNO_3$ 标准溶液的配制和标定方法。

二、实验原理

以硫酸铁铵［$NH_4Fe(SO_4)_2 \cdot 12H_2O$，俗称铁铵矾］作指示剂，用 NH_4SCN 标准溶液作滴定剂，以沉淀反应与配位反应平衡的原理指示终点的银量法，称为福尔哈德法（Volhard method）。福尔哈德法的最大优点是在酸性介质中滴定，可以减少共存离子的干扰。滴定的酸度一般为 $c_{H^+}=0.1\sim1\ mol \cdot L^{-1}$。指示剂用量的多少对测定结果有影响，一般控制 Fe^{3+} 浓度为 $0.015\ mol \cdot L^{-1}$。以测定 Ag^+ 为例，滴定中首先生成白色 $AgSCN$ 沉淀，当 Ag^+ 被定量沉淀后，过量一滴 NH_4SCN 溶液，即与体系中的 Fe^{3+} 形成血红色的 $[Fe(SCN)]^{2+}$ 配离子，以指示滴定终点。主要反应式为

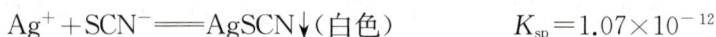

$$Ag^+ + SCN^- \Longrightarrow AgSCN\downarrow（白色）\qquad K_{sp}=1.07\times10^{-12}$$
$$Fe^{3+} + SCN^- \Longrightarrow [Fe(SCN)]^{2+}（红色）\qquad K_1=8.9\times10^2$$

对于卤素离子的测定，一般用返滴定法。即先加入一定量的 $AgNO_3$ 标准溶液，将卤素离子完全转化为卤化银沉淀，再用 NH_4SCN 标准溶液返滴定体系中过量的 Ag^+。由于 $AgCl$ 的溶解度比 $AgSCN$ 的大，当用返滴定法测定 Cl^- 时，到达终点后，$AgCl$ 沉淀会慢慢转化为 $AgSCN$ 沉淀，致使终点的红色褪去，影响测定结果。所以，在加入过量 $AgNO_3$ 标准溶液生成 $AgCl$ 沉淀后，滴定之前须加入硝基苯（有毒！）或石油醚以保护 $AgCl$ 沉淀，防止 $AgCl$ 沉淀转化为 $AgSCN$ 沉淀。

三、实验内容

1. 海水的采集与预处理
详见实验 50－1。

2. 0.1 mol·L⁻¹ AgNO₃ 标准溶液的配制和标定
详见实验 39－7。

3. 0.1 mol·L⁻¹ NH₄SCN 标准溶液的配制
称取 3.8 g 分析纯 NH_4SCN 固体于 500 mL 烧杯中，加入 300 mL 纯水使其完全溶解，将溶液转至 500 mL 试剂瓶中，加纯水稀释至 500 mL，充分摇匀，备用。

4. 0.1 mol·L⁻¹ NH₄SCN 溶液浓度的标定

移取 25.00 mL 0.1 mol·L⁻¹ $AgNO_3$ 标准溶液于 250 mL 锥形瓶中,加入 5 mL 1:1 HNO_3 溶液及 1.0 mL 40% $NH_4Fe(SO_4)_2$ 溶液(用 1 mol·L⁻¹ HNO_3 溶液配制),然后用 NH_4SCN 标准溶液滴定(滴定时应剧烈摇荡)至溶液呈现稳定的淡红色,即为终点。平行标定三份。计算 NH_4SCN 标准溶液的准确浓度。

5. 海水中卤素离子总量的测定

(1) 海水试样的稀释。经过过滤除去泥沙的海水,测定前还需要稀释 4 倍,即移取 25.00 mL 海水试样于 100 mL 容量瓶中,用纯水稀释至刻度,充分摇匀,备用。

(2) 海水中卤素离子总量的测定。移取 25.00 mL 上述稀释后的海水试样于 250 mL 锥形瓶中,加入 25 mL 纯水及 5 mL 1:1 HNO_3 溶液,由滴定管加入 $AgNO_3$ 标准溶液至过量10 mL。[①] 然后,加入 2 mL 硝基苯,用橡皮塞塞紧瓶口,剧烈摇荡 30 s,使 AgCl 沉淀被硝基苯包裹而与溶液隔离。小心用水冲洗橡皮塞及瓶的内壁,加入 1.0 mL 40% $NH_4Fe(SO_4)_2$ 溶液,用 NH_4SCN 标准溶液滴定至溶液呈现稳定的淡红色,即为终点。平行测定三份。按返滴定的计算式计算原始海水样中卤素离子的总量(以 g·L⁻¹ Cl⁻ 计)。

四、注意事项

(1) 福尔哈德法测定时 H^+ 浓度应大于 0.3 mol·L⁻¹。若 H^+ 浓度过低,Fe^{3+} 将水解形成$Fe(OH)^{2+}$ 等深色配合物,影响终点观察。

(2) 强氧化剂和氮的氧化物及铜盐、汞盐都与 SCN^- 作用,因而干扰测定,必须预先除去。

(3) 若测定 I^-,则应先加入过量 $AgNO_3$ 溶液后,再加指示剂。如果先加指示剂,则 I^-会被 Fe^{3+} 氧化。

五、思考题

(1) 用福尔哈德法测定时,为什么要控制 H^+ 浓度为 0.1~1 mol·L⁻¹? 在此酸度下,PO_4^{3-},AsO_4^{3-} 对滴定结果有无影响? 为什么?

(2) 本实验为什么用 HNO_3 溶液酸化? 用 HCl 溶液或 H_2SO_4 溶液行吗?

(3) 福尔哈德法返滴定测定 Cl^- 时,为什么要加入硝基苯或石油醚? 当此法测定 Br^-或 I^- 时需要吗? 为什么?

(4) 如果试样中除 Cl^- 外,还存在 Br^-,I^- 和 F^-,请问哪种或哪些离子对福尔哈德法测定结果有影响?

实验 50−3　法扬司法测定海水中卤素离子的总量

一、预习要点

(1) 海水中卤素离子总量测定的意义。

---

①　加入 $AgNO_3$ 溶液生成 AgCl 沉淀,接近化学计量点时,AgCl 会凝聚,振摇溶液,再让其静置片刻,使沉淀沉降,再往澄清液中滴加几滴 $AgNO_3$ 溶液,若不见沉淀生成,表明 $AgNO_3$ 溶液已过量。这样,再过量 10 mL 即可。

（2）化学吸附的基本知识。

（3）法扬司法的原理及滴定过程中沉淀微粒的吸附机制。

（4）吸附指示剂的应用条件。

（5）$AgNO_3$ 标准溶液的配制和标定方法。

二、实验原理

以吸附指示剂（如荧光黄）作指示剂，以 $AgNO_3$ 标准溶液作滴定剂的银量法，称为法扬司法（Fajans method）。AgX（X 代表 Cl^-，Br^-，I^- 和 SCN^-）沉淀是一种无定形的凝乳状沉淀，具有强烈的吸附作用。吸附作用具有选择性。如果溶液中有过量的构晶离子存在时，构晶离子将首先被吸附构成吸附层，吸附层中的离子会吸附异号电荷离子（即抗衡离子）作为扩散层。以 $AgNO_3$ 溶液滴定 Cl^- 为例，滴定时生成 $AgCl$ 沉淀，在化学计量点之前，溶液中有剩余的 Cl^-，则 $AgCl$ 沉淀的表面就会优先吸附 Cl^- 形成吸附层，Cl^- 再吸附溶液中的其他阳离子形成扩散层，此时溶液显示游离的吸附指示剂的颜色。可用下式表示：

$$Ag^+ + Cl^- \Longrightarrow AgCl\downarrow \xrightarrow{\text{剩余 } Cl^-} AgCl \cdot Cl^- \xrightarrow{\text{溶液中 } M^+} AgCl \cdot Cl^- \cdot M^+$$

当到达化学计量点以后，过量一滴 $AgNO_3$ 溶液使体系中有多余的 Ag^+，则吸附情况发生变化，$AgCl$ 沉淀表面首先吸附 Ag^+ 形成吸附层，Ag^+ 再吸附指示剂的阴离子 In^- 形成扩散层，可用下式表示：

$$Ag^+ + Cl^- \Longrightarrow AgCl\downarrow \xrightarrow{\text{过量 } Ag^+} AgCl \cdot Ag^+ \xrightarrow{\text{存在 } In^-} AgCl \cdot Ag^+ \cdot In^-$$

In^- 被吸附后，可能与 $AgCl$ 发生相互作用而导致分子结构产生微小变化，分子的能级也发生变化，而显示出不同于其游离态时的颜色，即可指示滴定终点。

用法扬司法测定时，必须控制体系适宜的 pH 范围，其 pH 最小值应由指示剂的解离常数 K_a 决定，以保证体系有较多的 In^- 存在；pH 最大值是由 Ag^+ 水解的最低 pH 决定的。吸附指示剂的吸附能力也应适宜，太弱会使终点色变拖长，不敏锐；太强会使终点提前，结果产生负误差。

为了使 AgX 沉淀具有较强的吸附能力，需要有足够的沉淀量和较大的沉淀比表面积。因此，滴定溶液不能太稀，而且滴定时要加入糊精或聚乙烯醇溶液等保护剂，以防止沉淀凝聚，使其尽量保持胶体状态。

三、实验内容

1. 海水的采集与预处理

详见实验 50—1。

2. 0.1 mol·L^{-1} NaCl 标准溶液的配制

详见实验 39—7。

3. 0.1 mol·L^{-1} AgNO$_3$ 标准溶液的配制

详见实验 39—7。

4. 0.1 mol·L^{-1} AgNO$_3$ 标准溶液浓度的标定

移取 25.00 mL NaCl 标准溶液于 250 mL 锥形瓶中，加入 10 滴二氯荧光黄指示剂（0.1 g 二氯荧光黄的 70%乙醇溶液）及 0.1 g 糊精（或 10 mL 1%糊精水溶液），摇匀。用 $AgNO_3$

标准溶液滴定(滴定时可较剧烈摇荡)。仔细观察溶液颜色由淡黄绿色变为淡红色,即为终点。平行标定三份。计算 $AgNO_3$ 标准溶液的准确浓度。

5. 海水中卤素离子总量的测定

(1) 海水试样的稀释。经过过滤去除泥沙的海水,测定前还需要稀释 4 倍,即移取 25.00 mL 海水试样于 100 mL 容量瓶中,用纯水稀释至刻度,充分摇匀,备用。

(2) 海水中卤素离子总量的测定。移取 25.00 mL 上述稀释后的海水试样于 250 mL 锥形瓶中,按照标定 $AgNO_3$ 溶液浓度的实验步骤进行滴定。平行测定三份。计算原始海水样中卤素离子的总量(以 $g \cdot L^{-1}$ Cl^- 计)。

四、注意事项

(1) 当有吸附指示剂存在时,AgCl 更易因受光照而还原为 Ag。因此,应避免在阳光直照下滴定,以免还原出 Ag 使溶液变为灰黑色,影响终点的观察。

(2) 用二氯荧光黄作指示剂时,应控制体系的 pH=4～10;若用荧光黄作指示剂,则应控制体系的 pH=7～10。

五、思考题

(1) 为什么实验中要尽量保持 AgCl 沉淀为胶体状态? 采用什么办法保持?

(2) 试比较法扬司法测定 Cl^-,Br^-,I^- 和 SCN^- 时的灵敏度有何不同? 并说明理由。

(3) 曙红指示剂是法扬司法测定 Br^-、I^- 很好的指示剂,但不能作为测定 Cl^- 的指示剂,为什么?

(4) 比较莫尔法、福尔哈德法和法扬司法的原理及优缺点。

实验 51 重量法测定可溶性钡盐中 Ba 的含量

一、预习要点

(1) 沉淀溶解平衡的基本知识及影响沉淀溶解度的因素。

(2) 晶形沉淀的沉淀条件和沉淀(灼烧)重量法的基本操作。

(3) $BaSO_4$ 沉淀重量法测定可溶性钡盐中 Ba 含量的原理及方法。

教学课件　视频 常压过滤

二、实验原理

重量分析法通常是指用适当方法(如形成沉淀)将待测组分经过一定步骤从试样中分离出来,称其质量,从而计算出该组分的含量。该方法直接用电子分析天平称量被分离出的含有待测组分的物质,准确度和精密度都较高。其中,$BaSO_4$ 沉淀重量法是应用比较经典的方法,既可用于 Ba 含量的测定,也可用于 SO_4^{2-} 含量的测定。

用 $BaSO_4$ 沉淀重量法测定可溶性钡盐中 Ba 含量时,先将可溶性钡盐经纯水溶解及 HCl 溶液酸化后,在加热和不断搅拌下,慢慢加入稀、热的 H_2SO_4 溶液,产生 $BaSO_4$ 晶形沉淀。沉淀经陈化、过滤、烘干、炭化、灰化和灼烧后,以纯净的 $BaSO_4$ 形式称量,即可求出试样中 Ba 的含量。

如上所述,用 $BaSO_4$ 沉淀重量法测定 Ba 含量时,一般用稀、热 H_2SO_4 溶液作沉淀剂,虽然 Ba^{2+} 所形成的一系列微溶化合物中,$BaSO_4$ 的溶解度最小,但在 25 ℃时,100 mL 溶液中仍可溶解 0.25 mg $BaSO_4$。如果沉淀所用的溶液和洗涤所用的溶液体积比较大,则溶解损失所造成的误差不可忽视。为了使 $BaSO_4$ 沉淀更完全,H_2SO_4 必须过量,而且沉淀中可能包藏的 H_2SO_4 在高温下可挥发除去,不致引起误差。因此,本方法中沉淀剂 H_2SO_4 可过量 50%~100%。

形成 $BaSO_4$ 沉淀一般须在 0.05 $mol \cdot L^{-1}$ HCl 溶液中进行,以防止产生 $BaCO_3$、$BaHPO_4$ 和 $BaHAsO_4$ 沉淀及 $Ba(OH)_2$ 共沉淀。同时,适当提高酸度,可增加 $BaSO_4$ 沉淀的溶解度,降低沉淀过程中的相对过饱和度,有利于获得较好的晶形沉淀。

同时,Pb^{2+} 和 Sr^{2+} 等离子的存在,会因产生硫酸盐沉淀而干扰 Ba 的测定;K^+,Na^+,Ca^{2+} 和 Fe^{3+} 等阳离子及 NO_3^-,ClO_3^- 和 Cl^- 等阴离子的存在,则可能引起共沉淀,对 Ba 含量的测定产生影响。实验中,应严格掌握沉淀条件,以获得粗大、纯净的 $BaSO_4$ 晶形沉淀。

三、实验内容

1. 称样及试样溶解

准确称取两份 0.40~0.60 g 试样分别于两个 250 mL 烧杯中,分别加入 100 mL 纯水及 3 mL 2 $mol \cdot L^{-1}$ HCl 溶液,搅拌溶解,加热至近沸。

2. 沉淀的制备

量取两份 4 mL 1 $mol \cdot L^{-1}$ H_2SO_4 溶液分别于两个 100 mL 烧杯中,分别加入 30 mL 纯水,加热至近沸。

在不断搅拌下用滴管将两份稀 H_2SO_4 溶液分别滴加到两份含 Ba^{2+} 的试样溶液中,充分搅拌后静置片刻,待 $BaSO_4$ 沉淀完全沉降后,小心于上层清液中滴加 1~2 滴 0.1 $mol \cdot L^{-1}$ H_2SO_4 溶液,仔细观察是否有白色沉淀生成(如果没有,说明此时 Ba^{2+} 已经沉淀完全;否则,还需再加入 H_2SO_4 溶液至不再有沉淀生成为止)。沉淀完全后,盖上表面皿(切勿将玻棒取出杯外),将两个烧杯放在还有余热的电热板上(确保电热板电源已经关掉)或 40 ℃ 水浴中陈化约 30 min(其间应 5~10 min 搅拌一次)。

在沉淀陈化期间,进行常压过滤的滤纸折叠与安放,以及漏斗颈水柱的形成等操作,具体操作详见第 1 章"重量分析的基本操作"有关内容。

3. 沉淀的过滤和洗涤

按照第 1 章"1.2.11 重量分析的基本操作",用上述漏斗颈充满水柱的漏斗进行倾泻法过滤。即先用 0.01 $mol \cdot L^{-1}$ H_2SO_4 溶液在烧杯中洗涤沉淀 3~4 次,每次 10 mL。洗涤时,搅起沉淀并充分搅拌,将烧杯倾斜静置(烧杯须斜放在白瓷板边缘,杯嘴斜向下),待沉淀下沉后再倾出上层清液至漏斗中。前几次洗涤后仅需过滤洗涤液,最后一次洗涤时将沉淀搅起后小心地转至漏斗中,再用洗瓶冲洗烧杯内壁和玻棒上的沉淀,并一同转至漏斗中过滤。烧杯中残留的极少量沉淀可用洗瓶挤出水流后冲洗至漏斗中残留在烧杯内壁及玻棒上的极少量沉淀可用折叠滤纸时撕下的纸角擦拭烧杯内壁及玻棒以"擦活"沉淀微粒,再将纸角放入漏斗中。最后,用 0.01 $mol \cdot L^{-1}$ H_2SO_4 溶液洗涤漏斗中的沉淀及滤纸 4~6 次,直至洗涤液中无 Cl^- 检出为止(用试管收集约 2 mL 滤液,加入 1 滴 2 $mol \cdot L^{-1}$ HNO_3 溶液及 2 滴

0.1 mol·L^{-1} $AgNO_3$ 溶液,若无白色浑浊产生,表明 Cl^- 已洗净)。

4. 空坩埚的恒重

空坩埚的恒重操作由实验中心老师操作。在电热室中,将两个洁净的瓷坩埚放在 (800 ± 20) ℃的马弗炉中灼烧至恒重。第一次灼烧恒温时间为 40 min,第二次及以后每次只需要灼烧 20 min。前后两次称量的差值小于或等于 0.2 mg,即可认为恒重。恒重后,将瓷坩埚置于干燥器中保存。

按照称量时间安排,每位同学适时到电热室端取含有坩埚的干燥器(每人一个,并有编号),并带坩埚钳到天平室进行称量,记录空瓷坩埚的质量。

5. 沉淀的灼烧和恒重

有关沉淀的包裹等操作详见第 1 章"重量分析的基本操作"。

将包叠好沉淀的滤纸包置于已恒重的瓷坩埚中,再一起置于通风橱中的电陶炉上,坩埚盖子略微留些缝隙通空气。打开电陶炉,设置其加热功率为 2200 W,打开内外加热环同时加热。经烘干、炭化、灰化后,再将坩埚放入 (800 ± 20) ℃的马弗炉中灼烧至恒重(恒重操作同前,仍由实验中心教师操作)。沉淀的恒重过程及恒重标准与上述空坩埚的恒重过程及恒重标准一致。计算 $BaSO_4$ 的质量,并换算为试样中 Ba 的质量分数。

四、注意事项

(1) $BaSO_4$ 是一种晶形沉淀,要注意形成沉淀的条件,即热、稀、慢、搅和陈化五个主要条件。

(2) 沉淀及滤纸的干燥、炭化和灰化应在酒精灯、煤气灯或电陶炉上加热进行,不能在马弗炉中进行。滤纸灰化时,需要有足够的空气,以防止 $BaSO_4$ 被滤纸中的碳还原为 BaS,有关反应式为

$$BaSO_4 + 4C = BaS + 4CO\uparrow$$
$$BaSO_4 + 4CO = BaS + 4CO_2\uparrow$$

若遇到此情况,可滴加 2~3 滴 1:1 H_2SO_4 溶液,小心加热,冒尽白烟后重新灰化及灼烧。

(3) 灼烧温度不能太高,如超过 950 ℃,可能导致 $BaSO_4$ 部分分解,有关反应式为

$$BaSO_4 = BaO + SO_3\uparrow$$

(4) 坩埚及沉淀进行恒重操作时,每次都应注意控制放置相同的冷却时间、使用相同的称量天平和称量时间、尽可能保证相同的操作环境及操作速度,即尽量保持各种操作条件的一致性。这样可以减少灼烧、称量的次数。

(5) 实验中,热的瓷坩埚一定要放在白瓷板上,绝不可直接放在玻璃滴定台(会炸裂)或实验台面上(会烫伤起泡而损坏)。

五、思考题

(1) 试样溶于纯水后为什么还要酸化? 能否用 HNO_3 溶液酸化? 为什么?

(2) 怎样用沉淀理论来解释本实验中的沉淀条件?

(3) 试拟出用沉淀重量法测定可溶性硫酸盐中 SO_4^{2-} 含量的实验步骤。测定 Ba^{2+} 时,沉淀剂稀 H_2SO_4 溶液可过量 50%~100%,而测定 SO_4^{2-} 时,沉淀剂 $BaCl_2$ 溶液应过量大约多少? 为什么比前者过量的少?

实验 52　邻二氮菲分光光度法测定 Fe
——测定条件的试验及碳酸盐矿中 Fe 含量的测定

一、预习要点

（1）分光光度法的基本原理及分光光度计的操作规范。

（2）分光光度法的实验条件及其选择。

（3）吸收曲线的制作及最大吸收波长的选择。

教学课件（1）　教学课件（2）分光光度法概述　视频 分光光度计使用

（4）标准曲线的制作及摩尔吸光系数的求算。

（5）分光光度法测定配合物的组成及稳定常数的方法。

二、实验原理

分光光度法通常用于含量较少组分的测量,但简单离子的摩尔吸光系数通常很小,用分光光度法测量容易产生较大的误差。因此,通常将简单离子和适宜的显色剂反应,生成摩尔吸光系数较大的物质,以达到分光光度法测量的要求。

分光光度法测定 Fe 的显色剂很多,有邻二氮菲（1,10－phenanthroline,Phen）及其衍生物、磺基水杨酸、硫氰酸盐和 5－Br－PADAP 等。其中,Phen 分光光度法的灵敏度高,稳定性好,干扰容易消除,是普遍应用的一种方法。

在 pH 为 2～9 的溶液中,Fe^{2+} 与 Phen 生成稳定的橘红色配合物 $[Fe(Phen)_3]^{2+}$。20 ℃时,$[Fe(Phen)_3]^{2+}$ 的 $\lg K_{稳}^{\ominus}=21.3$,$\varepsilon_{508}=1.1\times10^4$ L·mol^{-1}·cm^{-1}。有关反应式为

$$Fe^{2+}+3Phen \Longrightarrow [Fe(Phen)_3]^{2+}（橘红色）$$

Fe^{3+} 也能与 Phen 生成淡蓝色配合物 $[Fe(Phen)_3]^{3+}$,其 $\lg K_{稳}^{\ominus}=14.1$,ε 也比 $[Fe(Phen)_3]^{2+}$ 小。因此,测定试样中的 Fe 时,须先用盐酸羟胺或抗坏血酸将试样溶液中的 Fe^{3+} 还原为 Fe^{2+},再用 Phen 显色和测定。有关反应式为

$$2Fe^{3+}+2NH_2OH\cdot HCl \Longrightarrow 2Fe^{2+}+N_2\uparrow+2H_2O+4H^++2Cl^-$$

Cu^{2+},Co^{2+},Ni^{2+},Cd^{2+},Zn^{2+},Mn^{2+} 和 Hg^{2+} 等二价金属离子也能与 Phen 生成稳定的配合物,但这些配合物的最大吸收波长与 $[Fe(Phen)_3]^{2+}$ 的最大吸收波长有较大差别。这些离子少量存在时,不影响 Fe^{2+} 的测定;但这些离子量大时,则须用 EDTA 进行掩蔽或预先进行分离。

分光光度法测定配合物组成常用的方法主要包括摩尔比法、等摩尔连续变化法、平衡移动法和斜率比法等。本实验用摩尔比法测定 Fe^{2+}－Phen 配合物的组成,即配制一系列标准溶液,使 Fe^{2+} 浓度 $c(Fe^{2+})$ 固定,而 Phen 浓度 $c(Phen)$ 改变（或两者相反）,在选定的波长下（约 510 nm）,测定系列溶液的吸光度 A,然后以 A 对 $c(Phen)/c(Fe^{2+})$ 作图,如图 5－8 所示。由于 Fe^{2+} 及 Phen 在选定波长下各自均无吸收,因此,两条线段的延长线交点所对应的

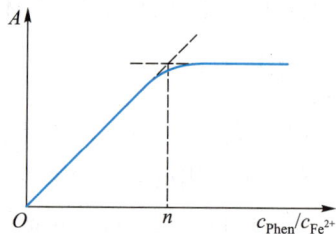

图 5－8　摩尔比法测定配合物的组成的原理示意图

$c(\text{Phen})/c(\text{Fe}^{2+})$ 即为二者的配位比。

由于测量波长、显色剂用量、显色反应的酸度、显色时间等实验条件对配合物的吸光度有较大的影响,因此,本实验须首先确定 Phen 吸光光度法测定 Fe 的适宜实验条件,然后制作标准曲线,并用标准曲线法测定碳酸盐矿石中的 Fe 含量。

三、实验内容

1. 主要试剂的配制[①]

(1) 100.0 $\mu g \cdot mL^{-1}$ Fe^{3+} 标准溶液 a 的配制。准确称取 0.8634 g 硫酸铁铵 [$NH_4Fe(SO_4)_2 \cdot 12H_2O$]基准物质于 100 mL 烧杯中,加入 20 mL 6 $mol \cdot L^{-1}$ HCl 溶液和少量纯水使其完全溶解,将溶液定量转至 1 L 容量瓶中,用纯水稀释至刻度,充分摇匀,备用。

(2) 1.00×10^{-3} $mol \cdot L^{-1}$ Fe^{3+} 标准溶液 b 的配制。准确称取 0.4822 g $NH_4Fe(SO_4)_2 \cdot 12H_2O$ 基准物质于 100 mL 烧杯中,加入 20 mL 6 $mol \cdot L^{-1}$ HCl 溶液和少量纯水使其完全溶解,将溶液定量转至 1 L 容量瓶中,用纯水稀释至刻度,充分摇匀,备用。

(3) 1.00×10^{-3} $mol \cdot L^{-1}$ Phen 溶液的配制。准确称取 0.1982 g Phen 固体于 100 mL 烧杯中,加入 20 mL 纯水使其完全溶解,将溶液定量转至 1 L 容量瓶中,用纯水稀释至刻度,充分摇匀,备用。

(4) 0.1 $mol \cdot L^{-1}$ NaOH 溶液的配制。详见实验 39-2。

2. 测定条件的试验

(1) 吸收曲线的制作及测量波长的选择。用吸量管分别移取 0.00 mL 和 1.00 mL Fe^{3+} 标准溶液 a 分别于两个 50 mL 容量瓶中,均依次加入 1.0 mL 10%盐酸羟胺溶液、2.0 mL 0.15% Phen 溶液和 5.0 mL 1 $mol \cdot L^{-1}$ NaAc 溶液,用纯水稀释至刻度,充分摇匀。放置 10 min 后,用 1 cm 比色皿,以试剂空白(即不加 Fe^{3+} 标准溶液的一瓶)作参比溶液,在波长为 440~580 nm 范围内,测定另一溶液的吸光度。先每间隔 10 nm 测一次,再于吸光度 A 最大的波长附近,每间隔 5 nm 或 2 nm 测一次。以波长 λ 为横坐标,以吸光度 A 为纵坐标,制作吸收曲线。从吸收曲线上确定以 Phen 作为显色剂测定 Fe 的最大吸收波长 λ_{max},并选择在最大吸收波长处测定后续实验中溶液的吸光度 A。

(2) 显色反应酸度的选择。取 7 个 50 mL 容量瓶,均加入 1.00 mL Fe^{3+} 标准溶液 a 及 1.0 mL 10%盐酸羟胺溶液和 2.0 mL 0.15% Phen 溶液,摇匀。再用滴定管或吸量管分别加入 0.0 mL,2.0 mL,5.0 mL,10.0 mL,15.0 mL,20.0 mL,30.0 mL 0.1 $mol \cdot L^{-1}$ NaOH 溶液,用纯水稀释至刻度,充分摇匀。放置 10 min 后,用 1 cm 比色皿,以纯水作参比溶液,在选定的最大吸收波长处测定各溶液的吸光度 A。同时用 pH 计测定各溶液的 pH。以 pH 为横坐标,以吸光度 A 为纵坐标,制作 A-pH 曲线,从曲线上找出该显色反应的适宜 pH 范围。

(3) 显色剂用量的选择。取 7 个 50 mL 容量瓶,均加入 1.00 mL Fe^{3+} 标准溶液 a 及 1.0 mL 10%盐酸羟胺溶液,摇匀。再分别加入 0.1 mL,0.3 mL,0.5 mL,0.8 mL,1.0 mL,2.0 mL,4.0 mL 0.15% Phen 溶液,以及 5.0 mL 1 $mol \cdot L^{-1}$ NaAc 溶液。用纯水稀释至刻度,充

---

① 为节约试剂,由实验室预先配制,学生实验时按需取用。

分摇匀。放置10 min后,在选定的最大吸收波长处测定各溶液的吸光度 A。以加入的 Phen 溶液体积 V 为横坐标,以吸光度 A 为纵坐标,制作 $A-V$ 曲线,从曲线上找出该显色反应所用显色剂 Phen 的最适宜用量。

(4) 显色时间及配合物 $[Fe(Phen)_3]^{2+}$ 稳定性的试验。取 1 个 50 mL 容量瓶,加入 1.00 mL Fe^{3+} 标准溶液 a 及 1.0 mL 10%盐酸羟胺溶液,摇匀。再加入 2.0 mL 0.15% Phen 溶液、5.0 mL 1 mol·L^{-1} NaAc 溶液,用纯水稀释至刻度,充分摇匀,并开始计时。然后依放置时间 5 min,10 min,20 min,30 min,60 min,120 min 后,在选定的最大吸收波长处测定各放置时间下溶液的吸光度 A。以时间 t 为横坐标,以吸光度 A 为纵坐标,制作 $A-t$ 曲线,从曲线上找出测定配合物 $[Fe(Phen)_3]^{2+}$ 吸光度的适宜时间,并了解配合物的稳定情况。

3. 碳酸岩矿中 Fe 含量的测定

(1) 标准曲线的制作。

① 10.0 μg·mL^{-1} Fe^{3+} 标准溶液的配制。移取 10.00 mL 100.0 μg·mL^{-1} Fe^{3+} 标准溶液 a 于 100 mL 容量瓶中,加入 2 mL 6 mol·L^{-1} HCl 溶液,用纯水稀释至刻度,充分摇匀,备用。

② 系列 $[Fe(Phen)_3]^{2+}$ 标准溶液的配制及标准曲线的制作。取 6 个 50 mL 容量瓶,用吸量管分别加入 10.0 μg·mL^{-1} Fe^{3+} 标准溶液 0.00 mL,2.00 mL,4.00 mL,6.00 mL,8.00 mL,10.00 mL,再向每个容量瓶中依次加入 1.0 mL 10%盐酸羟胺溶液、2.0 mL 0.15% Phen 溶液和 5.0 mL 1 mol·L^{-1} NaAc 溶液,每加入一种溶液后摇匀。用纯水稀释至刻度,充分摇匀后放置 10 min。用 1 cm 比色皿,以试剂空白(即没加 Fe^{3+} 标准溶液的一瓶)作参比溶液,在选定的最大吸收波长处测定各溶液的吸光度 A。以 Fe^{3+} 浓度 c 或 Fe^{3+} 标准溶液体积 V 为横坐标,以吸光度 A 为纵坐标,制作 $A-c$(或 $A-V$)标准曲线。由标准曲线计算 $[Fe(Phen)_3]^{2+}$ 配合物的摩尔吸光系数 ε。

(2) 试样的测定。准确称取 0.50~0.60 g 碳酸岩矿粉末试样于 150 mL 烧杯中,滴加少量纯水润湿,盖上表面皿,从杯嘴慢慢加入 10 mL 6 mol·L^{-1} HCl 溶液,缓缓加热至微沸并保持 15 min(注意勿蒸干!),加入 20 mL 热纯水,冷却,将溶液定量转至 100 mL 容量瓶中,用纯水稀释至刻度,充分摇匀。用干滤纸过滤,移取 10.00 mL 中段滤液于 50 mL 容量瓶中,依次加入 1.0 mL 10%盐酸羟胺溶液、2.0 mL 0.15% Phen 溶液和 10.0 mL 1 mol·L^{-1} NaAc 溶液,用纯水稀释至刻度,充分摇匀,放置 10 min 后,在与制作标准曲线相同的条件下测定其吸光度 A。从标准曲线求出 Fe 的含量并计算试样中 Fe 的质量分数。

注意:测定系列标准溶液及试样溶液的吸光度后,将容量瓶中剩余溶液保存好,用于延伸实验。

4. 配合物组成的测定——摩尔比法

取 8 个 50 mL 容量瓶,均加入 1.00 mL 1.00×10^{-3} mol·L^{-1} Fe^{3+} 标准溶液 b 及 1.0 mL 10%盐酸羟胺溶液,依次加入 1.00×10^{-3} mol·L^{-1} Phen 溶液 1.00 mL,1.50 mL,2.00 mL,2.50 mL,3.00 mL,3.50 mL,4.00 mL,4.50 mL,再各加 5.0 mL 1 mol·L^{-1} NaAc 溶液,用纯水稀释至刻度,充分摇匀。放置 10 min 后,以纯水作参比溶液,在选定的最大吸收波长处测定各溶液的吸光度。以 $c(Phen)/c(Fe^{2+})$ 为横坐标,以吸光度 A 为纵坐标,绘制 $A-c(Phen)/c(Fe^{2+})$ 曲线,根据曲线上前后两线段延长线的交点位置,确定 $Fe^{2+}-$Phen 配合物的配位比。

5. 数据处理

参考第 1 章的 Excel 或 Origin 软件及其应用示例,用软件制作吸收曲线和标准曲线等。

6. 延伸实验——智能手机色度分析法测定碳酸盐矿中 Fe 的含量

利用智能手机对上述系列$[Fe(Phen)_3]^{2+}$标准溶液和试样溶液进行数码成像,如图 5-9 所示。利用软件提取出不同浓度的标准溶液所对应的颜色数据,通过建立浓度与提取的颜色数据的标准曲线来对试样溶液中 Fe 的含量进行测定。智能手机色度分析法的基本原理及具体操作过程详见实验 58-3。

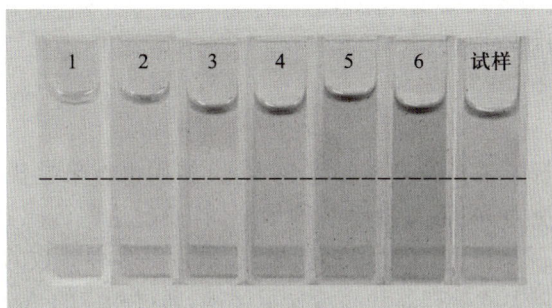

图 5-9　用于色度分析的系列$[Fe(Phen)_3]^{2+}$标准溶液和
试样溶液的实物照片

四、注意事项

(1) 实验前要认真阅读分光光度计的使用说明,并观看分光光度计的操作视频。

(2) 本实验试剂较多,注意勿加错试剂。同时,注意溶液的加入顺序,特别是要先加还原剂盐酸羟胺溶液,再加显色剂 Phen 溶液,每加入一种溶液都要轻轻摇匀。

(3) 各种试剂与吸量管应配套使用,即每一根吸量管只量取同一种溶液,做到专管专用。

(4) 制作吸收曲线时,每改变一个波长,都要使参比溶液在光路中调节分光光度计的 0% 和 100% 透过率。

(5) 拿放比色皿时,应持其"毛面",不要触碰其"光面"。若比色皿外表面有液体,应用擦镜纸或滤纸轻轻拭干,勿用力擦拭。

(6) 比色皿内所盛液体体积约为其容量的 2/3 为宜,过少会影响实验结果,过多易在测量过程中外溢,污染仪器。

五、思考题

(1) 为什么测定中需要加入盐酸羟胺溶液? 又为什么需要加入 NaAc 溶液?

(2) 本实验中哪些试剂需要准确配制和准确加入? 哪些试剂不需要准确配制但需准确加入?

(3) 试对所做的试验条件进行讨论,并选择适宜的测量条件,根据实验结果计算在适宜波长下的摩尔吸光系数。

(4) 本实验中,碳酸岩试样溶解定容后,为什么要用干滤纸过滤? 为什么要取中段滤液进行分析?

实验 53　基于手机光线传感器的简易光度计的组装及应用

一、预习要点

(1) 智能手机的各种传感器。

(2) 分光光度计的构造及其工作原理。

(3) 分光光度法的基本原理。

教学课件(1)　　教学课件(2)　　视频
　　　　　　　分光光度法　　分光光度计
　　　　　　　概述　　　　　使用

二、实验原理

随着科技的发展,智能手机的功能越来越强大,使用也越来越普及。智能手机具有方向、陀螺仪、光线感应、重力、旋转矢量等多种传感器,通过这些传感器,利用不同 App(application)软件,可以实现对长度、位置、方向、光强、重力等多种参数的测量。再结合智能手机集成的高清摄像头、强大的处理器和高清显示屏等,通过相应的 App 软件,可以实现数码成像、图像处理、数据传输等功能。

本实验是利用单色光作为光源,智能手机的光线传感器作为检测器,智能手机的显示屏作为显示器,搭建一套光路结构简单的简易光度计,并检验其工作的可行性和科学性——用于实际样品中 Fe 含量的测定,并与商品分光光度计测定结果进行比较。本实验旨在加深学生对分光光度计的基本构造及其工作原理的理解,引导学生学习、搭建分析仪器的基本思路,培养学生的批判性思维能力。

1. 分光光度计的结构及测定原理

简单来说,用于测定溶液的吸光度(或透射率)的仪器称为分光光度计,其基本组件由光源、单色器、比色皿、检测器、显示器五部分组成,其连接关系如图 5−10 所示。由光源发射连续光,经单色器色散分光,通过波长选择后,使某一波长的单色光照射比色皿,部分光被比色皿内的有色物质吸收后,透射光投射到检测器上,使光信号转化为电信号,经放大后于显示器上显示吸光度,即分光光度计工作的基本原理。根据朗伯−比尔定律,当一束平行单色光垂直通过某一均匀非散射的吸光溶液时,其吸光度 A 与溶液中吸光物质的浓度 c 及吸光液层的厚度 b 成正比。

光源 → 单色器 → 比色皿 → 检测器 → 显示器

图 5−10　分光光度计的基本组件及其连接关系示意图

本实验利用智能手机的光线传感器可以感知光线强弱的功能,通过 App 对光线强弱进行量化,将智能手机的光线传感器作为光强的检测器,搭建一套非常简易的光度计。由于手机光线传感器测得的数据为光强,根据朗伯−比尔定律,将其转化为吸光度后进行定量分析,即

$$A = \lg \frac{I_0'}{I_t} = \varepsilon b c$$

式中，A 为吸光度，ε 为摩尔吸光系数，它主要与吸光物质的性质及入射光的波长 λ 有关；c 为溶液中吸光物质的浓度，b 为吸光液层的厚度，I_0' 为通过参比溶液后的光强度，I_t 为通过试样溶液后的光强度。

本实验搭建的简易光度计的测定原理与分光光度计相同，但其结构简单，如图 5-11 所示。以单色光源代替了分光光度计的光源和单色器，以智能手机的光线传感器代替了分光光度计的检测器，智能手机的显示屏代替了分光光度计的显示器，实现以"单色光源＋比色皿＋智能手机"构建的一套简易光度计。

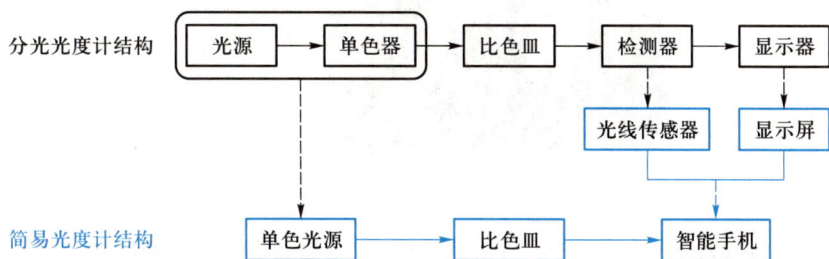

图 5-11　简易光度计与分光光度计的结构对比示意图

2. 分光光度法测定 Fe 的原理

详见实验 52。

三、实验内容

1. 测光软件的选择

智能手机必须安装相应的测光软件才能对进入手机光线传感器的光强进行定量测定。只要是能测定光强的 App 均可以使用，如光强仪，phyphox 等。搜索并安装相应的 App，按照提示操作即可。

2. 投屏软件的选择

实验时，测量光强的手机需要在一个避光的环境中使用。为了能够实时读取进入手机光线传感器的光强值，需要利用投屏软件将测量手机的屏幕投屏到另一台手机或其他电子设备，从而实时读取实验数据。在手机应用商店中此类 App 很多，如傲软投屏、快投屏等，搜索并下载安装相应的 App，按照提示操作即可。

3. 确定手机光线传感器的位置

不同品牌及型号的手机的光线传感器的位置不同，因此，实验前还需要确定实验中所用手机光线传感器的位置。寻找方法，即打开手机中的光强测定 App，通过手指遮挡手机面板顶部位置，当手机上显示光强为 0 时的手指位置，就是手机光线传感器的大致位置。重复上述操作，确定手机光线传感器的精确位置。

4. 简易光度计的搭建组装

搭建装置时，分别将光源、比色皿架及手机固定于光学板上，如图 5-12 所示。打开光源，通过调节连接比色皿架和手机的垂直可调支架以及水平位移台，以使光源能垂直入射比色皿，且透射后的光能完全进入手机的光线传感器。若光源光斑太大，可在一张黑色小纸片上打一个小孔，然后贴于比色皿架上，使得光路经过小孔，以此调节光斑的大小。

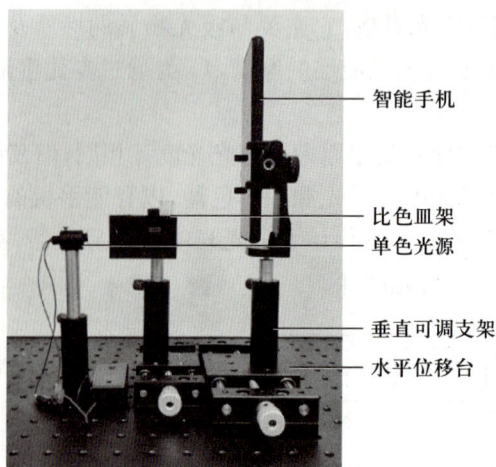

图 5-12   简易光度计的实物照片

测量光强值时,将手机屏幕调至"不息屏"模式,然后打开光强测定 App,并将手机的亮度调至最低(降低手机屏幕亮度对光强测量结果的影响)。将试样放入比色皿架后,用自制的纸皮盒盖住整个装置,避免外界光线对测量的影响,然后通过投屏软件,实时读取测量手机上显示的光强值。

5. 简易光度计的实验应用

为了验证所搭建的简易光度计应用于实际测量的可行性和科学性,将搭建好的简易光度计用于经典实验——邻二氮菲分光光度法测定 Fe,并将测定结果与商用分光光度计的测定结果进行比较。

(1)标准溶液的配制。

① $10.0~\mu g \cdot mL^{-1}$ Fe^{3+} 标准溶液的配制。详见实验 52。

② 系列 $[Fe(Phen)_3]^{2+}$ 标准溶液的配制。详见实验 52。

(2)试样溶液的测定。移取 10.00 mL 试样溶液(实验室直接提供,Fe 含量约为 $5~\mu g \cdot mL^{-1}$)于 50 mL 容量瓶中,依次加入 1.0 mL 10%盐酸羟胺、2.0 mL 0.15% Phen 溶液、5.0 mL 1 mol·L^{-1} NaAc 溶液,每加入一种溶液后都要轻轻摇匀,用纯水稀释至刻度,充分摇匀,备用。

采用搭建的简易光度计分别测定标准溶液及待测溶液的光强值 I(I_0' 为光通过系列铁标准溶液中 Fe^{3+} 浓度为 0 时测得的光强,I_t 为光通过其他溶液时测得的光强),将实验数据记录于表 5-10 中,并根据朗伯-比尔定律计算 A 值。注意:不同的实验体系,需采用不同波长的单色光源,本实验采用的单色光源波长为 510 nm,即 $[Fe(Phen)_3]^{2+}$ 的最大吸收波长。

表 5-10   用简易光度计测量的实验数据记录

Fe^{3+} 标准溶液浓度/($\mu g \cdot mL^{-1}$)	光强 I	吸光度 A
0.0		
0.4		
0.8		
1.2		

续表

Fe^{3+} 标准溶液浓度/(μg·mL^{-1})	光强 I	吸光度 A
1.6		
2.0		
Fe 未知溶液		
拟合直线的 R^2		
Fe 未知溶液浓度/(μg·mL^{-1})		

根据表 5−10 中数据,以 Fe^{3+} 标准溶液浓度为横坐标,吸光度 A 为纵坐标,制作标准曲线,从标准曲线上求出未知溶液中 Fe 的含量。

四、注意事项

(1) 光源的光强可能会比较强。为了保护传感器,请勿将光源直接照射手机的光线传感器。实验时,可以通过黑色纸片上孔径的大小来调节所测光强值的大小。

(2) 此实验为光学实验,对装置的搭建有较高的要求。实验过程中,装置的微小移动均会对实验结果造成较大的误差。因此,实验时务必固定好装置的各个部件。如果实验中在更换比色皿时,若因装置固定不稳而造成部件移动,须重新固定装置并重新测定所有数据。

(3) 在搭建装置时,还须注意以下关键点:首先需要保证入射光平行入射,其次需要保证入射光垂直入射比色皿。只有做好上述两点,才能保证光经过比色皿后不发生折射,减少读数时产生的误差。

五、思考题

(1) 配制溶液时,哪些试剂需要准确配制和准确加入? 哪些试剂不需要准确配制但需要准确加入?

(2) 请分析本实验中的误差来源。

(3) 按照本实验的思路,请设计一台单光束的简易分光光度计。

六、参考文献

[1] Hosker B S. Demonstrating principles of spectrophotometry by constructing a simple, low-cost, functional spectrophotometer utilizing the light sensor on a smartphone. J Chem Educ, 2018, 95(1): 178−181.

[2] 奚忠华, 孔璇凤, 余晓冬, 等. 基于光线传感器的手机光度计设计与应用. 大学化学, 2019, 34(1): 54−57.

[3] Kuntzleman T S, Jacobson E C. Teaching beer's law and absorption spectrophotometry with a smart phone: a substantially simplified protocol. J Chem Educ, 2016, 93 (7): 1249−1252.

七、助学导学内容

（1）刘丰俊,吴子瀚,侯伯尚,等.基于手机光线传感器为检测器的简易光度计的自组装设计.大学化学,2020,35(9):83−88.

（2）董志强,刘丰俊,翁玉华,等.智能手机在化学实验中的应用.大学化学,2021,36(4):159−169.

实验 54　分光光度法测定水中 Cr(Ⅵ) 的含量

一、预习要点

（1）分光光度法的基本原理及分光光度计的使用方法和操作规范。

（2）吸收曲线的制作及最大吸收波长的选择。

（3）分光光度法测定水中 Cr(Ⅵ) 含量的方法及标准曲线的制作方法。

（4）Excel 和 Origin 软件的使用。

教学课件(1)　　教学课件(2)　　视频
　　　　　　分光光度法　分光光度计
　　　　　　　概述　　　　使用

二、实验原理

Cr 能以 Cr(Ⅵ) 和 Cr(Ⅲ) 两种形式存在于水中。电镀、制革等工业废水中均含有 Cr,会污染水源。医学研究发现,Cr(Ⅵ) 有致癌危害,其毒性比 Cr(Ⅲ) 强 100 倍。按规定,生活饮用水中 Cr(Ⅵ) 含量不得超过 0.05 $mg \cdot L^{-1}$;地面水中 Cr(Ⅵ) 含量不得超过 0.1 $mg \cdot L^{-1}$;污水中 Cr(Ⅵ) 和总铬最高允许排放量分别为 0.5 $mg \cdot L^{-1}$ 和 1.5 $mg \cdot L^{-1}$。

测定微量 Cr 的方法很多,常采用分光光度法和原子吸收分光光度法。分光光度法中,选择合适的显色剂,可以测定 Cr(Ⅵ),而将 Cr(Ⅲ) 氧化为 Cr(Ⅵ) 后,则可测定总 Cr 量。

国家标准 GB/T 7467—1987 中,分光光度法测定 Cr(Ⅵ) 采用二苯碳酰二肼(diphenyl carbamide,DPCI)作显色剂,在 0.1 $mol \cdot L^{-1}$ H_2SO_4 介质中反应生成紫红色配合物,其最大吸收波长为 540 nm 左右,摩尔吸光系数 ε 为 $2.6 \times 10^4 \sim 4.17 \times 10^4$ $L \cdot mol^{-1} \cdot cm^{-1}$。Cr(Ⅵ) 与 DPCI 的显色温度以 15 ℃ 为宜,温度低时显色慢,温度高时紫红色配合物稳定性较差;显色时间 2~3 min,配合物可在 1.5 h 内稳定。用此法测定水中 Cr(Ⅵ) 且采用 50 mL 水样进行测定时,最低检测浓度为 0.004 $mg \cdot L^{-1}$,检出限为 0.001 $mg \cdot L^{-1}$。

Cr(Ⅵ) 与 DPCI 的显色反应是 1900 年发现的,但对其显色反应的机理至今尚有争议,有待进一步探讨。

Hg(Ⅰ) 和 Hg(Ⅱ) 也可与 DPCI 作用生成蓝色或蓝紫色化合物而产生干扰,但在所控制的酸度下,其反应灵敏度降低。Fe^{3+} 的浓度大于 1 $mg \cdot L^{-1}$ 时,将与显色剂 DPCI 生成黄色化合物而引起干扰,但可加入 H_3PO_4 与 Fe^{3+} 配位而消除。V(Ⅴ) 的干扰与 Fe^{3+} 相似,但与显色剂 DPCI 形成的棕黄色化合物很不稳定,颜色会很快褪去(约 20 min),不干扰测定。少量 Cu^{2+},Ag^+ 和 Au^{3+} 等在一定程度上也会干扰测定,须在测定前尽可能除去。

三、实验内容

1. 0.100 mg·mL^{-1} Cr(Ⅵ)标准贮备液的配制

准确称取 0.2830 g K$_2$Cr$_2$O$_7$基准物质于 50 mL 烧杯中,加入少量纯水使其完全溶解,将溶液定量转至 1000 mL 容量瓶中,用纯水稀释至刻度,充分摇匀,备用。

为了节约试剂和安全,Cr(Ⅵ)标准贮备液可由实验室预先统一配制,学生实验时按需取用。

2. 1.00 μg·mL^{-1} Cr(Ⅵ)标准溶液的配制

移取 2.50 mL 0.100 mg·mL^{-1} Cr(Ⅵ)标准贮备液于 250 mL 容量瓶中,用纯水稀释至刻度,充分摇匀,备用。应临用时再配制。也可在实验当天由实验室预先统一配制,学生实验时按需取用。

3. 0.04% DPCI 溶液的配制

称取 0.1 g DPCI 固体于 400 mL 烧杯中,加入 50 mL 无水乙醇使之完全溶解,再加入 200 mL 纯水稀释得到无色溶液。如果溶液中有少许不溶物,则须过滤除去。将溶液贮存于棕色试剂瓶中,充分摇匀。放入冰箱中保存。

此溶液也可由实验室预先统一配制,保存于冰箱中,学生实验时按需取用。

如果发现溶液变色,则不能使用,须重新配制。

4. 标准曲线的制作

取 6 个 50 mL 容量瓶,分别加入 0.00 mL,1.00 mL,2.00 mL,4.00 mL,6.00 mL,8.00 mL 1.00 μg·mL^{-1} Cr(Ⅵ)标准溶液,并均加入 0.6 mL 1:1 H$_2$SO$_4$ 溶液、30 mL 纯水,摇匀;再各加入 1.0 mL DPCI 溶液,立即摇匀,用纯水稀释至刻度,充分摇匀。静置 5 min,用 3 cm 比色皿,以试剂空白作参比溶液,在 540 nm 波长处测量各溶液的吸光度 A,以 Cr(Ⅵ)浓度为横坐标,吸光度 A 为纵坐标,制作标准曲线。

5. 试样中 Cr 含量的测定

(1) 准确移取适量(如 25.00 mL)水样于 50 mL 容量瓶中,依次加入 0.6 mL 1:1 H$_2$SO$_4$ 溶液和 1.0 mL DPCI 溶液,立即摇匀,用纯水稀释至刻度,充分摇匀,放置 5 min,即得到水样显色溶液。

(2) 取与(1)中等量的水样于 100 mL 烧杯中,依次加入 0.6 mL 1:1 H$_2$SO$_4$ 溶液和几滴乙醇,加热以还原 Cr(Ⅵ)为 Cr(Ⅲ),继续煮沸数分钟除去过量乙醇,冷却后转入 50 mL 容量瓶中,加入 1.0 mL DPCI 溶液,用纯水稀释至刻度,充分摇匀。该溶液作为参比溶液,备用。

以(2)制得的溶液为参比溶液,在 540 nm 波长处测量(1)制得的水样显色溶液的吸光度,由标准曲线查出对应于水样吸光度的 Cr(Ⅵ)浓度,计算水样中 Cr(Ⅵ)的含量(mg·L^{-1}表示)。

6. 数据处理

参考第 1 章的 Excel 或 Origin 软件及其应用示例,用软件制作吸收曲线和标准曲线。

7. 延伸实验——基于智能手机色度分析法测定水样中 Cr 的含量

参考实验 58-3 和文献,设计用智能手机色度分析法测定水样中 Cr 含量的实验方案,并具体实施。

四、注意事项

(1) 水样取量的多少,应视 Cr 含量的高低而定。同样,应视 Cr 含量的高低改换比色皿的厚度。

(2) 采集含 Cr(Ⅵ) 的水样后,须加入 NaOH 溶液将其 pH 调至 8 左右,并尽快测定,放置时间不能超过 24 h。如果水样不含悬浮物且色度低时,可直接进行吸光度测定。如水样浑浊、色度深且有有机物干扰时,可用"锌盐沉淀分离法"或"酸性 $KMnO_4$ 氧化法"进行处理(见 GB/T 7467—1987)。

(3) 也可以通过实验确定 Cr(Ⅵ) 与 DPCI 配合物的最大吸收波长。参考实验 52,利用手动或具有自动扫描功能的紫外−可见分光光度计扫描"4. 标准曲线制作"系列 Cr(Ⅵ) 标准溶液中浓度最大的溶液的吸收曲线,在该吸收曲线上可直接读取其最大吸收波长 λ_{max}。

五、思考题

(1) 在配制系列 Cr(Ⅵ) 标准溶液和水样显色时,加入 DPCI 溶液后,为什么要立即摇匀?

(2) 测定水样中 Cr(Ⅵ) 含量时,应该用什么溶液作为参比? 为什么?

(3) 如何分别测定水样中 Cr(Ⅲ) 和 Cr(Ⅵ) 的含量?

六、参考文献

[1] 丁宗庆,朱圣平,周向宇. 手机成像数码比色法测定水样中 6 价铬. 化学教育,2017,38(4):68−71.

[2] 孙丹,熊晓丹,吴雪亭,等. 数码成像比色法测定补铁剂中铁元素含量的实验研究. 化学教育,2017,38(5):76−78.

七、助学导学内容

(1) 曾一帆,秦萧,王玥,等. 智能手机色度分析测定甲基紫与氢氧化钠反应速率常数. 大学化学,2020,35(6):54−62.

(2) 董志强,刘丰俊,翁玉华,等. 智能手机在化学实验中的应用. 大学化学,2021,36(4):159−169.

实验 55　基础定量分析设计与研究性系列实验

本系列实验是针对已知较复杂体系中各组分的测定与分析,要求学生依据各实验所给出的实验要求和原理提要,查阅有关书籍、期刊、手册等参考资料,运用分析化学基础理论知识,以及实践过的简单体系单一组分测定的实验原理、实验方法,按照实验目的、原理、试剂(注明规格、浓度)、仪器、实验步骤等方面拟定出实验方案,通过实验检验其方案的可行性和科学性,并作出结果判断,写出实验报告。旨在引导学生探讨较复杂体系中多组分测定与分析的基本思路和方法,进一步培养学生独立思考和分析、解决较复杂实际问题的能力,以及勇于实践的思想意识。

另外,贴近日常生活的试样分析,如"果蔬中维生素 C 的分析",面对现在水果的品种越来越多,哪些水果的维生素 C 含量高呢? 以激发学生探索的好奇心及培养学生勤于动手的好习惯。瞄准环境保护和资源回收时代主题,来源于工业生产实践一线的实验项目"HCl 与 FeCl₃ 混合液中各组分的分析"与第 6 章中的"热镀锌钢构件酸洗废液资源回收——从热镀锌钢构件酸洗废液中回收盐酸和氯化亚铁及其纯度分析"的内容遥相呼应,是酸洗废液资源回收实验的基础。培养学生立于当下解决实际问题的意识,有效培养学生学以致用的能力。

在实际工作中,定量分析的任务往往是复杂多样的。分析的对象可能是无机试样或有机试样;待测组分可能是常量、微量或痕量组分;待测项目可能是单项分析或全分析;有的试样在分析测试之前还需进行分离或富集等。此外,还可能要求进行价态分析等。要完成复杂多样的分析任务,需要选择各种各样的分析方法,其中有些是成熟的分析方法,可从大型参考书或有关部门出版的分析操作规程标准中查到。有些分析任务则难以找到现成的分析方法,或现成的分析方法不适合特定分析对象的具体情况等。这就要求分析工作者能根据实际情况,运用所掌握的分析化学基础理论知识、定量分析的实验原理、实验方法及有关的实验、实践经验,制定出合适的分析方案,并以适当的方法检验所制定方案的可行性。

实验 55-1 HCl 与 H₃BO₃ 混合溶液中各组分的分析

一、实验要求

现有一混合酸试样,其中可能含有 HCl(浓度约为 0.5 mol·L⁻¹)和 H₃BO₃(浓度约为 0.5 mol·L⁻¹)。请拟定出测定该试液中 HCl 和 H₃BO₃ 准确浓度的分析方案,并实施,再以报告呈现分析结果。

教学课件

二、实验原理

强碱滴定弱酸时,弱酸的 K_a 越大,滴定的突跃就越大;弱酸的 K_a 越小,滴定的突跃就越小。当弱酸的 $cK_a \geq 10^{-8}$ 时,才有明显的滴定突跃,滴定才能得到准确的结果。若体系中存在着两种酸 HA 和 HB,要准确滴定各组分的含量,除了满足上述条件外,还须满足 $\frac{c_{HA}K_a^{HA}}{c_{HB}K_b^{HB}} \geq 10^5$ 的条件。若 HA 为一强酸,HB 为一弱酸,滴定至第一化学计量点时,强酸 HA 全部被中和,控制体系 pH 的成分为 HB,其 pH 可按一元酸体系计算:

$$[H^+] = \sqrt{c_{HB}^{e1}K_a^{HB}}$$

滴定至第二化学计量点时,体系中主要酸碱成分为 B⁻,其 pH 可按一元弱碱体系计算:

$$[OH^-] = \sqrt{c_{B^-}^{e2}K_b^{B^-}}$$

HCl 是一强酸,可用 NaOH 标准溶液进行滴定。H₃BO₃ 为一极弱的酸,在水溶液中按下式解离:

$$H_3BO_3 + 2H_2O \Longrightarrow H_3O^+ + B(OH)_4^-$$

H₃BO₃ 的 $K_a = 5.81 \times 10^{-10}$,由于其酸性太弱,不能用 NaOH 标准溶液准确滴定。但如果在溶液中加入足量的甘油或甘露醇,由于它们能与 $B(OH)_4^-$ 形成稳定的配合物,大大增强了 H_3BO_3 在水溶液中的酸式解离,使其可用 NaOH 标准溶液准确进行滴定。

三、注意事项

(1) 所给混合酸溶液浓度较大,一般酸碱滴定所用酸碱的浓度为 $0.1\ mol\cdot L^{-1}$,所以滴定分析前须准确稀释,稀释的倍数要适宜。

(2) 甘油具有一定黏度,还具有弱的缓冲作用,所以用甘油强化 H_3BO_3 需要分批次加入,即在滴定 HCl 后的溶液中可先加入 10 mL 甘油,充分摇匀,加入 2 滴酚酞指示剂,用 NaOH 标准溶液滴至溶液呈金黄色;再加入 5 mL 甘油,再继续用 NaOH 标准溶液滴至溶液呈金黄色;再重复 2~3 次,直至加入甘油后金黄色不褪去即为终点。

四、思考题

(1) 已知 H_3BO_3 共轭碱的 $pK_b=4.76$,能否用酸碱返滴定法测定 HCl 和 H_3BO_3 混合溶液中各组分的浓度?为什么?

(2) 已知 H_3BO_3(用 HA 表示)与甘露醇(用 R 表示)生成的配合物(R_2A)的稳定常数为 $\lg\beta_1=2.5$,$\lg\beta_2=4.8$。若用 $0.10\ mol\cdot L^{-1}$ NaOH 溶液滴定 $0.10\ mol\cdot L^{-1}$ H_3BO_3 溶液,并使滴定至终点时 R 的浓度为 $0.20\ mol\cdot L^{-1}$,试计算此条件下 H_3BO_3 的表观解离常数 K_a' 及化学计量点时溶液的 pH,并据此确定应选用何种指示剂?

五、参考文献

欧阳耀国,郭祥群,蔡维平. 分析化学基础实验.厦门:厦门大学出版社,1998.

实验 55-2　Ca^{2+} 与 EDTA 混合溶液中各组分的分析

一、实验要求

现有一混合溶液,其中可能含有 Ca^{2+} 和 EDTA(H_2Y^{2-}),其浓度均在 $0.007\sim0.015\ mol\cdot L^{-1}$ 范围内。

(1) 请给出判别混合溶液中 Ca^{2+} 与 EDTA 的物质的量的相对大小的方案。

教学课件

(2) 拟定出测定该混合溶液中 Ca^{2+} 与 EDTA 准确浓度的分析方案,并实施,再以报告呈现分析结果。

二、实验原理

Ca^{2+} 与 EDTA 能形成稳定的配合物,其 $\lg K^\ominus_{CaY^{2-}}=11.0$,可在 pH>12 的碱性介质中,以钙指示剂指示终点;或在 NH_3-NH_4Cl(pH=10)缓冲溶液中,在少量 Mg-EDTA 存在下,以铬黑 T 作指示剂,用 EDTA 标准溶液准确滴定体系中过量的 Ca^{2+}。在 pH 为 4~6 的微酸性介质中,由于酸效应,Ca^{2+} 与 EDTA 的配位能力大大降低,$\lg K'_{CaY^{2-}}=2.1\sim5.9$。此时,共存于体系中的 Ca^{2+} 不干扰用 Zn^{2+} 标准溶液准确滴定其中总的 EDTA。

提示一,判别混合溶液中 Ca^{2+} 与 EDTA 的物质的量的相对大小,如表 5—11 所示。

表 5—11 混合溶液的判别方案

相对量	溶液 pH(缓冲体系)	指示剂	颜色
$n(Ca^{2+}) > n(EDTA)$			
$n(Ca^{2+}) < n(EDTA)$			
$n(Ca^{2+}) = n(EDTA)$			

提示二,依据上述判别,设计实验方案,如表 5—12 所示。

表 5—12 混合溶液的分析方案

相对量	溶液 pH	指示剂	滴定剂	终点颜色变化	滴定体积	化学计量关系
$n(Ca^{2+}) > n(EDTA)$	pH=12					
	pH=5~6					
$n(Ca^{2+}) < n(EDTA)$						
$n(Ca^{2+}) = n(EDTA)$						

三、注意事项

(1) 判断混合溶液中 Ca^{2+} 与 EDTA 相对量的大小,若 $n(EDTA) > n(Ca^{2+})$ 时,只需要配制 Zn^{2+} 标准溶液;若 $n(EDTA) < n(Ca^{2+})$ 时,要配制 Zn^{2+} 标准溶液和 EDTA 标准溶液,并且要标定 EDTA 标准溶液的浓度。

(2) 考虑到待测试液中可能含有杂质等,所以一般来说,待测试液不能装在滴定管中。

四、思考题

(1) 是否必须判断试液中 EDTA 与 Ca^{2+} 的物质的量的相对大小? 能否不经判断直接进行滴定?

(2) 如何判断试液中是 $n(Ca^{2+}) > n(EDTA)$ 还是 $n(Ca^{2+}) \leqslant n(EDTA)$? 又如何进一步判断试液中是 $n(Ca^{2+}) < n(EDTA)$ 还是 $n(Ca^{2+}) = n(EDTA)$?

(3) 欲在微酸性介质中(pH=5.5)测定试液中 EDTA 的物质的量,应以什么金属离子溶液作标准溶液? $\lg K^{\ominus}$ 应大于多少? 为什么?

(4) 在 pH=10 的氨性缓冲介质中,用 Zn^{2+} 标准溶液滴定试液,能否测得 EDTA 总的物质的量?

(5) 若分别在 pH=5.5 和 pH=10 时,用 Zn^{2+} 标准溶液滴定试液,所耗体积是否相等? 为什么? 在什么情况下相等?

五、参考文献

欧阳耀国,郭祥群,蔡维平. 分析化学基础实验. 厦门:厦门大学出版社,1998.

实验 55—3　FeCl₃ 与 HCl 混合溶液中各组分的分析

一、实验要求

现有一份金属酸洗液,其中 Fe^{3+} 的浓度为 $0.008\sim0.012\ mol\cdot L^{-1}$,HCl 溶液的浓度为 $0.08\sim0.12\ mol\cdot L^{-1}$。

试根据所学的酸碱滴定原理、配位解离平衡理论及氧化还原滴定的实验方法,拟定出测定该试液中 Fe^{3+} 和 HCl 准确浓度的分析方案,并实施,再以报告呈现分析结果。

二、实验原理

生产上经常要测定 Fe,Al 和 Cu 等水解金属盐(M)中的游离酸、金属酸洗液中的游离酸,如实验 59 热镀锌钢构件酸洗废液回收盐酸及其浓度测定。由于易水解金属离子的酸性通常较强(例如,Fe^{3+} 的羟基配合物的 $\lg\beta_1=11.87$,$\lg\beta_2=21.17$,$\lg\beta_3=29.67$,酸性比 HAc 还强),因此,滴定游离酸时的突跃很小,不能准确滴定。加入 Ca—EDTA、Ba—EDTA、Zn—EDTA 等配位体缓冲溶液(N—EDTA),可有效地掩蔽易水解金属离子,使滴定游离酸时的突跃显著增大。

配位缓冲溶液是由配位体(L)和过量金属离子(N)组成。缓冲溶液中的配位体与酸洗液中易水解的金属离子(M)配位,置换出不易水解的金属离子(N),既可有效地掩蔽水解金属离子,又不改变滴定过程中体系的酸碱平衡。

考虑下列平衡关系(省略电荷):

$$N+L \Longrightarrow NL$$

$$K_{NL}=\frac{[NL]}{[N][L]} \tag{1}$$

如只考虑 L 与 H^+ 结合的副反应,则用表观稳定常数,可以表示为

$$K'_{NL}=\frac{[NL]}{[N][L']}=\frac{K_{NL}}{\alpha_{L(H)}} \tag{2}$$

式中,$\alpha_{L(H)}$ 为酸效应系数。设 N 和 NL 的原始浓度分别为 c_N 和 c_{NL},则

$$c_N+c_{NL}=[NL]+[N] \tag{3}$$

$$c_{NL}=[NL]+[L'] \tag{4}$$

$$K'_{NL}=\frac{c_{NL}-[L']}{(c_N+[L'])[L']} \tag{5}$$

当溶液的 pH 较高时,$\alpha_{L(H)}$ 减小,K'_{NL} 较大,故 $[L']$ 很小。若 c_{NL} 和 c_N 均不太小,则

$$c_{NL}-[L']\approx c_{NL}$$

$$c_N+[L']\approx c_N$$

由式(5)得到

$$pL' = \lg K'_{NL} + \lg \frac{c_N}{c_{NL}} \tag{6}$$

可见 c_N/c_{NL} 一定时,pL' 将随 $\lg K'_{NL}$ 的增大(即 pH 的增大)而增大,但 pL 却不随 pH 的变化而变化,因为

$$pL = pL' + \lg \alpha_{L(H)}$$

$$= \lg K'_{NL} + \lg \alpha_{L(H)} + \lg \frac{c_N}{c_{NL}}$$

$$= \lg K_{NL} + \lg \frac{c_N}{c_{NL}} \tag{7}$$

可见当 c_N/c_{NL} 一定时,pL 只与 $\lg K_{NL}$ 有关。当 c_N/c_{NL} 比值变化 10 倍时,pL 变化 1 个单位,与酸碱缓冲溶液相似,即为有效的配位体缓冲范围。

当溶液 pH 较低时,H^+ 浓度较大,以致 L 主要是与 H^+ 结合,$\alpha_{L(H)} \gg \alpha_{L(N)}$,配合物由于酸效应而解离,pL 基本上只由 c_L 和 $\alpha_{L(H)}$ 决定,则失去了配位体缓冲溶液的作用。此外,由于 L 的酸效应,配位体缓冲溶液的加入,将影响滴定体系的酸碱平衡。通常情况下,用 $\alpha_{L(H)} = \alpha_{L(N)}$ 作为判断配位体缓冲溶液是否起缓冲作用的界限。此时,由于

$$\alpha_{L(N)} = 1 + K_{NL}[N] \approx K_{NL}[N]$$

又要求 $\alpha_{L(H)} = \alpha_{L(N)}$,故

$$K'_{NL}[N] = \frac{K_{NL}}{\alpha_{L(H)}}[N]$$

$$= \frac{K_{NL}}{\alpha_{L(N)}}[N] = 1 \tag{8}$$

式(8)中[N]可近似地以 c_N 代替。显而易见,要使配位体缓冲溶液起作用,至少应使 $\alpha_{L(N)} \geq \alpha_{L(H)}$,即应使 $c_N K'_{NL} \geq 1$。故

$$\lg K'_{NL} \geq pc_N$$

在实验过程中,配位体缓冲溶液的组分配比([N]/[NY])对滴定无显著的影响,但应保证缓冲体系中相应的金属离子有一定的过量,一般以[N]/[NY]$\geq$0.5 为宜。为有效地掩蔽 M,配位体缓冲溶液组分中的 EDTA 的量要足够大,一般以[M]:[NY]=1:1～1:3 为宜。

三、注意事项

(1)本实验所用试剂较多,取用时要看清标签。

(2)实验室直接提供配位体缓冲溶液。

(3)用氧化还原滴定法测定 Fe^{3+} 浓度时,以磺基水杨酸作指示剂,终点不太敏锐;以二苯胺磺酸钠作指示剂,其终点所呈现的紫色也比较浅。

四、思考题

(1)用 NaOH 标准溶液滴定 $FeCl_3$ 与 HCl 混合溶液中的游离酸,能否得到明显的滴定突跃?

(2)在 Ca—EDTA 配位体缓冲溶液存在下,用 NaOH 标准溶液滴定 HCl,可得到几个滴定突跃(提示:[Fe(OH)Y]的 $\lg \beta = 6.5$)?

（3）在 Ca—EDTA 配位体缓冲溶液存在下，用 NaOH 标准溶液滴定 HCl，至第一化学计量点时，体系中控制 pH 的主要型体是什么？pH 为多少？可选用什么试剂作指示剂（提示：[FeY]为深黄色）？终点从什么颜色变化到什么颜色？

（4）配位体缓冲溶液（N—EDTA）应如何配制？配位体缓冲液在加入试液之前是否需要中和？中和时应以什么作指示剂？

（5）配位体缓冲溶液浓度应控制为多大？

（6）若将配位体缓冲溶液（N—EDTA）的 pH 控制为滴定终点的相同值，配位体缓冲溶液加入试液前与加入试液后滴定至终点时的[Y']是否相同？由此变化引起的滴定误差有多大？Ca—EDTA、Ba—EDTA、Zn—EDTA 等不同配位体缓冲溶液引起的此类误差是否相同？哪一个误差较小？

（7）若用 EDTA 配位滴定法测定 Fe^{3+} 浓度，应控制 pH 为多大？如何调节体系的 pH？应选用什么试剂作指示剂？

（8）可否用氧化还原滴定法测定 Fe^{3+} 浓度？应如何进行？

（9）可否用 EDTA 溶液代替 N—EDTA 配位体缓冲溶液掩蔽 Fe^{3+}？对测定结果有没有影响？

（10）可否用 EDTA—N 金属离子缓冲溶液代替 N—EDTA 配位体缓冲溶液作掩蔽剂？对测定结果有没有影响？

实验 55—4　果蔬中维生素 C 的分析

一、实验要求

现有一水果或蔬菜，要测定其中维生素 C 的含量，试拟出分析方案，并实施，再以报告呈现分析结果。

视频
分光光度计
使用

二、实验原理

维生素 C 是维生素大家族中的一个重要成员，是维持人类正常生命过程中所必需的一种有机物质。实验 49 是用碘量法测定维生素 C 片剂中维生素 C 的含量。天然维生素 C 广泛存在于新鲜水果、蔬菜及天然野生植物中，那用什么方法来测定其含量呢？

维生素 C 又名抗坏血酸，在碱性介质中易被氧化成脱氢抗坏血酸。当 pH>5 时，脱氢抗坏血酸的内环开裂，形成二酮古洛糖酸。有关反应及结构式如图 5—13 所示。

水果或蔬菜试样经过提取和脱色等化学处理，制得试样溶液。试样溶液与维生素 C 标准溶液在同等条件下用 2,4—二硝基苯肼显色，并于 500 nm 波长处测量溶液的吸光度。根据液体试样的吸光度，由标准曲线查出维生素 C 的浓度，即可求出试样中维生素 C 的含量。

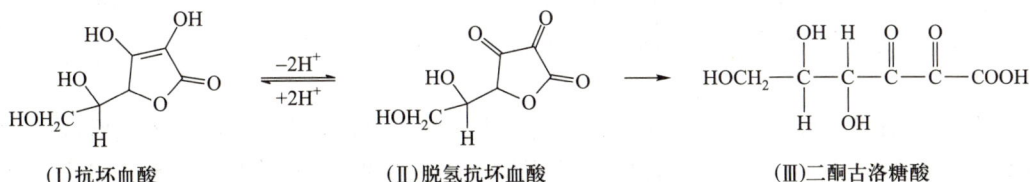

图 5−13　有关抗坏血酸的反应及结构式

(Ⅰ)抗坏血酸　　　　　　(Ⅱ)脱氢抗坏血酸　　　　　　(Ⅲ)二酮古洛糖酸

三、注意事项

(1) 维生素 C 溶液不稳定,水果或蔬菜试样经过提取和脱色等化学处理制得的试样溶液要及时测定。

(2) 2,4−二硝基苯肼对眼睛和皮肤具有刺激性和致敏性,取用时要注意安全。

(3) 分光光度计的使用规范。

(4) 废液要分类回收至指定容器中。

四、思考题

(1) 如何从水果或蔬菜中提取维生素 C?

(2) 进行分光光度法分析时,如何选择参比溶液?

(3) 能否用实验 49 的方法测定水果或蔬菜中维生素 C 的含量?

五、参考文献

王力伟,马光冉,汪莉,等. 分析化学综合实验:基于纳米酶和智能手机的维生素 C 比色检测. 大学化学,2024,39(8):255−262.

实验 55−5　茶叶中微量元素的鉴定与分析

一、实验要求

鉴定并分析茶叶中的微量元素 Ca,Mg,Al,Fe,Mn 和 P,拟定分析方案,并实施,再以报告呈现分析结果。

视频
分光光度计的
使用

二、实验原理

茶叶主要由 C,H,N,O 等元素组成,还含有 Ca,Mg,Al,Fe,Mn 和 P 等微量元素。茶叶中含有的维生素 C、维生素 P、维生素 E 及茶多酚类物质,具有清除氧自由基,抑制脂质过氧化等功能,经常饮茶对身体有益的说法也是由此而来。一个经典的有机化学实验就是有关茶叶中咖啡因的提取。

对于茶叶中 Ca,Mg,Al,Fe,Mn 等微量元素的鉴定与分析,一般是将茶叶“干灰化”后用酸浸提,通过特征的定性实验加以判定。

茶叶中 Ca,Mg 含量都较大,且二者性质接近,故 Mg 不可能直接滴定。选择合适的指示剂和 pH,先用 EDTA 滴定出 Ca,Mg 总含量,再用 EDTA 滴出 Ca 含量,则可求出 Mg 的含量。实验过程中须选择合适的掩蔽剂,如在碱性溶液中用三乙醇胺掩蔽 Fe^{3+},Al^{3+} 和少量 Mn^{2+} 等。

茶叶中 Al,Fe,Mn 和 P 的含量可以采用分光光度法进行测定。茶叶经灼烧后,灰分中残留的微量 Al 在微酸性介质中与铝试剂共热,形成稳定的红色配合物。茶叶中的 Fe^{3+} 可以被盐酸羟胺或抗坏血酸还原为 Fe^{2+},Fe^{2+} 与邻二氮菲(1,10-phenanthroline,Phen)在 pH=2~9 的介质中反应生成稳定的橘红色配合物$[Fe(Phen)_3]^{2+}$。Mn 的测定可以采用强氧化剂$(NH_4)_2S_2O_8$ 将 Mn^{2+} 氧化为 MnO_4^-,使溶液呈现紫红色。磷酸盐在酸性条件及铵盐存在下,与钼酸铵结合为磷钼酸铵黄色结晶,但其水溶性游离磷钼酸遇到还原剂则产生蓝色的磷钼蓝。在各种配合物的最大吸收波长处测定吸光度并与标准曲线相比较,可以分别测定 Al,Fe,Mn 和 P 的含量。由于吸收曲线的制作、显色反应酸度、显色剂用量、显色时间和其他离子的干扰等因素都会影响测定的灵敏度和准确度,因此,试样测定前应进行条件实验。

三、注意事项

(1) 茶叶要尽可能干燥,并捣碎以利于灰化。
(2) 灰化要彻底。若酸溶时发现有未灰化物,应进行定量过滤,将未灰化物重新进行灰化。
(3) 分光光度计的使用要规范。
(4) 废液要分类回收至指定容器中。

四、思考题

(1) 应如何选择灰化茶叶的温度?
(2) Ca,Mg 总量测定及 Ca 含量测定时的 pH 各是多少?
(3) Ca,Mg,Al,Fe,Mn 和 P 的测定时各需要考虑哪些离子的干扰?

五、参考文献

南京大学大学化学实验教学组编. 大学化学实验. 北京:高等教育出版社,2018.

第6章 制备、组成测定与性质综合性实验

本章一共包含 16 个实验项目(实验 56—实验 71),主要是有关化合物或配合物的制备、组成测定与性质的综合性实验,其中不少实验项目没有列出具体的操作细节,需要学生全面思考和设计才能完成,对大学一年级学生来说具有一定的挑战度。

这 16 个实验项目包括 12 种化合物(含配合物及纳米材料)的合成。从合成的方法来说,涵盖了科研中常用的、以前基础化学实验教材或教学中很少涉及的模板合成、无水无氧合成、水热/溶剂热合成等。从合成的对象来说,包括具有顺反异构、发光异构、光致发光、光催化性能等物质的合成,涉及常量、半微量和微量分析;并把科技发展前沿内容如中国科学家阎锡蕴发现并命名的纳米酶,以及配位聚合物、金属有机框架(MOF)、传感等概念下沉至基础化学实验教学内容中,也与时俱进地将智能手机的应用、巧妙地将瞄准环境保护和资源回收时代主题,聚焦绿色化学和节能减排社会热点的内容融入基础实验教学内容中,以提高基础实验教学内容的"高阶性""创新性"和"实践性",旨在搭建衔接基础实验教学与科研实践的桥梁,提升学生科研报国的使命感和责任感,有效促进学生个性化创新实践能力和高级思维能力的提升。

这 16 个实验项目除了涵盖一般的无机制备原理、方法及制备与分离的操作外,也融合了常用于有机制备与分离的操作,如无水无氧操作、回流、蒸馏及旋转蒸发等操作,并且均有不同程度的拓展空间,如对化合物组成的测定,除了用化学分析方法外,还可以探索应用现代分析手段进行分析和表征等,可以作为研究性实验项目,起到承上启下的作用。从实验原理到实验方法和操作技能,都从本质上打破了二级学科的壁垒,从大学一年级开始培养学生的交叉融合能力,促进学生个性化创新实践能力提升。

通过实验,让学生逐步了解合成与分离、纯化与分析、结构与性质是紧密联系在一起的,合成的是什么(定性)、有多少(定量)、结构如何;杂质是什么(定性)、有多少(定量)、从哪儿来的(溯源)等问题,对如何提高合成的"质"和"量"及直观认识结构决定性质有重要的指导意义,也是培养学生全局意识、问题意识、创新意识和批判性思维的具体实践。

本章中有关化合物的制备、分离、纯化、组成测定与性质综合性实验项目,由于其实验过程环环相扣,使学生有"一步走错,满盘皆输"的感觉,格外引起学生的好奇与关注,学生的实验兴趣也油然而生。

本章大部分实验项目的教学课件、实验过程的实施流程及实验教学的经验和体会等都可通过扫描二维码查看。有的实验项目还给出了图文并茂的引导性内容概要,对读者理解整个实验内容、驾驭整个实验过程具有重要作用。

实验 56　粗盐的提纯与应用

　　基于原料的提纯及其产物质量的分析与产物的应用理念,设计了"粗盐的提纯及其产物质量分析"和"Na_2CO_3 的制备与分析"一体化实验,以培养学生的全局观念、整体意识及批判性思维能力。如粗盐的提纯,从正、反两个方面检验其产物质量,一是用沉淀滴定法测定产物中 NaCl 含量,二是用化学方法鉴定产物中是否还含有 Ca^{2+},Mg^{2+} 和 SO_4^{2-} 等杂质离子,分别给出"肯定"和"否定"的结果。在 Na_2CO_3 的制备实验中,也进一步引发学生思考,若制备的 Na_2CO_3 中含有 Ca^{2+},Mg^{2+} 和 SO_4^{2-} 等杂质,如何除去。

　　该实验寓提纯、制备与定性、定量分析于一体,不仅承载了沉淀溶解平衡、酸碱平衡、溶解度,以及沉淀滴定和酸碱滴定等基础理论知识的应用,而且融合了沉淀、固液分离、加热浓缩与结晶,以及定量分析有关的称量、移液、滴定等基本实验操作技能;也融入了丰富的思政元素,如粗盐的来源及海水污染引起人们对食盐等安全的恐慌,引导学生分析应如何科学应对。根据本实验制备 Na_2CO_3 的方法,引导学生了解侯氏制碱法的科学价值和时代意义。

实验 56－1　粗盐的提纯及其产物质量分析

一、预习要点

　　(1)粗盐提纯的原理和方法。

　　(2)$BaSO_4$,$CaCO_3$,$Mg_2(OH)_2CO_3$ 和 $BaCO_3$ 的溶解度。

　　(3)溶解、沉淀、常压过滤、减压过滤、蒸发、浓缩、结晶和干燥等基本操作。

　　(4)Ca^{2+},Mg^{2+},K^+,SO_4^{2-} 的鉴定方法。

　　(5)莫尔法测定 NaCl 含量的原理、方法。

教学课件	视频	视频	视频
$AgNO_3$ 标准溶液配制与标定	常压过滤操作	减压过滤操作	真空泵使用

视频	视频	视频
移液管使用	容量瓶使用	滴定管使用

二、实验原理

1. 粗盐的提纯

　　在生产和科学实验中要求使用比较纯净的 NaCl,如化学试剂或医药用的 NaCl 都是以粗盐为原料提纯的。粗盐是海水或盐井、盐池、盐泉中的盐水经浓缩、煎晒而成的结晶,即天然盐,其主要成分为 NaCl,其中还含有可溶性的 Ca^{2+},Mg^{2+},K^+,Fe^{3+},SO_4^{2-},CO_3^{2-} 等离子和不溶性泥沙等杂质。

粗盐中的不溶性杂质可用过滤的方法除去。可溶性杂质 Ca^{2+},Mg^{2+},Fe^{3+},SO_4^{2-},CO_3^{2-} 等离子可选择适当的化学试剂使它们生成沉淀,再过滤而除去。一般是先在过滤除去泥沙的粗盐溶液中加入适当过量 $BaCl_2$ 溶液,则与粗盐溶液中的 SO_4^{2-} 反应生成 $BaSO_4$ 沉淀而过滤除去;在滤液中加入适当过量的 NaOH 和 Na_2CO_3 溶液以使滤液中的 Ca^{2+},Mg^{2+},Ba^{2+},Fe^{3+} 形成相应的碳酸盐或碱式碳酸盐沉淀而过滤除去。滤液中剩余的 NaOH 和 Na_2CO_3 可加适量 HCl 溶液中和。粗食盐中 K^+ 含量相对较低,可利用 KCl 的溶解度在较高温度时比 NaCl 的溶解度大,所以蒸发浓缩溶液时,NaCl 先结晶析出,KCl 留在母液中,从而达到与 KCl 分离的目的,则制得较纯的 NaCl 晶体。

2. 产物质量检验

为了比较提纯产物、其原料粗盐及试剂级 NaCl 中杂质的含量,配制大致相同浓度的提纯产物溶液、其原料粗盐溶液及试剂级 NaCl 溶液,分别对照鉴定其中的 Ca^{2+},Mg^{2+},K^+,Fe^{3+} 和 SO_4^{2-}。其鉴定原理详见第 2 章有关内容。

3. 产物中 NaCl 含量的测定

产物中 NaCl 含量的测定原理详见实验 50-1(莫尔法测定海水中卤素离子的总量)

三、实验内容

1. 粗盐的提纯

(1) 除不溶性杂质。称取 20 g 粗食盐于 250 mL 烧杯中,加入 80 mL 纯水,加热、搅拌使其溶解(或适量海水浓缩得到的溶液),观察实验现象。若泥沙较多,先过滤除去。

(2) 除 SO_4^{2-}。将滤液加热至沸,边搅拌边加入 4 mL 1 mol·L^{-1} $BaCl_2$ 溶液,有 $BaSO_4$ 白色沉淀生成,继续加热 3~5 min,使小颗粒沉淀聚集成大颗粒而快速沉降。静置,待沉淀下沉后,在上层清液中加入 1 滴 $BaCl_2$ 溶液,如仍有新的沉淀生成,说明 SO_4^{2-} 没有沉淀完全,则需再滴加 $BaCl_2$ 溶液如此操作至不再有沉淀生成为止(这个过程称为"中间控制检验")。冷却,倾析法过滤,将滤液收集于另一 250 mL 干净烧杯中。

(3) 除 Ca^{2+},Mg^{2+},Ba^{2+},Fe^{3+} 等阳离子。向上述滤液中依次加入 2 mL 2 mol·L^{-1} NaOH 溶液、6 mL 2 mol·L^{-1} Na_2CO_3 溶液,搅拌,加热至沸;静置,待沉淀下沉后,在上层清液中逐滴加入 Na_2CO_3 溶液至不再有沉淀产生为止。静置,倾析法过滤,将滤液收集于另一 250 mL 干净烧杯中。

(4) 除过量 CO_3^{2-}。在搅拌下,向上述步骤(3)所得的滤液中滴加 2 mol·L^{-1} HCl 溶液至溶液 pH=3~4(用 pH 试纸检验),以除去滤液中过量的 Na_2CO_3。

(5) 蒸发、浓缩、结晶。将除去 CO_3^{2-} 后的溶液转至蒸发皿中,小火加热,蒸发浓缩。当开始有晶体析出时,要注意边蒸发边搅拌以防溶液溅出,并用玻棒将溶液边缘析出的晶体及时拨入溶液中。待蒸发至有大量晶体析出后,停止加热(注意切勿将溶液蒸干,为什么?)。冷却,减压过滤。用少量纯水洗涤晶体,抽干,得到较纯净的 NaCl 晶体。

(6) 干燥。将布氏漏斗中 NaCl 晶体转至干净、干燥的蒸发皿中,用温火加热并搅拌(以防止溅出和结块)至 NaCl 的颜色由雪白变为苍白即可。冷却,称量,计算产率。取约 2 g 产品于称量瓶($\Phi 25 \text{ mm} \times 40 \text{ mm}$)中,统一烘干后放入干燥器中,备用。将剩余产品转至小自封塑料袋中,封好,以备后续实验使用。

2. 产物质量检验

称取 1 g 提纯产物、其原料粗盐及试剂级 NaCl 分别置于 3 支试管中,分别加入 5 mL 纯水溶解,备用。

(1) SO_4^{2-} 的鉴定。向三支试管中依次加入 20 滴产物溶液、20 滴粗盐溶液、20 滴试剂级 NaCl 溶液。再向三支试管中分别加入 2 滴 1 mol·L^{-1} $BaCl_2$ 溶液,观察三支试管中的实验现象有何不同;如果有白色沉淀生成,滴加 6 mol·L^{-1} HCl 溶液,若沉淀不溶,表示有 SO_4^{2-} 存在。写出有关反应式。

(2) K^+ 的鉴定。向三支试管中依次加入 20 滴产物溶液、20 滴粗盐溶液、20 滴试剂级 NaCl 溶液。向三支试管中分别加入 2 滴 6 mol·L^{-1} HAc 溶液酸化,再分别加入几滴新配制的 $Na_3[Co(NO_2)_6]$ 溶液,放置片刻,观察三支试管中的实验现象有何不同;如有黄色沉淀生成,表示有 K^+ 存在。写出有关反应式。

(3) Mg^{2+} 的鉴定。向三支试管中依次加入 20 滴产物溶液、20 滴粗盐溶液、20 滴试剂级 NaCl 溶液。再向三支试管中分别加入 5 滴 6 mol·L^{-1} NaOH 溶液和 2 滴镁试剂。观察三支试管中的实验现象有何不同;如有蓝色沉淀生成,表示有 Mg^{2+} 存在。写出有关反应式。

(4) Ca^{2+} 的鉴定。向三支试管中依次加入 20 滴产物溶液、20 滴粗盐溶液、20 滴试剂级 NaCl 溶液。再向三支试管中分别加入 2 滴 6 mol·L^{-1} HAc 溶液酸化,再分别加入几滴饱和 $(NH_4)_2C_2O_4$ 溶液,观察三支试管中的实验现象有何不同;如有白色 CaC_2O_4 沉淀生成,表示有 Ca^{2+} 存在。写出有关反应式。

(5) Fe^{3+} 的鉴定。向三支试管中依次加入 20 滴产物溶液、20 滴粗盐溶液、20 滴试剂级 NaCl 溶液。再向三支试管中分别加入 1 滴 6 mol·L^{-1} HNO_3 溶液酸化,再分别加入 6 滴 20% KSCN 溶液,观察三支试管中的实验现象有何不同;如果溶液颜色变为红色,表示有 Fe^{3+} 存在。写出有关反应式。

3. 产物中 NaCl 含量的测定

(1) 0.1 mol·L^{-1} $AgNO_3$ 标准溶液的配制与标定。

详见实验 39-7。

(2) 产物中 NaCl 含量的测定。准确称取 0.53~0.60 g 烘干后的产物于 100 mL 烧杯中,加 20 mL 纯水使其完全溶解,将溶液定量转至 100 mL 容量瓶中,用纯水稀释至刻度,充分摇匀,备用。

移取 25.00 mL NaCl 标准溶液于 250 mL 锥形瓶中,依次加入 25 mL 纯水、1 mL 5% K_2CrO_4 溶液,在充分摇动下用 $AgNO_3$ 标准溶液滴定至溶液呈现淡的砖红色,即为终点。平行测定三份。计算产物中 NaCl 的含量。

四、注意事项

(1) $BaCl_2$ 毒性很大,切勿入口。

(2) 浓缩过程中不可用手直接接触蒸发皿,以免烫伤。也不可使用试管夹夹取蒸发皿,以免蒸发皿滑落。蒸发结束后,戴棉线手套或等蒸发皿冷却后再移动。

(3) 刚从热源上取下的热器皿(如烧杯和蒸发皿)要放在白瓷板上,不能直接放在实验台上,以免烫坏台面。

（4）注意常压过滤、减压过滤的操作规范。

（5）pH 试纸的使用规范。

（6）浓缩与结晶过程中要注意搅拌,防止液滴飞溅,造成烫伤。

（7）在提纯或洗涤沉淀过程中,为了检验某种杂质是否除尽或沉淀是否洗涤干净,常取少量清液或滤液,滴加适量试剂,以检查某种杂质是否除尽或沉淀是否洗涤干净,此过程称为"中间控制检验"。

五、思考题

（1）写出粗盐提纯过程中所涉及的所有反应式。

（2）提纯粗盐时,能否一次就过滤除去 $BaSO_4$,$CaCO_3$,$Mg_2(OH)_2CO_3$ 和 $BaCO_3$ 沉淀?

（3）能否用其他酸来除去多余的 CO_3^{2-}?

（4）除去可溶性杂质离子的先后次序可否任意变换?

（5）加沉淀剂除杂质时,为了得到较大晶粒的沉淀,沉淀的条件是什么?

（6）在除杂质过程中,如果加热温度高或时间长,液面上会有小晶体出现,这是什么物质? 此时能否过滤除去杂质,若不能,应怎么办?

（7）加 HCl 溶液除去剩余的 CO_3^{2-},为什么要控制溶液的 pH=3~4?

（8）最后一步溶液的浓缩程度对产物质量有何影响?

（9）若粗盐中还含有 Fe^{3+},应如何除去? 写出有关反应式。

实验 56-2 Na_2CO_3 的制备与分析

一、预习要点

（1）氨碱法和联合制碱法制备纯碱的反应原理和方法。

（2）利用复分解反应及盐类溶解度的不同制备无机化合物的方法。

（3）溶解、沉淀、减压过滤、蒸发浓缩、结晶、烘干、灼烧和滴定分析等基本操作。

（4）酸碱平衡、共轭酸碱及强酸滴定弱碱的基本知识及滴定分析方法。

（5）基准物质与标准溶液。

（6）标定 HCl 标准溶液常用的基准物质。

（7）减量称量法、容量瓶、移液管及滴定管操作规范。

教学课件
HCl 标准溶液
配制与标定

教学课件
Na_2CO_3 含量分析
（工业碱总碱度测定）

视频
水浴锅使用

视频
真空泵使用

视频
减压过滤操作

视频
分析天平使用

视频
容量瓶使用

视频
移液管使用

视频
滴定管使用与
滴定操作

二、实验原理

1. Na₂CO₃ 的制备

Na_2CO_3 水溶液显碱性,故俗称纯碱,纯碱是重要的化工原料,被称为"化工之母"。目前工业生产纯碱主要有两种方法,一是索尔维制碱法,即氨碱法;二是联合制碱法,又称侯氏制碱法。

所谓氨碱法,就是将 NH_3 和 CO_2 通入 $NaCl$ 溶液中,生成 $NaHCO_3$,经过高温灼烧,使 $NaHCO_3$ 分解生成 Na_2CO_3。

为了方便学生操作,本实验是在水溶液中直接采用学生的粗盐提纯产物 $NaCl$ 和 NH_4HCO_3 发生复分解反应制取 $NaHCO_3$,最后再灼烧分解为 Na_2CO_3。

$$NH_4HCO_3 + NaCl \Longrightarrow NaHCO_3 + NH_4Cl$$

$$2NaHCO_3 \xrightarrow{\triangle} Na_2CO_3 + CO_2 + H_2O$$

在 NH_4HCO_3,$NaCl$,$NaHCO_3$ 和 NH_4Cl 组成的水溶液多元体系中,根据各种盐在不同温度下的溶解度,便可以判断从该反应体系中分离 $NaHCO_3$ 的最佳条件和适宜步骤。

从表6−1可见,在不同温度下,$NaHCO_3$ 的溶解度在四种盐中都是最小的,实验结果证实最适宜的反应温度为 $30 \sim 35 \ ^\circ C$,温度过高会引起 NH_4HCO_3 的分解,温度过低不利于复分解反应的进行。

表6−1　有关化合物在水中的溶解度(g/100 g水)

温度/℃	0	10	20	30	40	50	60	70
NaCl	35.7	35.8	36.0	36.3	36.6	37.0	37.3	37.8
NH₄HCO₃	11.9	15.8	21.0	27.0	—	—	—	—
NaHCO₃	6.9	8.2	9.6	11.1	12.7	14.5	16.4	—
NH₄Cl	29.4	33.3	37.2	41.4	45.8	50.4	55.2	60.2

2. 产物总碱度的测定

常用酸碱滴定法测定 Na_2CO_3 的总碱度来检验其质量。以 HCl 标准溶液作滴定剂,其滴定反应为

$$CO_3^{2-} + 2H^+ \Longrightarrow H_2CO_3 \longrightarrow CO_2\uparrow + H_2O$$

反应生成的 H_2CO_3 会部分分解成 CO_2 并逸出。在化学计量点时,溶液的 pH=3.8～3.9,以甲基橙作指示剂,用 HCl 标准溶液滴定至橙色(pH 约为4.0)即为终点。也可以用甲基红−溴甲酚绿作指示剂,但必须在滴定至刚出现红色时先暂停滴定,把溶液煮沸以除去其中大部分 CO_2,冷却后再继续滴定至溶液刚出现红色,即为终点。甲基红−溴甲酚绿指示剂

是现行国家标准中测定工业碳酸钠总碱度指定的指示剂,该指示剂变色域窄,pH<5.0 为暗红色,pH=5.1 为灰绿色,pH>5.2 为绿色。

本实验分别采用甲基橙及甲基红－溴甲酚绿作指示剂,以无水 Na_2CO_3 作基准物质标定 HCl 标准溶液的准确浓度。标定与测定采用相同的方法和指示剂。

自制的 Na_2CO_3 产物的均匀性可能较差,故应称取较多的试样配制成一定体积的溶液,使分析结果更具有代表性。

三、实验内容

1. Na_2CO_3 的制备

(1) 中间产物 $NaHCO_3$ 的制备。称取 6 g NaCl(学生的粗盐提纯产物 NaCl)固体于 250 mL 烧杯中,加入 25 mL 纯水,搅拌溶解,置于 30~35 ℃水浴中加热;称取 10 g NH_4HCO_3 固体(研磨为细粉),在不断搅拌下分几次加入上述溶液中。加完 NH_4HCO_3 粉末后,应保持在此温度下继续充分搅拌反应 20 min,静置 5 min 后再减压过滤,得到 $NaHCO_3$ 晶体。用少量纯水淋洗晶体以除去黏附的铵盐,抽干。将固体转至已经称量的蒸发皿中,称量,并记录 $NaHCO_3$ 的质量。

(2) Na_2CO_3 的制备。将上述含有 $NaHCO_3$ 的蒸发皿置于电陶炉(始终小火)或电热板或酒精灯上加热,同时用玻棒不断翻搅,以使固体受热均匀并防止结块。开始加热灼烧时采用温火为宜,5 min 后改用强火,大约灼烧 30 min 左右,即可制得干燥的白色细粉状 Na_2CO_3。冷却,称量,记录产物 Na_2CO_3 的质量,并计算产率。取约 2 g 产物于称量瓶(φ25 mm×40 mm)中,统一烘干后放入干燥器中,备用。剩余产物回收至指定容器中。

2. 产物总碱度的测定

(1) $0.1mol \cdot L^{-1}$ HCl 标准溶液的配制与标定。$0.1mol \cdot L^{-1}$ HCl 标准溶液的配制及以无水 Na_2CO_3 作基准物质、甲基橙或甲基红－溴甲酚绿作指示剂标定 HCl 标准溶液的浓度详见实验39－1。

(2) Na_2CO_3 试样溶液的配制。用减量法准确称取 0.50~0.55 g 自制 Na_2CO_3 产物于 100 mL 烧杯中,加入 15 mL 纯水使其溶解(必要时可稍热促使其溶解)。冷却后,将溶液定量转至 100 mL 容量瓶中,加纯水稀释至刻度,充分摇匀,备用。

(3) 以甲基橙作指示剂测定产物的总碱度。移取 25.00 mL 试样溶液于 250 mL 锥形瓶中,加入 20 mL 纯水及 2 滴甲基橙指示剂,用 HCl 标准溶液滴定至溶液颜色由黄色恰变为橙色,即为终点。平行测定三份。计算 Na_2CO_3 产物的总碱度(以 Na_2O 的质量分数表示)。

(4) 以甲基红－溴甲酚绿作指示剂测定产物的总碱度。移取 25.00 mL 试样溶液于 250 mL 锥形瓶中,加入 20 mL 纯水及 8~10 滴甲基红－溴甲酚绿指示剂,用 HCl 标准溶液滴定至溶液颜色由绿色刚变为暗红色。用电热板加热煮沸 2 min,稍冷却,用自来水流水冷却后,继续滴定至溶液颜色由绿色刚变为暗红色,即为终点。平行测定三份。计算 Na_2CO_3 产物的总碱度(以 Na_2O 的质量分数表示)。

3. 延伸实验——产物中杂质 $NaHCO_3$ 含量的测定

制备的产物 Na_2CO_3 中可能含有未分解的 $NaHCO_3$,自行设计实验方案,用电位滴定法测定产物中 Na_2CO_3 和 $NaHCO_3$ 的含量。

四、注意事项

(1) Na_2CO_3 试样必须用减量法称量。

(2) 标定 HCl 标准溶液的浓度时需采用与测定相同的方法和指示剂。

(3) 用电热板加热煮沸锥形瓶中溶液后,转移锥形瓶时,须戴隔热手套。

(4) 实验过程的废液要回收至指定废液桶中。

(5) 基础定量分析经典实验"工业碱总碱度的测定"的测定原理和方法与上述 Na_2CO_3 产物的总碱度的测定原理和方法完全相同。

五、思考题

(1) 写出氨碱法制备 Na_2CO_3 的反应式。

(2) 能否用粗盐直接制备 Na_2CO_3?

(3) 本实验有哪些主要因素影响产物的"质"和"量"?

(4) 标定 HCl 标准溶液浓度常用的基准物质有哪些? 测定总碱度应选用哪种? 为什么?

六、参考文献

刘雪茹,张荣兰,崔斌. 污染食盐制备纯碱的综合与创新实验设计. 大学化学,2021,36(8),168−174.

实验 57　过碳酸钠($2Na_2CO_3 \cdot 3H_2O_2$)的制备及产物质量检验

一、预习要点

(1) 过氧化物的性质及其应用。

(2) $2Na_2CO_3 \cdot 3H_2O_2$ 的制备原理和方法。

(3) 无机化合物制备的基本操作。

(4) $KMnO_4$ 标准溶液的配制及其标定的原理和方法。

(5) 邻二氮菲分光光度法测 Fe 的原理和方法。

教学课件(1)
$KMnO_4$ 标准溶液
配制与标定

教学课件(2)
邻二氮菲分光
光度法测 Fe

教学课件(3)
Na_2CO_3 含量
分析

教学课件(4)
碘量法介绍

教学课件(5)
间接碘量法
测定铜合金
中 Cu 含量

二、实验原理

本实验主要包括 2Na$_2$CO$_3$·3H$_2$O$_2$ 的制备、2Na$_2$CO$_3$·3H$_2$O$_2$ 中活性氧和杂质 Fe 含量的测定及产物热稳定性的检测两大部分。

过碳酸钠(2Na$_2$CO$_3$·3H$_2$O$_2$)是一种固体放氧剂,可作纺织造纸等工业的漂白剂、精细化学品生产中的消毒剂、洗涤剂及金属表面处理剂的添加剂等。过碳酸钠外观为白色结晶粉末,理论上活性氧的含量约为 14%,相当于 30% H$_2$O$_2$ 溶液中活性氧的含量。

在一定条件下,以 Na$_2$CO$_3$ 或 Na$_2$CO$_3$·10H$_2$O 及 H$_2$O$_2$ 为原料,可以制备 2Na$_2$CO$_3$·3H$_2$O$_2$,包括干法、喷雾法、溶剂法(醇析法)及湿法(低温结晶法)等多种制备方法。本实验采用低温结晶法,同时采用盐析法和醇析法提高 2Na$_2$CO$_3$·3H$_2$O$_2$ 的产率。

2Na$_2$CO$_3$·3H$_2$O$_2$ 试样中活性氧含量的测定可采用 KMnO$_4$ 氧化还原滴定法、间接碘量法或量气法等。2Na$_2$CO$_3$·3H$_2$O$_2$ 试样中杂质 Fe 含量的测定是采用邻二氮菲(1,10 − phenanthroline,Phen)分光光度法。

在加热条件下,2Na$_2$CO$_3$·3H$_2$O$_2$ 可以快速发生分解反应,即

$$2Na_2CO_3·3H_2O_2 \xrightarrow{\triangle} 2Na_2CO_3 + 3H_2O + \frac{3}{2}O_2\uparrow$$

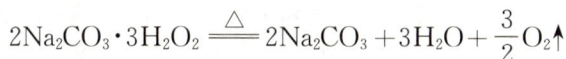

根据质量损失的情况,可以判断试样的热稳定性。

三、实验内容

1. 产物Ⅰ的制备

(1) 反应液 A 的配制。称取 0.15 g MgSO$_4$·7H$_2$O 于烧杯中,加入 25 mL 30% H$_2$O$_2$ 溶液,搅拌至溶解,得到反应液 A。

(2) 反应液 B 的配制。称取 0.15 g Na$_2$SiO$_3$·9H$_2$O 和 15 g 无水 Na$_2$CO$_3$ 于 250 mL 烧杯中,分批加入适量纯水,搅拌至溶解,得到反应液 B。

(3) 将反应液 A 分批加入盛有反应液 B 的烧杯中(如有需要,可添加少许纯水),磁力搅拌反应,控制反应温度在 30 ℃ 以下。加完后继续搅拌 5 min。

(4) 在冰水浴中将反应物温度冷却至 0～5 ℃。

(5) 反应物转移至布氏漏斗,抽滤,滤液定量转移至量筒,记录体积。

(6) 产物用适量无水乙醇洗涤 2～3 次,抽滤至干燥。

(7) 产物转移至表面皿中,放入烘箱,50 ℃ 干燥 60 min。

(8) 冷却至室温,即得产物Ⅰ,称量,记录数据。

2. 产物Ⅱ的制备

(1) 用量筒将滤液平均分成两部分(如有沉淀物需搅拌混合均匀),分别放入两个烧杯。

(2) 向一个盛有滤液的烧杯中加入 5.0 g NaCl 固体,磁力搅拌 5 min(如有需要可添加少量纯水)。

(3) 随后操作参照产物Ⅰ的制备[从操作(4)开始],可得产物Ⅱ,称量,记录数据。

3. 产物Ⅲ的制备

(1) 向另一个盛有滤液的烧杯中加入 10 mL 无水乙醇,磁力搅拌 5 min(如有需要,可添加少量纯水)。

(2) 随后操作参照产物Ⅰ的制备[从操作(4)开始]。可得产物Ⅲ,称量,记录数据。计算 $2Na_2CO_3 \cdot 3H_2O_2$(产物Ⅰ,Ⅱ和Ⅲ)的总产率。

4. 产物中活性氧含量测定

(1) $KMnO_4$ 标准溶液的配制及其标定的原理和方法详见实验39—4。

(2) 分别准确称取 0.20～0.22 g 产物Ⅰ,Ⅱ和Ⅲ于 250 mL 锥形瓶中,加入 50 mL 纯水溶解后,再加入 50 mL 2 mol·L^{-1} H_2SO_4 溶液。

(3) 用 $KMnO_4$ 标准溶液滴定至溶液颜色刚呈粉红色且保持 30 s 不褪色,即为终点。记录所消耗 $KMnO_4$ 溶液的体积。

每种产物平行测定三份;分别计算三种产物中活性氧的含量。

5. 产物中杂质 Fe 含量的测定

(1) 准确称取 0.20～0.22 g 产物Ⅰ(平行测定三份)于 100 mL 烧杯中,用 10 mL 纯水润湿,加入 2 mL 6 mol·L^{-1} HCl 溶液至试样完全溶解。

(2) 再加入 10 mL 纯水,用 10% $NH_3 \cdot H_2O$ 调节溶液的 pH 至 2～2.5。

(3) 将混合溶液定量转至 100 mL 容量瓶中,加入 1.0 mL 10% 盐酸羟胺溶液,摇匀;放置 5 min 后,再加入 1.0 mL 0.2% Phen 溶液和 10.0 mL HAc—NaAc 缓冲溶液(pH=4.5),用纯水稀释至刻度,摇匀,放置 30 min,待测。

(4) 以试剂空白作参比溶液,在 510 nm 波长处,用 1 cm 的比色皿测定上述待测液的吸光度,记录数据。

(5) 对照标准曲线即可算得试样中 Fe 的含量。系列标准溶液的配制及标准曲线的制作,详见实验 52。

6. 产物中 Na_2CO_3 与活性氧含量测定

(1) Na_2CO_3 含量的测定可参照"Na_2CO_3 的制备与分析"的测定原理和方法,详见实验 56—2。

(2) 量气法测定产物Ⅰ中活性氧含量。如图 6—1 所示,在干燥的大试管中装入准确称量的产物和用滤纸包好的微量催化剂 MnO_2,将塞子上的滴管中吸满水,并与量气装置构成密闭体系。调节漏斗高度,使体系内压力与外界大气压相等,读取并记录量气管内液面的准确位置 V_1。将滴管中的水挤入大试管中,产物过碳酸钠立即发生分解反应放出 O_2。反应完毕,待量气管液面达到平衡后,读取并记录量气管内液面的准确位置 V_2。根据反应放出的 O_2 体积及当时的温度和大气压力,计算放出 O_2 的质量,再换算成活性氧的含量。量气法的实验原理及量气法的具体操作详见实验 28。

(3) 间接碘量法测定产物中活性氧含量。用减量法准确称取 0.20～0.30 g 产物Ⅱ于 250 mL 锥形瓶中。加入 100 mL 纯水,立即加入 6 mL 2 mol·L^{-1} H_3PO_4 溶液,再加入 1g KI 固体摇匀,于暗处放置 10 min,用 $Na_2S_2O_3$ 标准溶液滴定至溶液颜色呈淡黄色,加入 2 mL 淀粉溶液,继续滴定至蓝色刚好消失,30 s 内不返蓝,即为终点。平行测定三份,并做空白实验。计算试样中 H_2O_2 的含量。

7. 产物的热稳定性检测

(1) 准确称取 0.30～0.35 g 产物Ⅰ于表面皿上(平行测定三份)。

(2) 放入烘箱中,于 100 ℃加热 60 min。

(3) 冷却至室温,称量(精确至 0.0001 g),记录数据。

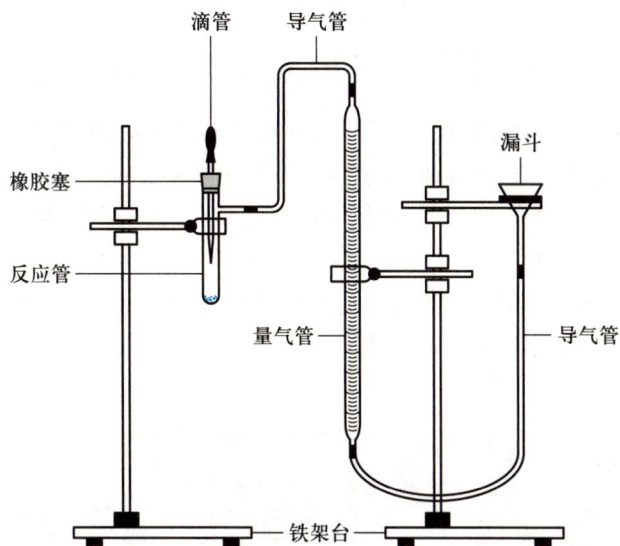

图 6-1　量气法测定产物中活性氧含量实验的简易装置示意图

（4）根据加热前后质量的变化,结合产物Ⅰ的活性氧的测定结果,对产物的热稳定性进行讨论。

四、注意事项

（1）取用 H_2O_2 溶液时要小心,以免腐蚀皮肤。

（2）在制备 $2Na_2CO_3 \cdot 3H_2O_2$ 时,反应体系中切勿引入重金属离子,否则产物稳定性降低。

（3）收集产物后的母液须倒入指定的回收容器中。

五、思考题

（1）在制备 $2Na_2CO_3 \cdot 3H_2O_2$ 产物时,加入 $MgSO_4 \cdot 7H_2O$ 和 $Na_2SiO_3 \cdot 9H_2O$ 有何作用?

（2）要得到高产率和高活性氧的 $2Na_2CO_3 \cdot 3H_2O_2$ 产物,制备过程的关键因素有哪些?

（3）试分析 $2Na_2CO_3 \cdot 3H_2O_2$ 具有洗涤、漂白与消毒作用的原因。

六、参考文献

第 6 届全国大学生化学实验邀请赛无机及分析化学实验试题,2008 年.

七、助学导学内容

（1）任艳平,董志强,阮婵姿.如何在基础化学实验教学中培养学生"想"的意识——以量气法实验教学为例.大学化学,2015,30(2):22—25.

（2）董志强,任艳平.量气法的改进及应用.大学化学,2016,31(11):51—55.

实验 58　硫酸亚铁铵的制备、组成和杂质含量测定

本系列实验以硫酸亚铁铵的制备为核心,有机融入了组成测定,杂质含量的半定量、定量测定,以及产物应用等实验内容,形成了具有厦门大学基础化学实验教学特色的"硫酸亚铁铵的制备、组成和杂质含量测定"实验教学模块。从以废 Fe 屑(或纯 Fe 粉)为原料的合成,到产物的分析(包括拓展及学生自主设计测定内容:NH_4^+ 和 H_2O 含量测定),再到剩余产物的完全科学利用的整体科学设计,构成了完整的"合成—组成及杂质含量测定—用途"全链条实验项目,其内容概要如图 6−2 所示。

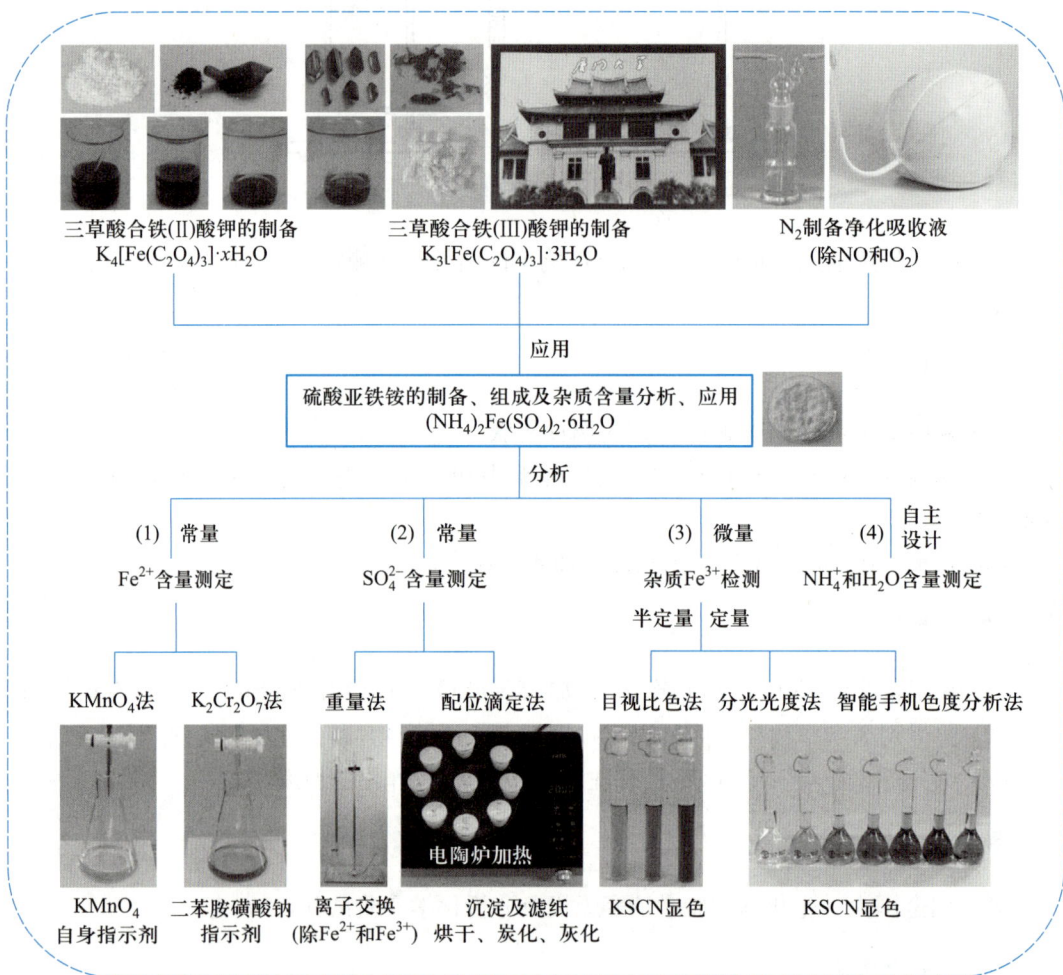

图 6−2　硫酸亚铁铵的制备、组成和杂质含量测定等实验内容概要图

实验 58-1　硫酸亚铁铵的制备及产物中杂质 Fe^{3+} 的限量分析

一、预习要点

(1) Fe，Fe^{2+} 及 Fe^{3+} 的性质。

(2) 复盐硫酸亚铁铵的制备原理。

(3) 溶解、水浴加热、热过滤、蒸发、结晶、减压过滤等有关无机化合物制备的基本操作。

(4) 目视比色法的原理。

| 教学课件 | 视频 电热板使用 | 视频 常压热过滤操作 | 视频 水浴锅使用 | 视频 减压过滤操作 |

二、实验原理

1. 硫酸亚铁铵的制备

在溶液中，$FeSO_4$ 能与碱金属硫酸盐 M_2SO_4 或硫酸铵 $(NH_4)_2SO_4$ 形成复盐 $M_2Fe(SO_4)_2\cdot 6H_2O$ 而析出。其中最重要的复盐是硫酸亚铁铵 $(NH_4)_2Fe(SO_4)_2\cdot 6H_2O$，俗称莫尔盐。制备 $(NH_4)_2Fe(SO_4)_2\cdot 6H_2O$ 的常用原料是废 Fe 屑或纯 Fe 粉，H_2SO_4 和 $(NH_4)_2SO_4$。Fe 与 H_2SO_4 作用可得 $FeSO_4\cdot 7H_2O$ 蓝绿色晶体，可用于染料、医药、制革及农药等方面，但它在空气中会逐渐风化失去部分结晶水，也较易被空气中 O_2 氧化为黄色或黄褐色碱式铁(Ⅲ)盐 $Fe(OH)SO_4$。若将等物质的量的 $FeSO_4$ 溶液与 $(NH_4)_2SO_4$ 溶液混合，即生成溶解度较小的浅蓝色复盐 $(NH_4)_2Fe(SO_4)_2\cdot 6H_2O$。此复盐易溶于水，不溶于乙醇，比 $FeSO_4\cdot 7H_2O$ 稳定，它和 $FeSO_4\cdot 7H_2O$ 有类似的用途，还常用作分析化学试剂。有关反应式为

$$Fe + H_2SO_4 \Longrightarrow FeSO_4 + H_2\uparrow$$
$$FeSO_4 + (NH_4)_2SO_4 + 6H_2O \Longrightarrow (NH_4)_2Fe(SO_4)_2\cdot 6H_2O$$

在实验室或工业上，常利用盐类溶解度的不同来分离和制备某一盐类。有关 $FeSO_4\cdot 7H_2O$，$(NH_4)SO_4$ 和 $(NH_4)_2Fe(SO_4)_2\cdot 6H_2O$ 在水中的溶解度列于表 6-2。

表 6-2　有关化合物在水中的溶解度(g/100 g 水)

温度/℃	0	10	20	30	40	50	60
$FeSO_4\cdot 7H_2O$	15.65	20.51	26.5	32.9	40.2	48.6	—
$(NH_4)_2SO_4$	70.6	73.0	75.4	78.0	81.0	—	88.0
$(NH_4)_2Fe(SO_4)_2\cdot 6H_2O$	—	12.5	—	—	33.0	40.0	—

2. 产物中杂质 Fe^{3+} 的限量分析

限量分析是指分析试样中所含杂质的量是否超过限量。有些限量分析采用目视比色

法。此外,还会用到其他方法,如某些药物中杂质的检测需要测定吸光度或旋光度等。本实验是用目视比色法测定产物中杂质 Fe^{3+} 的含量。

直接用眼睛观察、比较溶液颜色的深度以确定物质含量的方法称为目视比色法。常用的目视比色法是标准系列法,即在一系列比色管中加入等量的显示剂和其他试剂配制体积相同(需定容)而浓度不同的该物质的标准溶液及相同体积的待测液,通过比较待测液与标准溶液颜色的深浅来确定物质的含量。若待测液与某一标准溶液颜色深浅一致,则两者浓度相等;若待测液颜色介于两标准溶液之间,则待测液浓度也就介于这两个标准溶液的浓度之间。目视比色法的相对误差为 $5\%\sim20\%$,准确度较差,但是目视比色法所用仪器简单、操作简便、分析快速,目前仍具有一定的应用价值。

硫酸亚铁铵产物中 Fe^{3+} 含量的高低,是影响其纯度的重要指标之一。本实验是应用 Fe^{3+} 与 KSCN(显色剂)作用,通过观察所生成红色配合物颜色的深浅来半定量确定硫酸亚铁铵产物中 Fe^{3+} 的含量,有关反应式为

$$Fe^{3+}+nSCN^- \Longrightarrow [Fe(SCN)_n]^{3-n}$$

一定量溶液中,Fe^{3+} 越多,形成 $[Fe(SCN)_n]^{3-n}$ 浓度越大,其溶液的红色越深,说明产物的等级越差。将试样溶液与标准 Fe(Ⅲ)系列溶液在相同条件下进行颜色比较,鉴别产物中 Fe^{3+} 的含量,以确定产物的等级。

三、实验内容

1. 硫酸亚铁的制备

称取 2.0 g 干净的废 Fe 屑或纯 Fe 粉于 100 mL 锥形瓶中,加入 15 mL 3 mol·L^{-1} H$_2$SO$_4$ 溶液,快速将瓶中 Fe 粉摇散(以防 Fe 粉结块,反应不完全),再把锥形瓶固定于已经加热到 90 ℃的水浴中,水浴加热直至反应瓶中没有气泡冒出为止(现在商品 Fe 粉活性很高,反应很快)。再向锥形瓶中加入 10 mL 热水,趁热进行常压过滤,并用少量热水洗涤锥形瓶及漏斗中残留的 FeSO$_4$ 溶液。

2. 硫酸亚铁铵的制备

在上述过滤得到的 FeSO$_4$ 溶液中加入 4.5 g(NH$_4$)$_2$SO$_4$ 固体,加热并充分搅拌至(NH$_4$)$_2$SO$_4$ 完全溶解;再将混合液移入蒸发皿中,用水浴加热至有固体薄膜出现,静置让其自然冷却,析出浅蓝色的(NH$_4$)$_2$Fe(SO$_4$)$_2$·6H$_2$O 晶体,抽滤,用少量 95％乙醇洗涤晶体两次,将晶体转至已经称量的表面皿上,摊开,晾干。最后称量、拍照、计算产率。

称取 1 g 产物用于 Fe^{3+} 杂质的限量分析,将其余产物转至小自封塑料袋中,封好,备用。

3. 产物中 Fe^{3+} 杂质的限量分析

称取 1.0 g 自制产物于 25 mL 比色管中。加入 1 mL 3 mol·L^{-1} H$_2$SO$_4$ 溶液(或 1 mL 6mol·L^{-1} HCl 溶液)和 2.5 mL 20％ KSCN 溶液,用冷的无 O$_2$ 纯水稀释至刻度,摇匀。与标准色阶对比,以确定产物的等级。

标准色阶由实验室准备。Ⅰ,Ⅱ和Ⅲ级试剂色阶中 Fe^{3+} 的含量分别为 0.05 mg(2.0 mg·L^{-1}),0.10 mg(4.0 mg·L^{-1}) 和 0.20 mg(8.0 mg·L^{-1})。

四、注意事项

(1) 制备过程中,尽可能使含 Fe^{2+} 溶液在空气中暴露的时间越短越好。

(2) 在水浴加热蒸发过程中,不要扰动蒸发皿中的溶液。

(3) 加热蒸发不要过度,以免影响产物质量。

(4) 无 O_2 纯水的制备:取适量纯水于 100 mL 烧杯中,在电陶炉上加热煮沸 2 min,盖好表面皿,冷却后随即使用。

(5) 将产物转至自封塑料袋中保存,以备后续实验使用。

五、思考题

(1) 产物中可能的杂质是什么? 从哪儿来? 应如何避免?

(2) 为什么要趁热过滤? 趁热过滤前,为什么要加 10 mL 热水? 如何做到有效趁热过滤?

(3) 制备硫酸亚铁铵时,在蒸发、浓缩过程中,若发现溶液变黄,是什么原因? 应如何处理?

(4) 在抽滤时,能否用乙醇洗涤蒸发皿中残留的晶体? 能否用母液或纯水洗涤蒸发皿中残留的晶体? 为什么要用乙醇洗涤晶体?

(5) 为什么晶体要自然晾干,而不能用烘箱烘干? 干燥硫酸亚铁铵晶体时应注意哪些问题?

六、助学导学内容

(1) 王翊如,邓顺柳,吕银云,等.厦门大学线下一流课程"基础化学实验(一)"教学设计样例——"硫酸亚铁铵的制备、组成和杂质分析及其应用"实验教学整体设计.大学化学,2021,36(4):2011014.

(2) 董志强,吕银云,任艳平,等.对"硫酸亚铁铵制备"实验的再认识——批判性思维教育的最好案例之一.大学化学,2018,33(9):88−94.

实验 58−2 分光光度法测定硫酸亚铁铵中杂质 Fe^{3+} 的含量

一、预习要点

(1) 分光光度计的工作原理及使用方法。

(2) 分光光度法测定 Fe^{3+} 的原理和方法。

(3) 吸收曲线、标准曲线的制作及摩尔吸光系数的求算。

(4) 吸量管、容量瓶的使用规范。

教学课件(1)　教学课件(2)　视频
　　　　　　分光光度法　分光光度计
　　　　　　概述　　　　使用

二、实验原理

1. 分光光度法测定 Fe^{3+}

由于 Fe^{2+} 容易被空气中 O_2 氧化为 Fe^{3+},所以,在制备的硫酸亚铁铵产物中总会含有少量的杂质 Fe^{3+},可以用 KSCN 作显色剂,用分光光度法定量测定杂质 Fe^{3+} 的含量。有关反应式为

$$Fe^{3+} + n\,SCN^- \rightleftharpoons [Fe(SCN)_n]^{3-n}$$

Fe^{3+} 与 SCN^- 所形成的红色配离子 $[Fe(SCN)_n]^{3-n}$ 对波长 475 nm 的光具有强吸收,而且在一定浓度范围内,它对光的吸收程度符合朗伯-比尔定律,即

$$A = \varepsilon b c$$

式中,ε 为摩尔吸光系数,它与吸光物质的性质、入射光波长及温度等因素有关,即在相同的介质、相同的波长下,某一物质的摩尔吸光系数 ε 是定值;b 为吸光液层的厚度,当实验采用 1 cm 比色皿盛装吸光物质溶液时,$b = 1$ cm。因此在一定的实验条件下,溶液的吸光度 A 与溶液中吸光物质的浓度 c 成正比。本实验先测定 $[Fe(SCN)_n]^{3-n}$ 溶液的吸收曲线,以确定其最大吸收波长 λ_{max},然后用标准曲线法测定所制备的硫酸亚铁铵产物中杂质 Fe^{3+} 的含量。

所谓标准曲线法,即配制一系列已知浓度的标准溶液,测定其吸光度,制作其 $A-c$ 关系曲线(也称校准曲线、工作曲线);再于同一测量条件下测定未知试液的吸光度 A_x,即可从标准曲线查知其浓度 c_x 值。

2. 四分法取样

为了使分析的试样具有代表性,对于固体试样,常采用四分法取样。具体操作方法详见实验 58—4。

三、实验内容

1. 100.0 $\mu g \cdot mL^{-1}$ Fe^{3+} 标准溶液的配制

准确称取 0.4317 g $NH_4Fe(SO_4)_2 \cdot 12H_2O$ 基准物质于 100 mL 烧杯中,加入 5 mL 1 $mol \cdot L^{-1}$ H_2SO_4 溶液和 10 mL 纯水使其完全溶解,将溶液定量转至 500 mL 容量瓶中,用纯水稀释至刻度,充分摇匀,备用。为节约试剂,可由实验室统一配制,学生实验时按需取用。

2. 20.0 $\mu g \cdot mL^{-1}$ Fe^{3+} 标准溶液的配制

移取 20.00 mL 100.0 $\mu g \cdot mL^{-1}$ Fe^{3+} 标准溶液于 100 mL 容量瓶中,加入 8 mL 1 $mol \cdot L^{-1}$ H_2SO_4 溶液,用纯水稀释至刻度,充分摇匀,备用。

3. 系列 Fe(Ⅲ)标准溶液的配制

取 6 个 50 mL 容量瓶,如表 6—3 所示,用吸量管分别加入 20.0 $\mu g \cdot mL^{-1}$ Fe^{3+} 标准溶液 0.00 mL,2.00 mL,4.00 mL,6.00 mL,8.00 mL,10.00 mL,再用吸量管向每个容量瓶中依次加入 5.0 mL 1:4 H_2SO_4 溶液、5.0 mL 20% KSCN 溶液,用纯水稀释至刻度,充分摇匀,备用。

4. 试样溶液的配制

准确称取 0.40~0.45 g 硫酸亚铁铵试样于 50 mL 烧杯中,加入 15 mL 无 O_2 纯水(无 O_2 纯水的制备见实验 58—1)使其完全溶解,将溶液定量转至 50 mL 容量瓶中,再加入 5.0 mL 1:4 H_2SO_4 溶液、5.0 mL 20% KSCN 溶液,用无 O_2 纯水稀释至刻度,充分摇匀,备用。

5. 配套比色皿的选择

将四个比色皿依次插入比色槽中。设置"A 测量"模式,在任意波长下,将第一个比色皿通过光路清零,并将另外三个比色皿依序通过光路测定其吸光度 A,选择两个吸光度接近(吸光度 A 在 ± 0.005 内的两个比色皿可认为配套)的比色皿做实验。

表 6－3　系列 Fe(Ⅲ)标准溶液、试样溶液的配制及吸光度测定的实验数据记录及处理

$\lambda_{\max} = \underline{\hspace{2cm}}$ nm

实验序号	1	2	3	4	5	6	试样溶液
20.0 $\mu g \cdot mL^{-1}$ Fe^{3+} 标准溶液/mL	0.00	2.00	4.00	6.00	8.00	10.00	—
1:4 H_2SO_4 溶液/mL	5.0	5.0	5.0	5.0	5.0	5.0	5.0
20% KSCN 溶液/mL	5.0	5.0	5.0	5.0	5.0	5.0	5.0
定容体积/mL				50.00			
Fe^{3+} 浓度/($\mu g \cdot mL^{-1}$)	0.0	0.8	1.6	2.4	3.2	4.0	x
吸光度 A							

6. 吸收曲线的制作

用 1 cm 比色皿,以试剂空白(即不加入 Fe^{3+} 标准溶液的溶液)作参比溶液,在波长为 400～600 nm 范围内,测定高浓度 Fe(Ⅲ)标准溶液(即加入 10.00 mL Fe^{3+} 标准溶液的溶液)的吸光度 A,先每间隔 10 nm 测一次,再于吸光度 A 最大的波长附近,每间隔 5 nm 或 2 nm 测一次。以波长 λ 为横坐标,以吸光度 A 为纵坐标,参考第 1 章 Excel 或 Origin 软件及其应用示例,用软件制作吸收曲线。从吸收曲线上确定以 KSCN 为显色剂测定 Fe 的最大吸收波长 $\lambda_{\max}$。

也可利用具有自动扫描功能的紫外－可见分光光度计扫描 $[Fe(SCN)_n]^{3-n}$ 溶液的吸收曲线,在该吸收曲线上可直接读取其最大吸收波长 $\lambda_{\max}$。即先向两个 1 cm 的比色皿中装入纯水后进行仪器基线校正,再分别装入参比溶液和 $[Fe(SCN)_n]^{3-n}$ 溶液,在波长 400～600 nm 范围内扫描 $[Fe(SCN)_n]^{3-n}$ 溶液的吸收曲线,并在该吸收曲线上读取其最大吸收波长 $\lambda_{\max}$。

7. 标准曲线的制作及试样中杂质 Fe^{3+} 含量的测定

以试剂空白(即不加入 Fe^{3+} 标准溶液的溶液)作参比溶液,用 1 cm 比色皿在最大吸收波长 $\lambda_{\max}$ 处分别测定上述实验内容 3 配制的系列 Fe(Ⅲ)标准溶液及上述实验内容 4 配制的试样溶液的吸光度 A,并记录于表 6－3。以 Fe^{3+} 浓度(或 Fe^{3+} 标准溶液的体积)为横坐标,以吸光度 A 为纵坐标,参考第 1 章 Excel 或 Origin 软件及其应用示例,用软件制作标准曲线。利用标准曲线求出试样溶液中 Fe^{3+} 的含量,并计算试样中 Fe^{3+} 的质量分数。

注意:测定系列 Fe(Ⅲ)标准溶液及试样溶液的吸光度 A 后,将对应容量瓶中剩余的溶液保存好,以备实验 58－3 使用。

四、注意事项

(1) 如果试样溶液的颜色比标准系列的 5 号溶液颜色深,需要减少试样的称量,重新配制试样溶液。

(2) 分光光度计的操作规范:① 不能用手触碰比色皿的透光面;② 比色皿中所装溶液

不能超过其容积的 2/3;③ 不能用滤纸片来回擦拭比色皿的透光面,只能用滤纸片单方向轻轻沾拭比色皿外壁上的溶液。

五、思考题

(1) 配制标准溶液和试样溶液时,为什么都要加 1:4 H_2SO_4 溶液?

(2) 配制试样溶液时,为什么要用无 O_2 纯水?

(3) 除了硫氰酸盐,分光光度法测定 Fe^{3+} 的显色剂还有哪些?

(4) 为什么要选择配套的比色皿进行实验?

(5) 文献中 $[Fe(SCN)_n]^{3-n}$ 配离子的最大吸收波长为多少? 与你在实验中的测定数据是否存在差异? 可能的原因是什么?

(6) 本实验中 $[Fe(SCN)_n]^{3-n}$ 配离子在最大吸收波长处的摩尔吸光系数为多少?

实验 58−3   智能手机色度分析法测定硫酸亚铁铵中
杂质 Fe^{3+} 的含量

一、预习要点

(1) 智能手机色度分析法的原理。

(2) 智能手机色度分析法测定 Fe^{3+} 的原理和方法。

二、实验原理

教学课件

随着信息技术的不断发展,智能手机的功能越来越强大,再加上软件的不断开发,智能手机作为一种辅助实验工具逐渐在化学实验中得到应用。在实验教学中,启发学生利用智能手机解决某些实验中的问题,对丰富实验教学的内容和形式,激发学生的实验兴趣和培养学生的创新意识具有一定的意义。

实验 58−1 和实验 58−2 分别介绍了目视比色法(半定量)和分光光度法(定量)测定试样中微量 Fe^{3+} 的含量。本实验无需使用分光光度计,而是利用智能手机的拍摄和对像素分析的功能,结合色度分析法,用分光光度法的原理研究测定试样中微量 Fe^{3+} 的含量,并与前两种方法的测定结果进行对比分析。

1. 色度分析法

人眼可见的物质的颜色(Color,C)可以由红(Red,R)、绿(Green,G)和蓝(Blue,B)三个分量按照一定权重构成的线性组合表示,即

$$C = rR + gG + bB \tag{1}$$

式中,r,g,b 为三种颜色分量的权重大小。计算机对颜色的表示也是基于此原理:在计算机中,r,g,b 取值范围均是 0~255,数值越大,亮度越高。例如,r,g,b 均为 0 时,颜色为黑色;而 r,g,b 均为 255 时,颜色为白色。

将 r,g,b 比例相同的颜色组成一个集合,这个集合可以表示一个系列的颜色,如图 6−3 所示的蓝色系列。图 6−3 中第一行方框中的大正方形在竖直方向上表示亮度(也称明度),越靠近上侧,亮度越高;在水平方向上表示纯度,越靠近右侧,纯度越高。小正方形

是大正方形中选择点(白色方框)的颜色预览,将此颜色预览放大并放到图 6-3 的第二行,并在下方按式(1)的表示方法标示出各颜色。由图 6-3 可见,C_1 到 C_4 是四个 r,g,b 比例相同但数值依次增加的颜色。r,g,b 的大小,反映的是这个系列颜色的亮暗。r,g,b 值越大,颜色越亮,颜色的亮度随着 r,g,b 大小的变化是线性的。

由于颜色的亮暗可看成是透射光强度 I 强弱的表现,则 r,g,b 的大小也可以表示透射光的强弱。因此,当 r,g,b 比例相同时,光强 I 和 r,g,b 能以线性关系一一对应。因为 r,g,b 都可以表示光强,光强 I 和 r,g,b 的关系可以写成下面三式中的任意一种,即

$$I = k_r \cdot r \tag{2}$$

$$I = k_g \cdot g \tag{3}$$

$$I = k_b \cdot b \tag{4}$$

式(2)—式(4)中,比例常数 k_r,k_g,k_b 分别表示光强 I 和 r,g,b 大小的转化因子。当有色物质的颜色褪去的时候,透过的光强变大,故 r,g,b 的比例未变,但是数值变大。

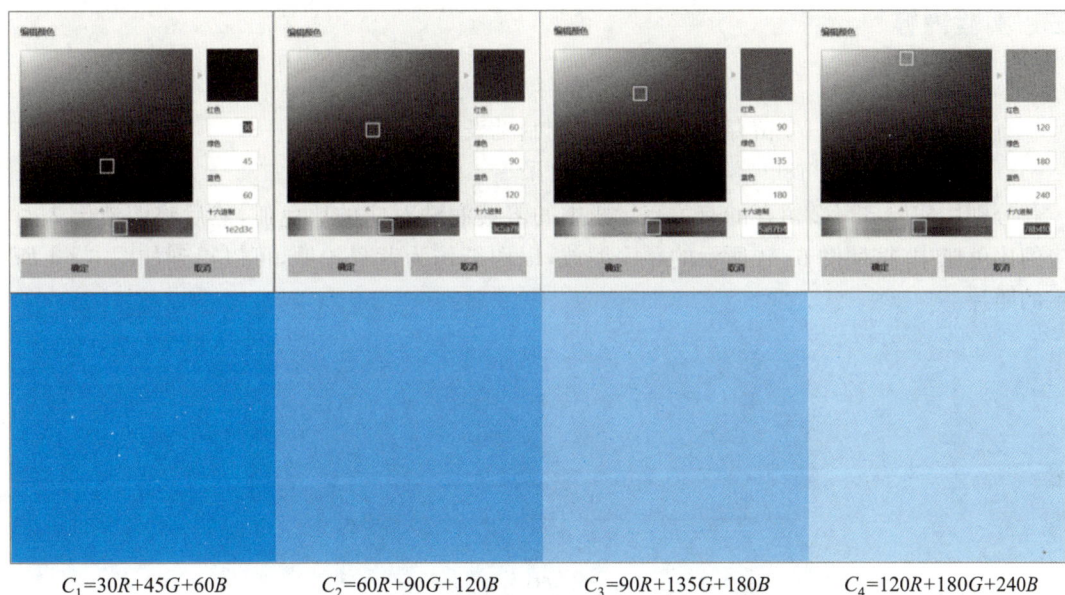

$C_1 = 30R + 45G + 60B$　　$C_2 = 60R + 90G + 120B$　　$C_3 = 90R + 135G + 180B$　　$C_4 = 120R + 180G + 240B$

图 6-3　r,g,b 比例相同但是数值不同的蓝色系列示意图

综上所述,r,g,b 比例相同时,r,g,b 的大小可以表示光线透过有色物质的光强。因此,利用 r,g,b 数值的大小代替光的强弱,代入朗伯-比尔定律,可得

$$A_R = \lg \frac{I_0}{I_t} = \lg \frac{r_0}{r_t} = \varepsilon_R bc \tag{5}$$

$$A_G = \lg \frac{I_0}{I_t} = \lg \frac{g_0}{g_t} = \varepsilon_G bc \tag{6}$$

$$A_B = \lg \frac{I_0}{I_t} = \lg \frac{b_0}{b_t} = \varepsilon_B bc \tag{7}$$

式中,I_0,r_0,g_0,b_0 为参比溶液的有关参数;I_t,r_t,g_t,b_t 为标准溶液或待测溶液的有关参数。A_R,A_G,A_B 分别为三个分量各自对应的吸光度,$\varepsilon_R,\varepsilon_G,\varepsilon_B$ 分别为三个分量各自对应的摩尔吸光系数,b 为吸光液层的厚度,c 为溶液中吸光物质的浓度。

基于上述色度分析法的原理可知,利用对数码成像的同一系列有色物质溶液颜色的深浅进行分析,可以确定待测试样溶液的浓度或待测物质的含量。即对同一系列标准溶液和待测溶液进行数码成像,然后利用软件提取出不同浓度溶液所对应的颜色数据,再通过制作浓度与提取的颜色数据的标准曲线来对待测试样溶液进行分析,从而得到待测试样溶液的浓度或待测物质的含量。

2. 色度分析法测定 Fe^{3+}

在酸性条件下,Fe^{3+} 与溶液中 SCN^- 作用,生成红色配离子$[Fe(SCN)_n]^{3-n}$,其溶液颜色深浅与 Fe^{3+} 浓度成正比。有关反应式为

$$Fe^{3+} + nSCN^- \Longrightarrow [Fe(SCN)_n]^{3-n}$$

通过配制一系列$[Fe(SCN)_n]^{3-n}$标准溶液,然后进行数码成像,利用软件提取出不同浓度的标准溶液所对应的颜色数据,通过建立浓度与提取的颜色数据的标准曲线来对试样溶液中 Fe^{3+} 的含量进行测定。

三、实验内容

1. 系列$[Fe(SCN)_n]^{3-n}$标准溶液及试样溶液的配制

直接应用实验 58-2 留存的溶液,具体配制见表 6-3。

2. 系列标准溶液与试样溶液的 r,g,b 值采集

分别用实验 58-2 留存的有关容量瓶中的溶液润洗对应的比色皿,然后将溶液倒入对应的比色皿中,按照图 6-4 所示的顺序摆放,以白纸作为背景拍照,可以得到如图 6-4 所示的照片。

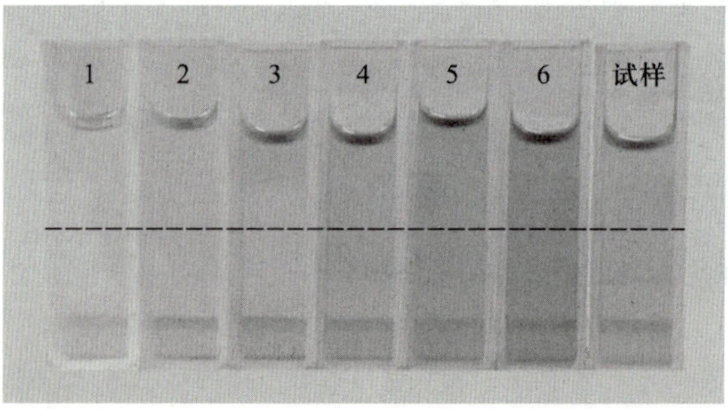

图 6-4　用于色度分析的系列$[Fe(SCN)_n]^{3-n}$标准溶液和试样溶液实物照片

采用取色软件(如 PowerPoint 里的取色器,Photoshop 软件或手机取色 App 等)对每个比色皿中的有效区域采集 3 个点的数据,分别读取各个点的 r,g,b 分量的数值,将数据记录在表 6-4 中。分别对 3 个数据点的 r,g,b 分量取平均值后得到该比色皿中溶液对应的 $r_{平均值},g_{平均值},b_{平均值}$ 数值(注意采集的数据点应在该比色皿的同一高度)。

表 6-4　色度分析法测定 Fe^{3+} 含量的实验数据记录及处理

实验序号	$c_{Fe}/$ $(\mu g \cdot mL^{-1})$	r			$r_{平均值}$	A_R	g			$g_{平均值}$	A_G	b			$b_{平均值}$	A_B
		1	2	3			1	2	3			1	2	3		
1	0.0															

续表

实验序号	$c_{Fe}/$ $(\mu g \cdot mL^{-1})$	r			r平均值	A_R	g			g平均值	A_G	b			b平均值	A_B
		1	2	3			1	2	3			1	2	3		
2	0.8															
3	1.6															
4	2.4															
5	3.2															
6	4.0															
试样																
R^2																
斜率																

　　将得到的 r平均值，g平均值，b平均值 分量值代入式(5)—式(7)，得到各自对应的 A。分别以三个分量各自对应的 A 值为纵坐标，对应的 Fe^{3+} 含量为横坐标作图，可以得到 3 条标准曲线，选择斜率最大的标准曲线来测定试样中 Fe^{3+} 的含量。

四、注意事项

　　(1) 拍摄过程应保持光线充足，拍照背景干净。
　　(2) 拍摄时，镜头应正对位于中间的比色皿，使镜头距各个比色皿的距离尽量相同。
　　(3) 采集各个比色皿的 r,g,b 值时，均应在比色皿的同一高度进行选取。

五、思考题

　　(1) 请分析本实验中的误差来源。
　　(2) 请将测定结果与实验 58—1 的目视比色法及实验 58—2 的分光光度法测定结果进行比较，并讨论三种方法的优缺点。

六、参考文献

　　[1] 孙丹,熊晓丹,吴雪亭,等. 数码成像比色法测定补铁剂中铁元素含量的实验研究. 化学教育(中英文),2017,38(5):76—78.
　　[2] 丁宗庆,朱圣平,周向宇. 手机成像数码比色法测定水样中 6 价铬. 化学教育(中英文),2017,38(4):68—71.

七、助学导学内容

　　(1) 曾一帆,秦萧,王玥,等. 智能手机色度分析测定甲基紫与氢氧化钠反应速率常数. 大学化学,2020,35(6):54—62.
　　(2) 董志强,刘丰俊,翁玉华,等. 智能手机在化学实验中的应用. 大学化学,2021,36(4):159—169.

实验58－4　KMnO₄法测定硫酸亚铁铵中 Fe²⁺的含量

一、预习要点

（1）氧化还原滴定法的基本原理、方法分类及结果计算。
（2）KMnO₄ 标准溶液的配制及标定方法。
（3）KMnO₄ 法测定 Fe²⁺的原理和方法。
（4）四分法取样及其意义。

教学课件(1)	教学课件(2) KMnO₄ 标准 溶液的配制 与标定	视频 容量瓶使用	视频 移液管使用	视频 滴定管使用

二、实验原理

1. 硫酸亚铁铵中 Fe^{2+} 含量测定

评价基础化学制备实验的结果，一方面要考察产物的产量，另一方面要考察产物的纯度，包括产物的颜色和形貌等。例如，对于制备的硫酸亚铁铵，通常可采用两大经典的氧化还原滴定法，即 KMnO₄ 法或 K₂Cr₂O₇ 法测定其中所含 Fe²⁺的含量来计算产物中硫酸亚铁铵的含量。本实验采用 KMnO₄ 法测定硫酸亚铁铵产物中 Fe²⁺的含量。

在稀 H_2SO_4 溶液中，KMnO₄ 定量地将 Fe²⁺氧化成 Fe³⁺，有关反应式为

$$5Fe^{2+} + MnO_4^- + 8H^+ =\!=\!= 5Fe^{3+} + Mn^{2+} + 4H_2O$$

因此，可以用 KMnO₄ 标准溶液滴定产物中的 Fe²⁺。滴定终点时，微过量的 KMnO₄ 使溶液呈微红色以指示滴定终点，从而计算得到产物中 Fe²⁺的含量。

KMnO₄ 标准溶液的浓度可采用基准物质 Na₂C₂O₄ 进行标定，有关反应式为

$$5C_2O_4^{2-} + 2MnO_4^- + 16H^+ =\!=\!= 2Mn^{2+} + 10CO_2\uparrow + 8H_2O$$

2. 四分法取样

为了使分析的试样具有代表性，对于固体试样，常采用四分法取样，即将试样混合均匀后，平铺成薄厚均匀的圆形，然后通过两条互相垂直的直径分成四等分（或摊成薄厚均匀的正方形，用两个对角线四分），取相对的两份混合，然后再重复上述操作，如图 6－5 所示，直至达到实验要求。

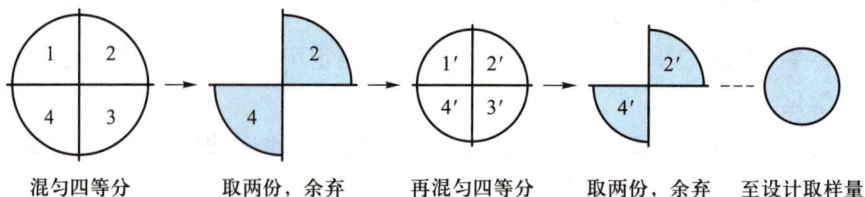

混匀四等分　　　取两份，余弃　　　再混匀四等分　　　取两份，余弃　　　至设计取样量

图 6－5　固体试样四分法取样操作示意图

三、实验内容

1. 0.002 mol·L^{-1} KMnO$_4$ 溶液的配制

量取 30 mL 0.02 mol·L^{-1} KMnO$_4$ 溶液于 500 mL 棕色试剂瓶中,加纯水稀释至 300 mL,盖好瓶盖,充分摇匀,备用。

2. 0.005 mol·L^{-1} Na$_2$C$_2$O$_4$ 标准溶液的配制

详见实验 39—4。

3. 0.002 mol·L^{-1} KMnO$_4$ 溶液的标定

详见实验 39—4。

4. 硫酸亚铁铵中 Fe^{2+} 含量的测定

(1) 四分法取样。取大小合适的纸张,放在天平台上,小心地将实验 58—1 所得的产物倒在纸上,用药勺混合均匀,然后按照上述四分法取样说明和操作示意图进行四分法取样,连续进行 2～3 次四分法后即可进行试样的称取。

(2) 试样的称取及其 Fe^{2+} 的测定。准确称取 0.35～0.40 g 硫酸亚铁铵试样于 100 mL 烧杯中,加入 15 mL 无 O$_2$ 纯水(其制备见实验 58—1)使其完全溶解。将溶液定量转至 100 mL 容量瓶中,用无 O$_2$ 纯水稀释至刻度,充分摇匀,备用。移取 25.00 mL 试样溶液于 250 mL 锥形瓶中,加入 5 mL 1∶3 H$_2$SO$_4$ 溶液及 20 mL 无 O$_2$ 纯水,摇匀后,立即用 KMnO$_4$ 标准溶液滴定至溶液颜色刚呈现微红色,且保持 30 s 不褪色,即为终点。平行测定三份。计算试样中 Fe^{2+} 的含量。

四、注意事项

(1) KMnO$_4$ 标准溶液滴定 Na$_2$C$_2$O$_4$ 溶液时要注意温度、酸度、滴定速率以及滴定终点的判断。

(2) Fe^{2+} 易被空气中的 O$_2$ 氧化,尤其是溶液中的 Fe^{2+} 更不稳定,移取试样溶液至锥形瓶中后应立即滴定。

(3) 试样中 Fe^{2+} 的测定,也可以分别称取三份试样,分别分析。具体方法为:准确称取 0.10～0.12 g 硫酸亚铁铵试样于 250 mL 锥形瓶中,加入 5 mL 1∶3 H$_2$SO$_4$ 溶液、45 mL 无 O$_2$ 纯水,待试样完全溶解后,立即用 KMnO$_4$ 标准溶液滴定至溶液颜色刚呈现微红色,且保持 30 s 内不褪色,即为终点。平行测定三份。计算试样中 Fe^{2+} 的含量。

五、思考题

(1) 以 Na$_2$C$_2$O$_4$ 为基准物标定 KMnO$_4$ 溶液的浓度时,应注意哪些反应条件?

(2) 为减小空气中 O$_2$ 对 Fe^{2+} 的氧化而产生的误差,应采取哪些措施?

实验 58-5   离子交换法除 Fe^{2+}/Fe^{3+} 与重量法测定 硫酸亚铁铵中 SO_4^{2-} 的含量

一、预习要点

(1) 沉淀溶解平衡的基本知识及影响沉淀溶解度的因素。

(2) 晶形沉淀的沉淀条件和沉淀(灼烧)重量法的基本操作。

(3) $BaSO_4$ 沉淀重量法测定硫酸亚铁铵中 SO_4^{2-} 含量的原理及方法。

教学课件   视频 常压过滤

(4) 离子交换树脂的性质、种类及离子交换原理。

(5) 离子交换树脂装柱、过柱、再生的操作方法。

二、实验原理

用于测定易溶盐中 SO_4^{2-} 含量的常用方法有 $BaSO_4$ 沉淀重量法和 EDTA 间接配位滴定法。其中,$BaSO_4$ 沉淀重量法是测定 SO_4^{2-} 含量的国标方法,适用于测定 SO_4^{2-} 含量较高的试样,其测定准确度高,但操作步骤烦琐,测定时间长。EDTA 间接配位滴定法操作较简单,但在未知样液中加入 Ba^{2+},Mg^{2+} 混合液的量不好把控,影响测定的准确度。

$BaSO_4$ 沉淀重量法既可用于 Ba^{2+} 含量的测定,也可用于 SO_4^{2-} 含量的测定。本实验采用 $BaSO_4$ 沉淀重量法测定硫酸亚铁铵试样中 SO_4^{2-} 的含量。

用 $BaSO_4$ 重量法测定 SO_4^{2-} 时,一般用稀 $BaCl_2$ 溶液作沉淀剂。若要沉淀完全,溶解损失应尽可能小,要求沉淀溶解损失的量不能超过一般称量的精确度(即 0.2 mg),即处于允许的误差范围之内,但一般沉淀很少能达到此要求。例如,用 $BaCl_2$ 溶液使 SO_4^{2-} 沉淀成 $BaSO_4$,$K_{sp,BaSO_4}=1.08\times10^{-10}$,当加入 $BaCl_2$ 的量与 SO_4^{2-} 的量符合化学计量关系时,在 100 mL 溶液中 $BaSO_4$ 溶解的质量为

$$\sqrt{1.08\times10^{-10}}\times233\times\frac{100}{1000}\text{ g}=2.42\times10^{-4}\text{ g}$$

若加入 $BaCl_2$ 溶液过量且不超过 20%,则沉淀达到平衡时,过量的 $c(Ba^{2+})=$ 0.004 mol·L^{-1},则可计算出 100 mL 溶液中溶解 $BaSO_4$ 的质量为

$$\frac{1.08\times10^{-10}}{0.004}\times233\times\frac{100}{1000}\text{ g}=6.3\times10^{-7}\text{ g}$$

显然,这已远小于允许溶解损失的质量,可以认为已经沉淀完全。

$BaSO_4$ 的沉淀过程一般在 0.05 mol·L^{-1} HCl 溶液中进行,以防止产生 $BaCO_3$,$BaHPO_4$,$Ba(OH)_2$,$Fe(OH)_2$ 和 $Fe(OH)_3$ 共沉淀。同时,适当提高酸度,以控制 $BaSO_4$ 沉淀的溶解度,降低沉淀过程中的相对过饱和度,有利于获得较好的晶形沉淀。

Pb^{2+} 和 Sr^{2+} 等离子的存在,也可产生硫酸盐沉淀而干扰 SO_4^{2-} 的测定。K^+,Na^+,Ca^{2+} 和 Fe^{3+} 等阳离子及 NO_3^-,ClO_3^- 和 Cl^- 等阴离子的存在,也可引起共沉淀,对测定 SO_4^{2-} 有所影响。实验中,应严格掌握沉淀条件,以获得粗大、纯净的 $BaSO_4$ 晶形沉淀。

由于试样为硫酸亚铁铵,且其溶液中的 Fe^{2+} 易被空气中 O_2 氧化为 Fe^{3+},体系中 Fe^{2+}

和 Fe^{3+} 易形成 $Fe(OH)_2$ 和 $Fe(OH)_3$ 并与 $BaSO_4$ 产生共沉淀。所以,试样中 Fe^{2+} 和 Fe^{3+} 的存在对 SO_4^{2-} 的测定干扰较大,须预先用离子交换法除去。

有关离子交换树脂的种类、造型、交换方法及交换树脂的再生等详见实验43。

由于阳离子交换树脂与金属离子的作用力大于与 H^+ 的作用力,因此,可以让试样溶液中的 Fe^{2+} 和 Fe^{3+} 与氢型阳离子交换树脂发生离子交换,交换出化学计量的 H^+,而 SO_4^{2-} 不被阳离子树脂吸附而流出阳离子交换柱。有关交换反应式为

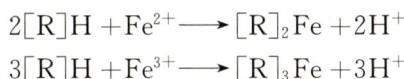

$$2[R]H + Fe^{2+} \longrightarrow [R]_2Fe + 2H^+$$
$$3[R]H + Fe^{3+} \longrightarrow [R]_3Fe + 3H^+$$

由于试样溶液量少,可采用"管柱法"预先除去准确称取的试样溶液中的 Fe^{2+} 和 Fe^{3+}。即让试样溶液全部通过交换柱,然后用纯水淋洗至交换柱为中性,收集全部交换液和淋洗液,用以测定其中 SO_4^{2-} 的含量。

为了让学生亲身体验 $BaSO_4$ 重量法分析实验中 Fe^{2+} 和 Fe^{3+} 共沉淀的影响,比较去除 Fe^{2+} 和 Fe^{3+} 前后的实验效果,所以,仅选择一份试样溶液进行离子交换除去其中 Fe^{2+} 和 Fe^{3+}。

综上所述,本实验内容可概括为:准确称取硫酸亚铁铵试样2份,分别经纯水溶解和离子交换法去除其溶液中 Fe^{2+} 和 Fe^{3+}(仅选择一份试样溶液),再用 HCl 溶液酸化,随后在不断搅拌下,慢慢加入稀、热的 $BaCl_2$ 溶液产生 $BaSO_4$ 晶形沉淀。沉淀经陈化、过滤、烘干、炭化、灰化和灼烧后,以纯净的 $BaSO_4$ 形式称量,即可求出试样中 SO_4^{2-} 的含量。

三、实验内容

1. 称样及溶样

准确称取 0.40~0.42 g 试样两份,一份置于 250 mL 烧杯中(需标记清楚试样质量与对应烧杯),一份置于 50 mL 烧杯中。向 250 mL 烧杯中加入 70 mL 纯水,搅拌使试样溶解完全(而后玻棒放在烧杯中勿取出);再向 50 mL 烧杯中加入 10 mL 纯水,用另一支玻棒搅拌使试样溶解完全(同样勿取出玻棒)。

2. 离子交换树脂的准备及装填

详见实验43。

3. 离子交换法去除试样溶液中的 Fe^{2+} 和 Fe^{3+}

将 50 mL 烧杯中的试样溶液定量用玻棒引流倒入离子交换柱中,旋开交换柱底部开关,控制流速为每秒3~4滴,再用 10 mL 纯水洗涤烧杯和玻棒,当试样溶液接近树脂顶部时,迅速将洗涤剂纯水加入交换柱中。反复7次,当流出液体约 70 mL(收集于另一 250 mL 烧杯中)时,关闭交换柱开关,结束过柱洗涤过程。

4. 沉淀的制备

在两份试样溶液中,均加入 2 mL 2 mol·L^{-1} HCl 溶液,搅拌均匀,盖好表面皿,用电热板加热至近沸。

量取两份 24 mL 0.1 mol·L^{-1} BaCl$_2$ 溶液,分别置于 100 mL 烧杯中,各再加入 6 mL 纯水,用电热板加热至近沸。

在不断搅拌下用滴管将两份热、稀的 $BaCl_2$ 溶液分别滴加到两份硫酸亚铁铵试样溶液中,直至两份 $BaCl_2$ 溶液均近乎加完为止(留几滴做检验用)。充分搅拌后静置片刻,待

$BaSO_4$ 沉淀沉降后,小心向上层清液中再次滴入 $1 \sim 2$ 滴 $BaCl_2$ 溶液,仔细观察是否有新的沉淀出现(若没有,说明此时 SO_4^{2-} 已经沉淀完全。否则,还需要再加入 $BaCl_2$ 溶液如此操作至不再有沉淀产生为止)。沉淀完全后,盖好表面皿(切勿将玻棒取出烧杯外)。将两个烧杯放在还有余热的电热板(确保电热板电源已经关掉)上或 $40 \ ℃$ 水浴中陈化 $30 \ min$(其间应 $5 \sim 10 \ min$ 搅拌一次)。

在沉淀陈化期间,进行常压过滤的滤纸折叠与安放及漏斗颈水柱的形成等操作,具体操作详见第 1 章"重量分析的基本操作"有关内容。

5. 沉淀的过滤和洗涤

用慢速或中速定量滤纸进行倾析法过滤。先用纯水在烧杯中洗涤沉淀 $5 \sim 6$ 次,每次用 $6 \sim 7 \ mL$。洗涤时,搅起沉淀并充分搅拌,再静置片刻(烧杯须斜放在白瓷板边缘,杯嘴斜向下),待沉淀下沉后再转移上层清液。前几次洗涤后仅过滤洗涤液,最后一次洗涤时须将沉淀搅起后小心地转移至漏斗中。再用洗瓶冲洗烧杯内壁和玻棒上的沉淀至漏斗中,这样数次后基本上将烧杯中的沉淀近乎都转移至漏斗中(具体操作详见第 1 章"重量分析的基本操作")。残留在烧杯内壁及玻棒上的极少量沉淀则可用折叠滤纸时撕下的纸角擦拭烧杯内壁及玻棒以"擦活"沉淀微粒,再将纸角放入漏斗沉淀中。最后用纯水洗涤漏斗中的沉淀及滤纸 $4 \sim 6$ 次(少量多次),直至洗涤液中无 Cl^- 为止[①]。

6. 空坩埚的恒重

详见实验 51。

7. 沉淀的灼烧和恒重

详见实验 51。沉淀质量恒定后,打开两坩埚的盖子,观察两坩埚中沉淀的颜色并拍照记录。计算 $BaSO_4$ 的质量并换算为试样中 SO_4^{2-} 的质量分数。

四、注意事项

(1) 实验完毕后,离子交换树脂要回收至小烧杯中,并加 $2 \ mol \cdot L^{-1}$ HCl 溶液至淹没树脂。后续由实验室进行再生处理。

(2) $BaSO_4$ 是晶形沉淀,要注意沉淀的条件,即热、稀、慢、搅和陈化五个主要条件。

(3) 沉淀及滤纸的干燥、炭化和灰化应在酒精灯、煤气灯或电陶炉上加热进行,不能在高温炉中进行。滤纸灰化时,需有足够的空气,以防止 $BaSO_4$ 被滤纸的碳还原为 BaS。有关反应式为

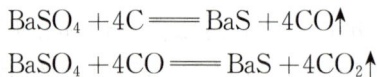

$$BaSO_4 + 4C = BaS + 4CO\uparrow$$
$$BaSO_4 + 4CO = BaS + 4CO_2\uparrow$$

若遇到此情况,可滴加 $2 \sim 3$ 滴 $1:1 \ H_2SO_4$ 溶液,小心加热,冒尽白烟后重新灰化及灼烧。

(4) 灼烧温度不能太高,如超过 $950 \ ℃$,可能导致 $BaSO_4$ 的部分分解,有关反应式为

$$BaSO_4 \xrightarrow{\text{高温}} BaO + SO_3\uparrow$$

(5) 坩埚及沉淀进行恒重操作时,每次都应尽量保持各种操作条件的一致性,即:注意控制放置相同的冷却时间、相同的称量天平和称量时间、相同的操作环境及操作速率。这

---

① 用试管收集 $2 \ mL$ 滤液,加入 1 滴 $2 \ mol \cdot L^{-1}$ HNO_3 溶液及 2 滴 $0.1 \ mol \cdot L^{-1}$ $AgNO_3$ 溶液,若无白色浑浊产生,表明 Cl^- 已洗净。

样可以减少灼烧和称量的次数。

（6）绝不可将热的坩埚直接放在玻璃滴定台（会炸裂）和实验台面上（会烫伤起泡而损坏），而应放在白瓷板上。

五、思考题

（1）试样溶液为什么要用 HCl 溶液酸化？若 HCl 溶液加入太多会有什么影响？可以用 HNO_3 溶液酸化吗？为什么？

（2）怎样用沉淀理论来解释本实验中的沉淀条件？

（3）如果在 $BaSO_4$ 沉淀中包夹 $BaCl_2$，则将使测定结果偏高还是偏低？

（4）试拟出用沉淀重量法测定可溶性钡盐中 Ba^{2+} 含量的实验步骤。测定 SO_4^{2-} 时，沉淀剂 $BaCl_2$ 溶液过量 20%～25%；测定 Ba^{2+} 时，沉淀剂稀 H_2SO_4 溶液可过量多少？为什么？

实验 59　热镀锌钢构件酸洗废液资源回收
——从热镀锌钢构件酸洗废液中回收盐酸和氯化亚铁及其纯度分析

一、预习要点

（1）从热镀锌钢构件酸洗废液中回收盐酸和氯化亚铁的原理及其测定方法。

（2）标定盐酸的基准物质及指示剂。

（3）$K_2Cr_2O_7$ 法测 Fe^{2+} 的原理和方法。

（4）电感耦合等离子体发射光谱仪（inductively coupled plasma optical emission spectrometry，ICP—OES)测定金属离子含量的原理和方法。

教学课件

二、实验原理

热镀锌(hot-dip galvanizing)也叫热浸镀锌，是钢铁、铸铁构件等浸入熔融的锌液中获得金属覆盖层的一种防腐方式，也是延缓钢铁腐蚀的重要手段之一。在钢构件镀锌之前需要用盐酸对钢构件表面进行前处理，即酸洗工艺，需将钢构件表面浸蚀在盐酸中，以除去钢构件表面上的铁锈和氧化膜。钢铁在盐酸中酸洗时产生 $FeCl_3$ 和 $FeCl_2$。酸洗件一般严重生锈的很少，因此，酸洗液中主要含有 $FeCl_2$。随着酸洗液中 $FeCl_2$ 的增多，酸洗液中 HCl 浓度逐渐降低，其腐蚀效率逐渐降低直至失效。失效的酸洗液的主要成分为 $FeCl_2$、残余盐酸，如果不处理而直接排放，将会严重污染环境。

热镀锌工艺酸洗废液处理方法很多。在实验室，通过蒸馏法使溶液中挥发性的溶质 HCl 和水一起蒸发，冷凝后形成高品质盐酸；随着溶液体积的减小，溶液中不挥发的溶质 Fe^{2+} 的浓度增加，形成 $FeCl_2$ 过饱和溶液，冷却后则有 $FeCl_2 \cdot 4H_2O$ 晶体析出，达到溶液中挥发性溶质与不挥发溶质的分离。

可用酸碱滴定法测定所回收盐酸的总量；用氧化还原滴定的 $K_2Cr_2O_7$ 法测定 $FeCl_2 \cdot 4H_2O$ 产物中 Fe^{2+} 的含量；用目视比色法测定 $FeCl_2 \cdot 4H_2O$ 产物中 Fe^{3+} 的含量；用电感耦合等离子体发射光谱仪(ICP—OES)测定 $FeCl_2 \cdot 4H_2O$ 产物中 Zn^{2+} 的含量。

实验室现有热镀锌钢构件酸洗废液 100 mL(大约含有 0.25 mol HCl,50 g $FeCl_2 \cdot 4H_2O$ 及 2 g $ZnCl_2$),根据表 6−5 所给出的有关化合物的溶解度数据和图 6−6 所示的水和盐酸的 $T-x$ 关系及其他提示,设计详细的实验方案,完善实验步骤,将所给酸洗废液中的盐酸与无机盐分离,获取可返回酸洗的盐酸,确定回收盐酸的总量;回收废液中的 $FeCl_2 \cdot 4H_2O$ 并尽可能保证纯度,同时表征其有效纯度。

表 6−5   有关化合物在水中的溶解度(g/100 g 水)

温度/℃	0	10	20	30	40	60	80	100
$FeCl_2$	49.7	59.0	62.5	66.7	70.0	78.3	88.7	94.9
$ZnCl_2$	342	363	395	437	452	488	541	614

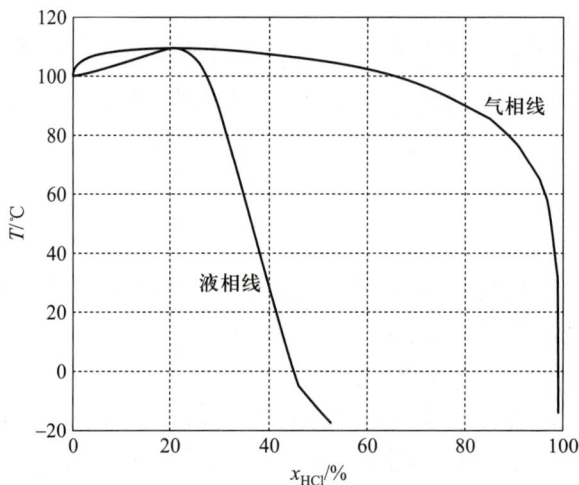

图 6−6   水和盐酸的 $T-x$ 关系示意图

三、实验内容

1. 蒸馏回收盐酸、分离氯化亚铁粗产物

按图 6−7 所示,搭建蒸馏装置,磁力搅拌下用甘油浴加热至 150 ℃左右。收集馏出的盐酸,待有溶液馏出时开始计时。注意根据酸洗废液成分估算馏出液的体积,适时停止加热,不要蒸干。蒸馏瓶中的残余物用冰水浴冷却后抽滤,称量粗产物质量。并记录蒸馏时间、馏出液体时加热器的温度、馏出液体积及固态粗产物质量。

2. 回收盐酸总量的测定

将冷凝管和接收瓶中的盐酸定量转至 250 mL 容量瓶中定容;以 1‰甲基橙作指示剂,用无水 Na_2CO_3 作基准物质标定所得盐酸的浓度,平行标定三份。计算所标定盐酸的浓度及其平均值和平均相对偏差,并计算回收盐酸的总量。

3. 粗产物 $FeCl_2 \cdot 4H_2O$ 的重结晶

称取 20 g $FeCl_2 \cdot 4H_2O$ 粗产物于烧杯中,加入 0.2 g Fe 粉,再加入 0.2 mol·L^{-1} HCl 溶液,采取适当操作使 $FeCl_2 \cdot 4H_2O$ 晶体析出。将晶体分离出来并尽量抽干,称量。记录所加

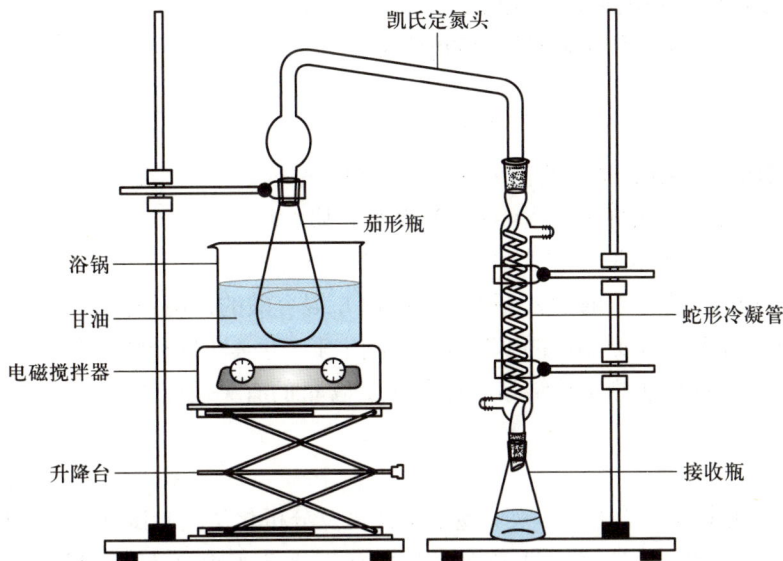

图 6-7　蒸馏回收盐酸的装置示意图

入 0.2 mol·L^{-1} HCl 溶液的体积、得到的晶体质量及回收的滤液体积。

4. 重结晶试样中 Fe^{3+} 含量的测定

称取 0.5 g 重结晶后的试样于 25 mL 比色管中，加入 1 mL 3 mol·L^{-1} H$_2$SO$_4$ 溶液和 1 mL 25% KSCN 溶液使之溶解，用冷的无 O$_2$ 纯水稀释至刻度，摇匀，与标准色阶对比，以确定产物的等级。记录称取试样的质量及产物等级（以 g·L^{-1} 表示）。

标准色阶由实验室准备。Ⅰ、Ⅱ和Ⅲ级试剂色阶中 Fe^{3+} 的含量分别为 0.02 g·L^{-1}、0.04 g·L^{-1} 和 0.08 g·L^{-1}。

5. 重结晶试样中 Fe^{2+} 含量的测定

(1) K$_2$Cr$_2$O$_7$ 标准溶液的配制。配制 0.01 mol·L^{-1} K$_2$Cr$_2$O$_7$ 标准溶液 250 mL，计算所要称取的 K$_2$Cr$_2$O$_7$ 基准物质的质量及 K$_2$Cr$_2$O$_7$ 溶液的准确浓度。

(2) Fe^{2+} 含量的测定。用减量称量法准确称取 1.2 g 重结晶后的试样于 100 mL 烧杯中，加入 40 mL 1:1 H$_2$SO$_4$—H$_3$PO$_4$ 混合酸溶解，将溶液定量转至 100 mL 容量瓶中，用纯水稀释至刻度，充分摇匀，备用。

移取 25.00 mL 上述试样溶液于锥形瓶中，加入 3~5 滴 0.5% 二苯胺磺酸钠指示剂，用 K$_2$Cr$_2$O$_7$ 标准溶液滴定至溶液呈紫色且 30 s 不褪色，即为终点，平行测定三份。记录滴定体积，计算 FeCl$_2$·4H$_2$O 纯度及平均相对偏差。

6. 重结晶试样中 Zn^{2+} 含量的测定

准确称取 0.5 g 重结晶后的试样于 50 mL 烧杯中，加入少量 HCl 溶液和超纯水完全溶解，然后将溶液定量转至容量瓶中，用超纯水定容。通过 ICP—OES 测定试样中 Zn^{2+} 的含量。

四、注意事项

(1) 蒸馏酸洗废液时不能蒸干。

（2）含铁废液、含铬废液及其他废液要分类回收。

（3）产物 $FeCl_2 \cdot 4H_2O$ 和蒸馏的盐酸要回收。

五、思考题

（1）蒸馏回收盐酸时，能否将溶液蒸干？请阐明原因。

（2）用什么称量方法称量无水 Na_2CO_3 基准物质？

（3）写出用无水 Na_2CO_3 标定盐酸的反应式。

（4）$K_2Cr_2O_7$ 滴定 Fe^{2+} 时加入 $H_2SO_4-H_3PO_4$ 混合酸的作用是什么？

（5）能否选用氧化还原滴定的 $KMnO_4$ 法测定 $FeCl_2 \cdot 4H_2O$ 产物中 Fe^{2+} 的含量？

（6）写出 $K_2Cr_2O_7$ 法测定重结晶产物中 Fe^{2+} 含量的有关反应式。

六、参考文献

［1］第 12 届全国大学生化学实验邀请赛无机及分析化学实验试题，2021 年.

［2］黄利华，李恺，余旻，等. 第 12 届全国大学生化学实验邀请赛无机及分析化学实验试题解析. 大学化学，2022，37（2）：2109117.

实验 60 三氯化六氨合钴（Ⅲ）的制备、成分鉴定及组成测定

钴的配合物为数众多，如 Co^{2+} 与 SCN^- 和 NO_3^- 分别形成配位数为 4 和配位数为 8 的配离子 $[Co(SCN)_4]^{2-}$ 和 $[Co(NO_3)_4]^{2-}$（NO_3^- 为双齿螯合配体）等，以及配位数为 6 的 Co（Ⅲ）配离子，如 $[Co(CN)_6]^{3-}$ 和 $[Co(en)]^{3+}$ 等。

从图 6-8 所示的相关标准电极电势可以看出，二价钴盐比三价钴盐稳定，但 $[Co(NH_3)_6]^{3+}$ 比 $[Co(NH_3)_6]^{2+}$ 稳定，用空气或 H_2O_2 可直接氧化 $[Co(NH_3)_6]^{2+}$ 而制取 $[Co(NH_3)_6]^{3+}$。

氯化钴（Ⅲ）的氨合物有许多种，如三氯化六氨合钴（Ⅲ）（$[Co(NH_3)_6]Cl_3$，橙黄色晶体），三氯化五氨一水合钴（Ⅲ）（$[Co(NH_3)_5H_2O]Cl_3$，砖红色晶体），二氯化一氯五氨合钴（Ⅲ）（$[Co(NH_3)_5Cl]Cl_2$，紫红色晶体）等。它们的制备条件各不相同，如在没有活性炭时主要制

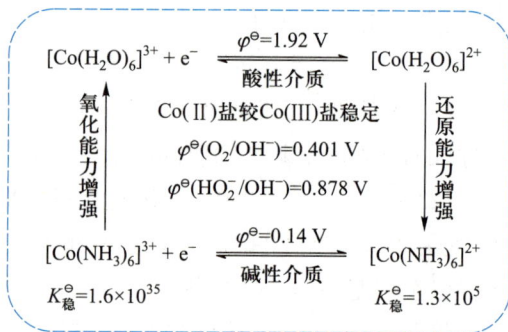

图 6-8 有关电对的标准电极电势

得的是 $[Co(NH_3)_5H_2O]Cl_3$，而有活性炭作催化剂时主要制得的是 $[Co(NH_3)_6]Cl_3$。

本系列实验就是在水溶液中用活性炭作催化剂，在 $CoCl_2$ 及过量 $NH_3 \cdot H_2O$ 和 NH_4Cl 存在的体系中，用 H_2O_2 作氧化剂制备 $[Co(NH_3)_6]Cl_3$；并对给定条件下得到的配合物 $[Co(NH_3)_6]Cl_3$ 进行成分鉴定和组成测定，其内容概要如图 6-9 所示。

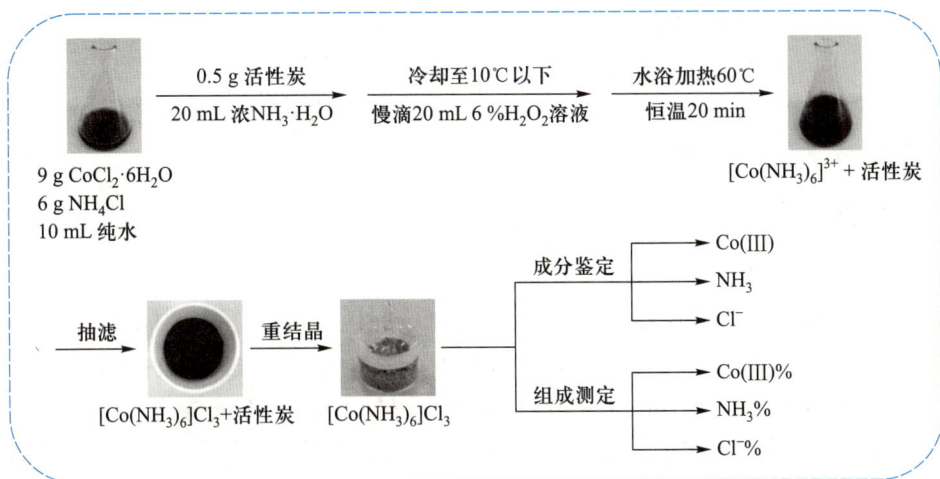

图 6-9 三氯化六氨合钴（Ⅲ）的制备、成分鉴定及组成测定实验内容概要图

实验 60-1   三氯化六氨合钴（Ⅲ）的制备及其成分鉴定

一、预习要点

(1) Co(Ⅱ) 与 Co(Ⅲ) 化合物的性质。
(2) 三氯化六氨合钴（Ⅲ）的制备原理和制备方法。
(3) 常压热过滤的基本操作。

教学课件

二、实验原理

1. 三氯化六氨合钴（Ⅲ）（$[Co(NH_3)_6]Cl_3$）的制备

本实验是在 $CoCl_2$ 及过量 $NH_3 \cdot H_2O$ 和 NH_4Cl 存在的水溶液中，以活性炭作催化剂、H_2O_2 作氧化剂制备 $[Co(NH_3)_6]Cl_3$。有关总反应式为

$$2CoCl_2 + 2NH_4Cl + 10NH_3 \cdot H_2O + H_2O_2 \xrightarrow{\text{活性炭}} 2[Co(NH_3)_6]Cl_3 + 12H_2O$$

反应得到的固体产物中混有活性炭，可以将粗产物溶解在热、稀的 HCl 溶液中，通过热过滤除去活性炭，随后在高浓度 HCl 溶液中析出纯的产物。

2. $[Co(NH_3)_6]Cl_3$ 的成分鉴定

从 $[Co(NH_3)_6]Cl_3$ 的制备过程及其 $K_{\text{稳}}^{\ominus}$ 值 $[K_{\text{稳}}^{\ominus}([Co(NH_3)_6]^{3+}) = 1.6 \times 10^{35}]$ 可知，$[Co(NH_3)_6]Cl_3$ 在水及强酸溶液中都很稳定。实验结果证实，$[Co(NH_3)_6]Cl_3$ 在冷的强碱溶液中也很稳定，只有在沸腾的强碱溶液中才能分解。有关反应式为

$$[Co(NH_3)_6]Cl_3 + 3NaOH \xrightarrow{\triangle} Co(OH)_3\downarrow + 6NH_3\uparrow + 3NaCl$$

所以可在产物加热分解过程中，用湿润的红色石蕊试纸变蓝检测 NH_3；在产物分解得到的棕黑色浑浊液中加入 $6\ mol \cdot L^{-1}$ HCl 溶液，使 $Co(OH)_3$ 溶解并还原为 Co^{2+}，继续加入 NH_4SCN 饱和溶液及戊醇（Co^{2+} 浓度高时不加戊醇也能明显观察到蓝色），戊醇层出现蓝色，表示有 Co^{2+} 存在。有关反应式为

$$2Co(OH)_3 + 2Cl^- + 6H^+ \Longrightarrow 2Co^{2+} + Cl_2 + 6H_2O$$

$$Co^{2+} + 4SCN^- \Longrightarrow [Co(SCN)_4]^{2-}（蓝色）$$

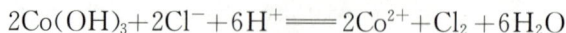

适量产物溶于纯水后，滴加 $AgNO_3$ 溶液，离心分离得到白色沉淀，白色沉淀不溶于 HNO_3 溶液，表示有 Cl^- 存在。

三、实验内容

1. $[Co(NH_3)_6]Cl_3$ 的制备

向 100 mL 锥形瓶中依次加入 9 g $CoCl_2 \cdot 6H_2O$ 固体、6 g NH_4Cl 固体和 10 mL 纯水，加热溶解；稍冷却后加入 0.5 g 活性炭，摇匀，冷却至室温；加 20 mL 浓 $NH_3 \cdot H_2O$，进一步冷却至 10 ℃ 以下，缓慢滴加 20 mL 6％ H_2O_2 溶液；再在水浴上加热至 60 ℃，并恒温 20 min，用自来水流水冷却后再以冰水冷却。抽滤，将沉淀（可带着滤纸）溶于含有 3 mL 浓 HCl 溶液的 80 mL 沸水中，趁热过滤。慢慢加入 10 mL 浓 HCl 溶液于滤液中，以冰水冷却，即有晶体析出。抽滤，用少量乙醇洗涤，抽干。将产物转至称量瓶（φ50 mm × 30 mm）中，于 105 ℃ 烘箱中干燥 40 min，冷却至室温，称量，计算产率；用 10 mL 纯水将滤纸上残留的产物冲洗至干净的小烧杯中，得到 $[Co(NH_3)_6]Cl_3$ 溶液，备用。

2. $[Co(NH_3)_6]Cl_3$ 的成分鉴定

（1）取 10 滴上述 $[Co(NH_3)_6]Cl_3$ 溶液于离心管中，滴加 2 滴 0.1 mol·L^{-1} $AgNO_3$ 溶液，有白色沉淀产生，离心分离，倾去溶液，向白色沉淀中加入适量 2 mol·L^{-1} HNO_3 溶液，沉淀不溶解，表示有 Cl^- 存在。

（2）另取 10 滴上述 $[Co(NH_3)_6]Cl_3$ 溶液于试管中，加入 3 滴 40％ NaOH 溶液，在通风橱中用酒精灯加热使产物分解，并用湿润的红色石蕊试纸贴近试管口，观察试纸变色情况，再进一步观察试管中溶液的颜色。

（3）用滴管从上述试管中取出 5 滴棕黑色溶液于另一试管中，慢慢滴加 6 mol·L^{-1} HCl 溶液至溶液呈粉色后，滴加 NH_4SCN 饱和溶液及戊醇，观察戊醇层溶液颜色。

写出有关组成鉴定的所有反应式。

四、注意事项

（1）制备 $[CO(NH_3)_6]Cl_3$ 时，6％ H_2O_2 溶液必须是新配制的。

（2）反应体系用冰水冷却至 10 ℃ 以下，再缓慢滴加 H_2O_2 溶液，并快速搅拌。

（3）热过滤要用无颈或短颈漏斗。

（4）慢慢加入 10 mL 浓 HCl 溶液于滤液中时，要在通风橱中操作。

（5）在试管中加热分解试样时，需要在通风橱中进行；要均匀加热试管，防止暴沸；试管口朝向通风橱里。

（6）如使用戊醇，则需单独回收含有戊醇的废液。

五、思考题

（1）在制备 $[Co(NH_3)_6]Cl_3$ 时，为什么要加入 NH_4Cl 固体？

（2）一般来说，在反应体系中催化剂的作用主要有两个，一是提高反应速率，二是提高反应的选择性。你认为本实验中催化剂活性炭的主要作用是什么？

（3）在制备[Co(NH₃)₆]Cl₃的过程中，为什么要冷却至10 ℃以下，缓慢(用滴管逐滴)加入20 mL H₂O₂溶液，并快速搅拌？随后，为什么要在60 ℃水浴中恒温20 min？

（4）在制备过程中，加入H₂O₂溶液和浓HCl溶液时都要求慢慢加入，为什么？

（5）最后一步抽滤，得到的母液是红色透明的，但产物用乙醇洗涤后，母液中有橙黄色产物析出，为什么？

（6）要使[Co(NH₃)₆]Cl₃合成产率提高，你认为哪些步骤是比较关键的？为什么？

六、助学导学内容

吕银云，阮婵姿，张春艳，等.对"Co²⁺鉴定"实验的再认识——批判性思维教育的最好案例之一.大学化学，2020，35(9):89－95.

实验60－2　三氯化六氨合钴(Ⅲ)的组成测定

一、预习要点

（1）三氯化六氨合钴(Ⅲ)的性质。

（2）蒸馏法测定NH₃的原理和方法。

（3）碘量法测定Co(Ⅲ)的原理和方法。

教学课件(1)	教学课件(2) HCl标准溶液 配制与标定	教学课件(3) 碘量法 简介	教学课件(4) Na₂S₂O₃标准溶液 配制与标定	教学课件(5) AgNO₃标准溶液 配制与标定

二、实验原理

实验结果证实，三氯化六氨合钴(Ⅲ)([Co(NH₃)₆]Cl₃)在水及强酸溶液和冷的强碱溶液中都很稳定，只有在沸腾的强碱溶液中才能分解，即

$$[Co(NH_3)_6]Cl_3 + 3NaOH \xrightarrow{\triangle} Co(OH)_3\downarrow + 6NH_3\uparrow + NaCl$$

合成产物中的各种组分含量可以用不同方法测定，如NH₃含量可以用蒸馏法测定，Co(Ⅲ)含量可以用碘量法测定，而Cl⁻含量可以用莫尔法测定。

1. NH₃含量测定

将[Co(NH₃)₆]Cl₃与强碱溶液共热，蒸馏出的NH₃可以用H₃BO₃溶液吸收，而生成的B(OH)₄⁻是较强的碱，可以用HCl标准溶液滴定，以甲基红－溴甲酚绿指示剂指示终点。H₃BO₃吸收液的浓度及用量都不需准确计量，但需过量。有关反应式为

$$NH_3 + H_3BO_3 + H_2O \Longrightarrow NH_4^+ + B(OH)_4^-$$

$$H^+ + B(OH)_4^- \Longrightarrow H_3BO_3 + H_2O$$

HCl标准溶液浓度的标定可以硼砂(Na₂B₄O₇·10H₂O)作基准物质，以甲基红－溴甲酚

绿指示剂指示终点。

也可以用 HCl 标准溶液代替 H_3BO_3 溶液作本实验蒸馏法测定 NH_3 的吸收剂。蒸馏结束后，以甲基红作指示剂，用 NaOH 标准溶液滴定吸收液中过量的 HCl。与 H_3BO_3 溶液作吸收剂不同，作吸收剂的 HCl 溶液的浓度和用量都需要准确。

2. Co(Ⅲ)含量测定

$[Co(NH_3)_6]Cl_3$ 在沸腾的强碱溶液中分解生成 $Co(OH)_3$，而 $Co(OH)_3$ 在酸性介质中表现出强氧化性，即能定量地将 I^- 氧化为 I_2，有关反应式为

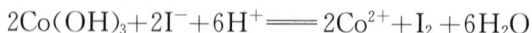
$$2Co(OH)_3 + 2I^- + 6H^+ = 2Co^{2+} + I_2 + 6H_2O$$

析出的 I_2 用 $Na_2S_2O_3$ 标准溶液滴定，用淀粉作指示剂指示终点。有关反应式为

$$I_2 + 2S_2O_3^{2-} = 2I^- + S_4O_6^{2-}$$

3. Cl^- 含量测定

理论上，可以用沉淀滴定的莫尔法测定 $[Co(NH_3)_6]Cl_3$ 中 Cl^- 的含量，即 $[Co(NH_3)_6]Cl_3$ 在沸腾的强碱溶液中完全分解并得到棕黑色浑浊液 $[Co(OH)_3$ 沉淀和 NaCl 及过量 NaOH]，过滤除去沉淀，然后加稀 HNO_3 溶液使滤液呈微酸性，再以 K_2CrO_4 溶液作指示剂、以 $AgNO_3$ 标准溶液滴定其中的 Cl^-。有关反应式为

$$Ag^+ + Cl^- = AgCl\downarrow（白色）$$

$$2Ag^+ + CrO_4^{2-} = Ag_2CrO_4\downarrow（砖红色）$$

三、实验内容

1. NH_3 的蒸馏与测定

准确称取 $0.22\sim0.24$ g 产物于 250 mL 专用磨口锥形瓶中，加 80 mL 纯水使其溶解，然后通过长颈漏斗加入 15 mL 10% NaOH 溶液（避免碱液沾到锥形瓶的磨口处），塞紧锥形瓶塞，并在瓶塞边缘滴加纯水以形成水封。向 150 mL 烧杯（作吸收杯）中加入 30 mL 2% H_3BO_3 溶液（作 NH_3 的吸收剂），并放在冰水浴中。图 6—10 是蒸馏法测定 NH_3 的简易装置实物图。

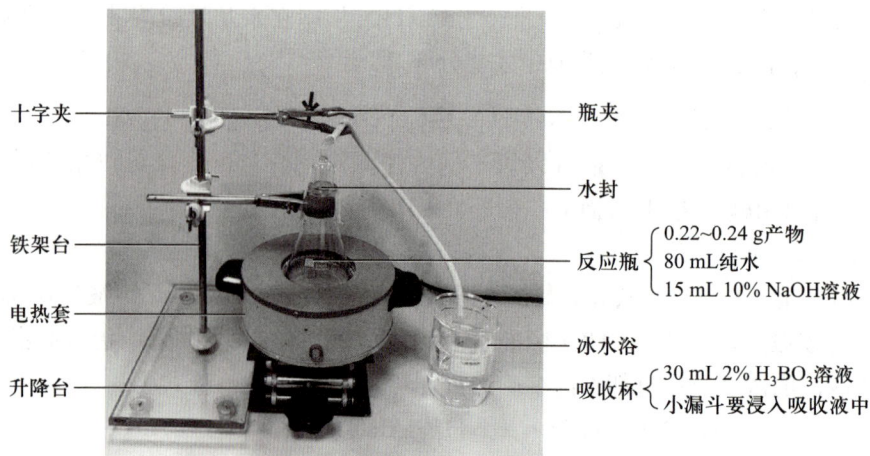

图 6—10　蒸馏法测定 NH_3 的简易装置实物图

橡胶导气管一端连接盛有产物及 NaOH 溶液的蒸馏瓶，另一端连接小漏斗并使漏斗浸入 H_3BO_3 吸收液中。检查气密性（用小火稍加热锥形瓶，观察吸收液内是否有气泡出现，如有气泡则表示装置不漏气。否则，要检查橡胶导气管是否有破损、各器件连接处是否连接紧密等），用电热套或酒精灯加热试样溶液，沸腾后改用小火继续加热，保持微沸状态蒸馏 60 min 左右，即可将溶液中的 NH_3 全部蒸出。

蒸馏结束，停止加热前，一定要先提起小漏斗，并用少量纯水冲洗小漏斗（将冲洗液并入吸收液中），再移走电热套或熄灭酒精灯。将吸收杯从冰水浴中取出，加 5 滴甲基红－溴甲酚绿指示剂，用玻棒搅拌均匀，用 $0.2\ mol\cdot L^{-1}$ HCl 标准溶液滴定至溶液颜色由绿色变为酒红色，即为终点。计算 NH_3 的质量分数，并与理论值比较。

$0.2\ mol\cdot L^{-1}$ HCl 标准溶液的配制和标定详见实验 39－1。

2. Co(Ⅲ)含量的测定

反应瓶稍冷却后，要及时松动锥形瓶的磨口塞（注意要戴手套，以防烫伤）。

待上面蒸出 NH_3 后的试样溶液冷却至室温后，打开瓶塞，用洗瓶冲洗锥形瓶内壁溅附的液珠。加入 1 g KI 固体，再加入 12 mL 6 $mol\cdot L^{-1}$ HCl 溶液，盖上瓶塞，摇匀，加纯水液封，并在导气管口套上硅胶帽，于暗处放置 10 min。然后加入纯水使溶液总体积约为 100 mL，用 $0.05\ mol\cdot L^{-1}$ $Na_2S_2O_3$ 标准溶液滴定至溶液颜色呈现淡黄色，加入 5 mL 0.1%淀粉溶液，继续滴定至溶液颜色呈现粉红色，即为终点。计算 Co(Ⅲ)的质量分数，并与理论值比较。

$0.05\ mol\cdot L^{-1}$ $Na_2S_2O_3$ 标准溶液的配制与标定详见实验 39－5。

3. Cl^- 含量的测定

准确称取 0.22～0.24 g 产物于 250 mL 锥形瓶中，加入 50 mL 纯水溶解，再加入 15 mL 10%NaOH 溶液，在通风橱中加热以赶尽 NH_3 后，冷却、定量转移、过滤，并用少量纯水洗涤锥形瓶及沉淀 3 次。然后向滤液中滴加 2 滴酚酞，再小心慢滴 2 $mol\cdot L^{-1}$ HNO_3 溶液至溶液的红色刚好褪去，并多加 1 滴 2 $mol\cdot L^{-1}$ HNO_3 溶液使溶液呈微酸性，再加入 1 mL 5% K_2CrO_4 溶液，摇匀后，用 $0.1\ mol\cdot L^{-1}$ $AgNO_3$ 标准溶液滴定至溶液颜色呈现微砖红色，即为终点。计算 Cl^- 的质量分数，并与理论值比较。

$0.1\ mol\cdot L^{-1}$ $AgNO_3$ 标准溶液的配制和标定详见实验 39－7。

需要指出的是，蒸馏法除 NH_3 的溶液中 $Co(OH)_3$ 沉淀比较细小，难以洗净其吸附的 Cl^-，同时由于过滤、转移等影响，致使本实验中 Cl^- 含量测定的误差较大。

由以上 Co(Ⅲ)，NH_3 和 Cl^- 的测定结果，计算 $n[Co(Ⅲ)]:n(NH_3):n(Cl^-)$，并写出配合物的化学式。

四、注意事项

（1）吸收杯中的小漏斗口要浸入 H_3BO_3 溶液中，并要固定好，且勿使漏斗口完全贴到杯底。

（2）蒸馏 NH_3 时，加热试样溶液至沸腾后应改为小火（降低电热套的加热温度或通过升降台调节酒精灯高度），保持微沸状态，不可剧烈沸腾，以防喷溅及蒸气把碱液带入吸收杯中；也不可太小火加热，以免引起倒吸或使 NH_3 蒸馏不完全。

（3）用升降台调节酒精灯高度时，须用手扶着酒精灯，以免升降过程中酒精灯滑落而引发火情。

（4）蒸馏结束时，先提起小漏斗，并用少量纯水冲洗漏斗，洗涤液并入吸收杯中，再关闭电热套或熄灭酒精灯，防止倒吸。

（5）滴定蒸馏 NH_3 吸收杯中的吸收液时，要用玻棒搅拌。

（6）蒸馏结束后，趁热打开锥形瓶的磨口塞，以免冷却后打不开瓶塞。

（7）测定 Co(Ⅲ)时，要注意碘量法的测定条件。

（8）如图 6-10 所示，本实验蒸馏法测定 NH_3 的装置是非常简易的，蒸馏过程很可能造成倒吸。为了安全起见，可以定做如图 6-11 所示的实验仪器。

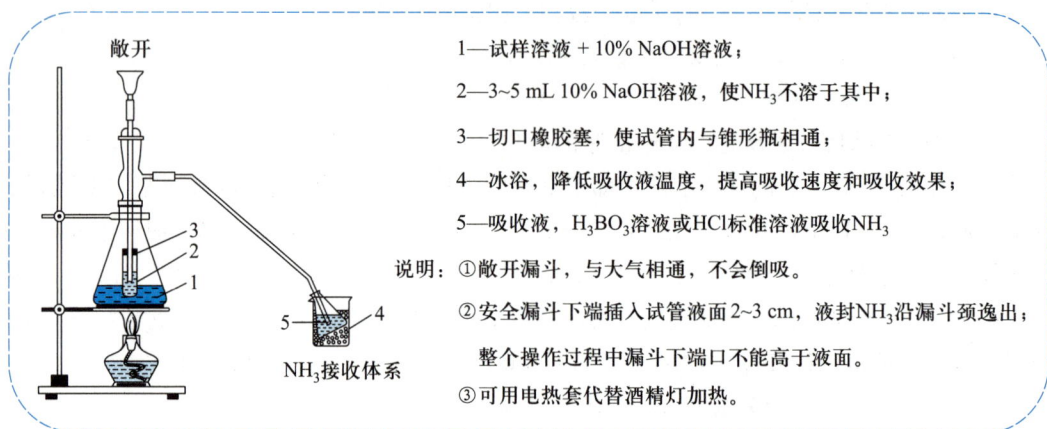

图 6-11　蒸馏法测 NH_3 的安全装置示意图

五、思考题

（1）向磨口锥形瓶中加入 15 mL 10% NaOH 溶液时，为什么要借助长颈漏斗？

（2）本实验中，可以用 HCl 标准溶液代替 H_3BO_3 溶液作蒸馏法测定 NH_3 的吸收剂。其测定的原理是什么？并设计具体的测定方案。

（3）本实验中，能否用 H_2SO_4 溶液代替 H_3BO_3 溶液吸收 NH_3？为什么？

（4）写出用硼砂($Na_2B_4O_7 \cdot 10H_2O$)标定 HCl 溶液浓度的反应式。

（5）能否用配位滴定法测定配合物中 Co(Ⅲ)的含量？为什么？

实验 61　$cis/trans-[Co(en)_2Cl_2]Cl$ 配合物的制备及其在酸性介质中水解反应速率常数的测定

一、预习要点

（1）配合物的几何异构现象。

（2）配合物的晶体场理论及晶体场分裂能的概念。

（3）顺、反异构体的合成及鉴定方法。

（4）一级反应的速率方程。

教学课件　视频 分光光度计 使用

（5）温度对反应速率的影响。

（6）Excel 或 Origin 软件的使用。

二、实验原理

实验结果证实，不少 Co(Ⅲ)配合物还存在许多同分异构现象，包括键合异构体（如黄棕色配合物[Co(NO₂)(NH₃)₅]Cl₂ 和红色配合物[Co(ONO)(NH₃)₅]Cl₂）、几何异构体和光学异构体。

由于配位体在中心离子周围的排列方式不同，可以形成空间构型不同的几何异构体。其中，顺(*cis*)、反(*trans*)异构体是几何异构体中最简单的一种。对于平面正方形和八面体配位结构的配合物来说，顺、反异构现象十分常见。顺、反异构体在物理、化学、生物性质上具有明显的区别，充分体现了物质结构决定物质性质这一重要特性。如顺铂和反铂配合物由于结构不同而导致其颜色和溶解性等性质不同，尤其是顺铂的抗癌活性，更引起人们对顺、反异构体的关注。同时，配合物不同异构体的水解反应动力学和反应机理的研究对催化反应及生物化学中的呼吸、代谢、能量转移等都具有重要意义。

理论上，组成为 MA_2B_2 的平面正方形结构的配合物与组成为 MA_4B_2 的八面体结构的配合物均具有顺、反异构体，但在实验中很难有效控制合成单一顺式或反式结构的配合物。所以，配合物顺、反异构体的制备与鉴定及其在不同介质中水解反应动力学研究的有关实验内容在各类化学实验教材或化学实验教学中都比较少见。

具有顺、反异构体的八面体配合物中，最典型的例子就是顺式和反式八面体 Co(Ⅲ)配合物，如乙二胺（ethylenediamine，en）和 Co(Ⅲ)形成的配合物[Co(en)₂Cl₂]⁺能以如图 6-12 所示的顺式(*cis*)、反式(*trans*)结构存在。

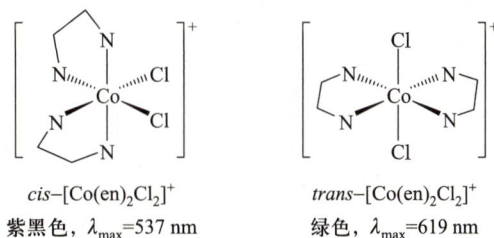

cis-[Co(en)₂Cl₂]⁺
紫黑色，λ_{max}=537 nm

trans-[Co(en)₂Cl₂]⁺
绿色，λ_{max}=619 nm

图 6-12 *cis/trans*-[Co(en)₂Cl₂]⁺异构体结构图

本实验包括 *cis/trans*-[Co(en)₂Cl₂]Cl 配合物的制备及其在酸性介质中水解反应速率常数 k 的测定等，内容概要如图 6-13 所示。

1. *trans*-[Co(en)₂Cl₂]Cl 配合物的制备

从图 6-14 所示的 Co^{2+} 与 Co^{3+} 电对的标准电极电势可以看出，二价钴盐较三价钴盐稳定、而其相应的配合物的稳定性却相反，如[Co(NH₃)₆]³⁺比[Co(NH₃)₆]²⁺稳定、[Co(en)₃]³⁺比[Co(en)₃]²⁺稳定等，通常采用空气或 H₂O₂ 氧化二价钴配合物的方法来制备三价钴配合物。

本实验是在水溶液中，先以 CoCl₂·6H₂O 与乙二胺发生配位反应生成[Co(en)₂(H₂O)₂]²⁺，然后用 H₂O₂ 或空气中 O₂ 进行氧化得到[Co(en)₂(H₂O)₂]³⁺，再加入过量浓 HCl 溶液并加热蒸发，即可得到绿色的 *trans*-[Co(en)₂Cl₂]Cl 配合物。有关反应式为

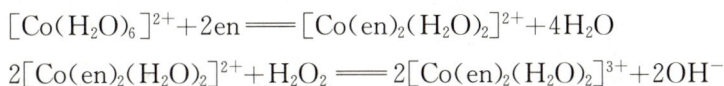

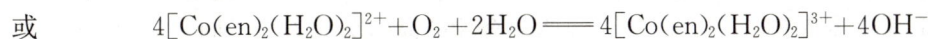

$$[Co(H_2O)_6]^{2+}+2en\Longrightarrow[Co(en)_2(H_2O)_2]^{2+}+4H_2O$$

$$2[Co(en)_2(H_2O)_2]^{2+}+H_2O_2\Longrightarrow2[Co(en)_2(H_2O)_2]^{3+}+2OH^-$$

或　　$$4[Co(en)_2(H_2O)_2]^{2+}+O_2+2H_2O\Longrightarrow4[Co(en)_2(H_2O)_2]^{3+}+4OH^-$$

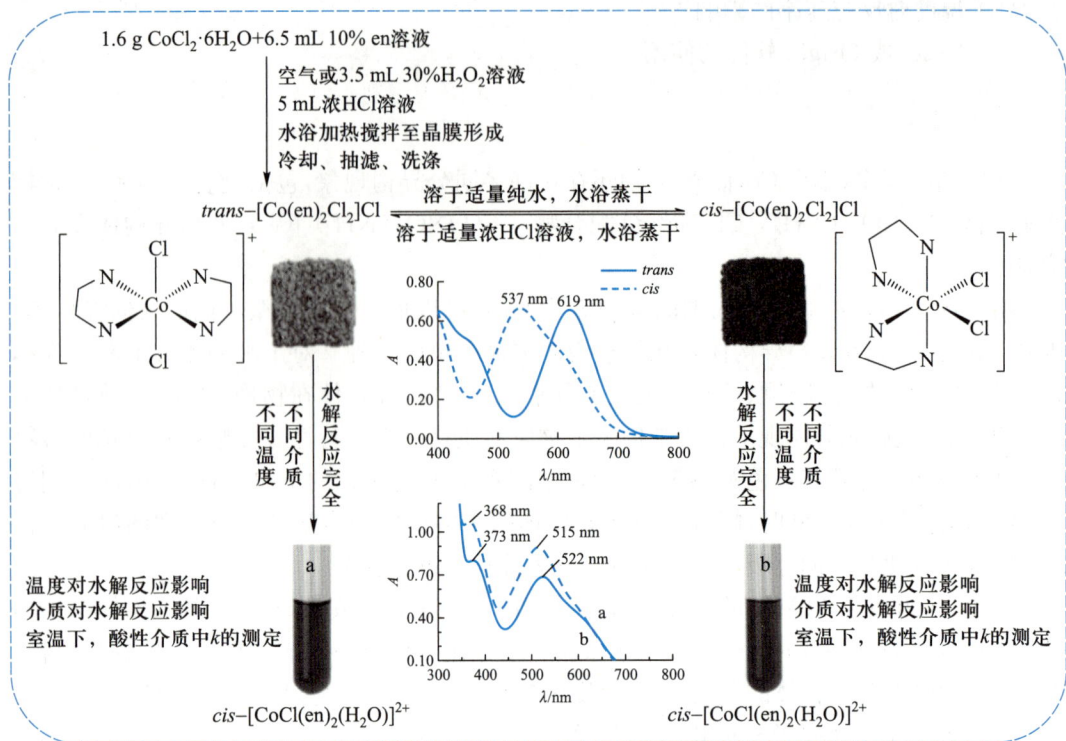

图 6-13 $cis/trans-[\text{Co(en)}_2\text{Cl}_2]\text{Cl}$ 配合物的制备及其在酸性介质中水解反应速率常数测定的实验内容概要图

$$[\text{Co(en)}_2(\text{H}_2\text{O})_2]^{3+}+3\text{Cl}^- \xrightarrow[\triangle]{\text{浓 HCl 溶液}} trans-[\text{Co(en)}_2\text{Cl}_2]\text{Cl(s)}+2\text{H}_2\text{O(g)}\uparrow$$

2. $cis-[\text{Co(en)}_2\text{Cl}_2]\text{Cl}$ 配合物的制备

文献报道,绿色的 $trans-[\text{Co(en)}_2\text{Cl}_2]\text{Cl}$ 配合物是动力学稳定产物,而紫黑色的 $cis-[\text{Co(en)}_2\text{Cl}_2]\text{Cl}$ 配合物是热力学稳定产物,且其溶解度要大于 $trans-[\text{Co(en)}_2\text{Cl}_2]\text{Cl}$ 配合物的溶解度。将适量绿色 $trans-[\text{Co(en)}_2\text{Cl}_2]\text{Cl}$ 配合物用适量纯水溶解,在 70 ℃ 水浴上加热搅拌,使其发生水解和异构化反应,并在 70 ℃ 水浴上继续搅拌加热蒸发至干,即得到紫黑色 $cis-[\text{Co(en)}_2\text{Cl}_2]\text{Cl}$ 配合物。有关反应式为

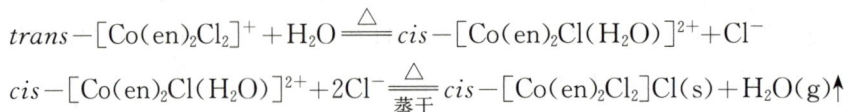

图 6-14 Co(Ⅱ) 与 Co(Ⅲ) 电对的标准电极电势

$$trans-[\text{Co(en)}_2\text{Cl}_2]^+ + \text{H}_2\text{O} \xrightleftharpoons{\triangle} cis-[\text{Co(en)}_2\text{Cl(H}_2\text{O)}]^{2+}+\text{Cl}^-$$

$$cis-[\text{Co(en)}_2\text{Cl(H}_2\text{O)}]^{2+}+2\text{Cl}^- \xrightarrow[\text{蒸干}]{\triangle} cis-[\text{Co(en)}_2\text{Cl}_2]\text{Cl(s)}+\text{H}_2\text{O(g)}\uparrow$$

3. $cis/trans-[\text{Co(en)}_2\text{Cl}_2]\text{Cl}$ 配合物的鉴别

本实验是用紫外-可见吸收光谱法鉴别 $cis/trans-[\text{Co(en)}_2\text{Cl}_2]\text{Cl}$ 配合物。两种异构体中因 Co(Ⅲ) 配位环境不同,导致两种异构体配合物的晶体场分裂能不同,在可见光区对

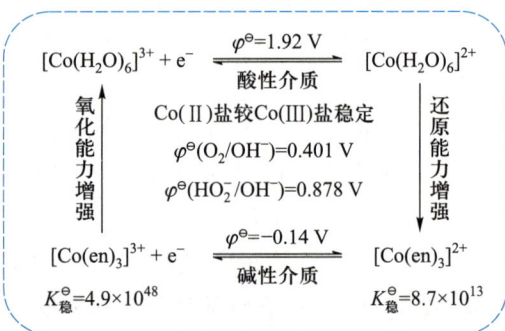

光的选择性吸收不同,因此,两种异构体的颜色不同,$cis-[Co(en)_2Cl_2]^+$是紫黑色的,而$trans-[Co(en)_2Cl_2]^+$是绿色的。顺式配合物的最大吸收波长λ_{max}一般比其反式异构体配合物的最大吸收波长λ_{max}小,可用紫外−可见吸收光谱法鉴别$cis/trans-[Co(en)_2Cl_2]Cl$配合物。

还可用红外光谱法来鉴别顺、反异构体。一般而言,顺式异构体比反式异构体对称性低,因此,顺式异构体的红外吸收峰比反式异构体的红外吸收峰多,如图6−15所示。此外,还可以用X射线衍射法、偶极矩法、核磁共振波谱法和化学方法等来鉴别顺、反异构体。

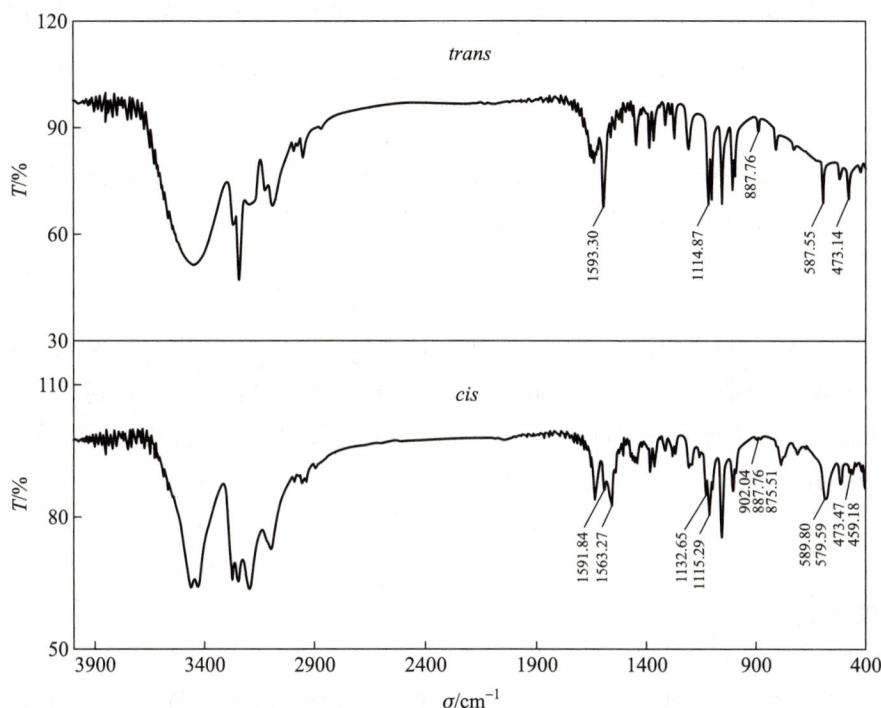

图6−15 $cis-[Co(en)_2Cl_2]^+$和$trans-[Co(en)_2Cl_2]^+$的红外光谱图

4. $trans-[Co(en)_2Cl_2]Cl$配合物的水解反应速率常数的测定

文献报道,低浓度的$trans-[Co(en)_2Cl_2]^+$在中性或酸性条件下发生一级水解反应,生成红色的$cis-[Co(en)_2Cl(H_2O)]^{2+}$,即

$$trans-[Co(en)_2Cl_2]^+(绿色)+H_2O \longrightarrow cis-[Co(en)_2Cl(H_2O)]^{2+}(红色)+Cl^-$$

一级反应的速率方程可表示为:

$$v=-\frac{dc([Co(en)_2Cl_2]^+)}{dt}=kc([Co(en)_2Cl_2]^+)$$

则有

$$-\frac{dc([Co(en)_2Cl_2]^+)}{c([Co(en)_2Cl_2]^+)}=k\,dt$$

同时积分

$$\int_{c_0}^{c_t}-\frac{dc([Co(en)_2Cl_2]^+)}{c([Co(en)_2Cl_2]^+)}=\int_0^t k\,dt$$

得

$$\ln\frac{c_0([Co(en)_2Cl_2]^+)}{c_t([Co(en)_2Cl_2]^+)}=kt$$

实验结果证明 $trans-[Co(en)_2Cl_2]^+$ 在室温下水解反应比较慢，且水解产物在 $\lambda=620$ nm 处几乎没有吸收。根据朗伯－比尔定律：

$$A=\varepsilon bc$$

则

$$A_0=\varepsilon bc_0([Co(en)_2Cl_2]^+) \qquad A_t=\varepsilon bc_t([Co(en)_2Cl_2]^+)$$

故

$$\ln\frac{A_0}{A_t}=kt$$

式中，c_0,c_t 分别代表反应物 $trans-[Co(en)_2Cl_2]^+$ 的初始浓度和水解反应进行到 t 时刻的浓度，A_0,A_t 分别是 $trans-[Co(en)_2Cl_2]^+$ 初始浓度所对应的吸光度和水解反应进行到 t 时刻的浓度所对应的吸光度。测定水解反应过程中不同时刻 $trans-[Co(en)_2Cl_2]^+$ 的吸光度 A_t，以 $\ln\dfrac{A_0}{A_t}$ 为纵坐标，t 为横坐标作图得一直线，直线的斜率 k 即为水解反应速率常数。

5. $cis-[Co(en)_2Cl_2]Cl$ 配合物的水解反应速率常数的测定

本实验中，借鉴测定 $trans-[Co(en)_2Cl_2]Cl$ 配合物的水解反应速率常数的原理和方法来测定 $cis-[Co(en)_2Cl_2]Cl$ 配合物的水解反应速率常数，即

$$\ln\frac{c_0([Co(en)_2Cl_2]^+)}{c_t([Co(en)_2Cl_2]^+)}=kt \tag{1}$$

但从图 6-13 可以看出，$cis-[Co(en)_2Cl_2]Cl$ 配合物的最大吸收波长为 537 nm，而其水解产物的最大吸收波长为 522 nm，在 537 nm 波长下测定不同时刻体系中 $cis-[Co(en)_2Cl_2]^+$ 的吸光度时，水解产物 $cis-[Co(en)_2Cl(H_2O)]^{2+}$ 也有较大的吸收。根据水解反应平衡，有

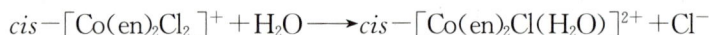

$$cis-[Co(en)_2Cl_2]^+ + H_2O \longrightarrow cis-[Co(en)_2Cl(H_2O)]^{2+} + Cl^-$$

起始浓度/(mol·L^{-1})	c_0	0
t 时刻浓度/(mol·L^{-1})	c_t	c_0-c_t
水解完全时浓度/(mol·L^{-1})	0	c_0

假设在某一波长下紫黑色的 $cis-[Co(en)_2Cl_2]^+$ 的摩尔吸光系数为 ε_V，红色的水解产物 $cis-[Co(en)_2Cl(H_2O)]^{2+}$ 的摩尔吸光系数为 ε_R。根据朗伯－比尔定律和吸光度的加和性原理，在该波长下测定不同反应时刻溶液的吸光度，则有

反应初始时溶液吸光度 $\qquad A_0=\varepsilon_V bc_0$ $\qquad\qquad\qquad\qquad\qquad$ (2)

t 时刻溶液吸光度 $\qquad A_t=\varepsilon_V bc_t+\varepsilon_R b(c_0-c_t)$ $\qquad\qquad$ (3)

水解完全时溶液的吸光度 $\qquad A'=\varepsilon_R bc_0$ $\qquad\qquad\qquad\qquad\qquad$ (4)

由式(3)可得 $\qquad c_t=(A_t-\varepsilon_R bc_0)/[(\varepsilon_V-\varepsilon_R)b]$ $\qquad\qquad$ (5)

将式(4)代入式(5)，得 $\qquad c_t=(A_t-A')/[(\varepsilon_V-\varepsilon_R)b]$ $\qquad\qquad$ (6)

由式(2)得 $\qquad c_0=A_0/(\varepsilon_V b)$ $\qquad\qquad\qquad\qquad\qquad$ (7)

将式(6)，式(7)代入式(1)，得

$$\ln\frac{A_0/(\varepsilon_V b)}{(A_t-A')/[(\varepsilon_V-\varepsilon_R)b]}=k\cdot t$$

$$\ln\frac{A_0}{A_t-A'}\times\frac{(\varepsilon_V-\varepsilon_R)b}{\varepsilon_V b}\times\frac{c_0}{c_0}=k\cdot t$$

$$\ln \frac{A_0}{A_t - A'} \times \frac{A_0 - A'}{A_0} = k \cdot t$$

故

$$\ln \frac{A_0 - A'}{A_t - A'} = k \cdot t$$

测定水解反应过程中不同时刻溶液的吸光度 A_t 及完全水解时溶液的吸光度 A'，以 $\ln \dfrac{A_0 - A'}{A_t - A'}$ 为纵坐标，t 为横坐标作图得一直线，直线的斜率 k 即为水解反应的速率常数。

室温下 $cis-[Co(en)_2Cl_2]Cl$ 配合物的水解反应相对较慢，至少需要 80 min 才能水解完全。测定室温下的水解反应速率常数时，为较快获得水解反应完全时溶液的吸光度 A'，配制好水解反应的溶液后，取一部分同浓度溶液于 40 ℃反应 15 min（此时水解反应已完成），冷却至室温，测定此溶液的吸光度值作为 A'。

6. 比较温度、介质对 $cis/trans-[Co(en)_2Cl_2]Cl$ 配合物水解反应的影响

文献报道：① 温度对 $cis/trans-[Co(en)_2Cl_2]Cl$ 配合物的水解反应速率影响较大。一般来说，温度高于 35 ℃时就难以用分光光度法科学、有效地对配合物的水解反应进行跟踪；② 室温下弱碱性介质（0.01 mol·L⁻¹ NaOH 溶液）中 $trans-[Co(en)_2Cl_2]Cl$ 配合物的水解反应速率比 $cis-[Co(en)_2Cl_2]Cl$ 配合物（在 0.01 mol·L⁻¹ NaOH 溶液中，$cis-[Co(en)_2Cl_2]Cl$ 配合物即刻水解）的水解反应速率小很多。

三、实验内容

1. $trans-[Co(en)_2Cl_2]Cl$ 配合物的制备

称取 1.6 g CoCl₂·6H₂O 固体于蒸发皿中，加入 3.5 mL 纯水溶解，再加入 6.5 mL 10%（体积分数）乙二胺溶液，室温下搅拌 20 min；在持续搅拌下，逐滴加入 5 mL 浓 HCl 溶液，将蒸发皿置于水浴上加热、搅拌至形成晶膜，冷却至室温，再用冰水冷却使结晶完全。抽滤得到绿色晶体产物，用无水乙醇洗涤晶体 3～4 次（确保洗净 HCl 杂质，否则影响顺式产物的制备），抽干。将产物转至表面皿中，于 110 ℃烘箱中干燥 10 min，冷却至室温，称量，将产物转至小自封塑料袋中，封好，备用。

2. $cis-[Co(en)_2Cl_2]Cl$ 配合物的制备

称取 0.3 g 烘干后的 $trans-[Co(en)_2Cl_2]Cl$ 配合物于蒸发皿中，加 5 mL 纯水搅拌溶解，将蒸发皿置于 70 ℃水浴上加热，持续搅拌至溶液变为深紫色，继续蒸干，就得到紫黑色晶体产物。冷却至室温，称量，将产物转至小自封塑料袋中，封好，备用。

3. $cis/trans-[Co(en)_2Cl_2]Cl$ 配合物吸收曲线的制作

取适量 $cis/trans-[Co(en)_2Cl_2]Cl$ 配合物于干燥的试管中，分别加适量纯水溶解，并尽快在 400～700 nm 波长范围内，以纯水作参比溶液，使用岛津 UV-2700i 或其他具有自动扫描功能的紫外-可见分光光度计扫描各溶液的吸收曲线，确定其最大吸收波长 λ_{max}。

4. $trans-[Co(en)_2Cl_2]Cl$ 配合物在酸性介质中水解反应速率常数的测定

取适量（溶液的浓度以 400 nm 处的吸光度为 0.5～1.0 为宜）$trans-[Co(en)_2Cl_2]Cl$ 配合物于干燥的试管中，加入 5 mL 1 mol·L⁻¹ H₂SO₄ 溶液溶解，立即以纯水作参比溶液，在最大吸收波长（约 620 nm）条件下，测定溶液的吸光度。$t_0 = 0.0$ min 的吸光度值记录为 A_0，

每间隔 10 min 测量溶液的吸光度一次,记为 A_t,直至 $t_i = 100.0$ min,将数据填入原始记录表中。

以 $\ln \dfrac{A_0}{A_t}$ 为纵坐标,t 为横坐标作图得一直线,直线的斜率 k 即为水解反应的速率常数。

5. $cis-[Co(en)_2Cl_2]Cl$ 配合物在酸性介质中水解反应速率常数的测定

取适量(溶液的浓度以 400 nm 处的吸光度为 0.5~1.0 为宜) $cis-[Co(en)_2Cl_2]Cl$ 配合物于干燥的试管中,加入 5 mL 1 mol·L^{-1} H$_2$SO$_4$ 溶液溶解,立即以纯水作参比溶液,在最大吸收波长(约 537 nm)条件下,测定溶液的吸光度。$t_0 = 0.0$ min 的吸光度值记录为 A_0,每间隔 5 min 测量溶液的吸光度一次,记为 A_t,直至溶液的吸光度不变,即为 A',将数据记入原始记录表中。

以 $\ln \dfrac{A_0 - A'}{A_t - A'}$ 为纵坐标,t 为横坐标作图得一直线,直线的斜率 k 即为水解反应的速率常数。

6. 观察温度、介质对 $cis/trans-[Co(en)_2Cl_2]Cl$ 配合物水解反应速率的影响

取适量 $cis-[Co(en)_2Cl_2]Cl$ 和 $trans-[Co(en)_2Cl_2]Cl$ 配合物分别加入两支干燥的试管中,用吸量管各加入 5.00 mL 1 mol·L^{-1} H$_2$SO$_4$ 溶液溶解固体;同时置于盛有 60 ℃ 热水的烧杯中,观察、比较并拍照记录两试管中溶液颜色随时间的变化。

取适量 $cis-[Co(en)_2Cl_2]Cl$ 和 $trans-[Co(en)_2Cl_2]Cl$ 配合物分别加入两支干燥的试管中,用吸量管各加入 5.00 mL 0.01 mol·L^{-1} NaOH 溶液溶解固体,观察、比较并拍照记录试管中溶液颜色随时间的变化。

7. 拓展实验

(1) $cis-$ 或 $trans-[Co(en)_2Cl_2]Cl$ 配合物的磁化率的测定   参考实验 23,自行设计实验方案,测定 $cis-$ 或 $trans-[Co(en)_2Cl_2]Cl$ 配合物的磁化率。根据磁化率数据推断 $cis-$ 或 $trans-[Co(en)_2Cl_2]^+$ 中未成对电子数,画出 $cis-$ 或 $trans-[Co(en)_2Cl_2]Cl$ 的分子轨道能级图及电子排布。

(2) $cis/trans-[Co(en)_2Cl_2]Cl$ 异构体转化速率常数的测定 $cis/trans-[Co(en)_2Cl_2]Cl$ 配合物都有颜色,在水溶液中都能水解。实验结果证实,在甲醇介质中,顺反异构体转化是一级反应,可以用分光光度法来测定其异构体转化的速率常数。设计测定实验方案,并实施。

四、注意事项

(1) 该实验需要两个实验时段才能完成。建议第一个实验时段完成有关 $trans-[Co(en)_2Cl_2]Cl$ 配合物的制备、其水溶液吸收曲线的制作和水解反应动力学常数的测定;第二个实验时段完成其余实验内容。

(2) 可两人一组合作完成所有实验内容,数据共享,但必须独立使用 Excel 或 Origin 软件进行数据处理。

(3) $trans-[Co(en)_2Cl_2]Cl$ 配合物制备过程需要在通风橱中进行,以免浓 HCl 溶液挥发污染实验环境。

（4）制备得到的 $trans-[Co(en)_2Cl_2]Cl$ 配合物需用乙醇洗涤干净，以免表面残留的 HCl 影响 $cis-[Co(en)_2Cl_2]Cl$ 配合物的制备。具体操作为：在断开真空的条件下，滴加乙醇至浸没晶体，稍停片刻后开启抽真空，重复 3～4 次。

（5）在 $cis-[Co(en)_2Cl_2]Cl$ 配合物的制备实验中，将蒸发皿置于 70 ℃ 水浴加热，避免温度过高转化不完全（$trans-[Co(en)_2Cl_2]Cl$ 配合物溶解度较小，易沉积析出）。若转化效果不佳（从颜色判断），可再加适量纯水溶解，继续搅拌加热蒸发得到产物。

（6）制作吸收曲线时，也可用手动分光光度计，即用 1 cm 比色皿，以纯水作参比溶液，在波长为 400～700 nm 范围内，测定各溶液的吸光度，先每间隔 10 nm 测一次，再于吸光度 A 最大的波长附近，每间隔 5 nm 或 2 nm 测一次。以波长 λ 为横坐标、吸光度 A 为纵坐标制作吸收曲线，从吸收曲线上确定最大吸收波长 λ_{max}。

五、思考题

（1）在制备 $trans-[Co(en)_2Cl_2]Cl$ 配合物时，为什么要加浓 HCl 溶液？是否可以用 NaCl 或 NH₄Cl 等代替？

（2）在测定 $trans-[Co(en)_2Cl_2]Cl$ 配合物水解反应速率常数时，是否必须测定 A_0？是否必须要准确称量其质量以配制准确浓度的溶液？

（3）在测定 $cis-[Co(en)_2Cl_2]Cl$ 配合物水解反应速率常数时，是否必须测定 A_0？是否必须要准确称量其质量以配制准确浓度的溶液？测定 A' 的溶液浓度是否必须与测定 A_0 的溶液浓度相同？

（4）鉴定顺、反异构体配合物的方法有哪些？

（5）$cis-[Co(en)_2Cl_2]Cl$ 配合物是由 $trans-[Co(en)_2Cl_2]Cl$ 配合物在水溶液中加热转化并蒸干而得到的，那么 $cis-[Co(en)_2Cl_2]Cl$ 配合物能否再转化为 $trans-[Co(en)_2Cl_2]Cl$ 配合物？

（6）比较 $cis/trans-[Co(en)_2Cl_2]Cl$ 配合物的颜色及最大吸收波长，并指出 $cis-[Co(en)_2Cl_2]Cl$ 还是 $trans-[Co(en)_2Cl_2]Cl$ 配合物的分裂能（Δ_o）较大。

（7）通过本实验，总结 $cis-[Co(en)_2Cl_2]Cl$ 配合物与 $trans-[Co(en)_2Cl_2]Cl$ 配合物在性质上有哪些差异？

六、参考文献

[1] 章慧.配位化学——原理与应用.北京:化学工业出版社,2009.

[2] 武汉大学,吉林大学.无机化学.3版.北京:高等教育出版社,1994.

七、助学导学内容

（1）欧阳小清,张春艳,潘蕊,等."$trans/cis-[Co(en)_2Cl_2]Cl$ 配合物的制备及其光谱鉴定"实验教学实施结果与探讨——培养学生批判性思维的典型案例之一.大学化学,2021,36(3):2006069.

（2）欧阳小清,张春艳,许振玲,等.$trans/cis-[Co(en)_2Cl_2]Cl$ 配合物的制备及其水解反应动力学常数测定——面向大一学生的基础型综合化学实验.大学化学,2021,36(4):2005062.

（3）张春艳,欧阳小清,阮婵姿,等."*trans/cis*−[Co(en)$_2$Cl$_2$]Cl 配合物水解反应动力学常数测定"实验教学实施结果与探讨.大学化学,2021,36(8):2011035.

实验 62　铜(Ⅱ)氨配合物的制备、组成测定及其化学式推断

一、预习要点

（1）铜(Ⅱ)氨配合物的性质及制备方法。

（2）氧化还原滴定法和酸碱滴定法。

二、实验原理

本实验通过配体取代反应,即在 CuSO$_4$ 溶液中加入过量 NH$_3$·H$_2$O,NH$_3$ 配体取代 [Cu(H$_2$O)$_4$]$^{2+}$ 中 H$_2$O 配体制备得到[Cu(NH$_3$)$_4$]$^{2+}$,有关反应式为

$$[Cu(H_2O)_4]^{2+} + 4NH_3 \cdot H_2O \Longrightarrow [Cu(NH_3)_4]^{2+} + 8H_2O$$

当溶液被冷却及降低溶剂的极性时,铜(Ⅱ)氨配合物的溶解度降低并以晶体析出。经减压过滤及干燥后,便得到产物。

产物中 Cu(Ⅱ)的含量可用碘量法进行测定,其具体测定原理详见实验 48。

产物中的 NH$_3$ 含量可用酸碱滴定的返滴定法进行测定,即准确称取一定质量的产物,溶于准确体积且过量的 HCl 标准溶液中,待反应完全后,用 NaOH 标准溶液滴定过量的 HCl。

根据分析结果计算配合物的摩尔质量,并由此推断配合物的化学式。

三、实验内容

1. 铜(Ⅱ)氨配合物的制备

称取 5.0 g CuSO$_4$·5H$_2$O 固体于 150 mL 烧杯中,加入 20 mL 6 mol·L^{-1} NH$_3$·H$_2$O 溶解并以皱褶滤纸过滤,滤液收集于 150 mL 锥形瓶中。在磁力搅拌下逐滴加入 20 mL 无水乙醇,用冰水冷却 15 min。抽滤,用无水乙醇洗涤产物两次,每次 10 mL。小心将产物转至已称量的表面皿中,于 50 ℃烘箱中干燥 120 min,冷却,称量,并计算理论产量及产率。

2. 产物中 Cu(Ⅱ)的测定

（1）0.1 mol·L^{-1} Na$_2$S$_2$O$_3$ 标准溶液的配制与标定。详见实验 39−5。

（2）Cu(Ⅱ)的测定。准确称取 0.50～0.55 g 产物于 250 mL 锥形瓶中,加入 50 mL 纯水溶解。滴加 1∶1 HCl 溶液至溶液中刚有浅蓝色沉淀形成,再加入 8 mL 1∶1 HAc 溶液、10 mL 20％NH$_4$HF$_2$ 溶液及 10 mL 20％ KI 溶液,轻轻摇匀,立即用 Na$_2$S$_2$O$_3$ 标准溶液滴定至溶液颜色呈现淡黄色,再加入 5 mL 0.5％ 淀粉溶液,继续滴定至溶液颜色呈现淡蓝色,再加入10 mL 10％ NH$_4$SCN 溶液,充分摇荡 1～2 min。继续滴定至溶液的蓝色恰好消失,即为终点。平行测定三份。计算产物中 Cu(Ⅱ)的含量,并以此计算产物的摩尔质量。

3. 产物中 NH$_3$ 的测定

（1）0.1 mol·L^{-1} HCl 标准溶液的配制与标定。详见实验 39−1。

（2）0.1 mol·L⁻¹ NaOH 标准溶液的配制与标定。配制过程详见实验 39-2。

0.1 mol·L⁻¹ NaOH 标准溶液的浓度也可用上述 0.1 mol·L⁻¹ HCl 标准溶液进行标定，即移取 25.00 mL 0.1 mol·L⁻¹ HCl 溶液于 250 mL 锥形瓶中，加入 2 滴酚酞指示剂，用 0.1 mol·L⁻¹ NaOH 标准溶液滴定至溶液颜色由无色刚变为微红色，保持 30 s 内不褪色，即为终点。平行标定三份。计算 NaOH 溶液的准确浓度。

（3）NH₃ 的测定。准确称取 0.15～0.20 g 产物于 250 mL 锥形瓶中，准确加入 50.00 mL（过量即可，但需准确记录体积）0.1 mol·L⁻¹ HCl 标准溶液，再加入 50 mL 纯水及 4 滴茜素磺酸盐和 4 滴溴甲酚绿指示剂，用 0.1 mol·L⁻¹ NaOH 标准溶液滴定至溶液颜色由黄色刚变为蓝色，即为终点。平行测定三份。计算产物中 NH₃ 的含量。

四、注意事项

（1）制备配合物时，用 20 mL NH₃·H₂O 溶解 CuSO₄ 固体时，应留有 3～5 mL NH₃·H₂O，用于洗涤过滤后的滤纸，以提高产率。

（2）抽滤产物时，抽滤瓶应浸在冰水中。过滤后，应用冷的母液转移锥形瓶中残留的产物。

（3）用 Na₂S₂O₃ 标准溶液滴定溶液中的 I₂ 时，开始时滴定速率应快些，在溶液接近黄色时再减慢。当溶液呈现淡黄色时才加入淀粉指示剂，淀粉指示剂过早加入会影响终点颜色变化。

五、思考题

（1）铜（II）氨配合物在水中的溶解度较大，能否用加热浓缩的方法获得这种配合物晶体？

（2）根据所测得的配合物的摩尔质量，推断配合物中结晶水的数目。

（3）碘量法测定 Cu（II）和酸碱滴定法测定 NH₃ 应分别注意哪些问题？

实验 63　草酸合铜（II）配合物的制备、组成测定及其化学式推断

一、预习要点

（1）配合物的制备及分离方法。

（2）KMnO₄ 和 EDTA 标准溶液的配制与标定方法。

（3）KMnO₄ 氧化还原滴定法的各种条件。

教学课件（1）　教学课件（2）EDTA 标准溶液配制与标定　教学课件（3）KMnO₄ 标准溶液配制与标定

（4）配位滴定法测定 Cu（II）的原理和条件。

二、实验原理

制备草酸合铜（II）配合物的方法很多，如在水溶液中，由 CuSO₄ 与 K₂C₂O₄ 直接反应来

制备,也可由 $Cu(OH)_2$ 或 CuO 与 KHC_2O_4 反应来制备。本实验是在热的水溶液中,由 $CuSO_4$ 与 $K_2C_2O_4$ 直接反应,并经冰水冷却使产物完全析出,经减压过滤及干燥后,便得到产物。该产物可溶于热水,微溶于冷水,难溶于乙醇、丙酮等有机溶剂。

产物中的 $C_2O_4^{2-}$ 含量可用 $KMnO_4$ 氧化还原滴定法进行测定,即准确称取一定质量的产物,溶于稀 H_2SO_4 溶液并加热至 $70\sim85\ ℃$,用 $KMnO_4$ 标准溶液滴定至溶液颜色刚变为微红色。

产物中 $Cu(\text{Ⅱ})$ 的含量可用 EDTA 配位滴定法进行测定,即准确称取一定质量的产物,溶于纯水,以 NH_3-NH_4Cl 溶液为缓冲溶液及 PAN[1−(2−pyridylazo)−2−naphthol,1−(2−吡啶偶氮)−2−萘酚]作指示剂,用 EDTA 标准溶液滴定至溶液颜色由天蓝色变为黄绿色。

无机盐或配合物中结晶水的含量(即结晶水的数目)常用重量法或热分析法测定。本实验中,用重量分析法中的气化法来测定产物中结晶水的含量,即准确称取一定质量的试样于恒重的坩埚中,在烘箱中加热使结晶水挥发,然后根据试样减少的质量计算试样中水的含量。

本实验中,也要求学生根据所提供的草酸合铜(Ⅱ)配合物标准试样的热重−差热分析图谱,如图 6−16 所示,分析草酸合铜(Ⅱ)配合物中的结晶水数目、$C_2O_4^{2-}$ 含量及配合物的热分解产物和分解温度等。根据分析结果计算草酸合铜(Ⅱ)配合物的摩尔质量,并由此推断配合物的化学式。

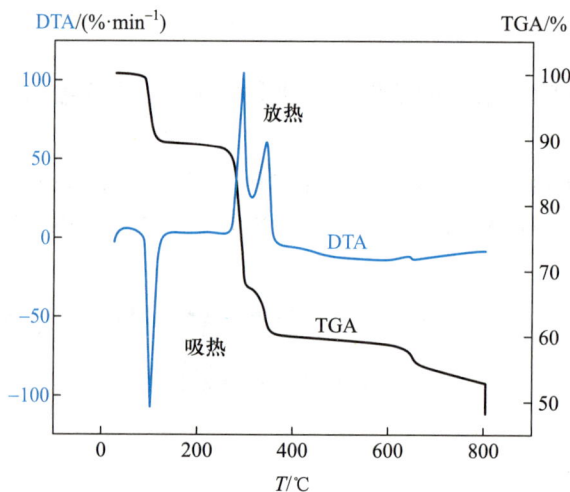

图 6−16   草酸合铜(Ⅱ)配合物的热分析图谱

三、实验内容

1. 草酸合铜(Ⅱ)配合物的制备

称取 2.1 g $CuSO_4\cdot5H_2O$ 固体于 50 mL 烧杯中,加 4 mL 纯水,加热溶解,并将溶液加热至 90 ℃。另称取 6.2 g $K_2C_2O_4\cdot H_2O$ 固体于 100 mL 锥形瓶中,加 18 mL 纯水,加热溶解,再将其溶液加热到 90 ℃。

在磁力搅拌下将热的 $CuSO_4$ 溶液慢慢滴加到热的 $K_2C_2O_4$ 溶液中。待上述溶液自然冷至室温后，再放入冰水浴中冷至 10 ℃使产物完全析出。抽滤，先用冰冷的纯水洗涤产物两次（每次 5 mL），再用乙醇洗涤产物两次（每次 5 mL）。抽干，将产物转至已称量的表面皿中，于 40 ℃烘箱中干燥 60 min 后，冷却至室温。称量，计算产率。

2. 产物中 $C_2O_4^{2-}$ 含量的测定

（1）0.05 mol·L^{-1} $Na_2C_2O_4$ 标准溶液的配制。用直接称量法准确称取 0.65～0.68 g $Na_2C_2O_4$ 基准物质于 100 mL 烧杯中，加入 15 mL 纯水使其完全溶解，将溶液定量转至 100 mL 容量瓶中，用纯水稀释至刻度，充分摇匀，备用。

（2）0.02 mol·L^{-1} $KMnO_4$ 标准溶液的配制。详见实验 39－4。本实验中用到的 0.02 mol·L^{-1} $KMnO_4$ 标准溶液可由实验室提供，学生用公用量筒量取 300 mL 至棕色试剂瓶中，摇匀，备用。

（3）0.02 mol·L^{-1} $KMnO_4$ 标准溶液浓度的标定。移取 25.00 mL $Na_2C_2O_4$ 标准溶液于 250 mL 锥形瓶中，加入 8 mL 9 mol·L^{-1} H_2SO_4 溶液和 50 mL 纯水，加热至 70～85 ℃，趁热用 $KMnO_4$ 标准溶液滴定至溶液颜色呈现微红色，且保持 30 s 不褪色，即为终点。平行标定三份。计算 $KMnO_4$ 标准溶液的准确浓度。

（4）$C_2O_4^{2-}$ 含量的测定。准确称取 0.20～0.22 g 产物于 250 mL 锥形瓶中，依次加入 25 mL 纯水、20 mL 2.5 mol·L^{-1} H_2SO_4 溶液（注意观察实验现象，浅蓝色沉淀是什么？），将混合溶液加热至 80 ℃，用 0.02 mol·L^{-1} $KMnO_4$ 标准溶液滴定至溶液颜色呈现微红色，且保持 30 s 不褪色，即为终点。平行测定三份。计算产物中 $C_2O_4^{2-}$ 的含量。

3. 产物中 Cu(II)含量的测定

（1）0.02 mol·L^{-1} EDTA 标准溶液的配制。本实验中用到的 0.02 mol·L^{-1} EDTA 标准溶液由实验室提供，学生用公用量筒量取 300 mL 于塑料试剂瓶中，充分摇匀，备用。

（2）0.02 mol·L^{-1} EDTA 标准溶液浓度的标定。准确称取 0.38～0.42 g ZnO 基准物质于100 mL 烧杯中，加入 10 mL 6 mol·L^{-1} HCl 溶液使其完全溶解，将溶液定量转至 250 mL 容量瓶中，用纯水稀释至刻度，充分摇匀，备用。移取 25.00 mL Zn^{2+} 标准溶液于 250 mL 锥形瓶中，加入 20 mL 纯水及 10 mL NH_3－NH_4Cl 缓冲溶液（pH=10），滴加 3 滴 PAN 指示剂，用 EDTA 标准溶液滴定至溶液颜色由红色（或粉红色）刚变为黄色（有时稍带点橙色），即为终点。平行标定三份。计算 EDTA 标准溶液的准确浓度。

（3）Cu(II)含量的测定。准确称取 0.16～0.18 g 产物于 250 mL 锥形瓶中，加入 20 mL 纯水溶解，再立即加入 10 mL NH_3－NH_4Cl 缓冲溶液（pH=10）（纯水溶解后若久置会析出沉淀），摇匀，将溶液加热至 70 ℃（溶液温度要高一点，否则，PAN 指示剂容易僵化，溶液颜色变为灰蓝色，终点变色不敏锐），滴加 3 滴 PAN 指示剂，用 0.02 mol·L^{-1} EDTA 标准溶液滴定至溶液颜色由天蓝色刚变为黄绿色，即为终点，读取并记录滴定体积。平行测定三份。计算产物中 Cu(II)含量。

4. 产物中结晶水的测定

（1）空坩埚的恒重。将两个洁净的瓷坩埚放入 150 ℃的烘箱中干燥 60 min。取出坩埚，稍凉片刻，放入干燥器中，冷却至室温，准确称量。再将两个瓷坩埚放入 150 ℃的烘箱中干燥 30 min，其他同前。直至前后两次称量的差值小于或等于 0.4 mg，即为恒重。

（2）产物中结晶水的测定。准确称取 0.50～0.60 g 产物两份，分别于已恒重的空坩埚中，在与空坩埚相同的操作过程、相同的操作条件下干燥、冷却和称量，直至恒重。

5. 数据处理

根据上述热分析图谱及重量法数据,计算草酸合铜(II)配合物中的结晶水个数,并结合上述分析所得 Cu^{2+} 与 $C_2O_4^{2-}$ 的质量分数计算该配合物的摩尔质量,并推断其化学式,以及画出草酸合铜(II)配合物中 Cu(II) 可能的配位结构图。

6. 拓展实验——草酸铜(II)配合物的热重和差热分析

测定所制备的草酸铜(II)配合物的热重和差热曲线,并与提供的草酸合铜(II)配合物标准试样的热重−差热分析图谱(图6−16)进行对照分析,学习、解读其热重−差热分析图谱,确定其热分解机理。

四、注意事项

(1) 为减少 NH_3-NH_4Cl 缓冲溶液污染实验环境,测定配合物中 Cu(II) 含量时,产物溶解并加入缓冲溶液后就应及时滴定,滴定结束后要及时回收含 NH_3 废液。所以,不能将三份产物同时溶解和加入缓冲溶液。

(2) 配位滴定法测 Cu(II) 含量时,PAN 指示剂会产生僵化现象,须将滴定溶液加热至 70 ℃左右再开始滴定。

(3) 瓷坩埚及试样进行恒重操作时,每次都应注意控制放置相同的冷却时间、相同的称量天平和称量时间、相同的操作环境及操作速率,即尽量保持各种操作条件的一致性。

五、思考题

(1) 合成产物时,为什么要趁热并在搅拌下将 $CuSO_4$ 溶液慢慢滴入 $K_2C_2O_4$ 溶液中?如果要将 $K_2C_2O_4$ 溶液加入 $CuSO_4$ 溶液中,应如何加入?

(2) 写出合成、标定和测定所涉及的所有反应式。

(3) 用 $KMnO_4$ 法测定 $C_2O_4^{2-}$ 要注意哪些问题?

(4) 测定 $C_2O_4^{2-}$ 含量时,在称取的产物中依次加入纯水和 $2.5\ mol \cdot L^{-1}\ H_2SO_4$ 溶液后有沉淀出现,这沉淀是什么? 为什么将溶液加热至 80 ℃时沉淀也不溶解,而在滴加 $KMnO_4$ 溶液过程中沉淀逐渐消失?

(5) 阐述配位滴定法测 Cu^{2+} 时应用 PAN 指示剂的变色原理。

(6) 什么是指示剂的封闭或僵化现象?

六、参考文献

[1] 刘絮,李子峰,孟祥茹. 对传统二草酸合铜(II)酸钾化学式的书写纠正. 大学化学, 2022,37(11):2209033.

[2] Ai-Li Cui, Jing-Zhi Wei, Jin Yang, et al. Controlled synthesis of two copper oxalate hydrate complexes:kinetic versus thermodynamic factors. A Laboratory Experiment for Undergraduates. J Chem Educ,2009,86(6):598−599.

实验 64　模板法合成氨基酸铜(Ⅱ)配合物及其组成分析与红外光谱表征

一、预习要点

(1) 模板合成及其分类和应用。

(2) 模板合成氨基酸铜(Ⅱ)配合物的原理和方法。

(3) 碘量法测定氨基酸铜(Ⅱ)配合物中 Cu(Ⅱ)含量的原理和方法。

(4) $Na_2S_2O_3$ 标准溶液的配制与标定。

(5) 红外光谱表征配合物。

教学课件(1)　教学课件(2)　教学课件(3)
　　　　　　碘量法简介　$Na_2S_2O_3$ 标准
　　　　　　　　　　　溶液的配制
　　　　　　　　　　　与标定

二、实验原理

20 世纪 60 年代,在合成冠醚化合物时发现加入特定种类的金属离子能够显著提高冠醚化合物的产率,其原因是金属离子与开链的原料发生配位作用,促进分子内 S_N2 反应的进行,对环化反应有利,从而避免分子间反应生成线性聚合物。这就是经典的模板效应(template effect)。模板法在合成一些席夫碱合镍(Ⅱ)配合物及金属酞菁类化合物等方面有重要应用,如二(N−异丙基水杨醛亚胺基)合镍(Ⅱ)配合物的合成等。

通过模板反应合成大环化合物的突出优点是产率高、选择性高及操作简单等。有些纳米材料的合成也用到模板合成。

利用模板效应进行的各种化学合成,都可以称为模板合成(template synthesis)。除金属离子以外,非金属离子,中性分子,甚至聚合物都可以作为模板。从超分子的观点来看,任何可以作客体的离子、分子或聚集体都可以作为模板。

本实验中,氨基酸铜(Ⅱ)配合物的模板合成,即在 Cu^{2+} 作模板条件下,氨基乙酸与硝基乙烷、三乙胺、甲醛发生反应,生成 5−硝基−5−甲基−3,7−二氨基乙酸合铜(Ⅱ)配合物(配合物 1);进一步通过 Zn/HCl 还原,再与 Cu^{2+} 反应即可制得配合物 2。

其中,模板反应的可能机理如图 6−17 所示,利用中心 Cu(Ⅱ)与氨基乙酸配位形成的平面正方形结构,使两分子氨基乙酸的氨基靠近,同时促进硝基 α 位的碳负离子对亚胺发生分子内的亲核加成反应,从而实现氨基桥连。

可用碘量法测定配合物 2 中 Cu(Ⅱ)的含量;并用红外光谱表征配合物 1 和 2 中Cu(Ⅱ)的配位情况。

三、实验内容

1. 5−硝基−5−甲基−3,7−二氨基乙酸合铜(Ⅱ)配合物(配合物 1)的合成

向 250 mL 圆底烧瓶中依次加入 45 mL 甲醇、1.81 g(7.5 mmol)$Cu(NO_3)_2 \cdot 3H_2O$ 固体(称量前需先用滤纸尽可能将其表面的水分吸干)和 1.13 g(15 mmol)氨基乙酸固体,搭建回流装置,于 70 ℃ 水浴中加热,并快速搅拌回流 10 min。用移液枪加入 3.20 mL

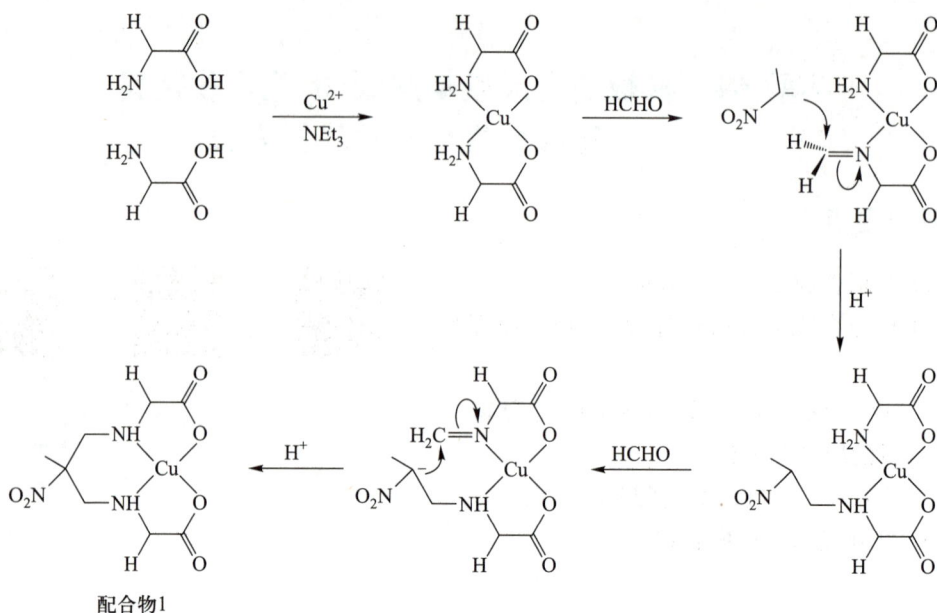

图 6-17 氨基酸铜(Ⅱ)配合物的模板合成反应机理示意图

(22.5 mmol)三乙胺,搅拌,待溶液变成浅紫色后,再用注射器加入 0.55 mL(7.5 mmol)硝基乙烷,回流 5 min 后暂停回流,在热溶液中缓慢滴加甲醛-甲醇混合溶液(1.20 mL 35% 甲醛+7 mL 甲醇),继续快速搅拌回流 90 min。停止反应,冷却、抽滤,用少量甲醇洗涤固体产物。将产物转至已称量的培养皿中,在红外灯下干燥后,称量,计算产率。

2. 配合物 2 的合成

向 250 mL 圆底烧瓶中依次加入 1.55 g(5 mmol)配合物 1,10 mL 1:9 HCl 溶液和 10 mL 纯水。再加入 3.27 g Zn 粉,轻轻摇动烧瓶使固体完全浸湿,于 60~65 ℃ 水浴中加热 30 min,过滤(不要水洗)。用 6 mol·L^{-1} NaOH 溶液调节滤液的 pH 至 12,过滤(不要水洗)。再用浓 HCl 溶液调节滤液的 pH 至 9,加入 1.50 g(6 mmol) Cu(NO$_3$)$_2$·3H$_2$O 固体,搅拌溶解后,用浓 HCl 溶液调节溶液的 pH 至 3,静置至析出大量蓝色沉淀或晶体,抽滤,纯水洗涤产物。将产物转至已称量的培养皿中,在红外灯下干燥至恒重,称量,计算产率。

3. 配合物 1 与配合物 2 红外光谱的测定

取适量配合物 1 和配合物 2,分别使用 KBr 压片后,测定其红外光谱。

4. 碘量法测定配合物 2 中 Cu(Ⅱ)的含量

准确称取 0.39~0.40 g 配合物 2 于 50 mL 烧杯中,加入 5 mL 1:4 H$_2$SO$_4$ 溶液,小心加热溶解,冷却至室温,将溶液定量转至 50 mL 容量瓶中,用纯水稀释至刻度,充分摇匀,备用。

移取 10.00 mL 上述溶液于 200 mL 碘量瓶中,加入 20 mL 纯水、6 mL 10% KI 溶液,用 0.01 mol·L^{-1} Na$_2$S$_2$O$_3$ 标准溶液滴定至溶液呈浅黄色,加入 10 滴 0.5% 淀粉溶液,继续滴定至溶液呈浅蓝色。加入 5 mL 10% NH$_4$SCN 溶液,剧烈振荡 1~2 min,继续滴定至蓝色刚好消失且 30 s 内不返蓝,即为终点(此时溶液呈乳白色,并可能有点泛红)。平行测定三份。计算配合物 2 中 Cu(Ⅱ)的含量。

0.01 mol·L^{-1} Na$_2$S$_2$O$_3$ 标准溶液的配制与标定详见实验 39-5。

四、注意事项

（1）实验过程中要注意挥发性试剂硝基乙烷、三乙胺、甲醛等的使用规范。

（2）第 1 步合成实验要求无水条件！该步所需的仪器,如圆底烧瓶、球形冷凝管、量筒、吸量管等必须干燥。试剂储存要避免吸潮。

（3）若制备的配合物 1 的质量不足 1.55 g,进行配合物 2 合成实验时,根据实际用量改变其合成条件。

（4）本实验中,实验室可直接提供已标定好的 $0.01\ mol \cdot L^{-1}\ Na_2S_2O_3$ 标准溶液,学生可用滴定管直接取用。

（5）实验过程中产生的废液要分类回收至指定容器中。

五、思考题

（1）完成有关制备反应式。

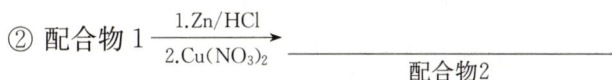

① $CH_3CH_2NO_2 + HCHO + H_2NCH_2COOH \xrightarrow[N(CH_2CH_3)_3]{Cu^{2+}}$ _____ 配合物1

② 配合物 1 $\xrightarrow[\text{2.Cu(NO}_3)_2]{\text{1.Zn/HCl}}$ _____ 配合物2

（2）合成配合物 2 的实验过程中,若前两次过滤时用水洗涤滤饼,对实验有何影响？为什么？

（3）对配合物 1 和配合物 2 的红外光谱吸收峰进行指认和归属。

（4）参考图 6-18 和图 6-19 中配合物 1 和配合物 2 的标准试样的红外光谱图,分析自制配合物 1 和配合物 2 的红外光谱图,指出配合物 1 中—NO_2 对应的特征吸收峰;分析配合物 1 及配合物 2 的纯度,并给出判断依据。

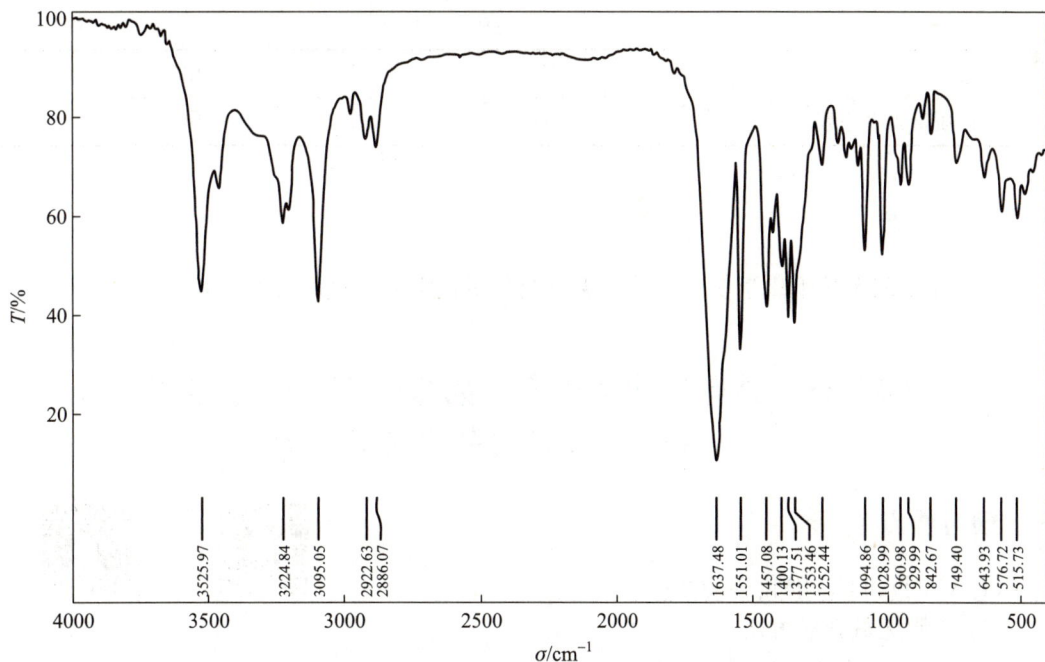

图 6-18 配合物 1 的标准试样的红外光谱图

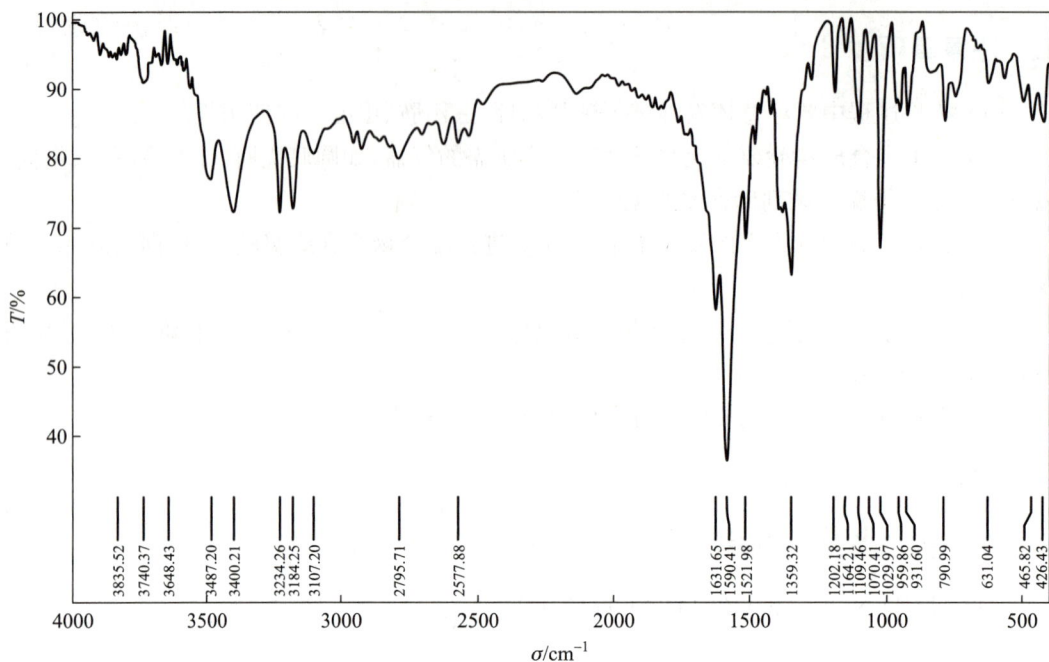

图 6—19   配合物 2 的标准试样的红外光谱图

（5）写出碘量法测定配合物 2 中 Cu(Ⅱ)含量实验中涉及的两个主要反应式。

（6）写出碘量法测定配合物 2 中 Cu(Ⅱ)含量的计算公式；计算配合物 2 中 Cu(Ⅱ)的理论质量分数。

（7）热重-红外研究结果表明，配合物 2 在 200 ℃以下加热只失水，200 ℃以下的热重分析数据见表 6—6，请结合实验过程确定配合物 2 中所含结晶水的数目。

表 6—6   配合物 2 的热重分析数据

失水温度/℃	107.5	184.8
累计质量减少分数/%	5.16	10.25

六、参考文献

第 5 届全国大学生化学实验邀请赛无机及分析化学实验试题，2006 年。

实验 65   具有异构发光变色的多核铜(Ⅰ)配合物的制备、组成分析及结构表征

一、预习要点

（1）Cu(Ⅰ)和 Cu(Ⅱ)化合物性质。

（2）无水无氧合成方法。

（3）Cu(Ⅰ)配合物的制备原理和方法。

教学课件（1）　　教学课件（2）
EDTA 标准溶液
配制与标定

（4）X 射线粉末衍射（X－ray powder diffraction，XRD）表征配合物结构的原理和方法。

（5）Cu(Ⅰ) 配合物荧光产生的原理及荧光仪的使用方法。

（6）配位滴定法测定 Cu(Ⅰ) 的原理和方法。

（7）电感耦合等离子体发射光谱仪（inductively coupled plasma optical emission spectrometry，ICP－OES）测定 Cu 含量的原理和方法。

二、实验原理

Cu(Ⅰ) 配合物具有多变的结构和优良的光、电及催化等物理和化学性能，在发光材料、化学传感、生物探针和催化等方面有广泛的应用。尤其近年来有关 Cu(Ⅰ) 配合物的发光性能研究备受瞩目。二苯基－2－吡啶膦多核铜(Ⅰ)配合物具有蓝色和绿色发光异构体。

1. 具有蓝色和绿色发光异构体的多核铜(Ⅰ)配合物的制备

一般来说，Cu(Ⅰ) 配合物在水溶液和空气中是不稳定的。合成 Cu(Ⅰ) 配合物大多采用溶剂热原位合成法或在无水无氧条件下合成。一般来说，在无机化合物或配合物合成中除水除氧常用的方法有：① 所有需要接触试剂的仪器都要干燥，必要时所用的试剂需要经过除水处理；② 惰性气体（N_2 或 Ar）或其他还原剂保护。

本实验采用无水无氧条件，即先用 $Cu(ClO_4)_2 \cdot 6H_2O$ 和 Cu 粉在乙腈介质中反应得到中间产物 $[Cu(CH_3CN)_4]ClO_4$；再在乙腈介质中，利用中间产物 $[Cu(CH_3CN)_4]ClO_4$ 与二苯基－2－吡啶膦（diphenyl－2－pyridylphosphine，dppy）反应，得到具有蓝色荧光的多核铜(Ⅰ)配合物 $[Cu_x(dppy)_y(CH_3CN)_{x/2}](ClO_4)_x$。在乙腈介质中，Cu 粉既作还原剂又作抗氧剂，巧妙实现了无水无氧合成。

用二氯甲烷和甲醇混合溶剂对上述具有蓝色荧光的多核铜（Ⅰ）配合物 $[Cu_x(dppy)_y(CH_3CN)_{x/2}](ClO_4)_x$ 进行重结晶，便可得到其发光异构体，即具有绿色荧光的多核铜(Ⅰ)配合物 $[Cu_x(dppy)_y(CH_3CN)_{x/2}](ClO_4)_x \cdot CH_3OH$。

2. 具有蓝色和绿色荧光的配合物中 Cu(Ⅰ) 含量的测定及其化学式推断

因为 Cu(Ⅰ) 在水溶液中容易被氧化，所以 Cu(Ⅰ) 含量不能直接用常规的化学滴定分析方法进行测定，必须先将配合物分解，并将其中的 Cu(Ⅰ) 氧化为 Cu(Ⅱ) 后再测定。Cu(Ⅱ) 能与 EDTA 配位形成较稳定的蓝色配合物，在 pH＝2～12 的溶液中，Cu(Ⅱ) 还能与 PAN［(2－pyridylazo)－2－naphthol，1－(2－吡啶偶氮)－2－萘酚]指示剂形成紫红色配合物，它们的 $\lg K_{\text{稳}}^{\ominus}$ 分别为 18.7 和 6.70。本实验中先将产物 $[Cu_x(dppy)_y(CH_3CN)_{x/2}](ClO_4)_x$ 或 $[Cu_x(dppy)_y(CH_3CN)_{x/2}](ClO_4)_x \cdot CH_3OH$ 溶于浓 HNO_3 溶液中，在一定的 pH 条件下，以 EDTA 标准溶液作滴定剂和 PAN 作指示剂，测定产物中 Cu(Ⅰ) 的含量，进而推算出目标产物中的 $y:x$ 值。

试样量少时，也可以用 ICP－OES 测定配合物中 Cu(Ⅰ) 的含量。

3. 具有蓝色和绿色荧光的配合物的 XRD 和荧光表征

测定这两种发光异构体配合物的 XRD 图谱，并分别与用数据库中其 X 射线单晶结构分析数据模拟的 XRD 图谱进行比较，确认其结构的差别。用荧光仪可以测定具有蓝色荧光和绿色荧光物质的荧光光谱，比较其发射光波长的区别，分析其结构的差异。

该实验具体包括具有蓝色和绿色荧光的二苯基－2－吡啶膦多核铜(Ⅰ)配合物异构体的

制备及其Cu(I)含量测定(碘量法和ICP法),以及具有蓝色和绿色荧光的二苯基−2−吡啶膦多核铜(I)配合物异构体的XRD和荧光表征。其内容概要如图6−20所示。

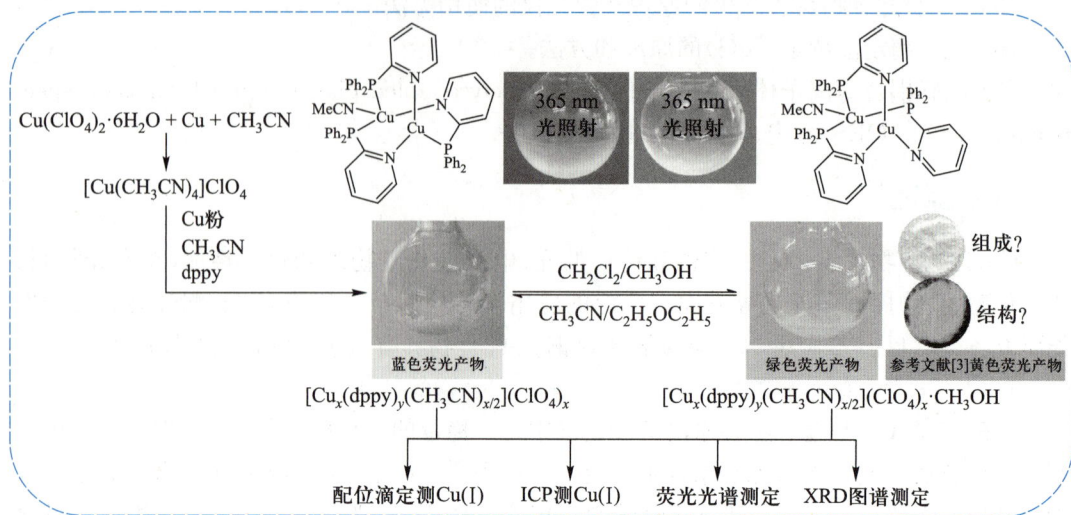

图6−20   具有异构发光变色的多核铜(I)配合物的制备、组成分析及结构表征的实验内容概要图

三、实验内容

1. [Cu(CH₃CN)₄]ClO₄ 的制备

向干燥的 100 mL 圆底烧瓶中依次加入 1.1 g $Cu(ClO_4)_2 \cdot 6H_2O$ 及 40 mL 乙腈和过量 2/3 的 Cu 粉,搭建回流装置,室温搅拌至溶液基本无色。快速用玻璃板漏斗将反应液抽滤至干燥的 100 mL 圆底烧瓶中,减压旋蒸除去乙腈,得到 $[Cu(CH_3CN)_4]ClO_4$ 固体。

2. 具有蓝色荧光的配合物 $[Cu_x(dppy)_y(CH_3CN)_{x/2}](ClO_4)_x$ 的制备

向干燥的 100 mL 圆底烧瓶中依次加入 20 mL 乙腈、1.46 g dppy,以及 0.20 g Cu 粉和 1.17 g $[Cu(CH_3CN)_4]ClO_4$,搭建回流装置,室温搅拌 90 min。反应结束后,用玻璃板漏斗将烧瓶中的反应液抽滤至干燥的 100 mL 圆底烧瓶中,减压旋蒸浓缩至溶液体积约为 5 mL,滴加无水乙醚至出现白色浑浊。静置使浑浊溶液充分结晶后,倾去上层清液,再用适量适当溶剂洗涤晶体,倾析法弃去上层清液后,将晶体置于室温下晾干,用 365 nm 紫外手电筒照射产物,可观察到蓝色荧光。超声使晶体从瓶壁上脱落后称量。

3. 具有绿色荧光的配合物 $[Cu_x(dppy)_y(CH_3CN)_{x/2}](ClO_4)_x \cdot CH_3OH$ 的制备

称取一半上述制得的蓝色荧光配合物于干燥的 100 mL 圆底烧瓶中,加入适量二氯甲烷溶解后,再加入适量甲醇(1 g 产物加 10 mL 二氯甲烷溶解后,再加入 30 mL 甲醇),搭建回流装置,室温搅拌 20 min,用 365 nm 紫外手电筒照射反应瓶中产物。若观察到绿色荧光,表明转化反应完全(否则,再继续反应)。减压旋蒸除去溶剂,得到具有绿色荧光的产物。超声使晶体从瓶壁上脱落后称量。

4. 具有蓝色和绿色荧光的配合物中 Cu(I) 含量的测定及其化学式推断

(1) 0.01 mol·L⁻¹ EDTA 标准溶液的配制与标定。详见实验39−3。

(2) 具有蓝色和绿色荧光的配合物中 Cu(I) 含量的测定。准确称取 0.14~0.16 g 具有蓝色荧光的配合物 $[Cu_x(dppy)_y(CH_3CN)_{x/2}](ClO_4)_x$ 于 250 mL 干燥的锥形瓶中，加入 1 mL 浓 HNO_3 溶液使试样完全溶解（用 365 nm 紫外手电筒照射确认），再加入 50 mL 纯水、10 mL 20% NaAc 溶液和 6～8 滴 0.2% PAN 指示剂，用 EDTA 标准溶液滴定至终点。平行测定三份。

同样方法测定具有绿色荧光的配合物 $[Cu_x(dppy)_y(CH_3CN)_{x/2}](ClO_4)_x\cdot CH_3OH$ 中 Cu（Ⅰ）的含量。平行测定三份。

计算发光异构体中 Cu（Ⅰ）的含量及平均相对偏差。根据 Cu（Ⅰ）的含量，推算 $y:x$ 的值。

5. 具有蓝色和绿色荧光的配合物的 XRD 分析

测定具有蓝色和绿色荧光配合物的 XRD 图谱。并分别与用数据库中其 X 射线单晶结构分析数据模拟的 XRD 图谱进行比较，确认其结构的差别。

6. 具有蓝色和绿色荧光的配合物的荧光光谱测定

称取 5 mg 试样于玛瑙研钵中研磨后，置于固体试样槽中并铺满。再将固体试样槽置于仪器的光路中。设置仪器参数，如狭缝宽度、电压、扫描步长及激发波长和发射光谱的波长扫描范围等，扫描试样的发射光谱，并得到最大发射波长 λ_{em}。固定试样的最大发射波长 λ_{em}，扫描其激发谱图，得到最大激发波长 λ_{ex}。

在最大激发波长 λ_{ex} 处重新扫描试样的发射光谱，即荧光发射光谱。

7. 拓展实验

（1）参考文献[3]报道了具有蓝色荧光的配合物 $[Cu_x(dppy)_y(CH_3CN)_{x/2}](ClO_4)_x$ 在二氯甲烷/甲醇溶液中重结晶还能得到具有黄色荧光的产物，探讨其结晶条件。

（2）测定具有黄色荧光产物的 XRD 图谱，并与具有蓝色荧光和绿色荧光配合物的 XRD 图谱进行比较，判断其组成及配位结构类型。

（3）用 ICP-OES 分别测定具有蓝色荧光和具有绿色荧光的配合物中的 Cu（Ⅰ）含量，并将其测定结果与配位滴定法测定结果进行比较。

（4）分别测定具有蓝色荧光和具有绿色荧光的配合物的红外光谱，对比分析两者的红外光谱图。

四、注意事项

（1）二苯基-2-吡啶膦对眼睛、皮肤和呼吸系统有刺激作用，取用时要小心，取用后要及时盖好瓶盖。

（2）使用紫外手电筒时，应避免紫外光照射眼睛和皮肤。

（3）具有蓝色荧光的配合物转化为具有绿色荧光的配合物时，其转化效率与温度有关，但在温度高于 40 ℃ 的水浴中加热回流，产物会分解为油状物。

（4）具有蓝色和绿色荧光的配合物，在 XRD 和荧光测试的试样制备时要避免被污染。

（5）请遵循 XRD 测试实验室工作规范及 XRD 测试仪器的使用规范。

（6）剩余产物和废液都要分类回收至指定容器中。

五、思考题

（1）简述合成具有蓝色荧光配合物 $[Cu_x(dppy)_y(CH_3CN)_{x/2}](ClO_4)_x$ 时 Cu 粉的作用，并设计具体的实验替代方案。

（2）根据计算所得的 $y:x$ 值推求目标产物的化学式，并画出其可能的结构。

（3）已知 $\lg K_{CuY^{2-}}^{\ominus}=18.80$，根据表 6—7 所给出的 EDTA 的酸效应系数，若待测 Cu(Ⅱ) 浓度为 0.010 mol·L^{-1}，计算 EDTA 滴定 Cu(Ⅱ) 的最低 pH。

表 6—7　EDTA 的酸效应系数

pH	$\lg \alpha_{Y(H)}$	pH	$\lg \alpha_{Y(H)}$	pH	$\lg \alpha_{Y(H)}$
0.0	23.64	3.8	8.85	7.5	2.78
0.4	21.32	4.0	8.44	8.0	2.27
0.8	19.08	4.4	7.64	8.5	1.77
1.0	18.01	4.8	6.84	9.0	1.28
1.4	16.02	5.0	6.45	9.5	0.83
1.8	14.27	5.4	5.69	10.0	0.45
2.0	13.51	5.8	4.98	10.6	0.16
2.4	12.19	6.0	4.65	11.0	0.07
2.8	11.09	6.4	4.06	11.6	0.02
3.0	10.60	6.8	3.55	12.0	0.01
3.4	9.70	7.0	3.32	13.0	0.00

注：本题目中的 $\lg K_{CuY^{2-}}^{\ominus}$ 及不同 pH 对应的 $\lg \alpha_{Y(H)}$ 摘自武汉大学.分析化学（上册）.6 版.北京：高等教育出版社，2018.

六、参考文献

［1］第 11 届全国大学生化学实验邀请赛无机及分析化学实验试题，2018 年。

［2］Yang-Juan Li，Zhi-Ying Deng，Xue-Fei Xu，et al. Methanol triggered ligand flip isomerization in a binuclear copper(Ⅰ) complex and the luminescence response. Chem Commun，2011，47，9179—9181.

［3］郑琤，郑诗颖，张艳萍，等. 具有异构发光变色的双核铜(Ⅰ)配合物的合成、铜含量分析和发光性能研究——推荐一个综合化学实验，大学化学，2024，39(7)：322—329.

七、助学导学内容

助学导学(1)　　助学导学(2)

实验 66　混价双铜配合物 $\left[Cu(en)_2\right]\left[CuI_2\right]_2$ 的制备及分析

一、预习要点

(1) Cu(Ⅰ)与 Cu(Ⅱ)化合物的性质。

(2) I⁻ 的还原性及 I_2 的氧化性。

(3) 配位滴定法测定 Cu(Ⅱ)含量的原理和方法。

教学课件(1)　　教学课件(2)
EDTA 标准溶液
配制与标定

二、实验原理

在制备目标产物[Cu(en)₂][CuI₂]₂ 的过程中,涉及 CuI 固体、K[CuI₂]溶液、BaI₂ 溶液、[Cu(en)₂]SO₄ 溶液和[Cu(en)₂]I₂ 溶液的制备,即由 CuSO₄ 溶液与 KI+Na₂S₂O₃ 混合溶液混合得到 CuI 固体,将 CuI 固体溶于 KI 溶液,便得到 K[CuI₂]溶液;将 CuSO₄ 溶液与乙二胺(ethylenediamine,en)溶液混合,便得到[Cu(en)₂]SO₄ 溶液;[Cu(en)₂]SO₄ 溶液再与现制的 BaI₂ 溶液混合而得到[Cu(en)₂]I₂ 溶液;最后由 K[CuI₂]溶液与[Cu(en)₂]I₂ 溶液混合而得到目标产物[Cu(en)₂][CuI₂]₂,并对目标产物进行定性和定量分析。

产物中的 Cu(Ⅱ)含量可用 EDTA 配位滴定法进行测定,即准确称取一定量的产物,进行前处理后,以氯乙酸−乙酸钠溶液(pH=3.5)作缓冲溶液及 PAN [1−(2−pyridylazo)−2−naphthol,1−(2−吡啶偶氮)−2−萘酚]作指示剂,用 EDTA 标准溶液滴定至溶液颜色由紫红色恰好变为黄绿色。

三、实验内容

1. 配合物[Cu(en)₂][CuI₂]₂ 的制备

(1) CuI 的制备。称取 3.75 g(0.015 mol)CuSO₄·5H₂O 固体于 100 mL 烧杯中,加入 25 mL 纯水溶解。量取 8.0 mL KI+Na₂S₂O₃ 混合溶液[其中 $c(KI)=4\ mol\cdot L^{-1}$,$c(Na_2S_2O_3)=2\ mol\cdot L^{-1}$],缓慢滴加到上述 CuSO₄ 溶液中,边滴边搅拌(注意观察体系颜色变化),静置,用倾析法弃去上层清液,然后用 40～60 ℃纯水(每次约 30 mL)以倾析法洗涤沉淀 2 次。用砂芯漏斗抽滤,接着每次用 10 mL 纯水洗涤沉淀 6 次,再用适量无水乙醇洗涤沉淀 2～3 次,抽干。

将沉淀转至预先称量的表面皿中,于 110 ℃烘箱中干燥 30 min,冷却至室温,称量(精确至 0.01 g),记录数据,计算产率。将试样转至小自封塑料袋中,封好,备用。

上述抽滤用过的砂芯漏斗要用 5 mL 8 mol·L⁻¹ HNO₃ 溶液、适量纯水和适量无水乙醇反复洗涤,抽干,直至漏斗上无棕色物质且洗涤液呈无色为止。

(2) BaI₂ 溶液的制备。称取 0.81 g(0.005 mol)BaCO₃ 固体于 50 mL 烧杯中,加几滴纯水润湿(为什么?)。量取 5 mL 25% HI 溶液于 10 mL 烧杯中,逐滴加入上述含有 BaCO₃ 固体的烧杯中,边滴加边搅拌,直至 BaCO₃ 完全溶解并无气泡生成时(此操作需要在通风橱中进行),停止滴加 HI 溶液,得 BaI₂ 溶液(控制混合溶液体积小于 10 mL)。记录 HI 溶液的用量,并将剩余的 HI 溶液倒入指定回收瓶中。

(3) 配合物[Cu(en)$_2$][CuI$_2$]$_2$ 制备。

① 称取 1.25 g(0.005 mol)CuSO$_4$·5H$_2$O 固体于 50 mL 烧杯中,加入 15 mL 纯水使其溶解,然后逐滴加入 1.4 mL 50% 乙二胺溶液,边滴边搅拌,得配合物溶液 A。

② 搅拌下向溶液 A 中滴加上述 BaI$_2$ 溶液,立即有沉淀生成。待两溶液完全混合后,加热至沸数分钟(注意不断搅拌以免暴沸),再于 80 ℃ 水浴中保温 20 min 后(注意加盖表面皿,以免溶剂大量蒸发),冷却,用砂芯漏斗减压过滤。用适量纯水洗涤沉淀至其近乎白色,滤液与洗涤液混合,蒸发浓缩至溶液总体积约为 30 mL,得溶液 B,备用。

③ 称取 12.00 g KI 固体于 100 mL 烧杯中,加入 10 mL 纯水溶解,加热至沸。向此热溶液中缓慢分批加入自制的 1.90 g CuI 固体,充分搅拌。趁热用布氏漏斗减压过滤,除去不溶物,迅速倒出滤液(此步操作要迅速,为什么?)。再将此滤液加热至沸,使析出的沉淀完全溶解。

④ 将上述煮沸的溶液在搅拌下缓慢加入热的溶液 B 中,有棕色沉淀析出,静置,待此反应液冷至室温后,再放入冷水浴中冷却 10 min,减压过滤,用纯水洗涤沉淀 5 次(每次约为 15 mL),再用适量无水乙醇洗涤沉淀 2~3 次,抽干,得到目标产物[Cu(en)$_2$][CuI$_2$]$_2$。

将产物转移至干净、干燥且已称量的表面皿中,于 110 ℃ 烘箱中干燥 30 min 后,冷却至室温,称量(精确至 0.01 g)。记录数据,计算产率。将产物转至小自封塑料袋中,封好,备用。

2. 配合物[Cu(en)$_2$][CuI$_2$]$_2$ 的组成分析

(1) 试样前处理。准确称取 0.35 g 试样于 50 mL 烧杯中,加入 15 mL 纯水,加热至沸。待溶液颜色不再加深,上层漂浮固体为白色时,停止加热,稍冷后再用冷水浴冷却。待体系达到室温后,小心将溶液转至无灰滤纸上,过滤。再向烧杯中加少量纯水,加热至沸,转移清液。反复数次直至烧杯中的固体完全变为白色、溶液近于无色为止。将溶液及固体完全转移至滤纸上,用少量纯水洗涤至滤纸上无蓝紫色为止,保留不溶物 C。收集所有滤液及洗涤液于 50 mL 容量瓶中,用纯水稀释至刻度,得一定浓度的溶液 D。

(2) 试样中 Cu(Ⅱ)含量的测定。用吸量管移取 2.00 mL 溶液 D 于 25 mL 锥形瓶中,依次加入 1 mL 无水乙醇、1 mL 氯乙酸–乙酸钠缓冲溶液和 1 滴 0.1% PAN 指示剂。用微型滴定管中的 0.01 mol·L^{-1} EDTA 标准溶液滴至溶液颜色由紫红色恰好变为黄绿色,即为滴定终点。平行测定三份,计算 Cu(Ⅱ)的含量。

0.01 mol·L^{-1} EDTA 标准溶液的配制和标定详见实验 39−3。

(3) 试样成分分析。

① 取 2 mL 溶液 D 于试管中,加入 5 滴 2 mol·L^{-1} HCl 溶液,再加入几滴淀粉溶液,最后加入几滴 0.5 mol·L^{-1} NaNO$_2$ 溶液,观察不同试剂加入体系的变化,记录实验现象并解释。试说明溶液 D 的基本组成。

② 取米粒大小的不溶物 C 于两支离心管中。向其中一支中加入几滴 8 mol·L^{-1} HNO$_3$ 溶液,待沉淀完全反应后,加入少量纯水,离心分离。向另一支离心管中加入 0.1 mol·L^{-1} AgNO$_3$ 溶液,离心分离。设计实验并证明不溶物 C 及以上两离心管中反应产物的基本组成,并解释实验现象。

③ 通过上述定性实验现象,推测并证实目标产物的基本组成。

四、注意事项

(1) 8 mol·L^{-1} HNO$_3$ 溶液具有一定的挥发性和腐蚀性,需在通风橱中小心操作。

(2) 25% HI 溶液和乙二胺溶液具有一定挥发性,需在通风橱中处理。

(3) 微型滴定管的基本操作与常量滴定管相同,仅润洗和装液方法有所差异。

润洗时,打开旋塞,用吸耳球吸取润洗液至刻度管内,反复挤压吸耳球,让润洗液不断上下抽动。

加入滴定剂时,旋开旋塞,用洗耳球吸取滴定液至上部缓冲球内,旋紧旋塞,停止吸液。将尖嘴套管套于滴液嘴处,调整液面至"0.00 mL"刻度线。在滴定过程中尖嘴套管可以适当控制滴定液的滴入量。在吸液时宜取下尖嘴套管,以免影响吸液速率。

(4) 实验中,不同废液要分类回收至指定容器中。

五、思考题

(1) 写出制备 CuI 的有关反应式。记录反应过程中的颜色变化,并解释。如果体系中加入过多 KI + Na$_2$S$_2$O$_3$ 混合溶液会有何影响? 在制备 CuI 时,为什么要加入适量的 Na$_2$S$_2$O$_3$ 溶液?

(2) 写出制备 BaI$_2$ 溶液的有关反应式,并解释所制备溶液呈黄色的原因。

(3) 写出制备溶液 A,溶液 B 和溶液 D 过程中的所有有关反应式。

(4) 制备[Cu(en)$_2$][CuI$_2$]$_2$ 时,加入过量 KI 的目的是什么?

(5) 制备溶液 B 的过程中将溶液加热煮沸并保温 20 min 的目的是什么?

(6) 计算配合物[Cu(en)$_2$][CuI$_2$]$_2$ 中 Cu(II)的理论含量。

(7) 写出配位滴定法测定配合物中 Cu(II)含量的计算公式。

(8) 通过定性分析,推测目标产物的基本组成,并解释。

六、参考文献

第 7 届全国大学生化学实验邀请赛无机及分析化学实验试题,2010 年。

实验 67　具有发光性能的铕配合物的制备及其组成测定

一、预习要点

(1) 稀土元素的重要化合物及其发光性能。

(2) EDTA 标准溶液浓度标定的方法和条件。

(3) 紫外-可见分光光度法测定配合物中配体含量的原理和方法。

二、实验原理

稀土元素(rare earth element,RE)由于具有特异的光、电、磁和催化等物理和化学性能,成为21 世纪世界各国竞相研究开发的对象,是一类重要的战略资源。中国拥有世界上最丰富的稀土资源。

稀土元素是一类典型的金属元素,能够与元素周期表中的大多数非金属元素形成配位键。稀土配合物独特的光物理性质决定其在发光器件、荧光探针等领域具有重要应用前景,因而受到广泛关注。

自 1942 年 Weissman 首次研究 Eu(Ⅲ) β-二酮配合物的发光以来,光功能稀土配合物就不断得到了广泛和深入的研究。其应用领域也不断拓展,在传感器、生物成像、有机电致发光二极管、太阳能电池、防伪、电致变色等领域被广泛研究。

β-二酮类配体具有烯醇式互变的结构,对稀土离子具有很好的螯合作用,形成的螯合物具有很强的发光性能。有关铕配合物的发光原理详见实验 24。本实验是有关稀土离子 Eu^{m+} 与二苯甲酰甲烷(dibenzoylmethane,HDBM)配合物 $Eu(DBM)_n(H_2O)_2$ 的制备及其组成测定。有关反应式及配合物的配位结构如图 6-21 所示。

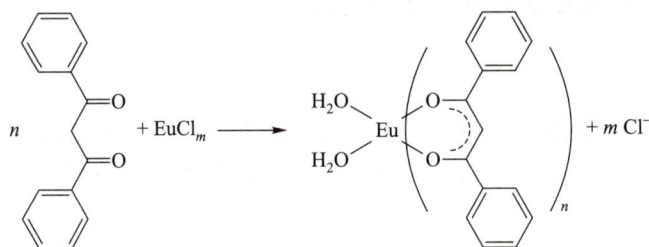

图 6-21 形成配合物 $Eu(DBM)_n(H_2O)_2$ 的有关反应式及配合物的配位结构示意图

由于 EDTA 和 Eu^{m+} 形成的配合物具有较高的稳定常数($\lg K_{稳}^{\ominus}=17.14$),因此,可以通过 EDTA 配位滴定的方法测定 $Eu(DBM)_n(H_2O)_2$($\lg K_{稳1}^{\ominus}<11$)中 Eu 的含量,EDTA 标准溶液的浓度可以 ZnO 作基准物质、六亚甲基四胺作缓冲剂、二甲酚橙作指示剂进行标定。

稀土离子具有特殊的电子构型,导致其配合物的吸收光谱强弱和峰形在很大程度上是由配体性质决定的。因此,在一定条件下,可以通过比较配体和配合物的紫外-可见吸收光谱来确定 $Eu(DBM)_n(H_2O)_2$ 中配体的含量,从而确定配合物的化学组成。

三、实验内容

1. 配合物 $Eu(DBM)_n(H_2O)_2$ 的制备

称取 1.6 g(过量)HDBM 固体于 100 mL 圆底烧瓶中,加入 25 mL 无水乙醇,于 50 ℃水浴中加热搅拌至固体溶解,用移液枪加入 1.8 mL 1.0 mol·L^{-1} EuCl$_m$ 溶液;用玻棒蘸取少量溶液于滤纸上,在手提紫外灯下观察溶液的发光情况。再用滴管滴加 2 mL 2 mol·L^{-1} NaOH 溶液于反应瓶中,再用玻棒蘸取少量溶液于滤纸上,在手提紫外灯下观察滴加 NaOH 溶液后反应体系的发光情况。然后再滴加 0.5 mol·L^{-1} NaOH 溶液至体系 pH=8。搭建回流装置,将水浴温度升至 65 ℃,加热反应 10 min。冷却,抽滤,用合适溶剂洗涤产物,抽干。将产物转至已称量的培养皿中,于 60 ℃烘箱中干燥至恒重,称量。

2. 配合物 $Eu(DBM)_n(H_2O)_2$ 中 Eu 含量测定

(1) 0.01 mol·L^{-1} Zn^{2+} 标准溶液的配制。详见实验 39-3。

(2) 0.01 mol·L^{-1} EDTA 标准溶液的配制与标定。详见实验 39-3。

(3) 配合物 $Eu(DBM)_n(H_2O)_2$ 中 Eu 含量测定。准确称取 0.20 g 自制产物于 250 mL 干燥的锥形瓶中(若锥形瓶内残留有水,请先用少量无水乙醇润洗三遍,并思考原因),加入 25 mL 二甲亚砜的乙醇溶液($V_{二甲亚砜}:V_{乙醇}=1:5$)溶解后,再加入 2 滴二甲酚橙指示剂,用 1 mol·L^{-1} HCl 溶液调至溶液呈紫红色,再加入 2 mL 20%六亚甲基四胺溶液,用 EDTA 标准溶液滴至终点(若滴定过程中出现浑浊,可加入少量乙醇使其溶解)。平行测定三份,计算产物中 Eu 的含量(mol·g^{-1})及相对平均偏差。

3. 配合物 $Eu(DBM)_n(H_2O)_2$ 中 DBM 含量测定

(1) 标准曲线的制作。用 HDBM 储备液(5.00×10^{-4} mol·L^{-1}乙醇溶液)配制浓度范围在 $0\sim5\times10^{-5}$ mol·L^{-1} 的系列标准溶液,每份标准溶液中需含 10 mL 无水乙醇和 5 mL pH=8.0 的 $KH_2PO_4-K_2HPO_4$ 缓冲溶液(0.03 mol·L^{-1}),用纯水定容。先于波长 $300\sim 500$ nm 之间,选择最大吸收波长,再于最大吸收波长下测定吸光度,制作标准曲线。

(2) 配合物 $Eu(DBM)_n(H_2O)_2$ 中 DBM 含量测定。准确称取 0.02 g 自制产物于 100 mL 烧杯中,用适量无水乙醇溶解后,将溶液定量转至 100 mL 容量瓶中,用无水乙醇定容,充分摇匀,备用。

移取 5.00 mL 上述溶液于 100 mL 容量瓶,用纯水定容[需含与实验(1)中同等比例的无水乙醇和 $KH_2PO_4-K_2HPO_4$ 缓冲溶液]。在上述最大吸收波长下测定该溶液的吸光度。根据上面所得标准曲线,计算产物中 DBM 的含量(mol·g^{-1})。

4. 拓展实验

(1) 测定配合物 $Eu(DBM)_n(H_2O)_2$ 及配体二苯甲酰甲烷(HDBM)的红外和远红外光谱,并比较和讨论其光谱的异同,指出 H_2O 配位的 Eu—O 键吸收峰。

(2) 测定配合物 $Eu(DBM)_n(H_2O)_2$ 及配体二苯甲酰甲烷(HDBM)的核磁共振谱图,比较分析其核磁共振谱图并计算 n 值。

(3) 测定配合物 $Eu(DBM)_n(H_2O)_2$ 及配体二苯甲酰甲烷(HDBM)和 $EuCl_3\cdot 6H_2O$ 的荧光光谱,解释配合物的发光光谱特征。

(4) 文献报道(见参考文献[3]),室温下,在乙醇介质中,$Eu(NO_3)_3$ 和二苯甲酰甲烷(HDBM)及三乙胺(TEA)反应得到配合物 $Eu(DBM)_4TEA$。该配合物具有显著的力致发光性质,在机械力的作用下发射出的红色荧光在白天清晰可见。参考文献[3],合成配合物 $Eu(DBM)_4TEA$,展示其力致发光性质,解释其力致发光原理,并表征其结构等。

四、数据处理

(1) 参考第 1 章 Excel 或 Origin 软件及其应用示例,用软件制作吸收曲线和标准曲线。

(2) 根据实验内容 2 和 3 的实验结果,计算配合物 $Eu(DBM)_n(H_2O)_2$ 中配体 DBM 的个数 n。

(3) 计算产物的摩尔质量和产率。

五、注意事项

(1) 使用手提紫外灯(也可以用 365 nm 紫外手电筒代替)时,应佩戴防护眼镜,将紫外光对准试样照射,避免照射到人体,以免对人体造成伤害。

（2）实验中产生的无机废液和有机废液要分类回收至指定容器中。

六、思考题

（1）本实验中制备配合物时需用 NaOH 调节溶液的 pH＝8，为什么？若用噻吩甲酰三氟丙酮（thenoyltrifluoroacetone，HTTA，其分子结构式如图 6－22 所示）为配体合成铕配合物，通过计算说明 pH 至少应调节到多少？（已知 HDBM 的 pK_a＝14.17，HTTA 的 pK_a＝6.23，以水溶液体系为准，参考本实验浓度。）

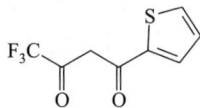

图 6－22 HTTA 的
分子结构图

（2）一般情况下，比较不同溶液吸光能力强弱时用什么参数？用实验中所测数据，定量比较上述 DBM 和 Eu(DBM)$_n$(H$_2$O)$_2$ 溶液吸光能力的强弱。

（3）本实验中既用到了化学分析法，又用到了仪器分析法，请列举这两类分析方法最主要的区别。

七、参考文献

［1］第 8 届全国大学生化学实验邀请赛无机及分析化学实验试题，2012 年．

［2］Shawn Swavey. Synthesis and characterization of europium（Ⅲ）and terbium（Ⅲ）complexes：an advanced undergraduate inorganic chemistry experiment. J Chem Educ，2010，87（7）：727－729．

［3］陈天云，肖瑞麟，顾欣晟，等．稀土金属有机配合物的合成、结构和力致发光性质．大学化学，2024，39（5）：363．

实验 68   氧化铁磁性纳米颗粒的制备及其在三聚氰胺分析中的应用

一、预习要点

（1）氧化铁磁性纳米颗粒的制备方法。

（2）氧化铁纳米颗粒用于三聚氰胺测定的原理和方法。

（3）K$_2$Cr$_2$O$_7$ 法测定氧化铁纳米颗粒中 Fe 含量的原理和方法。

（4）氧化还原滴定指示剂的类型与本实验所用二苯胺磺酸钠指示剂的作用原理。

教学课件

二、实验原理

磁性纳米颗粒是一种多功能性材料，在医学、催化和磁记录材料等领域有着广泛的应用。磁性纳米粒子主要包括 Fe，Co，Ni 及它们的氧化物。其中，Co 和 Ni 具有毒性，这就限制了它们在生物医学领域的应用。氧化铁作为一种重要的磁性材料，具有很好的生物相容性，除了在磁流体、催化剂和磁记录材料方面的应用，在生物分离检测、靶向药物和医学成像方面也具有广泛的用途。特别是自我国科学家阎锡蕴等人在 2007 年首次发现 Fe$_3$O$_4$ 纳米颗粒本身具有类似过氧化物酶的催化活性以来,纳米酶的研究迅速崛起。纳米酶的发现改变了以往人们关于无机纳米材料是一种生物惰性物质的传统观念,揭示了纳米材料内在的生物效应及新特性,丰富了模拟酶的研究,也大大拓展了纳米材料的应用范围。与天然酶或传统的模拟酶相比,纳米酶有着易于制备、成本低、稳定性高等优点。此外,纳米材料本身优异的理化性质(如光学、电学、磁学、热学和力学等性能,以及大的比表面积),不仅赋予了纳米酶双重甚至多重的功能,还为其催化活性的有效调控和表面修饰构建探针等应用提供了可能。目前,研究人员已经发现了许多具有模拟酶活性的纳米材料,如金属氧化物纳米材料、金属有机框架材料(如实验 69 基于金属－有机框架的 GOx@CuBDC 复合纳米酶的制备及其生物传感应用)、碳纳米材料、金属纳米材料等。

氧化铁磁性纳米颗粒(nanoparticles,NPs) 是一种具有过氧化物模拟酶性质的新型纳米材料。研究结果表明,相对于辣根过氧化物酶和其他的过氧化物模拟酶纳米材料,氧化铁磁性纳米颗粒表现出良好的催化活性、稳定性、单分散性和可重复利用性。

基于氧化铁磁性纳米颗粒的过氧化物模拟酶的催化活性,利用其对 H_2O_2 和 ABTS [diammonium$-2,2'-$azino$-$bis(3$-$ethylbenzothiazoline$-6-$sulfonate),$2,2'-$联氮$-$双 (3$-$乙基苯并噻唑啉$-6-$磺酸)二铵盐]之间氧化还原反应的催化作用,可建立测定试样中三聚氰胺的快速、简便的分光光度分析方法。

体系中 H_2O_2 对三聚氰胺而言是过量的,H_2O_2 首先和三聚氰胺定量反应形成 1:1 的加合物,如图 6$-$23 所示,氧化铁磁性纳米颗粒作催化剂催化剩余的 H_2O_2 和 ABTS 的氧化还原反应生成有色化合物,而有色化合物的吸光度随三聚氰胺含量的增加而降低,且具有良好的线性关系,据此可测定三聚氰胺的含量。

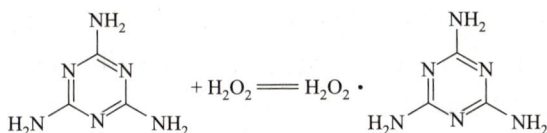

图 6$-$23　H_2O_2 与三聚氰胺的反应式

制备氧化铁磁性纳米颗粒的方法有化学共沉淀法、氧化沉淀法、还原沉淀法和水热法等,本实验采用共沉淀法,即在 N_2 保护下,在含 $NH_3 \cdot H_2O$ 的体系中,由 $FeCl_3$ 与 $FeCl_2$ 作用生成氧化铁磁性纳米颗粒,有关反应式为

$$FeCl_2 + 2FeCl_3 + 8NH_3 \cdot H_2O = Fe_3O_4\downarrow + 8NH_4Cl + 4H_2O$$

氧化铁磁性纳米颗粒中 Fe 含量的测定采用 $K_2Cr_2O_7$ 法,具体测定原理详见实验 47。

三、实验内容

1. 共沉淀法制备氧化铁磁性纳米颗粒

按照图 6$-$24 所示将仪器连接好。向 100 mL 三口烧瓶中依次加入 8 mL 1 mol$\cdot$L^{-1} $FeCl_3$ 溶液(含有 2 mol$\cdot$L^{-1} HCl 溶液)和 4 mL 1 mol$\cdot$L^{-1} $FeCl_2$ 溶液(含有 2 mol$\cdot$L^{-1} HCl 溶液),然后电磁搅拌;向混合溶液中通 10 min 的 N_2,确保除去溶液中的 O_2 后(控制速率,使溶液中氮气气泡不断生成,恒压漏斗顶部的空心玻璃塞轻微运动排气),迅速通过恒压漏斗加入 30 mL 2 mol$\cdot$L^{-1} $NH_3 \cdot H_2O$,在 N_2 保护下继续搅拌 20 min,得到黑色的氧化

铁纳米颗粒(若得到红棕色沉淀,说明加入的 $NH_3 \cdot H_2O$ 不够,则需补加适量 $NH_3 \cdot H_2O$,再搅拌)。将三口瓶中的溶液及沉淀转至 100 mL 烧杯中,用磁铁将磁性纳米颗粒沉积于烧杯底部,用激光笔透过上层溶液,观察溶液中是否出现一条光亮的"通路"(即丁铎尔现象),拍照记录实验现象。用倾析法倾去上层清液,用纯水反复洗涤纳米颗粒至洗涤液中性(pH试纸检测)。加入 60 mL 纯水,电磁搅拌 10 min 使纳米颗粒分散均匀,用移液枪移出 1 mL 溶液于小试管中备用,用磁铁将烧杯中剩余的磁性纳米颗粒沉积于烧杯底部后,倾出上层清液,底部的纳米颗粒用乙醇洗涤两到三次,在空气中晾干,称量,并计算产率。

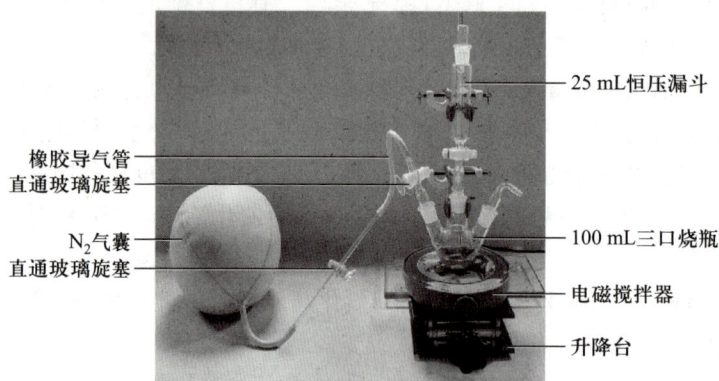

图 6—24   氧化铁纳米颗粒制备的装置实物图

2. 分光光度法测定试样中的三聚氰胺

如表 6—8 所示,取三支 5 mL 离心管并编号,向离心管 1 和离心管 2 中分别加入 1.00 mL 纯水,向离心管 3 中加入 1.00 mL 0.05 mmol·L^{-1} 三聚氰胺水溶液。再向三支离心管中均加入 1.00 mL pH=4.75 HAc—NaAc 缓冲溶液、0.50 mL 0.01 mol·L^{-1} H_2O_2 溶液,摇匀,使三聚氰胺与 H_2O_2 反应完全。再向三支离心管中均加入 0.50 mL 0.03 mol·L^{-1} ABTS 溶液;向离心管 1 中加入 0.05 mL 纯水,向离心管 2 和离心管 3 中均加入 0.05 mL 氧化铁磁性纳米颗粒溶液。将溶液混合均匀后于 45 ℃(用水银温度计校准)水浴中反应 10 min,然后立即放入冰水浴中 10 min 以终止反应。离心分离 10 min(转速为 4000 r·min^{-1}),用移液枪分别移取 1.00 mL 上层清液分别于三个 50 mL 容量瓶中,用纯水定容,摇匀。以纯水作参比溶液,在 417 nm 波长处测定三个溶液的吸光度,并记录数据于表 6—8 中。

表 6—8   溶液配制及吸光度测定的实验数据记录

实验序号	离心管 1	离心管 2	离心管 3
纯水体积/mL	1.00	1.00	0.00
0.05 mol·L^{-1} 三聚氰胺水溶液体积/mL	0.00	0.00	1.00
pH=4.75 HAc—NaAc 缓冲溶液体积/mL	1.00	1.00	1.00
0.01 mol·L^{-1} H_2O_2 溶液体积/mL	0.50	0.50	0.50
以上溶液先混匀,再分别实验			
0.03 mol·L^{-1} ABTS 溶液体积/mL	0.50	0.50	0.50

续表

氧化铁磁性纳米颗粒溶液体积/mL	0.00	0.05	0.05
纯水体积/mL	0.05	0.00	0.00

以上溶液再混匀,于 45 ℃水浴中反应 10 min,随即放入冰水浴中 10 min 以终止反应。离心分离 10 min,取上层清液 1.00 mL 于 50 mL 容量瓶中,用纯水定容。

反应液体积/mL	1.00	1.00	1.00
定容体积/mL	50.00	50.00	50.00
吸光度 A(纯水作参比溶液,$\lambda=417$ nm,1 cm 比色皿)			

比较离心管 1 和离心管 2 中溶液的吸光度,说明合成的氧化铁磁性纳米颗粒是否具有过氧化物酶的性质。

比较离心管 2 和离心管 3 中溶液的吸光度,说明该方法是否可能应用于试样中三聚氰胺的分析。

3. $K_2Cr_2O_7$ 法测定氧化铁磁性纳米颗粒中 Fe 的含量

(1) 0.01000 mol·L^{-1} $K_2Cr_2O_7$ 标准溶液的配制。配制 0.01000 mol·L^{-1} $K_2Cr_2O_7$ 标准溶液 250 mL,详见实验 47。

(2) 氧化铁磁性纳米颗粒中 Fe 含量的测定。准确称取 0.10～0.12 g 氧化铁磁性纳米颗粒于 250 mL 锥形瓶中,加入几滴纯水使试样润湿并摇动使其散开,加入 2 mL 浓 HCl 溶液,盖上表面皿,加热至沸,待试样完全溶解后趁热滴加 10% $SnCl_2$ 溶液,使大部分 Fe^{3+} 被还原为 Fe^{2+},溶液颜色由黄色变为浅黄色,加入 1 mL 10% Na_2WO_4 溶液,滴加 1.5% $TiCl_3$ 溶液至溶液出现稳定的"钨蓝",30 s 内不褪色为止。

加入 60 mL 纯水,摇匀并放置 10～20 s,用 $K_2Cr_2O_7$ 标准溶液滴定至"钨蓝"刚好褪去(不计体积),加入 10 mL $H_2SO_4-H_3PO_4$ 混合酸、5～6 滴二苯胺基磺酸钠指示剂,立即用 $K_2Cr_2O_7$ 标准溶液滴定至溶液呈现稳定的紫色,即为终点。平行测定三份,计算氧化铁纳米颗粒中 Fe 的质量分数。

四、注意事项

(1) 含有有机溶剂的废液要专门回收。
(2) 含 Cr(Ⅵ) 的废液要专门回收。

五、思考题

(1) 用共沉淀法制备氧化铁磁性纳米颗粒时,为什么要用 N_2 保护? 氧化铁磁性纳米颗粒的主要化学组成是什么?

(2) 准确配制 0.01000 mol·L^{-1} $K_2Cr_2O_7$ 标准溶液 250.0 mL,需要称取多少克 $K_2Cr_2O_7$ 基准物质? 用什么方法称取?

(3) 写出 $K_2Cr_2O_7$ 法测定氧化铁纳米颗粒中 Fe 含量时的有关反应式。

(4) $K_2Cr_2O_7$ 法测定氧化铁纳米颗粒中 Fe 含量时,为什么要加入 $H_2SO_4-H_3PO_4$ 混合酸?

六、参考文献

［1］第9届全国大学生化学实验邀请赛无机及分析化学实验试题,2014年。

［2］孙涛,王光辉,陆安慧,等. 磁性氧化铁纳米颗粒的研究进展. 化工进展,2010,29(7):1241—1250.

实验69　基于金属–有机框架的 GOx@CuBDC 复合纳米酶的制备及其生物传感应用探索

一、预习要点

（1）配位聚合物与 MOF 及其应用。

（2）MOF 材料的特点及纳米酶相比于生物酶的优点。

（3）葡萄糖氧化酶、过氧化物酶反应路径。

（4）串联反应的概念及分光光度法检测葡萄糖的原理。

（5）紫外–可见分光光度计的操作规范。

教学课件　　　视频
移液枪使用

视频
分光光度计
使用

二、实验原理

本实验涉及纳米酶（nanozyme）、复合纳米酶、配位聚合物、金属–有机框架（metal-organic framework，MOF）等概念。

生物酶广泛存在于生物体活细胞中,并在生化反应中起重要作用。由于酶催化反应具有灵敏度高和选择性好等优点,被广泛应用于化工生产、生物医学检测、环境保护等各个领域。然而,生物酶存在价格高、稳定性差、不易回收、保存期短等缺点,这严重限制了生物酶的应用。

与生物酶不同,纳米酶具有结构简单、价廉易得、性质稳定及可再循环使用等优点,而且可通过修饰改变纳米酶的性质,从而实现纳米酶的类酶催化能力的改变,拓宽纳米酶的适用范围。因此,纳米酶被描述为"结合天然和人工催化的力量"。

纳米酶是一大类具有类似生物酶催化活性的功能纳米材料的统称,可以在生理条件下模拟生物酶的多种活性,如葡萄糖氧化酶、过氧化物酶、超氧化物歧化酶等,是中国科学家阎锡蕴院士及其同事于2007年在世界上首次发现的,也是由中国科学家正式命名的。相比于生物酶,纳米酶稳定性高,环境耐受性强,易于制备及规模化生产,成本低廉,并有望作为生物酶的代替品,当前已在分析传感、环境处理、疾病诊疗、绿色合成、新能源等方面展现出巨大的应用前景。2022年纳米酶被国际纯粹与应用化学联合会（IUPAC）评为十大化学新兴技术,已经成为新的研究热点。

研究表明,包括贵金属纳米粒子、碳基材料、过渡金属氧化物和金属–有机框架材料等在内的大量纳米材料具有类酶活性。其中,MOF 材料被认为是最有前途的新型人工酶。

金属–有机框架材料是当代新材料领域研究的热点。自从1990年美国 Yaghi 课题组和日本 Kitagawa 课题组分别成功合成具有稳定孔结构的 MOF 材料以来,种类繁多、功能性强、孔隙率和比表面积较大、孔尺寸可调、具有仿生催化和生物相容性等特点的 MOF 材料不断涌现。目前,具有柔性、导电、特定催化性能的稳定 MOF 材料已经被广泛应用在众多研究领域中。

MOF 材料是由金属离子或金属簇合物作为节点,通过配位键与有机配体连接而成的具有分子内孔隙的配位聚合物,如图 6−25 所示,也称为有机−无机杂化材料。

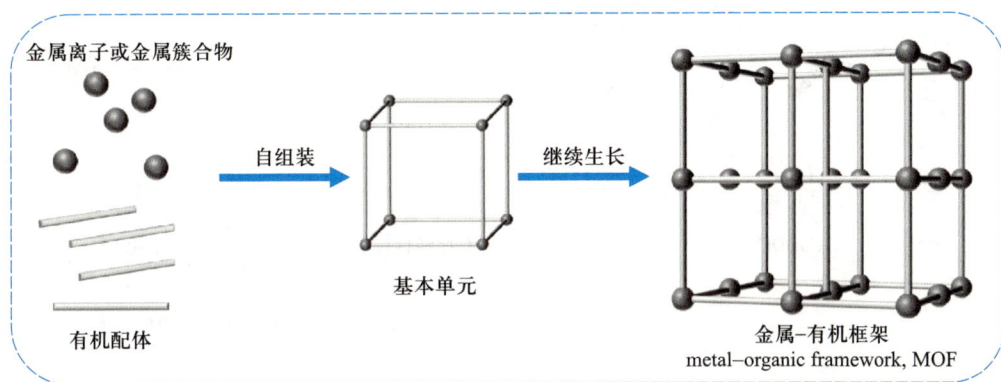

图 6−25　金属离子或金属簇合物和有机配体自组装形成 MOF 的示意图

有明确结构的金属簇合物、金属离子和有机配体的适当空间排列赋予 MOF 多种功能,其结构和性能可以通过选择不同的金属离子和有机配体进行调控,并且根据需要进行设计和合成有机配体,可以调控其孔径、孔隙体积及特异的分子识别性,选择性地吸附和分离特定大小、形状和化学性质的分子。这使得 MOF 材料在吸附、催化和分离等许多领域具有广泛的应用。

大量研究表明,作为 MOF 的组成部分之一,配位不饱和的金属位点和某些特定的配体官能团可以充当类酶催化的活性位点。因此,MOF 本身可作为纳米酶用于生物分子的电催化(电化学传感)和纳米催化(纳米酶显色传感)。此外,MOF 的孔道也可作为微/纳米反应器用来容纳金属/金属氧化物纳米颗粒及生物酶等不同的活性材料,其高度有序的孔道结构可以防止客体发生团聚和变性,为催化反应提供良好的区室化微环境,不仅有利于底物充分进入和接触活性中心,也有利于(中间)产物的运输、扩散和释放。这种基于 MOF 封装结构的复合纳米材料除了可以模拟单一生物酶的催化活性,还可以利用被封装的不同活性材料之间或与 MOF 自身之间的协同催化去模拟生物体多酶体系,从而实现不同催化反应之间的高效串联。

在催化反应中,有一些化学反应可能涉及一个或多个反应步骤,第一步反应的生成物可能是第二步反应的反应物,通常称为串联催化反应。串联催化反应指的是两个及两个以上的独立反应在催化反应体系中相继发生的过程。串联反应广泛存在于生物系统中,如光合作用。这些串联反应就是通过一系列连续的生物催化过程,将反应底物最终转化为代谢产物。因此,基于 MOF 封装结构的复合纳米材料在葡萄糖等生物分子的传感检测及抗菌和肿瘤治疗等领域有着广阔的应用前景。

本实验从生物多酶系统的串联反应机制出发,在室温条件下,采用一步仿生矿化法将葡萄糖氧化酶(glucose oxidase,GOx)封装于具有优异类过氧化物酶活性的 Cu^{2+} 与对苯二甲酸二钠盐(benzenedicarboxylate,BDC)形成的MOF中,并将这种复合纳米酶应用于生物酶-纳米酶串联催化检测葡萄糖含量,从而将科学研究中常见的MOF新材料及纳米酶等新概念引入基础化学实验教学中,帮助学生了解MOF材料的结构特点,以及纳米酶的催化机制和生物传感应用等,其内容概要如图6-26所示。

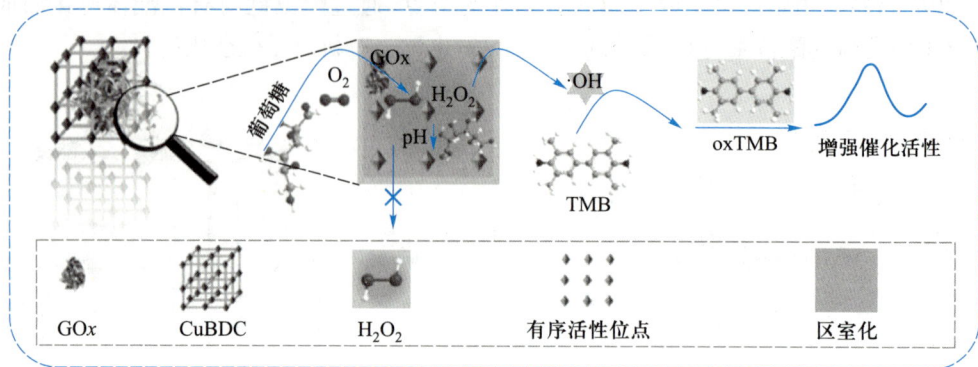

图6-26 基于金属-有机框架的GOx@CuBDC复合纳米酶的制备及其
生物传感应用探索实验内容概要图

1. CuBDC纳米酶的制备

在水溶液中,由对苯二甲酸二钠盐($C_8H_4Na_2O_4$,Na_2BDC)与醋酸铜($CuAc_2 \cdot H_2O$)于室温下直接反应得到沉淀,离心分离后得到产物,即Cu^{2+}与对苯二甲酸二钠盐形成具有MOF结构的配位聚合物CuBDC纳米酶。

2. GOx@CuBDC复合纳米酶的制备设计思路及制备

迄今为止,已经有许多MOF材料被报道具有过氧化物酶、氧化酶等类酶活性。然而,这些MOF往往是在高温或有机溶剂中合成的。因此,很难应用于对GOx等生物酶的原位封装。由对苯二甲酸与Cu^{2+}配位形成的具有MOF结构的配位聚合物CuBDC不仅具有优异的类过氧化物酶活性,还可以在室温下的水溶液中合成。温和的合成条件可在CuBDC形成过程中将生物酶(如GOx)封装其内,使其活性能够得到很好地保持。此外,在弱酸条件下,Cu基-MOF类过氧化物酶的催化反应比Fe基-MOF纳米酶催化反应快。这些特性使CuBDC在构建串联复合纳米酶方面具有极大的优势。

本实验中,GOx@CuBDC复合纳米酶是通过一步仿生矿化法将葡萄糖氧化酶(GOx)原位封装于CuBDC MOF结构中而制备得到的,如图6-27所示。由于CuBDC同时作为类过氧化物纳米酶和区室化纳米反应器,因此这种GOx@CuBDC复合纳米酶不仅增强了生物酶的稳定性,也大大提高了串联反应的效率,可用于葡萄糖的定量检测。

3. GOx@CuBDC复合纳米酶的串联酶活性检测

评估纳米酶的催化活性方法中,应用最广泛的方法是分光光度法。常用的显色底物包括TMB(tetramethylbenzidine,3,3′,5,5′-四甲基联苯胺)、OPD(o-phenylenediamine,邻苯二胺)和ABTS[diammonium 2,2′-azino-bis(3-ethylbenzothiazoline-6-sulfonate),2,2′-联氮-双(3-乙基苯并噻唑啉-6-磺酸)二铵盐]等,它们在特定的酶的催化作用下会产生相应的显色反应,从而直观地表征酶的催化活性和酶催化动力学常数(基于典型的Michaelis-Menten动力学方法)。例如,类过氧化物酶在H_2O_2存在的情况下,可催化H_2O_2

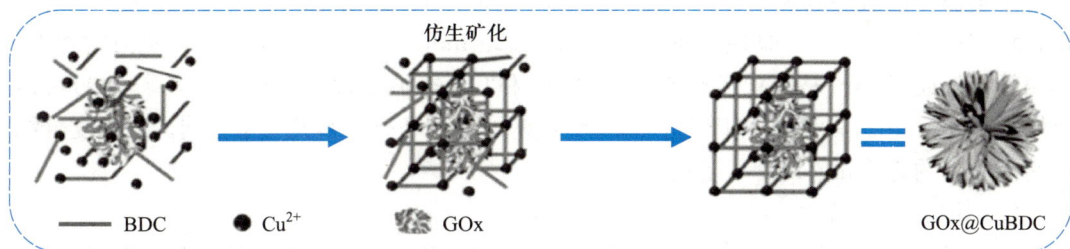

图 6—27 一步仿生矿化法制备 GOx@CuBDC 复合纳米酶的实验原理示意图

分解产生羟基自由基(·OH),羟基自由基可以催化氧化无色 TMB 生成蓝色的 TMB 氧化物(ox—TMB),通过测定溶液的吸光度即可对 H_2O_2 进行定量检测。

GOx@CuBDC 复合纳米酶用于葡萄糖的检测是基于多酶串联反应机制,其原理如图 6—28 所示。首先在有氧的环境中,GOx 催化葡萄糖氧化生成葡萄糖酸和 H_2O_2[式(1)],而产生的 H_2O_2 在具有类过氧化物酶活性的 CuBDC 催化下转变为羟基自由基·OH,将体系中的 TMB 氧化为蓝色的 ox—TMB[式(2)和式(3)]。由于葡萄糖的含量会间接影响 TMB 被氧化的程度(即 ox—TMB 在 652 nm 处的吸光度),因此,通过测定溶液的吸光度再结合朗伯-比尔定律,就可定量测定试样溶液中葡萄糖的浓度。

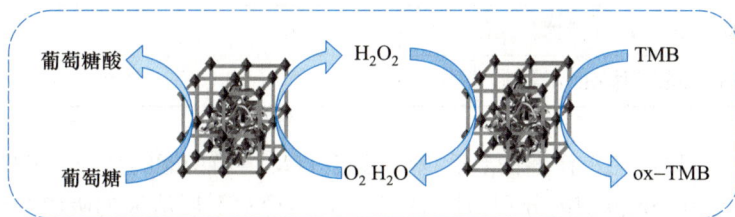

图 6—28 GOx@CuBDC 复合纳米酶的串联酶活性检测原理示意图

$$葡萄糖 + O_2 + H_2O \xrightarrow{\text{GOx}} 葡萄糖酸 + H_2O_2 \tag{1}$$

$$H_2O_2 \xrightarrow{\text{CuBDC}} \cdot OH + OH^- \tag{2}$$

$$\cdot OH + TMB \longrightarrow ox—TMB(蓝色) \tag{3}$$

三、实验内容

1. CuBDC 纳米酶和 GOx@CuBDC 复合纳米酶的制备

(1) CuBDC 纳米酶的制备。向一 50 mL 烧杯中加入 5.0 mL 0.01 $mol \cdot L^{-1}$ 对苯二甲酸二钠盐($C_8H_4Na_2O_4$,Na_2BDC)溶液,向另一 50 mL 烧杯中加入 5.0 mL 0.025 $mol \cdot L^{-1}$ 醋酸铜溶液($CuAc_2$)。在磁力搅拌下,用滴管将 $CuAc_2$ 溶液缓慢加入 Na_2BDC 溶液中,得到浅蓝色悬浊液,继续搅拌 15 min。用滴管将烧杯中的悬浊液转至 2 支 5 mL 离心管中(每支离心管装 4 mL 悬浊液),以 9000 $r \cdot min^{-1}$ 转速离心 3 min,得到沉淀,并用纯水洗涤沉淀三次(如何进行洗涤操作?)。再向离心管中加入适量纯水,使得每支离心管中悬浊液的总体积为 4 mL,超声使沉淀分散均匀(纳米酶含量约为 1 $mg \cdot mL^{-1}$),备用。

(2) GOx@CuBDC 复合纳米酶的制备。向一 50 mL 烧杯中加入 5.0 mL 0.01 $mol \cdot L^{-1}$

对苯二甲酸二钠盐溶液和 0.5 mL 10 mg·mL^{-1} 葡萄糖氧化酶溶液(GOx),搅拌 1 min 使其混合均匀;向另一 50 mL 烧杯中加入 5.0 mL 0.025 mol·L^{-1} CuAc$_2$ 溶液。在磁力搅拌下,用滴管将上述 CuAc$_2$ 溶液缓慢滴加于 Na$_2$BDC 和 GOx 的混合溶液中,得到蓝绿色悬浊液,继续搅拌 15 min。后续操作步骤与 CuBDC 纳米酶的制备操作步骤完全相同。得到复合纳米酶的含量约为 1 mg·mL^{-1},备用。

2. CuBDC 纳米酶类过氧化物酶活性的测定

以 TMB 为显色剂(溶剂为二甲亚砜),分别以 TMB-H$_2$O$_2$ 和 TMB 作为底物,通过测定溶液的吸光度(即 ox-TMB 在 652 nm 处的吸光度)来评估 CuBDC 纳米酶活性。

如表 6−9 所示,取 3 支 10 mL 离心管并编号,依次配制 1 号(TMB+H$_2$O$_2$+CuBDC),2 号(TMB+CuBDC)和 3 号(TMB+H$_2$O$_2$)溶液,振荡使其混合均匀,在室温下孵化 15 min。将孵化后的溶液分别转至两支 5 mL 离心管中(每支离心管装 4 mL),以 9000 r·min^{-1} 转速离心 3 min。

表 6−9   CuBDC 纳米酶过氧化物酶活性测定的实验数据记录

实验序号	1	2	3
0.02 mol·L^{-1} TMB 溶液体积/μL	320	320	320
0.025 mol·L^{-1} H$_2$O$_2$ 溶液体积/μL	100	0	100
pH=5.2 HAc−NaAc 缓冲液体积/μL	7340	7440	7580
CuBDC 纳米酶分散液体积/μL	240	240	0

用 1 cm 比色皿,以纯水作参比溶液,利用具有自动扫描功能的紫外−可见分光光度计,在波长为 500~800 nm 范围内分别扫描 1—3 号离心管中上层清液的吸收光谱。比较 3 支离心管中溶液颜色及其吸收光谱,判断 CuBDC 是否具有类过氧化物酶活性,解释 1—3 号溶液吸收光谱差异的原因。

3. GOx@CuBDC 复合纳米酶串联催化反应测定试样溶液中葡萄糖的含量

① 葡萄糖标准溶液和待测试样溶液的配制。如表 6−10 所示,取 5 支 5 mL 离心管并编号,利用 0.0100 mol·L^{-1} 葡萄糖储备液分别配制 1—5 号不同浓度的葡萄糖标准溶液。

表 6−10   葡萄糖标准溶液配制的实验数据记录

实验序号	1	2	3	4	5
葡萄糖溶液体积/mL	0.40	0.80	1.20	1.60	2.00
纯水体积/mL	3.60	3.20	2.80	2.40	2.00
系列标准溶液浓度/(mol·L^{-1})					

另取 6 支 10 mL 离心管,分别标记为 1′,2′,3′,4′,5′,6′。向 6 支离心管中依次加入 6400 μL HAc−NaAc 缓冲溶液(pH=5.2)和 480 μL 0.02 mol·L^{-1} TMB 溶液,然后分别加入 800 μL 上述 1—5 号不同浓度的葡萄糖标准溶液及待测试样溶液(根据实际情况进行必要的稀释),再分别加入 320 μL 混合均匀的 1 mg·mL^{-1} GOx@CuBDC 复合纳米酶悬浊液。将配制好的 6 份溶液振荡均匀,并在 37 ℃ 的水浴中孵化 15 min。将孵化后的每组溶液分别转

至两支 5 mL 离心管中(每个离心管装 4 mL),以 9000 r·min⁻¹ 的转速离心 3 min,备用。

② 标准曲线的制作与试样中葡萄糖的测定。用 1 cm 比色皿,以纯水作参比溶液,在 652 nm 波长处分别测定上述离心后的上层清液的吸光度 A,将测定数据填入表 6—11 中。以葡萄糖溶液浓度为横坐标,以吸光度 A 为纵坐标,制作标准曲线。根据待测试样溶液的吸光度,从标准曲线中求出待测试样溶液中葡萄糖的浓度。

表 6—11 葡萄糖标准溶液与待测试样溶液吸光度测定的实验数据记录

实验序号	1'	2'	3'	4'	5'	6'(试样)
葡萄糖溶液浓度/(mol·L⁻¹)						
吸光度 $A_{652\ nm}$						

4. GOx@CuBDC 复合纳米酶串联反应催化活性与游离酶催化活性比较及分光光度法测定葡萄糖浓度

(1) GOx@CuBDC 复合纳米酶串联反应催化活性与游离酶催化活性比较。如表 6—12 所示,分别向 2 支 10 mL 离心管依次加入 6400 μL HAc—NaAc 缓冲溶液(pH=5.2)、480 μL 0.02 mol·L⁻¹ TMB 溶液和上述表 6—9 中的 3 号葡萄糖标准溶液 800 μL。

表 6—12 GOx@CuBDC 复合纳米酶与游离酶催化活性对比实验数据记录

实验序号	离心管 1	离心管 2
pH=5.2 的 HAc—NaAc 缓冲溶液体积/μL	6400	6400
0.02 mol·L⁻¹ TMB 溶液体积/μL	480	480
3 号葡萄糖标准溶液体积/μL	800	800
GOx@CuBDC 复合纳米酶悬浊液体积/μL	320	0
CuBDC 纳米酶悬浊液体积/μL	0	304
葡萄糖氧化酶(GOx)溶液体积/μL	0	16
振荡摇匀,在 37 ℃的水浴中孵化 15 min,以 9000 r·min⁻¹ 的转速离心 3 min		

向第一支离心管中加入 320 μL 混合均匀的 GOx@CuBDC 复合纳米酶悬浊液;向另一支离心管中加入 304 μL 混合均匀的 1 mg·mL⁻¹ CuBDC 纳米酶悬浊液及 16 μL 10 mg·mL⁻¹葡萄糖氧化酶溶液(GOx)。将两支离心管振荡摇匀,并在 37 ℃的水浴中孵化 15 min。分别将两支离心管中的溶液分别转至 2 个 5 mL 离心管中(每个离心管 4 mL),以 9000 r·min⁻¹ 的转速离心 3 min。

用 1 cm 比色皿,以纯水作参比溶液,利用具有自动扫描功能的紫外-可见分光光度计,在波长为 500～800 nm 范围内分别扫描两支离心管中上层清液的吸收光谱。对比吸收光谱,判断复合纳米酶串联反应催化活性与游离酶催化活性差异并解释。

(2) 分光光度法测定葡萄糖浓度。

① 取 7 个 2 mL 离心管,用移液枪加入 0.010 mol·L⁻¹葡萄糖标准溶液 0 μL,50 μL,100 μL,200 μL,250 μL,300 μL,400 μL,加入纯水稀释至 1.0 mL,得到浓度分别为 0 mol·L⁻¹,0.0005 mol·L⁻¹,0.001 mol·L⁻¹,0.002 mol·L⁻¹,0.0025 mol·L⁻¹,0.003 mol·L⁻¹,

0.004 mol·L^{-1} 葡萄糖标准溶液。

② 另取 8 支 10 mL 离心管,用移液枪依次分别加入 4000 μL HAc—NaAc 缓冲溶液 (pH =5.2)、300 μL 0.020 mol·L^{-1} TMB 溶液和 500 μL 上述不同浓度的葡萄糖标准溶液和待测液,再都加入 200 μL GOx@CuBDC 溶液。

在 37 ℃水浴中反应 15 min 后,离心后取上层清液于 1 cm 比色皿中,以试剂空白作参比溶液,在选定的最大吸收波长处(约为 652 nm)测定各溶液的吸光度。以葡萄糖溶液浓度为横坐标,测定的吸光度为纵坐标,制作标准曲线,根据标准曲线及待测溶液的吸光度计算未知葡萄糖溶液的浓度。此外,离心后的葡萄糖标准溶液和待测溶液可用智能手机拍照,用于延伸实验。

5. 延伸实验

(1) 在测定 CuBDC 纳米酶类过氧化物酶活性的基础上,用分光光度法测定 H$_2$O$_2$ 浓度。

① 取 7 支 2 mL 离心管,用移液枪分别加入 0.10 mol·L^{-1} H$_2$O$_2$ 标准溶液 0 μL,20 μL, 40 μL,60 μL,80 μL,100 μL,200 μL,加纯水稀释至 1.0 mL,得到浓度分别为 0 mol·L^{-1}, 0.002 mol·L^{-1},0.004 mol·L^{-1},0.006 mol·L^{-1},0.008 mol·L^{-1},0.010 mol·L^{-1},0.020 mol·L^{-1} 的 H$_2$O$_2$ 标准溶液。将医用双氧水于离心管中稀释 200 倍作为待测试样。

② 另取 8 支 10 mL 离心管,用移液枪依次往 8 支离心管中分别加入 4600 μL HAc—NaAc 缓冲溶液(pH=5.2),200 μL 0.020 mol·L^{-1} TMB 溶液和 50 μL 上述不同浓度的 H$_2$O$_2$ 标准溶液和待测溶液,最后再都加入 150 μL CuBDC 溶液。

③ 各组溶液在室温下反应 15 min,离心分离(转速为 9000 r·min^{-1})3 min,各取上层清液于 1 cm 比色皿中,以试剂空白作参比溶液,在选定的最大吸收波长处(约为 652 nm)测定各溶液的吸光度。以 H$_2$O$_2$ 溶液浓度为横坐标,测定的吸光度为纵坐标,制作标准曲线,根据标准曲线及待测溶液的吸光度计算医用双氧水的浓度。此外,离心后的 H$_2$O$_2$ 标准溶液和待测溶液可用智能手机拍照,用于延伸实验(2)。

(2) 基于手机色度分析法测定葡萄糖或 H$_2$O$_2$ 浓度。利用智能手机对已配制的一系列浓度的葡萄糖或 H$_2$O$_2$ 标准溶液(如前标注)进行拍照,采集色度信息(RGB 值),建立标准比色卡,并利用手机采集待测葡萄糖或 H$_2$O$_2$ 溶液(如前标注)反应后的色度信息,通过溶液色度信息(RGB 值)与溶液浓度的线性关系快速检测溶液中葡萄糖或 H$_2$O$_2$ 的浓度。通过纳米酶与智能手机 App 结合,建立一种简单、快速、灵敏的智能分析方法,实现利用便携式智能手机传感体系对葡萄糖或 H$_2$O$_2$ 的测定。具体操作过程详见实验 58—3。

四、注意事项

(1) 移取配制好的纳米酶溶液时,先要将其进行超声处理(提高材料的分散性)。

(2) 反应时间控制。在配制纳米酶活性测定的反应液时,纳米酶应最后统一加入,并立即开始计时,以保证所有溶液测试时都在同一反应时间。

(3) 缓冲溶液 pH 的控制。纳米酶的活性受体系 pH 的影响很大。在一定 pH 下,酶表现最大活力,高于或低于此 pH,酶的催化活性会降低。以 CuBDC 和 GOx@CuBDC 作纳米酶进行测定时,其最优 pH 分别为 4.2 和 5.2。

(4) 葡萄糖储备液和待测液由实验室统一配制,学生实验时按需取用。

(5) 分光光度法测定 H$_2$O$_2$ 或葡萄糖浓度时,当离心完成后取上层清液时,要避免扰动下层沉淀,以防纳米酶再次扩散到溶液中导致各组反应时间不一样。

（6）注意移液枪的使用规范:使用完毕,将其竖直挂在移液枪架上(5 mL 移液枪可挂在桌面试剂架上);实验结束,要把移液枪的量程调至最大值的刻度,使弹簧处于松弛状态以保护弹簧。

五、思考题

（1）相比于介孔 SiO₂、碳纳米管、金属氧化物等酶固化材料,选用 CuBDC MOF 材料作为葡萄糖氧化酶封装材料有何优点?

（2）缓冲溶液、纳米酶、TMB、葡萄糖加入顺序对试样检测是否有影响?应怎样安排滴加顺序使实验误差降到最低?

（3）如果将 GOx 通过吸附的方式负载在 CuBDC 纳米颗粒表面,是否也具有串联催化活性,其对葡萄糖检测的灵敏度和稳定性与 GOx@CuBDC 复合纳米酶相比会有何不同?

（4）为什么配制溶液时采用的是梯度稀释法而不是直接称量再去溶解至对应体积?这样做有哪些好处?

（5）RGB 色度分析法与分光光度法这两种方法测定的 H_2O_2 或葡萄糖浓度的相对误差是多少?哪些因素会给 RGB 色度分析法实验结果带来较大的误差?

六、参考文献

[1] Fang C, Deng Z, Cao G, et al. Co-Ferrocene MOF/glucose oxidase as cascade nanozyme for effective tumor therapy. Adv. Funct. Mater.,2020,30:1910085.

[2] Haase N R, Shian S, Sandhage K H, et al. Bio-catalytic nanoscale coatings through biomimetic layer-by-layer mineralization. Adv. Funct. Mater.,2011,21(22):4243—4251.

[3] Dhakshinamoorthy A, Li Z, Garcia H. Catalysis and photocatalysis by metal organic frameworks. Chem. Soc. Rev.,2018,47(22):8134—8172.

[4] Cheng X, Kuang Q. Metal-organic framework as a compartmentalized integrated nanozyme reactor to enable high-performance cascade reactions for glucose detection. ACS Sustain. Chem. Eng.,2020,8(48):17783—17790.

[5] 刘梦婷,杨树芬,薛雨,等. 类普鲁士蓝纳米酶材料的制备及其酶催化反应动力学探究,大学化学,2023,38(9):163—171.

[6] 程喜庆,功能化金属有机框架基纳米材料的设计合成及其传感和抗菌应用研究. 厦门:厦门大学,2021.

[7] 王力伟,马光冉,汪莉,等. 分析化学综合实验:基于纳米酶和智能手机的维生素 C 比色检测. 大学化学,2024,39(X):1.

七、助学导学内容

董志强,刘丰俊,翁玉华,等. 智能手机在化学实验中的应用. 大学化学,2021,36(4):2004091.

实验 70　Ag 纳米粒子的制备及其光催化还原 4−硝基苯酚的反应速率常数测定

一、预习要点

（1）了解纳米粒子的定义和 Ag 纳米粒子的常见合成方法。

（2）利用化学还原法制备 Ag 纳米粒子，了解 Ag 纳米粒子形貌、尺寸与颜色的关系。

（3）利用分光光度法测定 Ag 纳米粒子光催化还原 4−硝基苯酚的反应速率常数。

教学课件

二、实验原理

粒子直径在 1~100 nm 的粒子称为纳米粒子。由于纳米粒子特有的表面效应、尺寸效应和量子隧道效应等，使其表现出完全不同于一般材料的特性。Au，Ag，Pt 等贵金属纳米粒子在紫外可见光区展现出很强的光谱吸收，从而可以获得局域表面等离子体共振（localized surface plasmon resonance，LSPR）光谱。该吸收光谱的最大吸收峰所对应的波长取决于该材料的微观结构特性，如组成、形状、结构、尺寸和局域传导率。因此，获得局域表面等离子体共振光谱，并对其进行分析，就可以研究纳米粒子的微观组成。

Ag 纳米粒子（Ag nano-particles，Ag NPs）是一种常见的金属纳米材料，具有独特的光学、电学、热学、抗菌、催化等性能，这使其在生物医学、传感、工业催化等领域具有广泛的应用。本实验就是有关 Ag NPs 的制备、Ag NPs 的局域表面等离子体共振效应及 Ag NPs 光催化还原性能，其内容概要如图 6−29 所示。

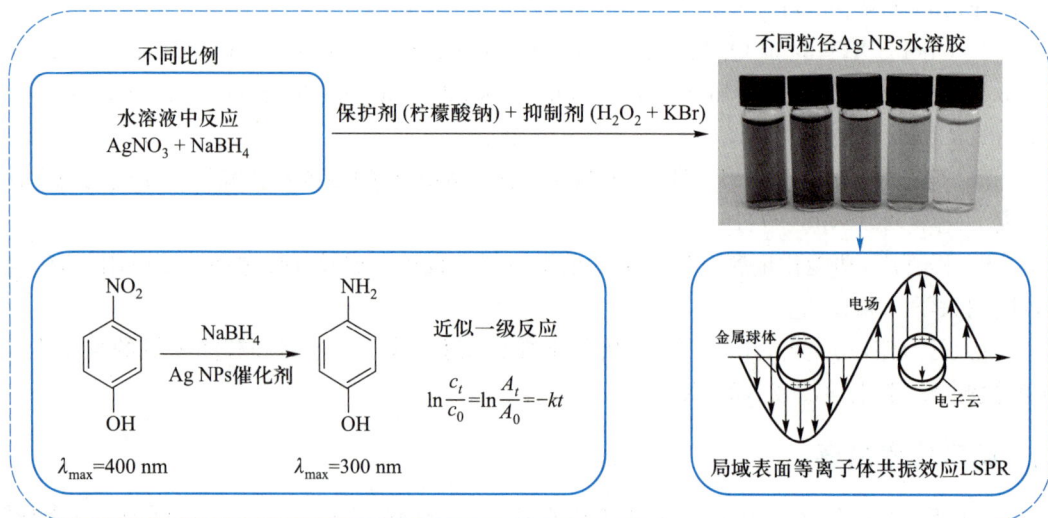

图 6−29　Ag NPs 的制备及其光催化还原 4−硝基苯酚的反应速率常数测定实验内容概要图

1. Ag NPs 的制备

制备 Ag NPs 的方法主要有化学还原法、光化学法、电化学法、微波法等,其中化学还原法是制备 Ag NPs 最为常用的方法,即在水溶液中,用还原剂如柠檬酸钠、水合肼及 $NaBH_4$ 和抗坏血酸等将 $AgNO_3$ 或 Ag_2SO_4 等含银无机盐还原为 Ag NPs。在 Ag NPs 的制备过程中,反应体系中存在的各种物质会对 Ag NPs 的纯度和形貌的均匀性产生一定的影响,因此,化学还原法制备得到的 Ag NPs 质量相对较低。本实验采用 $NaBH_4$ 化学还原法制备 Ag NPs。

水溶液中,在一定量的柠檬酸钠、H_2O_2 和 KBr 存在条件下,用过量的 $NaBH_4$ 还原 $AgNO_3$ 来制备 Ag NPs,有关反应式为

$$NaBH_4 + 8AgNO_3 + 4H_2O = Na[B(OH)_4] + 8Ag + 8HNO_3$$

反应体系中的柠檬酸钠作保护剂,可与正在生长的 Ag 纳米颗粒表面上的 Ag^+ 配合,使其表面带负电以阻止纳米颗粒的聚集,同时过量的柠檬酸钠也可作体系 pH 的缓冲剂;体系中的 H_2O_2 可以氧化体系中新形成的、反应活性较大的 Ag 纳米颗粒,有关反应式为

$$2Ag + H_2O_2 + 2H^+ = 2Ag^+ + 2H_2O$$

体系中 $NaBH_4$ 的还原反应和 H_2O_2 的氧化反应之间建立起微妙的平衡关系,避免了 Ag 纳米粒子不受控制的生长。

研究表明,通过控制 KBr 的量可调控 Ag NPs 的尺寸。KBr 与形成的 Ag NPs 表面的 Ag^+ 结合,形成 AgBr,从而阻止 Ag NPs 的生长,进而调控 Ag NPs 的尺寸。用激光笔照射制备好的 Ag NPs 水溶胶,可以观察到丁铎尔现象,如图 6-30 所示。

2. Ag NPs 的局域表面等离子体共振效应(LSPR)

金属粒子可以认为是由带正电的金属离子和围绕在金属离子周围的自由电子组成的。自由电子所受到的库仑作用力较小,因此,自由电子的运动极易受到外界作用力的干扰。当自由电子因外力作用从金属表面迁移出去时,库仑吸引力又要将电子拉回来,在多种力的相互作用下,电子趋于在金属粒子的表面来回运动,这种运动状态称为金属纳米粒子的局域表面等离子体振荡,如图 6-31 所示。

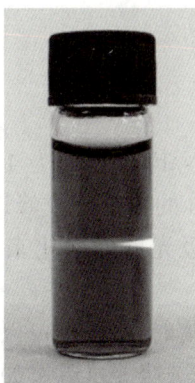

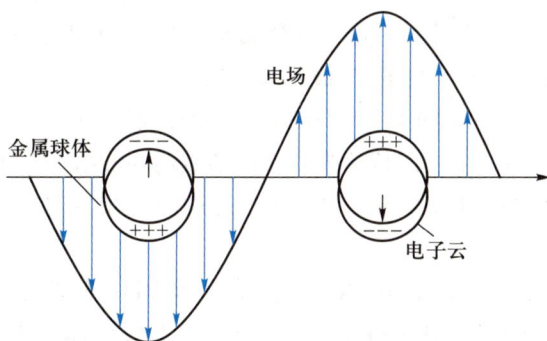

图 6-30 Ag NPs 水溶胶的丁铎尔现象　　图 6-31 金属纳米粒子的局域表面等离子体振荡示意图

每种金属粒子都具有本征的等离子体振荡频率,如果照射到金属粒子表面的入射光的频率恰好与金属等离子体振荡的频率相匹配,那么电子会与入射光子发生强烈的共振,金属纳米粒子会吸收其周围光子的能量或辐射出与电子振荡频率相同的电磁波,这一现象被

称为金属的局域表面等离子体共振。

本实验采用 $NaBH_4$ 化学还原法制备 Ag NPs[①]，通过加入不同量的 KBr，可获得不同尺寸和形貌的 Ag NPs。由于这些 Ag NPs 具有强烈的 LSPR 效应而使其水溶胶具有不同的颜色和紫外-可见吸收光谱，如图 6-32 所示。

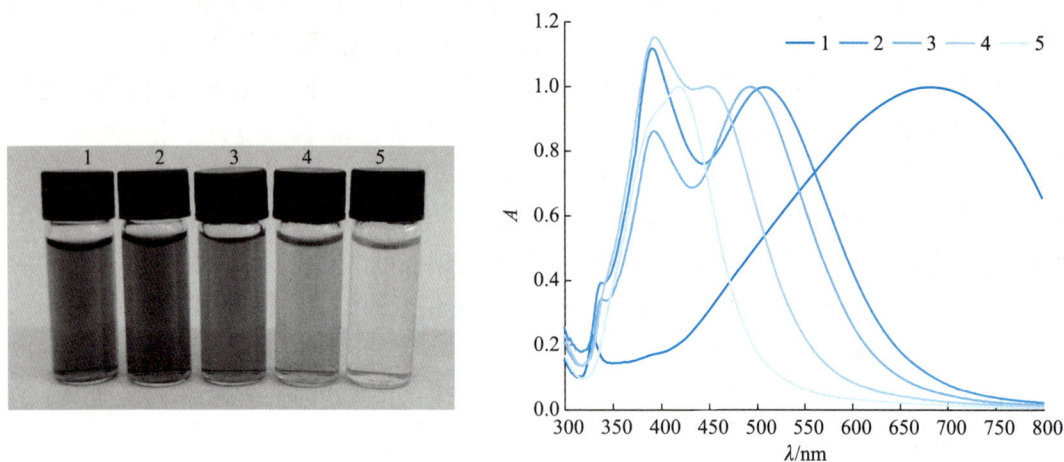

图 6-32　不同尺寸 Ag NPs 的水溶胶照片(左)及紫外-可见吸收光谱示意图(右)

3. Ag NPs 光催化还原 4-硝基苯酚

4-硝基苯酚(4-NP)是一种常见的有机污染物，对人类和动物的健康有可能造成严重伤害。去除水中 4-硝基苯酚最有效的方法就是以 $NaBH_4$ 作还原剂的光催化法，如图 6-33 所示。

通过催化降解 4-NP，得到无毒的产物 4-氨基苯酚(4-AP)。该降解反应的效率取决于光催化剂的催化性能。目前，常用的光催化剂有半导体光催化剂和贵金属纳米粒子。半导体光催化剂(TiO_2，SiO_2，ZnO)的缺点是带隙较宽，只能够在能量较大的紫外光下发生跃迁，导致太阳光子的利用率不高。贵金属纳米粒子可以充分利用各个波段的太阳光子，其催化效率较高。

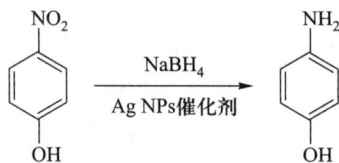

图 6-33　Ag NPs 催化还原 4-硝基苯酚的反应

如图 6-34 所示，在 Ag NPs 催化剂存在下，4-NP 逐渐被 $NaBH_4$ 还原为 4-AP，4-NP 在 400 nm 的特征吸收峰逐渐减弱；同时，4-AP 位于 300 nm 的特征吸收峰逐渐增强。因此，在 400 nm 波长下，可以通过测定反应体系中 4-NP 的吸光度的变化来跟踪反应进程。

实验结果证明，当反应体系中 $NaBH_4$ 浓度远大于 4-NP 浓度时，该反应可以近似认为是一级反应，其表观反应速率常数 k 与反应体系中 4-NP 的浓度或吸光度具有如下关系：

$$\ln\left(\frac{c_t}{c_0}\right)=\ln\left(\frac{A_t}{A_0}\right)=-kt$$

[①]　参阅本实验参考文献[3]。

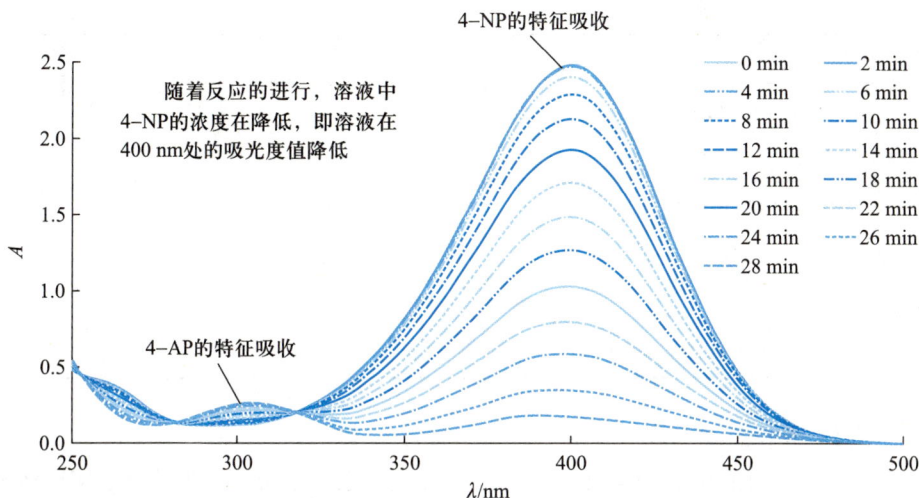

图 6-34　Ag NPs 催化还原 4-NP 的紫外-可见吸收光谱变化示意图

式中,k 为表观速率常数;c_0 和 c_t 分别为 4-NP 的初始浓度和 t 时刻的浓度;A_0 和 A_t 分别为相应浓度的溶液的吸光度。以 $\ln(A_t/A_0)$ 为纵坐标,t 为横坐标作图可得一直线,直线的斜率 k 即为表观速率常数。

本实验是通过加入一定浓度 KBr 溶液的量来调控 Ag NPs 的尺寸。制备不同尺寸而对应不同颜色的 Ag NPs,并分别用于一般日光条件下催化还原 4-NP 的反应,以比较不同尺寸的 Ag NPs 的催化性能。

文献报道,小粒径的 Ag NPs 比大粒径的 Ag NPs 具有更强的光催化活性,光催化反应的速率常数除了可以通过 Ag NPs 的平均粒径进行调控,还可以通过传统的方法——改变 Ag NPs 水溶胶的添加量来调节。

三、实验内容

1. Ag NPs 的制备

分别用吸量管向 5 个 50 mL 烧杯中都依次加入 1.00 mL 0.025 mol·L^{-1} 柠檬酸钠溶液、5.00 mL 0.0004 mol·L^{-1} AgNO$_3$ 溶液和 5.00 mL 0.05 mol·L^{-1} H$_2$O$_2$ 溶液。

将盛有上述溶液的 1 号烧杯放在磁力搅拌器上,加入磁转子,接通电源,搅拌使溶液混合均匀后,再用吸量管加入 2.90 mL 纯水并搅拌均匀。然后用吸量管加入 2.50 mL 0.005 mol·L^{-1} NaBH$_4$ 溶液,观察溶液颜色变化,继续搅拌至溶液颜色不再发生变化为止。用磁力棒从烧杯中移出磁转子,依次用自来水和纯水洗净,并用滤纸片吸干后备用。

按上述方法,依次完成第 2—5 号烧杯中 Ag NPs 的制备。注意:本实验通过加入不同量的 KBr 溶液来调控 Ag NPs 的尺寸,KBr 溶液的加入量需严格按表 6-13 所示体积准确加入。

对比不同合成条件下产物的颜色,用激光笔照射并观察是否有丁铎尔现象,并拍照记录。

表6-13 不同尺寸 Ag NPs 的制备实验数据记录

实验序号	1	2	3	4	5
0.025 mol·L^{-1} 柠檬酸钠溶液体积/mL	1.00	1.00	1.00	1.00	1.00
0.0004 mol·L^{-1} AgNO$_3$ 溶液体积/mL	5.00	5.00	5.00	5.00	5.00
0.05 mol·L^{-1} H$_2$O$_2$ 溶液体积/mL	5.00	5.00	5.00	5.00	5.00
0.00002 mol·L^{-1} KBr 溶液体积/mL	0.00	0.80	1.20	1.50	1.80
纯水体积/mL	2.90	2.10	1.70	1.40	1.10
0.005 mol·L^{-1} NaBH$_4$ 溶液体积/mL	2.50	2.50	2.50	2.50	2.50

2. Ag NPs 吸收曲线的制作及测量波长的选择

利用具有自动扫描功能的紫外-可见分光光度计分别扫描 1—5 号 Ag NPs 溶液的吸收曲线,在该吸收曲线上可直接读取其最大吸收波长 λ_{max}。即先向两个 1cm 的比色皿中装入纯水后进行仪器基线校正,再以纯水作参比溶液,分别扫描 1—5 号 Ag NPs 溶液在波长范围 400~700 nm 的吸收曲线,并在该吸收曲线上直接读取其最大吸收波长 λ_{max}。

3. Ag NPs 催化还原 4-NP 的反应动力学常数测定

选用 2 号和 4 号 Ag NPs 分别作催化剂,分别测定其催化 NaBH$_4$ 还原 4-NP 的反应速率常数。

(1) 参比溶液的配制。用移液枪向一干净干燥的比色皿中加入 1.50 mL 纯水和 1.00 mL 2 号(或 4 号)Ag NPs 溶液,用移液枪的吸头吸、排溶液数次,将溶液混合均匀后放入光路中。

(2) 反应溶液的配制。用移液枪向一干净干燥的比色皿中依次加入 0.10 mL 0.002 mol·L^{-1} 4-NP 溶液和 0.5 mL 0.1 mol·L^{-1} NaBH$_4$ 溶液,再加入 0.9 mL 纯水和 1.00 mL 2 号(或 4 号)Ag NPs 溶液,用移液枪的吸头吸、排溶液数次,将溶液混合均匀后放入光路中。

(3) 催化反应体系吸光度及催化反应速率常数的测定。以 400 nm 为测定波长,每间隔 1 min 测一次反应体系的吸光度值,直至吸光度值不再减小为止。记录实验数据于表 6-14 中。分别以 $\ln(A_t/A_0)$ 为纵坐标,t 为横坐标作图可得一直线,其直线的斜率 k 即为 2 号或 4 号 Ag NPs 催化反应的表观速率常数,并比较不同尺寸的 Ag NPs 的催化活性。

表6-14 2 号和 4 号 Ag NPs 催化 NaBH$_4$ 还原 4-NP 反应速率常数测定的实验数据记录

t/min	吸光度 A		t/min	吸光度 A		t/min	吸光度 A	
	2 号	4 号		2 号	4 号		2 号	4 号
0			5			10		
1			6			11		
2			7			12		
3			8			13		
4			9			14		

续表

t/min	吸光度 A		t/min	吸光度 A		t/min	吸光度 A	
	2号	4号		2号	4号		2号	4号
15			22			29		
16			23			30		
17			24			31		
18			25			32		
19			26			33		
20			27			34		
21			28					

四、注意事项

（1）参考第1章 Excel 或 Origin 软件及其应用示例，用软件处理数据。

（2）Ag NPs 对污染物非常敏感，必须确保使用的玻璃仪器都是洁净的。

（3）在制备 Ag NPs 的实验过程中，各反应试剂均采用吸量管准确加入，尤其是 KBr 溶液的用量，需严格按表6-12所示体积准确加入。

（4）NaBH$_4$ 在中性或酸性溶液中不稳定，易分解，在碱性溶液中比较稳定。本实验需要用 0.01 mol·L^{-1} NaOH 溶液配制 0.01 mol·L^{-1} NaBH$_4$ 溶液，现配现用，并保存在冰水浴中，抑制其水解。

（5）在进行 Ag NPs 催化还原 4-NP 时，当催化剂加入反应体系后，反应并没有立即开始，通常需要 2～4 min 才开始反应，这一时间段称为催化反应的诱导期。在具体处理实验数据时，诱导期内的数据点应舍弃。

（6）催化反应监测时长以 20～30 min 为宜，时间过长，NaBH$_4$ 分解产生气泡，对实验结果影响较大。如果出现吸光度变化异常，很可能是由于反应产生的气泡附着在比色皿内壁，影响了吸光度的测量，此时可用移液枪的吸头吸、排溶液数次驱赶气泡，再进行测定。

（7）含有 Ag NPs 废液要回收至指定容器中。

五、思考题

（1）制备 Ag NPs 时，如果改变柠檬酸钠、H$_2$O$_2$ 和 KBr 等试剂的用量，对制备得到的 Ag NPs 有何影响？

（2）简述制备 Ag NPs 时加入 KBr 的作用。能否用 KCl 或 KI 代替？

（3）实验中所测量的催化反应速率常数与催化剂用量有无关系？

（4）查阅文献，总结分析光照条件对本实验有关催化反应的影响。

六、参考文献

［1］陆津津,徐红颖. 银纳米粒子制备方法的研究进展. 内蒙古石油化工,2020(1):15-16.

［2］Frank A J,Cathcart N,Maly K E,et al. Synthesis of silver nanoprisms with variable size and investigation oftheir optical properties：a first-year undergraduate experiment exploring plasmonic nanoparticles. J Chem Educ,2010,87：1098−1101.

［3］Strachan J,Barnett C,Maschmeyer T,et al. Nanoparticles for undergraduates：creation,characterization,and catalysis. J Chem Educ,2020,97：4166−4172.

［4］Xia Y,Campbell D J. Plasmons：Why should we care?. J Chem Educ,2007,84(1)：91−96.

［5］李东祥,张晓芳,韦倩玲,等. 科研转化的综合化学实验：银纳米粒子的制备及其催化反应动力学测量. 化学教育（中英文）,2020,41(16)：49−54.

［6］李浩男,孙丽,吕鹏程. 银纳米颗粒光催化降解水中对硝基苯酚的研究. 能源工程,2019(4)：65−71.

［7］郭永明,李杰,刘朝勇. 银纳米粒子制备与表征实验的绿色化改进及教学设计. 大学化学,2024,39(3)：258−265.

实验71　溶剂热法制备纳米 TiO_2 及其结构表征和光催化活性的测定探索

一、预习要点

（1）溶剂热法制备纳米 TiO_2 的原理、方法和操作。
（2）扫描电子显微镜（SEM）和 X 射线粉末衍射（XRD）的实验原理。
（3）纳米 TiO_2 光催化反应的原理。

二、实验原理

粒子直径在 $1\sim100$ nm 的粒子称为纳米粒子,由纳米粒子制成的材料称为纳米材料。纳米材料分为两大类：一类是粒度在纳米级的超细材料,如 TiO_2 微粉；另一类是具有纳米孔、纳米通道等纳米相结构的材料。由于纳米粒子的尺度微细,它与化学成分完全相同的宏观粒子相比,具有许多不同寻常的特点,如表面效应、体积效应、量子尺寸效应等,在电学、光学、磁学、力学及生物学等方面表现出许多优良性能。

纳米材料的制备方法可归纳为物理法、化学法和物理化学综合法。大部分单一的物理或化学方法具有许多缺陷。物理化学综合法又可分为气相法、固相法、液−固法。根据具体的实验条件来选择不同的合成方法。

TiO_2 纳米材料作为一种新型的无机功能材料,因其具有比表面积大、表面活性高、光吸收性能好且吸收紫外线的能力强等优点,在太阳能的储存与利用、光电转换、光致变色、水的光解、固氮、石油泄漏的清除、高级汽车涂料、防晒化妆品及精细陶瓷等方面有广泛的应用。

由于纳米 TiO_2 具有良好的紫外吸收能力和较好的光催化作用,它作为光催化材料对有机物的降解作用使得其在有机废水的净化处理过程中也有相关应用。

TiO_2 在自然界中存在三种晶体结构：金红石型、锐钛矿型和板钛矿型,其中金红石型和锐钛矿型的 TiO₂ 均具有光催化活性,尤以锐钛矿型的光催化活性最佳。

1. 纳米 TiO₂ 的制备

纳米 TiO₂ 的制备方法很多,根据物质的初始状态可分为固相法、气相法和液相法。固相法合成纳米 TiO₂ 是利用固态物料热分解或固-固反应进行的;气相法是直接利用气体或通过各种方式将物质变成气体,使之在气体状态下发生物理变化或化学反应,最后经冷却凝聚形成超微粉;液相法是将一种或几种金属盐类按照一定的配比溶解在水溶液中配制成溶液,并在溶液中反应,再经沉淀、提纯、分离、干燥得到纳米粉体。液相法包括醇盐水解法、溶胶凝胶法、沉淀法、微乳液法和水热法等。其中,水热法制备的纳米 TiO₂ 具有环境友好、产物纯度高等优点,成为近年来材料领域的研究热点。

水热反应(hydrothermal reaction)是在特殊反应器(高压釜)保持密闭条件下,在 $100\sim260\ ℃$ 范围内和由此产生的压力下,从水中可溶或部分不溶的反应前驱体通过一锅反应(one-pot reaction)而得到最终产物的反应。

在水热条件下,水的反应活性提高,物质在水中的物性和化学反应性能均异于常态,体系的氧化还原电势也有所改变,原来室温下不能发生的氧化还原反应可在水热条件下得以发生。因此,水热合成方法有着其他合成方法无法替代的特点。在水热与溶剂热条件下反应物反应性能的改变及反应活性的提高,有利于低价、中间价态、介稳态及特殊物相的形成,因此利用水热法可能会合成一系列特殊介稳结构、特殊凝聚态的新物种。

近 30 年来,水热合成法在实验室中被广泛使用。人们通过水热合成的实践使水热反应的内涵和适用范围进一步扩大。首先,反应温度不再局限于高温,一系列中温高压、高温高压水热反应的开拓及其在此基础上开发出来的水热合成,已经成为许多无机功能材料、特种组成与结构的无机化合物及特种凝聚态材料合成的重要途径,如微孔材料、超微粒、溶胶与凝胶、非单晶、无机膜、单晶等。其次,反应溶剂也不再局限于水,也有部分或全部地使用有机溶剂,并相应地将这一类使用有机溶剂的反应称为溶剂热反应(solvothermal reaction)。

实验结果证明,利用水热反应合成的纳米材料的纯度高、晶粒发育好、团聚程度轻、粒度分布窄。可以通过控制影响水热反应的因素,如反应物浓度、体系 pH、温度、压力、保温时间等,控制最终产物的晶粒大小、形貌、物相等性质。

水热反应相比其他反应体系而言,由于反应条件的特殊性,加热时密闭反应釜中流体体积膨胀,能够产生极大的压强,存在极大的安全隐患,实验过程中务必注意安全。

本实验通过水热法制备纳米 TiO₂,在水热条件下,钛酸四丁酯在水溶液中发生水解得到纳米 TiO₂,有关反应式为

$$Ti(OC_4H_9)_4 + 2H_2O \rightleftharpoons TiO_2 + 4C_4H_9OH$$

此外,水热反应的温度和时间会影响纳米 TiO₂ 的粒径和晶型。温度越高,反应时间越长,会导致纳米 TiO₂ 的颗粒表面活性高,团聚严重;温度过低,反应时间过短,则产物中金红石相的比例会增大。这些因素都会降低其催化活性,因此,合成过程中要选择合适的反应温度和反应时间。

2. 纳米 TiO₂ 光催化

TiO₂ 作光催化剂的催化原理如图 6-35 所示。在光照的作用下,TiO₂ 价带(valence band,VB)电子跃迁至导带(conduction band,CB),产生一定的激发态电子 e⁻ 和电子空穴

h$^+$(过程 A)，它们中的一部分在催化剂内部复合回到基态(过程 C)，另一部分则转移至催化剂的表面(过程 D，E)。激发态电子 e$^-$ 和电子空位 h$^+$ 在催化剂的表面也可能会复合(过程 B)，剩余的一部分通过与系统中处于催化剂周围的分子或离子发生离子交换而回到基态，发生化学反应，该过程就是光催化反应(过程 F，G)。

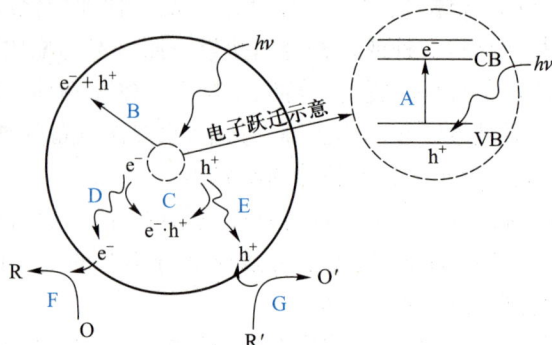

图 6-35　TiO$_2$ 光催化剂的催化原理示意图

在水溶液中，光催化剂在光激发下产生了电子 e$^-$ 和空穴 h$^+$，电子 e$^-$ 传递到 TiO$_2$ 表面时被与之配位的 O$_2$ 获得，产生过氧物种·O$_2^-$，最终产生自由基·OH[反应式(3)—反应式(5)]。而对于光激发产生的空穴 h$^+$，当传递到 TiO$_2$ 表面时，一个 H$_2$O 分子被俘获，它氧化生成 H$^+$ 和自由基·OH[反应式(2)]。上述过程所产生的自由基·OH 和·O$_2^-$ 都参与有机物的分解反应，最终有机物被分解成 H$_2$O 和 CO$_2$[反应式(6)和反应式(7)]。

$$TiO_2(s) \xrightarrow{h\nu} TiO_2(e^-/h^+) \tag{1}$$

$$h^+ + H_2O \longrightarrow \cdot OH + H^+ \tag{2}$$

$$e^- + O_2 \longrightarrow \cdot O_2^- \xrightarrow{H^+} HO_2\cdot \tag{3}$$

$$2HO_2\cdot \longrightarrow O_2 + H_2O_2 \tag{4}$$

$$H_2O_2 + \cdot O_2^- \longrightarrow \cdot OH + OH^- + O_2 \tag{5}$$

$$\cdot OH + R \longrightarrow CO_2 + H_2O \tag{6}$$

$$\cdot O_2^- + R \longrightarrow CO_2 + H_2O \tag{7}$$

三、实验内容

1. 水热法制备纳米 TiO$_2$

向 100 mL 反应釜中加入 3 mL 钛酸四丁酯和 30 mL 纯水，用玻棒搅拌均匀，然后将反应釜盖好拧紧，放入烘箱中于 120 ℃下反应 4 h。自然冷至室温，取出反应釜，倾去上层清液。沉淀分别用纯水和乙醇洗涤后，在 80 ℃烘箱中烘干，得到 TiO$_2$ 白色粉末，称量，计算产率。

2. 纳米 TiO$_2$ 的表征

(1) 形貌表征。将少量自制的 TiO$_2$ 粉末分散在乙醇中，加入几滴 TiO$_2$ 乙醇悬浮液于洁净的硅片上，待晾干后在扫描电子显微镜(SEM)下观察纳米 TiO$_2$ 的形貌和粒径。本实验制得的纳米 TiO$_2$ 粒径在 50 nm～2 μm 之间。

(2) 结构表征。取适量自制的 TiO$_2$ 粉末于玛瑙研钵中研细，平铺在试样池中，进行 X

射线粉末衍射（XRD）测试。本实验制得的纳米 TiO_2 为锐钛矿型。

3. TiO_2 的光催化活性测试

取 100 mg 自制的 TiO_2 粉末于 250 mL 烧杯中，加入 70 mL 10 mg·L^{-1} 甲基橙溶液，超声使其均匀分散，在 365 nm 紫外灯（带灯罩）下磁力搅拌反应 30 min 后，取样离心，取出上层清液以备测试。

利用具有自动扫描功能的紫外-可见分光光度计扫描甲基橙原溶液的吸收曲线，在该吸收曲线上可直接读取其最大吸收波长 λ_{max}。即先向两个 1cm 的比色皿中装入纯水后进行仪器基线校正，再以纯水作参比溶液，扫描甲基橙原溶液在波长范围 400～700 nm 的吸收曲线，并在该吸收曲线上直接读取其最大吸收波长 λ_{max}。然后在其最大吸收波长 λ_{max} 下测定上述上层清液的吸光度值 A，计算光降解率，即

$$D = \frac{A_0 - A}{A_0} \times 100\%$$

式中，A_0 为最大吸收波长 λ_{max} 下的甲基橙原溶液的吸光度值。

四、注意事项

（1）反应釜一定要盖好拧紧后再放入烘箱；反应结束后，一定待烘箱温度降至室温后再取出反应釜。

（2）水热反应的温度和时间会影响纳米 TiO_2 的粒径和晶形，从而影响其催化活性。因此，必须控制水热反应的时间和温度。

（3）光催化反应过程中须及时罩上紫外灯罩；取样时先关灯再取样，以防紫外线灼伤皮肤。

（4）反应废液要回收至有机废液桶中。

五、思考题

（1）若不通过扫描电子显微镜观察，还有哪些方法可以确认制备的 TiO_2 尺寸为纳米级？

（2）将实验测定的 XRD 图谱与其标准图谱进行比对，确定制得的纳米 TiO_2 为何种晶形。

（3）本实验中，影响光催化反应的因素有哪些？如何避免？

（4）光催化降解甲基橙是几级反应？与什么因素有关？

六、参考文献

［1］夏金德. 水热法制备二氧化钛纳米材料. 安徽工业大学学报，2007，24（2）：140.

［2］李蕊，孙奇，王海霞，等. pH 对钛酸四丁酯水解产物的影响. 山东陶瓷，2010，33（4）：32.

附录 ◀◀◀

附录 1　常用物理化学常数

常数	符号和数值
阿伏伽德罗常数	$N_A = 6.0221367(36) \times 10^{23}\ mol^{-1}$
电子电荷量	$e = 1.60217733(49) \times 10^{-19}\ C$
电子静止质量	$m_e = 9.1093897(54) \times 10^{-31}\ kg$
法拉第常数	$F = 96485.309(29) C \cdot mol^{-1}$
普朗克常量	$h = 6.6260755(40) \times 10^{-34}\ J \cdot s$
玻尔兹曼常量	$k = 1.380658(12) \times 10^{-23}\ J \cdot K^{-1}$
摩尔气体常数	$R = 8.314510(70)\ J \cdot K^{-1} \cdot mol^{-1}$
玻尔磁子	$\mu_B = 9.2740154(31) \times 10^{-24}\ J \cdot T^{-1}$
里德伯常量	$R_\infty = 1.0973731534(13) \times 10^7\ m^{-1}$
标准大气压强	$atm = 101.325\ kPa$
真空中的光速	$c_0 = 299792458\ m \cdot s^{-1}$
原子的质量单位	$u = 1.6605402(10) \times 10^{-27}\ kg$

注：本表数据摘自 James G Speight. Lange's Handbook of Chemistry. 16th ed. New York：McGraw-Hill Companies Inc，2005：Table 4.3.

附录 2　常用换算关系

物理量	换算关系
长度	$1\ \text{Å} = 1 \times 10^{-10}\ m = 100\ pm = 0.1\ nm$ $1\ in = 2.54\ cm$
能量	$1\ cal = 4.184\ J$ $1\ eV = 1.602 \times 10^{-19}\ J$
温度	$t_F/°F = \dfrac{9}{5} t/℃ + 32$ $T/K = t/℃ + 273.15$

续表

物理量	换算关系
压力	1 Pa=1 N·m^{-2} 1 atm=760 mmHg=101.325 kPa 1 mmHg=1 torr=133.3 Pa 1 bar=10^5 Pa
偶极矩	1 D(debye)=3.33564×10^{-30} C·m
其他	1 cm^{-1}相当于 1.986×10^{-23} J=0.124 meV 1 eV 相当于 96.485 kJ·mol^{-1},8065.5 cm^{-1} R=1.986 cal·mol^{-1}·K^{-1}=0.08206 dm^3·atm·mol^{-1}·K^{-1}=8.314 J·mol^{-1}·K^{-1} =8.314 kPa·dm^3·mol^{-1}·K^{-1}

附录3 不同温度下水的密度

温度/K	密度/(g·cm^{-3})	温度/K	密度/(g·cm^{-3})	温度/K	密度/(g·cm^{-3})
283.0	0.999717	286.8	0.999299	290.6	0.998704
283.2	0.999700	287.0	0.999272	290.8	0.998668
283.4	0.999682	287.2	0.999244	291.0	0.998632
283.6	0.999664	287.4	0.999216	291.2	0.998595
283.8	0.999645	287.6	0.999188	291.4	0.998558
284.0	0.999625	287.8	0.999159	291.6	0.998520
284.2	0.999605	288.0	0.999129	291.8	0.998482
284.4	0.999585	288.2	0.999099	292.0	0.998444
284.6	0.999564	288.4	0.999069	292.2	0.998405
284.8	0.999542	288.6	0.999038	292.4	0.998365
285.0	0.999520	288.8	0.999007	292.6	0.998325
285.2	0.999498	289.0	0.998975	292.8	0.998285
285.4	0.999475	289.2	0.998943	293.0	0.998244
285.6	0.999451	289.4	0.998910	293.2	0.998203
285.8	0.999427	289.6	0.998877	293.4	0.998162
286.0	0.999402	289.8	0.998843	293.6	0.998120
286.2	0.999377	290.0	0.998809	293.8	0.998078
286.4	0.999352	290.2	0.998774	294.0	0.998035
286.6	0.999326	290.4	0.998739	294.2	0.997992

续表

温度/K	密度/(g·cm^{-3})	温度/K	密度/(g·cm^{-3})	温度/K	密度/(g·cm^{-3})
294.4	0.997948	297.4	0.997246	300.4	0.996457
294.6	0.997904	297.6	0.997196	300.6	0.996401
294.8	0.997860	297.8	0.997146	300.8	0.996345
295.0	0.997815	298.0	0.997095	301.0	0.996289
295.2	0.997770	298.2	0.997044	301.2	0.996232
295.4	0.997724	298.4	0.996992	301.4	0.996175
295.6	0.997678	298.6	0.996941	301.6	0.996118
295.8	0.997632	298.8	0.996888	301.8	0.996060
296.0	0.997585	299.0	0.996836	302.0	0.996002
296.2	0.997538	299.2	0.996783	302.2	0.995944
296.4	0.997490	299.4	0.996729	302.4	0.995885
296.6	0.997442	299.6	0.996676	302.6	0.995826
296.8	0.997394	299.8	0.996621	302.8	0.995766
297.0	0.997345	300.0	0.996567	303.0	0.995706
297.2	0.997296	300.2	0.996512	303.2	0.995646

注：1. 本表数据摘自 John A Dean. Lange's Handbook of Chemistry. 11th ed. New York：McGraw-Hill Companies Inc，1973.

2. 温度(K)由 273.2+t 得到。

附录4　不同温度下水的饱和蒸气压(单位：Pa)

温度/℃	0.0	0.2	0.4	0.6	0.8
15	1704.9	1726.9	1749.3	1771.8	1794.6
16	1817.7	1841.0	1864.7	1888.6	1912.7
17	1937.1	1961.8	1986.9	2012.1	2037.7
18	2063.4	2089.5	2115.9	2142.6	2169.4
19	2196.7	2224.4	2252.3	2280.4	2309.0
20	2337.8	2366.8	2396.3	2426.0	2457.4
21	2486.4	2517.1	2548.1	2579.6	2611.3
22	2643.3	2675.7	2708.5	2741.7	2775.1
23	2808.8	2842.9	2877.4	2912.3	2947.7
24	2983.3	3019.4	3056.0	3092.8	3129.4
25	3167.1	3204.9	3243.1	3281.9	3321.3
26	3360.9	3400.9	3441.3	3481.9	3523.1

续表

温度/℃	0.0	0.2	0.4	0.6	0.8
27	3564.8	3607.0	3649.5	3692.4	3735.8
28	3779.5	3823.6	3868.3	3913.5	3959.2
29	4005.3	4051.9	4098.9	4146.5	4194.4
30	4242.8	4291.7	4341.0	4390.8	4441.2
31	4492.2	4543.8	4595.7	4648.1	4701.0
32	4754.6	4808.6	4863.1	4918.3	4973.9
33	5030.1	5086.8	5144.0	5201.9	5260.4
34	5319.2	5378.7	5438.9	5500.4	5560.8
35	5622.8	5685.3	5748.4	5812.1	5876.4

注：摘自 Robert C，Weast P D. Handbook of Chemistry and Physics. 55th ed. Boca Rato：CRC Press Inc，1974；本表数据由原来的数据（mmHg）乘以 133.32 而得。

附录 5 标准电极电势（298.15 K）

附表 5-1 酸性介质中

电极对符号	电极反应	$\varphi^{\ominus}/V$
	氧化型$+ze^-\rightleftharpoons$还原型	
Li^+/Li	$Li^++e^-\rightleftharpoons Li$	-3.0401
Na^+/Na	$Na^++e^-\rightleftharpoons Na$	-2.71
Mg^{2+}/Mg	$Mg^{2+}+2e^-\rightleftharpoons Mg$	-2.372
Al^{3+}/Al	$Al^{3+}+3e^-\rightleftharpoons Al$	-1.676
Mn^{2+}/Mn	$Mn^{2+}+2e^-\rightleftharpoons Mn$	-1.185
$Zn^{2+}/Zn(Hg)$	$Zn^{2+}+2e^-\rightleftharpoons Zn(Hg)$	-0.7268
Zn^{2+}/Zn	$Zn^{2+}+2e^-\rightleftharpoons Zn$	-0.7618
Cr^{3+}/Cr	$Cr^{3+}+3e^-\rightleftharpoons Cr$	-0.744
Ga^{3+}/Ga	$Ga^{3+}+3e^-\rightleftharpoons Ga$	-0.549
TiO_2/Ti^{2+}	$TiO_2+4H^++2e^-\rightleftharpoons Ti^{2+}+2H_2O$	-0.502
Fe^{2+}/Fe	$Fe^{2+}+2e^-\rightleftharpoons Fe$	-0.447
Cr^{3+}/Cr^{2+}	$Cr^{3+}+e^-\rightleftharpoons Cr^{2+}$	-0.407
Cd^{2+}/Cd	$Cd^{2+}+2e^-\rightleftharpoons Cd$	-0.4030
Ti^{3+}/Ti^{2+}	$Ti^{3+}+e^-\rightleftharpoons Ti^{2+}$	-0.369
PbI_2/Pb	$PbI_2+2e^-\rightleftharpoons Pb+2I^-$	-0.365
$PbSO_4/Pb$	$PbSO_4+2e^-\rightleftharpoons Pb+SO_4^{2-}$	-0.3588

电极对符号	电极反应	$\varphi^{\ominus}/V$
	氧化型 + ze⁻ ⇌ 还原型	
Co^{2+}/Co	$Co^{2+}+2e^-\rightleftharpoons Co$	-0.28
$PbCl_2/Pb$	$PbCl_2+2e^-\rightleftharpoons Pb+2Cl^-$	-0.2675
Ni^{2+}/Ni	$Ni^{2+}+2e^-\rightleftharpoons Ni$	-0.257
$CO_2/HCOOH$	$CO_2+2H^++2e^-\rightleftharpoons HCOOH$	-0.199
AgI/Ag	$AgI+e^-\rightleftharpoons Ag+I^-$	-0.15224
Sn^{2+}/Sn	$Sn^{2+}+2e^-\rightleftharpoons Sn$	-0.1375
Pb^{2+}/Pb	$Pb^{2+}+2e^-\rightleftharpoons Pb$	-0.1262
$Pb^{2+}/Pb(Hg)$	$Pb^{2+}+2e^-\rightleftharpoons Pb(Hg)$	-0.1205
$P/PH_3(g)$	$P(red)+3H^++3e^-\rightleftharpoons PH_3(g)$	-0.111
Fe^{3+}/Fe	$Fe^{3+}+3e^-\rightleftharpoons Fe$	-0.037
Ag_2S/Ag	$Ag_2S+2H^++2e^-\rightleftharpoons 2Ag+H_2S$	-0.0366
$[CuI_2]^-/Cu$	$[CuI_2]^-+e^-\rightleftharpoons Cu+2I^-$	0.00
H^+/H_2	$2H^++2e^-\rightleftharpoons H_2$	0.00000
$AgBr/Ag$	$AgBr+e^-\rightleftharpoons Ag+Br^-$	0.07133
$S_4O_6^{2-}/S_2O_3^{2-}$	$S_4O_6^{2-}+2e^-\rightleftharpoons 2S_2O_3^{2-}$	0.08
TiO^{2+}/Ti^{3+}	$TiO^{2+}+2H^++e^-\rightleftharpoons Ti^{3+}+H_2O$	0.100
S/H_2S	$S+2H^++2e^-\rightleftharpoons H_2S(aq)$	0.142
Sn^{4+}/Sn^{2+}	$Sn^{4+}+2e^-\rightleftharpoons Sn^{2+}$	0.151
Cu^{2+}/Cu^+	$Cu^{2+}+e^-\rightleftharpoons Cu^+$	0.153
$AgCl/Ag$	$AgCl+e^-\rightleftharpoons Ag+Cl^-$	0.22233
Hg_2Cl_2/Hg	$Hg_2Cl_2+2e^-\rightleftharpoons 2Hg+2Cl^-$	0.26808
Cu^{2+}/Cu	$Cu^{2+}+2e^-\rightleftharpoons Cu$	0.3419
$AgIO_3/Ag$	$AgIO_3+e^-\rightleftharpoons Ag+IO_3^-$	0.354
Ag_2CrO_4/Ag	$Ag_2CrO_4+2e^-\rightleftharpoons 2Ag+CrO_4^{2-}$	0.4470
H_3SO_3/S	$H_2SO_3+4H^++4e^-\rightleftharpoons S+3H_2O$	0.449
Cu^+/Cu	$Cu^++e^-\rightleftharpoons Cu$	0.521
I_2/I^-	$I_2+2e^-\rightleftharpoons 2I^-$	0.5355
I_3^-/I^-	$I_3^-+2e^-\rightleftharpoons 3I^-$	0.536
$[PdCl_4]^{2-}/Pd$	$[PdCl_4]^{2-}+2e^-\rightleftharpoons Pd+4Cl^-$	0.591
Hg_2SO_4/Hg	$Hg_2SO_4+2e^-\rightleftharpoons 2Hg+SO_4^{2-}$	0.6125

续表

电极对符号	电极反应	$\varphi^{\ominus}/V$
	氧化型 + ze⁻ $\rightleftharpoons$ 还原型	
Ag_2SO_4/Ag	$Ag_2SO_4 + 2e^- \rightleftharpoons 2Ag + SO_4^{2-}$	0.654
$Cu^{2+}/CuBr$	$Cu^{2+} + Br^- + e^- \rightleftharpoons CuBr(s)$	0.654
$[PtCl_6]^{2-}/[PtCl_4]^{2-}$	$[PtCl_6]^{2-} + 2e^- \rightleftharpoons [PtCl_4]^{2-} + 2Cl^-$	0.68
O_2/H_2O_2	$O_2 + 2H^+ + 2e^- \rightleftharpoons H_2O_2$	0.695
$[PtCl_4]^{2-}/Pt$	$[PtCl_4]^{2-} + 2e^- \rightleftharpoons Pt + 4Cl^-$	0.755
Fe^{3+}/Fe^{2+}	$Fe^{3+} + e^- \rightleftharpoons Fe^{2+}$	0.771
Hg_2^{2+}/Hg	$Hg_2^{2+} + 2e^- \rightleftharpoons 2Hg$	0.7973
Ag^+/Ag	$Ag^+ + e^- \rightleftharpoons Ag$	0.7996
Hg^{2+}/Hg	$Hg^{2+} + 2e^- \rightleftharpoons Hg$	0.851
Hg^{2+}/Hg_2^{2+}	$2Hg^{2+} + 2e^- \rightleftharpoons Hg_2^{2+}$	0.920
NO_3^-/HNO_2	$NO_3^- + 3H^+ + 2e^- \rightleftharpoons HNO_2 + H_2O$	0.934
Pd^{2+}/Pd	$Pd^{2+} + 2e^- \rightleftharpoons Pd$	0.951
NO_3^-/NO	$NO_3^- + 4H^+ + 3e^- \rightleftharpoons NO + 2H_2O$	0.957
V_2O_5/VO^{2+}	$V_2O_5 + 6H^+ + 2e^- \rightleftharpoons 2VO^{2+} + 3H_2O$	0.957
HNO_2/NO	$HNO_2 + H^+ + e^- \rightleftharpoons NO + H_2O$	0.983
VO_2^+/VO^{2+}	$VO_2^+ + 2H^+ + e^- \rightleftharpoons VO^{2+} + H_2O$	0.991
PtO_2/Pt	$PtO_2 + 4H^+ + 4e^- \rightleftharpoons Pt + 2H_2O$	1.00
$[AuCl_4]^-/Au$	$[AuCl_4]^- + 3e^- \rightleftharpoons Au + 4Cl^-$	1.002
N_2O_4/HNO_2	$N_2O_4 + 2H^+ + 2e^- \rightleftharpoons 2HNO_2$	1.065
Br_2/Br^-	$Br_2(l) + 2e^- \rightleftharpoons 2Br^-$	1.066
IO_3^-/I^-	$IO_3^- + 6H^+ + 6e^- \rightleftharpoons I^- + 3H_2O$	1.085
$Br_2(aq)/Br^-$	$Br_2(aq) + 2e^- \rightleftharpoons 2Br^-$	1.0873
Pt^{2+}/Pt	$Pt^{2+} + 2e^- \rightleftharpoons Pt$	1.18
ClO_4^-/ClO_3^-	$ClO_4^- + 2H^+ + 2e^- \rightleftharpoons ClO_3^- + H_2O$	1.189
IO_3^-/I_2	$2IO_3^- + 12H^+ + 10e^- \rightleftharpoons I_2 + 6H_2O$	1.195
$ClO_3^-/HClO_2$	$ClO_3^- + 3H^+ + 2e^- \rightleftharpoons HClO_2 + H_2O$	1.214
MnO_2/Mn^{2+}	$MnO_2 + 4H^+ + 2e^- \rightleftharpoons Mn^{2+} + 2H_2O$	1.224
O_2/H_2O	$O_2 + 4H^+ + 4e^- \rightleftharpoons 2H_2O$	1.229
$[PdCl_6]^{2-}/[PdCl_4]^{2-}$	$[PdCl_6]^{2-} + 2e^- \rightleftharpoons [PdCl_4]^{2-} + 2Cl^-$	1.288
Cl_2/Cl^-	$Cl_2 + 2e^- \rightleftharpoons 2Cl^-$	1.35827

续表

电极对符号	电极反应 氧化型 $+z\mathrm{e}^- \rightleftharpoons$ 还原型	$\varphi^{\ominus}/\mathrm{V}$
$Cr_2O_7^{2-}/Cr^{3+}$	$Cr_2O_7^{2-}+14H^++6e^- \rightleftharpoons 2Cr^{3+}+7H_2O$	1.36
Au^{3+}/Au^+	$Au^{3+}+2e^- \rightleftharpoons Au^+$	1.401
BrO_3^-/Br^-	$BrO_3^-+6H^++6e^- \rightleftharpoons Br^-+3H_2O$	1.423
HIO/I_2	$2HIO+2H^++2e^- \rightleftharpoons I_2+2H_2O$	1.439
ClO_3^-/Cl^-	$ClO_3^-+6H^++6e^- \rightleftharpoons Cl^-+3H_2O$	1.451
PbO_2/Pb^{2+}	$PbO_2+4H^++2e^- \rightleftharpoons Pb^{2+}+2H_2O$	1.455
ClO_3^-/Cl_2	$ClO_3^-+6H^++5e^- \rightleftharpoons 1/2Cl_2+3H_2O$	1.47
CrO_2/Cr^{3+}	$CrO_2+4H^++e^- \rightleftharpoons Cr^{3+}+2H_2O$	1.48
BrO_3^-/Br_2	$BrO_3^-+6H^++5e^- \rightleftharpoons 1/2Br_2+3H_2O$	1.482
$HClO/Cl^-$	$HClO+H^++2e^- \rightleftharpoons Cl^-+H_2O$	1.482
Mn_2O_3/Mn^{2+}	$Mn_2O_3+6H^++2e^- \rightleftharpoons 2Mn^{2+}+3H_2O$	1.485
Au^{3+}/Au^+	$Au^{3+}+2e^- \rightleftharpoons Au^+$	1.498
MnO_4^-/Mn^{2+}	$MnO_4^-+8H^++5e^- \rightleftharpoons Mn^{2+}+4H_2O$	1.507
Mn^{3+}/Mn^{2+}	$Mn^{3+}+e^- \rightleftharpoons Mn^{2+}$	1.5415
$HClO/Cl_2$	$HClO+H^++3e^- \rightleftharpoons 1/2Cl_2+H_2O$	1.611
NiO_2/Ni^{2+}	$NiO_2+4H^++2e^- \rightleftharpoons Ni^{2+}+2H_2O$	1.678
MnO_4^-/MnO_2	$MnO_4^-+4H^++3e^- \rightleftharpoons MnO_2+2H_2O$	1.679
$PbO_2/PbSO_4$	$PbO_2+SO_4^{2-}+4H^++2e^- \rightleftharpoons PbSO_4+2H_2O$	1.6913
Au^+/Au	$Au^++e^- \rightleftharpoons Au$	1.692
Ce^{4+}/Ce^{3+}	$Ce^{4+}+e^- \rightleftharpoons Ce^{3+}$	1.72
H_2O_2/H_2O	$H_2O_2+2H^++2e^- \rightleftharpoons 2H_2O$	1.776
BrO_4^-/BrO_3^-	$BrO_4^-+2H^++2e^- \rightleftharpoons BrO_3^-+H_2O$	1.853
Co^{3+}/Co^{2+}	$Co^{3+}+e^- \rightleftharpoons Co^{2+}$	1.92
O_3/O_2	$O_3+2H^++2e^- \rightleftharpoons O_2+H_2O$	2.076
$S_2O_8^{2-}/HSO_4^-$	$S_2O_8^{2-}+2H^++2e^- \rightleftharpoons 2HSO_4^-$	2.123

附表 5—2 碱性介质中

电极对符号	电极反应 氧化型 $+z\mathrm{e}^- \rightleftharpoons$ 还原型	$\varphi^{\ominus}/\mathrm{V}$
$Mg(OH)_2/Mg$	$Mg(OH)_2+2e^- \rightleftharpoons Mg+2OH^-$	-2.69
$Al(OH)_3/Al$	$Al(OH)_3+3e^- \rightleftharpoons Al+3OH^-$	-2.31

电极对符号	电极反应 氧化型$+z\mathrm{e}^- \Longrightarrow$ 还原型	$\varphi^{\ominus}/\mathrm{V}$
$\mathrm{ZnO/Zn}$	$\mathrm{ZnO+H_2O+2e^- \Longrightarrow Zn+2OH^-}$	-1.260
$\mathrm{Zn(OH)_2/Zn}$	$\mathrm{Zn(OH)_2+2e^- \Longrightarrow Zn+2OH^-}$	-1.249
$\mathrm{ZnO_2^{2-}/Zn}$	$\mathrm{ZnO_2^{2-}+2H_2O+2e^- \Longrightarrow Zn+4OH^-}$	-1.215
$\mathrm{[Zn(OH)_4]^{2-}/Zn}$	$\mathrm{[Zn(OH)_4]^{2-}+H_2O+2e^- \Longrightarrow Zn+4OH^-}$	-1.199
$\mathrm{SO_4^{2-}/SO_3^{2-}}$	$\mathrm{SO_4^{2-}+H_2O+2e^- \Longrightarrow SO_3^{2-}+2OH^-}$	-0.93
$\mathrm{H_2O/H_2}$	$\mathrm{2H_2O+2e^- \Longrightarrow H_2+2OH^-}$	-0.8277
$\mathrm{Ni(OH)_2/Ni}$	$\mathrm{Ni(OH)_2+2e^- \Longrightarrow Ni+2OH^-}$	-0.72
$\mathrm{SO_3^{2-}/S}$	$\mathrm{SO_3^{2-}+3H_2O+4e^- \Longrightarrow S+6OH^-}$	-0.59
$\mathrm{PbO/Pb}$	$\mathrm{PbO+H_2O+2e^- \Longrightarrow Pb+2OH^-}$	-0.580
$\mathrm{Fe(OH)_3/Fe(OH)_2}$	$\mathrm{Fe(OH)_3+e^- \Longrightarrow Fe(OH)_2+OH^-}$	-0.56
$\mathrm{S/S^{2-}}$	$\mathrm{S+2e^- \Longrightarrow S^{2-}}$	-0.47627
$\mathrm{NO_2^-/NO}$	$\mathrm{NO_2^-+H_2O+e^- \Longrightarrow NO+2OH^-}$	-0.46
$\mathrm{Cu_2O/Cu}$	$\mathrm{Cu_2O+H_2O+2e^- \Longrightarrow 2Cu+2OH^-}$	-0.360
$\mathrm{Cu(OH)_2/Cu}$	$\mathrm{Cu(OH)_2+2e^- \Longrightarrow Cu+2OH^-}$	-0.222
$\mathrm{O_2/H_2O_2}$	$\mathrm{O_2+2H_2O+2e^- \Longrightarrow H_2O_2+2OH^-}$	-0.146
$\mathrm{CrO_4^{2-}/Cr(OH)_3}$	$\mathrm{CrO_4^{2-}+4H_2O+3e^- \Longrightarrow Cr(OH)_3+5OH^-}$	-0.13
$\mathrm{Cu(OH)_2/Cu_2O}$	$\mathrm{2Cu(OH)_2+2e^- \Longrightarrow Cu_2O+2OH^-+H_2O}$	-0.080
$\mathrm{O_2/HO_2^-}$	$\mathrm{O_2+H_2O+2e^- \Longrightarrow HO_2^-+OH^-}$	-0.076
$\mathrm{AgCN/Ag}$	$\mathrm{AgCN+e^- \Longrightarrow Ag+CN^-}$	-0.017
$\mathrm{NO_3^-/NO_2^-}$	$\mathrm{NO_3^-+H_2O+2e^- \Longrightarrow NO_2^-+2OH^-}$	-0.01
$\mathrm{S_4O_6^{2-}/S_2O_3^{2-}}$	$\mathrm{S_4O_6^{2-}+2e^- \Longrightarrow 2S_2O_3^{2-}}$	0.08
$\mathrm{HgO/Hg}$	$\mathrm{HgO+H_2O+2e^- \Longrightarrow Hg+2OH^-}$	0.0977
$\mathrm{[Co(NH_3)_6]^{3+}/[Co(NH_3)_6]^{2+}}$	$\mathrm{[Co(NH_3)_6]^{3+}+e^- \Longrightarrow [Co(NH_3)_6]^{2+}}$	0.108
$\mathrm{Mn(OH)_3/Mn(OH)_2}$	$\mathrm{Mn(OH)_3+e^- \Longrightarrow Mn(OH)_2+OH^-}$	0.15
$\mathrm{Co(OH)_3/Co(OH)_2}$	$\mathrm{Co(OH)_3+e^- \Longrightarrow Co(OH)_2+OH^-}$	0.17
$\mathrm{PbO_2/PbO}$	$\mathrm{PbO_2/Pb+H_2O+2e^- \Longrightarrow PbO+2OH^-}$	0.247
$\mathrm{IO_3^-/I^-}$	$\mathrm{IO_3^-+3H_2O+6e^- \Longrightarrow I^-+6OH^-}$	0.26
$\mathrm{Ag_2O/Ag}$	$\mathrm{Ag_2O+H_2O+2e^- \Longrightarrow 2Ag+2OH^-}$	0.342
$\mathrm{[Fe(CN)_6]^{3-}/[Fe(CN)_6]^{4-}}$	$\mathrm{[Fe(CN)_6]^{3-}+e^- \Longrightarrow [Fe(CN)_6]^{4-}}$	0.358
$\mathrm{O_2/OH^-}$	$\mathrm{O_2+2H_2O+4e^- \Longrightarrow 4OH^-}$	0.401
$\mathrm{Ag_2C_2O_4/Ag}$	$\mathrm{Ag_2C_2O_4+2e^- \Longrightarrow 2Ag+C_2O_4^{2-}}$	0.4647
$\mathrm{Ag_2CO_3/Ag}$	$\mathrm{Ag_2CO_3+2e^- \Longrightarrow 2Ag+CO_4^{2-}}$	0.47
$\mathrm{MnO_4^-/MnO_4^{2-}}$	$\mathrm{MnO_4^-+e^- \Longrightarrow MnO_4^{2-}}$	0.558

续表

电极对符号	电极反应	$\varphi^{\ominus}/V$
	氧化型 $+ze^- \rightleftharpoons$ 还原型	
MnO_4^-/MnO_2	$MnO_4^- + 2H_2O + 3e^- \rightleftharpoons MnO_2 + 4OH^-$	0.595
MnO_4^{2-}/MnO_2	$MnO_4^{2-} + 2H_2O + 2e^- \rightleftharpoons MnO_2 + 4OH^-$	0.60
BrO_3^-/Br^-	$BrO_3^- + 3H_2O + 6e^- \rightleftharpoons Br^- + 6OH^-$	0.61
ClO^-/Cl^-	$ClO^- + H_2O + 2e^- \rightleftharpoons Cl^- + 2OH^-$	0.841
HO_2^-/OH^-	$HO_2^- + H_2O + 2e^- \rightleftharpoons 3OH^-$	0.878
$[Fe(Phen)_2]^{3+}/[Fe(Phen)_3]^{2+}$	$[Fe(Phen)_2]^{3+} + e^- \rightleftharpoons [Fe(Phen)_3]^{2+}$	1.147
O_3/O_2	$O_3 + H_2O + 2e^- \rightleftharpoons O_2 + 2OH^-$	1.24
F_2/F^-	$F_2 + 2e^- \rightleftharpoons 2F^-$	2.866

附录 6 一些弱酸、弱碱的解离平衡常数（25 ℃）

弱酸	分子式	K_a	pK_a	共轭碱	
				pK_b	K_b
砷酸	H_3AsO_4	$6.3\times10^{-3}(K_{a1})$	2.20	11.80	$1.6\times10^{-12}(K_{b3})$
		$1.0\times10^{-7}(K_{a2})$	7.00	7.00	$1\times10^{-7}(K_{b2})$
		$3.2\times10^{-12}(K_{a3})$	11.50	2.50	$3.1\times10^{-3}(K_{b1})$
亚砷酸	H_3AsO_3	6.0×10^{-10}	9.22	4.78	1.7×10^{-5}
硼酸	H_3BO_3	5.8×10^{-10}	9.24	4.76	1.7×10^{-5}
焦硼酸	$H_2B_4O_7$	$1\times10^{-4}(K_{a1})$	4	10	$1\times10^{-10}(K_{b2})$
		$1\times10^{-9}(K_{a2})$	9	5	$1\times10^{-5}(K_{b1})$
碳酸	H_2CO_3	$4.2\times10^{-7}(K_{a1})$	6.38	7.62	$2.4\times10^{-8}(K_{b2})$
	$(CO_2+H_2O)^{①}$	$5.6\times10^{-11}(K_{a2})$	10.25	3.75	$1.8\times10^{-4}(K_{b1})$
氢氰酸	HCN	6.2×10^{-10}	9.21	4.79	1.6×10^{-5}
铬酸	H_2CrO_4	$1.8\times10^{-1}(K_{a1})$	0.74	13.26	$5.6\times10^{-14}(K_{b2})$
		$3.2\times10^{-7}(K_{a2})$	6.50	7.50	$3.1\times10^{-8}(K_{b1})$
氢氟酸	HF	6.6×10^{-4}	3.18	10.82	1.5×10^{-11}
亚硝酸	HNO_2	5.1×10^{-4}	3.29	10.71	1.2×10^{-11}
过氧化氢	H_2O_2	1.8×10^{-12}	11.75	2.25	5.6×10^{-3}
磷酸	H_3PO_4	$7.6\times10^{-3}(K_{a1})$	2.12	11.88	$1.3\times10^{-12}(K_{b3})$
		$6.3\times10^{-8}(K_{a2})$	7.20	6.80	$1.6\times10^{-7}(K_{b2})$
		$4.4\times10^{-13}(K_{a3})$	12.36	1.64	$2.3\times10^{-2}(K_{b1})$

弱酸	分子式	K_a	pK_a	共轭碱	
				pK_b	K_b
焦磷酸	$H_4P_2O_7$	$3.0 \times 10^{-2}(K_{a1})$	1.52	12.48	$3.3 \times 10^{-13}(K_{b4})$
		$4.4 \times 10^{-3}(K_{a2})$	2.36	11.64	$2.3 \times 10^{-12}(K_{b3})$
		$2.5 \times 10^{-7}(K_{a3})$	6.60	7.40	$4.0 \times 10^{-8}(K_{b2})$
		$5.6 \times 10^{-10}(K_{a4})$	9.25	4.75	$1.8 \times 10^{-5}(K_{b1})$
亚磷酸	H_3PO_3	$5.0 \times 10^{-2}(K_{a1})$	1.30	12.70	$2.0 \times 10^{-13}(K_{b2})$
		$2.5 \times 10^{-7}(K_{a2})$	6.60	7.40	$4.0 \times 10^{-8}(K_{b1})$
氢硫酸	H_2S	$1.3 \times 10^{-7}(K_{a1})$	6.88	7.12	$7.7 \times 10^{-8}(K_{b2})$
		$7.1 \times 10^{-15}(K_{a2})$	14.15		
硫酸	HSO_4^-	$1.0 \times 10^{-2}(K_{a2})$	1.99	12.01	$1.0 \times 10^{-12}(K_{b1})$
亚硫酸	H_2SO_3	$1.3 \times 10^{-2}(K_{a1})$	1.90	12.10	$7.7 \times 10^{-13}(K_{b2})$
	$(SO_2 + H_2O)$	$6.3 \times 10^{-8}(K_{a2})$	7.20	6.80	$1.6 \times 10^{-7}(K_{b1})$
偏硅酸	H_2SiO_3	$1.7 \times 10^{-10}(K_{a1})$	9.77	4.23	$5.9 \times 10^{-5}(K_{b2})$
		$1.6 \times 10^{-12}(K_{a2})$	11.8	2.20	$6.2 \times 10^{-3}(K_{b1})$
甲酸	HCOOH	1.8×10^{-4}	3.74	10.26	5.5×10^{-11}
乙酸	CH_3COOH	1.8×10^{-5}	4.74	9.26	5.5×10^{-10}
一氯乙酸	$CH_2ClCOOH$	1.4×10^{-3}	2.86	11.14	6.9×10^{-12}
二氯乙酸	$CHCl_2COOH$	5.0×10^{-2}	1.30	12.70	2.0×10^{-13}
三氯乙酸	CCl_3COOH	0.23	0.64	13.36	4.3×10^{-14}
氨基乙酸盐	$^+NH_3CH_2COOH$	$4.5 \times 10^{-3}(K_{a1})$	2.35	11.65	$2.2 \times 10^{-12}(K_{b2})$
	$^+NH_3CH_2COO^-$	$2.5 \times 10^{-10}(K_{a2})$	9.60	4.40	$4.0 \times 10^{-5}(K_{b1})$
乳酸	$CH_3CHOHCOOH$	1.4×10^{-4}	3.86	10.14	7.2×10^{-11}
苯甲酸	C_6H_5COOH	6.2×10^{-5}	4.21	9.79	1.6×10^{-10}
草酸	$H_2C_2O_4$	$5.9 \times 10^{-2}(K_{a1})$	1.22	12.78	$1.7 \times 10^{-13}(K_{b2})$
		$6.4 \times 10^{-5}(K_{a2})$	4.19	9.81	$1.6 \times 10^{-10}(K_{b1})$
d-酒石酸	$\begin{matrix} CH(OH)COOH \\ | \\ CH(OH)COOH \end{matrix}$	$9.1 \times 10^{-4}(K_{a1})$	3.04	10.96	$1.1 \times 10^{-11}(K_{b2})$
		$4.3 \times 10^{-5}(K_{a2})$	4.37	9.63	$2.3 \times 10^{-10}(K_{b1})$
邻苯二甲酸	⬡—COOH ⬡—COOH	$1.1 \times 10^{-3}(K_{a1})$	2.95	11.05	$9.1 \times 10^{-12}(K_{b2})$
		$3.9 \times 10^{-6}(K_{a2})$	5.41	8.59	$2.6 \times 10^{-9}(K_{b1})$
柠檬酸	$\begin{matrix} CH_2COOH \\ | \\ C(OH)COOH \\ | \\ CH_2COOH \end{matrix}$	$7.4 \times 10^{-4}(K_{a1})$	3.13	10.87	$1.4 \times 10^{-11}(K_{b3})$
		$1.7 \times 10^{-5}(K_{a2})$	4.76	9.26	$5.9 \times 10^{-10}(K_{b2})$
		$4.0 \times 10^{-7}(K_{a3})$	6.40	7.60	$2.5 \times 10^{-8}(K_{b1})$
苯酚	C_6H_5OH	1.1×10^{-10}	9.95	4.05	9.1×10^{-5}

续表

弱酸	分子式	K_a	pK_a	共轭碱	
				pK_b	K_b
乙二胺四乙酸	H_6-EDTA^{2+}	$0.13(K_{a1})$	0.9	13.1	$7.7\times10^{-14}(K_{b6})$
	H_5-EDTA^+	$3\times10^{-2}(K_{a2})$	1.6	12.4	$3.3\times10^{-13}(K_{b5})$
	H_4-EDTA	$1\times10^{-2}(K_{a3})$	2.0	12.0	$1\times10^{-12}(K_{b4})$
	H_3-EDTA^-	$2.1\times10^{-3}(K_{a4})$	2.67	11.33	$4.8\times10^{-12}(K_{b3})$
	H_2-EDTA^{2-}	$6.9\times10^{-7}(K_{a5})$	6.16	7.84	$1.4\times10^{-8}(K_{b2})$
	$H-EDTA^{3-}$	$5.5\times10^{-11}(K_{a6})$	10.26	3.74	$1.8\times10^{-4}(K_{b1})$
氨离子	NH_4^+	5.6×10^{-10}	9.26	4.74	1.8×10^{-5}
联氨离子	$^+H_3NNH_3^+$	3.3×10^{-9}	8.48	5.52	3.0×10^{-6}
羟氨离子	NH_3^+OH	1.1×10^{-6}	5.96	8.04	9.1×10^{-9}
甲胺离子	$CH_3NH_3^+$	2.4×10^{-11}	10.62	3.38	4.2×10^{-4}
乙胺离子	$C_2H_5NH_3^+$	1.8×10^{-11}	10.75	3.25	5.6×10^{-4}
二甲胺离子	$(CH_3)_2NH_2^+$	8.5×10^{-11}	10.07	3.93	1.2×10^{-4}
二乙胺离子	$(C_2H_5)_2NH_2^+$	7.8×10^{-12}	11.11	2.89	1.3×10^{-3}
乙醇胺离子	$HOCH_2CH_2NH_3^+$	3.2×10^{-10}	9.50	4.50	3.2×10^{-5}
三乙醇胺离子	$(HOCH_2CH_2)_3NH^+$	1.7×10^{-8}	7.76	6.24	5.8×10^{-7}
六亚甲基四胺离子	$(CH_2)_6N_4H^+$	7.1×10^{-6}	5.15	8.85	1.4×10^{-9}
乙二胺离子	$^+H_3NCH_2CH_2NH_3^+$	1.4×10^{-7}	6.85	7.15	$7.1\times10^{-8}(K_{b2})$
	$H_2NCH_2CH_2NH_3^+$	1.2×10^{-10}	9.93	4.07	$8.5\times10^{-5}(K_{b1})$
吡啶离子	⬡NH$^+$	5.9×10^{-6}	5.23	8.77	1.7×10^{-9}

注：① 如果不计水合 CO_2，H_2CO_3 的 $pK_{a1}=3.76$。

附录 7   一些配离子的稳定常数

配位单元	$K_稳^\ominus$	$lgK_稳^\ominus$	配位单元	$K_稳^\ominus$	$lgK_稳^\ominus$
$[Ag(NH_3)_2]^+$	1.1×10^7	7.05	$[Cu(NH_3)_4]^{2+}$	2.1×10^{13}	13.32
$[Cd(NH_3)_6]^{2+}$	1.4×10^5	5.14	$[Ni(NH_3)_6]^{2+}$	5.5×10^8	8.74
$[Cd(NH_3)_4]^{2+}$	1.3×10^7	7.12	$[Ni(NH_3)_4]^{2+}$	9.1×10^7	7.96
$[Co(NH_3)_6]^{2+}$	1.3×10^5	5.11	$[Zn(NH_3)_4]^{2+}$	2.9×10^9	9.46
$[Co(NH_3)_6]^{3+}$	1.6×10^{35}	35.2	$[AgCl_2]^-$	1.1×10^5	5.04
$[Cu(NH_3)_2]^+$	7.2×10^{10}	10.86	$[HgCl_4]^{2-}$	1.2×10^{15}	15.07

续表

配位单元	$K_稳^\ominus$	$\lg K_稳^\ominus$	配位单元	$K_稳^\ominus$	$\lg K_稳^\ominus$
$[PtCl_4]^{2-}$	1.0×10^{16}	16.0	$[Co(en)_3]^{2+}$	8.7×10^{13}	13.94
$[SnCl_4]^{2-}$	3.0×10^{1}	1.48	$[Co(en)_3]^{3+}$	4.9×10^{48}	48.69
$[Ag(CN)_2]^{-}$	1.3×10^{21}	21.11	$[Cr(en)_2]^{2+}$	1.5×10^{9}	9.19
$[Au(CN)_2]^{-}$	2×10^{38}	38.3	$[Cu(en)_2]^{+}$	6×10^{10}	10.8
$[Fe(CN)_6]^{4-}$	1×10^{35}	35	$[Cu(en)_3]^{2+}$	1×10^{21}	21.0
$[Fe(CN)_6]^{3-}$	1×10^{42}	42	$[Fe(en)_3]^{2+}$	5.0×10^{9}	9.70
$[Ni(CN)_4]^{2-}$	2.0×10^{31}	31.3	$[Hg(en)_2]^{2+}$	2.0×10^{23}	23.3
$[Zn(CN)_4]^{2-}$	5.0×10^{16}	16.7	$[Mn(en)_3]^{2+}$	4.7×10^{5}	5.67
$[AlF_6]^{3-}$	6.9×10^{19}	19.84	$[Ni(en)_3]^{2+}$	2.1×10^{18}	18.33
$[Al(OH)_4]^{-}$	1.1×10^{33}	33.03	$[Zn(en)_3]^{2+}$	1.3×10^{14}	14.11
$[Cd(OH)_4]^{2-}$	4.2×10^{8}	8.62	$[Ag(edta)]^{3-}$	2.1×10^{7}	7.32
$[Fe(OH)_4]^{2-}$	3.8×10^{8}	8.58	$[Al(edta)]^{-}$	1.3×10^{16}	16.11
$[AgI_3]^{2-}$	4.8×10^{13}	13.68	$[Ca(edta)]^{2-}$	1×10^{11}	11.0
$[AgI_2]^{-}$	5.5×10^{11}	11.74	$[Co(edta)]^{2-}$	2.04×10^{16}	16.31
$[CdI_4]^{2-}$	2.6×10^{5}	5.41	$[Co(edta)]^{-}$	1×10^{36}	36
$[CuI_2]^{-}$	7.1×10^{8}	8.85	$[Cu(edta)]^{2-}$	5.0×10^{18}	18.7
$[PbI_4]^{2-}$	3.0×10^{4}	4.47	$[Fe(edta)]^{2-}$	2.1×10^{14}	14.33
$[HgI_4]^{2-}$	6.8×10^{29}	29.83	$[Fe(edta)]^{-}$	1.7×10^{24}	24.23
$[Ag(SCN)_2]^{-}$	3.7×10^{7}	7.57	$[Hg(edta)]^{2-}$	6.3×10^{21}	21.80
$[Ag(SCN)_4]^{3-}$	1.2×10^{10}	10.08	$[Mg(edta)]^{2-}$	4.4×10^{8}	8.64
$[Fe(SCN)]^{2+}$	8.9×10^{2}	2.95	$[Mn(edta)]^{2-}$	6.3×10^{13}	13.8
$[Fe(SCN)_2]^{+}$	2.3×10^{3}	3.36	$[Ni(edta)]^{2-}$	3.6×10^{18}	18.56
$[Cu(SCN)_2]^{-}$	1.5×10^{5}	5.18	$[Co(C_2O_4)_3]^{4-}$	5.0×10^{9}	9.7
$[Ag(S_2O_3)_2]^{3-}$	2.9×10^{13}	13.46	$[Co(C_2O_4)_3]^{3-}$	1×10^{20}	20
$[Cu(S_2O_3)_2]^{3-}$	1.7×10^{12}	12.22	$[Fe(C_2O_4)_3]^{4-}$	1.7×10^{5}	5.22
$[Ag(en)]^{+}$	5.0×10^{4}	4.70	$[Fe(C_2O_4)_3]^{3-}$	1.6×10^{20}	20.2
$[Ag(en)_2]^{+}$	5.0×10^{7}	7.70	$[Fe(Phen)_3]^{2+}$	2.0×10^{21}	21.3
$[Cd(en)_3]^{2+}$	1.2×10^{12}	12.09	$[Fe(Phen)_3]^{3+}$	1.3×10^{14}	14.1

注：本表数据摘自 James G Speight. Lange's Handbook of Chemistry. 16th ed. New York：McGraw-Hill Companies Inc，2005；Table 1.75，Table 1.76.

附录 8　一些难溶电解质的溶度积常数

英文名称	化学式	$K_{sp}^{\ominus}$	$pK_{sp}^{\ominus}$
Aluminum hydroxide	$Al(OH)_3$	1.3×10^{-33}	32.89
Barium arsenate	$Ba_3(AsO_4)_2$	8.0×10^{-51}	50.11
Barium bromate	$Ba(BrO_3)_2$	2.43×10^{-4}	5.50
Barium carbonate	$BaCO_3$	2.58×10^{-9}	8.59
Barium chromate	$BaCrO_4$	1.17×10^{-10}	9.93
Barium oxalate hydrate	$BaC_2O_4\cdot H_2O$	2.3×10^{-8}	7.64
Barium sulfate	$BaSO_4$	1.08×10^{-10}	9.97
Barium sulfite	$BaSO_3$	5.0×10^{-10}	9.30
Bismuth hydroxide	$Bi(OH)_3$	6.0×10^{-31}	30.4
Bismuth oxide chloride	$BiOCl$	1.8×10^{-31}	30.75
Bismuth oxide hydroxide	$BiO(OH)$	4×10^{-10}	9.4
Bismuth oxide nitrate	$BiO(NO_3)$	2.82×10^{-3}	2.55
Cadmium sulfide	CdS	8.0×10^{-27}	26.10
Calcium carbonate	$CaCO_3$	2.8×10^{-9}	8.54
Calcium carbonatomagensium	$Ca[Mg(CO_3)_2]$（白云石）	1×10^{-11}	11
Calcium chromate	$CaCrO_4$	7.1×10^{-4}	3.15
Calcium fluoride	CaF_2	5.30×10^{-9}	8.28
Calcium hydroxide	$Ca(OH)_2$	5.5×10^{-6}	5.26
Calcium iodate hexahydrate	$Ca(IO_3)_2\cdot6H_2O$	7.10×10^{-7}	6.15
Calcium oxalate hydrate	$CaC_2O_4\cdot H_2O$	2.32×10^{-9}	8.63
Calcium phosphate	$Ca_3(PO_4)_2$	2.07×10^{-29}	28.68
Calcium silicate, *meta*	$CaSiO_3$	2.5×10^{-8}	7.60
Calcium sulfate	$CaSO_4$	4.93×10^{-5}	4.31
Calcium sulfate dihydrate	$CaSO_4\cdot2H_2O$	3.14×10^{-5}	4.50
Calcium sulfite	$CaSO_3$	6.8×10^{-8}	7.17
Cerium (Ⅲ) fluoride	CeF_3	8×10^{-16}	15.1
Cerium (Ⅲ) hydroxide	$Ce(OH)_3$	1.6×10^{-20}	19.8
Cerium (Ⅳ) hydroxide	$Ce(OH)_4$	2×10^{-48}	47.7

英文名称	化学式	$K_{sp}^{\ominus}$	$pK_{sp}^{\ominus}$
Chromium (Ⅲ) hydroxide	$Cr(OH)_3$	6.3×10^{-31}	30.20
Cobalt (Ⅱ) hydroxide	$Co(OH)_2$(新生成)	5.92×10^{-15}	14.23
Cobalt (Ⅲ) hydroxide	$Co(OH)_3$	1.6×10^{-44}	43.8
Cobalt sulfide	$\alpha - CoS$	4.0×10^{-21}	20.40
	$\beta - CoS$	2.0×10^{-25}	24.70
Copper (Ⅰ) bromide	$CuBr$	6.27×10^{-9}	8.20
Copper (Ⅰ) chloride	$CuCl$	1.72×10^{-7}	6.76
Copper (Ⅰ) hydroxide	$CuOH$	1×10^{-14}	14
Copper (Ⅰ) iodide	CuI	1.27×10^{-12}	11.90
Copper (Ⅰ) sulfide	Cu_2S	2.5×10^{-48}	47.60
Copper (Ⅰ) thiocyanate	$CuSCN$	1.77×10^{-13}	12.75
Copper (Ⅱ) carbonate	$CuCO_3$	1.4×10^{-10}	9.86
Copper (Ⅱ) hydroxide	$Cu(OH)_2$	2.2×10^{-20}	19.66
Copper iodate	$Cu(IO_3)_2$	6.94×10^{-8}	7.16
Copper oxalate	CuC_2O_4	4.43×10^{-10}	9.35
Copper sulfide	CuS	6.3×10^{-36}	35.20
Gallium hydroxide	$Ga(OH)_3$	7.28×10^{-36}	35.14
Germanium oxide	GeO_2	1.0×10^{-57}	57.0
Iron (Ⅱ) hydroxide	$Fe(OH)_2$	4.87×10^{-17}	16.31
Iron (Ⅱ) sulfide	FeS	6.3×10^{-18}	17.20
Iron (Ⅲ) hydroxide	$Fe(OH)_3$	2.79×10^{-39}	38.55
Lanthanum hydroxide	$La(OH)_3$	2.0×10^{-19}	18.70
Lead acetate	$Pb(OAc)_2$	1.8×10^{-3}	2.75
Lead carbonate	$PbCO_3$	7.4×10^{-14}	13.13
Lead chloride	$PbCl_2$	1.70×10^{-5}	4.77
Lead chromate	$PbCrO_4$	2.8×10^{-13}	12.55
Lead hydroxide	$Pb(OH)_2$	1.43×10^{-15}	14.84
Lead iodide	PbI_2	9.8×10^{-9}	8.01
Lead oxalate	PbC_2O_4	4.8×10^{-10}	9.32
Lead sulfate	$PbSO_4$	2.53×10^{-8}	7.60

英文名称	化学式	$K_{sp}^{\ominus}$	$pK_{sp}^{\ominus}$
Lead sulfide	PbS	8.0×10^{-28}	27.10
Magnesium ammonium phosphate	$MgNH_4PO_4$	2.5×10^{-13}	12.60
Magnesium carbonate	$MgCO_3$	6.82×10^{-6}	5.17
Magnesium hydroxide	$Mg(OH)_2$	5.61×10^{-12}	11.25
Magnesium phosphate	$Mg_3(PO_4)_2$	1.04×10^{-24}	23.98
Manganese hydroxide	$Mn(OH)_2$	1.9×10^{-13}	12.72
Manganese sulfide	MnS(无定形)	2.5×10^{-10}	9.60
	MnS(晶体)	2.5×10^{-13}	12.60
Mercury (I) bromide	Hg_2Br_2	6.40×10^{-23}	22.19
Mercury (I) chloride	Hg_2Cl_2	1.43×10^{-18}	17.84
Mercury iodide	Hg_2I_2	5.2×10^{-29}	28.72
Mercury sulfate	Hg_2SO_4	6.5×10^{-7}	6.19
Mercury sulfide	Hg_2S	1.0×10^{-47}	47.0
Mercury bromide	$HgBr_2$	6.2×10^{-20}	19.21
Mercury iodide	HgI_2	2.9×10^{-29}	28.54
Mercury sulfide	HgS(红)	4×10^{-53}	52.4
	HgS(黑)	1.6×10^{-52}	51.80
Nickel hydroxide	$Ni(OH)_2$(新生成)	5.48×10^{-16}	15.26
Nickel β—sulfide	$\beta-NiS$	1.0×10^{-24}	24.0
Potassium hexafluorosilicate	$K_2[SiF_6]$	8.7×10^{-7}	6.06
Potassium cobaltinitrite hydrate	$K_2Na[Co(NO_2)_6]\cdot H_2O$	2.2×10^{-11}	10.66
Praseodymium hydroxide	$Pr(OH)_3$	3.39×10^{-24}	23.45
Silver arsenate	Ag_3AsO_4	1.03×10^{-22}	21.99
Silver bromide	AgBr	5.35×10^{-13}	12.27
Silver carbonate	Ag_2CO_3	8.46×10^{-12}	11.07
Silver chloride	AgCl	1.77×10^{-10}	9.75
Silver chromate	Ag_2CrO_4	1.12×10^{-12}	11.95
Silver iodate	$AgIO_3$	3.17×10^{-8}	7.50
Silver iodide	AgI	8.52×10^{-17}	16.07
Silver oxalate	$Ag_2C_2O_4$	5.40×10^{-12}	11.27

续表

英文名称	化学式	$K_{sp}^{\ominus}$	$pK_{sp}^{\ominus}$
Silver phosphate	Ag_3PO_4	8.89×10^{-17}	16.05
Silver sulfate	Ag_2SO_4	1.20×10^{-5}	4.92
Silver sulfite	Ag_2SO_3	1.50×10^{-14}	13.82
Silver sulfide	Ag_2S	6.3×10^{-50}	49.20
Silver thiocyanate	$AgSCN$	1.07×10^{-12}	11.97
Sodium antimonate	$Na[Sb(OH)_6]$	4×10^{-8}	7.4
Sodium hexafluoroa luminate	$Na_2[AlF_6]$	4.0×10^{-10}	9.39
Tin (II) hydroxide	$Sn(OH)_2$	5.45×10^{-28}	27.26
Tin (IV) hydroxide	$Sn(OH)_4$	1×10^{-56}	56
Tin sulfide	SnS	1.0×10^{-25}	25.00
Titanium (III) hydroxide	$Ti(OH)_3$	1×10^{-40}	40
Titanium (IV) oxide hydroxide	$TiO(OH)_2$	1×10^{-29}	29
Zinc carbonate	$ZnCO_3$	1.46×10^{-10}	9.94
Zinc hydroxide	$Zn(OH)_2$	3×10^{-17}	16.5
Zinc sulfide	$\alpha-ZnS$	1.6×10^{-24}	23.80
	$\beta-ZnS$	2.5×10^{-22}	21.60

注：本表数据摘自 James G Speight. Lange's Handbook of Chemistry. 16th ed. New York：McGraw—Hill Companies Inc，2005：Table 1.71.

附录 9　常用浓酸、浓碱的密度和浓度

试剂名称	密度/$(g\cdot cm^{-3})$	质量分数/%	物质的量浓度 $c/(mol\cdot L^{-1})$
盐酸	1.18~1.19	36~38	11.6~12.4
硝酸	1.39~1.40	65.0~68.0	14.4~15.2
硫酸	1.83~1.84	95~98	17.8~18.4
磷酸	1.69	85	14.6
高氯酸	1.68	70.0~72.0	11.7~12.0
冰醋酸	1.05	99.8(优级纯)99.0(分析纯、化学纯)	17.4
氢氟酸	1.13	40	22.5
氢溴酸	1.49	47.0	8.6
氨水	0.88~0.90	25.0~28.0	13.3~14.8

附录 10 常用指示剂

附表 10-1 酸碱指示剂(291~298 K)

指示剂名称	变色 pH 范围	颜色变化	溶液配制方法
甲酚红 (第一变色范围)	0.2~1.8	红—黄	0.04 g 指示剂溶于 100 mL 50%乙醇中
百里酚蓝(麝香草酚蓝) (第一变色范围)	1.2~2.8	红—黄	0.1 g 指示剂溶于 100 mL 20%乙醇中
甲基橙	3.1~4.4	红—橙黄	质量分数为 0.1%水溶液
溴甲酚绿	3.8~5.4	黄—蓝	0.1 g 指示剂溶于 100 mL 20%乙醇中
甲基红	4.4~6.2	红—黄	0.1 g 或 0.2 g 指示剂溶于 100 mL 60%乙醇中
溴百里酚蓝	6.0~7.6	黄—蓝	0.05 g 指示剂溶于 100 mL 20%乙醇中
中性红	6.8~8.0	红—亮黄	0.1 g 指示剂溶于 100 mL 60%乙醇中
甲酚红	7.2~8.8	亮黄—紫红	0.1 g 指示剂溶于 100 mL 50%乙醇中
百里酚蓝(麝香草酚蓝) (第二变色范围)	8.0~9.0	黄—蓝	参看百里酚蓝第一变色范围
酚酞	8.2~10.0	无色—紫红	(1) 0.1 g 指示剂溶于 100 mL 60%乙醇中； (2) 1 g 酚酞溶于 100 mL 90%乙醇中
百里酚酞	9.4~10.6	无色—蓝	0.1 g 指示剂溶于 100 mL 90%乙醇中

附表 10-2 混合酸碱指示剂

指示剂溶液的组成	变色点 pH	颜色 酸色	颜色 碱色	备注
一份 0.1%甲基黄乙醇溶液 一份 0.1%次甲基蓝乙醇溶液	3.25	蓝紫	绿	pH=3.2 蓝紫色 pH=3.4 绿色
四份 0.2%溴甲酚绿乙醇溶液 一份 0.2%二甲基黄乙醇溶液	3.9	橙	绿	变色点黄色
一份 0.2%甲基橙溶液 一份 0.28%靛蓝(二磺酸)乙醇溶液	4.1	紫	黄绿	调节两者的比例,直至终点敏锐

续表

指示剂溶液的组成	变色点 pH	颜色		备注
		酸色	碱色	
一份 0.1%溴甲酚绿钠盐水溶液 一份 0.2%甲基橙水溶液	4.3	黄	蓝绿	pH=3.5 黄色 pH=4.0 黄绿色 pH=4.3 绿色
三份 0.1%溴甲酚绿乙醇溶液 一份 0.2%甲基红乙醇溶液	5.1	酒红	绿	—
一份 0.2%甲基红乙醇溶液 一份 0.1%次甲基蓝乙醇溶液	5.4	红紫	绿	pH=5.2 红紫 pH=5.4 暗蓝 pH=5.6 绿
一份 0.1%溴甲酚绿钠盐水溶液 一份 0.1%氯酚红钠盐水溶液	6.1	黄绿	蓝紫	pH=5.4 蓝绿 pH=5.8 蓝 pH=6.2 蓝紫
一份 0.1%溴甲酚紫钠盐水溶液 一份 0.1%溴百里酚蓝钠盐水溶液	6.7	黄	蓝紫	pH=6.2 黄紫 pH=6.6 紫 pH=6.8 蓝紫
一份 0.1%中性红乙醇溶液 一份 0.1%次甲基蓝乙醇溶液	7.0	蓝紫	绿	pH=7.0 蓝紫
一份 0.1%溴百里酚蓝钠盐水溶液 一份 0.1%酚红钠盐水溶液	7.5	黄	紫	pH=7.2 暗绿 pH=7.4 淡紫 pH=7.6 深紫
一份 0.1%甲酚红 50%乙醇溶液 六份 0.1%百里酚蓝 50%乙醇溶液	8.3	黄	紫	pH=8.2 玫瑰色 pH=8.4 紫色 变色点微红色

附表 10-3 金属离子指示剂

指示剂名称	配制方法	用于测定		
		元素	颜色变化	测定条件
酸性铬蓝 K[①]	0.1%乙醇溶液	Ca	红—蓝	pH=12
		Mg	红—蓝	pH=10(氨性缓冲溶液)
钙指示剂	与 NaCl 配成 1:100 的固体混合物	Ca	酒红—蓝	pH>12(KOH 或 NaOH)

续表

指示剂名称	配制方法	用于测定		
		元素	颜色变化	测定条件
铬黑 T	0.5%水溶液；与 NaCl 配成 1:100 固体混合物	Al	蓝—红	pH=7~8,在吡啶存在下,以 Zn^{2+} 回滴
		Bi	蓝—红	pH=9~10,以 Zn^{2+} 回滴
		Ca	红—蓝	pH=10,加入 EDTA—Mg
		Cd	红—蓝	pH=10(氨性缓冲溶液)
		Mg	红—蓝	pH=10(氨性缓冲溶液)
		Mn	红—蓝	氨性缓冲溶液,加羟胺
		Ni	红—蓝	氨性缓冲溶液
		Pb	红—蓝	氨性缓冲溶液,加酒石酸钾
		Zn	红—蓝	pH=6.8~10(氨性缓冲溶液)
o−PAN[②]	0.1%乙醇（或甲醇)溶液	Cd	红—黄	pH=6(醋酸缓冲溶液)
		Co	黄—红	醋酸缓冲溶液,70~80 ℃,Cu^{2+} 回滴
		Cu	紫—黄	pH=10(氨性缓冲溶液)
			红—黄	pH=6(醋酸缓冲溶液)
		Zn	粉红—黄	pH=5~7(醋酸缓冲溶液)
磺基水杨酸	1%~2%水溶液	Fe(Ⅲ)	红紫—黄	pH=1.5~3
二甲酚橙	0.5%乙醇（或水)溶液	Bi	红—黄	pH=1~2(HNO₃)
		Cd	粉红—黄	pH=5~6(六亚甲基四胺)
		Pb	红紫—黄	pH=5~6(醋酸缓冲溶液)
		Th(Ⅳ)	红—黄	pH=1.6~3.5(HNO₃)
		Zn	红—黄	pH=5~6(醋酸缓冲溶液)
紫脲酸胺	与 NaCl 配成 1:100 固体混合物	Ca	红—紫	pH≫12(25%乙醇)
		Cu	黄—紫	pH=7~8
		Ni	黄—紫红	pH=8.5~11.5

注:① 为提高灵敏度和稳定性,常将酸性铬蓝 K、萘酚绿 B、NaCl 按质量比 0.2:0.34:100 配成固体混合物,称 K−B 指示剂。

② 常配制成 Cu−PAN(CuY−PAN)指示剂,可扩大 PAN 指示剂的应用范围及提高灵敏度。

附表 10-4　氧化还原指示剂

指示剂名称	$\varphi^{\ominus}/V$ $[H^+]=1\ mol\cdot L^{-1}$	颜色变化		溶液配制方法
		氧化态	还原态	
中性红	0.24	红	无色	0.05%乙醇溶液
亚甲基蓝	0.36	蓝	无色	0.05%水溶液
变胺蓝	0.59 (pH=2)	无色	蓝色	0.05%水溶液
二苯胺	0.76	紫	无色	1%浓 H_2SO_4 溶液
二苯胺磺酸钠	0.85	紫红	无色	0.5%水溶液。如溶液浑浊，可滴加少量盐酸
N-邻苯氨基苯甲酸	1.08	紫红	无色	0.1 g 指示剂加 20 mL 5% Na_2CO_3 溶液，用水稀释至 100 mL
邻二氮菲-Fe(Ⅱ)	1.06	浅蓝	红	1.485 g 邻二氮菲加 0.965 g $FeSO_4$，溶于 100 mL 水中（0.025 $mol\cdot L^{-1}$水溶液）
5-硝基邻二氮菲-Fe(Ⅱ)	1.25	浅蓝	紫红	1.608 g 5-硝基邻二氮菲加 0.695 g $FeSO_4$，溶于 100 mL 水中（0.025 $mol\cdot L^{-1}$水溶液）

附表 10-5　吸附指示剂

指示剂名称	配制	用于测定		
		可测元素（括号内为滴定剂）	颜色变化	酸碱性
荧光黄	1%钠盐水溶液	$Cl^-,Br^-,I^-,SCN^-(Ag^+)$	黄绿—粉红	中性或弱碱性
二氯荧光黄	1%钠盐水溶液	$Cl^-,Br^-,I^-(Ag^+)$	黄绿—粉红	pH=4.4~7
四溴荧光黄（曙红）	1%钠盐水溶液	$Br^-,I^-(Ag^+)$	橙红—红紫	pH=1~2

附录 11　常用缓冲溶液的配制

缓冲溶液组成	pK_a	缓冲液 pH	缓冲溶液配制方法
氨基乙酸-HCl	2.35 (pK_{a1})	2.3	150 g 氨基乙酸溶于 500 mL 水中，加 80 mL 浓 HCl 溶液，稀释至 1 L

续表

缓冲溶液组成	pK_a	缓冲液 pH	缓冲溶液配制方法
H_3PO_4-柠檬酸盐	—	2.5	113 g $Na_2HPO_4 \cdot 12H_2O$ 溶于 200 mL 水中,加 387 g 柠檬酸,溶解,过滤,稀释至 1 L
一氯乙酸-NaOH	2.86	2.8	200 g 一氯乙酸溶于 200 mL 水中,加 40 g NaOH 溶解后,稀释至 1 L
邻苯二甲酸氢钾-HCl	2.95 (pK_{a1})	2.9	500 g 邻苯二甲酸氢钾溶于 500 mL 水中,加 80 mL 浓 HCl 溶液,稀释至 1 L
甲酸-NaOH	3.76	3.7	95 g 甲酸和 40 g NaOH 溶于 500 mL 水中,稀释至 1 L
NH_4Ac-HAc	—	4.5	77 g NH_4Ac 溶于 200 mL 水中,加 59 mL 冰 HAc 溶液,稀释至 1 L
NaAc-HAc	4.74	4.7	83 g 无水 NaAc 溶于水中,加 60 mL 冰 HAc 溶液,稀释至 1 L
NaAc-HAc	4.74	5.0	160 g 无水 NaAc 溶于水中,加 60 mL 冰 HAc 溶液,稀释至 1 L
六亚甲基四胺-HCl	5.15	5.4	40 g 六亚甲基四胺溶于 200 mL 水中,加 100 mL 浓 HCl 溶液,稀释至 1 L
NH_4Ac-HAc	—	6.0	600 g NH_4Ac 溶于水中,加 20 mL 冰 HAc 溶液,稀释至 1 L
NaAc-Na_2HPO_4	—	8.0	50 g 无水 NaAc 和 50 g $Na_2HPO_4 \cdot 12H_2O$ 溶于水中,稀释至 1 L
Tris[①]-HCl	8.21	8.2	25 g Tris 试剂溶于水中,加 18 mL 浓 HCl 溶液,稀释至 1 L
NH_3-NH_4Cl	9.26	9.2	54 g NH_4Cl 溶于水中,加 63 mL 浓 $NH_3 \cdot H_2O$,稀释至 1 L
NH_3-NH_4Cl	9.26	10.0	67.5 g NH_4Cl 溶于 200 mL 水中,加 570 mL 浓 $NH_3 \cdot H_2O$,用水稀释至 1 L

注:① 三羟甲基氨甲烷 $CNH_2(HOCH_3)_3$。

附录 12　常用基准物质的用途及干燥方法

名称	化学式	主要用途	使用前的干燥方法
氯化钠	$NaCl$	标定 $AgNO_3$ 溶液	$773 \sim 873$ K 灼烧至恒重
草酸钠	$Na_2C_2O_4$	标定 $KMnO_4$ 溶液	378 ± 2 K 干燥至恒重
无水碳酸钠	Na_2CO_3	标定 HCl, H_2SO_4 溶液	$543 \sim 573$ K 灼烧至恒重
三氧化二砷	As_2O_3	标定 I_2 溶液	干燥器中干燥至恒重
邻苯二甲酸氢钾	$KHC_8H_4O_4$	标定 $NaOH, HClO_4$ 溶液	$378 \sim 383$ K 干燥至恒重
碘酸钾	KIO_3	标定 $Na_2S_2O_3$ 溶液	453 ± 2 K 干燥至恒重
重铬酸钾	$K_2Cr_2O_7$	标定 $Na_2S_2O_3, FeSO_4$ 溶液	393 ± 2 K 干燥至恒重
氧化锌	ZnO	标定 EDTA 溶液	1073 K 灼烧至恒重
乙二胺四乙酸二钠	$C_{10}H_{14}N_2Na_2O_8$	标定金属离子溶液	置于含 $Mg(NO_3)_2$ 饱和溶液的恒湿器中
溴酸钾	$KBrO_3$	标定 $Na_2S_2O_3$ 溶液,配制标准溶液	453 ± 2 K 干燥至恒重
硝酸银	$AgNO_3$	标定卤化物及硫氰酸盐溶液	干燥器中干燥至恒重
碳酸钙	$CaCO_3$	标定 EDTA 溶液	383 ± 2 K 干燥至恒重
硼砂	$Na_2B_2O_7 \cdot 10H_2O$	标定 HCl, H_2SO_4 溶液	置于含 NaCl 和蔗糖饱和溶液的恒湿器中
草酸(二结晶水)	$H_2C_2O_4 \cdot 2H_2O$	标定 $NaOH, KMnO_4$ 溶液	室温空气干燥
铜	Cu	标定 $Na_2S_2O_3$ 溶液	室温干燥器中保存
锌	Zn	标定 EDTA 溶液	室温干燥器中保存

附录 13　化合物的摩尔质量

化合物	$M/(\text{g}\cdot\text{mol}^{-1})$	化合物	$M/(\text{g}\cdot\text{mol}^{-1})$	化合物	$M/(\text{g}\cdot\text{mol}^{-1})$
Ag_3AsO_4	462.52	CaO	56.08	$(CH_2)_6N_4$（六亚甲基四胺）	140.19
$AgBr$	187.77	$CaCO_3$	100.09		
$AgCl$	143.32	CaC_2O_4	128.10	$C_7H_6O_6S\cdot2H_2O$（磺基水杨酸）	254.22
$AgSCN$	165.95	$CaCl_2$	110.99		
Ag_2CrO_4	331.73	$CaCl_2\cdot6H_2O$	219.08	C_9H_6NOH（8－羟基喹啉）	145.16
AgI	234.77	$Ca(NO_3)_2\cdot4H_2O$	236.15		
$AgNO_3$	169.87	$Ca(OH)_2$	74.09	$C_{12}H_8N_2\cdot H_2O$（邻二氮菲）	198.22
$AlCl_3$	133.34	$Ca_3(PO_4)_2$	310.18		
$AlCl_3\cdot6H_2O$	241.43	$CaSO_4$	136.14	$C_2H_5NO_2$（氨基乙酸）	75.07
$Al(NO_3)_3$	213.00	$CdCO_3$	172.42	$C_6H_{12}N_2O_4S_2$（L－胱氨酸）	240.30
$Al(NO_3)_3\cdot9H_2O$	375.13	$CdCl_2$	183.32		
Al_2O_3	101.96	CdS	144.47	$CrCl_3$	158.36
$Al(OH)_3$	78.00	$Ce(SO_4)_2$	332.24	$CrCl_3\cdot6H_2O$	266.45
$Al_2(SO_4)_3$	342.14	$Ce(SO_4)_2\cdot4H_2O$	404.30	$Cr(NO_3)_3$	238.01
$Al_2(SO_4)_3\cdot18H_2O$	666.41	$CoCl_2$	129.84	Cr_2O_3	151.99
As_2O_3	197.84	$CoCl_2\cdot6H_2O$	237.93	$CuCl$	99.00
As_2O_5	229.84	$Co(NO_3)_2$	182.94	$CuCl_2$	134.45
As_2S_3	246.03	$Co(NO_3)_2\cdot6H_2O$	291.03	$CuCl_2\cdot2H_2O$	170.48
$BaCO_3$	197.34	CoS	90.99	$CuSCN$	121.62
BaC_2O_4	225.35	$CoSO_4$	154.99	CuI	190.45
$BaCl_2$	208.24	$CoSO_4\cdot7H_2O$	281.10	$Cu(NO_3)_2$	187.56
$BaCl_2\cdot2H_2O$	244.27	$CO(NH_2)_2$（尿素）	60.06	$Cu(NO_3)_2\cdot3H_2O$	241.60
$BaCrO_4$	253.32	$CS(NH_2)_2$（硫脲）	76.116	CuO	79.54
BaO	153.33	C_6H_5OH	94.133	Cu_2O	143.09
$Ba(OH)_2$	171.34	CH_2OH（甲醛）	30.03	CuS	95.61
$BaSO_4$	233.39	$C_{14}H_{14}N_3O_3SNa$（甲基橙）	327.33	$CuSO_4$	159.06
$BiCl_3$	315.34			$CuSO_4\cdot5H_2O$	249.68
$BiOCl$	260.43	$C_6H_5NO_3$（硝基酚）	139.11	$FeCl_2$	126.75
CO_2	44.01	$C_4H_8N_2O_2$（丁二酮肟）	116.12	$FeCl_2\cdot4H_2O$	198.81

续表

化合物	$M/$ $(\text{g}\cdot\text{mol}^{-1})$	化合物	$M/$ $(\text{g}\cdot\text{mol}^{-1})$	化合物	$M/$ $(\text{g}\cdot\text{mol}^{-1})$
$FeCl_3$	162.21	$HC_3H_5NO_2(DL-\alpha-$ 丙氨酸$)$	89.10	K_2CO_3	138.21
$FeCl_3\cdot6H_2O$	270.30			K_2CrO_4	194.19
$FeNH_4(SO_4)_2\cdot12H_2O$	482.18	HCl	36.46	$K_2Cr_2O_7$	294.18
$Fe(NO_3)_3$	241.86	HF	20.01	$K_3Fe(CN)_6$	329.25
$Fe(NO_3)_3\cdot9H_2O$	404.00	HI	127.91	$K_4Fe(CN)_6$	368.35
FeO	71.85	HIO_3	175.91	$KFe(SO_4)_2\cdot12H_2O$	503.24
Fe_2O_3	159.69	HNO_2	47.01	$KHC_2O_4\cdot H_2O$	146.14
Fe_3O_4	231.54	HNO_3	63.01	$KHC_2O_4\cdot H_2C_2O_4\cdot$ $2H_2O$	254.19
$Fe(OH)_3$	106.87	H_2O	18.015		
FeS	87.91	H_2O_2	34.02	$KHC_4H_4O_6$ (酒石酸氢钾)	188.18
Fe_2S_3	207.87	H_3PO_4	98.00		
$FeSO_4$	151.91	H_2S	34.08	$KHC_8H_4O_4$ (邻苯二甲酸氢钾)	204.22
$FeSO_4\cdot7H_2O$	278.01	H_2SO_3	82.07		
$(NH_4)_2Fe(SO_4)_2\cdot$ $6H_2O$	392.13	H_2SO_4	98.07	$KHSO_4$	136.16
		$HgCl_2$	271.50	KI	166.00
H_3AsO_3	125.94	Hg_2Cl_2	472.09	KIO_3	214.00
H_3AsO_4	141.94	HgI_2	454.40	$KIO_3\cdot HIO_3$	389.91
H_3BO_3	61.83	$Hg_2(NO_3)_2$	525.19	$KMnO_4$	158.03
HBr	80.91	$Hg(NO_3)_2$	324.60	$KNaC_4H_4O_6\cdot4H_2O$	282.22
HCN	27.03	HgO	216.59	KNO_3	101.10
$HCOOH$	46.03	HgS	232.65	KNO_2	85.10
CH_3COOH	60.05	$HgSO_4$	296.65	K_2O	94.20
H_2CO_3	62.02	Hg_2SO_4	497.24	KOH	56.11
$H_2C_2O_4$	90.04	$KAl(SO_4)_2\cdot12H_2O$	474.38	K_2SO_4	174.25
$H_2C_2O_4\cdot2H_2O$	126.07	KBr	119.00	$MgCO_3$	84.31
$H_2C_4H_4O_4$ (丁二酸)	118.09	$KBrO_3$	167.00	$MgCl_2$	95.21
		KCl	74.55	$MgCl_2\cdot6H_2O$	203.30
$H_2C_4H_4O_6$ (酒石酸)	150.09	$KClO_3$	122.55	MgC_2O_4	112.33
$H_3C_6H_5O_7\cdot H_2O$ (柠檬酸)	210.14	$KClO_4$	138.55	$Mg(NO_3)_2\cdot6H_2O$	256.41
		KCN	65.12	$MgNH_4PO_4$	137.32
$H_2C_4H_4O_5$ (DL-苹果酸)	134.09	$KSCN$	97.18	MgO	40.30

续表

化合物	$M/$ $(g \cdot mol^{-1})$	化合物	$M/$ $(g \cdot mol^{-1})$	化合物	$M/$ $(g \cdot mol^{-1})$
$Mg(OH)_2$	58.32	$NaBiO_3$	279.97	NiS	90.76
$Mg_2P_2O_7$	222.55	Na_2CO_3	105.99	$NiSO_4 \cdot 7H_2O$	280.86
$MgSO_4 \cdot 7H_2O$	246.47	$Na_2CO_3 \cdot 10H_2O$	286.14	$Ni(C_4H_7N_2O_2)_2$ （二丁二酮肟合镍）	288.91
$MnCO_3$	114.95	$Na_2C_2O_4$	134.00		
$MnCl_2 \cdot 4H_2O$	197.91	CH_3COONa	82.03	P_2O_5	141.95
$Mn(NO_3)_2 \cdot 6H_2O$	287.04	$CH_3COONa \cdot 3H_2O$	136.08	$PbCO_3$	267.21
MnO	70.94	$Na_3C_6H_5O_7$ （柠檬酸钠）	258.07	PbC_2O_4	295.22
MnO_2	86.94			$PbCl_2$	278.10
MnS	87.00	$NaC_5H_3NO_4 \cdot H_2O$ （L—谷氨酸钠）	187.13	$PbCrO_4$	323.19
$MnSO_4$	151.00			$Pb(CH_3COO)_2 \cdot 3H_2O$	379.30
$MnSO_4 \cdot 4H_2O$	223.06	$NaCl$	58.44	$Pb(CH_3COO)_2$	325.29
NO	30.01	$NaClO$	74.44	PbI_2	461.01
NO_2	46.01	$NaHCO_3$	84.01	$Pb(NO_3)_2$	331.21
NH_3	17.03	$Na_2HPO_4 \cdot 12H_2O$	358.14	PbO	223.20
CH_3COONH_4	77.08	$Na_2H_2C_{10}H_{12}O_8N_2$ （EDTA 二钠盐）	336.21	PbO_2	239.20
$NH_2OH \cdot HCl$ （盐酸羟胺）	69.49			$Pb_3(PO_4)_2$	811.54
		$Na_2H_2Y \cdot 2H_2O$	372.24	PbS	239.30
NH_4Cl	53.49	$NaNO_2$	69.00	$PbSO_4$	303.30
$(NH_4)_2CO_3$	96.09	$NaNO_3$	85.00	SO_3	80.06
$(NH_4)_2C_2O_4$	124.10	Na_2O	61.98	$SbCl_3$	228.11
$(NH_4)_2C_2O_4 \cdot H_2O$	142.11	Na_2O_2	77.98	$SbCl_5$	299.02
NH_4SCN	76.12	$NaOH$	40.00	Sb_2O_3	291.50
NH_4HCO_3	79.06	Na_3PO_4	163.94	Sb_2S_3	339.68
$(NH_4)_2MoO_4$	196.01	Na_2S	78.04	SiF_4	104.08
NH_4NO_3	80.04	$Na_2S \cdot 9H_2O$	240.18	SiO_2	60.08
$(NH_4)_2HPO_4$	132.06	Na_2SO_3	126.04	$SnCl_2$	189.60
$(NH_4)_2S$	68.14	Na_2SO_4	142.04	$SnCl_2 \cdot 2H_2O$	225.63
$(NH_4)_2SO_4$	132.13	$Na_2S_2O_3$	158.10	$SnCl_4$	260.50
NH_4VO_3	116.98	$Na_2S_2O_3 \cdot 5H_2O$	248.17	$SnCl_4 \cdot 5H_2O$	350.58
Na_3AsO_3	191.89	$NiCl_2 \cdot 6H_2O$	237.70	SnO_2	150.69
$Na_2B_4O_7 \cdot 10H_2O$	381.37	$Ni(NO_3)_2 \cdot 6H_2O$	290.80	SnS_2	150.75

续表

化合物	$M/$ $(\mathrm{g \cdot mol^{-1}})$	化合物	$M/$ $(\mathrm{g \cdot mol^{-1}})$	化合物	$M/$ $(\mathrm{g \cdot mol^{-1}})$
$UO_2(CH_3COO)_2 \cdot 2H_2O$	424.15	$Zn(CH_3COO)_2$	183.47	ZnS	97.44
		$Zn(CH_3COO)_2 \cdot 2H_2O$	219.50	$ZnSO_4$	161.54
$ZnCO_3$	125.39	$Zn(NO_3)_2$	189.39	$ZnSO_4 \cdot 7H_2O$	287.55
ZnC_2O_4	153.40	$Zn(NO_3)_2 \cdot 6H_2O$	297.48		
$ZnCl_2$	136.29	ZnO	81.38		

主要参考书目 ⫷⫷⫷

[1] 蔡维平. 基础化学实验(一)[M]. 北京:科学出版社,2004.

[2] 沈建中,马林,赵滨,等. 普通化学实验[M]. 上海:复旦大学出版社,2006.

[3] 赵滨,马林,沈建中,等. 无机化学与化学分析实验[M]. 上海:复旦大学出版社,2008.

[4] 南京大学大学化学实验教学组. 大学化学实验[M]. 3版. 北京:高等教育出版社,2018.

[5] 徐家宁,门瑞芝,张寒琦. 基础化学实验(上册):无机化学和化学分析实验[M]. 北京:高等教育出版社,2006.

[6] 武汉大学. 分析化学实验(上册)[M]. 6版. 北京:高等教育出版社,2021.

[7] 毛宗万,姜隆,张伟雄,等. 综合化学实验[M]. 2版. 北京:科学出版社,2020.

[8] 陈兴国,何疆,陈宏丽,等. 分析化学[M]. 2版. 北京:高等教育出版社,2021.

[9] 宋天佑,程鹏,徐家宁,等. 无机化学(上、下册)[M]. 5版. 北京:高等教育出版社,2024.

[10] 武汉大学. 分析化学(上册)[M]. 6版. 北京:高等教育出版社,2018.

郑重声明

高等教育出版社依法对本书享有专有出版权。任何未经许可的复制、销售行为均违反《中华人民共和国著作权法》,其行为人将承担相应的民事责任和行政责任;构成犯罪的,将被依法追究刑事责任。为了维护市场秩序,保护读者的合法权益,避免读者误用盗版书造成不良后果,我社将配合行政执法部门和司法机关对违法犯罪的单位和个人进行严厉打击。社会各界人士如发现上述侵权行为,希望及时举报,我社将奖励举报有功人员。

反盗版举报电话   (010)58581999   58582371
反盗版举报邮箱   dd@hep.com.cn
通信地址   北京市西城区德外大街 4 号
           高等教育出版社知识产权与法律事务部
邮政编码   100120

读者意见反馈

为收集对教材的意见建议,进一步完善教材编写并做好服务工作,读者可将对本教材的意见建议通过如下渠道反馈至我社。

咨询电话   400 - 810 - 0598
反馈邮箱   hepsci@pub.hep.cn
通信地址   北京市朝阳区惠新东街 4 号富盛大厦 1 座
           高等教育出版社理科事业部
邮政编码   100029